허세 없는 기본 문제집 — 새 교육과정 반영 (2026년 중2 적용)

바쁜 중2를 위한

빠른 중학도형

이지스 에듀

지은이 | 임미연

임미연 선생님은 대치동 학원가의 소문난 명강사로, 15년 넘게 중고등학생에게 수학을 지도하고 있다.
명강사로 이름을 날리기 전에는 동아출판사와 디딤돌에서 중고등 참고서와 교과서를 기획, 개발했다.
이론과 현장을 모두 아우르는 저자로, 학생들이 어려워하는 부분을 잘 알고 학생에 맞는 수준별 맞춤 수업을
하는 것으로도 유명하다. 그동안의 경험을 집대성해 《바쁜 중1을 위한 빠른 중학연산 1권, 2권》, 《바쁜
중1을 위한 빠른 중학도형》, 《바빠 중학수학 총정리》, 《바빠 중학도형 총정리》 등 〈바빠 중학수학〉
시리즈를 집필하였다.

바쁜 친구들이 즐거워지는 **빠**른 학습법 — 바빠 중학수학 시리즈(개정2판)

바쁜 중2를 위한 빠른 중학도형

초판 1쇄 발행 2025년 11월 20일
초판 2쇄 발행 2025년 11월 30일
(2019년 4월에 출간된 개정1판을 새 교과과정에 맞춰 출간한 개정2판입니다.)

지은이 임미연
발행인 이지연 **펴낸곳** 이지스퍼블리싱(주)
출판사 등록번호 제313-2010-123호 **제조국명** 대한민국
주소 서울시 마포구 잔다리로 109 이지스 빌딩 5층(우편번호 04003)
대표전화 02-325-1722 **팩스** 02-326-1723
이지스퍼블리싱 홈페이지 www.easyspub.com **이지스에듀 카페** www.easysedu.co.kr
바빠 아지트 블로그 blog.naver.com/easyspub **인스타그램** @easys_edu
페이스북 www.facebook.com/easyspub2014 **이메일** service@easyspub.co.kr

기획 및 책임 편집 박지연 | 김현주, 김경진, 이지혜 **교정 교열** 서은아 **전산편집** 이츠북스
표지 및 내지 디자인 김세리 **일러스트** 김학수, 이츠북스 **인쇄** 보광문화사 **독자지원** 박애림, 이세진, 김수경
영업 및 문의 이주동, 김요한(support@easyspub.co.kr) **마케팅** 라혜주

ISBN 979-11-6303-777-4 54410
ISBN 979-11-6303-598-5(세트)
가격 15,000원

• **이지스에듀**는 이지스퍼블리싱(주)의 교육 브랜드입니다.
(이지스에듀는 학생들을 탈락시키지 않고 모두 목적지까지 데려가는 책을 만듭니다!)

" 전국의 명강사들이
박수 치며 추천한 책! "

스스로 공부하기 좋은 허세 없는 기본 문제집!

이 책은 쉽게 해결할 수 있는 도형 문제부터 배치하여 아이들에게 성취감을 줍니다. 또한 명강사에게만 들을 수 있는 꿀팁이 책 안에 담겨 있어서, 수학에 자신이 없는 학생도 혼자 충분히 풀 수 있겠어요! 수학을 어려워하는 친구들에게 자신감을 심어 줄 교재입니다!

송낙천 원장 | 강남, 서초 최상위에듀학원 / 최상위 수학 저자

'바빠 중학도형'은 도형부터 확률과 통계까지 모두 담은 2학기 기본 문제집으로, 아이들이 문제를 풀면서 스스로 개념을 잡을 수 있겠네요. 예비 중학생부터 중학생까지, 자습용이나 선생님들이 숙제로 내주기에 최적화된 교재입니다.

최영수 원장 | 대치동 수학의열쇠 본원

저자의 실전 내공이 느껴지는 책이네요. 중학도형은 연산보다 개념이 중요합니다. 그래서 개념의 정확한 이해와 적용을 묻는 문제가 많이 출제됩니다. '바빠 중학도형'은 문제를 풀면 저절로 오개념이 잡히고, 개념을 문제에 적용하는 기초가 다져지는 알찬 교재입니다.

김종명 원장 | 분당 GTG수학 본원

논리적 사고력을 키우기에 도형 학습만 한 것이 없습니다. 학년이 올라갈수록 많은 도형 문제를 접하게 되는데, 문제를 해결하지 못해 쩔쩔매는 모습을 볼 때마다 안타깝습니다. 기본에 충실한 '바빠 중학도형'을 순서대로 공부하면 도형 공부에 자신감을 갖게 될 것입니다.

송근호 원장 | 용인 송근호수학학원

쉽고 친절한 개념 설명+충분한 연습 문제+시험 문제까지 3박자가 완벽하게 구성된 책이네요! 유형별 문제마다 현장에서 선생님이 학생들에게 들려주는 꿀팁이 탑재되어 있어, 마치 친절한 선생님과 함께 공부하는 것처럼 문제 이해도를 높여 주는 아주 좋은 교재입니다.

한선영 원장 | 파주 한쌤수학학원

'바빠 중학도형'을 꾸준히 사용하면서 도형을 어려워하는 학생들이 유형별 풀이 훈련으로 개념을 깨우치는 데에 도움이 많이 되었습니다. 큰 도움을 받은 교재인 만큼 수학에 어려움을 겪고 있는 학생들에게 이 책을 추천합니다.

김종찬 원장 | 용인죽전 김종찬입시전문학원

각 단원별 꼼꼼한 개념 정리와 당부하듯 짚어 주는 꿀팁에서 세심함과 정성이 느껴지는 교재입니다. 늘 더 좋은 교재를 찾기 위해 많은 교재를 찾아보는데, 개념과 문제 풀이 두 가지를 다 잡을 수 있는 알짜배기 교재라서 강력 추천합니다.

진명희 원장 | 동두천 MH수학전문학원

수학은 개념을 익힌 후 반드시 충분한 문제 풀이가 뒷받침되어야 합니다. '바빠 중학도형'은 잘 정돈된 개념 설명과 유형별 도형 문제가 충분히 배치되어 있습니다. 이 책으로 공부한다면 중학도형의 기본기를 완벽하게 숙달시킬 수 있을 것입니다.

송봉화 원장 | 동탄 로드학원

중2 수학은 중·고등 수학의 기본!
중학수학을 잘하려면 어떻게 공부해야 할까?

■ 중학수학의 기초를 튼튼히 다지고 넘어가라!

수학은 계통성이 강한 과목으로, 중학수학부터 고등수학 과정까지 단원이 연결되어 있습니다. 중학수학 2학기 과정은 1, 2, 3학년 모두 도형(기하) 영역이 대부분으로, 중1부터 중3까지 내용이 연계됩니다.

특히 중2 과정의 도형의 성질, 도형의 닮음과 피타고라스 정리는 중학수학 기하 영역의 기본이 되는 중요한 단원입니다. 이 책은 중2에서 알아야 할 가장 기본적인 문제에 충실한 책입니다.

그럼 중2 수학을 효율적으로 공부하려면 무엇부터 해야 할까요?

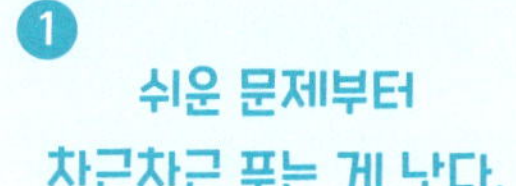

공부 전문가들은 이렇게 이야기합니다. "학습하기 어려우면 오래 기억하는 데 도움이 된다. 그러나 학습자가 배경 지식이 없다면 그 어려움은 바람직하지 못하게 된다." 배경 지식이 없어서 수학 문제가 너무 어렵다면, 두뇌는 피로감을 이기지 못해 공부를 포기하게 됩니다. 그러니까 수학을 잘하는 학생이라면 ②번이 정답이겠지만, 보통의 학생이라면 ①번이 정답입니다.

■ 쉬운 문제부터 차근차근 중학도형의 기본을 다지자!

초등도형은 재미있어하던 학생도 중학도형은 어려워하는 경우가 많습니다. 중학도형에서는 초등도형과는 달리 추상적인 용어와 낯선 공식이 많이 등장하기 때문입니다. 게다가 대부분의 중학 2학기 수학 문제집에서는 도형의 개념을 배운 다음 익숙해지기 전에, 바로 심화 문제까지 풀도록 구성되어 있습니다.

내용도 이해 못했는데, 심화 문제를 푸는 것처럼 비효율적인 공부법은 없습니다. 그런데 많은 학생이 어려운 수학 문제집에 희생양이 됩니다.

'바빠 중학도형'은 중학도형의 기초 개념과 공식을 이용한 쉬운 문제부터 차근차근 풀 수 있는 책으로, 현재 시중에 나온 책 중 선생님 없이 혼자 풀 수 있도록 설계된 독보적인 책입니다.

■ 대치동 명강사의 바빠 꿀팁! 선생님이 옆에 있는 것 같다.

기존의 책들은 한 권의 책에 방대한 지식을 모아 놓기만 할 뿐, 그것을 공부할 방법은 알려주지 않았습니다. 그래서 선생님께 의존하는 경우가 많았죠. 그러나 이 책은 선생님이 얼굴을 맞대고 알려주는 것처럼 세세한 공부 팁까지 책 속에 담았습니다.

각 단계의 개념마다 친절한 설명과 함께 대치동 명강사의 **노하우가 담긴 '바빠 꿀팁'**을 수록, 혼자 공부해도 쉽게 이해할 수 있습니다. 또한 이 책의 모든 단계에 **저자 직강 개념 강의 영상**을 제공해 개념 설명을 직접 들을 수 있습니다.

■ 2학년 2학기의 기본 문제만 한 권에 모아 놓았다.

이 책에서는 **도형뿐만 아니라 2학년 2학기에 배우는 모든 수학 내용을 담고 있습니다.** 도형은 물론이고 확률까지 2학년 2학기 수학의 기본 문제만 한 권에 모아, 기초를 탄탄하게 다질 수 있습니다. 이 책으로 훈련하여 기초를 먼저 탄탄히 다진다면, 이후 어떤 유형의 심화 문제가 나와도 도전할 수 있는 힘이 생길 것입니다.

■ 중2 학생 70%가 틀리는 문제, '앗! 실수'와 '출동! ×맨과 ○맨' 코너로 해결!

수학을 잘하는 친구도 실수로 점수가 깎이는 경우가 많습니다. 이 책에서는 실수로 본인 실력보다 낮은 점수를 받지 않도록 특별한 장치를 마련했습니다.
개념 페이지에 있는 **'앗! 실수'** 코너로 중2 학생 70%가 자주 틀리는 실수 포인트를 정리했습니다. 또한 **'출동! ×맨과 ○맨'** 코너로 어떤 계산이 맞고, 틀린지 한눈에 확인할 수 있어, 실수를 획기적으로 줄이는 데 도움을 줍니다.

또한, 매 단계의 마지막에는 **'거저먹는 시험 문제'**를 넣어, 이 책에서 연습한 것만으로도 풀 수 있는 중학 내신 문제를 제시했습니다. 이 책에 나온 문제만 다 풀어도 맞을 수 있는 학교 시험 문제는 많습니다.

중학생이라면, 스스로 개념을 정리하고 문제 해결 방법을 터득해야 할 때! '바빠 중학도형'이 바쁜 여러분을 도와드리겠습니다. 이 책으로 중학수학의 기초를 튼튼하게 다져 보세요!

▶ 1단계 공부의 시작은 계획부터! — 나만의 맞춤형 공부 계획을 먼저 세워요!

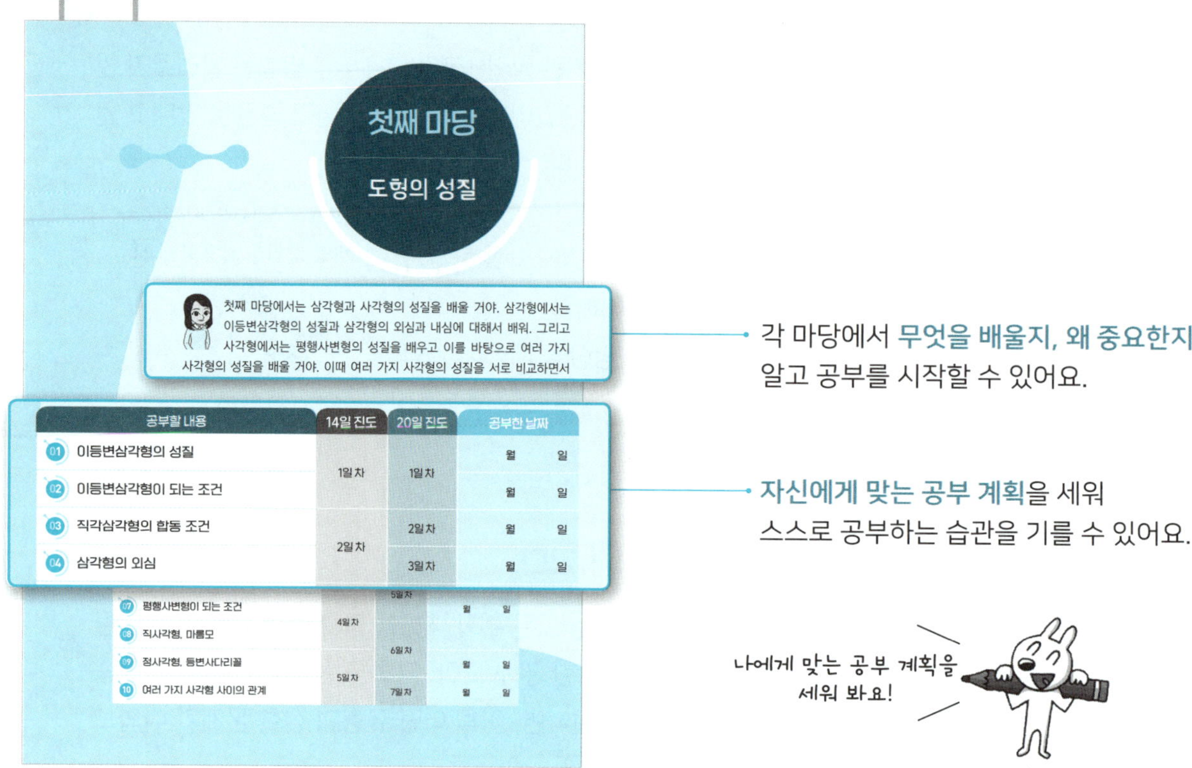

각 마당에서 **무엇을 배울지, 왜 중요한지** 알고 공부를 시작할 수 있어요.

자신에게 맞는 공부 계획을 세워 스스로 공부하는 습관을 기를 수 있어요.

나에게 맞는 공부 계획을 세워 봐요!

▶ 2단계 개념을 먼저 이해하자! — 단계마다 친절한 핵심 개념 설명이 있어요!

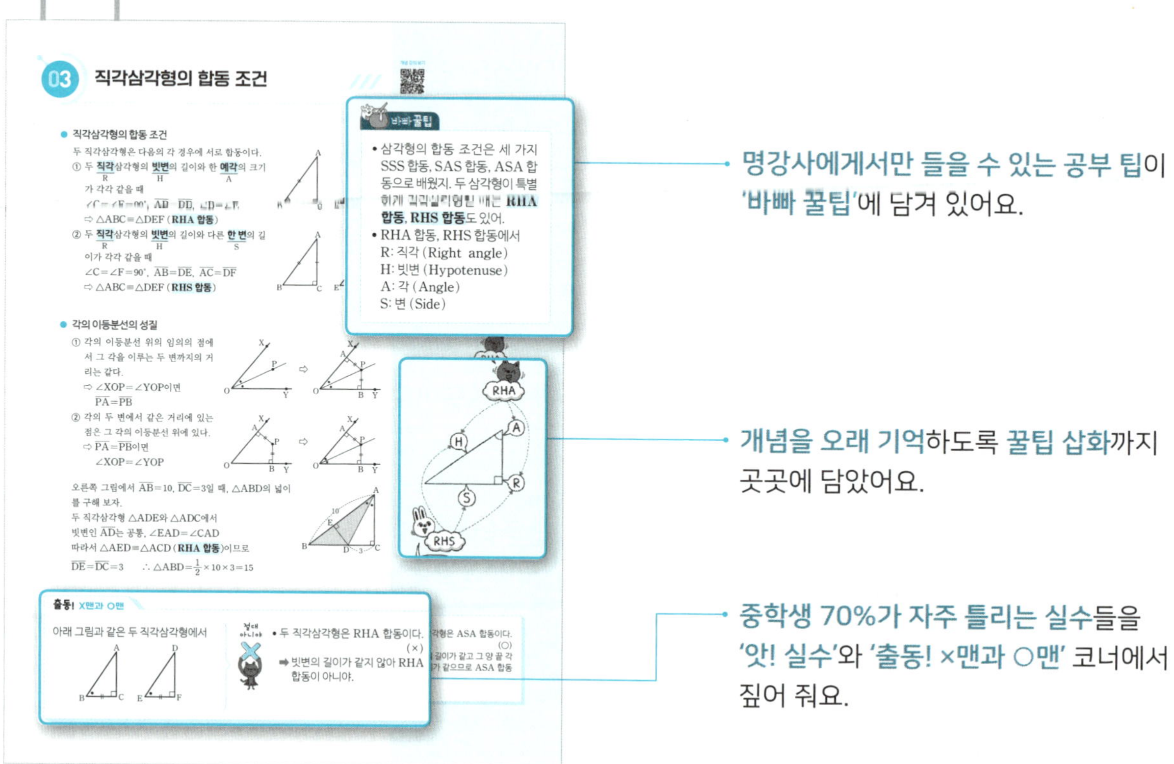

명강사에게서만 들을 수 있는 공부 팁이 '**바빠 꿀팁**'에 담겨 있어요.

개념을 오래 기억하도록 **꿀팁 삽화**까지 곳곳에 담았어요.

중학생 70%가 자주 틀리는 실수들을 '**앗! 실수**'와 '**출동! ×맨과 ○맨**' 코너에서 짚어 줘요.

체계적인 훈련! — 쉬운 문제부터 유형별로 풀다 보면 개념이 잡혀요!

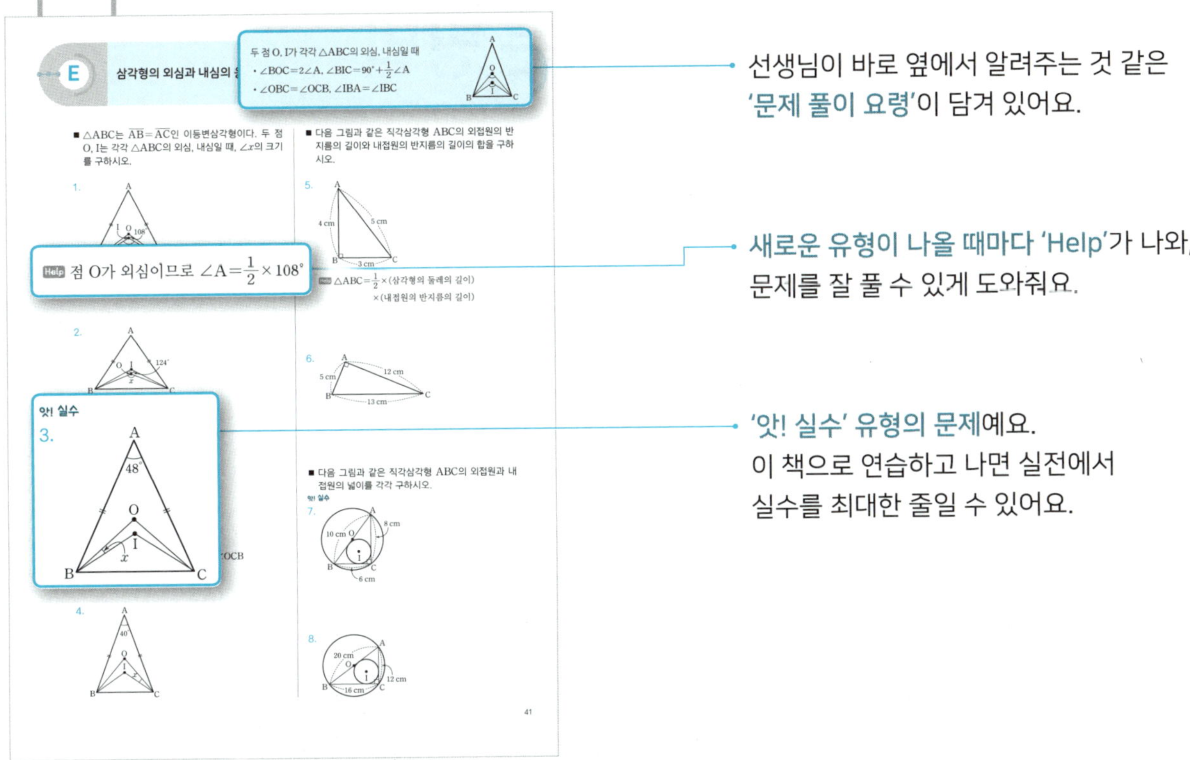

선생님이 바로 옆에서 알려주는 것 같은
'문제 풀이 요령'이 담겨 있어요.

새로운 유형이 나올 때마다 'Help'가 나와,
문제를 잘 풀 수 있게 도와줘요.

'앗! 실수' 유형의 문제예요.
이 책으로 연습하고 나면 실전에서
실수를 최대한 줄일 수 있어요.

시험에 자주 나오는 문제로 마무리! — 이 책만 다 풀어도 학교 시험 걱정 없어요!

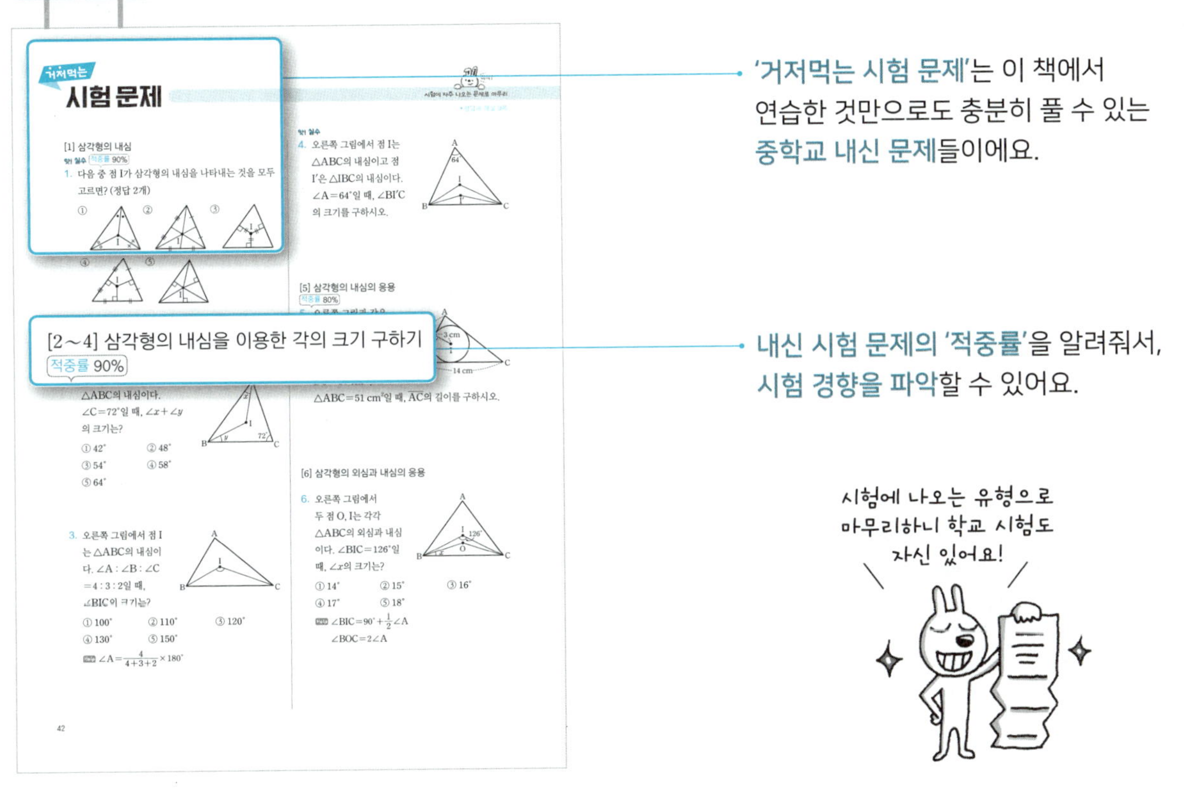

'거저먹는 시험 문제'는 이 책에서
연습한 것만으로도 충분히 풀 수 있는
중학교 내신 문제들이에요.

내신 시험 문제의 '적중률'을 알려줘서,
시험 경향을 파악할 수 있어요.

《바쁜 중2를 위한 빠른 중학연산·도형》
효과적으로 보는 방법

'바빠 중학연산·도형' 시리즈는 1학기 과정이 '바빠 중학연산' 두 권으로,
2학기 과정이 '바빠 중학도형' 한 권으로 구성되어 있습니다.

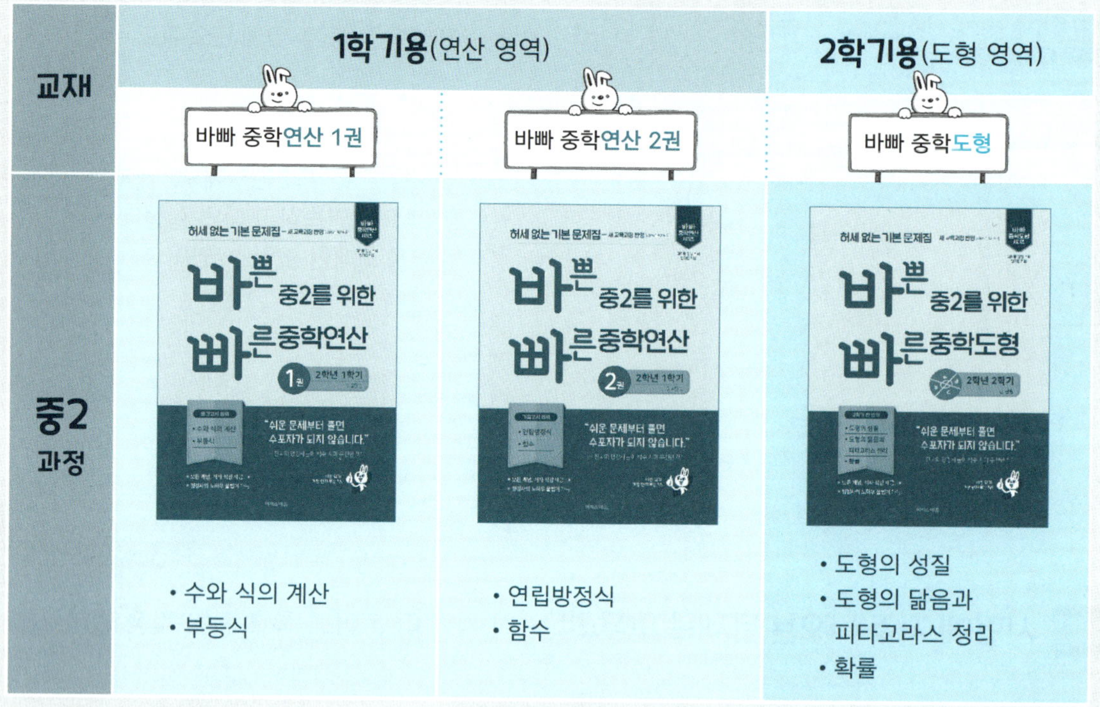

1. 취약한 영역만 보강하려면? — 3권 중 한 권만 선택하세요!

중2 과정 중에서도 수와 식의 계산이나 부등식이 어렵다면 중학연산 1권 <수와 식의 계산, 부등식 영역>을, 연립방정식과 함수가 어렵다면 중학연산 2권 <연립방정식, 함수 영역>을, 도형이 어렵다면 중학도형 <도형의 성질, 도형의 닮음과 피타고라스 정리, 확률>을 선택하여 정리해 보세요. 중2뿐 아니라 중3이라도 자신이 취약한 영역을 집중적으로 공부하여 학습 결손을 빠르게 보충하세요.

2. 중2이지만 수학이 약하거나, 중2 수학을 준비하는 중1이라면?

중학수학 진도에 맞게 [중학연산 1권 → 중학연산 2권 → 중학도형] 순서로 공부하세요.
기본 문제부터 풀 수 있어서, 중학수학의 기초를 탄탄히 다질 수 있습니다.

3. 학원이나 공부방 선생님이라면?

1) 기초가 부족한 학생에게는 개념을 간단히 설명한 후 자습용 교재로 이용하세요.
2) 개념을 익힌 학생에게는 과제용 교재로 이용하세요.
3) 가벼운 선행 학습과 학습 결손을 보강하기 위한 방학용 초단기 교재로 적합합니다.

★ 바빠 중2 연산 1권은 22단계, 2권은 22단계, 도형은 27단계로 구성되어 있고, 단계마다 1시간 안에 풀 수 있습니다.

바쁜 중2를 위한 빠른 중학도형

《바쁜 중2를 위한 빠른 중학도형》
나에게 맞는 방법 찾기

나는 어떤 학생인가?	권장 진도
✓ 중학 2학년이지만, 수학이 어렵고 자신감이 부족하다. ✓ 도형이나 확률 문제만 보면 막막해진다. ✓ 예비 중학생 또는 중학 1학년이지만, 도전하고 싶다.	27일 진도 권장
✓ 중학 2학년으로, 수학 실력이 보통이다.	20일 진도 권장
✓ 도형 영역이 연산 영역보다 쉽다. ✓ 수학을 잘하는 편이지만, 속도와 정확성을 높여 기본기를 완벽하게 쌓고 싶다.	14일 진도 권장

권장 진도표 ▶ 14일, 20일, 27일 진도 중 나에게 맞는 진도로 공부하세요!

✓	1일 차	2일 차	3일 차	4일 차	5일 차	6일 차	7일 차
14일 진도	01~02	03~04	05~06	07~08	09~10	11~12	13~14
20일 진도	01~02	03	04	05	06~07	08~09	10

✓	8일 차	9일 차	10일 차	11일 차	12일 차	13일 차	14일 차
14일 진도	15~16	17~18	19	20~21	22~23	24~25	26~27 끝
20일 진도	11	12	13	14	15	16	17

✓	15일 차	16일 차	17일 차	18일 차	19일 차	20일 차
20일 진도	18	19	20~21	22~23	24~25	26~27 끝

* 27일 진도는 하루에 1과씩 공부하면 됩니다.

첫째 마당

도형의 성질

첫째 마당에서는 삼각형과 사각형의 성질을 배울 거야. 삼각형에서는 이등변삼각형의 성질과 삼각형의 외심과 내심에 대해서 배워. 그리고 사각형에서는 평행사변형의 성질을 배우고 이를 바탕으로 여러 가지 사각형의 성질을 배울 거야. 이때 여러 가지 사각형의 성질을 서로 비교하면서 익히는 게 좋은 방법이야. 도형의 성질은 둘째 마당에서 배우는 도형의 닮음과 피타고라스 정리에 꼭 필요한 내용이니, 정확히 알고 넘어가자.

01 이등변삼각형의 성질

● 증명

이미 알고 있는 사실이나 성질 등을 이용하여 어떤 성질이 참임을 밝히는 과정이다.

● 이등변삼각형

두 변의 길이가 같은 삼각형 ⇨ $\overline{AB}=\overline{AC}$

① **꼭지각**: 길이가 같은 두 변이 이루는 각 ⇨ $\angle A$

② **밑변**: 꼭지각의 대변 ⇨ $\overline{BC}$

③ **밑각**: 밑변의 양 끝 각 ⇨ $\angle B$, $\angle C$

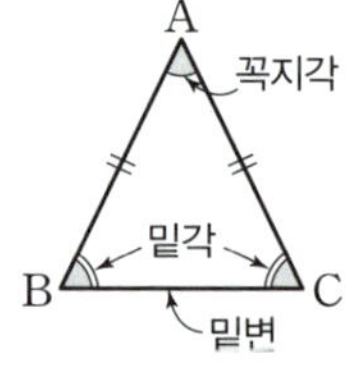

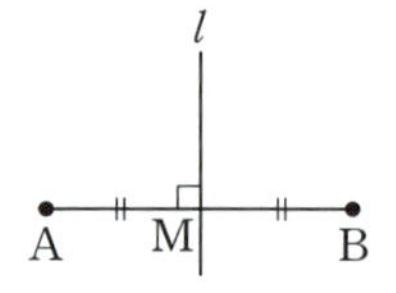

• $\overline{AB}$의 중점 M을 지나고 $\overline{AB}$에 수직인 직선 l을 $\overline{AB}$의 수직이등분선이라고 해.

● 이등변삼각형의 성질

① 이등변삼각형의 두 밑각의 크기는 같다.

⇨ $\overline{AB}=\overline{AC}$이면 $\angle B=\angle C$

② 이등변삼각형의 **꼭지각의 이등분선은 밑변을 수직이등분**한다.

△ABC에서 $\overline{AB}=\overline{AC}$, $\angle BAD=\angle CAD$

⇨ $\overline{BD}=\overline{CD}$, $\overline{AD}\perp\overline{BC}$

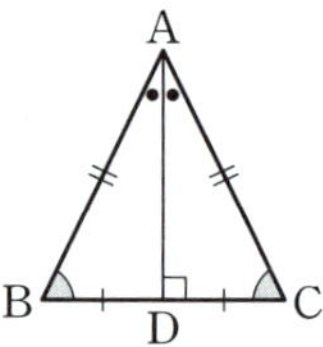

|증명| 위의 이등변삼각형의 성질을 증명해 보자.

① $\overline{AB}=\overline{AC}$인 △ABC에서 $\angle A$의 이등분선과 $\overline{BC}$의 교점을 D라 하자.

△ABD와 △ACD에서

$\overline{AB}=\overline{AC}$ $\qquad$ … ㉠

$\angle BAD=\angle CAD$ $\qquad$ … ㉡

$\overline{AD}$는 공통 $\qquad$ … ㉢

㉠, ㉡, ㉢에서 △ABD≡△ACD (SAS 합동)

∴ $\angle B=\angle C$

② △ABD≡△ACD이므로 $\overline{BD}=\overline{CD}$

또 $\angle ADB=\angle ADC$, $\angle ADB+\angle ADC=180°$이므로

$\angle ADB=\angle ADC=90°$, 즉 $\overline{AD}\perp\overline{BC}$

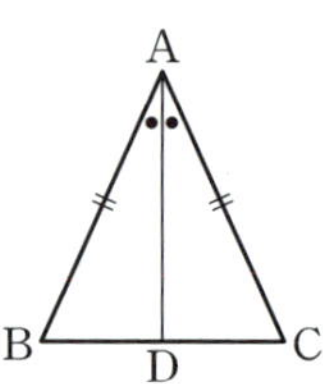

이등변삼각형에서 다음은 모두 같은 말이니 헷갈리면 안 돼.

(꼭지각의 이등분선) = (밑변의 수직이등분선)

$\qquad\qquad\quad$ = (꼭지각의 꼭짓점에서 밑변에 내린 수선)

$\qquad\qquad\quad$ = (꼭지각의 꼭짓점과 밑변의 중점을 이은 선분)

또, 어떤 삼각형의 꼭지각의 이등분선이 밑변을 수직이등분하면 이 삼각형이 이등변삼각형이야.

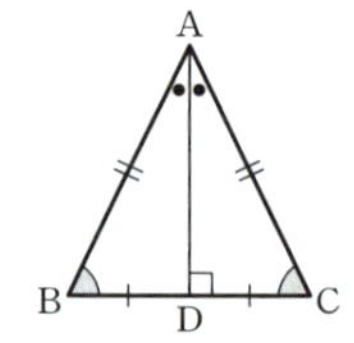

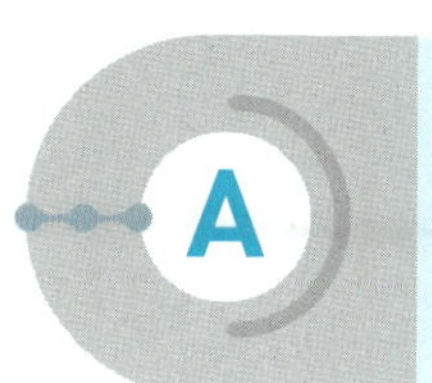

A 이등변삼각형의 밑각의 크기

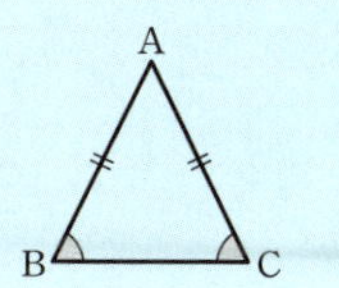

■ 다음 그림과 같이 $\overline{AB}=\overline{AC}$인 이등변삼각형 ABC 에서 ∠$x$의 크기를 구하시오.

1.

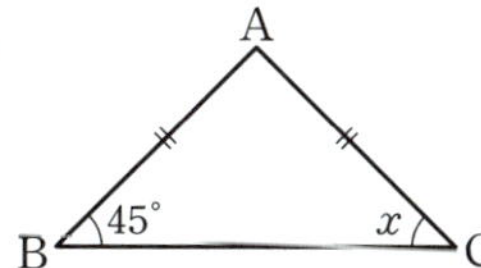

2.

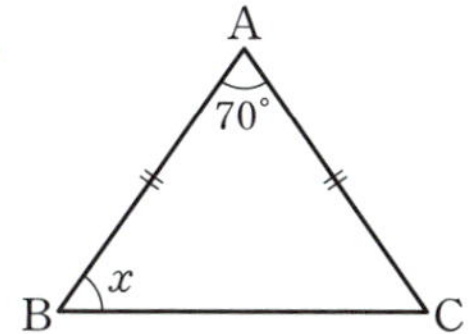

3.

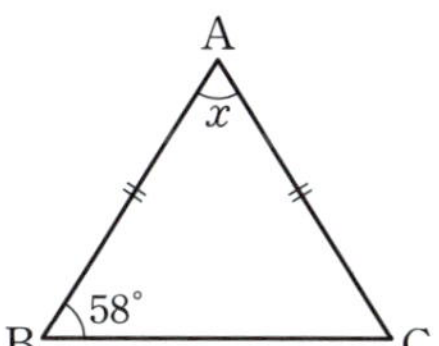

4.

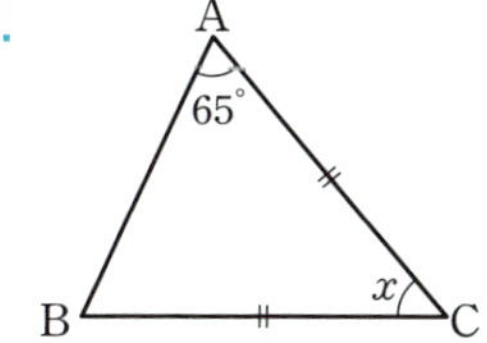

5.

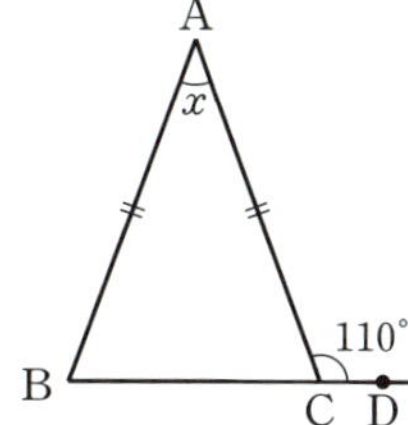

6.

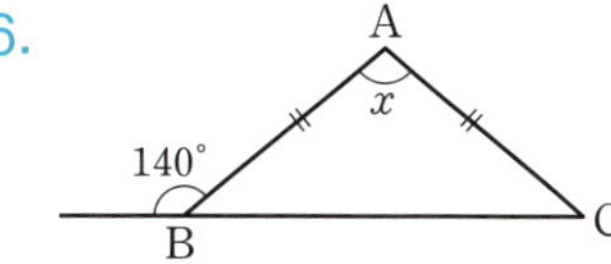

7.

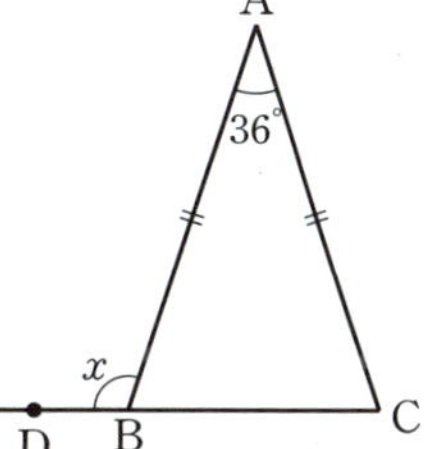

8.

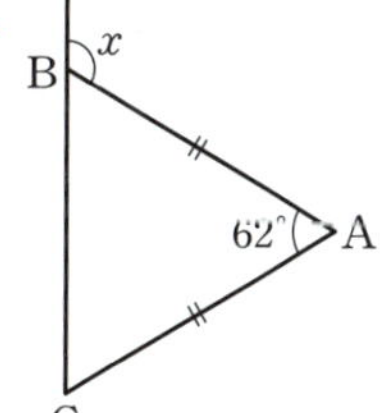

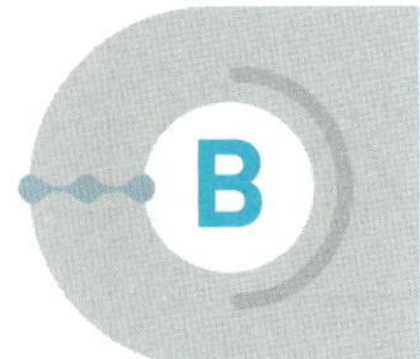

오른쪽 그림에서 $\angle x$의 크기를 구해 보자.
$\angle ABC = \angle ACB = 68°$, $\angle BDC = 68°$
$\angle DBC = 180° - (68° + 68°) = 44°$
$\therefore \angle x = 68° - 44° = 24°$

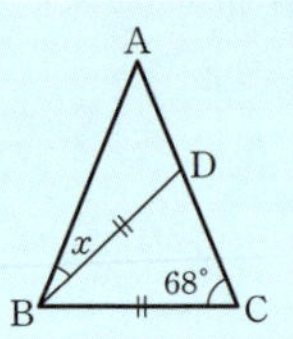

■ 다음 그림과 같이 $\overline{AB} = \overline{AC}$인 이등변삼각형 ABC에서 $\overline{BC} = \overline{BD}$일 때, $\angle x$의 크기를 구하시오.

1.

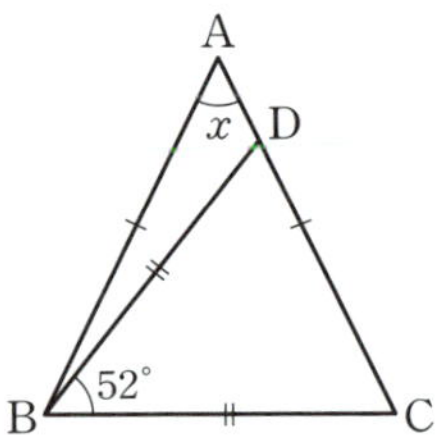

2.

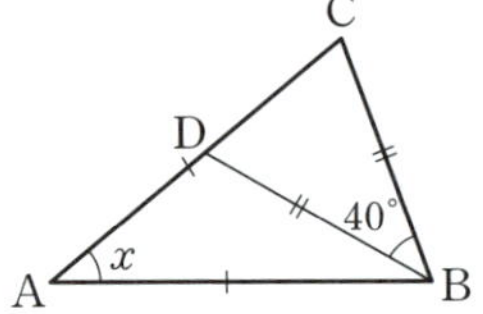

3.

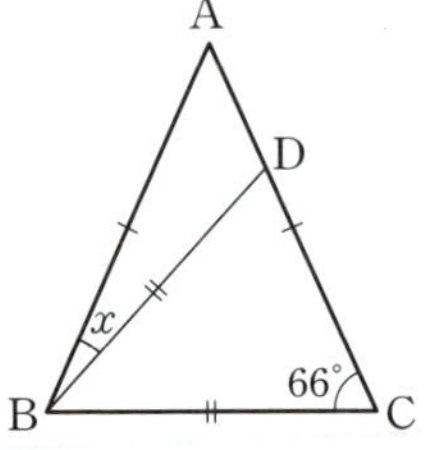

Help $\angle BDC = \angle BCD = 66°$, $\angle DBC = 180° - 2 \times 66°$

4.

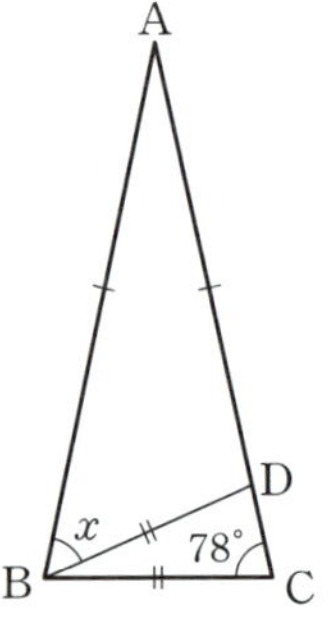

■ 다음 그림과 같이 $\overline{AB} = \overline{AC}$인 이등변삼각형 ABC에서 $\angle x$의 크기를 구하시오.

5.

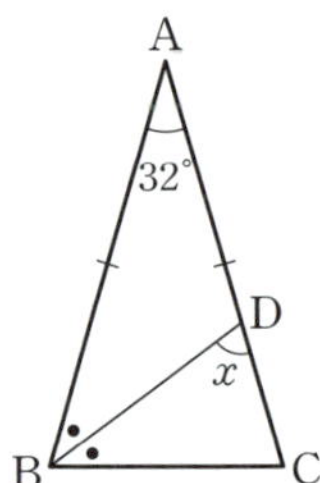

Help $\angle ABD = \dfrac{1}{2} \angle ABC = \dfrac{1}{2} \times \dfrac{1}{2} \times (180° - 32°)$

6.

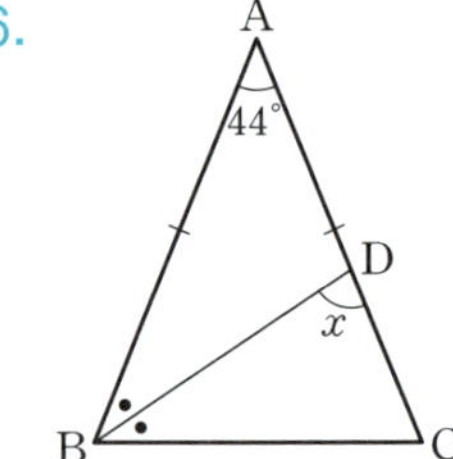

7.

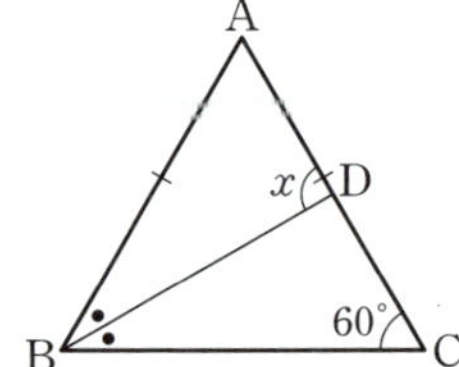

8.

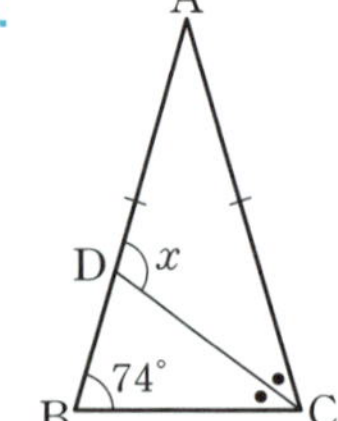

이등변삼각형의 꼭지각의 이등분선

이등변삼각형의 꼭지각의 이등분선은 밑변을 수직이등분해.

잊지 말자. 꼬~옥! 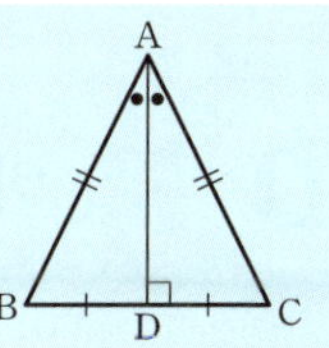

■ 다음 그림과 같이 $\overline{AB}=\overline{AC}$인 이등변삼각형 ABC에서 $\overline{AD}$가 ∠A의 이등분선일 때, x의 값을 구하시오.

1.

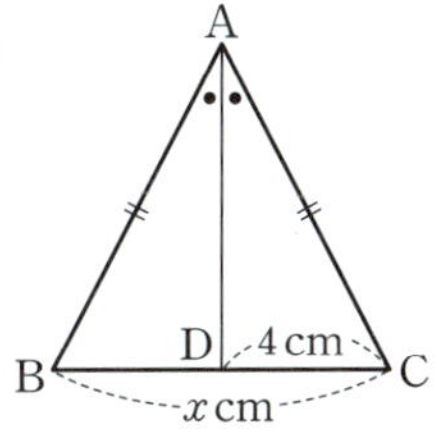

2.

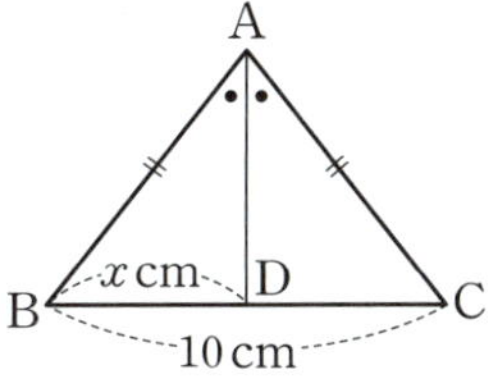

3.

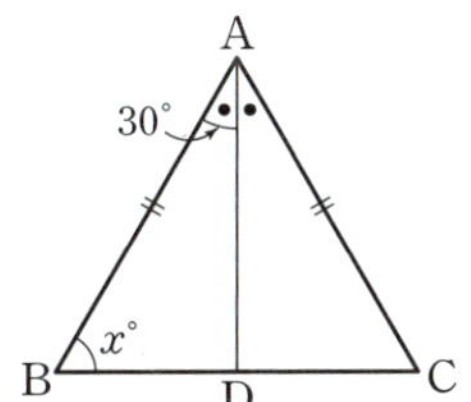

4.

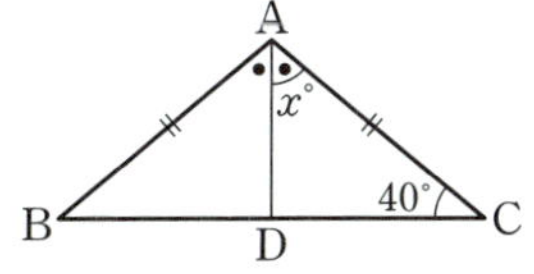

■ 오른쪽 그림과 같이 $\overline{AB}=\overline{AC}$인 이등변삼각형 ABC에서 $\overline{AD}$가 ∠A의 이등분선일 때, 다음 중 옳은 것은 ○, 옳지 <u>않은</u> 것은 ×를 하시오.

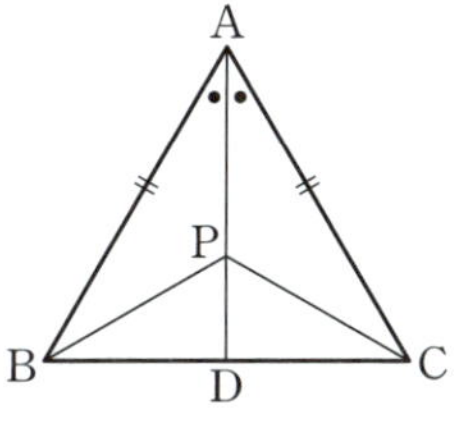

5. $\overline{BD}=\overline{CD}$

____

6. $\overline{AP}=\overline{BP}$

____

7. ∠ABP=∠PBD

____

8. △ABD≡△ACD

____

9. ∠PDB=∠PDC=90°

____

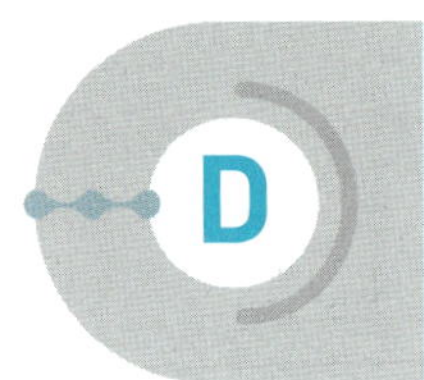

D 이등변삼각형의 밑변의 수선

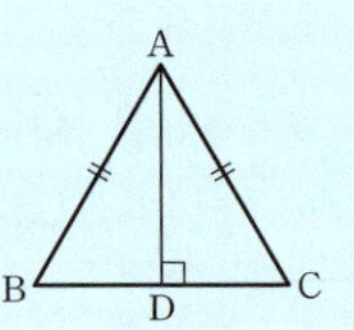

이등변삼각형의 꼭지각의 꼭짓점에서 밑변에 수선을 그으면 꼭지각을 이등분하고 밑변도 이등분해.

■ 다음 그림과 같이 $\overline{AB}=\overline{AC}$인 이등변삼각형 ABC에서 꼭지각의 꼭짓점에서 밑변에 수선을 내릴 때, x의 값을 구하시오.

1.

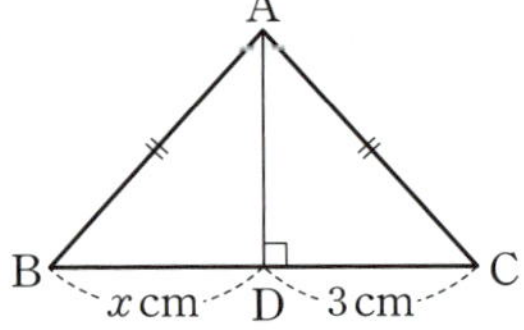

2.

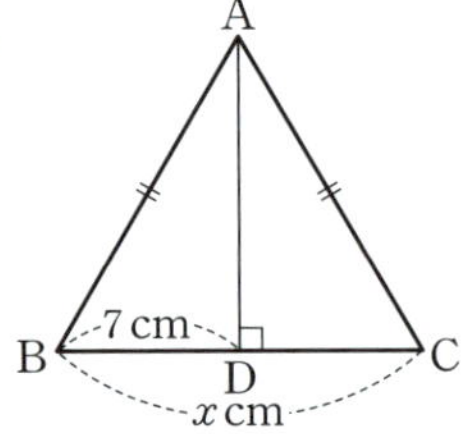

■ 다음 그림과 같이 $\overline{AB}=\overline{AC}$인 이등변삼각형 ABC에서 꼭지각의 꼭짓점에서 밑변에 수선을 내릴 때, $\angle x$의 크기를 구하시오.

3.

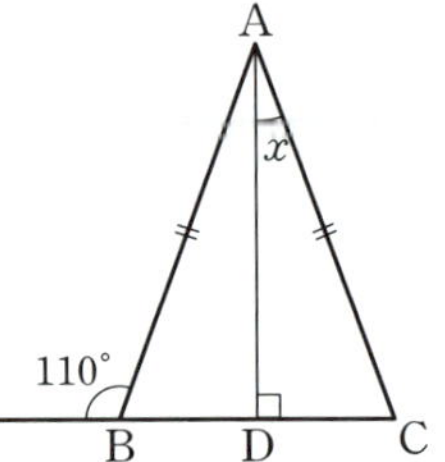

4.

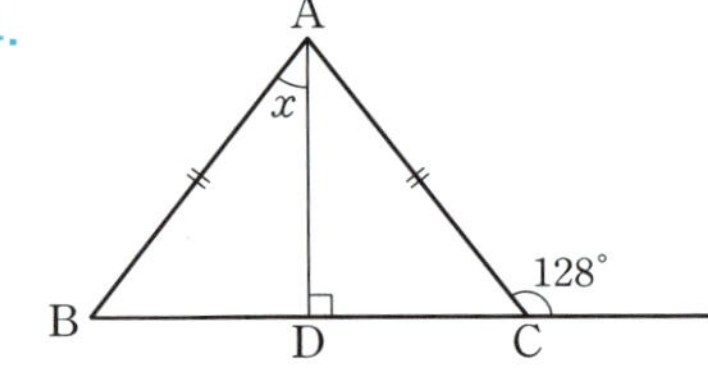

■ 다음 그림과 같이 $\overline{AB}=\overline{AC}$인 이등변삼각형 ABC에서 꼭지각의 꼭짓점과 밑변의 중점을 이을 때, $\angle x$의 크기를 구하시오.

5.

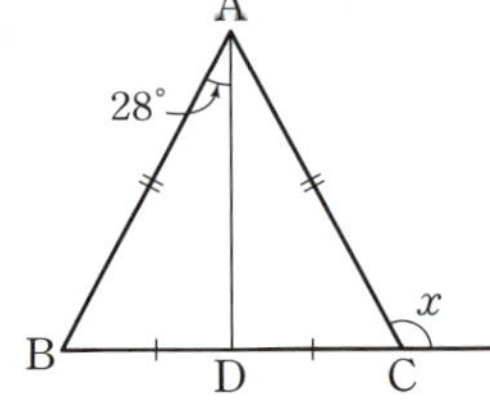

6.

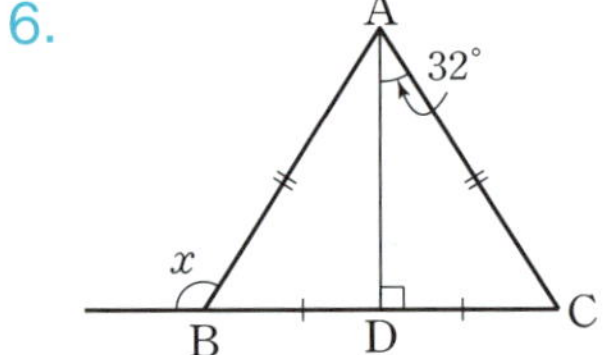

■ 다음 그림에서 $\angle x$의 크기를 구하시오.

7.

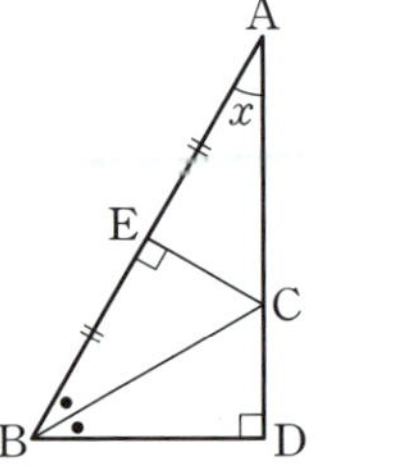

Help $\angle x=\angle EBC=\angle DBC$

8.

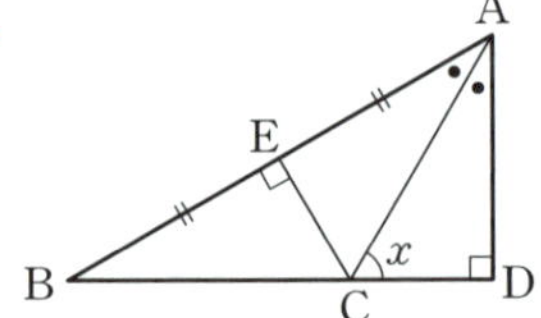

시험에 자주 나오는 문제로 마무리

[1~6] 이등변삼각형의 성질

적중률 80%

1. 오른쪽 그림과 같이 $\overline{AB}=\overline{AC}$인 이등변삼각형 ABC에서 $\overline{BC}=\overline{BD}$가 되도록 점 D를 잡았다. ∠BDC=68°일 때, ∠x의 크기는?

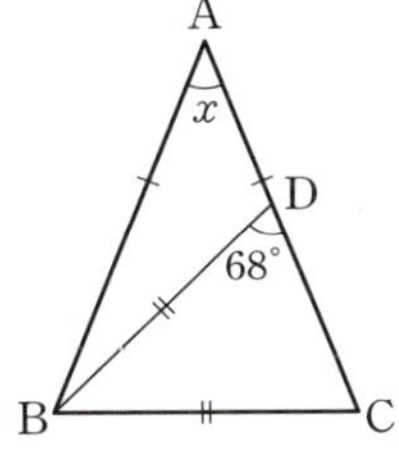

① 44°　　② 46°　　③ 52°

④ 55°　　⑤ 62°

적중률 80%

2. 오른쪽 그림과 같이 $\overline{AB}=\overline{AC}$인 이등변삼각형 ABC에서 ∠$x$의 크기는?

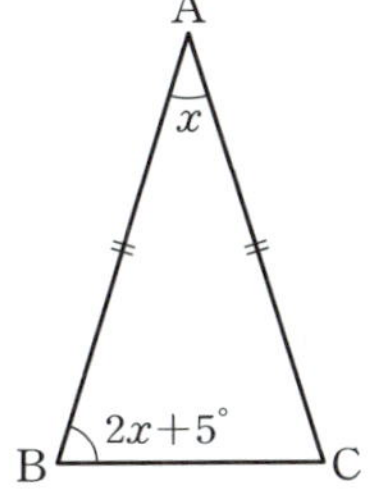

① 32°　　② 34°

③ 35°　　④ 40°

⑤ 42°

3. 오른쪽 그림과 같이 $\overline{AB}=\overline{AC}$인 이등변삼각형 ABC에서 ∠A=2∠B일 때, ∠A의 크기를 구하시오.

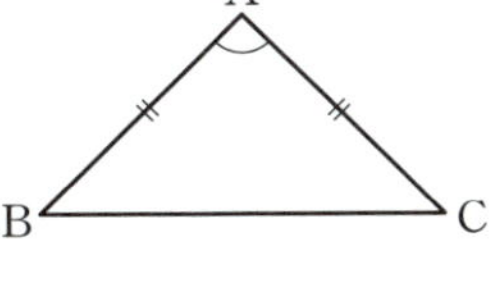

앗! 실수

4. 오른쪽 그림과 같이 한 직선 위에 있는 세 점 B, C, E에 대하여 $\overline{AB}=\overline{AC}$, $\overline{DC}=\overline{DE}$이고 ∠A=28°, ∠D=36°일 때, ∠$x$의 크기를 구하시오.

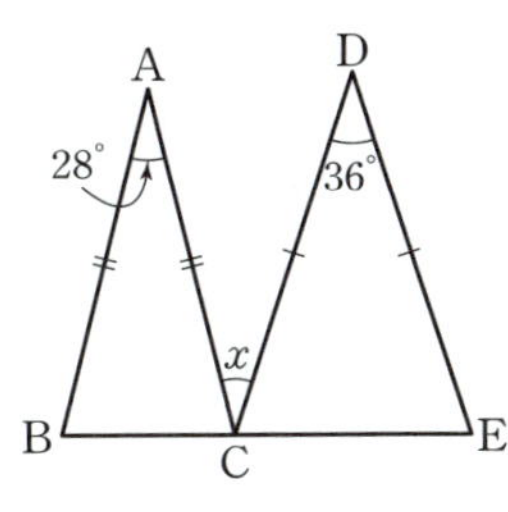

적중률 90%

5. 오른쪽 그림과 같이 $\overline{AB}=\overline{AC}$인 이등변삼각형 ABC에서 $\overline{AD}\perp\overline{BC}$이고 $\overline{BC}=20$ cm, ∠ACE=124°일 때, $x+y$의 값을 구하시오.

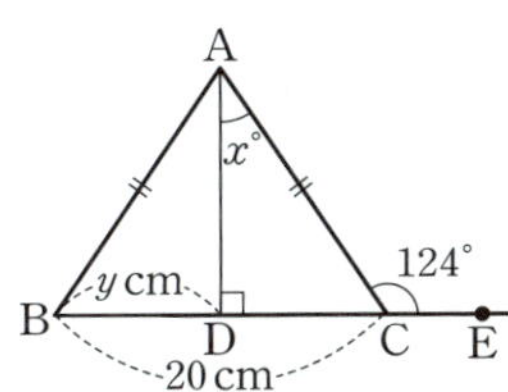

6. 오른쪽 그림과 같이 $\overline{AB}=\overline{AC}$인 이등변삼각형 ABC에서 ∠A의 이등분선과 $\overline{BC}$의 교점을 D라 하자. $\overline{AD}$ 위에 한 점 P를 잡을 때, 다음 중 옳지 <u>않은</u> 것은?

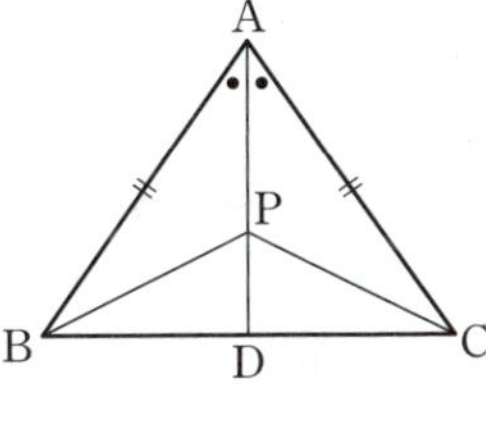

① $\overline{BP}=\overline{CP}$　　② ∠ABP=∠ACP

③ $\overline{AP}=\overline{BP}$　　④ $\overline{BD}=\overline{DC}$

⑤ ∠PDB=∠PDC=90°

 **02 이등변삼각형이 되는 조건**

● **이등변삼각형의 성질을 이용하여 각의 크기 구하기**

① 오른쪽 그림에서 $\angle DBC = 35°$일 때, $\angle ACE$의 크기를 구해 보자.

$\triangle CDB$에서 $\angle DBC = \angle DCB = \angle x$라 하고
삼각형의 외각의 성질을 이용하면
$\angle CDA = \angle CAD = 2\angle x$
$\triangle ABC$에서 외각의 성질을 이용하면
$\angle ACE = 3\angle x$
따라서 $\angle DBC = 35°$이면 $\angle ACE = 105°$이다.

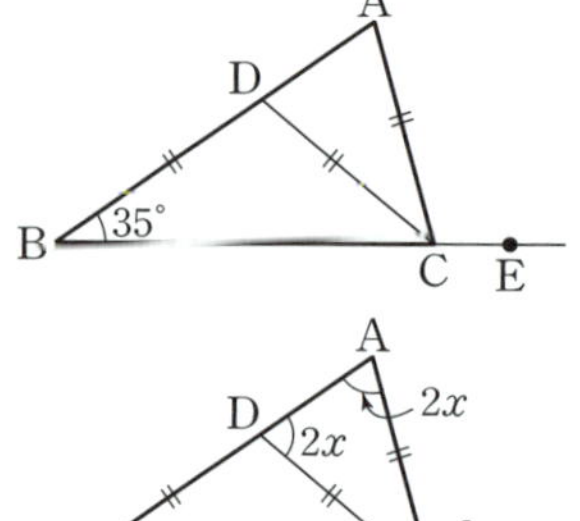

② 오른쪽 그림에서 $\angle x$의 크기를 구해 보자.

$\triangle ABC$의 외각에서 $48° + 2 \cdot \bullet = 2 \times$
양변을 2로 나누면 $24° + \bullet = \times$
$\triangle DBC$의 외각에서 $\angle x + \bullet = \times$이므로
$\angle x = 24°$

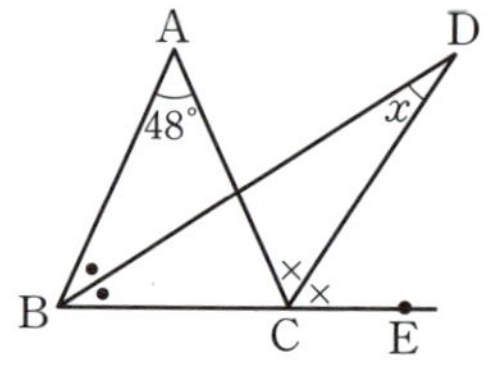

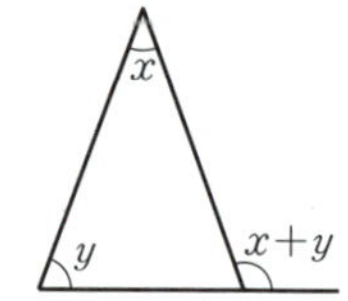

• 삼각형의 한 외각의 크기는 그와 이웃하지 않는 두 내각의 크기의 합과 같아.

왼쪽 그림에서 $\angle x$의 크기를 구할 때 식을 세워 구해도 되지만 $\angle x$의 크기는 항상 $\angle$A의 $\dfrac{1}{2}$로 외워도 돼.

● **이등변삼각형이 되는 조건**

두 내각의 크기가 같은 삼각형은 이등변삼각형이다.
⇨ $\triangle ABC$에서 $\angle B = \angle C$이면 $\overline{AB} = \overline{AC}$

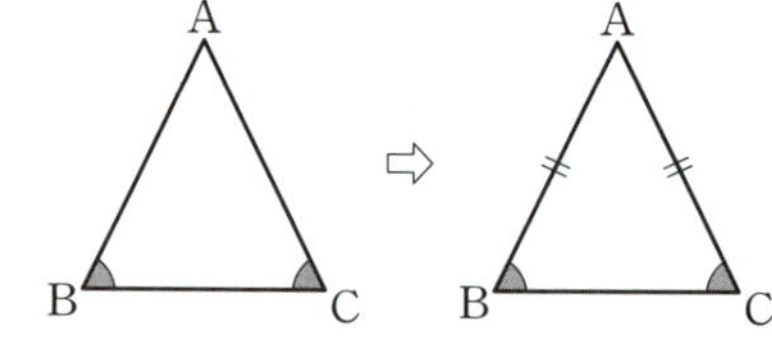

오른쪽 그림에서 $\overline{DC}$의 길이를 구해 보자.
삼각형의 외각의 성질을 이용하면
$\angle ACB = 60° - 30° = 30°$이므로 $\triangle ABC$는 이등변삼각형이다.
$\therefore \overline{AC} = \overline{AB} = 3(\text{cm})$
$\angle CDA = 180° - 120° = 60°$이므로 $\triangle ACD$도 이등변삼각형이다.
$\therefore \overline{DC} = \overline{AC} = 3(\text{cm})$

아래 그림과 같이 직사각형 모양의 종이를 접을 때, x의 값을 구해 보자.

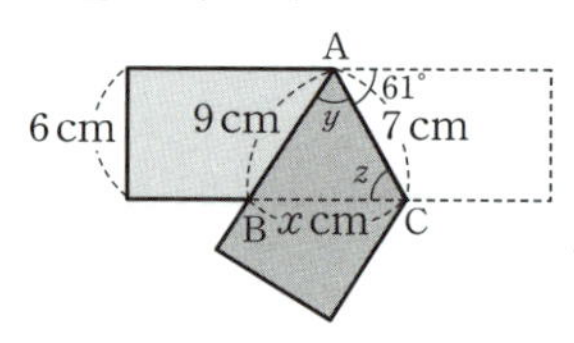

• $x = 6$ (×)

➡ 직사각형 모양의 종이를 접었을 때 x의 값을 구하려면 먼저 $\triangle ABC$의 내각의 크기를 구해서 $\triangle ABC$가 어떤 삼각형인지 알아야 해.

• $\angle y = 61°$ (○)

➡ 접은 각과 원래의 각의 크기는 같아.

• $\angle z = 61°$ (○)

➡ 평행선에서 엇각의 크기는 같아.
따라서 $\triangle ABC$는 두 내각의 크기가 같아서 이등변삼각형이 되므로 $x = 9$

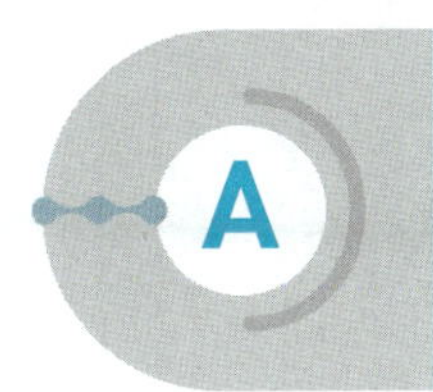

연속된 이등변삼각형의 각의 크기 구하기

오른쪽 그림에서 $\angle x$의 크기를 구해 보자.

$\angle DCB = \angle DBC = 40°$

$\triangle DBC$에서 외각의 성질에 의하여

$\angle CDA = \angle CAD = 80°$

$\triangle ABC$에서 외각의 성질에 의하여 $\angle x = 40° + 80° = 120°$

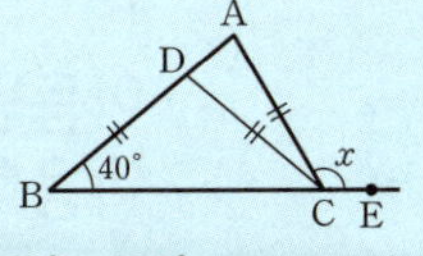

■ 다음 그림에서 $\angle x$의 크기를 구하시오.

앗! 실수

1.

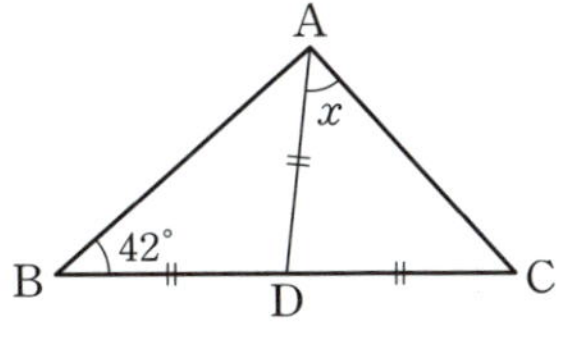

Help $\angle ADC = 42° + 42° = 84°$

2.

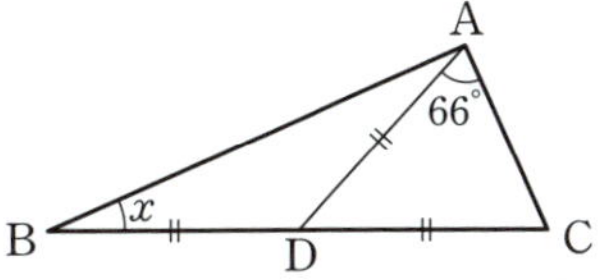

3.

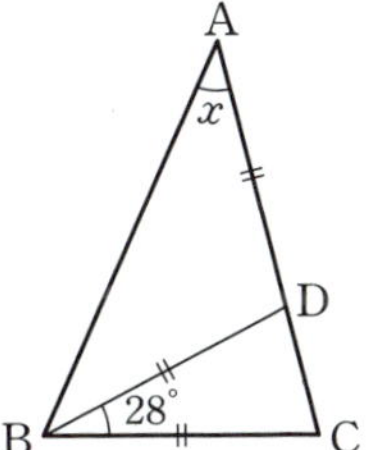

4.

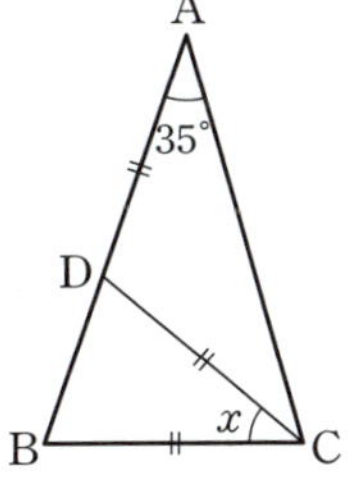

5.

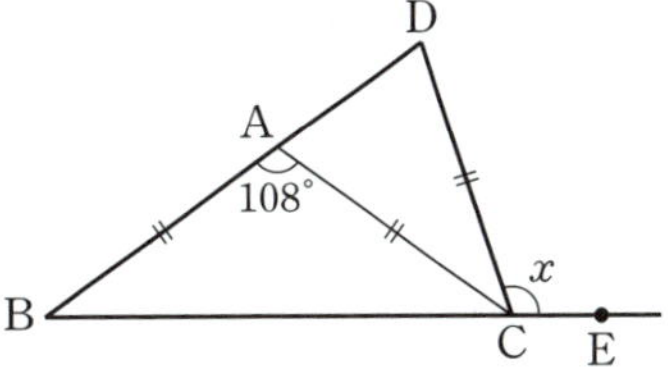

Help $\angle ABC = \angle ACB = 36°$, $\angle CAD = \angle CDA = 72°$

6.

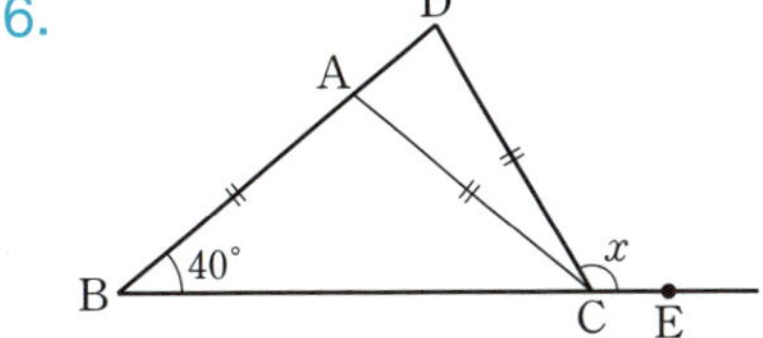

7.

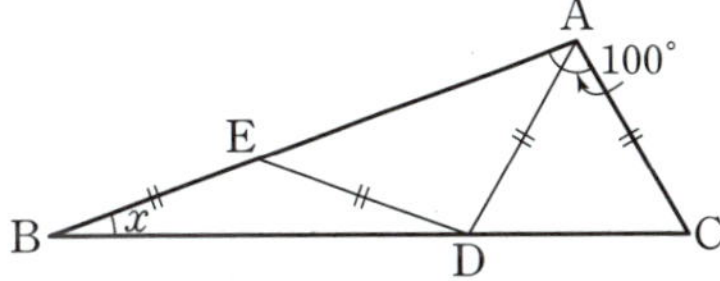

Help $\angle EDB = \angle EBD = \angle x$, $\angle DEA = \angle DAE = 2\angle x$, $\angle ADC = \angle ACD = 3\angle x$

8.

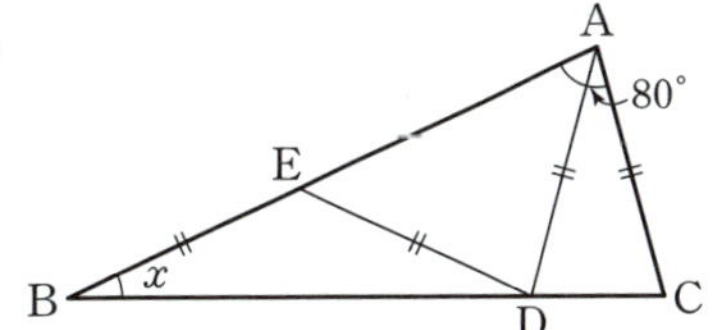

이등변삼각형의 외각의 성질을 이용하여 각의 크기 구하기

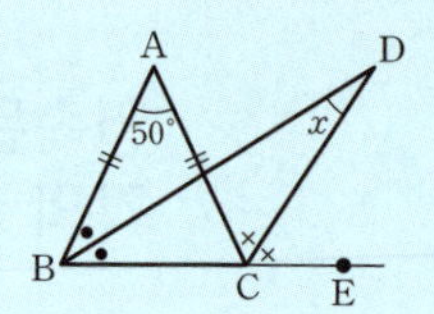

오른쪽 그림에서 $\angle x$의 크기를 구해 보자.
$\triangle$ABC의 외각에서 $50°+2\cdot=2\times$
양변을 2로 나누면 $25°+\cdot=\times$
$\triangle$DBC에서 $\angle x+\cdot=\times$이므로 $\angle x=25°$

■ 다음 그림에서 $\angle x$의 크기를 구하시오.

1.

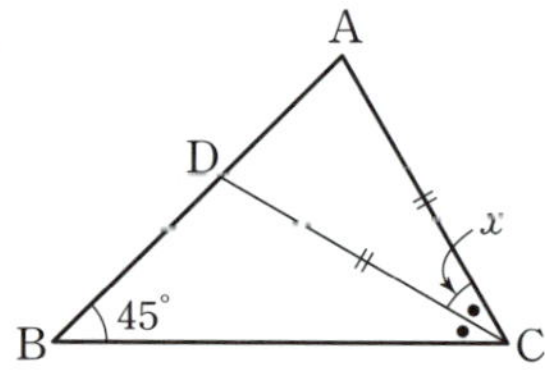

Help $\angle$CAD$=\angle$CDA$=45°+\angle x$
$\triangle$ABC에서 $45°+\angle x+45°+2\angle x=180°$

2.

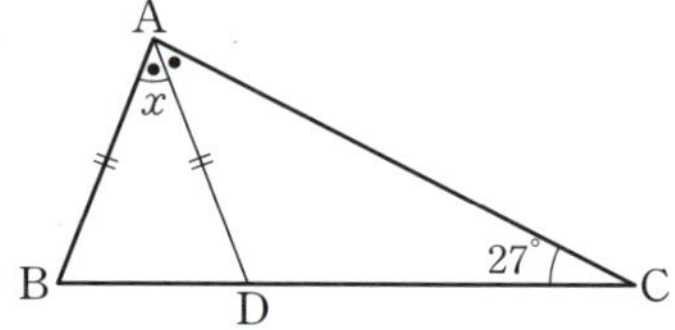

3.

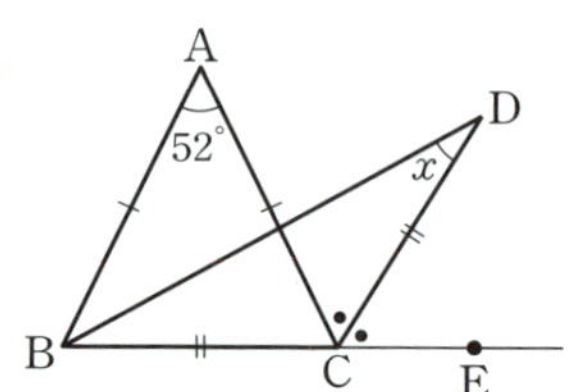

Help $\angle$ABC$=\angle$ACB$=\dfrac{1}{2}\times(180°-52°)=64°$
$\angle$DCE$=\angle$ACD$=\dfrac{1}{2}\times(180°-64°)$
$\angle$DCE$=2\angle x$

4.

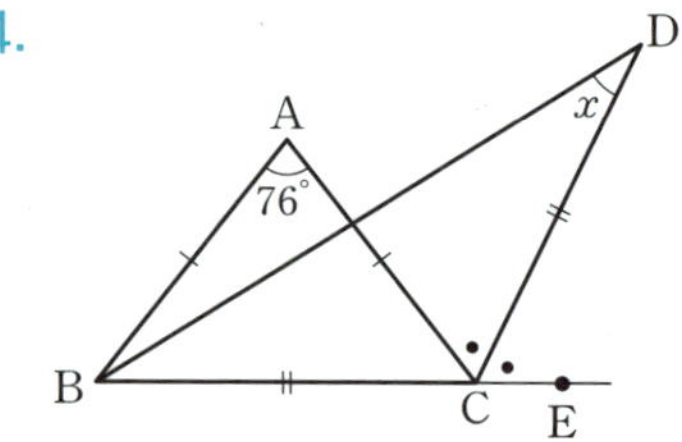

5.

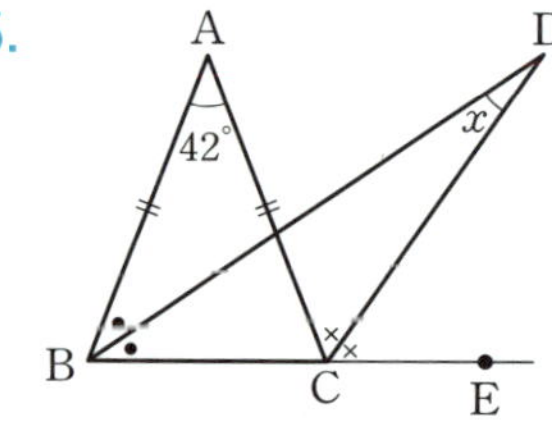

Help $\triangle$ABC의 외각에서 $42°+2\cdot=2\times$
양변을 2로 나누면 $21°+\cdot=\times$
$\triangle$DBC의 외각에서 $\angle x+\cdot=\times$

6.

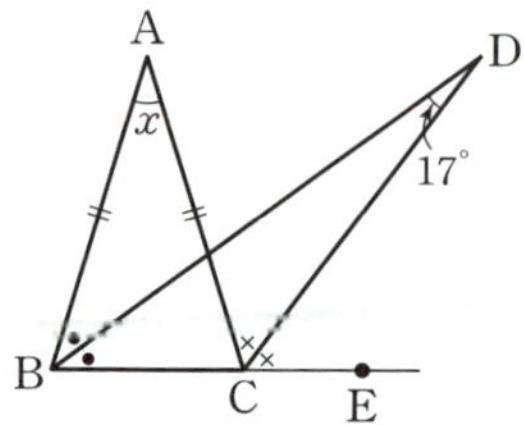

7.

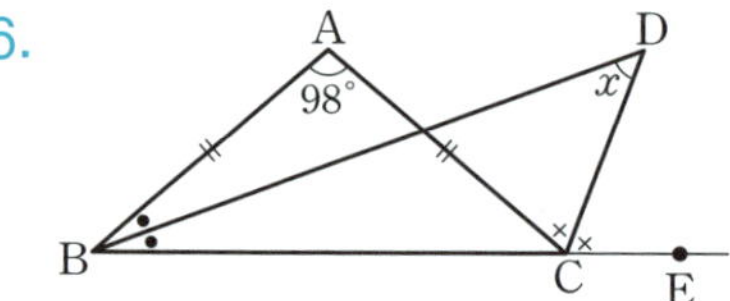

Help $\triangle$DBC의 외각에서 $17°+\cdot=\times$
양변에 2를 곱하면 $34°+2\cdot=2\times$
$\triangle$ABC의 외각에서 $\angle x+2\cdot=2\times$

8.

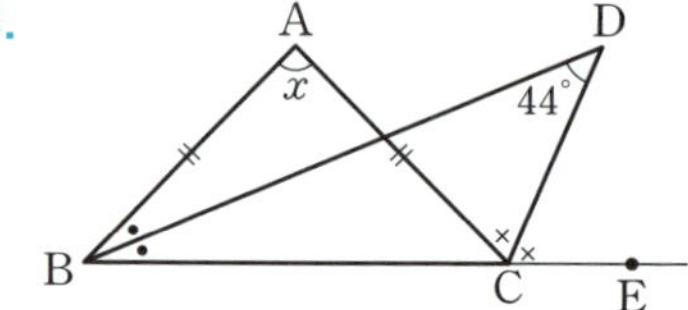

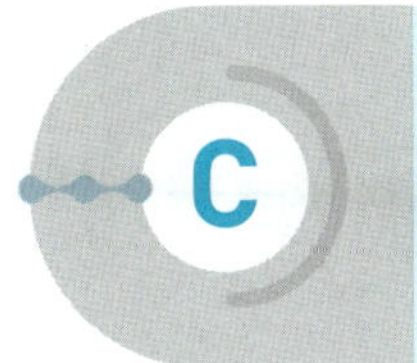

C 이등변삼각형이 되는 조건

오른쪽 그림과 같이 두 내각의 크기가 같은 삼각형은 이등변삼각형이 되므로 $x=6$이야.

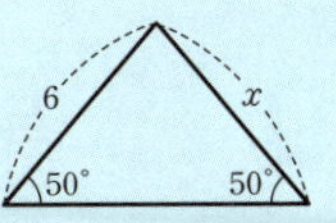

■ 다음 그림에서 x의 값을 구하시오.

1.
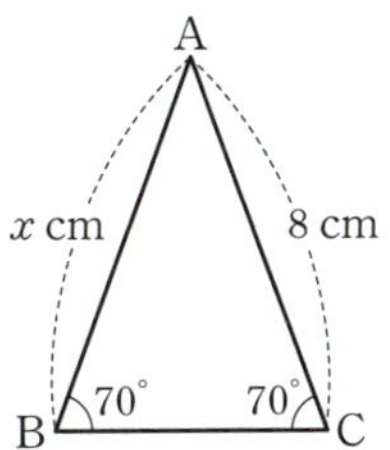

2.
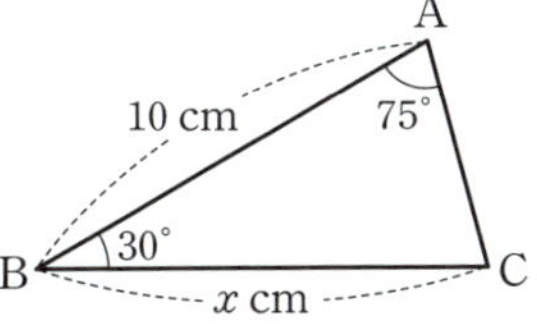

3.
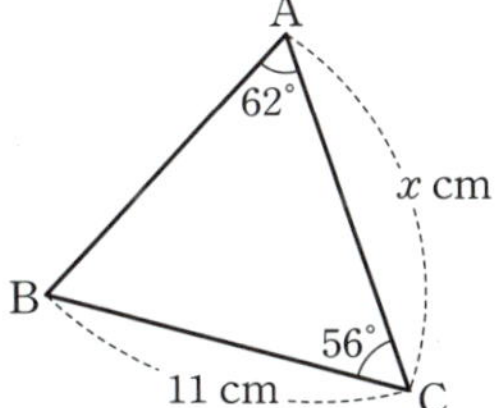

4.
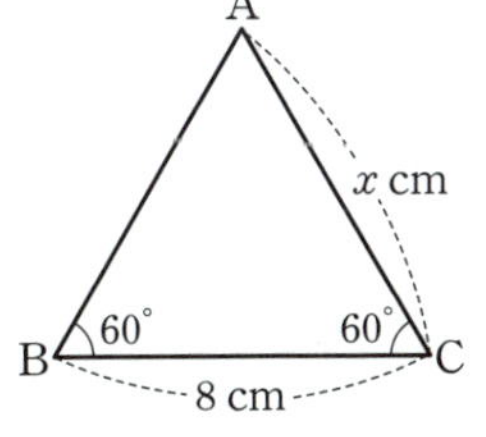

■ 다음과 같이 $\overline{AB}=\overline{AC}$인 이등변삼각형 ABC에서 x의 값을 구하시오.

5.
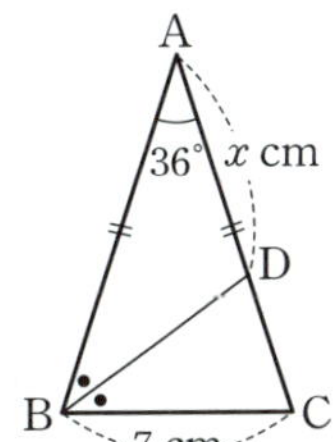

Help $\angle ABC=\angle ACB=72°$, $\angle DBC=36°$

6.
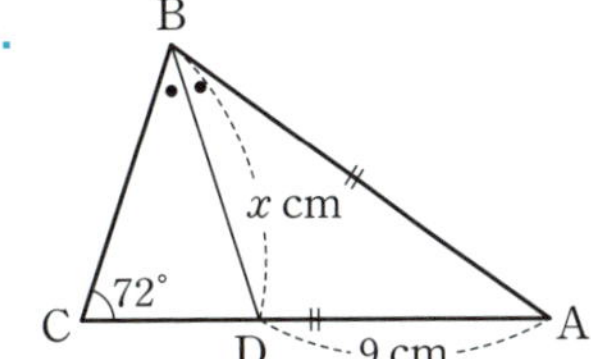

■ 다음 그림에서 $\overline{CD}$의 길이를 구하시오.

7.
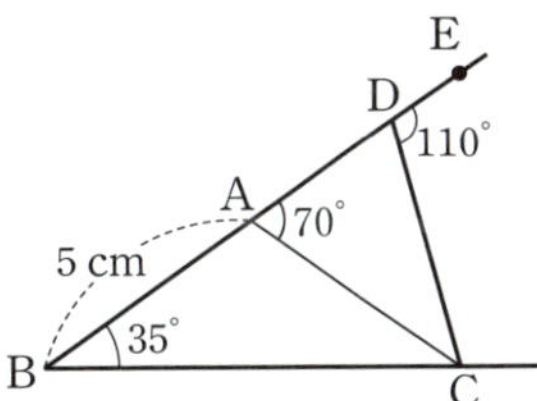

Help $\angle ACB=70°-35°=35°$이므로 $\triangle ABC$는 이등변삼각형이다.

8.
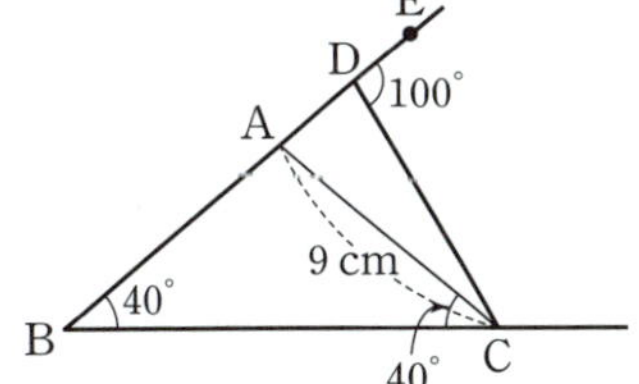

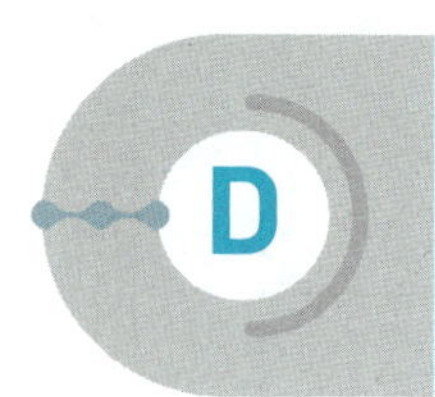

D 폭이 일정한 종이접기

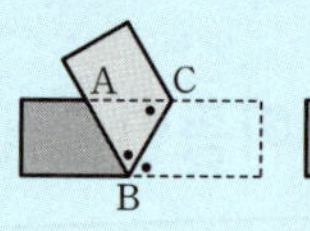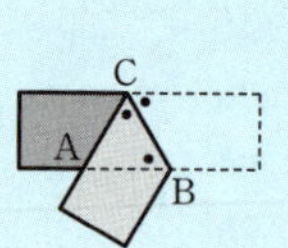

■ 다음 그림과 같이 직사각형 모양의 종이를 접었을 때, $\angle x$의 크기를 구하시오.

1.

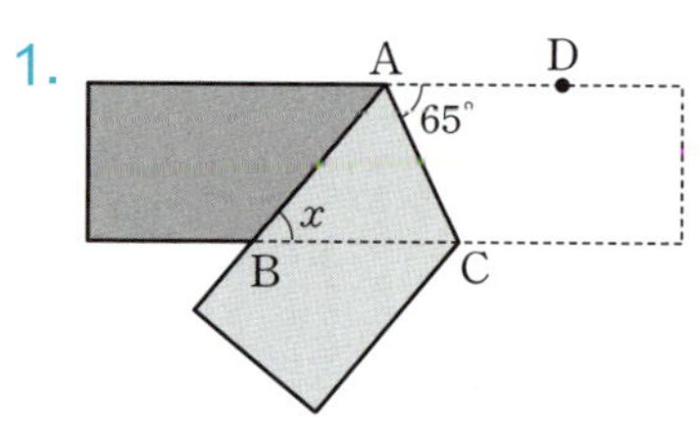

Help $\angle BAC = \angle DAC = 65°$ (접은 각)
$\angle ACB = \angle DAC = 65°$ (엇각)

■ 다음 그림과 같이 직사각형 모양의 종이를 접었을 때, x의 값을 구하시오.

4.

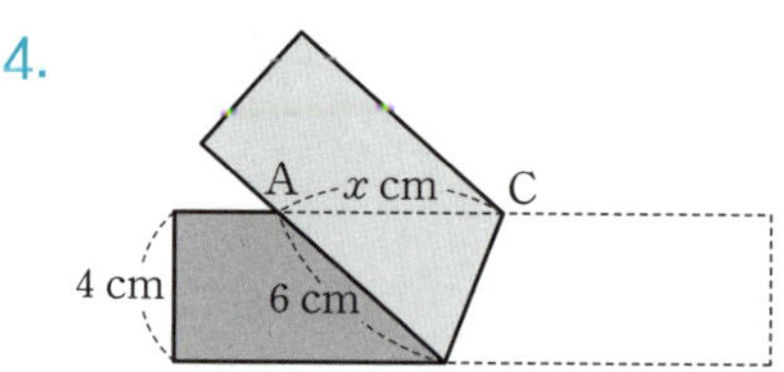

Help △ABC는 이등변삼각형이다.

2.

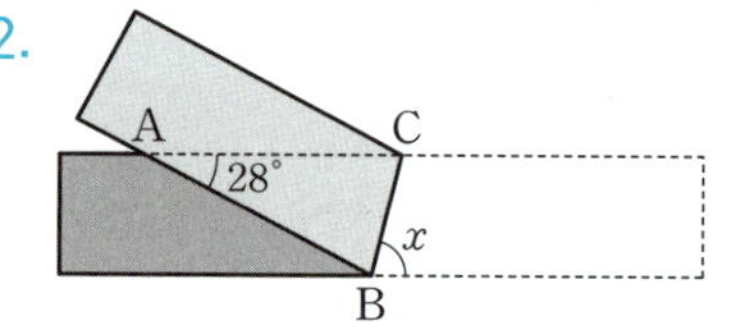

Help $\angle ABC = \angle x$ (접은 각), $\angle ACB = \angle x$ (엇각)

5.

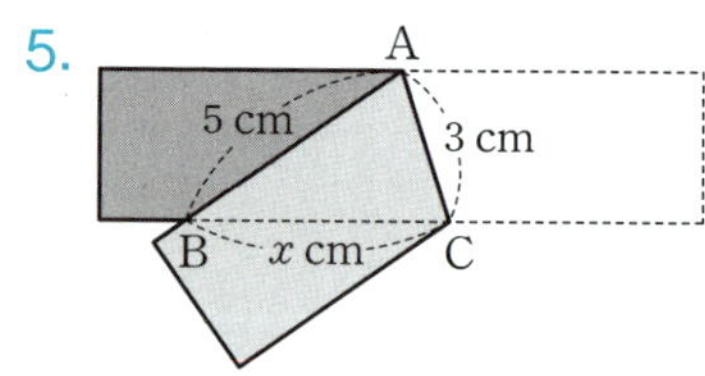

3.

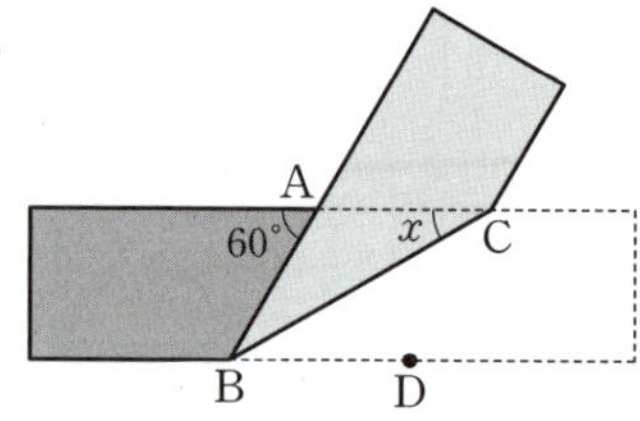

6.

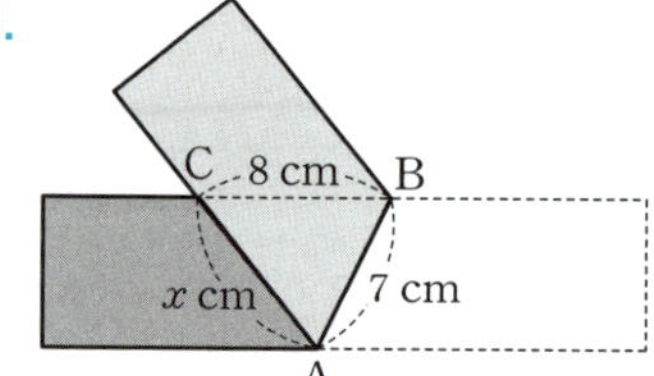

[1~4] 이등변삼각형의 성질을 이용하여 각의 크기 구하기

앗! 실수 적중률 80%

1. 오른쪽 그림에서 $\overline{AB}=\overline{AC}=\overline{DC}$이고 ∠B=42°일 때, ∠$x$−∠$y$의 크기를 구하시오.

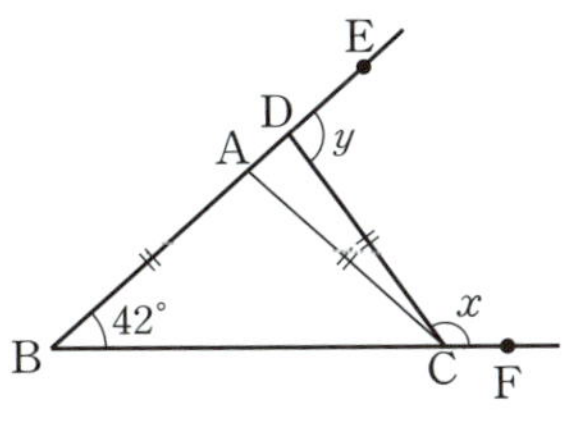

2. 오른쪽 그림과 같이 $\overline{AB}=\overline{AC}$인 이등변삼각형 ABC에서 $\overline{AD}=\overline{BD}=\overline{BC}$일 때, ∠A의 크기는?

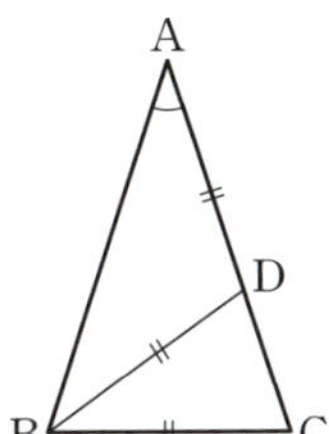

① 30° ② 33°
③ 36° ④ 38°
⑤ 40°

3. 오른쪽 그림과 같은 △ABC에서 $\overline{AB}=\overline{AD}$, ∠BAD=∠DAC이고 ∠C=33°일 때, ∠x의 크기는?

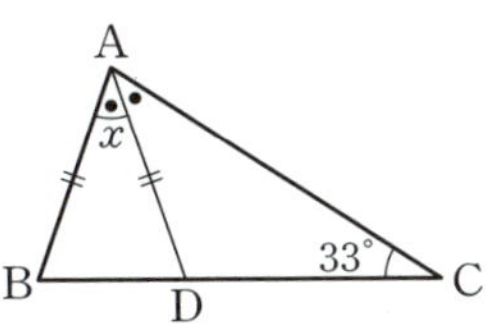

① 38° ② 39° ③ 40°
④ 41° ⑤ 42°

적중률 80%

4. 오른쪽 그림에서 △ABC는 $\overline{AB}=\overline{AC}$인 이등변삼각형이다. ∠B의 이등분선과 ∠C의 외각의 이등분선의 교점을 D라 할 때, ∠x의 크기는?

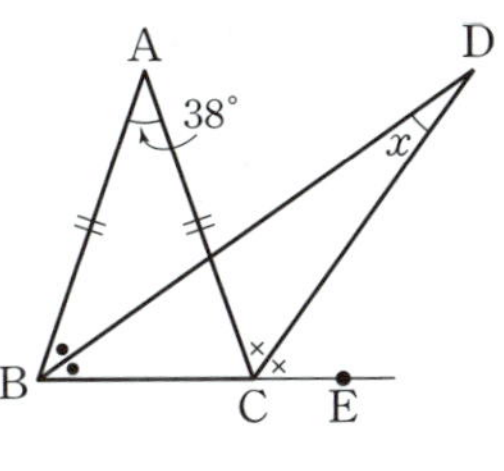

① 16° ② 17° ③ 18°
④ 19° ⑤ 20°

[5~6] 이등변삼각형이 되는 조건

5. 오른쪽 그림과 같이 ∠C=90°인 직각삼각형 ABC에서 $\overline{AD}=\overline{CD}$이고 $\overline{AC}=5$ cm, ∠B=30°일 때, $\overline{AB}$의 길이를 구하시오.

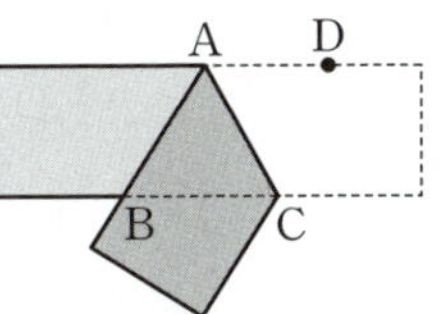

Help △ADC는 정삼각형이다.

적중률 80%

6. 오른쪽 그림과 같이 직사각형 모양의 종이를 접었을 때, 다음 중 옳지 <u>않은</u> 것은?

① ∠DAC=∠BCA ② ∠DAC=∠BAC
③ ∠BAC=∠BCA ④ $\overline{BA}=\overline{BC}$
⑤ $\overline{AB}=\overline{AC}$

03 직각삼각형의 합동 조건

● **직각삼각형의 합동 조건**

두 직각삼각형은 다음의 각 경우에 서로 합동이다.

① 두 **직각**삼각형의 **빗변**의 길이와 한 **예각**의 크기
　　R　　　　　　H　　　　　　　A
가 각각 같을 때
　　$\angle C = \angle F = 90°$, $\overline{AB} = \overline{DE}$, $\angle B = \angle E$
　　$\Rightarrow \triangle ABC \equiv \triangle DEF$ (**RHA 합동**)

② 두 **직각**삼각형의 **빗변**의 길이와 다른 **한 변**의 길
　　R　　　　　　H　　　　　　　　　S
이가 각각 같을 때
　　$\angle C = \angle F = 90°$, $\overline{AB} = \overline{DE}$, $\overline{AC} = \overline{DF}$
　　$\Rightarrow \triangle ABC \equiv \triangle DEF$ (**RHS 합동**)

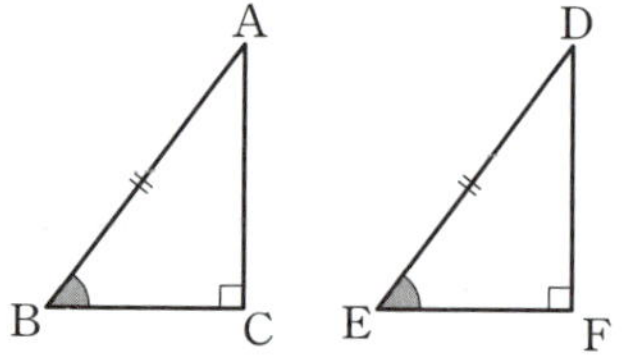
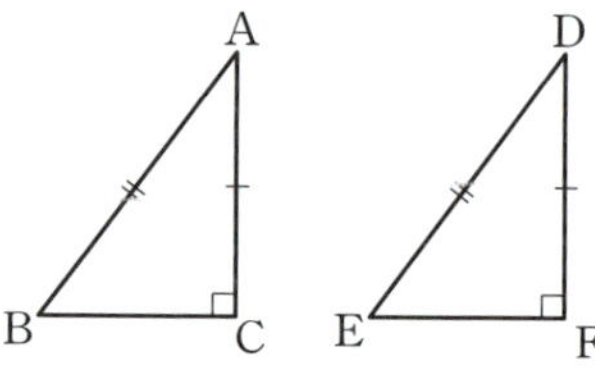

● **각의 이등분선의 성질**

① 각의 이등분선 위의 임의의 점에서 그 각을 이루는 두 변까지의 거리는 같다.
　　$\Rightarrow \angle XOP = \angle YOP$이면
　　　　$\overline{PA} = \overline{PB}$

② 각의 두 변에서 같은 거리에 있는 점은 그 각의 이등분선 위에 있다.
　　$\Rightarrow \overline{PA} = \overline{PB}$이면
　　　　$\angle XOP = \angle YOP$

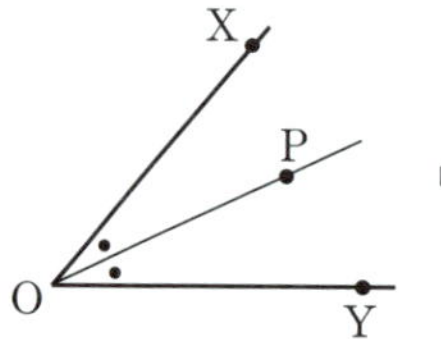
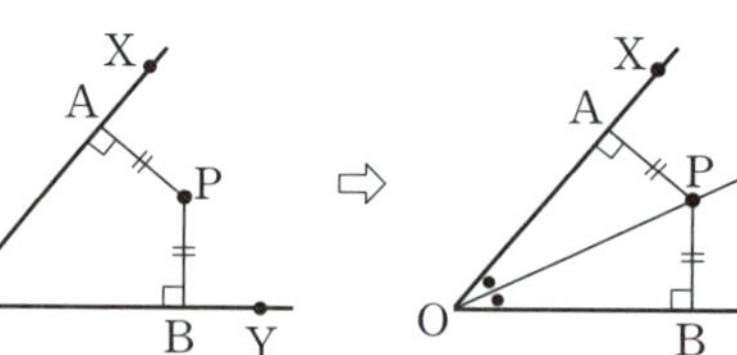
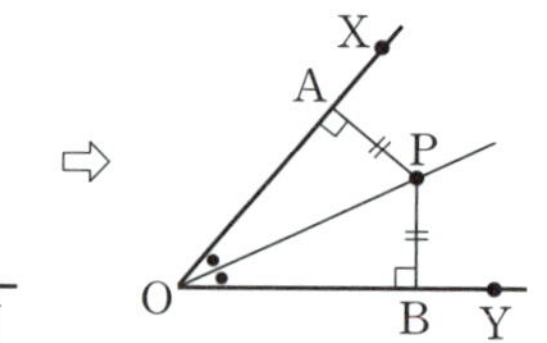

오른쪽 그림에서 $\overline{AB} = 10$, $\overline{DC} = 3$일 때, $\triangle ABD$의 넓이를 구해 보자.
두 직각삼각형 $\triangle ADE$와 $\triangle ADC$에서
빗변인 $\overline{AD}$는 공통, $\angle EAD = \angle CAD$
따라서 $\triangle AED \equiv \triangle ACD$ (**RHA 합동**)이므로
$\overline{DE} = \overline{DC} = 3$　　$\therefore \triangle ABD = \dfrac{1}{2} \times 10 \times 3 = 15$

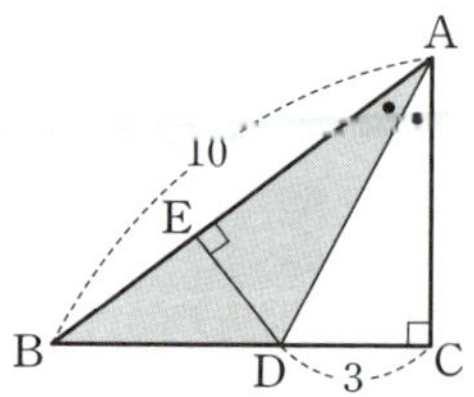

바빠꿀팁

- 삼각형의 합동 조건은 세 가지 SSS 합동, SAS 합동, ASA 합동으로 배웠지. 두 삼각형이 특별하게 직각삼각형일 때는 **RHA 합동**, **RHS 합동**도 있어.
- RHA 합동, RHS 합동에서
  R: 직각 (Right angle)
  H: 빗변 (Hypotenuse)
  A: 각 (Angle)
  S: 변 (Side)

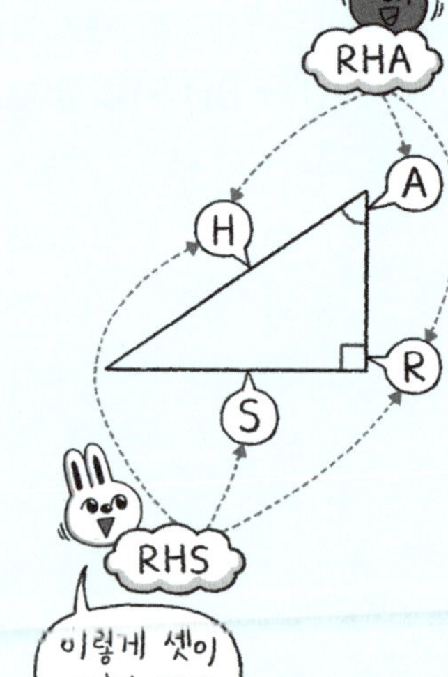

출동! X맨과 O맨

아래 그림과 같은 두 직각삼각형에서

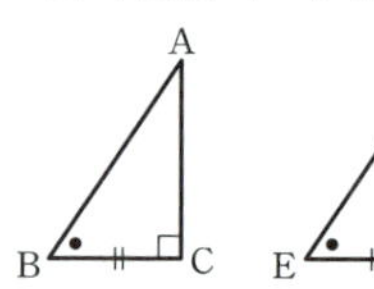

- 두 직각삼각형은 RHA 합동이다.
　　　　　　　　　　(×)
➡ 빗변의 길이가 같지 않아 RHA 합동이 아니야.

- 두 직각삼각형은 ASA 합동이다.
　　　　　　　　　　(○)
➡ 한 변의 길이가 같고 그 양 끝 각의 크기가 같으므로 ASA 합동이야.

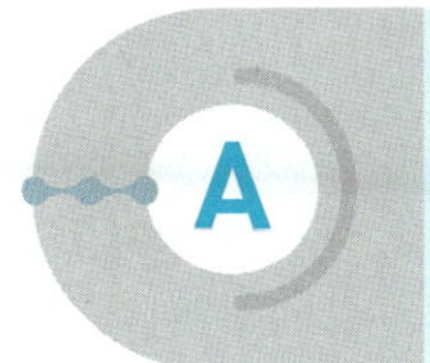

A 직각삼각형의 합동 조건 -RHA 합동

- 두 삼각형이 직각삼각형이고
- 빗변의 길이가 같고
- 직각을 제외한 나머지 각 중 어느 한 각의 크기가 같으면
⇨ RHA 합동 아하! 그렇구나~

1. 오른쪽 그림의 삼각형과 합동인 삼각형을 보기에서 모두 고르시오.

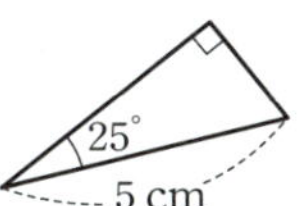

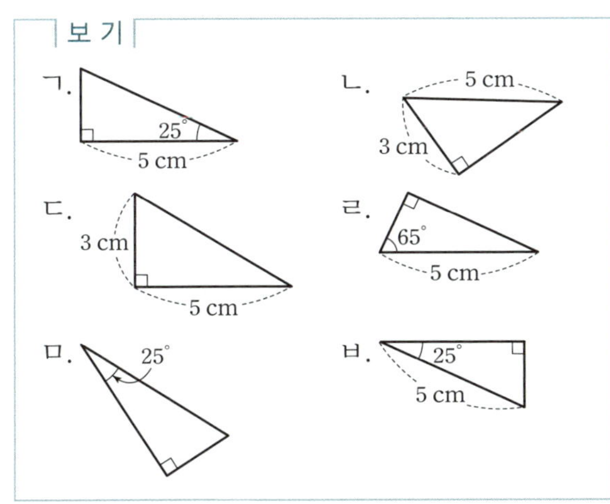

보 기

ㄱ. / ㄴ. / ㄷ. / ㄹ. / ㅁ. / ㅂ.

■ 다음 그림에서 $\overline{EF}$의 길이를 구하시오.

2.

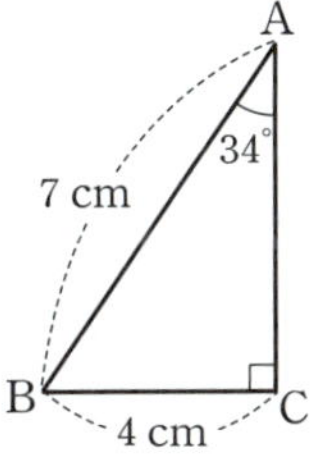 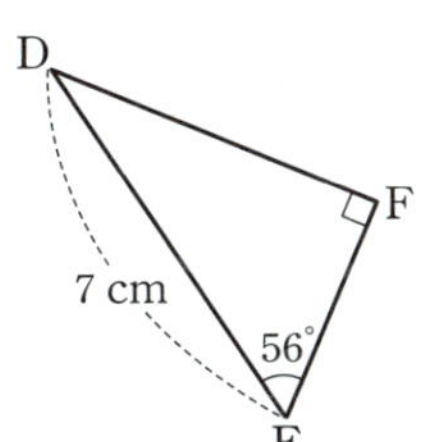

3.

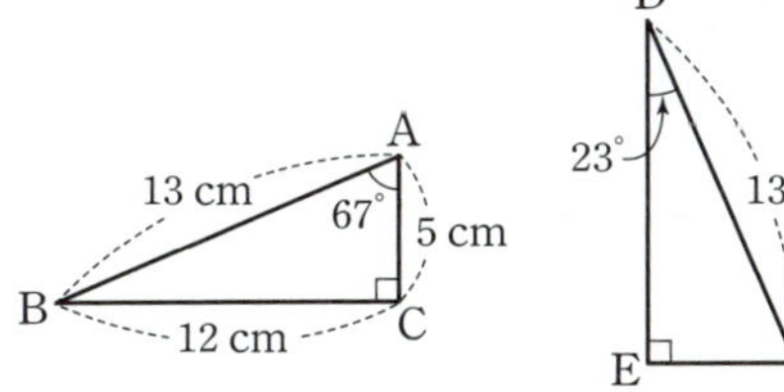

■ 다음 □ 안에 알맞은 값을 써넣으시오.

4.

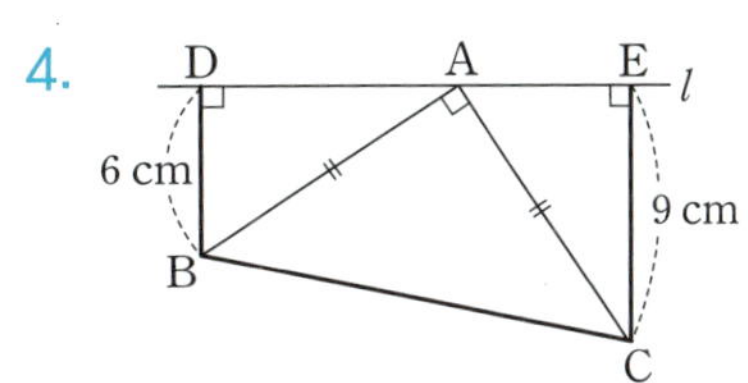

$\overline{DE} =$ ⬚

Help △DBA≡△EAC이므로 $\overline{DA}=\overline{EC}$, $\overline{BD}=\overline{AE}$

5.

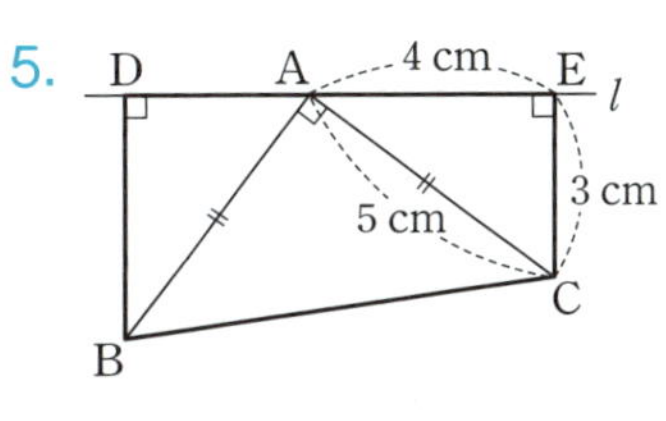

$\overline{DE} =$ ⬚

6.

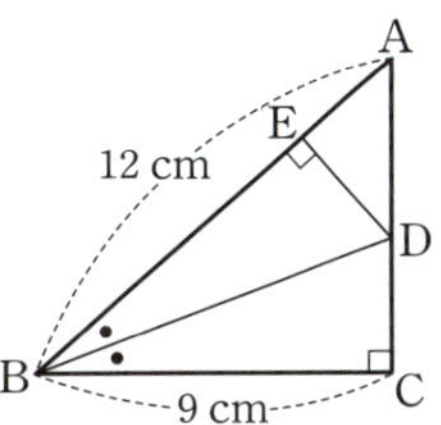

$\overline{AE} =$ ⬚

앗! 실수

7.

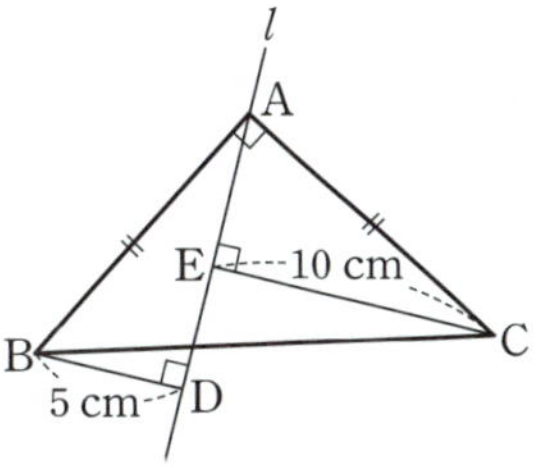

$\overline{DE} =$ ⬚

Help △ABD≡△CAE이므로 $\overline{AD}=\overline{CE}$, $\overline{BD}=\overline{AE}$

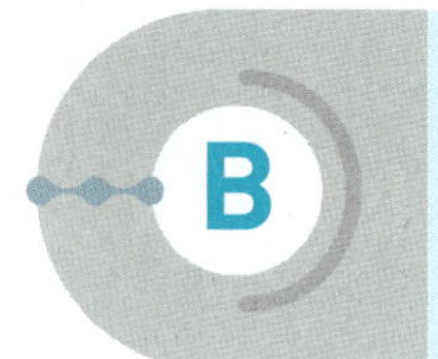

직각삼각형의 합동 조건 - RHS 합동

■ 다음 ☐ 안에 알맞은 값을 써넣으시오.

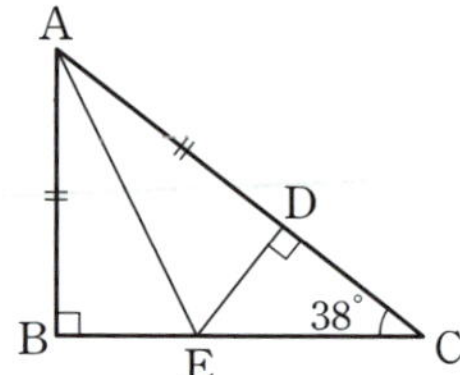

1. $\angle \mathrm{BAE} =$ ☐

2. $\angle \mathrm{AEB} =$ ☐

■ 다음 ☐ 안에 알맞은 값을 써넣으시오.

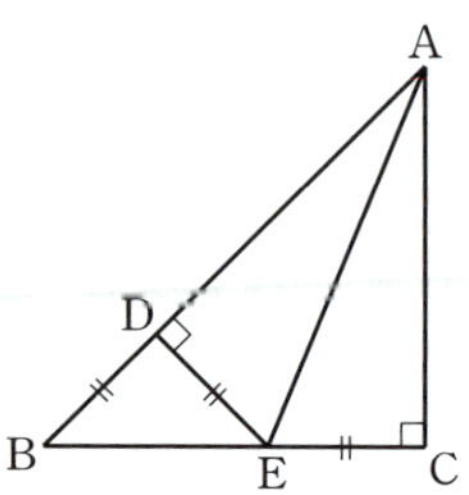

앗! 실수

3. $\angle \mathrm{AED} =$ ☐

   Help △DBE는 직각이등변삼각형이므로
   $\angle \mathrm{DBE} = \angle \mathrm{DEB} = 45°$

4. $\angle \mathrm{BAE} =$ ☐

■ 다음 ☐ 안에 알맞은 값을 써넣으시오.

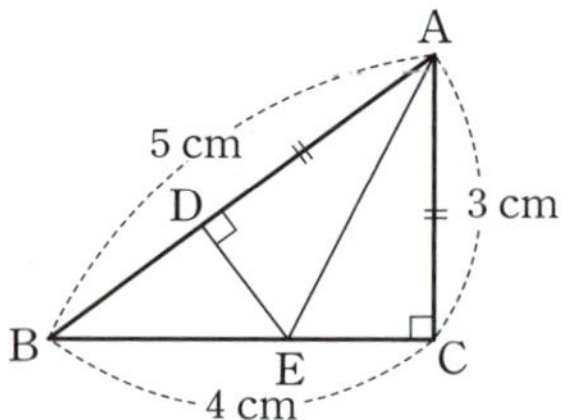

5. $\overline{\mathrm{DB}} =$ ☐

   Help △ADE≡△ACE (RHS 합동)

6. $\overline{\mathrm{ED}} + \overline{\mathrm{BE}} =$ ☐

■ 다음 ☐ 안에 알맞은 값을 써넣으시오.

7. 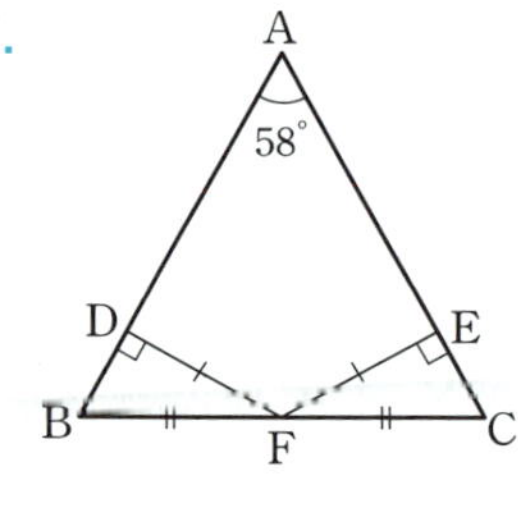

   $\angle \mathrm{DFB} =$ ☐

   Help △DBF≡△ECF이므로 $\angle \mathrm{DBF} = \angle \mathrm{ECF}$

8. 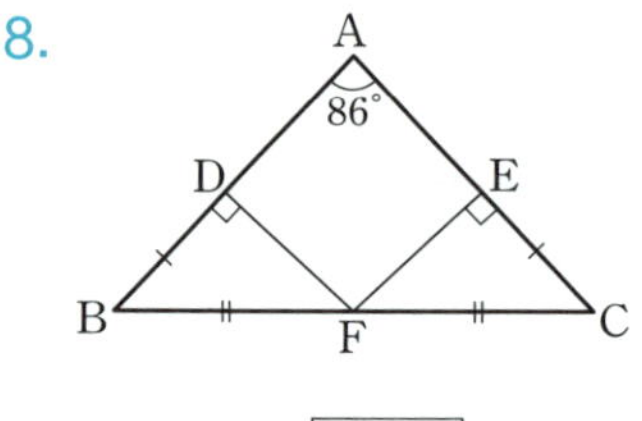

   $\angle \mathrm{DFB} =$ ☐

직각삼각형의 합동 조건의 응용
- 각의 이등분선의 성질

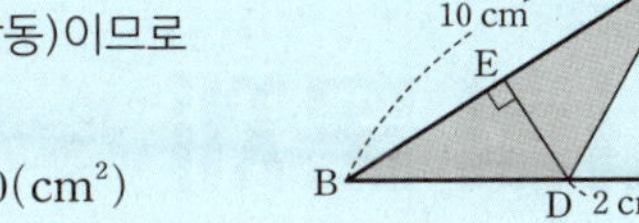
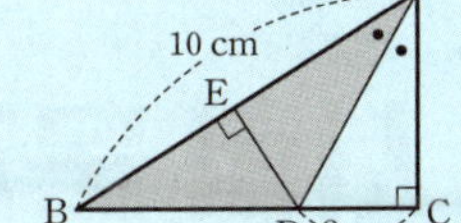

△ABD의 넓이를 구해 보자.
△AED≡△ACD (RHA 합동)이므로
$\overline{ED}=\overline{CD}=2\,(cm)$
∴ $\triangle ABD = \dfrac{1}{2} \times 10 \times 2 = 10\,(cm^2)$

■ 다음 그림에서 □ 안에 알맞은 넓이를 구하시오.

1.  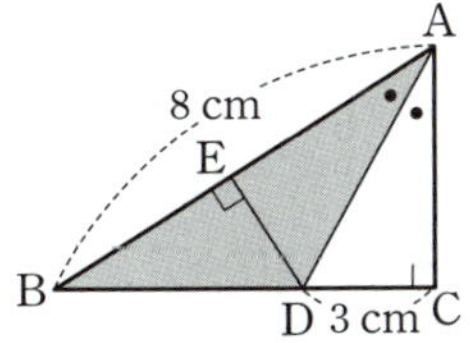 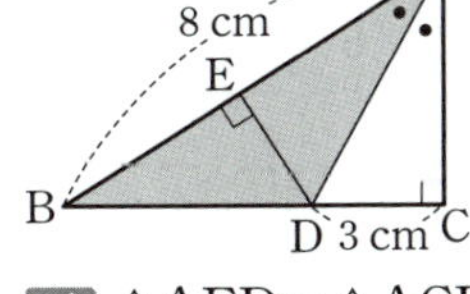

△ABD =

Help △AED≡△ACD (RHA 합동)

2.  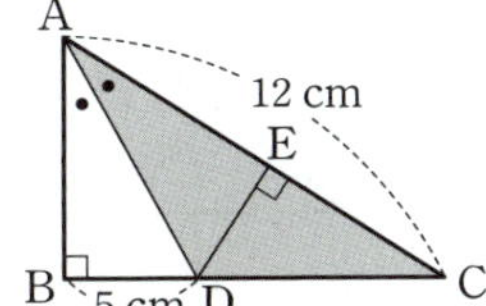

△ADC =

■ 다음 그림에서 $\angle x$의 크기를 구하시오.

3. 

4. 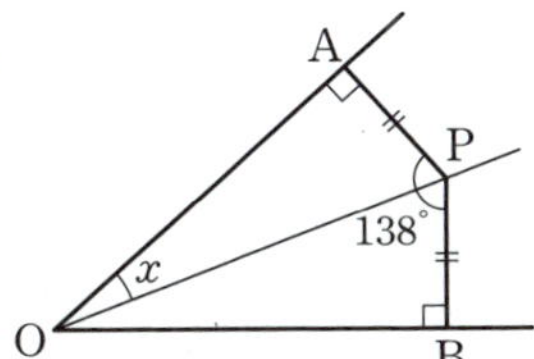

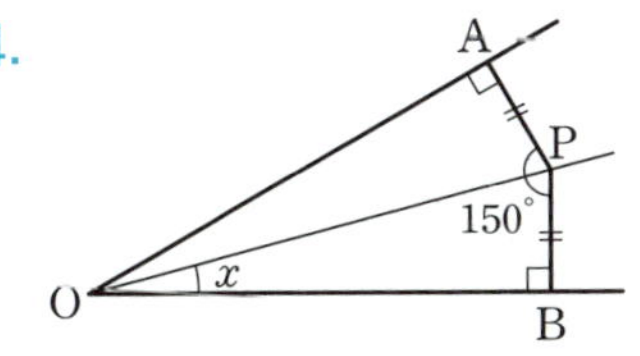

■ 다음 그림과 같이 삼각형의 넓이가 주어졌을 때, $\overline{BD}$의 길이를 구하시오.

5.  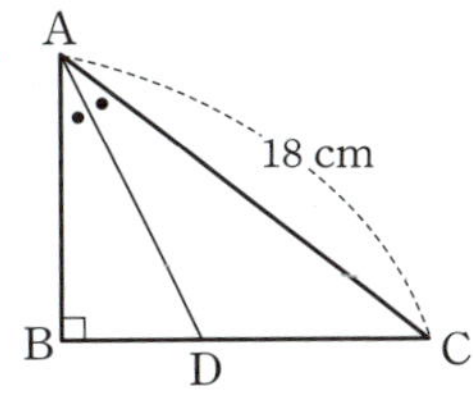

△ADC = 36 cm²

Help 점 D에서 $\overline{AC}$에 수선의 발을 내려서 합동인 삼각형을 찾는다.

6.  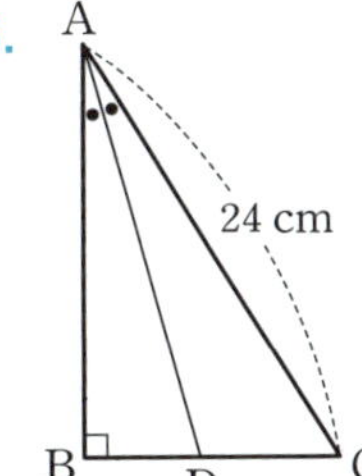

△ADC = 24 cm²

7. 오른쪽 그림에서 △ABC가 $\overline{AC}=\overline{BC}$인 직각이등변삼각형일 때, △AED의 넓이를 구하시오.

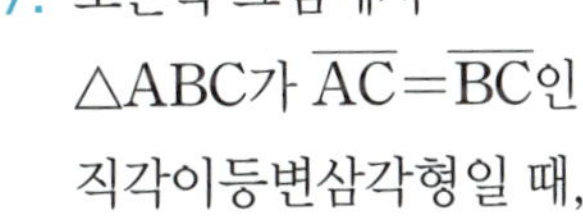
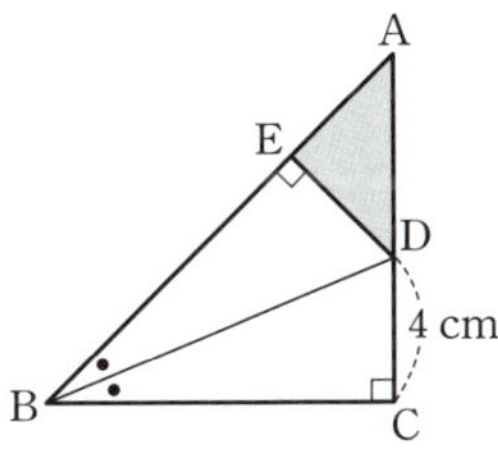

8. 오른쪽 그림에서 △ABC가 $\overline{AB}=\overline{BC}$인 직각이등변삼각형일 때, △ADE의 넓이를 구하시오.

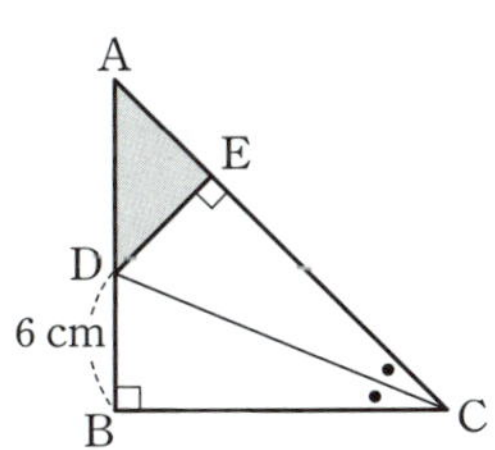

거저먹는 시험 문제

[1~5] 직각삼각형의 합동 조건

1. 오른쪽 그림과 같이 선분 AB의 중점 M을 지나는 직선 l에 선분 AB의 양 끝 점 A, B에서 내린 수선의 발을 각각 C, D라 하자. ∠MAC=56°일 때, $x+y$의 값을 구하시오.

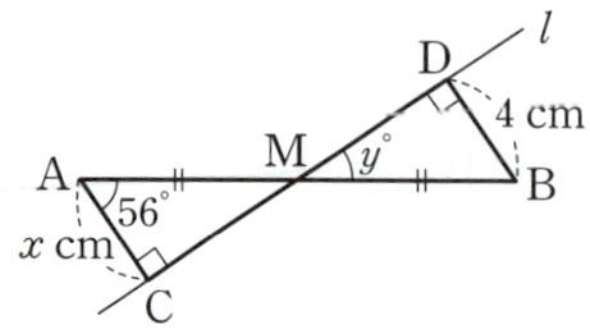

적중률 80%

2. 다음 중 오른쪽 그림의 ∠C=∠F=90°인 두 직각삼각형 ABC와 DEF가 합동이 되는 조건이 <u>아닌</u> 것은?

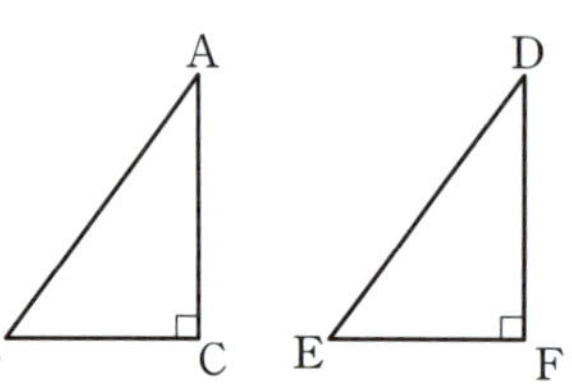

① $\overline{AB}=\overline{DE}$, ∠B=∠E
② $\overline{BC}=\overline{EF}$, $\overline{AC}=\overline{DF}$
③ ∠A=∠D, ∠B=∠E
④ $\overline{AB}=\overline{DE}$, $\overline{AC}=\overline{DF}$
⑤ $\overline{AC}=\overline{DF}$, ∠A=∠D

3. 오른쪽 그림과 같이 ∠A=90°이고 $\overline{AB}=\overline{AC}$인 직각이등변삼각형 ABC의 꼭짓점 B, C에서 꼭짓점 A를 지나는 직선 l에 내린 수선의 발을 각각 D, E라 하자. $\overline{BD}=7$ cm, $\overline{CE}=11$ cm일 때, $\overline{DE}$의 길이를 구하시오.

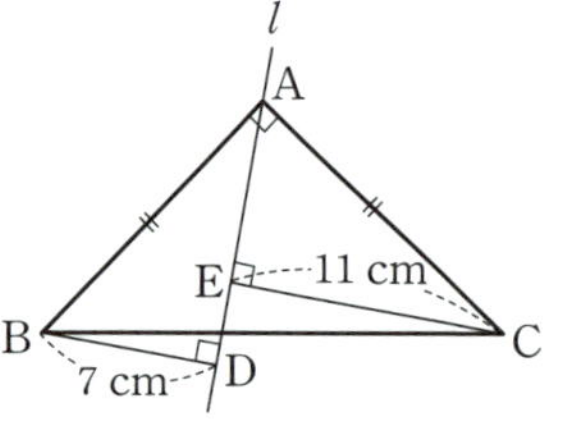

4. 오른쪽 그림과 같이 ∠B=90°인 직각삼각형 ABC에서 $\overline{AC}⊥\overline{ED}$이고 $\overline{AB}=\overline{AD}$이다. ∠EAD=28°일 때, ∠DEC의 크기를 구하시오.

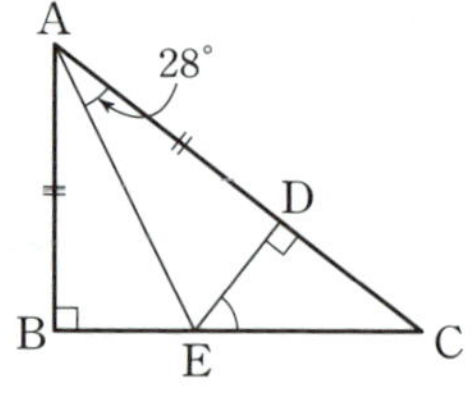

적중률 90%

5. 오른쪽 그림과 같이 ∠C=90°인 직각삼각형 ABC에서 $\overline{AC}=\overline{AD}$이고 ∠ADE=90°일 때, 다음 중 옳지 <u>않은</u> 것은?

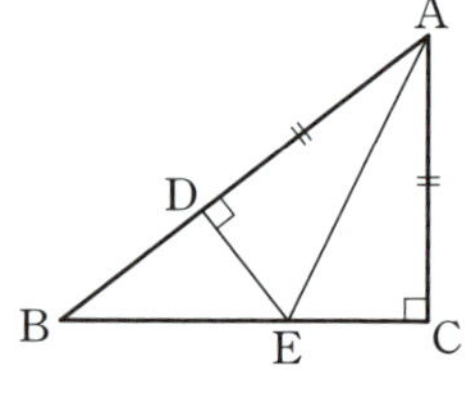

① △ADE≡△ACE
② $\overline{DE}=\overline{CE}$
③ ∠DEA=∠CEA
④ $\overline{BE}=\overline{EC}$
⑤ ∠DAE=∠CAE

[6] 직각삼각형의 합동 조건의 응용

앗! 실수

6. 오른쪽 그림과 같이 ∠C=90°인 직각삼각형 ABC에서 $\overline{AB}⊥\overline{ED}$이다. $\overline{AB}=10$ cm, $\overline{BC}=8$ cm, $\overline{AC}=6$ cm일 때, △BED의 둘레의 길이를 구하시오.

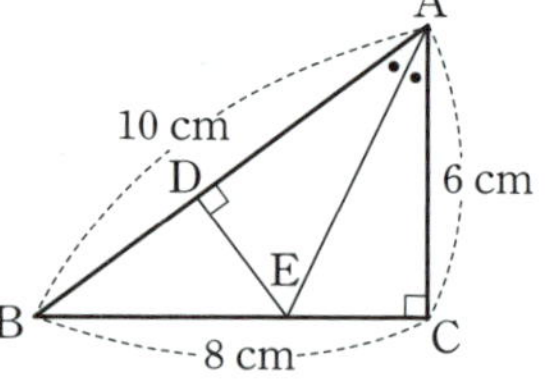

04 삼각형의 외심

● 삼각형의 외심

① 삼각형의 외접원과 외심

△ABC의 세 꼭짓점이 원 O 위에 있을 때, 원 O는 △ABC에 **외접**한다고 한다. 이때 원 O를 △ABC의 **외접원**이라 하고, 외접원의 중심 O를 **외심**이라 한다.

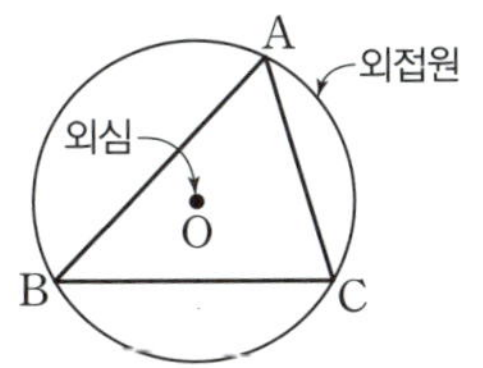

② 삼각형의 외심의 성질

- 삼각형의 **세 변의 수직이등분선은 한 점(외심)에서 만난다.**
- 외심에서 **세 꼭짓점에 이르는 거리는 같다.**
  ⇨ $\overline{OA}=\overline{OB}=\overline{OC}=$(외접원의 반지름의 길이)

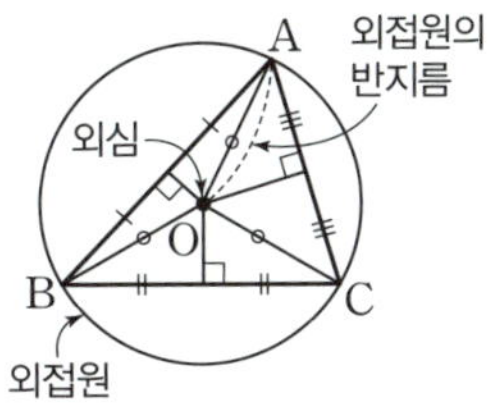

③ 삼각형의 외심의 위치

예각삼각형	둔각삼각형	직각삼각형
		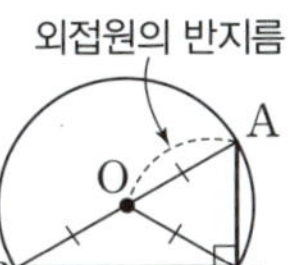
삼각형의 내부	삼각형의 외부	**빗변의 중점**

● 삼각형의 외심의 응용

점 O가 △ABC의 외심일 때, 다음이 성립한다.

① $\angle x+\angle y+\angle z=90°$

$\angle A+\angle B+\angle C=180°$

$2(\angle x+\angle y+\angle z)=180°$

$\therefore \angle x+\angle y+\angle z=90°$

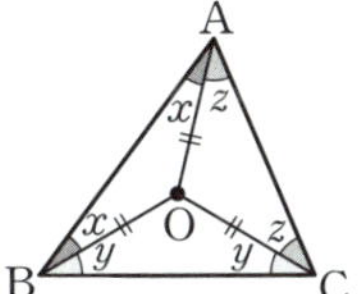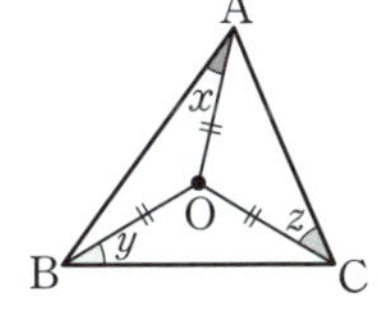

② $\angle BOC=2\angle A$

$\angle BOC=2 \cdot +2\times$

$\quad\quad\quad=2(\cdot +\times)$

$\quad\quad\quad=2\angle A$

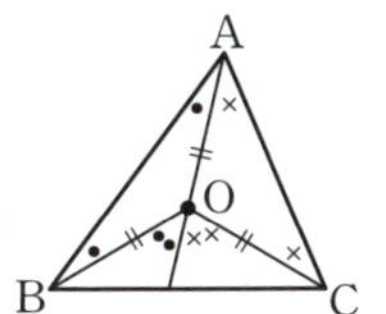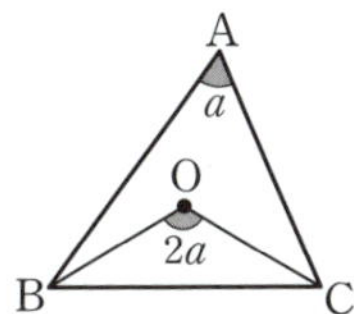

바빠꿀팁

여러 삼각형의 외심 중에서 시험에 가장 많이 출제되는 것은 직각삼각형에서의 외심이야. **빗변의 길이의 반이 외접원의 반지름의 길이**가 된다는 사실을 잊으면 안 돼.

따라서 아래 그림과 같이 △OBC, △OCA 모두 이등변삼각형이 돼.

앗! 실수

다음 단원에서 내심을 배우고 나면 이 단원에서 배운 외심의 성질이 내심의 성질과 헷갈려서 문제를 많이 틀려. 오른쪽 그림과 같이 그림으로 확실히 기억하자.

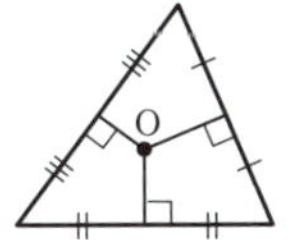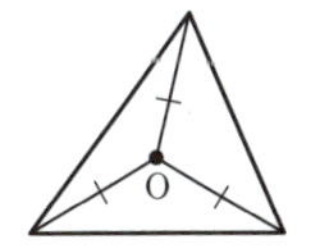

삼각형의 외심

점 O가 △ABC의 외심일 때,
- 삼각형의 외심은 세 변의 수직이등분선의 교점
- 삼각형의 외심에서 세 꼭짓점에 이르는 거리는 같아. ⇨ $\overline{OA}=\overline{OB}=\overline{OC}$

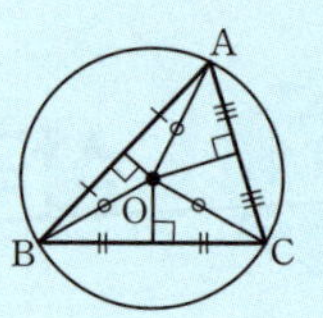

■ 오른쪽 그림에서 점 O가 △ABC의 외심일 때, 다음 중 항상 옳은 것은 ○를, 옳지 <u>않은</u> 것은 ×를 하시오.

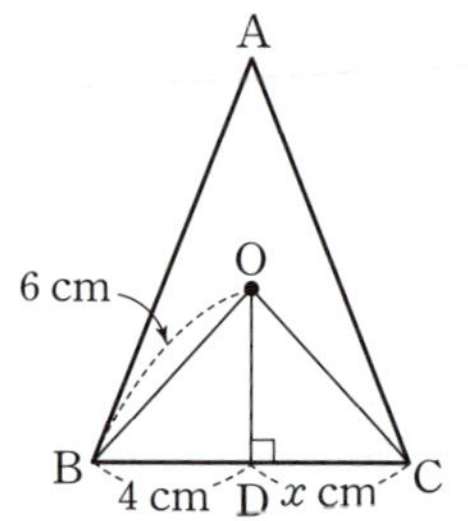

1. $\angle AOD=\angle AOF$

____

2. $\overline{AD}=\overline{BD}$

____

3. $\overline{OA}=\overline{OB}$

____

4. $\overline{CE}=\overline{CF}$

____

5. $\angle OAD=\angle OBD$

____

Help 외심에서 세 꼭짓점에 이르는 거리는 같으므로 △OAB는 이등변삼각형이다.

6. $\overline{OD}=\overline{OE}=\overline{OF}$

____

■ 다음 그림에서 점 O가 △ABC의 외심일 때, x의 값을 구하시오.

7.

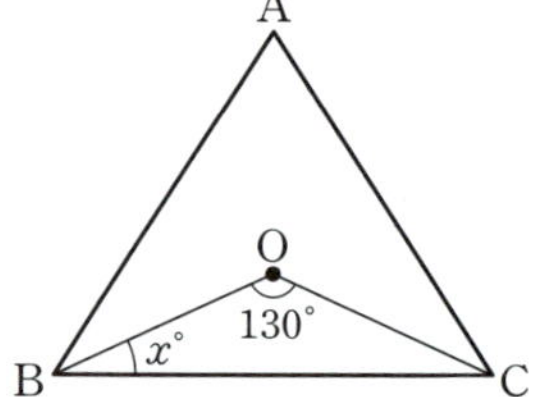

8.

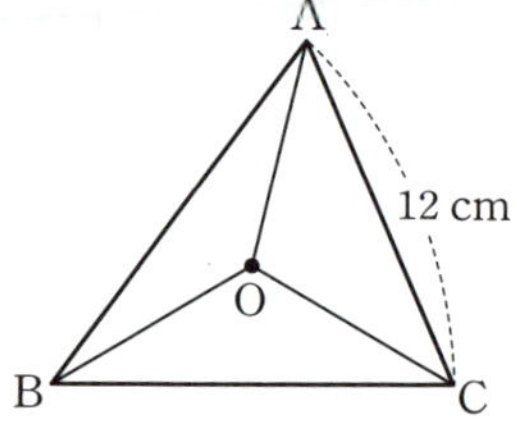

■ 다음 그림에서 점 O가 △ABC의 외심일 때, 주어진 조건을 이용하여 외접원의 반지름의 길이를 구하시오.

9.

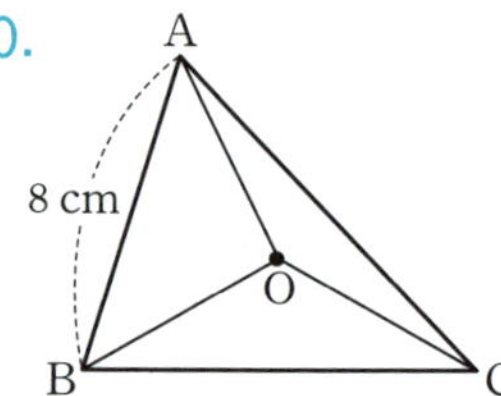

△AOC의 둘레의 길이는 32 cm

10.

△ABO의 둘레의 길이는 20 cm

B 직각삼각형의 외심

직각삼각형 ABC에서 점 O가 빗변 AB의 중점일 때, 점 O는 외심이 돼.
· $\overline{OA}=\overline{OB}=\overline{OC}$
· $\angle OBC=\angle OCB,\ \angle OAC=\angle OCA$

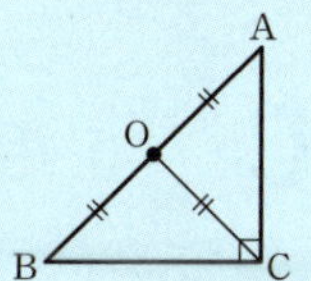

■ 다음 그림에서 점 O가 직각삼각형 ABC의 외심일 때, $\overline{OB}$의 길이를 구하시오.

1.

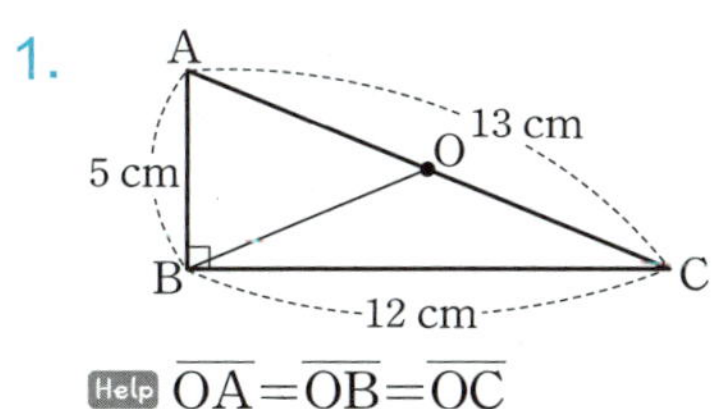

Help $\overline{OA}=\overline{OB}=\overline{OC}$

2.

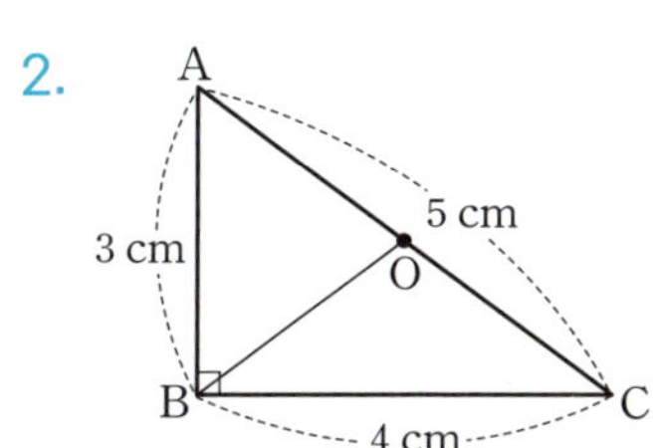

■ 다음 그림에서 점 O가 직각삼각형 ABC의 외심일 때, 빗변의 길이를 구하시오.

3.

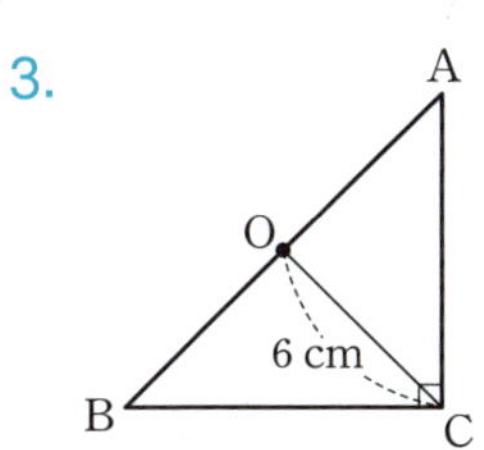

4.

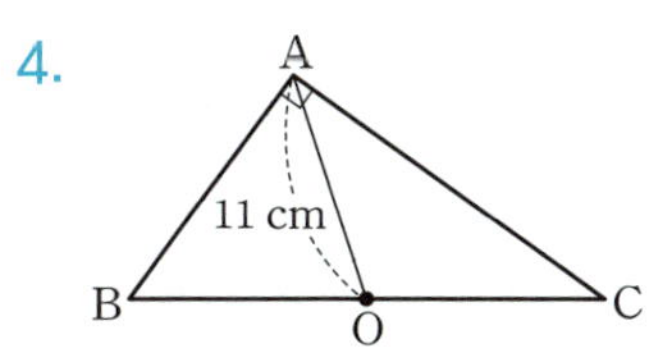

■ 다음 그림에서 점 O가 직각삼각형 ABC의 외심일 때, $\angle x$의 크기를 구하시오.

5.

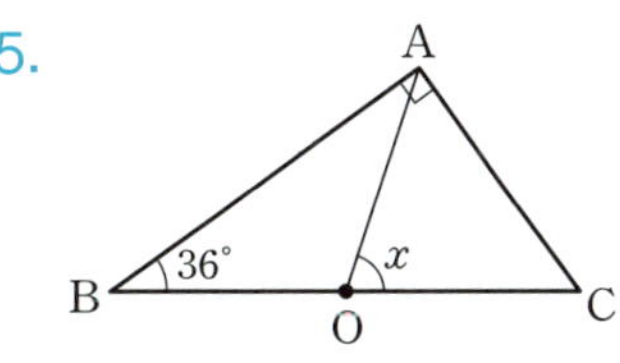

6.

7.

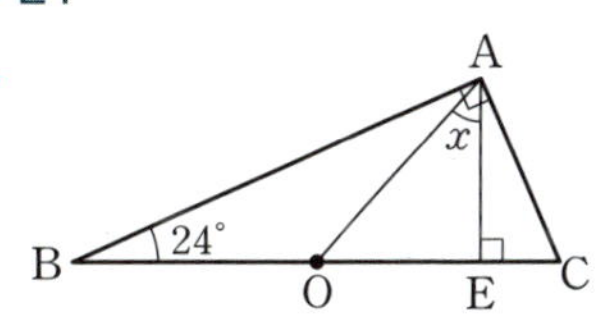

Help $\overline{OA}=\overline{OB}$이므로 $\angle AOE=24°+24°=48°$

8.

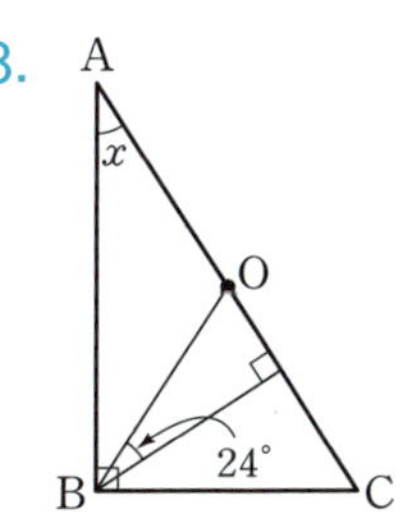

C 둔각삼각형의 외심

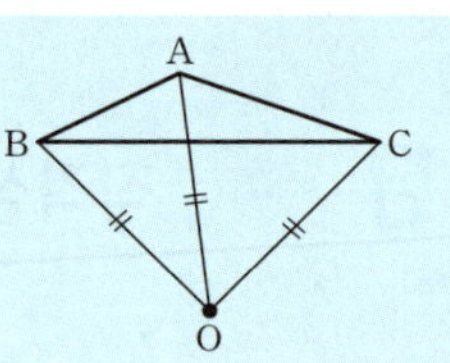

■ 아래 그림에서 점 O가 둔각삼각형 ABC의 외심일 때, 다음을 구하시오.

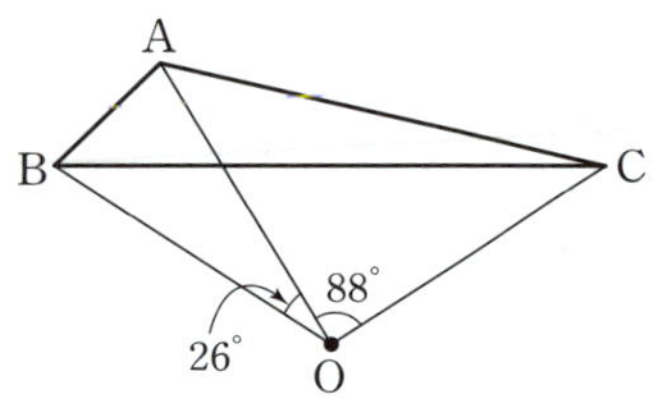

1. ∠ABO의 크기

Help △OAB는 이등변삼각형이다.

2. ∠CBO의 크기

■ 아래 그림에서 점 O가 둔각삼각형 ABC의 외심일 때, 다음을 구하시오.

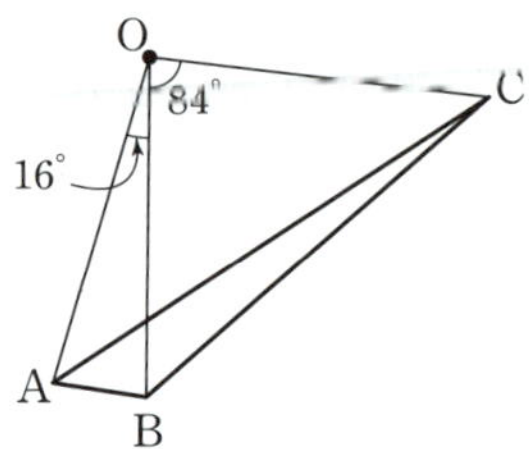

3. ∠ABO의 크기

4. ∠ABC의 크기

■ 아래 그림에서 점 O가 둔각삼각형 ABC의 외심일 때, 다음을 구하시오.

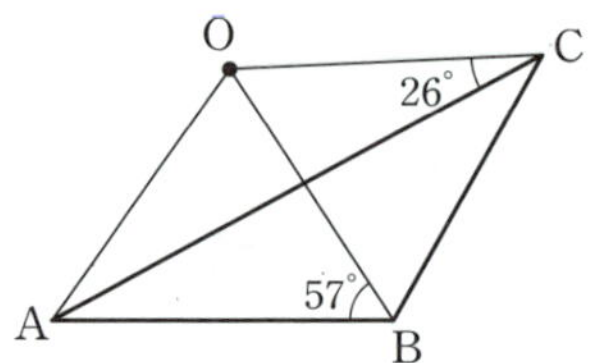

5. ∠AOC의 크기

Help △OAC는 이등변삼각형이다.

6. ∠AOB의 크기

7. ∠BOC의 크기

8. ∠OCB의 크기

9. ∠ACB의 크기

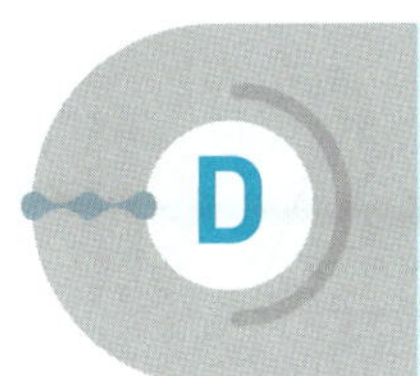

점 O가 △ABC의 외심일 때,
- $\angle BOC = 2\angle A$, $\angle A = \dfrac{1}{2}\angle BOC$
- △OBC는 이등변삼각형이야.

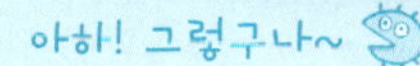
아하! 그렇구나~

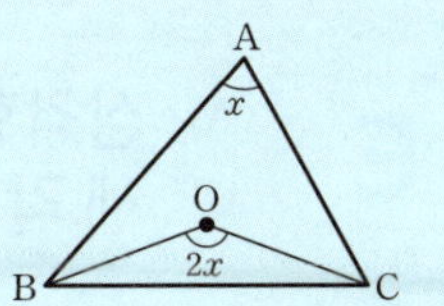

■ 다음 그림에서 점 O가 △ABC의 외심일 때, $\angle x$의 크기를 구하시오.

1.

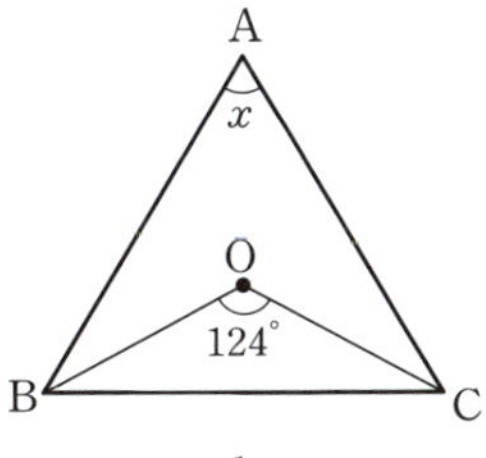

Help $\angle x = \dfrac{1}{2} \times 124°$

2.

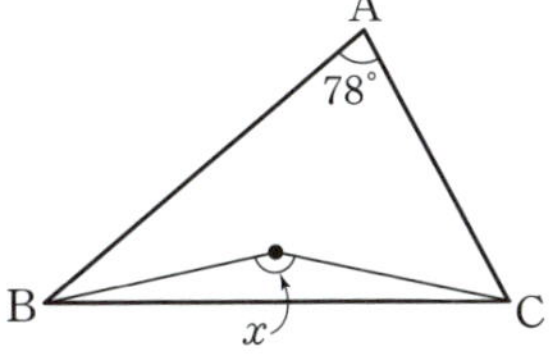

3.

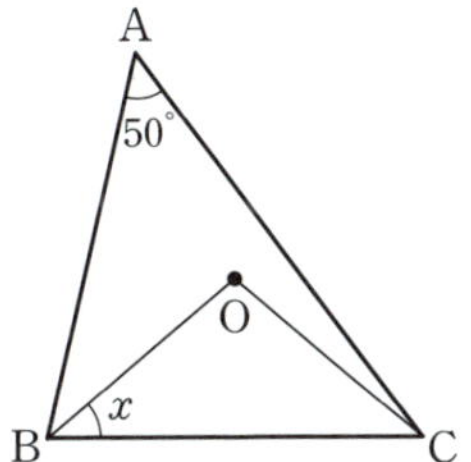

4.

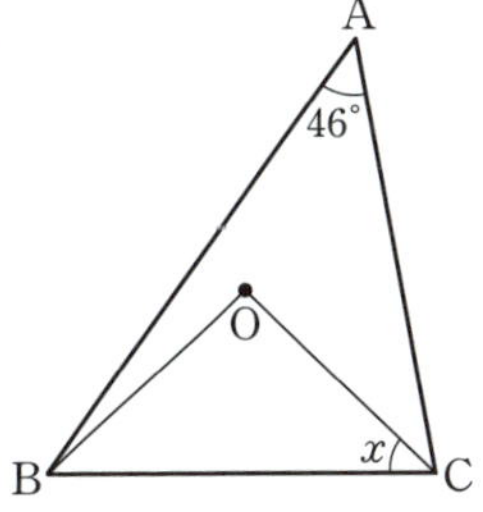

5.

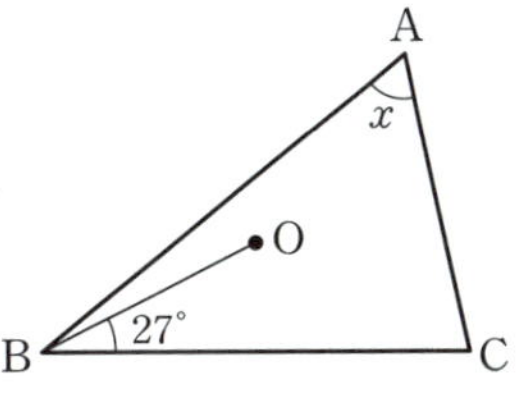

Help 두 점 O와 C를 잇는다.

6.

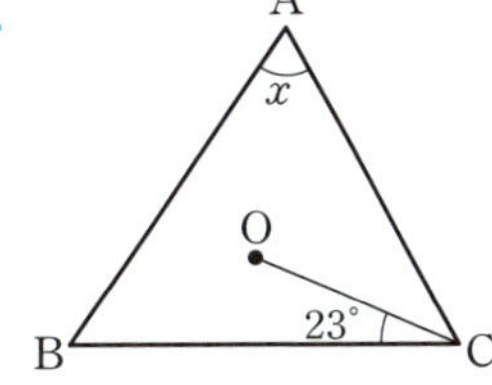

7.

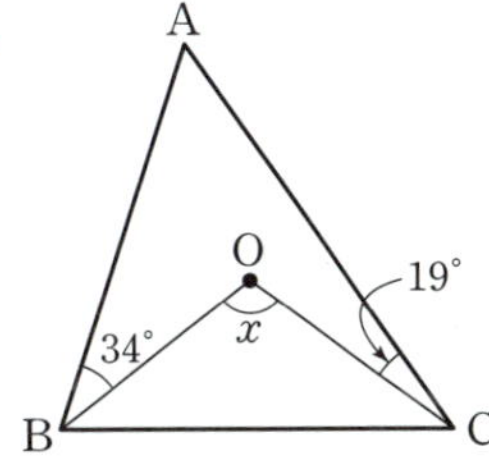

Help 두 점 A와 O를 이으면 $\angle A = \angle ABO + \angle ACO$

8.

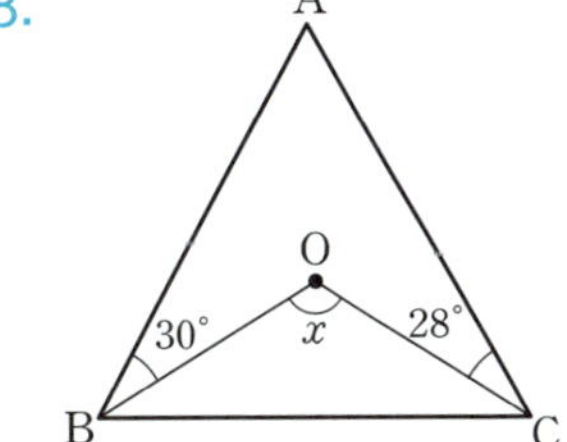

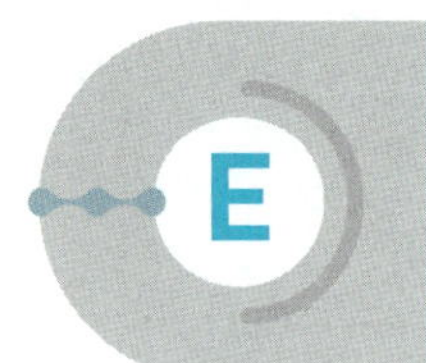

삼각형의 외심을 이용한 세 각의 크기의 합

점 O가 △ABC의 외심일 때,
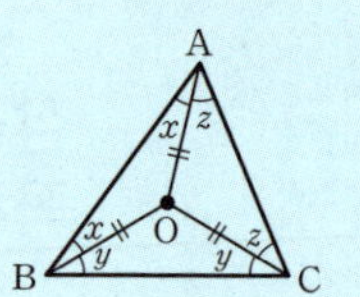
- $\angle x + \angle y + \angle z = 90°$
- △OAB, △OBC, △OCA는 이등변삼각형이야.

■ 다음 그림에서 점 O가 △ABC의 외심일 때, $\angle x$의 크기를 구하시오.

1.

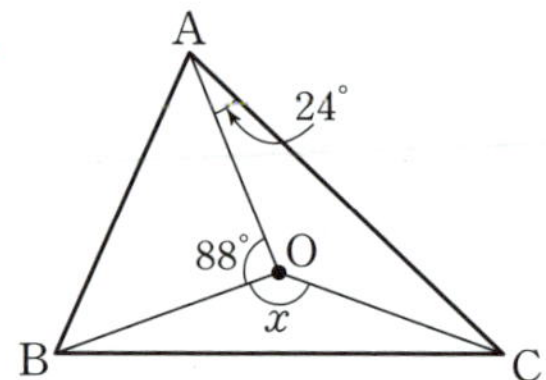

2.

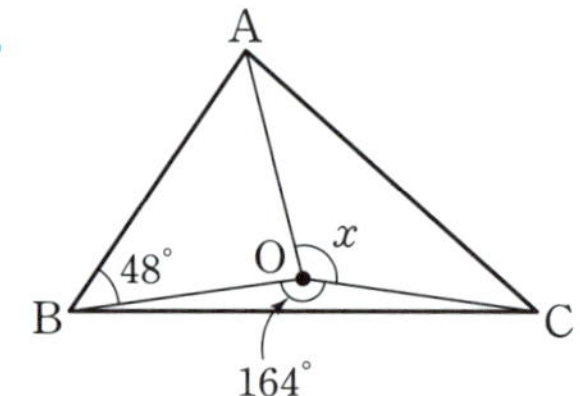

3.

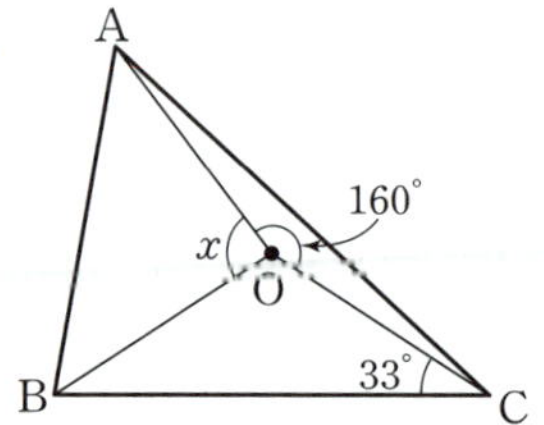

4.

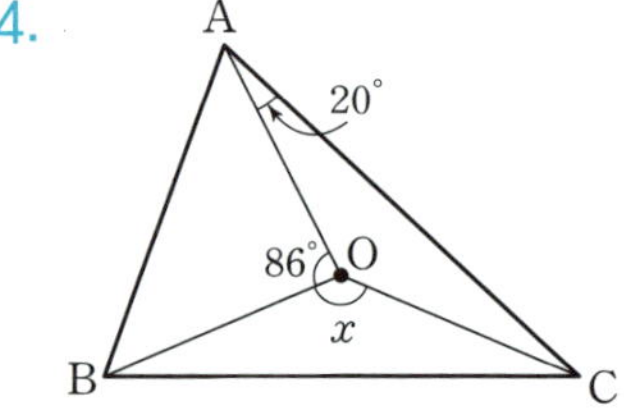

5.

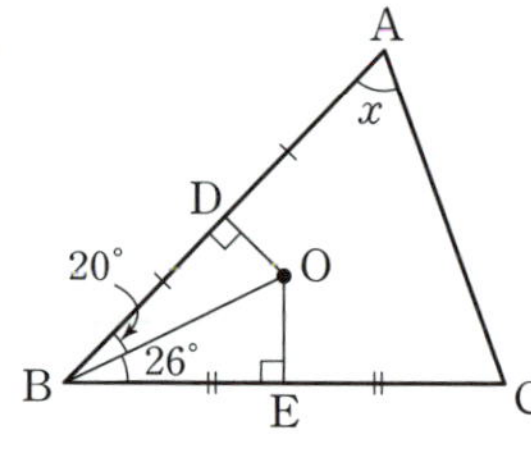

6.

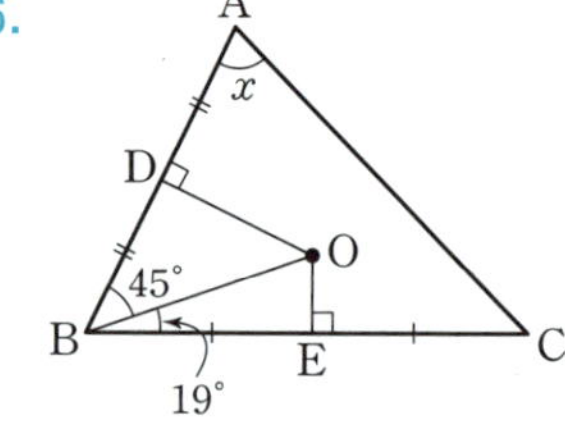

7.

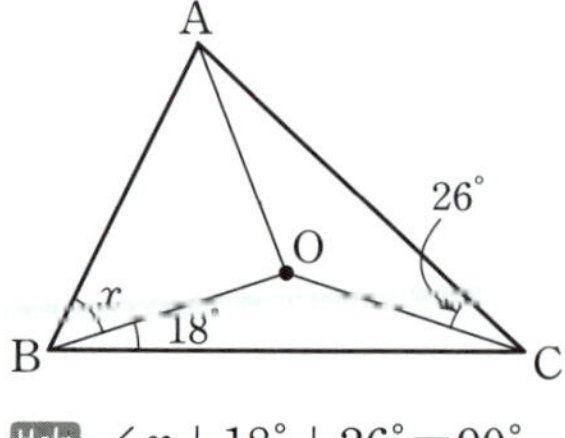

Help $\angle x + 18° + 26° = 90°$

8.

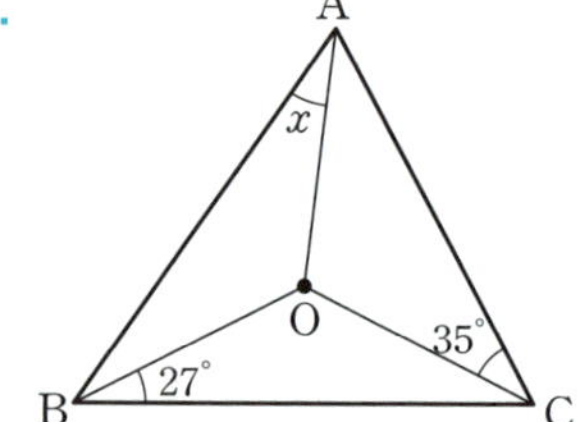

[1] 삼각형의 외심

앗! 실수 적중률 90%

1. 다음 중 점 O가 삼각형의 외심을 나타내는 것을 모두 고르면? (정답 2개)

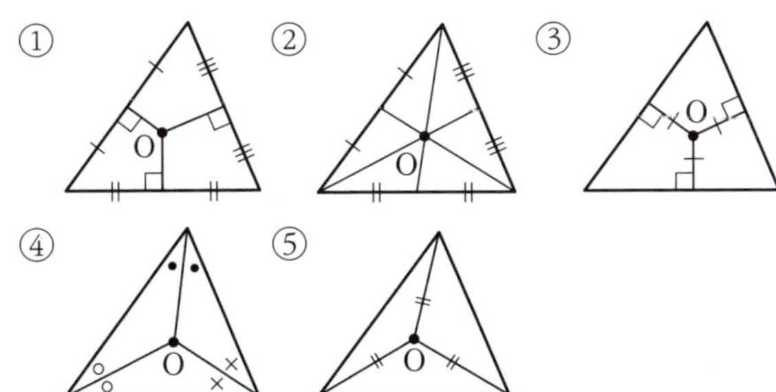

[2~3] 직각삼각형의 외심

적중률 80%

2. 오른쪽 그림과 같이 $\angle B=90°$인 직각삼각형 ABC에서 $\overline{AB}=6$ cm, $\overline{BC}=8$ cm, $\overline{CA}=10$ cm일 때, △ABC의 외접원의 넓이를 구하시오.

Help △ABC의 외접원의 반지름의 길이는 $\dfrac{1}{2}\overline{AC}$이다.

3. 오른쪽 그림과 같이 $\angle A=90°$인 직각삼각형 ABC에서 $\overline{BC}$의 중점을 D라 하고, 꼭짓점 A에서 $\overline{BC}$에 내린 수선의 발을 E라 하자. $\angle B=31°$일 때, $\angle DAE$의 크기를 구하시오.

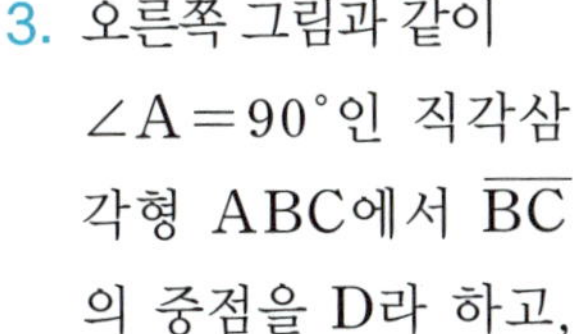
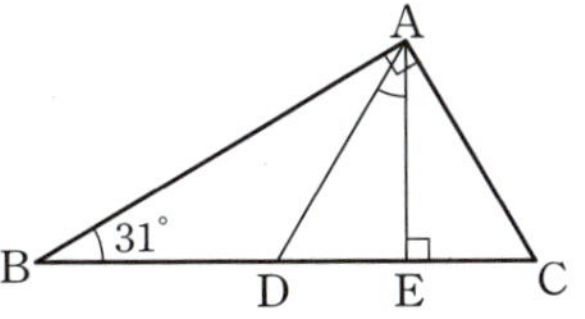

[4~6] 삼각형의 외심을 이용한 각의 크기 구하기

적중률 90%

4. 오른쪽 그림에서 원 O는 △ABC의 외접원이다. $\angle A=56°$일 때, $\angle x$의 크기는?

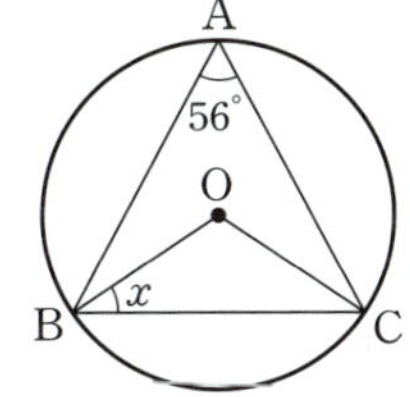

① 25°　　② 27°
③ 29°　　④ 34°
⑤ 36°

적중률 90%

5. 오른쪽 그림에서 점 O는 △ABC의 외심이다. $\angle BOC=130°$일 때, $\angle x+\angle y$의 크기를 구하시오.

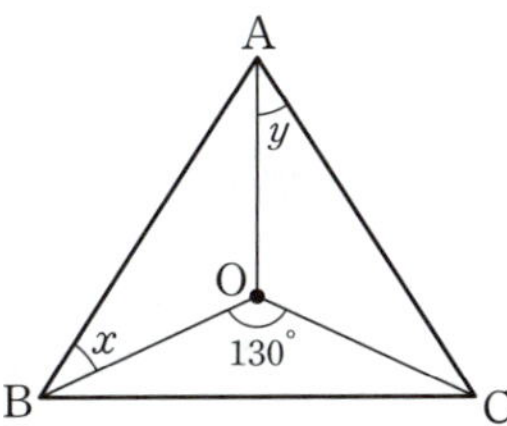

앗! 실수 적중률 80%

6. 오른쪽 그림에서 점 O는 △ABC의 외심이다. $\angle ACO=47°$, $\angle BCO=21°$일 때, $\angle A-\angle B$의 크기는?

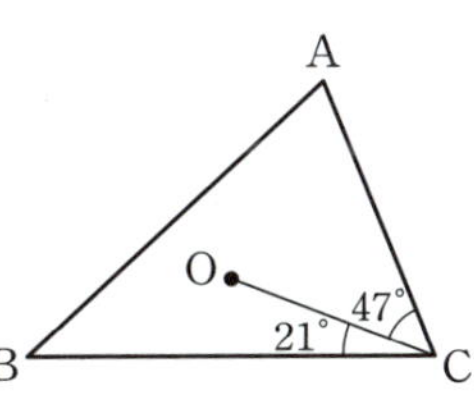

① 26°　　② 27°　　③ 29°
④ 34°　　⑤ 36°

Help $\angle OAB+21°+47°=90°$

 **삼각형의 내심**

접선과 접점

원과 직선이 한 점에서 만날 때, 이 직선은 원에 **접한다**고 한다.

① 접선: 원과 한 점에서 만나는 직선

② 접점: 접선이 원과 만나는 점

⇨ **원의 접선은 그 접점을 지나는 반지름과 수직이다.**

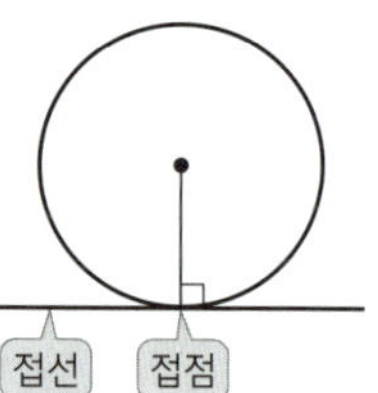

삼각형의 내심

① 삼각형의 내접원과 내심

△ABC의 세 변이 모두 원 I에 접할 때, 원 I는 △ABC에 **내접**한다고 한다. 이때 원 I를 △ABC의 **내접원**이라 하고, 내접원의 중심 I를 **내심**이라 한다.

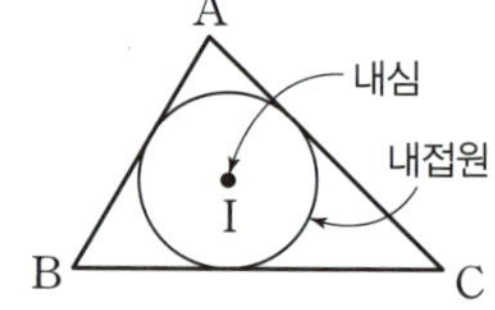

② 삼각형의 내심의 성질

• 삼각형의 **세 내각의 이등분선은 한 점(내심)에서 만난다.**

• 내심에서 세 변에 이르는 거리는 같다.

⇨ $\overline{ID}=\overline{IE}=\overline{IF}$=(내접원의 반지름의 길이)

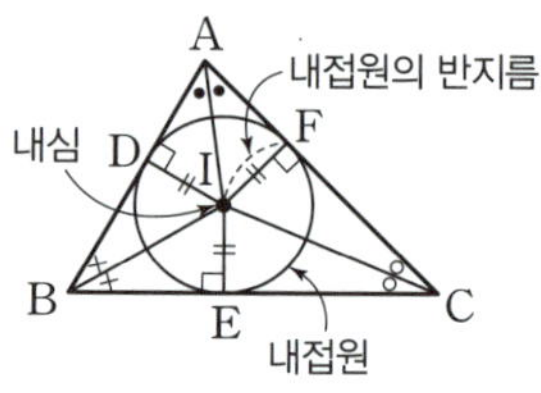

삼각형의 내심의 응용

점 I가 △ABC의 내심일 때, 다음이 성립한다.

① $\angle x + \angle y + \angle z = 90°$

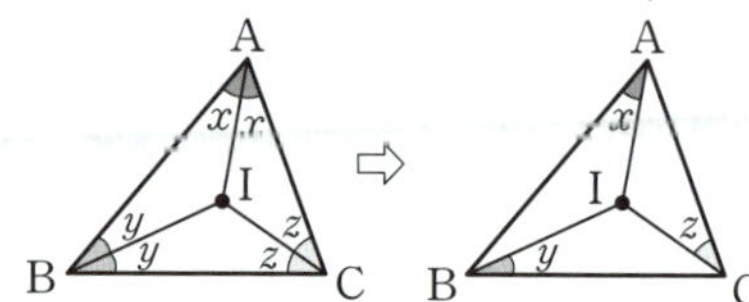

② $\angle BIC = 90° + \dfrac{1}{2}\angle A$

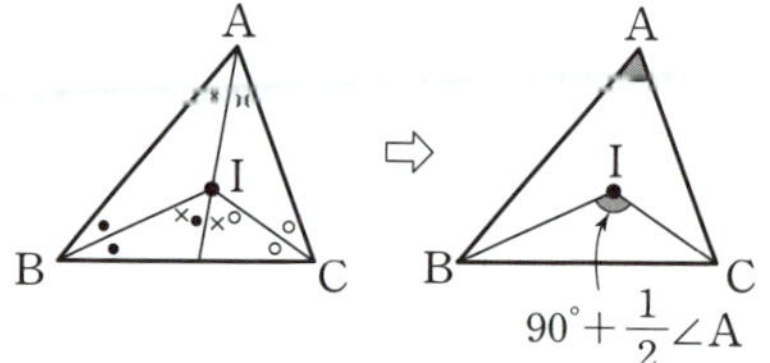

③ △ABC에서 세 변의 길이가 각각 a, b, c이고 내접원의 반지름의 길이가 r일 때,

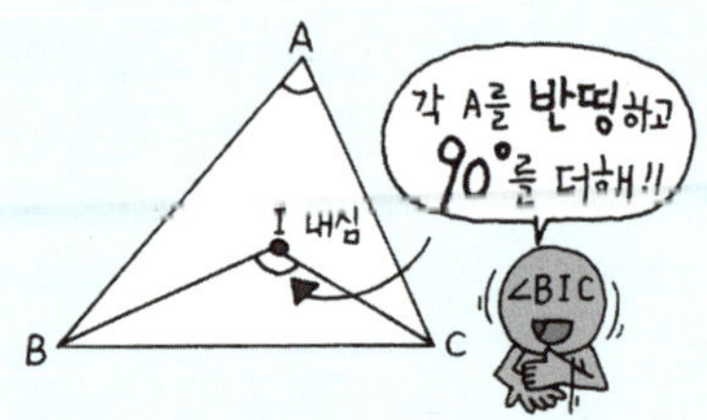

$$\triangle ABC = \frac{1}{2}r(a+b+c)$$

④ △ABC의 내접원이 $\overline{AB}$, $\overline{BC}$, $\overline{CA}$와 만나는 점을 각각 D, E, F라 할 때,

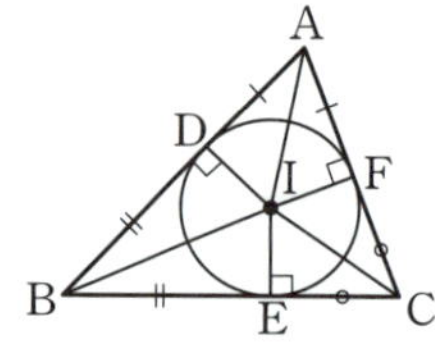

$$\overline{AD}=\overline{AF}, \quad \overline{BD}=\overline{BE}, \quad \overline{CE}=\overline{CF}$$

바빠꿀팁

• 외심과 내심의 비교

외심(O)	내심(I)
외접원의 중심 ⇨ 세 변의 수직 이등분선의 교점	내접원의 중심 ⇨ 세 내각의 이등분선의 교점
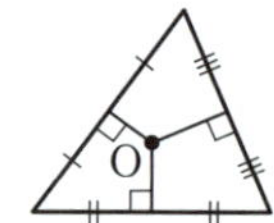	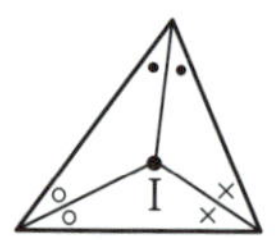
외심에서 세 꼭짓점에 이르는 거리는 같아.	내심에서 세 변에 이르는 거리는 같아.

• 모든 삼각형의 내심은 삼각형의 내부에 있어.

• 이등변삼각형의 외심과 내심은 꼭지각의 이등분선 위에 있고, 정삼각형의 외심과 내심은 일치해.

삼각형의 내심

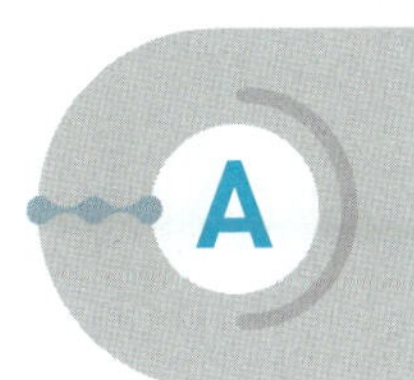

점 I가 △ABC의 내심일 때,
• 삼각형의 내심은 세 내각의 이등분선의 교점
• 삼각형의 내심에서 세 변에 이르는 거리는 같아. ⇨ $\overline{ID}=\overline{IE}=\overline{IF}$

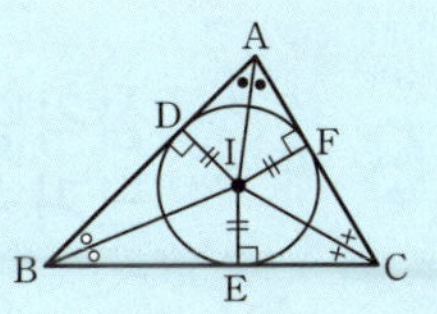

■ 오른쪽 그림에서 점 I가 △ABC의 내심일 때, 다음 중 항상 옳은 것은 ○를, 옳지 <u>않은</u> 것은 ×를 하시오.

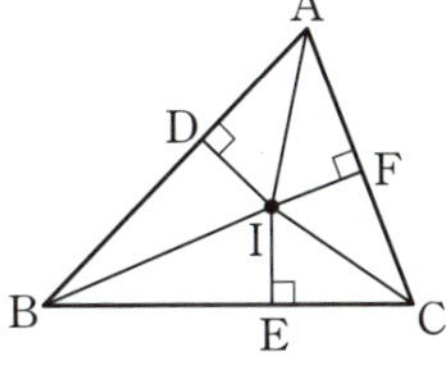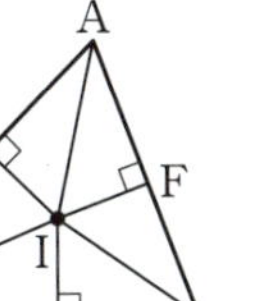

1. ∠IBE＝∠ICE

____

Help △IDB≡△IEB, △IEC≡△IFC

2. $\overline{ID}=\overline{IE}=\overline{IF}$

____

3. $\overline{AD}=\overline{BD}$

____

4. $\overline{IA}=\overline{IB}=\overline{IC}$

____

5. ∠DBI＝∠EBI

____

6. ∠AID＝∠AIF

____

Help △ADI≡△AFI (RHA 합동)

■ 다음 그림에서 점 I가 △ABC의 내심일 때, ∠x의 크기를 구하시오.

7.

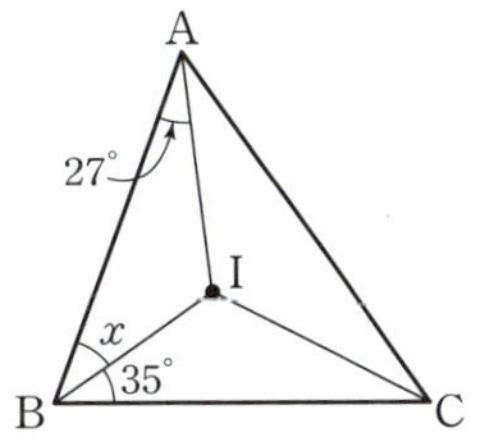

Help $\overline{BI}$는 ∠B를 이등분한다.

8.

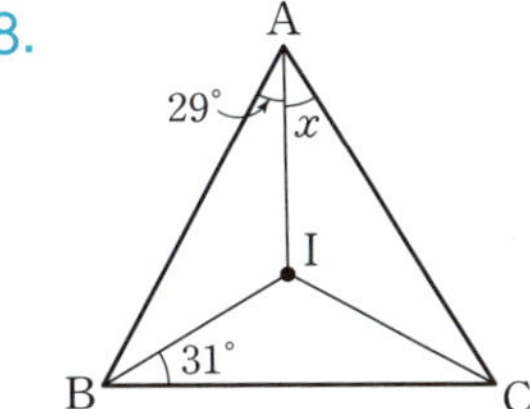

앗! 실수

9.

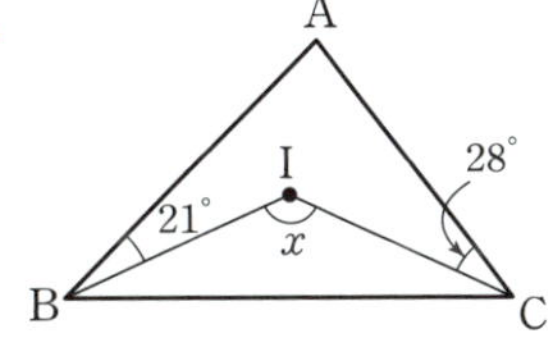

10.

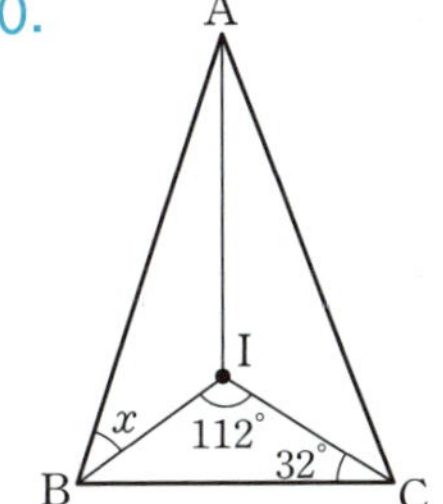

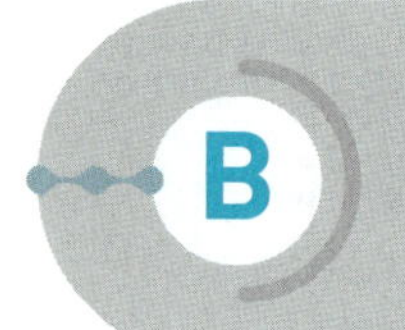

삼각형의 내심을 이용한 각의 크기 구하기

점 I가 △ABC의 내심일 때,

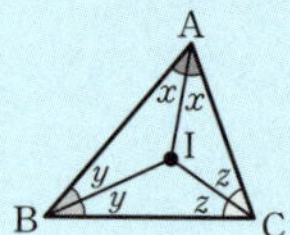

$\Leftarrow \angle x + \angle y + \angle z = 90°$

$\angle BIC = 90° + \dfrac{1}{2}\angle A \Rightarrow$

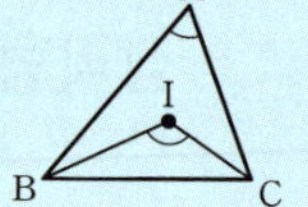

■ 다음 그림에서 점 I가 △ABC의 내심일 때, $\angle x$의 크기를 구하시오.

1.

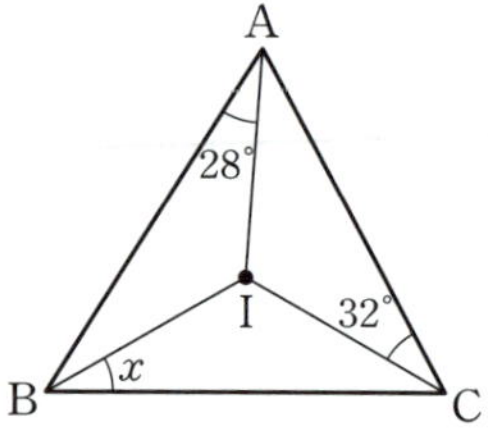

Help $\angle x + 28° + 32° = 90°$

앗! 실수

2.

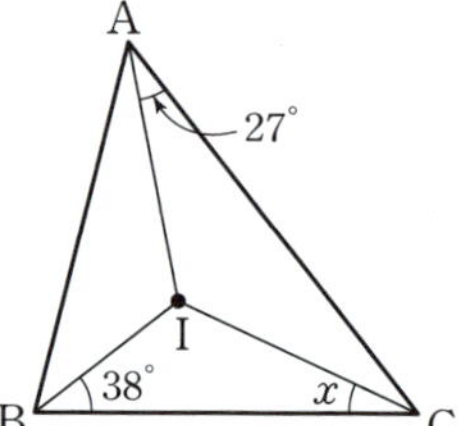

3.

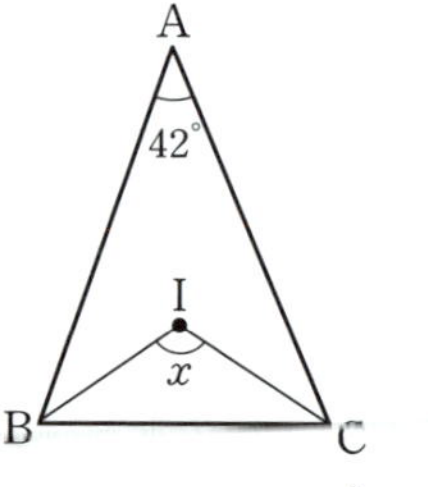

Help $\angle x = 90° + \dfrac{1}{2} \times 42°$

4.

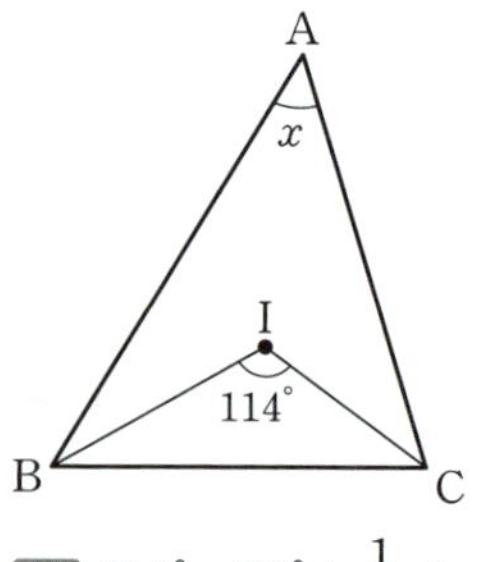

Help $114° = 90° + \dfrac{1}{2}\angle x$

5.

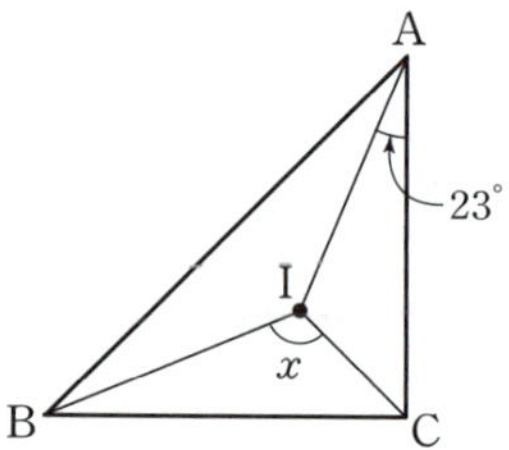

6.

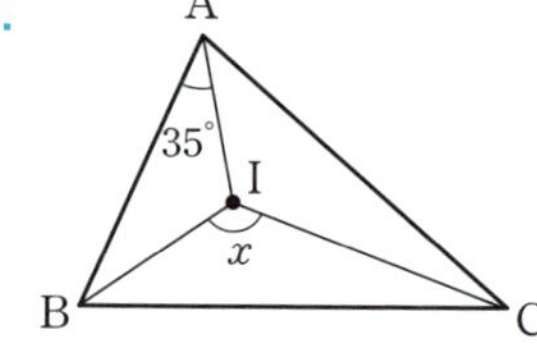

7.

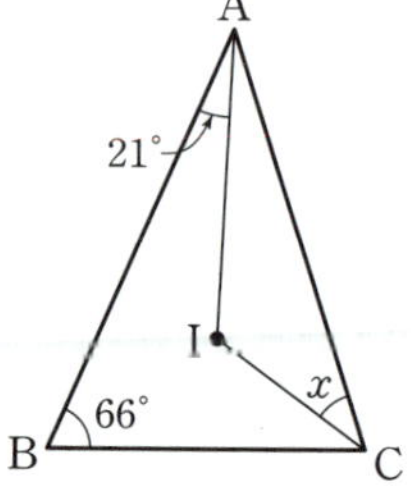

Help $\angle AIC = 90° + \dfrac{1}{2} \times 66°$

8.

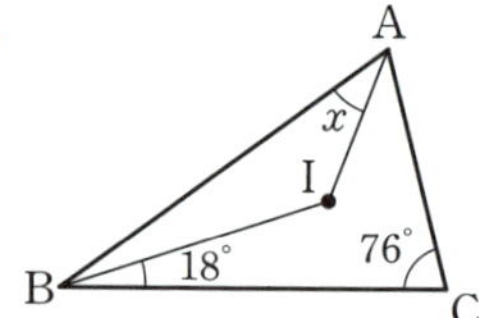

내접원의 반지름의 길이와 삼각형의 넓이

$\triangle$ABC의 내접원의 반지름의 길이를 r라 하면
$\triangle$ABC$=\dfrac{1}{2}\times r\times$($\triangle$ABC의 둘레의 길이)

잊지 말자. 꼬~옥!

■ 다음 그림에서 점 I가 $\triangle$ABC의 내심이다. $\triangle$ABC의 넓이가 주어질 때, $\triangle$ABC의 내접원의 반지름의 길이를 구하시오.

1.

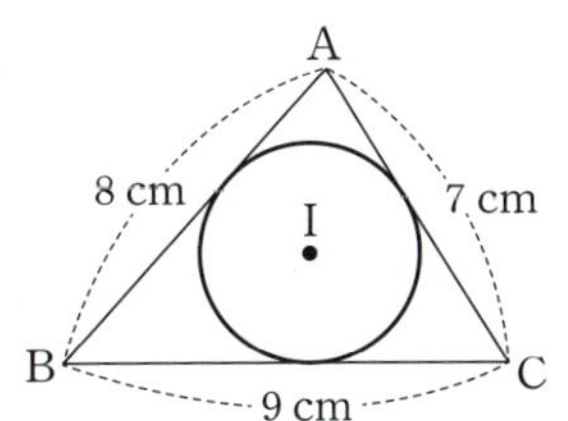

$\triangle$ABC$=24$ cm^2

Help 내접원의 반지름의 길이를 r cm라 하면
$$\triangle\text{ABC}=\frac{1}{2}\times r\times(8+9+7)$$

2.

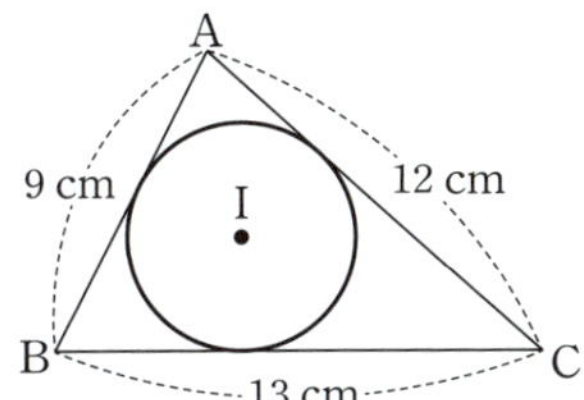

$\triangle$ABC$=51$ cm^2

■ 다음 그림에서 점 I가 $\triangle$ABC의 내심이다. $\triangle$ABC의 넓이가 주어질 때, $\triangle$ABC의 둘레의 길이를 구하시오.

3.

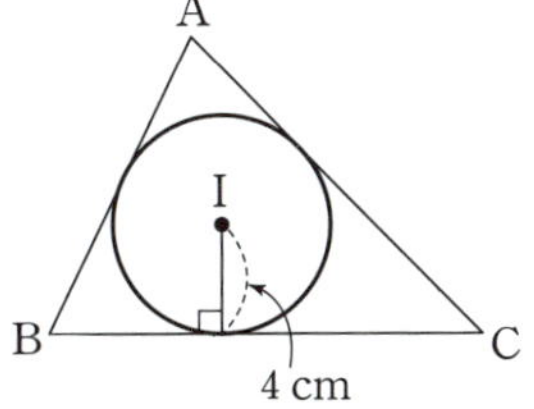

$\triangle$ABC$=48$ cm^2

4.

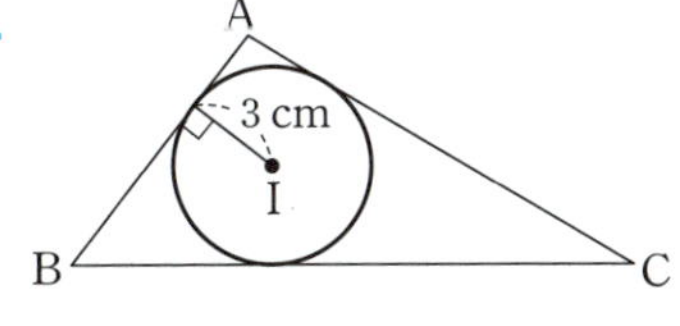

$\triangle$ABC$=51$ cm^2

■ 다음 그림에서 점 I가 $\triangle$ABC의 내심일 때, $\triangle$ABC의 내접원의 넓이를 구하시오.

5.

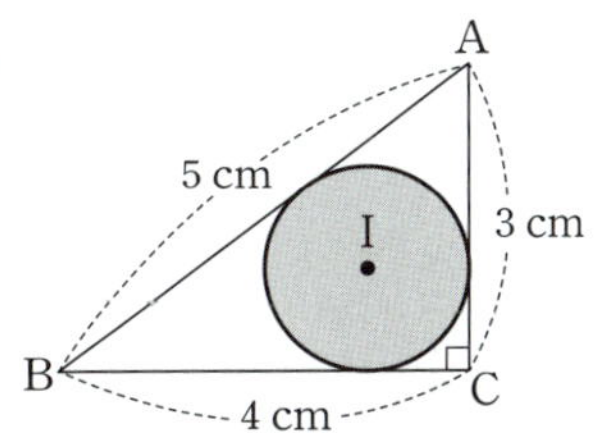

Help 직각삼각형이므로 넓이를 먼저 구하고, 내접원의 반지름의 길이를 구한다.

6.

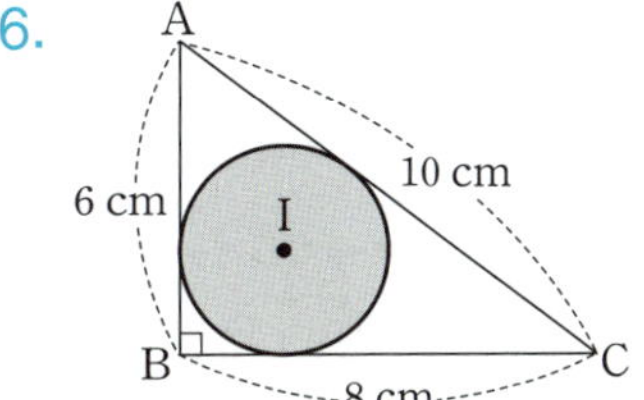

■ 다음 그림에서 점 I가 $\triangle$ABC의 내심일 때, 색칠한 부분의 넓이를 구하시오.

7.

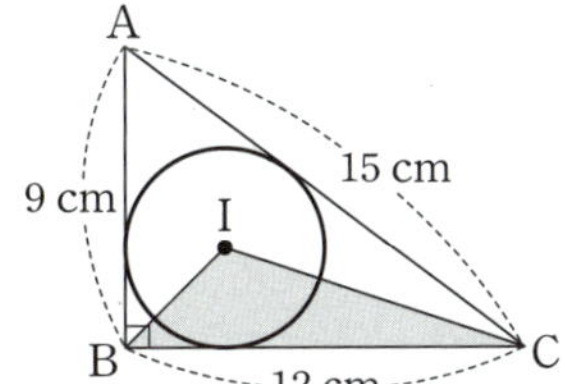

8.

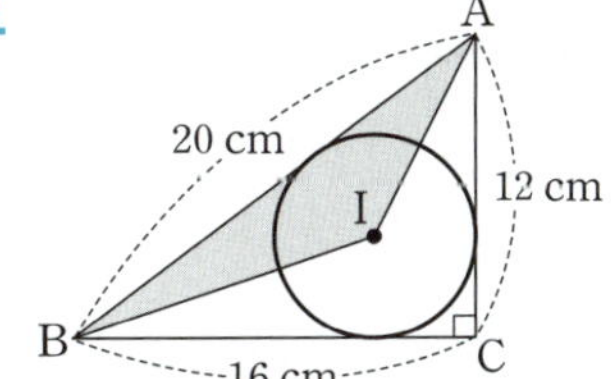

D 삼각형의 내심의 응용

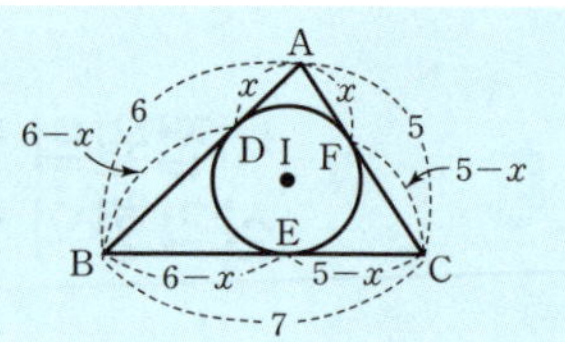

점 I가 △ABC의 내심일 때, x의 값을 구해 보자.
$\overline{AD}=\overline{AF},\ \overline{BD}=\overline{BE},\ \overline{CF}=\overline{CE}$
$\overline{BC}=(6-x)+(5-x)=7$
$\therefore x=2$

■ 다음 그림에서 점 I가 △ABC의 내심일 때, □ 안에 알맞은 길이를 써넣으시오.

1.

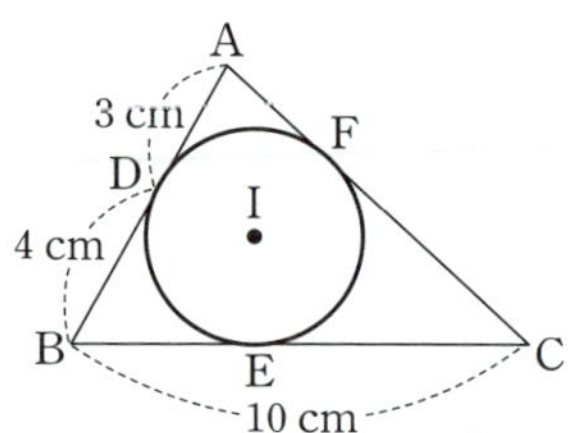

$\overline{AC}=$

Help $\overline{AD}=\overline{AF},\ \overline{BE}=\overline{BD}$

2.

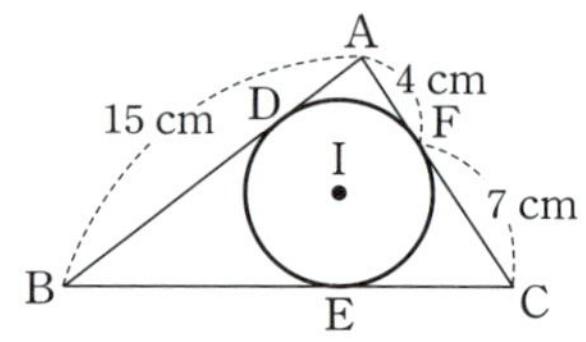

$\overline{BC}=$

3.

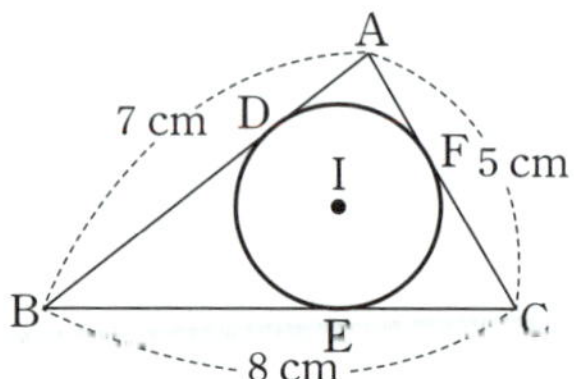

$\overline{AD}=$

Help $\overline{AD}=x$ cm라 하면 $\overline{BD}=(7-x)$ cm, $\overline{FC}=(5-x)$ cm

4.

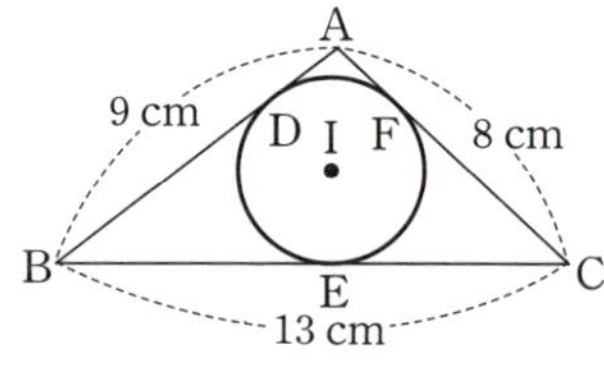

$\overline{CF}=$

5.

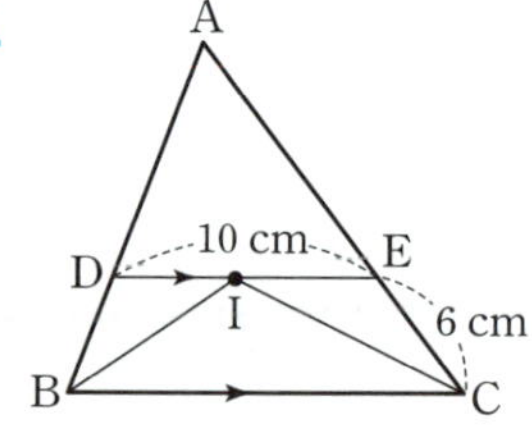

$\overline{DB}=$

Help $\angle ECI=\angle ICB=\angle EIC$이므로 $\overline{EI}=\overline{EC}$
$\angle DBI=\angle IBC=\angle DIB$이므로 $\overline{DB}=\overline{DI}$

앗! 실수

6.

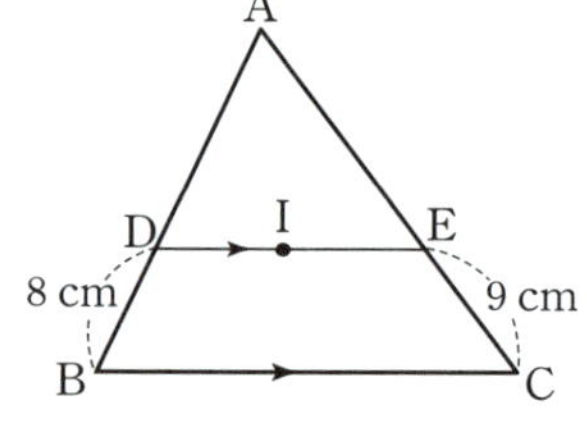

$\overline{DE}=$

■ 다음 그림에서 점 I가 △ABC의 내심일 때, △ADE의 둘레의 길이를 구하시오.

7.

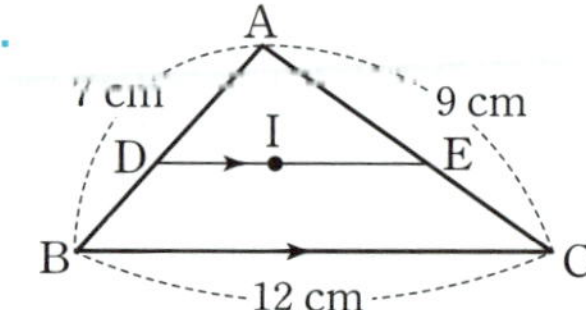

Help $\overline{DB}=\overline{DI},\ \overline{EC}=\overline{EI}$　　$\therefore \overline{DE}=\overline{DB}+\overline{EC}$

8.

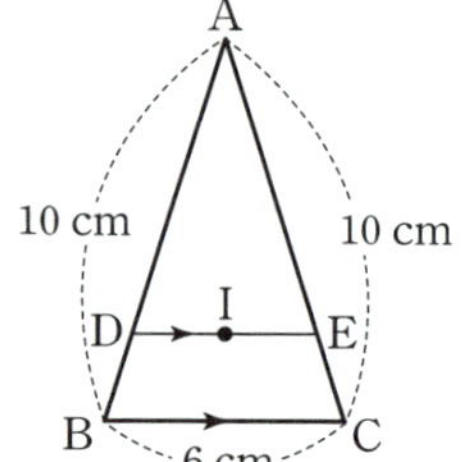

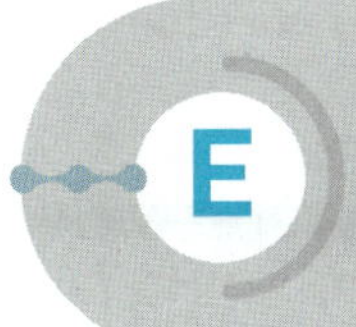

E 삼각형의 외심과 내심의 응용

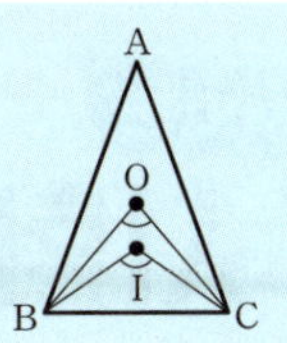

두 점 O, I가 각각 △ABC의 외심, 내심일 때
- $\angle BOC = 2\angle A$, $\angle BIC = 90^\circ + \dfrac{1}{2}\angle A$
- $\angle OBC = \angle OCB$, $\angle IBA = \angle IBC$

■ △ABC는 $\overline{AB} = \overline{AC}$인 이등변삼각형이다. 두 점 O, I는 각각 △ABC의 외심, 내심일 때, $\angle x$의 크기를 구하시오.

1.

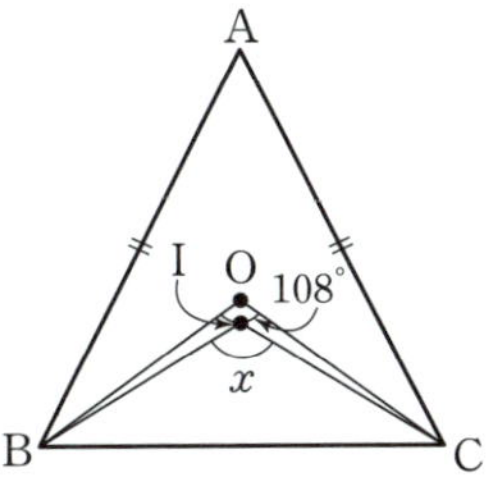

Help 점 O가 외심이므로 $\angle A = \dfrac{1}{2} \times 108^\circ$

2.

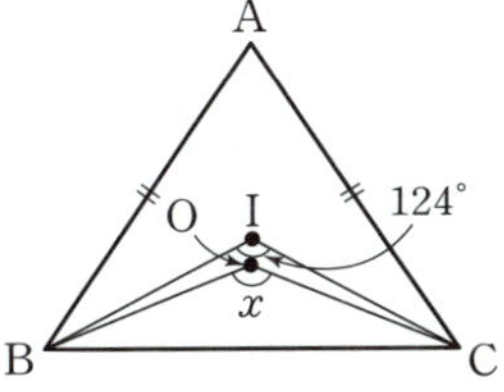

앗! 실수

3.

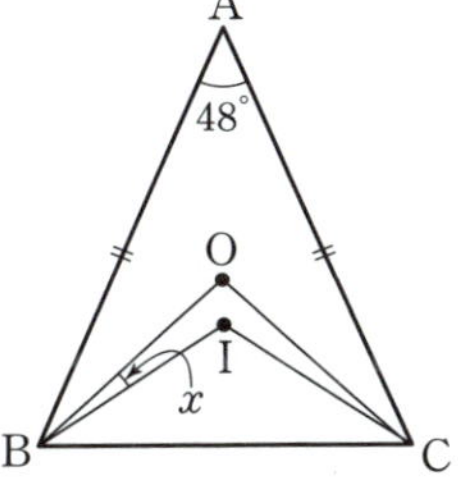

Help $\angle ABC = \dfrac{1}{2} \times (180^\circ - 48^\circ)$

$\angle IBC = \dfrac{1}{2}\angle ABC$, $\angle OBC = \angle OCB$

4.

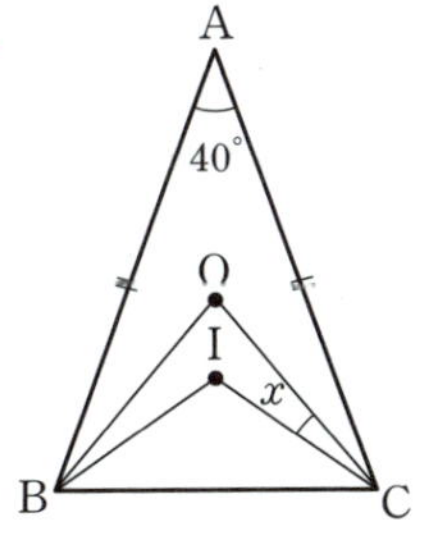

■ 다음 그림과 같은 직각삼각형 ABC의 외접원의 반지름의 길이와 내접원의 반지름의 길이의 합을 구하시오.

5.

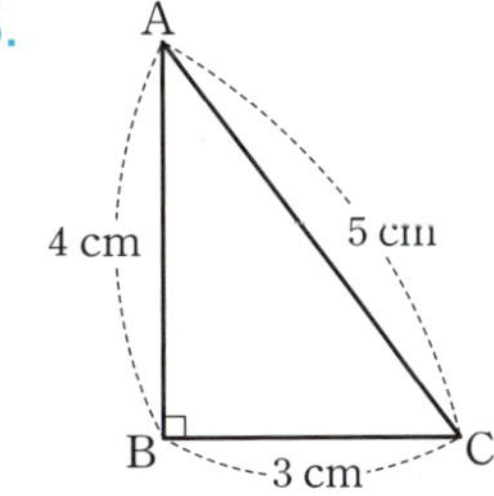

Help $\triangle ABC = \dfrac{1}{2} \times$ (삼각형의 둘레의 길이)

$\times$ (내접원의 반지름의 길이)

6.

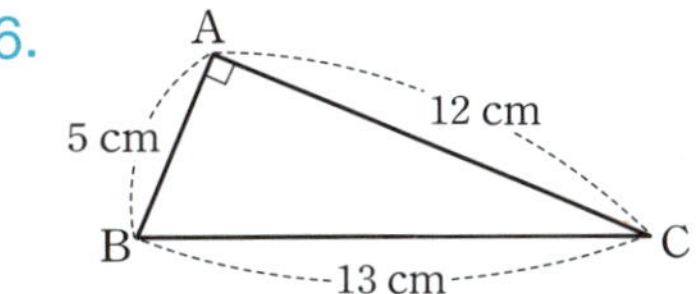

■ 다음 그림과 같은 직각삼각형 ABC의 외접원과 내접원의 넓이를 각각 구하시오.

앗! 실수

7.

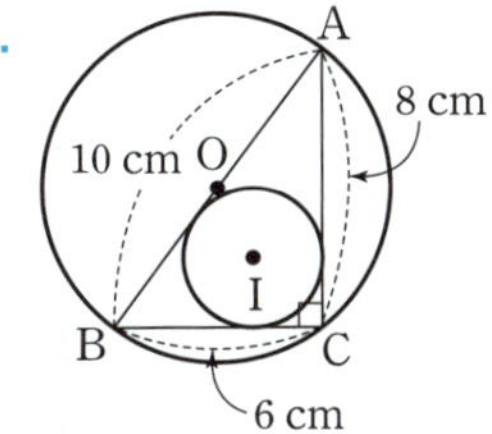

8.

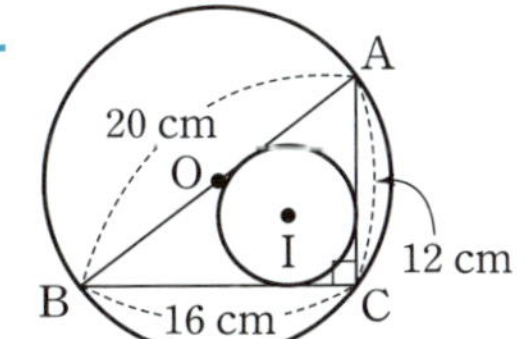

[1] 삼각형의 내심

앗! 실수 적중률 90%

1. 다음 중 점 I가 삼각형의 내심을 나타내는 것을 모두
고르면? (정답 2개)

①  ② 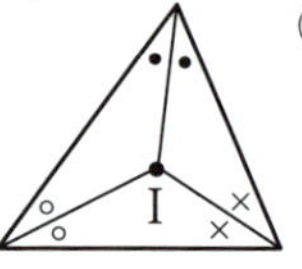 ③ 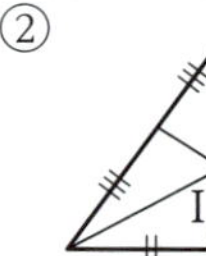  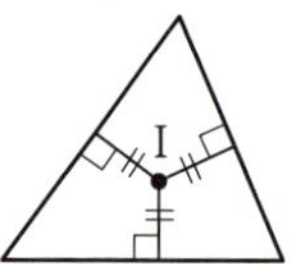

④  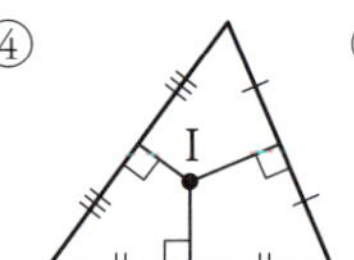 ⑤ 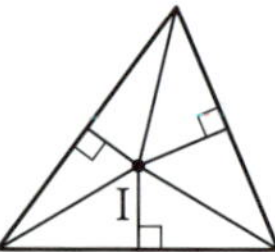

[2~4] 삼각형의 내심을 이용한 각의 크기 구하기

적중률 90%

2. 오른쪽 그림에서 점 I는
△ABC의 내심이다.
∠C=72°일 때, ∠x+∠y
의 크기는?

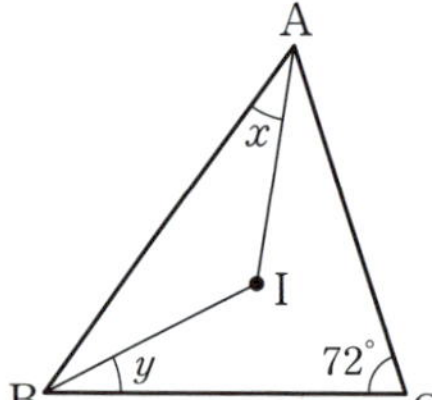

① 42°   ② 48°

③ 54°   ④ 58°

⑤ 64°

3. 오른쪽 그림에서 점 I
는 △ABC의 내심이
다. ∠A : ∠B : ∠C
=4 : 3 : 2일 때,
∠BIC의 크기는?

① 100°   ② 110°   ③ 120°

④ 130°   ⑤ 150°

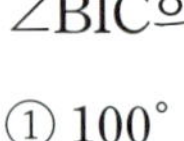 ∠A=$\dfrac{4}{4+3+2}\times180°$

앗! 실수

4. 오른쪽 그림에서 점 I는
△ABC의 내심이고 점
I′은 △IBC의 내심이다.
∠A=64°일 때, ∠BI′C
의 크기를 구하시오.

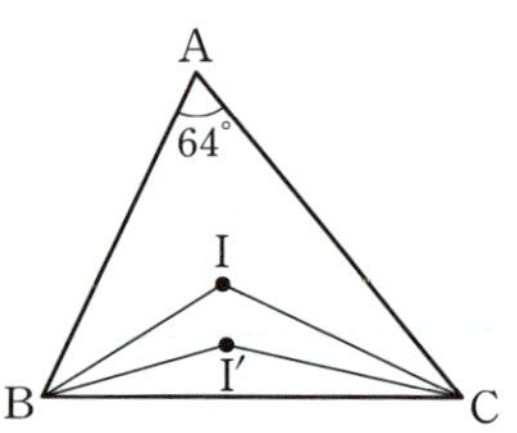

[5] 삼각형의 내심의 응용

적중률 80%

5. 오른쪽 그림과 같은
△ABC의 내접원 I의
반지름의 길이는 3 cm
이다. $\overline{AB}$=9 cm,
$\overline{BC}$=14 cm이고
△ABC=51 cm²일 때, $\overline{AC}$의 길이를 구하시오.

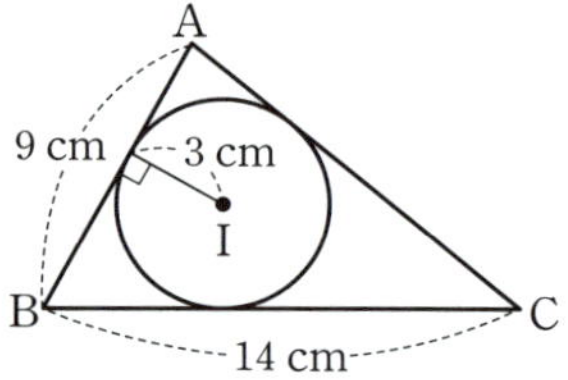

[6] 삼각형의 외심과 내심의 응용

6. 오른쪽 그림에서
두 점 O, I는 각각
△ABC의 외심과 내심
이다. ∠BIC=126°일
때, ∠x의 크기는?

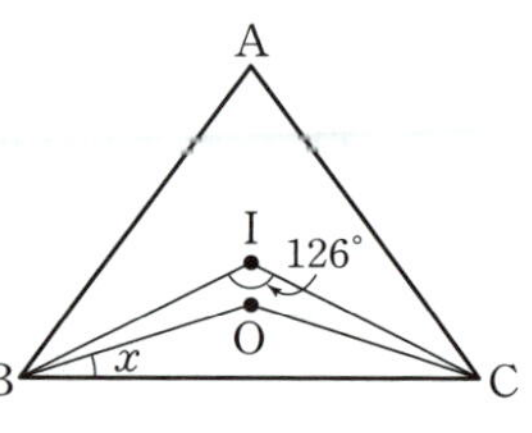

① 14°   ② 15°   ③ 16°

④ 17°   ⑤ 18°

Help ∠BIC=90°+$\dfrac{1}{2}$∠A

∠BOC=2∠A

06 평행사변형의 뜻과 성질

● 사각형

① 사각형 ABCD를 기호로 □ABCD와 같이 나타낸다.
② 사각형에서 서로 마주 보는 변을 **대변**, 서로 마주 보는 각을 **대각**이라 한다.
  오른쪽 그림과 같은 □ABCD에서 $\overline{AB}$와 $\overline{DC}$, $\overline{AD}$와 $\overline{BC}$가 대변이고, ∠A와 ∠C, ∠B와 ∠D가 대각이다.

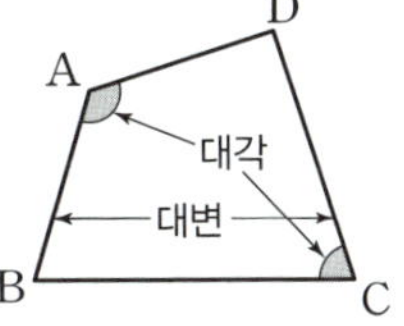

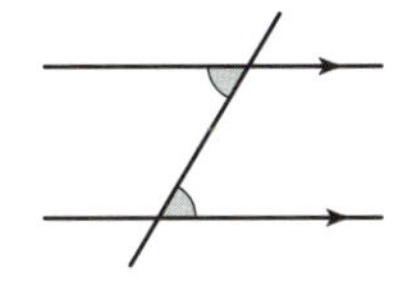

평행사변형의 뜻을 이용한 문제를 풀 때는 두 쌍의 대변이 평행하므로 평행선의 엇각의 크기가 같음을 이용하여 푸는 문제가 많아. 기억하지? 평행선에서의 엇각!

● 평행사변형의 뜻

평행사변형은 두 쌍의 대변이 각각 평행한 사각형이다.
⇨ $\overline{AB}/\!/\overline{DC}$, $\overline{AD}/\!/\overline{BC}$

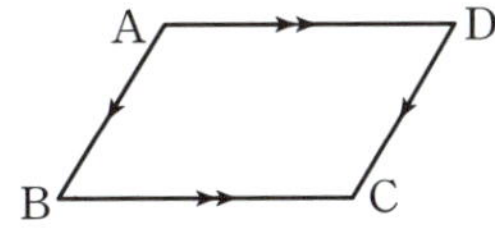

● 평행사변형의 성질

평행사변형에서
① **두 쌍의 대변의 길이는 각각 같다.** ⇨ $\overline{AB}=\overline{DC}$, $\overline{AD}=\overline{BC}$
② **두 쌍의 대각의 크기는 각각 같다.** ⇨ ∠A=∠C, ∠B=∠D
③ **두 대각선은 서로 다른 것을 이등분한다.**
  ⇨ $\overline{OA}=\overline{OC}$, $\overline{OB}=\overline{OD}$

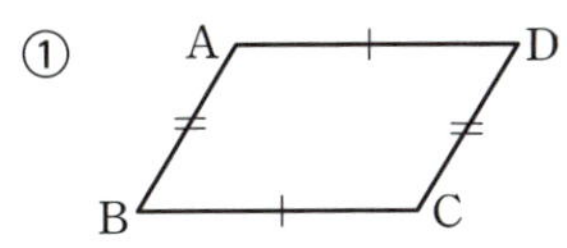
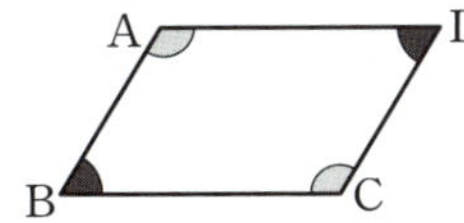
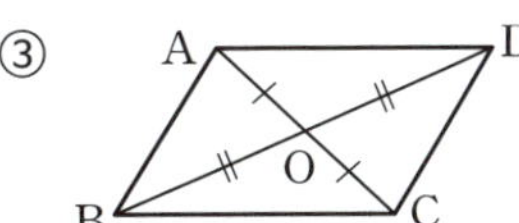

● 평행사변형에서 이웃하는 두 내각의 크기의 합

평행사변형에서 이웃하는 두 내각의 크기의 합은 180°이다.
∠A+∠B=180°, ∠A+∠D=180°
∠B+∠C=180°, ∠C+∠D=180°

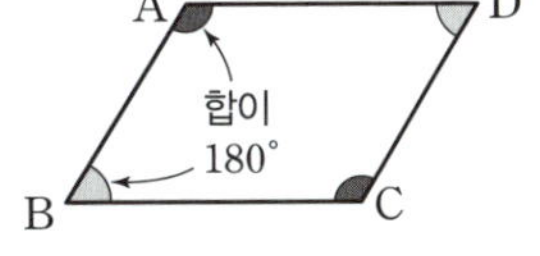

평행사변형에서 한 내각의 크기가 주어지면 나머지 각의 크기를 모두 알 수 있어.
∠A의 크기가 주어지면 ∠A+∠B=180°이므로 ∠B의 크기를 구할 수 있고 대각의 크기가 같음을 이용하면 ∠C와 ∠D의 크기도 구할 수 있지. 한 각의 크기만 주어져서 나머지 각의 크기를 모른다고 생각했다면 잘못된 생각이야.

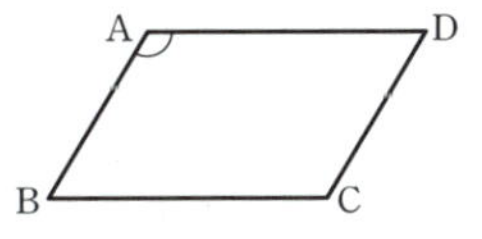

A 평행사변형의 뜻

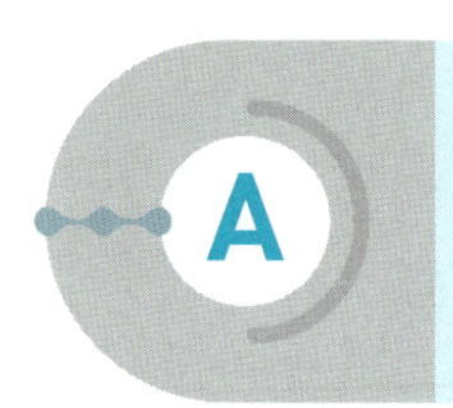

□ABCD가 평행사변형이면
$\overline{AB}/\!/\overline{DC}$, $\overline{AD}/\!/\overline{BC}$이므로
- $\angle A+\angle B=180°$
- $\angle BAC=\angle ACD$, $\angle DAC=\angle ACB$

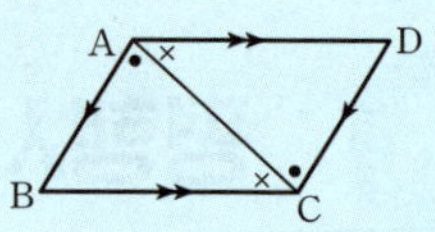

■ 다음 그림과 같은 평행사변형 ABCD에서 $\angle x$, $\angle y$의 크기를 각각 구하시오.

1.

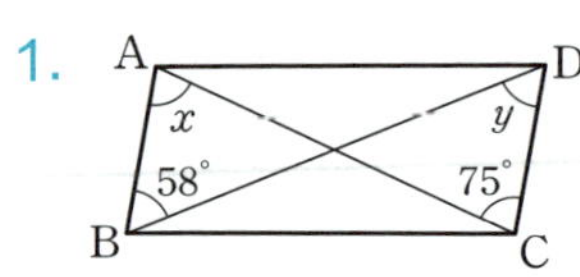

Help 평행선에서 엇각의 크기가 같음을 이용한다.

2.

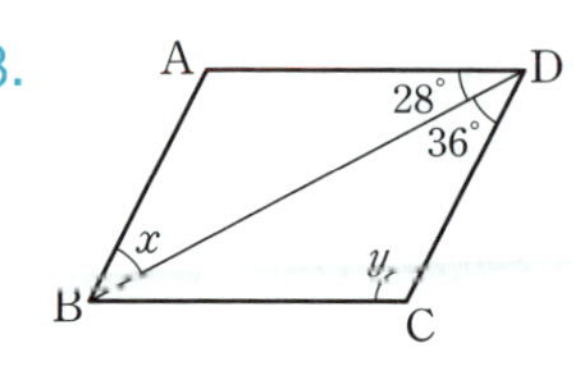

3.

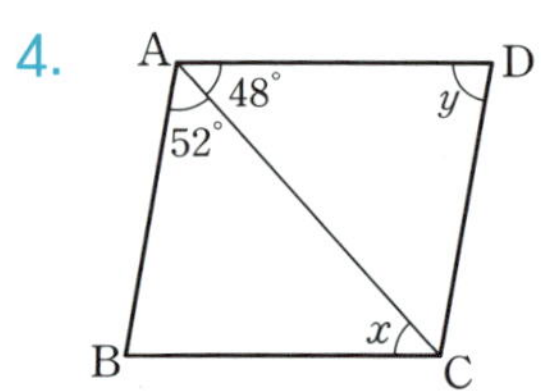

Help $28°+36°+\angle y=180°$

4.

5.

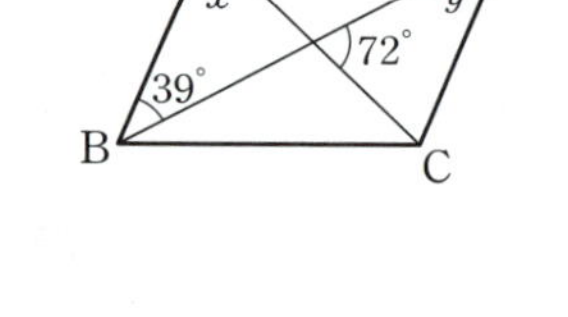

6.

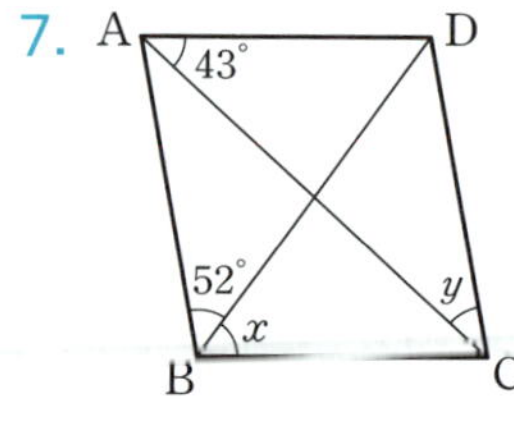

■ 다음 그림과 같은 평행사변형 ABCD에서 $\angle x+\angle y$의 크기를 구하시오.

앗! 실수

7.

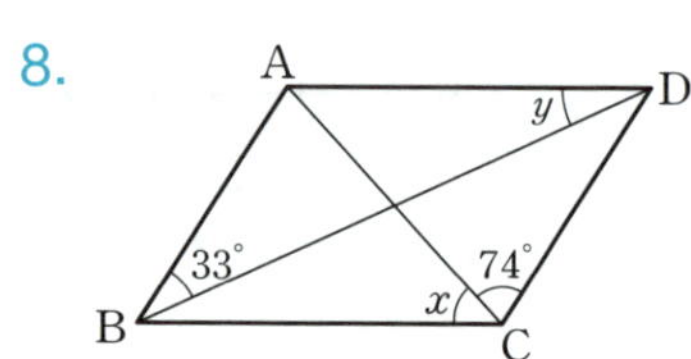

Help $\angle x$, $\angle y$의 크기를 각각 따로 구하지 않고 △DBC의 세 내각의 크기의 합은 180°임을 이용하여 $\angle x+\angle y$의 크기를 구한다.

8.

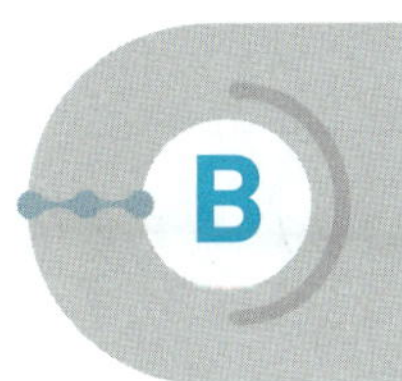

평행사변형의 성질

평행사변형은
• 두 쌍의 대변의 길이가 각각 같아.
• 두 쌍의 대각의 크기가 각각 같아.
• 두 대각선은 서로 다른 것을 이등분해. 잊지 말자. 꼬~옥! 

■ 다음 그림과 같은 평행사변형 ABCD에서 x, y의 값을 각각 구하시오.

1.

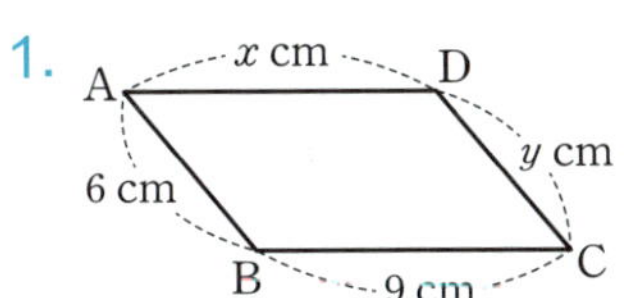

2.

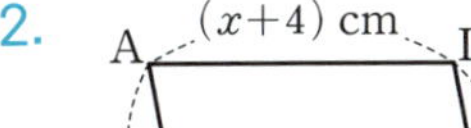
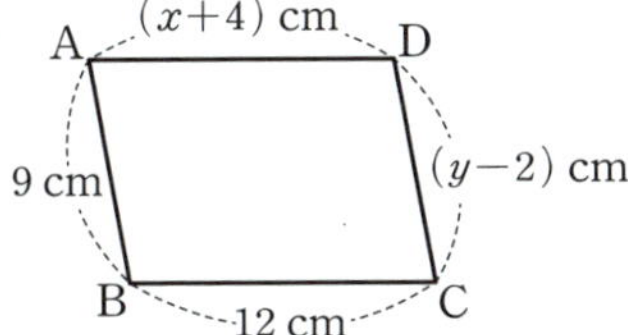

3.

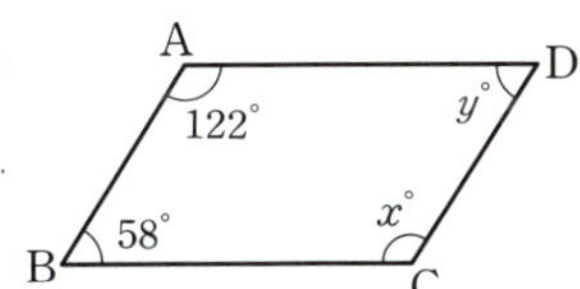

4.

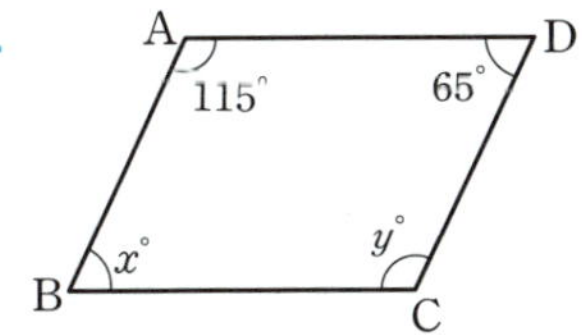

5.

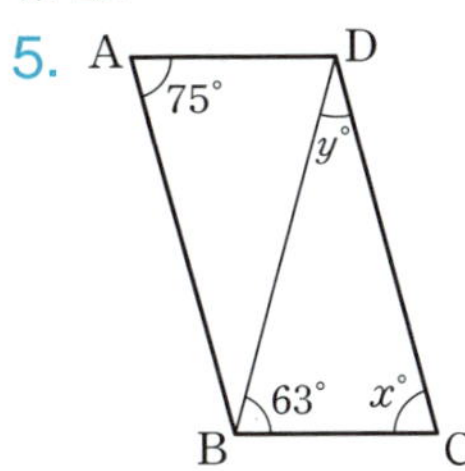

6.

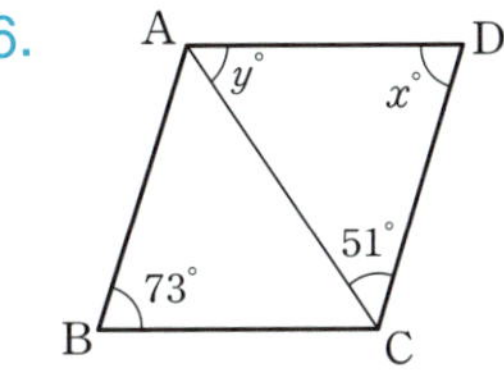

7.

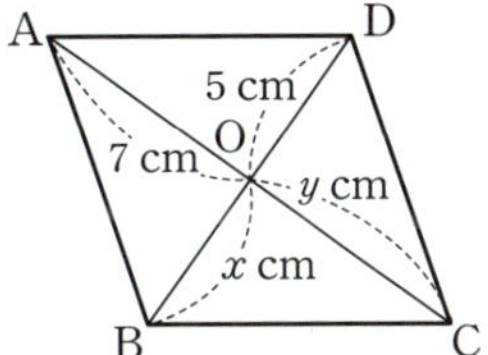

8.

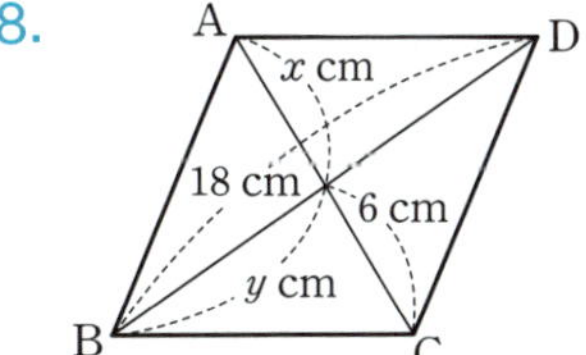

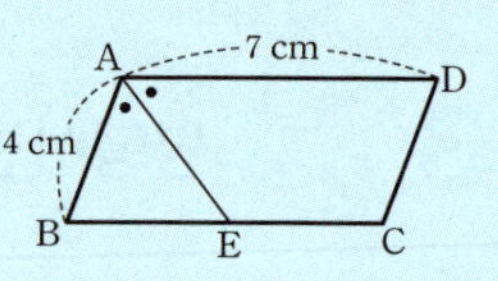

■ 다음 그림과 같은 평행사변형 ABCD에서 □ 안에 알맞은 길이를 써넣으시오.

1.

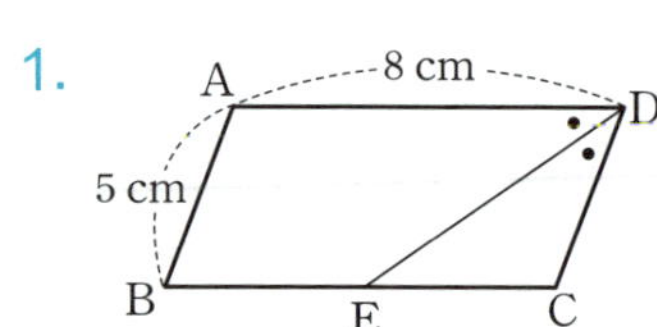

$\overline{EC}=$ [   ]

Help ∠CED=∠ADE이므로 △CDE는 이등변삼각형이다.

2.

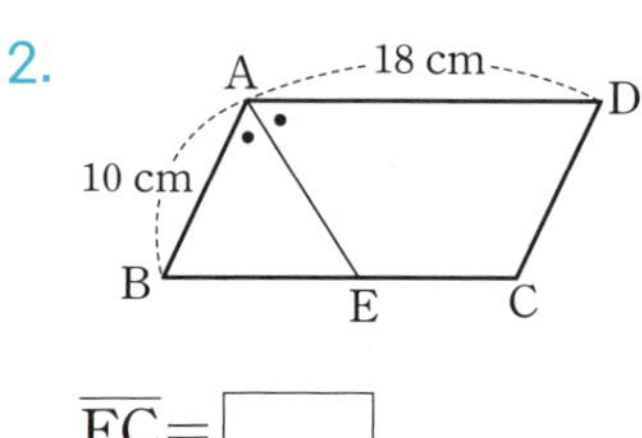

$\overline{EC}=$ [   ]

3.

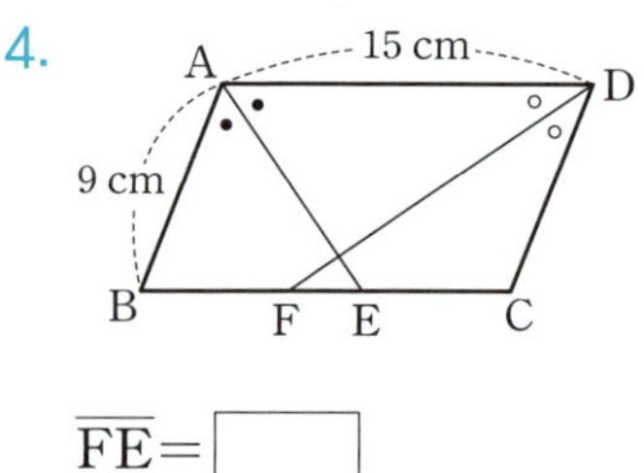

$\overline{FE}=$ [   ]

Help ∠BEA=∠DAE이므로 $\overline{BE}=\overline{BA}$
∠CFD=∠ADF이므로 $\overline{CF}=\overline{CD}$

4.

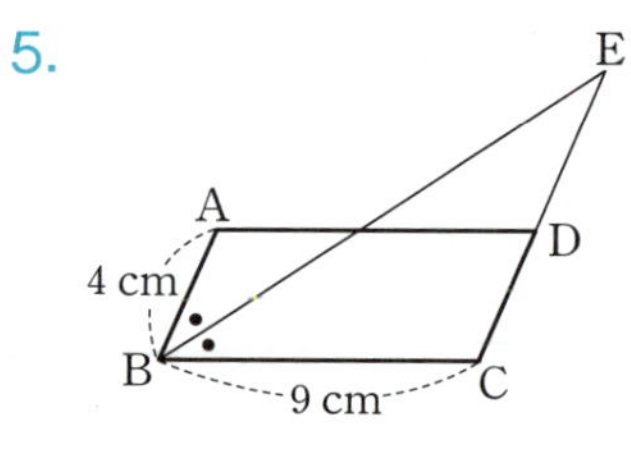

$\overline{FE}=$ [   ]

5.

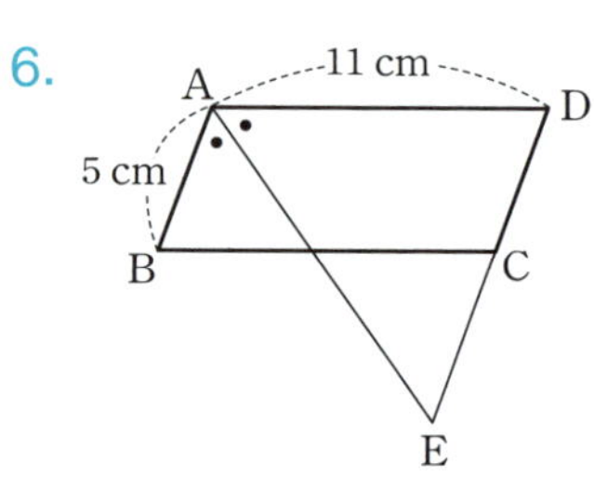

$\overline{DE}=$ [   ]

Help ∠CEB=∠ABE

6.

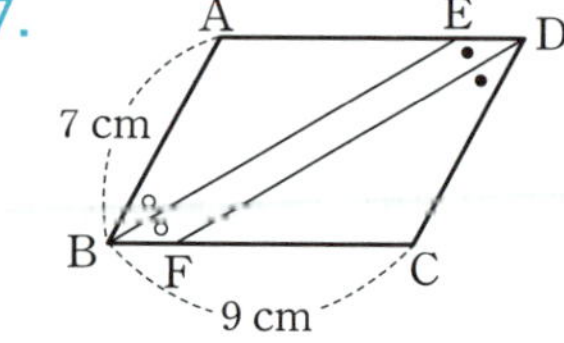

$\overline{CE}=$ [   ]

7.

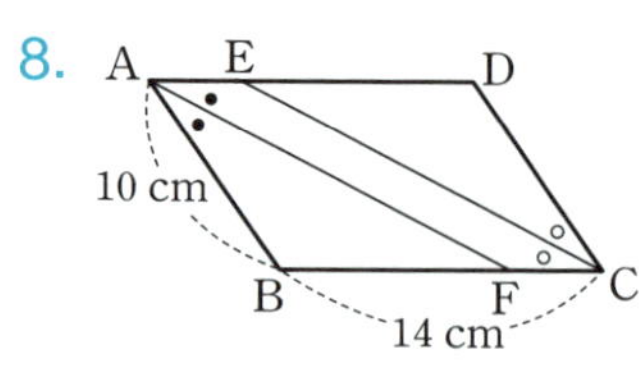

$\overline{ED}=$ [   ]

8.

$\overline{FC}=$ [   ]

평행사변형의 대각의 성질

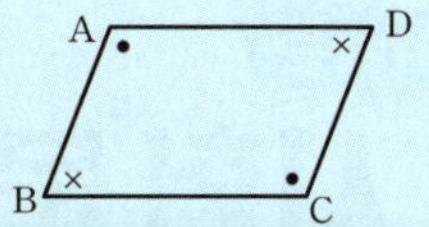

평행사변형의 두 쌍의 대각의 크기가 같음을
이용하여 많은 활용 문제를 풀 수 있어.
- $\angle A = \angle C$, $\angle B = \angle D$
- $\angle A + \angle B = \angle B + \angle C = 180°$

■ 다음 그림과 같은 평행사변형 ABCD에서 $\angle x$의 크기를 구하시오.

1.

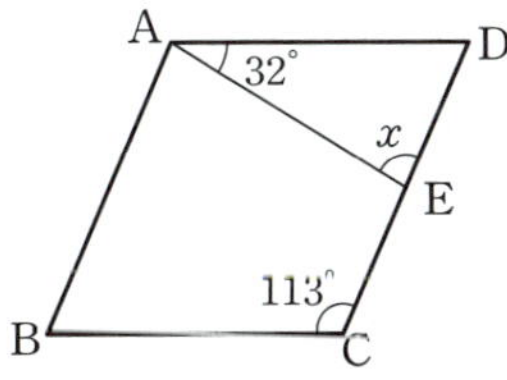

Help $\angle D + \angle C = 180°$

2.

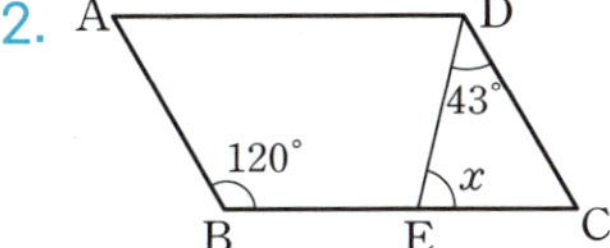

3.

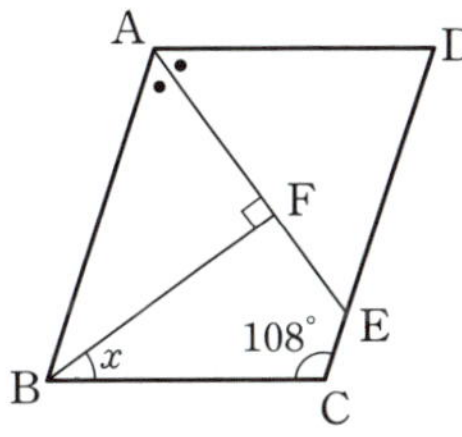

Help $\angle BAF = \dfrac{1}{2} \times 108° = 54°$

$\angle ABF = 180° - (90° + 54°) = 36°$

4.

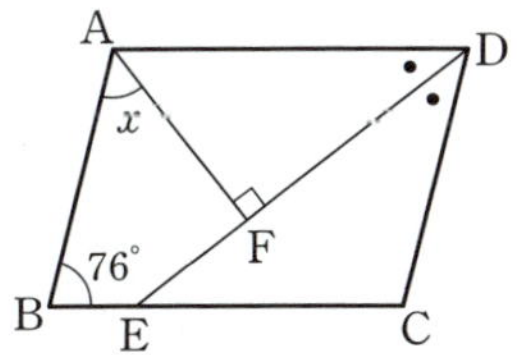

앗! 실수
5.

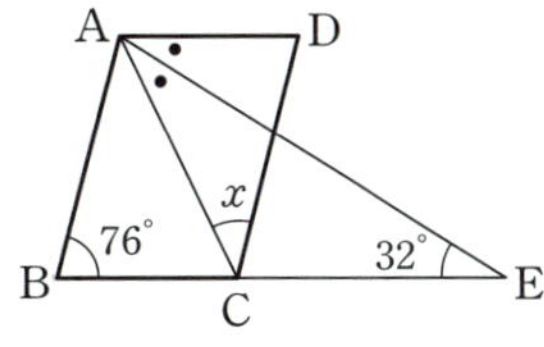

Help $\angle D = \angle B = 76°$, $\angle DAE = \angle CEA = 32°$

6.

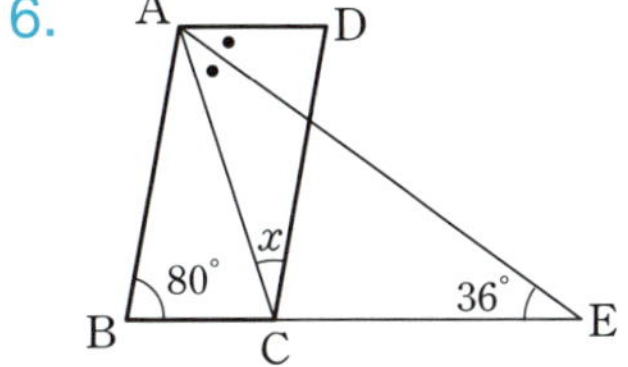

■ 다음 그림과 같은 평행사변형 ABCD에서 △ABO의 둘레의 길이를 구하시오.

7.

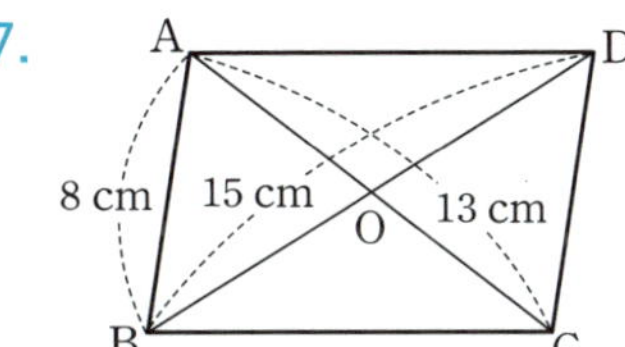

Help $\overline{AO} = \dfrac{1}{2}\overline{AC}$, $\overline{BO} = \dfrac{1}{2}\overline{BD}$

8.

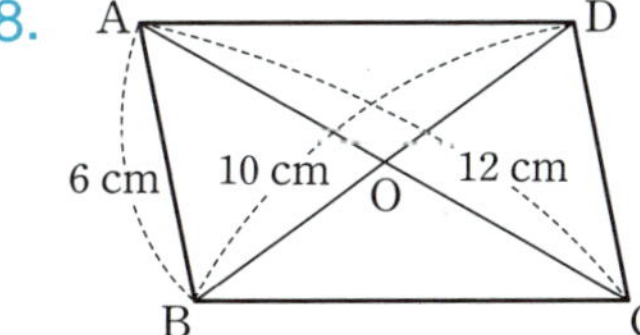

거저먹는 시험 문제

[1] 평행사변형의 성질

적중률 90%

1. 오른쪽 그림과 같은 평행사변형 ABCD에서 두 대각선의 교점을 O라 할 때, 다음 중 옳지 <u>않은</u> 것은?

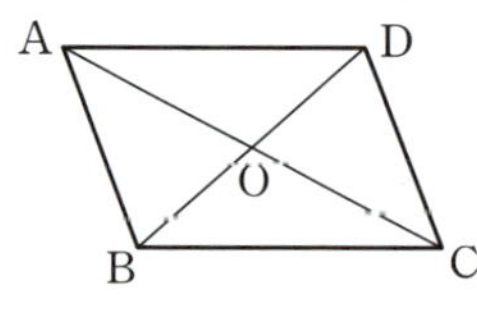

① $\angle A = \angle C$, $\angle B = \angle D$
② $\overline{AB} /\!/ \overline{DC}$, $\overline{AD} /\!/ \overline{BC}$
③ $\overline{OA} = \overline{OB}$, $\overline{OC} = \overline{OD}$
④ $\overline{AB} = \overline{DC}$, $\overline{AD} = \overline{BC}$
⑤ $\angle A + \angle B = 180°$

[2~6] 평행사변형의 성질의 응용

2. 오른쪽 그림과 같은 평행사변형 ABCD에서 $\overline{AE}$, $\overline{DF}$는 각각 $\angle A$, $\angle D$의 이등분선이다. $\overline{AB} = 14$ cm, $\overline{FE} = 6$ cm일 때, $\overline{AD}$의 길이를 구하시오.

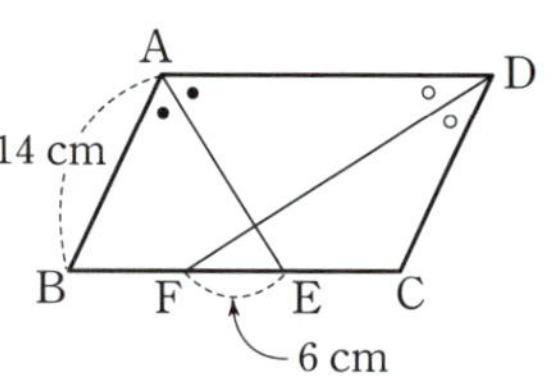

잇! 실수 적중률 80%

3. 오른쪽 그림과 같은 평행사변형 ABCD에서 $\overline{BC}$의 중점을 E라 하고 $\overline{AE}$의 연장선과 $\overline{DC}$의 연장선의 교점을 F라 하자. $\overline{AB} = 8$ cm, $\overline{AD} = 12$ cm 일 때, $\overline{DF}$의 길이를 구하시오.

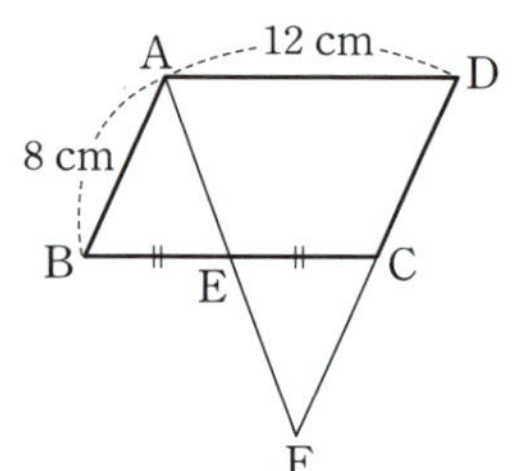

Help $\triangle ABE \equiv \triangle FCE$

잇! 실수 적중률 80%

4. 오른쪽 그림과 같은 평행사변형 ABCD에서 $\angle A : \angle B = 5 : 4$일 때, $\angle A$의 크기는?

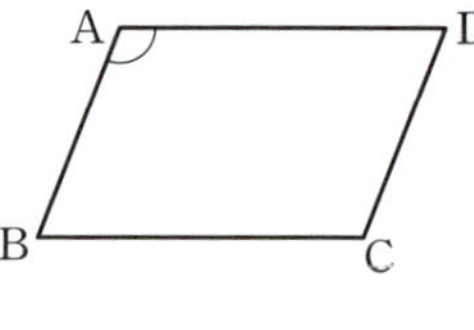

① 95°   ② 100°   ③ 105°
④ 110°   ⑤ 120°

5. 오른쪽 그림과 같은 평행사변형 ABCD에서 $\overline{EB}$는 $\angle B$의 이등분선이고 $\angle AEB = 65°$일 때, $\angle C$의 크기를 구하시오.

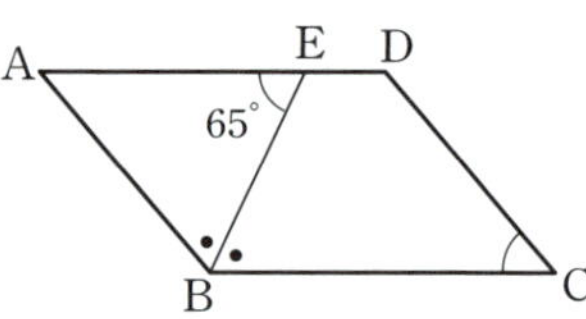

잇! 실수

6. 오른쪽 그림과 같은 평행사변형 ABCD의 두 대각선의 교점 O를 지나는 직선이 $\overline{AD}$, $\overline{BC}$와 만나는 점을 각각 P, Q라 할 때, 다음 중 옳지 <u>않은</u> 것은?

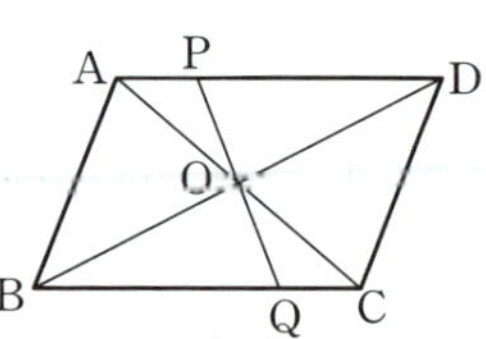

① $\overline{OP} = \overline{OQ}$ ② $\angle APO = \angle CQO$
③ $\overline{AP} = \overline{CQ}$ ④ $\angle PAO = \angle PDO$
⑤ $\triangle AOP \equiv \triangle COQ$

07 평행사변형이 되는 조건

개념 강의 보기

● 평행사변형이 되는 조건

□ABCD가 다음의 어느 한 조건을 만족하면 평행사변형이다.

① 두 쌍의 대변이 각각 평행하다. ⇨ $\overline{AB}/\!/\overline{DC}$, $\overline{AD}/\!/\overline{BC}$

② 두 쌍의 대변의 길이는 각각 같다. ⇨ $\overline{AB}=\overline{DC}$, $\overline{AD}=\overline{BC}$

③ 두 쌍의 대각의 크기는 각각 같다. ⇨ $\angle A=\angle C$, $\angle B=\angle D$

④ 두 대각선은 서로 다른 것을 이등분한다. ⇨ $\overline{OA}=\overline{OC}$, $\overline{OB}=\overline{OD}$

⑤ **한 쌍의 대변이 평행하고, 그 길이가 같다.** ⇨ $\overline{AD}/\!/\overline{BC}$, $\overline{AD}=\overline{BC}$

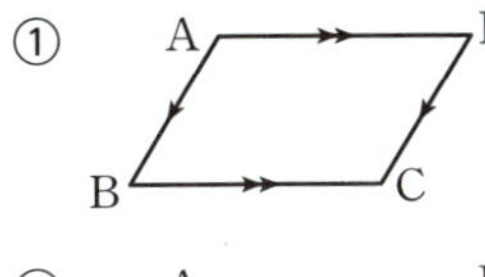 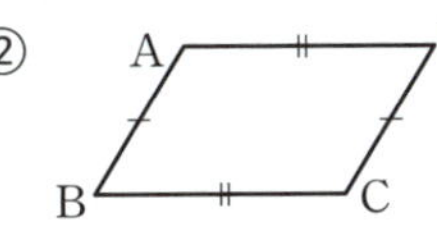 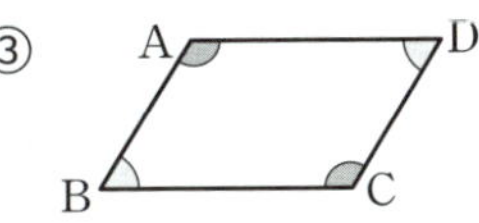

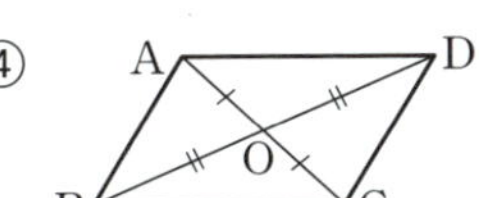 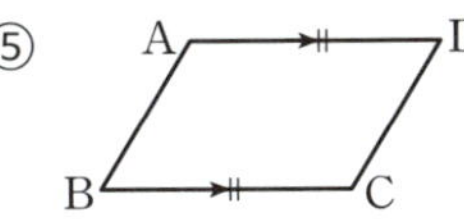

> **바빠꿀팁**
>
> 06에서 배운 것도 거의 비슷한데 왜 똑같은 것을 배우지? 라고 생각하는 학생들이 있어. 06의 내용은 평행사변형이라면 갖게 되는 성질이고, 07은 어떤 사각형이 왼쪽의 5가지 조건 중 한 가지를 만족한다면 그 사각형이 평행사변형이 된다는 거야.

● 평행사변형과 넓이

평행사변형 ABCD에 대하여 다음이 성립한다.

① 두 대각선의 교점을 O라 하면

- $\triangle ABC=\triangle CDA=\triangle ABD=\triangle BCD=\dfrac{1}{2}\square ABCD$

- $\triangle ABO=\triangle BCO=\triangle CDO=\triangle DAO=\dfrac{1}{4}\square ABCD$

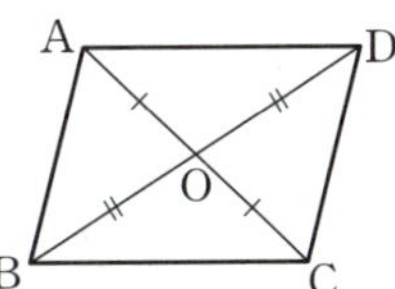

② 내부의 임의의 점 P에 대하여

$\triangle APD+\triangle BCP=\triangle ABP+\triangle CDP$

$\qquad\qquad\qquad=\dfrac{1}{2}\square ABCD$

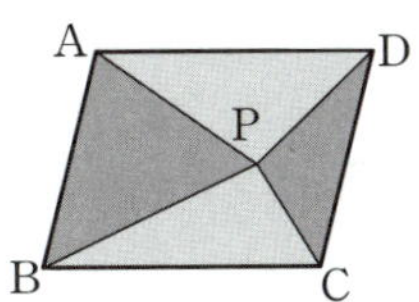

오른쪽 그림과 같이 점 P를 지나고 $\overline{AB}$, $\overline{BC}$에 평행한 직선을 각각 그으면

$\triangle APD+\triangle BCP=㉠+㉡+㉢+㉣=\triangle ABP+\triangle CDP$

$\qquad\qquad\qquad=\dfrac{1}{2}\square ABCD$

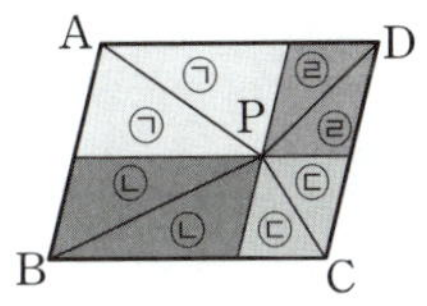

출동! X맨과 O맨

- 오른쪽 사각형은 평행사변형이다. (×)

➡ 아무리 평행사변형인 것처럼 그려 놓았어도 평행한 변이 아니라 다른 변의 길이가 같으므로 이 사각형은 평행사변형이 아닐 수 있어.

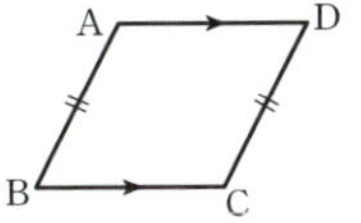

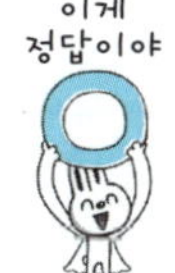

- 오른쪽 사각형은 평행사변형이다. (○)

➡ 한 쌍의 대변이 평행하고 그 길이가 같으므로 평행사변형이야.

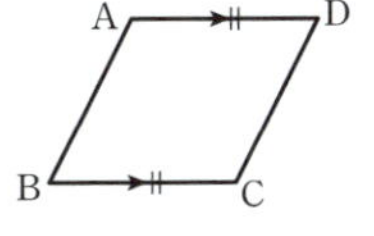

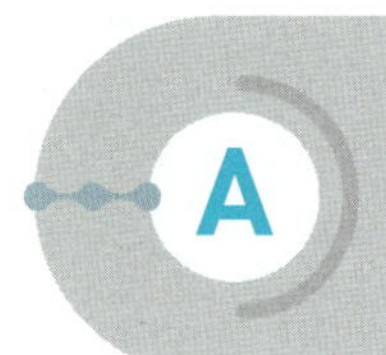

평행사변형이 되는 조건

- 두 쌍의 대변이 각각 평행하다.
- 두 쌍의 대변의 길이는 각각 같다.
- 두 쌍의 대각의 크기는 각각 같다.
- 두 대각선은 서로 다른 것을 이등분한다.
- 한 쌍의 대변이 평행하고 그 길이가 같다.

■ 오른쪽 그림과 같은 □ABCD가 평행사변형이 되는 것은 ◯를, 평행사변형이 되지 <u>않는</u> 것은 ✕를 하시오.

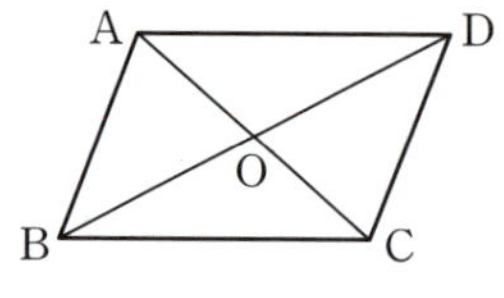

1. $\angle A=130°$, $\angle B=50°$

____

2. $\overline{AB}/\!/\overline{DC}$, $\overline{AD}/\!/\overline{BC}$

____

3. $\overline{OA}=\overline{OB}=5\,cm$, $\overline{OC}=\overline{OD}=4\,cm$

____

4. $\overline{AB}/\!/\overline{DC}$, $\overline{AB}=\overline{DC}=6\,cm$

____

5. $\overline{AB}=\overline{DC}=7\,cm$

____

앗! 실수

6. $\overline{AD}/\!/\overline{BC}$, $\overline{AB}=\overline{DC}=8\,cm$

____

7. $\angle A=\angle C=110°$, $\angle B=70°$

____

8. $\overline{OA}=\overline{OC}=6\,cm$, $\overline{OB}=\overline{OD}=8\,cm$

____

9. $\overline{AB}=\overline{DC}=9\,cm$, $\overline{AD}=\overline{BC}=11\,cm$

____

10. $\overline{AB}/\!/\overline{DC}$, $\overline{AD}=\overline{BC}=5\,cm$

____

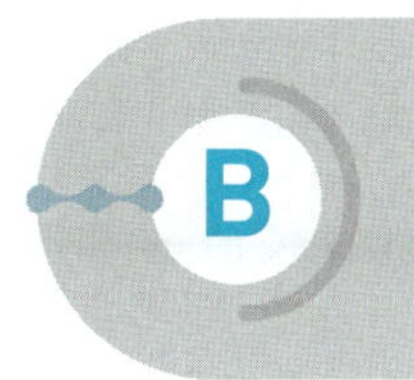

아래 문제들은 주어진 평행사변형의 성질과 평행사변형이 되는 조건을 이용하여 새로운 사각형이 평행사변형이 되는 조건을 알아보는 거야.

아하! 그렇구나~

■ □ABCD가 평행사변형일 때, 색칠한 사각형이 평행사변형이 되는 과정을 보고 해당하는 조건을 보기에서 골라 번호로 쓰시오.

보 기

① 두 쌍의 대변이 각각 평행하다.

② 두 쌍의 대변의 길이가 각각 같다.

③ 두 쌍의 대각의 크기가 각각 같다.

④ 두 대각선이 서로 다른 것을 이등분한다.

⑤ 한 쌍의 대변이 평행하고, 그 길이가 같다.

1.
$\overline{AB}/\!/\overline{DC}$이므로
$\overline{EB}/\!/\overline{DF}$
$\overline{AB}=\overline{DC}$, $\overline{AE}=\overline{FC}$
이므로 $\overline{EB}=\overline{DF}$

따라서 □EBFD가 평행사변형이 되는 조건은

____

2.
△ABE와 △CDF에서
$\angle AEB=\angle CFD=90°$,
$\overline{AB}=\overline{CD}$
$\angle ABE=\angle CDF$ (엇각)이므로
△ABE≡△CDF (RHA 합동)
$\therefore \overline{AE}=\overline{CF}$
또, $\angle AEF=\angle CFE$ (엇각)이므로 $\overline{AE}/\!/\overline{FC}$

따라서 □AECF가 평행사변형이 되는 조건은

____

3.
$\overline{AO}=\overline{CO}$
$\overline{BO}=\overline{DO}$이고 $\overline{BE}=\overline{DF}$
이므로 $\overline{EO}=\overline{FO}$

따라서 □AECF가 평행사변형이 되는 조건은

____

4.
$\angle B=\angle D$이므로
$\dfrac{1}{2}\angle B=\dfrac{1}{2}\angle D$
$\therefore \angle EBF=\angle EDF$
$\angle AEB=\angle EBF$ (엇각),
$\angle DFC=\angle EDF$ (엇각)이므로
$\angle AEB=\angle DFC$
$\therefore \angle DEB=180°-\angle AEB$
$\qquad =180°-\angle DFC=\angle BFD$

따라서 □EBFD가 평행사변형이 되는 조건은

____

5.
□AQCS에서 $\overline{AS}/\!/\overline{QC}$,
$\overline{AS}=\overline{QC}$
□AQCS가 평행사변형
이므로 $\overline{AE}/\!/\overline{FC}$
□APCR에서 $\overline{AP}/\!/\overline{RC}$, $\overline{AP}=\overline{RC}$
□APCR가 평행사변형이므로 $\overline{AF}/\!/\overline{EC}$

따라서 □AECF가 평행사변형이 되는 조건은

____

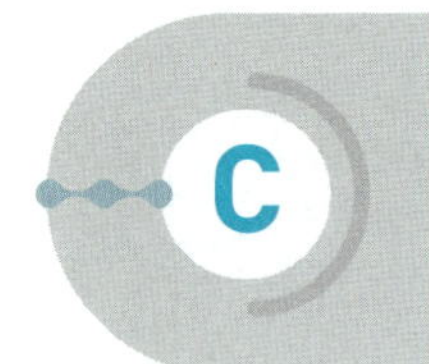

평행사변형이 되는 조건의 응용 2

아래 문제들은 평행사변형이 되는 과정 중에 알맞은 것을 써넣는 문제들이야. 이미 앞에서 배운 내용이니 차근차근 읽어보면 쉽게 구할 수 있어.

아하! 그렇구나~

■ □ABCD가 평행사변형일 때, 색칠한 사각형이 평행사변형이 되는 과정이다. □ 안에 알맞을 것을 써넣으시오.

1.

$\overline{AB}/\!/\overline{DC}$이므로

$\overline{EB}/\!/\overline{DF}$

$\overline{AB}=\boxed{}$,

$\overline{AE}=\boxed{}$이므로 $\overline{EB}=\boxed{}$

따라서 □EBFD는 한 쌍의 대변이 평행하고 그 길이가 같으므로 평행사변형이다.

2.

△ABE와 △FCE에서

$\overline{BE}=\overline{CE}$,

$\angle ABE=\boxed{}$ (엇각),

$\angle AEB=\angle FEC$

(맞꼭지각)이므로

△ABE≡△FCE (ASA 합동)

∴ $\overline{AE}=\boxed{}$

따라서 □ABFC는 두 대각선이 서로 다른 것을 이등분하므로 평행사변형이다.

3.

$\angle B=\angle D$이므로

$\dfrac{1}{2}\angle B=\dfrac{1}{2}\angle D$

∴ $\angle EBF=\angle EDF$

$\angle AEB=\boxed{}$ (엇각),

$\angle DFC=\boxed{}$ (엇각)이므로

$\angle AEB=\angle DFC$

∴ $\angle DEB=180°-\angle AEB$

$\qquad =180°-\angle DFC=\boxed{}$

따라서 □EBFD는 두 쌍의 대각의 크기가 각각 같으므로 평행사변형이다.

4.

□AQCS에서 $\overline{AS}/\!/\overline{QC}$,

$\overline{AS}=\boxed{}$

□AQCS가 평행사변형

이므로 $\overline{AE}/\!/\boxed{}$

□APCR에서 $\overline{AP}/\!/\overline{RC}$, $\overline{AP}=\boxed{}$

□APCR가 평행사변형이므로 $\overline{AF}/\!/\boxed{}$

따라서 □AECF는 두 쌍의 대변이 각각 평행하므로 평행사변형이다.

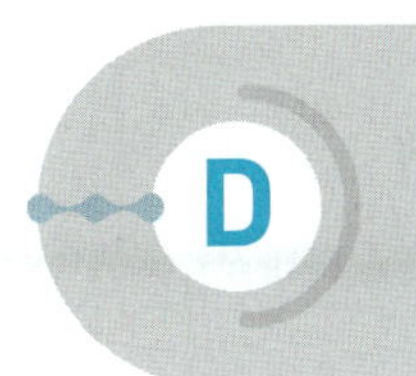

D 평행사변형과 넓이

평행사변형 ABCD의 두 대각선의 교점을 O라 할 때,

△ABO=△BCO=△CDO=△DAO

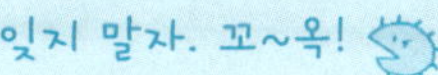
잊지 말자. 꼬~옥! 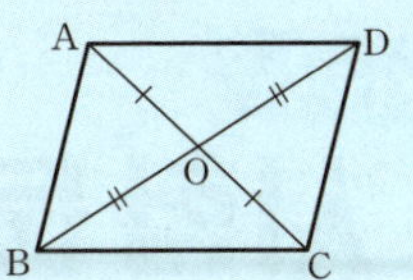

■ 다음 그림과 같이 □ABCD가 평행사변형이고, △ABC의 넓이가 주어질 때, □ 안에 알맞은 넓이를 써넣으시오.

1. 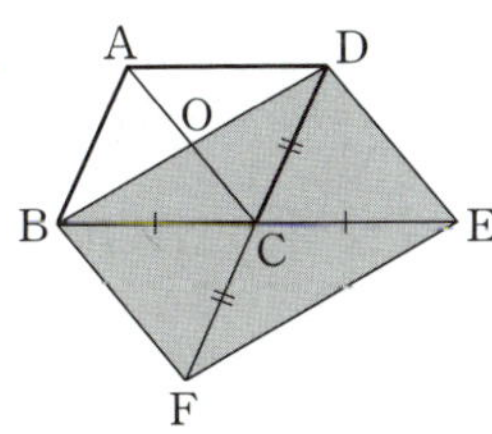

△ABC=8 cm²일 때,

□BFED= [ ]

Help △DBC=△ABC=8(cm²)

2. 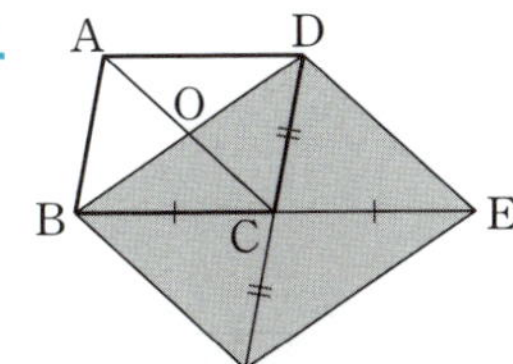

△ABC=12 cm²일 때,

□BFED= [ ]

■ 다음 그림과 같이 □ABCD가 평행사변형이고, □ABCD의 넓이가 주어질 때, □ 안에 알맞은 넓이를 써넣으시오.

3. 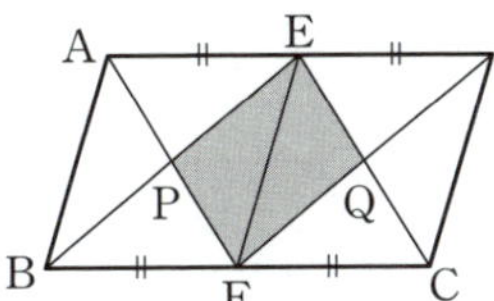

□ABCD=20 cm²일 때,

□EPFQ= [ ]

4. 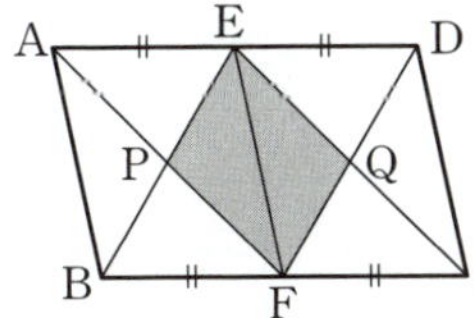

□ABCD=56 cm²일 때,

□EPFQ= [ ]

5. 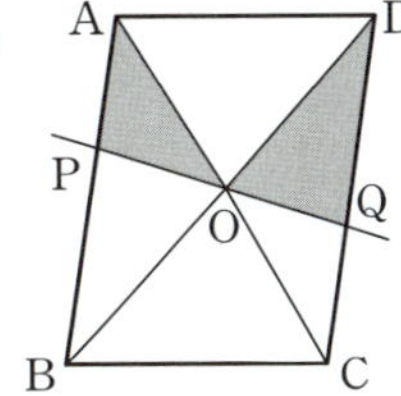

□ABCD=16 cm²일 때, (색칠한 부분의 넓이)

= [ ]

Help △AOE≡△COF

6. 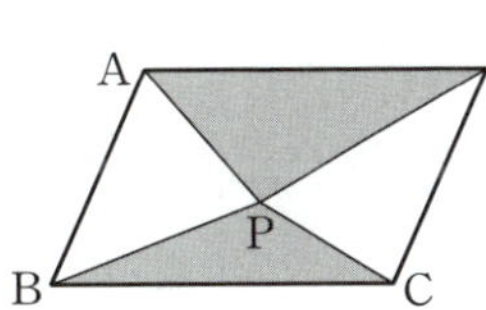

□ABCD=32 cm²일 때, (색칠한 부분의 넓이)

= [ ]

■ 다음 그림과 같이 □ABCD가 평행사변형이고, 삼각형의 넓이가 주어질 때, □ 안에 알맞은 넓이를 써넣으시오.

7. 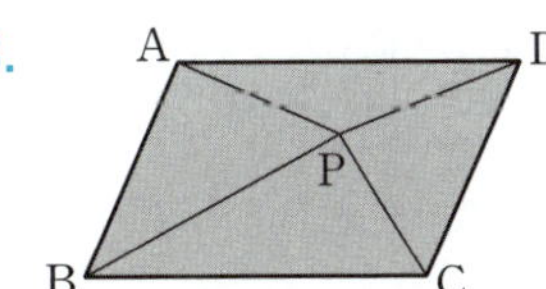

△PAB=8 cm²,

△PBC=5 cm²,

△PCD=6 cm²일 때,

△PDA= [ ]

Help △PDA+△PBC=△PAB+△PCD

8.

△PAB=12 cm²,

△PCD=10 cm²일 때,

□ABCD= [ ]

*정답과 해설 11쪽

[1] 평행사변형이 되는 조건

적중률 90%

1. 다음 중 □ABCD가 평행사변형이 <u>아닌</u> 것을 모두 고르면? (정답 2개)

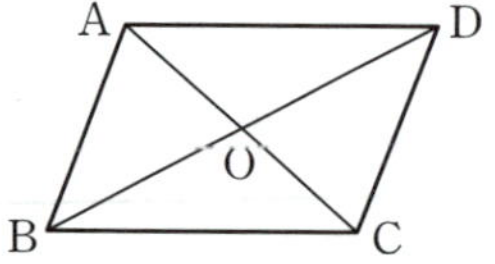

① $\angle A = \angle C = 100°$, $\angle B = 80°$

② $\overline{OA} = \overline{OB} = 7\ cm$, $\overline{OC} = \overline{OD} = 5\ cm$

③ $\angle A + \angle B = 180°$, $\angle B + \angle C = 180°$

④ $\overline{AB} = \overline{DC} = 12\ cm$, $\overline{AD} = \overline{BC} = 15\ cm$

⑤ $\overline{AD} /\!/ \overline{BC}$, $\overline{AB} = \overline{DC} = 8\ cm$

[2~4] 평행사변형이 되는 조건의 응용

2. 오른쪽 그림과 같이 평행사변형 ABCD의 두 대각선의 교점을 O라 하고, $\overline{AO}$, $\overline{BO}$, $\overline{CO}$, $\overline{DO}$의 중점을 각각 P, Q, R, S라 하자. 다음 중 □PQRS가 평행사변형이 되는 가장 알맞은 조건은?

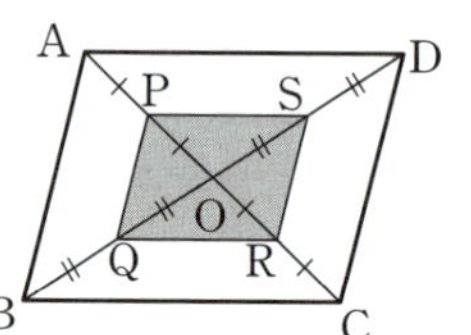

① 두 쌍의 대변이 각각 평행하다.

② 두 쌍의 대변의 길이가 각각 같다.

③ 두 쌍의 대각의 크기가 각각 같다.

④ 두 대각선이 서로 다른 것을 이등분한다.

⑤ 한 쌍의 대변이 평행하고 그 길이가 같다.

앗! 실수 적중률 80%

3. 오른쪽 그림과 같은 평행사변형 ABCD에서 $\overline{AE}$, $\overline{CF}$는 각각 $\angle A$, $\angle C$의 이등분선이다. $\overline{BC} = 10\ cm$, $\overline{AB} = 6\ cm$, $\angle B = 60°$일 때, □AECF의 둘레의 길이를 구하시오.

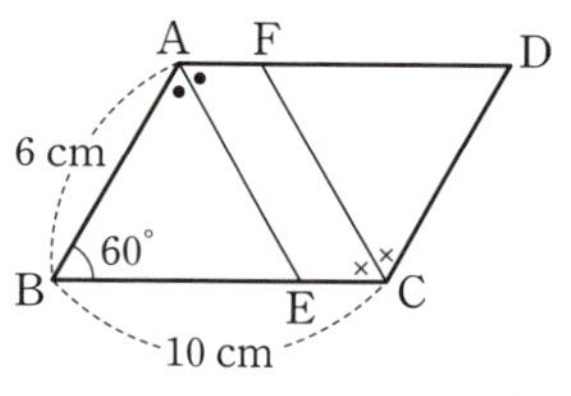

앗! 실수

4. 오른쪽 그림과 같은 평행사변형 ABCD에서 점 O는 두 대각선의 교점이고, $\overline{AB} = 10\ cm$, $\overline{BC} = 14\ cm$, $\overline{AC} = 18\ cm$이다. □OCDE가 평행사변형일 때, △AOF의 둘레의 길이는?

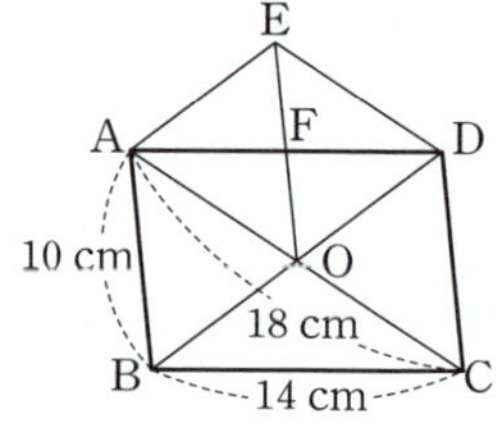

① 17 cm ② 18 cm ③ 20 cm

④ 21 cm ⑤ 23 cm

[5~6] 평행사변형과 넓이

5. 오른쪽 그림과 같은 평행사변형 ABCD에서 두 대각선의 교점을 O라 하자. △ABO $= 9\ cm^2$일 때, □ABCD의 넓이를 구하시오.

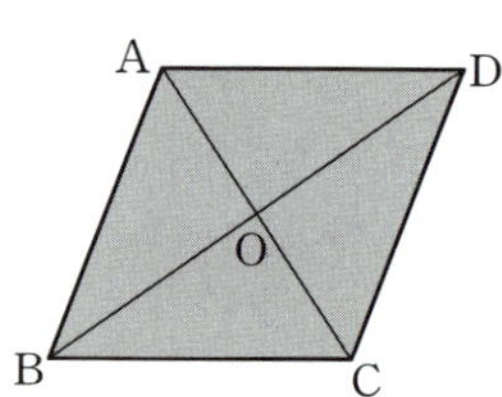

적중률 80%

6. 오른쪽 그림과 같은 평행사변형 ABCD의 넓이가 $82\ cm^2$이고, △PBC의 넓이가 $24\ cm^2$일 때, △PDA의 넓이를 구하시오.

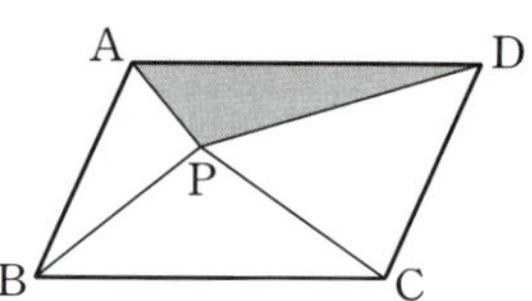

08 직사각형, 마름모

- **직사각형**

  ① 직사각형의 뜻

  네 내각의 크기가 같은 사각형

  $\Rightarrow \angle A = \angle B = \angle C = \angle D = 90°$

  ② 직사각형의 성질

  두 대각선은 길이가 같고 서로 다른 것을 이등분한다.

  $\Rightarrow \overline{AC} = \overline{BD},\ \overline{AO} = \overline{BO} = \overline{CO} = \overline{DO}$

  ③ 평행사변형이 직사각형이 되는 조건

  평행사변형이 다음 중 어느 한 조건을 만족하면 직사각형이 된다.

  - 한 내각이 직각이다.

  - 두 대각선의 길이가 같다.

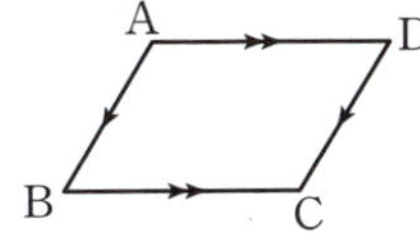
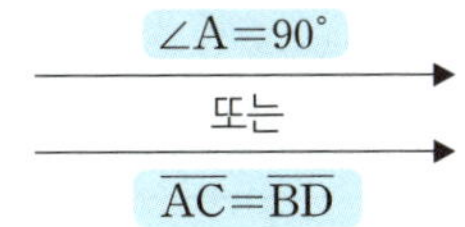

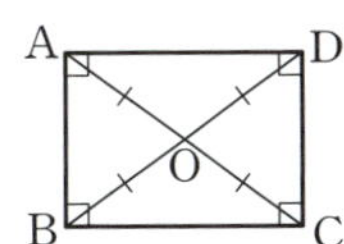

- **마름모**

  ① 마름모의 뜻

  네 변의 길이가 같은 사각형

  $\Rightarrow \overline{AB} = \overline{BC} = \overline{CD} = \overline{DA}$

  ② 마름모의 성질

  두 대각선은 서로 다른 것을 수직이등분한다.

  $\Rightarrow \overline{AC} \perp \overline{BD},\ \overline{AO} = \overline{CO},\ \overline{BO} = \overline{DO}$

  ③ 평행사변형이 마름모가 되는 조건

  평행사변형이 다음 중 어느 한 조건을 만족하면 마름모가 된다.

  - 이웃하는 두 변의 길이가 같다.

  - 대각선이 서로 수직이다.

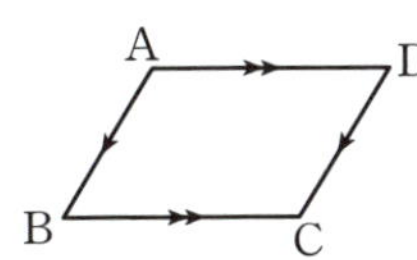
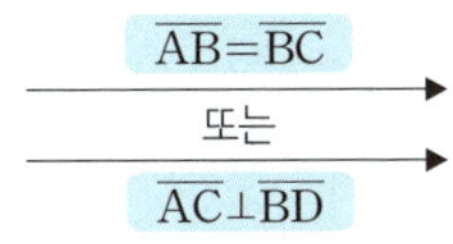

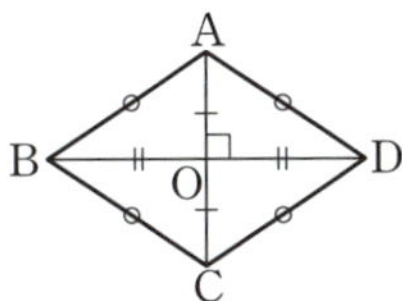

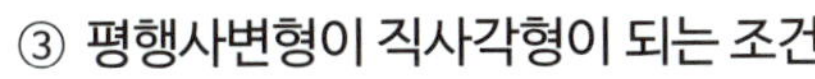

- 평행사변형의 한 내각이 직각이면 대각의 크기는 같으므로 네 각이 모두 직각이 되어 직사각형이 돼.
- 평행사변형의 이웃하는 두 변의 길이가 같으면 대변의 길이가 같으므로 네 변의 길이가 모두 같게 되어 마름모가 돼.

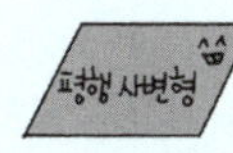

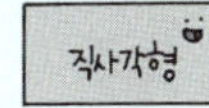

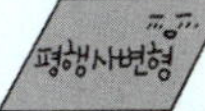

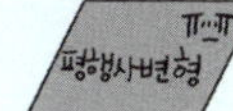

- 평행사변형의 대각선의 길이가 같으면 마름모이다. (×)

- 평행사변형의 대각선이 서로 수직이면 직사각형이다. (×)

- 평행사변형의 대각선의 길이가 같으면 직사각형이다. (○)

- 평행사변형의 대각선이 서로 수직이면 마름모이다. (○)

직사각형

직사각형은
- 네 각의 크기가 모두 같은 사각형이야.
- 두 대각선의 길이가 같고, 서로 다른 것을 이등분해.
- 직사각형은 평행사변형이므로 평행사변형의 모든 성질도 가지고 있어.

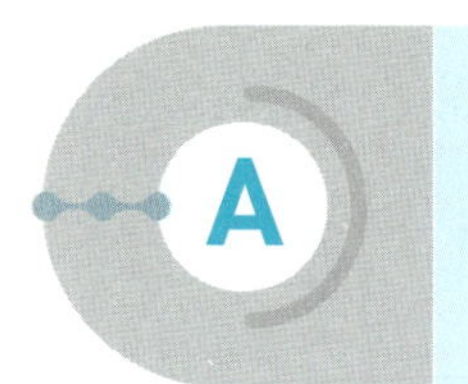

■ 다음 그림과 같은 직사각형 ABCD에서 x의 값을 구하시오.

1.

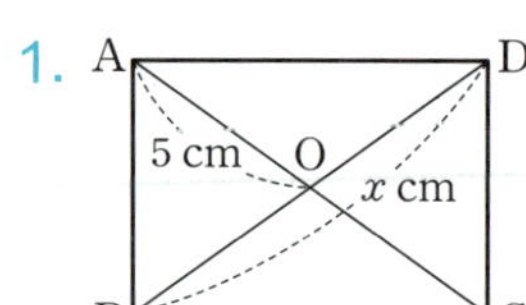

2.

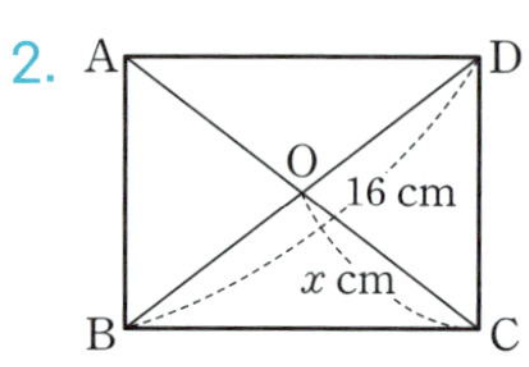

3.

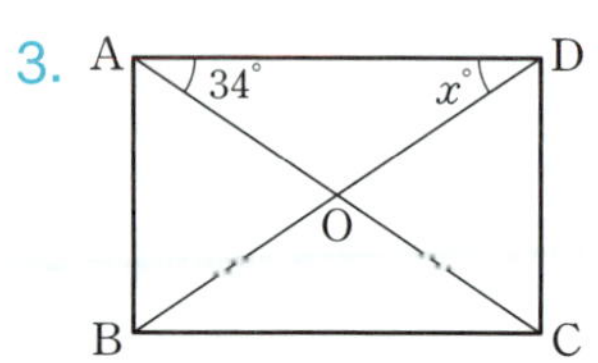

4.

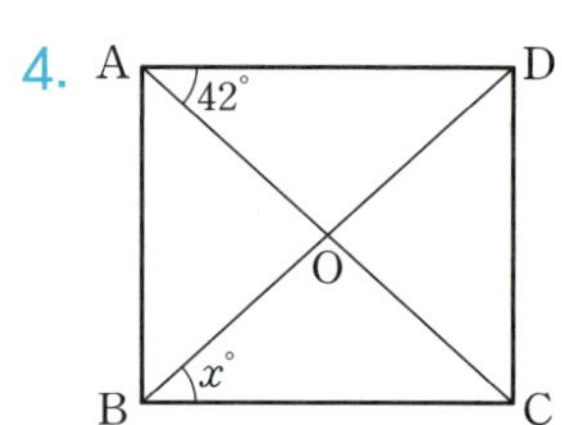

■ 다음 그림과 같은 직사각형 ABCD에서 □ 안에 알맞은 값을 써넣으시오.

5.

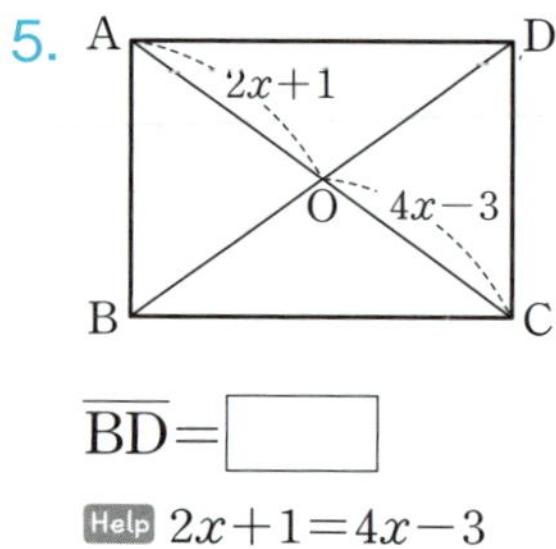

$\overline{BD}=$ ⬚

Help $2x+1=4x-3$

6.

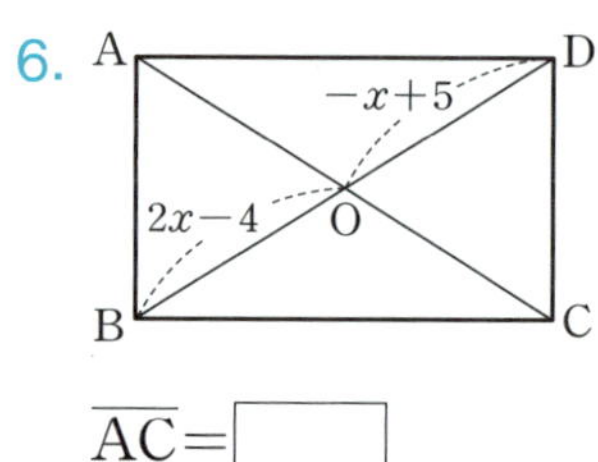

$\overline{AC}=$ ⬚

앗! 실수

7.

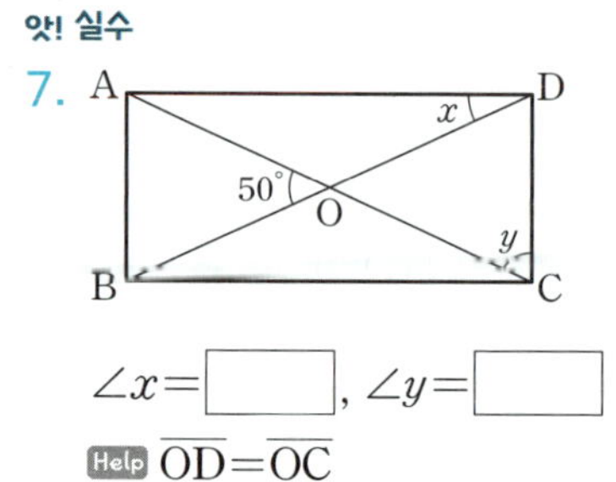

$\angle x=$ ⬚ , $\angle y=$ ⬚

Help $\overline{OD}=\overline{OC}$

8.

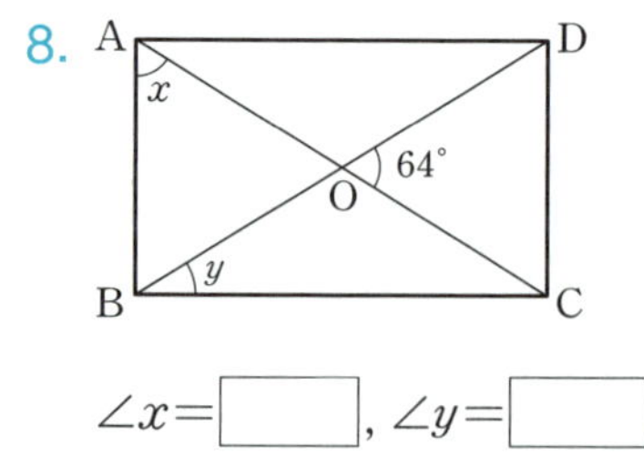

$\angle x=$ ⬚ , $\angle y=$ ⬚

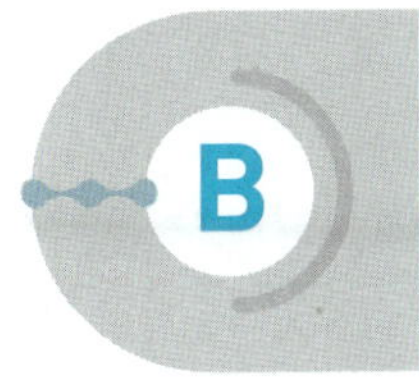

평행사변형이 직사각형이 되는 조건

평행사변형이 직사각형이 되는 조건은 다음 조건 중 하나만 만족하면 돼.
- 평행사변형의 한 각의 크기가 90°이다.
  ⇨ 한 각의 크기가 90°이면 모든 각의 크기가 90°
- 대각선의 길이가 같다. 이 정도는 암기해야 해~ 암암! 

■ 오른쪽 그림에서 평행사변형 ABCD가 직사각형이 되는 조건으로 옳은 것은 ○를, 옳지 않은 것은 ×를 하시오.

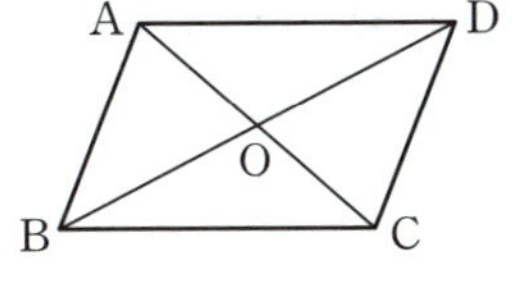

1. $\overline{AC}=\overline{BD}$

____

2. $\overline{AC}\perp\overline{BD}$

____

3. $\overline{AB}=\overline{AD}$

____

4. $\overline{OD}=\overline{OC}$

____

Help $\overline{OD}=\overline{OC}$이면 $\overline{AC}=\overline{BD}$

5. $\angle B=90°$

____

6. $\angle OBC=\angle OCB$

____

Help $\angle OBC=\angle OCB$이면 $\overline{OB}=\overline{OC}$

■ 오른쪽 그림에서 평행사변형 ABCD가 직사각형이 되는 조건으로 옳은 것은 ○를, 옳지 않은 것은 ×를 하시오.

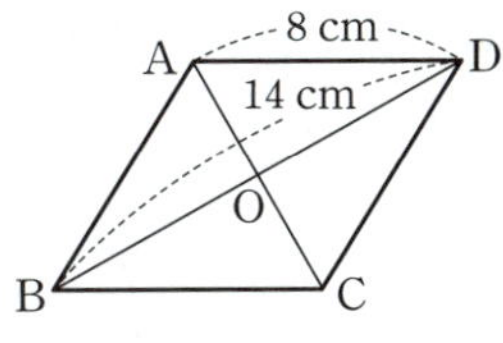

7. $\angle AOB=90°$

____

8. $\overline{BC}=8\ cm$

____

9. $\angle A=90°$

____

10. $\overline{AB}=8\ cm$

____

11. $\overline{AC}=14\ cm$

____

앗! 실수

12. $\angle BAO=\angle DAO$

____

마름모는
- 네 변의 길이가 같은 사각형이야.
- 두 대각선은 서로 다른 것을 수직이등분해.
- 마름모의 대각선은 꼭지각을 이등분해. 잊지 말자. 꼬~옥! 

■ 다음 그림과 같은 마름모 ABCD에서 x의 값을 구하시오.

1. 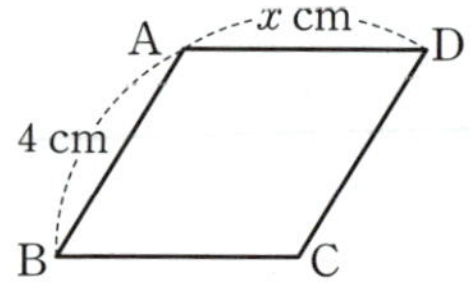

2. 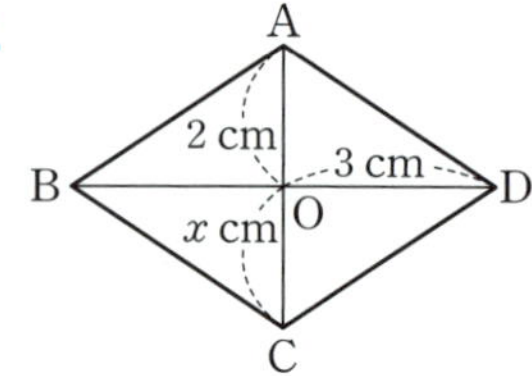

■ 다음 그림과 같은 마름모 ABCD에서 $\angle x$, $\angle y$의 크기를 각각 구하시오.

3. 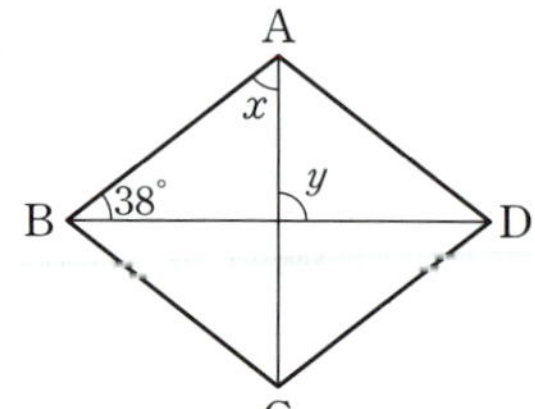

4. 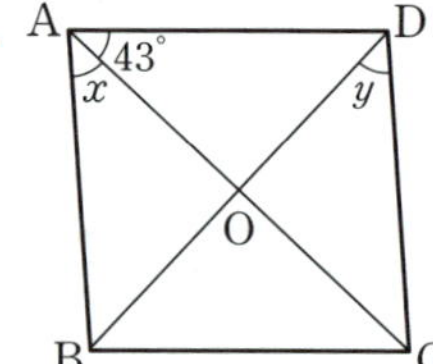

Help 마름모의 대각선은 꼭지각을 이등분한다.

■ 다음 그림과 같은 마름모 ABCD에서 $x+y$의 값을 구하시오.

5. 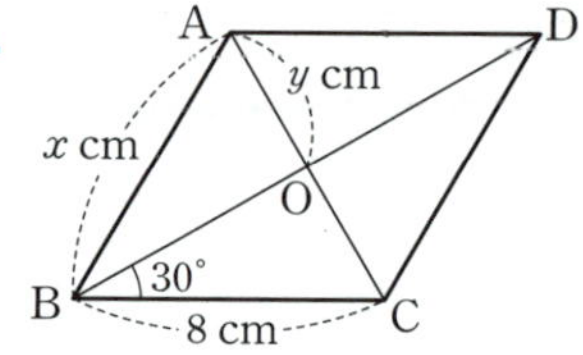

Help $\angle ABC = 60°$이고, $\overline{BA} = \overline{BC}$이므로 $\triangle BCA$는 정삼각형이다.

6. 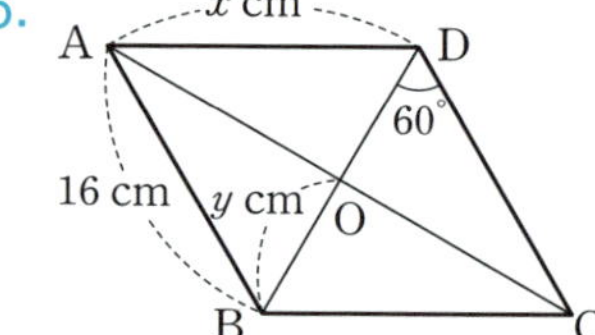

■ 다음 그림과 같은 마름모 ABCD에서 $\angle x$의 크기를 구하시오.

앗! 실수

7. 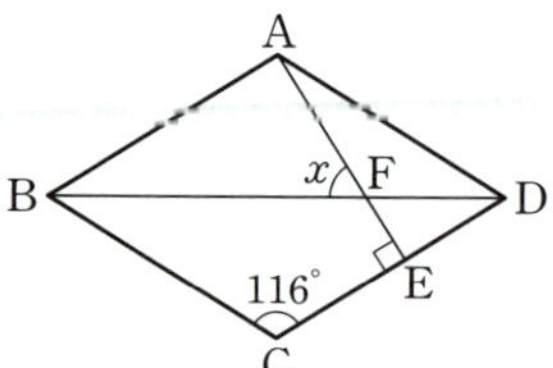

Help 마름모의 대각선은 꼭지각을 이등분하므로

$$\angle EDF = \frac{1}{2} \times (180° - 116°)$$

8. 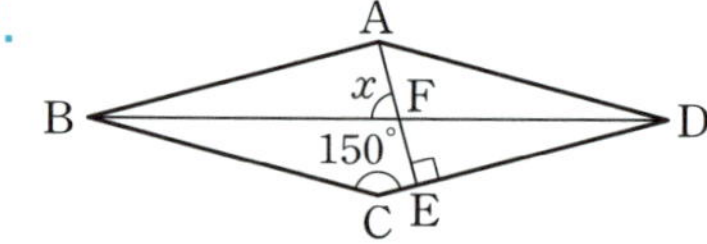

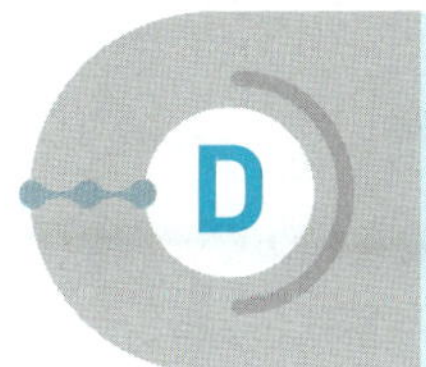

평행사변형이 마름모가 되는 조건

평행사변형이 마름모가 되는 조건은 다음 조건 중 하나만 만족하면 돼.
· 평행사변형의 이웃하는 두 변의 길이가 같다.
· 대각선이 서로 수직이다.

아하! 그렇구나~

■ 오른쪽 그림에서 평행사변형 ABCD가 마름모가 되는 조건으로 옳은 것은 ○를, 옳지 <u>않은</u> 것은 ×를 하시오.

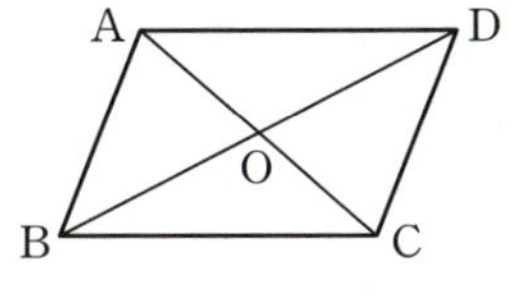

1. $\overline{AB} = \overline{AD}$

2. $\overline{AC} \perp \overline{BD}$

3. $\angle OBC = \angle OCB$

4. $\overline{AO} = \overline{BO}$

5. $\angle A = \angle B$

6. $\angle ADB + \angle ACB = 90°$

Help $\angle ADB = \angle CBD$ ∴ $\angle CBD + \angle ACB = 90°$

■ 오른쪽 그림에서 평행사변형 ABCD가 마름모가 되는 조건으로 옳은 것은 ○를, 옳지 <u>않은</u> 것은 ×를 하시오.

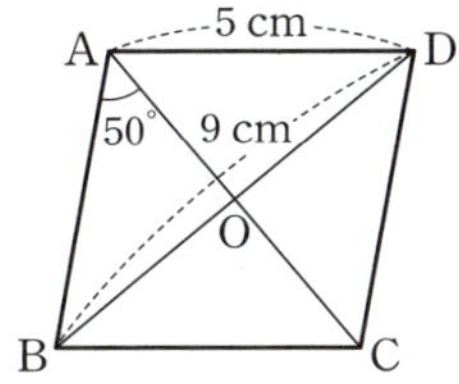

7. $\angle ACB = 50°$

Help $\triangle BCA$는 이등변삼각형이다.

8. $\overline{AC} = 9$ cm

9. $\angle ABO = 30°$

10. $\overline{AB} = 5$ cm

11. $\angle C = 90°$

12. $\angle BDC = 40°$

거저먹는 시험 문제

＊정답과 해설 13쪽

[1~2] 직사각형

적중률 80%

1. 오른쪽 그림과 같은 직사각형 ABCD에서 두 대각선의 교점을 O라 하자. $\overline{AB}=6\,cm$, $\overline{BC}=8\,cm$, $\overline{AC}=10\,cm$일 때, $\triangle ABO$의 둘레의 길이는?

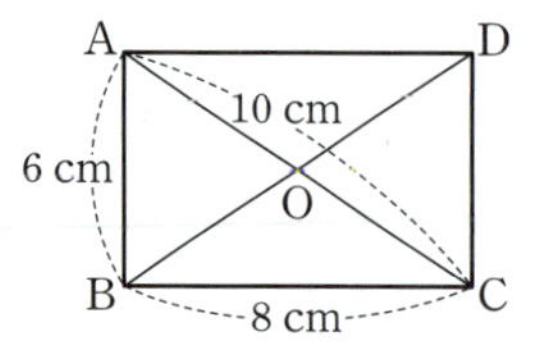

① 12 cm ② 14 cm ③ 16 cm

④ 17 cm ⑤ 18 cm

앗! 실수

2. 오른쪽 그림과 같은 직사각형 ABCD에서 $\overline{BE}=\overline{DE}$, $\angle BDE=\angle CDE$일 때, $\angle DEC$의 크기를 구하시오.

Help $\angle DEC=2\angle EDC$

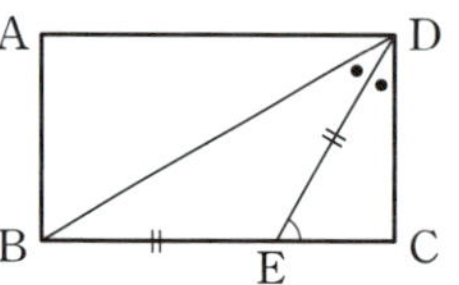

[3] 평행사변형이 직사각형이 되는 조건

적중률 90%

3. 다음 중 오른쪽 그림의 평행사변형 ABCD가 직사각형이 되기 위한 조건이 아닌 것은?

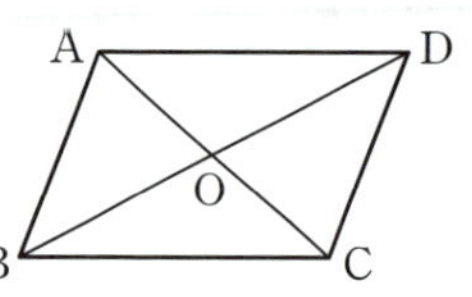

① $\angle C=\angle D$ ② $\overline{AC}=\overline{BD}$

③ $\angle B=90°$ ④ $\overline{AO}=\overline{BO}$

⑤ $\angle A=\angle C$

[4~5] 마름모

적중률 80%

4. 오른쪽 그림과 같은 □ABCD가 마름모일 때, $\angle x+\angle y$의 크기는?

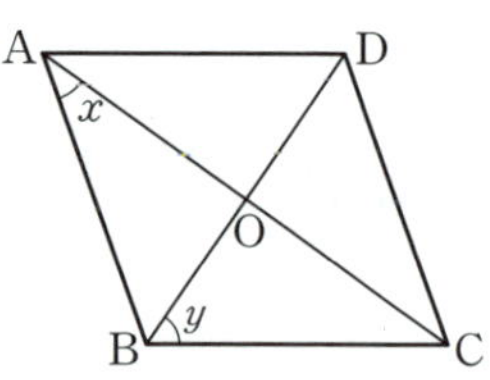

① 70° ② 75°

③ 80° ④ 90°

⑤ 100°

5. 오른쪽 그림과 같은 마름모 ABCD에서 두 대각선의 교점을 O라 하자. $\overline{BO}=6\,cm$, $\overline{OC}=4\,cm$일 때, □ABCD의 넓이는?

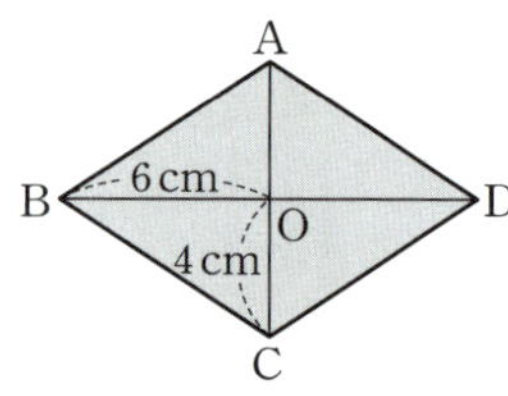

① 24 cm^2 ② 36 cm^2 ③ 48 cm^2

④ 50 cm^2 ⑤ 54 cm^2

[6] 평행사변형이 마름모가 되는 조건

적중률 90%

6. 오른쪽 그림과 같은 평행사변형 ABCD가 마름모가 되도록 하는 x, y에 대하여 $x+3y$의 값을 구하시오.

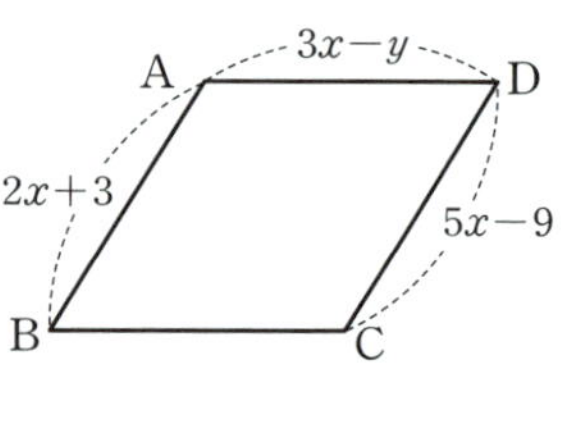

 **09** 정사각형, 등변사다리꼴

● 정사각형

① **정사각형의 뜻**
네 변의 길이가 같고 네 내각의 크기가 같은 사각형
$\Rightarrow \overline{AB}=\overline{BC}=\overline{CD}=\overline{DA}$, $\angle A=\angle B=\angle C=\angle D=90°$

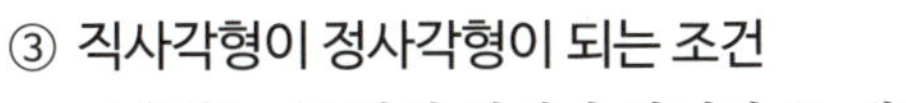

② **정사각형의 성질**
두 대각선은 길이가 같고, 서로 다른 것을 수직이등분한다.
$\Rightarrow \overline{AC}=\overline{BD}$, $\overline{AC}\perp\overline{BD}$, $\overline{AO}=\overline{BO}=\overline{CO}=\overline{DO}$

③ **직사각형이 정사각형이 되는 조건**
이웃하는 두 변의 길이가 같거나 두 대각선이 수직이다.

④ **마름모가 정사각형이 되는 조건**
한 내각이 직각이거나 두 대각선의 길이가 같다.

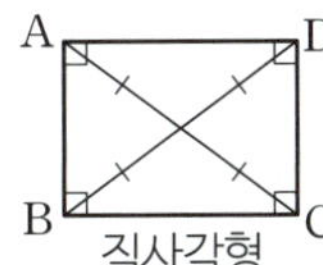
직사각형

$\overline{AB}=\overline{BC}$ 또는 $\overline{AC}\perp\overline{BD}$ →

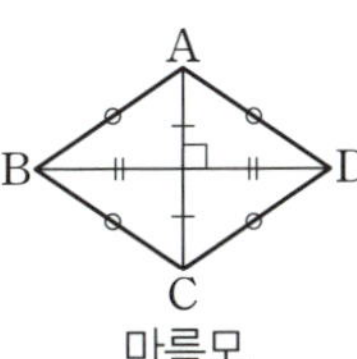
마름모

$\angle A=90°$ 또는 $\overline{AC}=\overline{BD}$ →

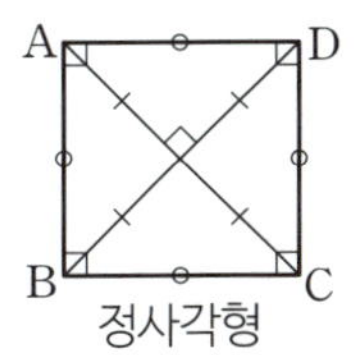
정사각형

● 사다리꼴과 등변사다리꼴

① **사다리꼴의 뜻**
한 쌍의 대변이 평행한 사각형
$\Rightarrow \overline{AD}\,/\!/\,\overline{BC}$

② **등변사다리꼴의 뜻**
아랫변의 양 끝 각의 크기가 같은 사다리꼴
$\Rightarrow \overline{AD}\,/\!/\,\overline{BC}$, $\angle B=\angle C$

③ **등변사다리꼴의 성질**
• 평행하지 않은 한 쌍의 대변의 길이가 같다.
$\overline{AB}=\overline{DC}$

• 두 대각선의 길이가 같다.
$\overline{AC}=\overline{DB}$

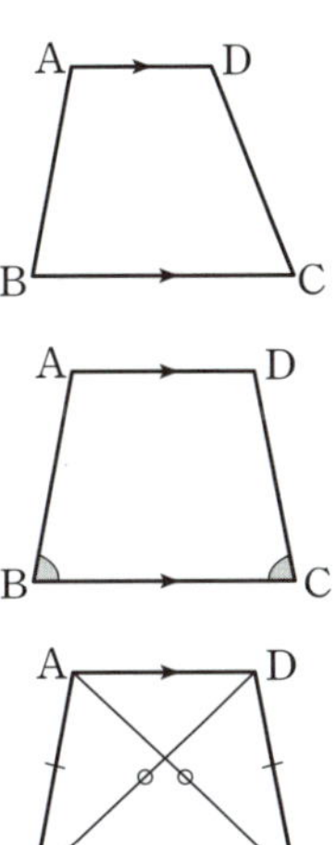

바빠꿀팁

정사각형은 네 각의 크기가 같으므로 직사각형이고 네 변의 길이가 같으므로 마름모이기도 해.
따라서 정사각형은 직사각형이면서 마름모인 거지.

출동! X맨과 O맨

절대 아니야
• 두 대각선의 길이가 같은 사각형은 직사각형이다. (×)
➡ 등변사다리꼴도 두 대각선의 길이가 같아.

이게 정답이야
• 두 대각선의 길이가 같은 평행사변형은 직사각형이다.
(○)
➡ 반드시 평행사변형이라는 조건이 있어야 직사각형이야.

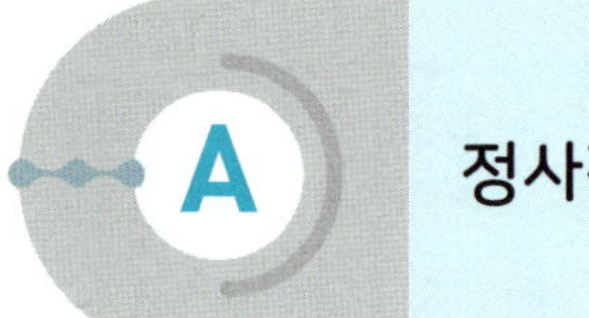

A   정사각형

정사각형은
- 네 변의 길이가 같고 네 내각의 크기가 같은 사각형이야.
- 직사각형과 마름모의 성질을 모두 가진 사각형이기 때문에 두 대각선의 길이가 같고, 서로 다른 것을 수직이등분해.

■ 다음 그림과 같은 정사각형 ABCD에서 두 대각선의 교점을 O라 할 때, x, y의 값을 각각 구하시오.

1.
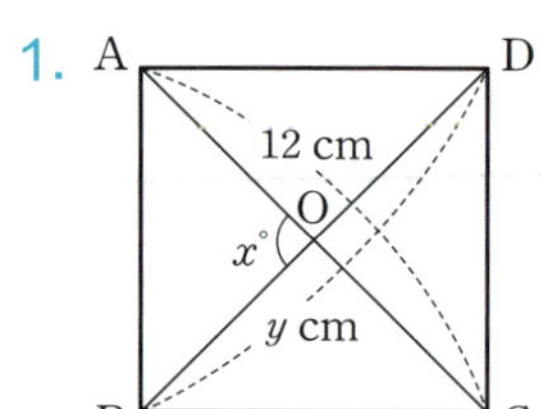

2.

3. 다음 그림과 같은 정사각형 ABCD의 넓이를 구하시오.

■ 다음 그림과 같은 정사각형 ABCD의 넓이를 구하시오.

3.
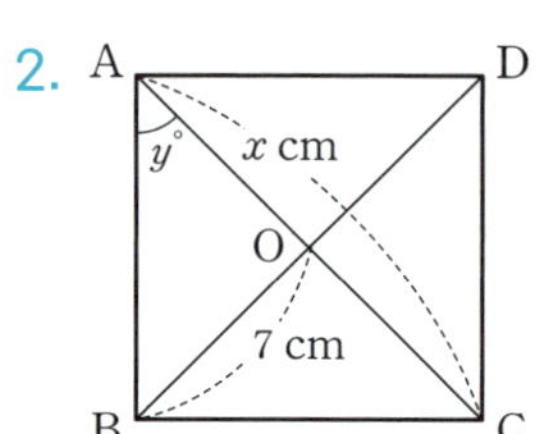

4.
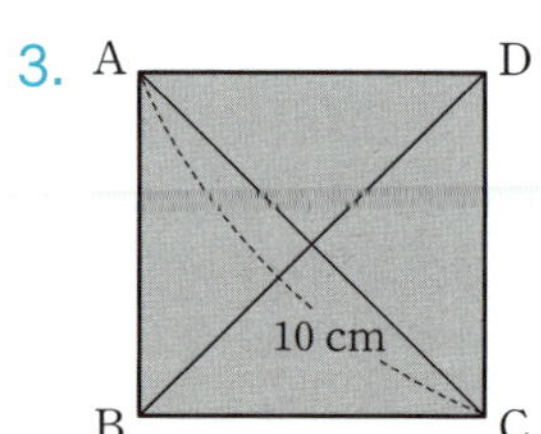

■ 다음 그림과 같은 정사각형 ABCD에서 $\angle x$의 크기를 구하시오.

5.
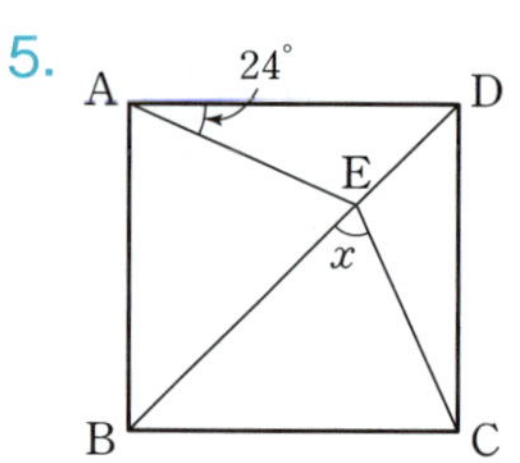

Help $\angle DCE = \angle DAE = 24°$, $\angle EDC = 45°$

6.

7.

Help $\angle AED = \angle ADE = 76°$이므로 $\angle EAD = 28°$
△ABE는 이등변삼각형이고
$\angle EAB = 90° + 28° = 118°$

8.
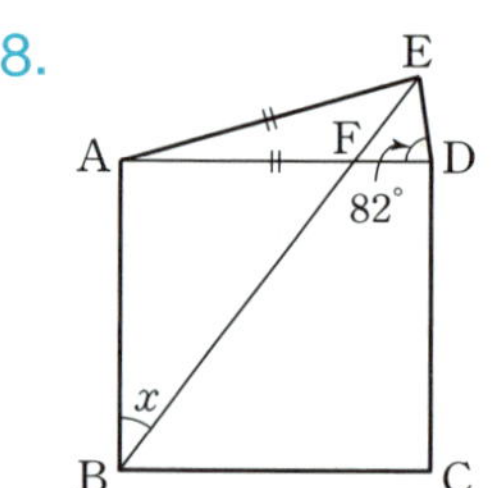

• 직사각형의 이웃하는 두 변의 길이가 같거나 두 대각선이 서로 수직이면 ⇨ 정사각형
• 마름모의 한 내각이 직각이거나 두 대각선의 길이가 같으면 ⇨ 정사각형 이 정도는 암기해야 해~ 암암!

■ 오른쪽 그림에서 평행사변형 ABCD가 정사각형이 되는 조건으로 옳은 것은 ○를, 옳지 <u>않은</u> 것은 ×를 하시오.

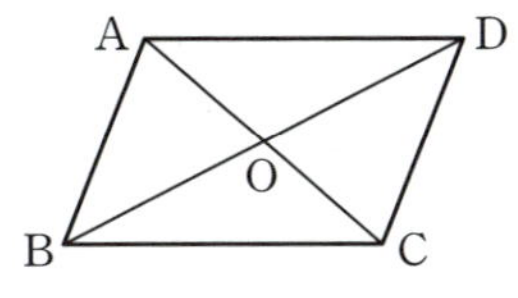

1. $\angle AOB = 90°$, $\overline{AB} = \overline{AD}$

____

Help 직사각형이 되는 조건과 마름모가 되는 조건을 모두 만족해야 정사각형이 된다.
$\angle AOB = 90°$ ⇨ 마름모가 되는 조건
$\overline{AB} = \overline{AD}$ ⇨ 마름모가 되는 조건

2. $\overline{AB} = \overline{AD}$, $\overline{AC} \perp \overline{BD}$

____

3. $\angle ABC = 90°$, $\angle AOB = 90°$

____

Help $\angle ABC = 90°$ ⇨ 직사각형이 되는 조건
$\angle AOB = 90°$ ⇨ 마름모가 되는 조건

4. $\overline{AB} = \overline{AD}$, $\overline{OA} = \overline{OD}$

____

5. $\overline{AB} = \overline{AD}$, $\angle BAO = \angle DAO$

____

6. $\angle AOB = \angle AOD$, $\overline{AO} = \overline{DO}$

____

■ 다음 중 정사각형은 ○를, 정사각형이 <u>아닌</u> 것은 ×를 하시오.

7. 두 대각선의 길이가 같은 사각형

____

8. 이웃하는 두 변의 길이가 같은 평행사변형

____

9. 두 대각선이 수직으로 만나는 직사각형

____

10. 한 각의 크기가 90°인 평행사변형

____

11. 두 대각선의 길이가 같은 마름모

____

12. 두 대각선이 서로 다른 것을 수직이등분하는 평행사변형

____

등변사다리꼴

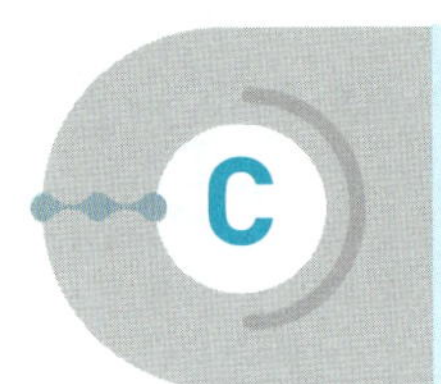

등변사다리꼴은
- 밑변의 양 끝 각의 크기가 같은 사다리꼴이야.
- 평행하지 않은 한 쌍의 대변의 길이가 같아.
- 두 대각선의 길이가 같아. 이 정도는 암기해야 해~ 암암!

■ 다음 그림과 같이 $\overline{AD} /\!/ \overline{BC}$인 등변사다리꼴 ABCD에서 x의 값을 구하시오.

1.

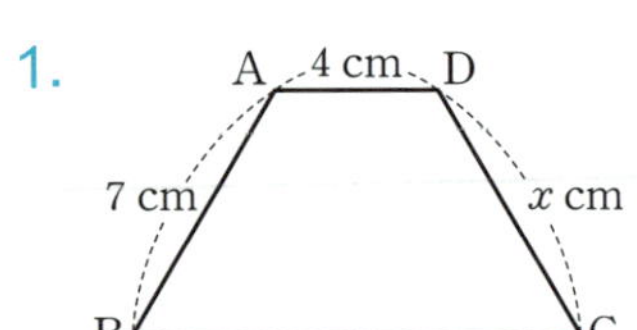

2.

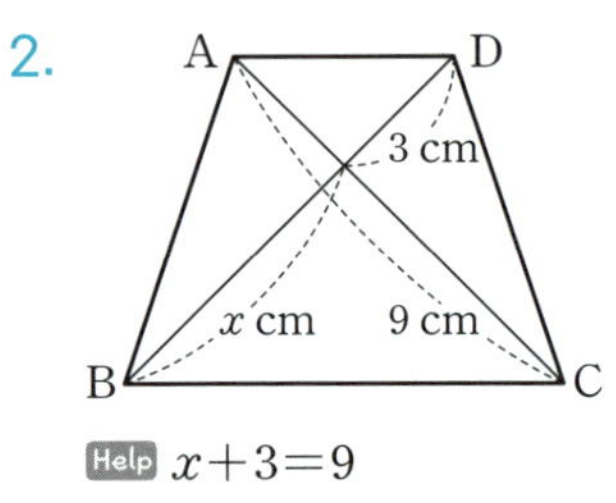

Help $x+3=9$

3.

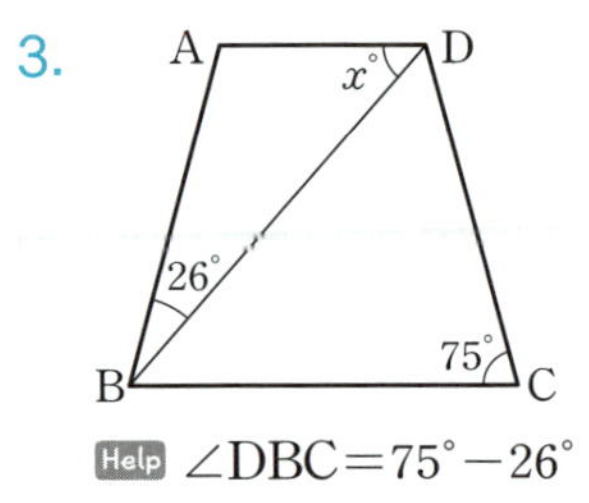

Help $\angle DBC = 75° - 26°$

4.

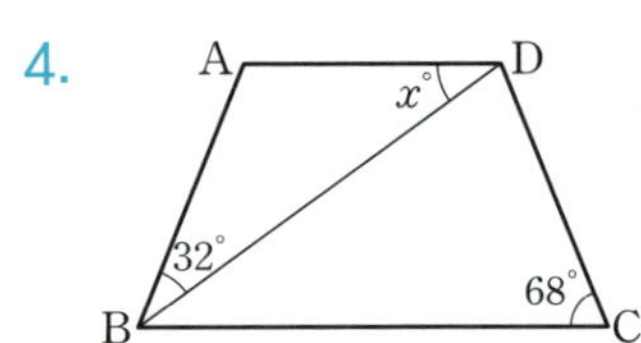

앗! 실수

5.

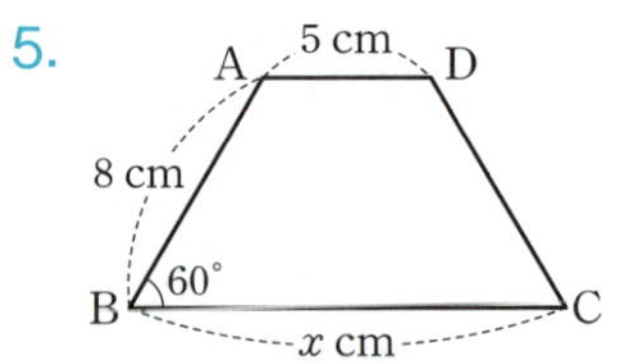

Help 점 A에서 $\overline{DC}$에 평행한 보조선을 그어 $\overline{BC}$와 만나는 점을 E라 하면 △ABE는 정삼각형이 된다.

6.

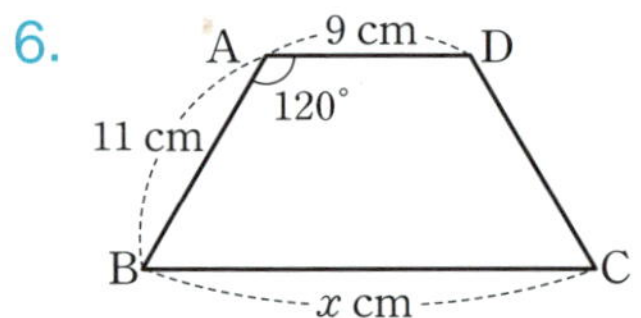

7.

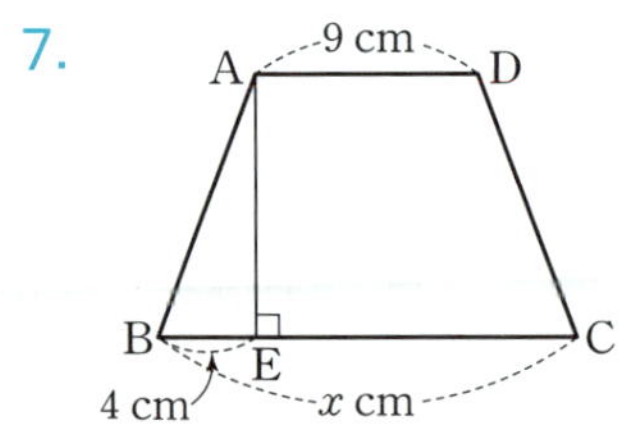

8.

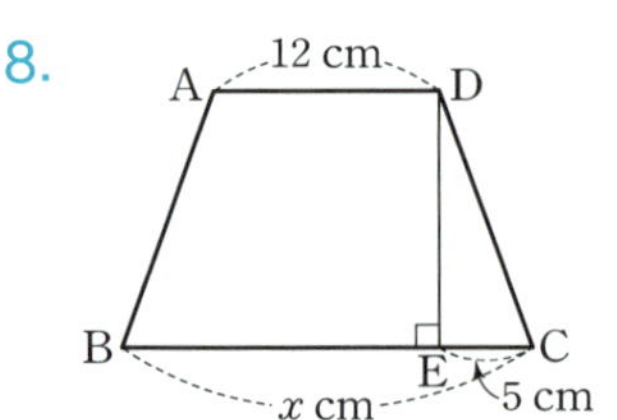

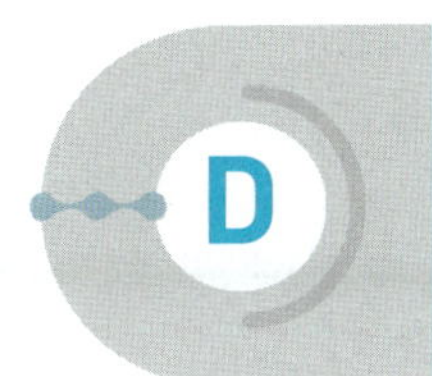

여러 가지 사각형 1

■ 다음은 □ABCD에 대하여 색칠한 사각형이 어떤 사각형이 되는지 설명하는 과정이다. □ 안에 알맞은 것을 써넣고 어떤 사각형인지 구하시오.

1. □ABCD가 평행사변형이고 네 내각의 이등분선의 교점을 P, Q, R, S라 할 때,

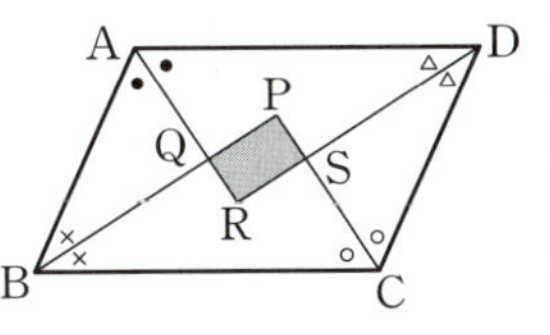

$\angle DAB + \angle ABC = 180°$

$2 \cdot \bullet + 2 \times = 180°$

$\bullet + \times = \boxed{}$

$\therefore \angle PQR = \angle AQB = 90°$

같은 방법으로 하면

$\angle QPS = \angle QRS = \angle PSR = \boxed{}$

따라서 □PQRS는 $\boxed{}$ 이다.

2. □ABCD가 직사각형이고 대각선 BD의 수직이등분선이 $\overline{AD}$, $\overline{BC}$와 만나는 점을 각각 E, F라 할 때, △EOD와 △FOB에서

$\angle EOD = \angle FOB = 90°$, $\overline{OD} = \overline{OB}$,

$\angle ODE = \angle OBF$ (엇각)이므로

$\triangle EOD \equiv \triangle FOB$ ($\boxed{}$ 합동)

$\therefore \overline{OE} = \boxed{}$, $\overline{ED} = \boxed{}$

따라서 □EBFD는 $\overline{ED} /\!/ \overline{BF}$, $\overline{ED} = \overline{BF}$이므로 평행사변형이고 이때 두 대각선이 수직이므로 $\boxed{}$ 이다.

3. □ABCD가 직사각형이고 $\overline{EB} = \overline{DF}$일 때, △ABE와 △CDF에서

$\overline{EB} = \overline{FD}$,

$\angle A = \angle C = 90°$,

$\overline{AB} = \overline{CD}$이므로

$\triangle ABE \equiv \triangle CDF$ ($\boxed{}$ 합동)

$\overline{AE} = \boxed{}$ 이므로 $\overline{ED} = \boxed{}$

따라서 □EBFD는 두 쌍의 대변의 길이가 각각 같으므로 $\boxed{}$ 이다.

4. □ABCD가 평행사변형이고 ∠A, ∠B의 이등분선이 $\overline{BC}$, $\overline{AD}$와 만나는 점을 각각 E, F라 할 때,

$\overline{AF} /\!/ \overline{BE}$이므로 $\angle AFB = \angle FBE$ (엇각)

$\angle ABF = \angle AFB$이므로 $\overline{AB} = \boxed{}$

$\overline{AF} /\!/ \overline{BE}$이므로 $\angle BEA = \angle EAF$ (엇각)

$\angle BAE = \angle BEA$이므로 $\overline{AB} = \boxed{}$

$\therefore \overline{AF} = \overline{BE}$

따라서 □ABEF는 $\overline{AF} /\!/ \overline{BE}$, $\overline{AF} = \overline{BE}$이므로 평행사변형이고 이웃하는 두 변의 길이가 같으므로 $\boxed{}$ 이다.

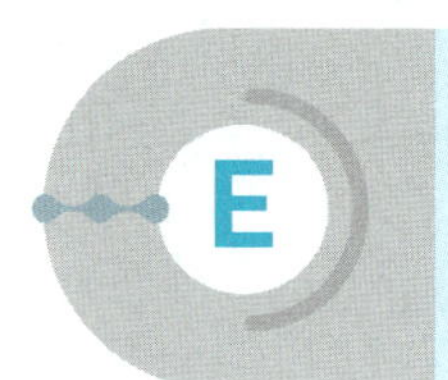

• 한 내각의 크기가 90°인 마름모는 정사각형이다.
• 이웃하는 두 변의 길이가 같은 평행사변형은 마름모이다.
• 한 내각의 크기가 90°인 평행사변형은 직사각형이다.

잊지 말자. 꼬~옥!

■ 다음은 □ABCD에 대하여 주어진 사각형이 어떤 사각형이 되는지 설명하는 과정이다. □ 안에 알맞은 것을 써넣고 어떤 사각형인지 구하시오.

1.

□ABCD가 정사각형일 때,

△AEH, △BFE, △CGF, △DHG에서

$\overline{AE}=\overline{BF}=\overline{CG}=\overline{DH}$,

$\angle A=\angle B=\angle C=\angle D=90°$,

$\overline{AH}=\overline{BE}=\overline{CF}=\overline{DG}$이므로

△AEH≡△BFE≡△CGF≡△DHG

(□ 합동)

∴ $\overline{HE}=\overline{EF}=\overline{FG}=\overline{GH}$

이때 ∠AEH+∠AHE= □ ,

∠AHE=∠BEF이므로

∠AEH+∠BEF= □   ∴ ∠HEF=90°

따라서 □EFGH는 한 내각의 크기가 90°인 마름모이므로 □ 이다.

2.

□ABCD가 평행사변형이고 $\overline{AQ}\perp\overline{CD}$, $\overline{AP}\perp\overline{BC}$

△ABP, △ADQ에서

$\overline{AP}=\overline{AQ}$,

∠BPA=∠DQA=90°

∠B= □ 이므로 ∠BAP= □

△ABP≡△ADQ (ASA 합동)

∴ $\overline{AB}=$ □

따라서 □ABCD는 이웃하는 두 변의 길이가 같은 평행사변형이므로 □ 이다.

3.

□ABCD가 평행사변형이고 $\overline{AD}$의 중점이 M일 때,

△ABM과 △DCM에서

$\overline{AM}=\overline{DM}$, $\overline{AB}=\overline{DC}$,

$\overline{MB}=\overline{MC}$이므로

△ABM≡△DCM (SSS 합동)

∴ ∠A= □

이때 ∠A+∠D=180°이므로

∠A=∠D= □

따라서 □ABCD는 한 내각의 크기가 90°인 평행사변형이므로 □ 이다.

4.

□ABCD가 직사각형이고 $\overline{AD}=2\overline{AB}$이다. 두 점 E, F는 각각 $\overline{AD}$와 $\overline{BC}$의 중점일 때, 두 점 E와 F를 이으면 □ABFE와 □EFCD는 서로 합동인 정사각형이다. 정사각형의 두 대각선은 길이가 같고 서로 다른 것을 수직이등분하므로

$\overline{EP}=\overline{PF}=\overline{FQ}=$ □

∠EPF=∠EQF= □

따라서 □EPFQ는 한 내각의 크기가 90°인 마름모이므로 □ 이다.

[1~2] 정사각형

적중률 90%

1. 오른쪽 그림과 같은 평행사변형 ABCD가 정사각형이 되는 조건은? (단, 점 O는 두 대각선의 교점이다.)

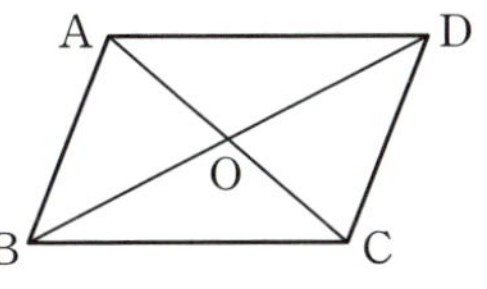

① $\overline{AC}=\overline{BD}$, $\angle BAD=90°$

② $\overline{AB}=\overline{AD}$, $\angle BAC=\angle DAC$

③ $\overline{AB}=\overline{BC}=\overline{CD}=\overline{DA}$

④ $\angle ABC=90°$, $\angle AOB=90°$

⑤ $\overline{AO}=\overline{BO}$, $\angle BCD=90°$

앗! 실수 적중률 80%

2. 오른쪽 그림과 같이 정사각형 ABCD에서 $\overline{BE}=\overline{CF}$일 때, 다음 중 옳지 않은 것은?

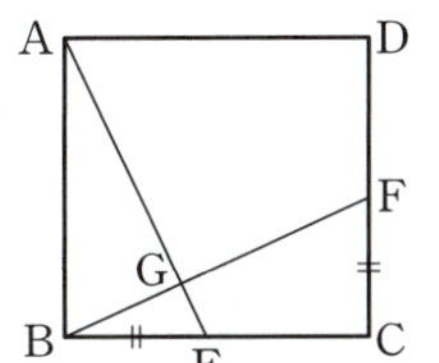

① △ABE≡△BCF (RHS 합동)

② $\angle FBC=\angle EAB$

③ $\angle BFC=\angle AEB$

④ $\angle FBC+\angle AEB=90°$

⑤ $\angle AGF=90°$

[3~5] 등변사다리꼴

3. 오른쪽 그림과 같이 $\overline{AD}/\!/\overline{BC}$인 등변사다리꼴 ABCD에서 $\overline{AB}=\overline{AD}$, $\angle C=76°$일 때, $\angle ADB$의 크기를 구하시오.

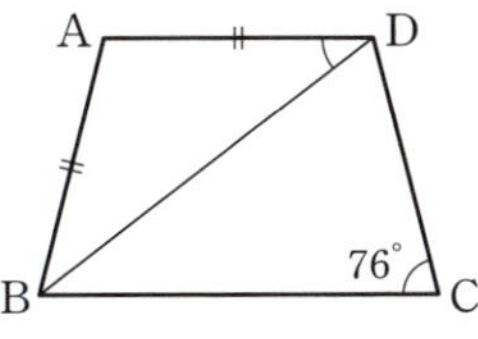

앗! 실수 적중률 90%

4. 오른쪽 그림과 같이 $\overline{AD}/\!/\overline{BC}$인 등변사다리꼴 ABCD에 대하여 다음 중 옳지 않은 것은? (단, 점 O는 두 대각선의 교점이다.)

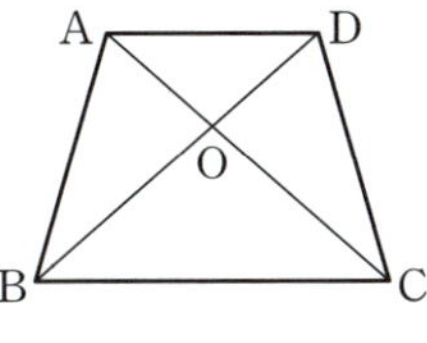

① $\overline{AC}=\overline{BD}$　　② $\overline{AC}\perp\overline{BD}$

③ $\angle BAC=\angle CDB$　　④ $\angle ABC=\angle DCB$

⑤ $\angle DAO=\angle BCO$

5. 오른쪽 그림과 같이 $\overline{AD}/\!/\overline{BC}$인 등변사다리꼴 ABCD의 꼭짓점 A에서 $\overline{BC}$에 내린 수선의 발을 E라 하자. $\overline{AD}=8$ cm, $\overline{BC}=20$ cm일 때, $\overline{BE}$의 길이를 구하시오.

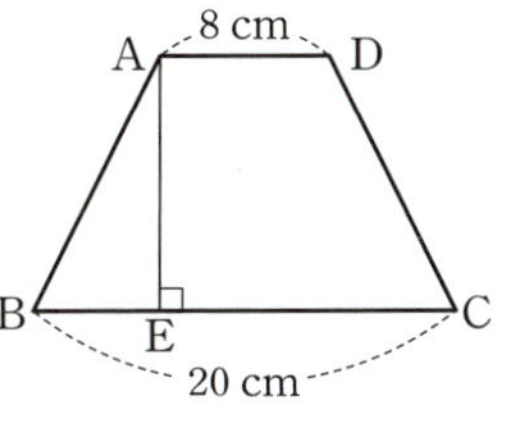

[6] 여러 가지 사각형

6. 오른쪽 그림과 같은 직사각형 ABCD에서 $\overline{EF}$가 $\overline{BD}$의 수직이등분선일 때, □EBFD의 둘레의 길이를 구하시오.

Help △ODE≡△OBF

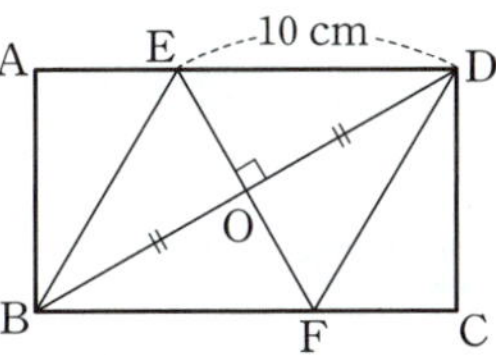

 10 여러 가지 사각형 사이의 관계

● 여러 가지 사각형 사이의 관계

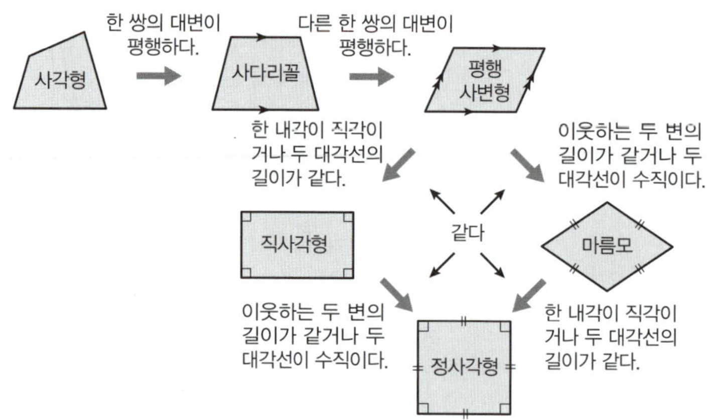

● 사각형의 각 변의 중점을 연결하여 만든 사각형

평행사변형	직사각형	마름모
평행사변형	마름모	직사각형
정사각형	사각형	등변사다리꼴
정사각형	평행사변형	마름모

● 평행선과 넓이

① **평행선과 삼각형의 넓이**: 두 직선 l과 m이 평행할 때, $\triangle ABC$와 $\triangle DBC$는 밑변 BC가 공통이고 높이는 h로 같으므로 넓이가 서로 같다.

⇨ **$l /\!/ m$이면 $\triangle ABC = \triangle DBC$**

② **높이가 같은 삼각형의 넓이의 비**: 높이가 같은 두 삼각형의 넓이의 비는 밑변의 길이의 비와 같다.

⇨ **$\triangle ABD : \triangle ADC = m : n$**

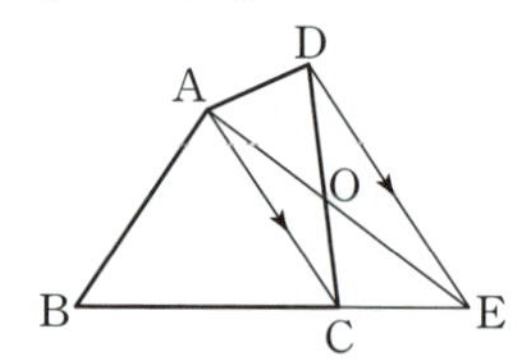

바빠꿀팁

$\overline{AC} /\!/ \overline{DE}$일 때,

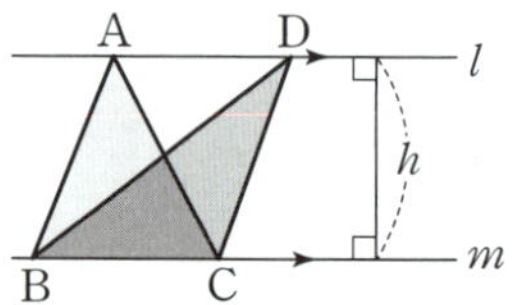

□ABCD와 △ABE는 보기에는 두 도형의 넓이가 같아 보이지 않지만 같아. 평행선에서 밑변의 길이가 같은 두 삼각형의 넓이가 같으므로 △ACD=△ACE이지. 이 두 삼각형에 △ABC를 합해 보면 □ABCD=△ABE임을 알 수 있어.

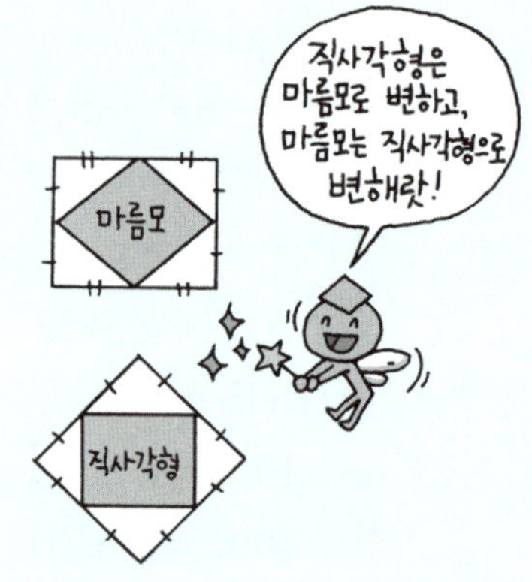

앗! 실수

평행사변형 ABCD에서

• $\overline{AD} /\!/ \overline{BC}$이므로 $\triangle ABE = \triangle DBE$

• $\overline{BD} /\!/ \overline{EF}$이므로 $\triangle DBE = \triangle DBF$

• $\overline{AB} /\!/ \overline{DC}$이므로 $\triangle DBF = \triangle AFD$

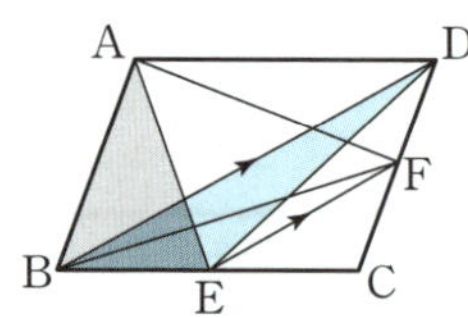 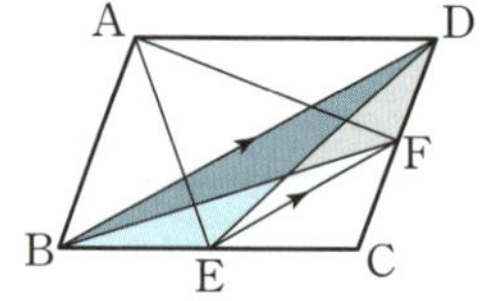 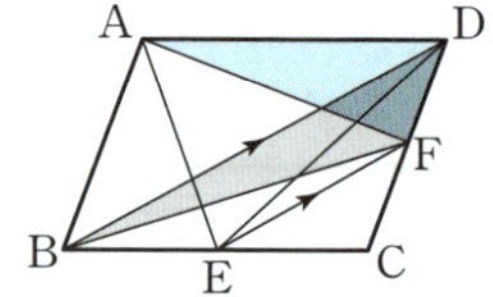

따라서 $\triangle ABE = \triangle DBE = \triangle DBF = \triangle AFD$

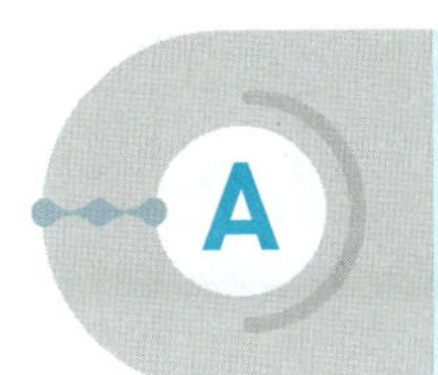

여러 가지 사각형 사이의 관계

여러 가지 사각형의 대각선의 성질을 비교해 보자.
• 평행사변형 ⇨ 서로 다른 것을 이등분한다.
• 직사각형 ⇨ 길이가 같고, 서로 다른 것을 이등분한다.
• 마름모 ⇨ 서로 다른 것을 수직이등분한다.
• 정사각형 ⇨ 길이가 같고, 서로 다른 것을 수직이등분한다.

■ 다음 그림은 사각형에 조건이 하나씩 추가되어 여러 가지 사각형이 되는 과정을 나타낸 것이다. 다음 조건에 알맞은 것을 보기에서 골라 기호로 써넣으시오.

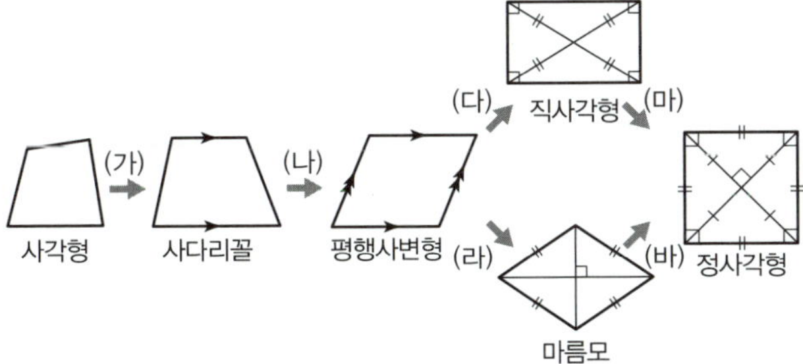

보 기

ㄱ. 한 내각이 직각이거나 두 대각선의 길이가 같다.
ㄴ. 이웃하는 두 변의 길이가 같거나 두 대각선이 수직이다.
ㄷ. 한 쌍의 대변이 평행하다.
ㄹ. 다른 한 쌍의 대변이 평행하다.

1. (가) − ＿＿＿＿＿＿

2. (나) − ＿＿＿＿＿＿

3. (다) − ＿＿＿＿＿＿

4. (라) − ＿＿＿＿＿＿

5. (마) − ＿＿＿＿＿＿

6. (바) − ＿＿＿＿＿＿

7. 다음 표에 각 사각형의 성질에 해당하는 것은 ○를, 해당하지 <u>않는</u> 것은 ×를 하시오.

	두 대각선이 서로를 이등분	두 대각선의 길이가 같음	두 대각선이 수직
사다리꼴			
평행사변형			
직사각형			
마름모			
정사각형			

8. 다음 (가)~(마) 안에 가장 알맞은 사각형을 보기에서 골라 기호로 써넣으시오.

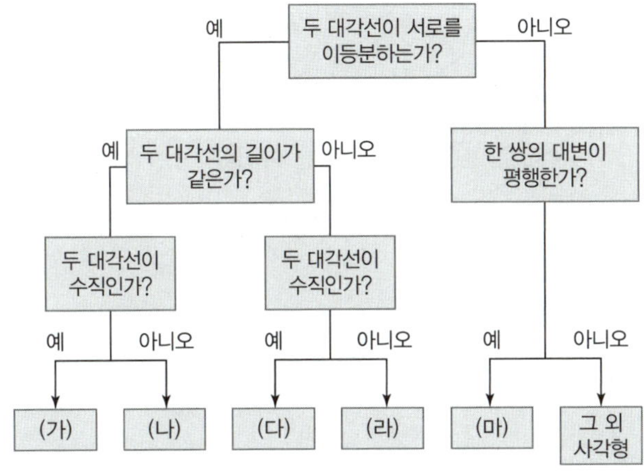

보 기

ㄱ. 평행사변형
ㄴ. 직사각형
ㄷ. 마름모
ㄹ. 정사각형
ㅁ. 사다리꼴

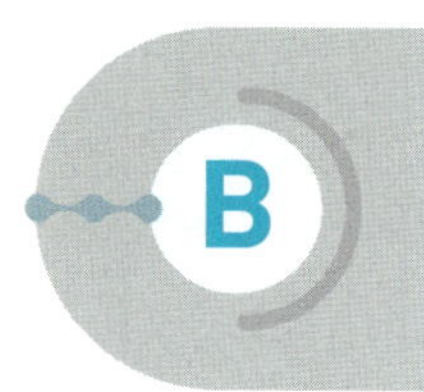

B 사각형의 각 변의 중점을 연결하여 만든 사각형

사각형의 각 변의 중점을 연결하여 만든 사각형을 알아보자.
- 사각형, 평행사변형 ⇨ 평행사변형
- 직사각형, 등변사다리꼴 ⇨ 마름모
- 마름모 ⇨ 직사각형
- 정사각형 ⇨ 정사각형  이 정도는 암기해야 해~ 암암!

■ 다음과 같은 □ABCD의 각 변의 중점을 연결하여 만든 □EFGH는 어떤 사각형인지 말하시오.

1. 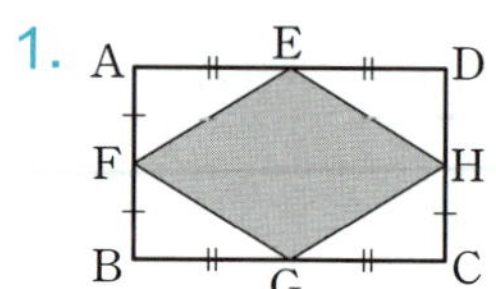

직사각형
⇨ _______________

2.

정사각형
⇨ _______________

3.

마름모
⇨ _______________

4. 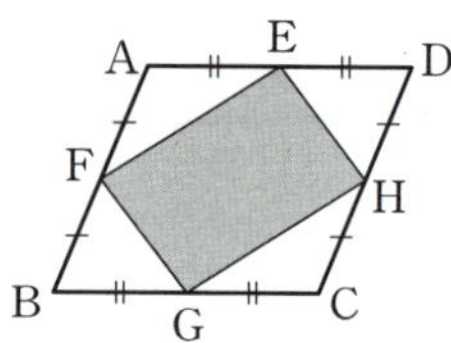

평행사변형
⇨ _______________

■ 다음과 같은 □ABCD의 각 변의 중점을 연결하여 만든 □EFGH의 둘레의 길이를 구하시오.

5. □ABCD는 등변사다리꼴 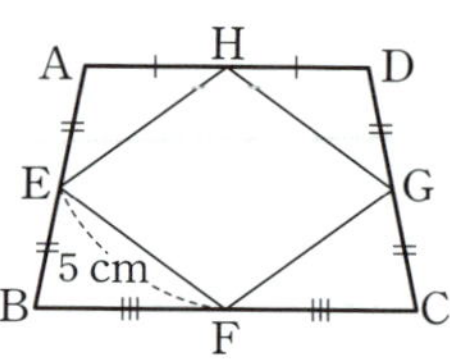

6. □ABCD는 사각형 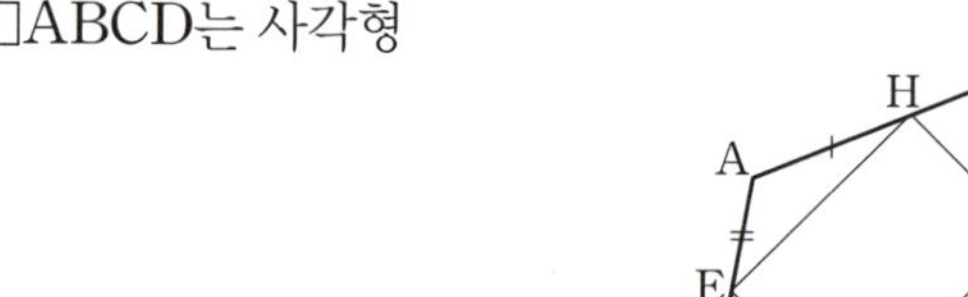

■ 다음과 같은 사각형이 주어질 때, □EFGH의 넓이를 구하시오.

7. □ABCD는 직사각형 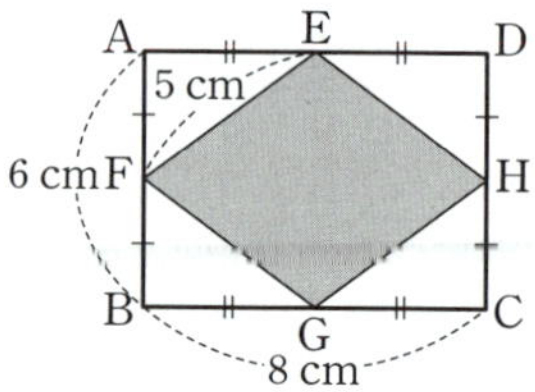

> **Help** (마름모의 넓이)
> $= \dfrac{1}{2} \times$ (한 대각선의 길이) $\times$ (다른 대각선의 길이)

8. □ABCD는 정사각형 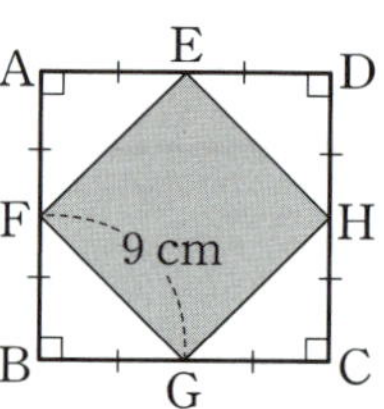

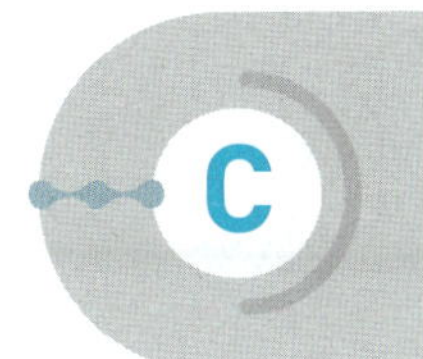

C 평행선과 삼각형의 넓이

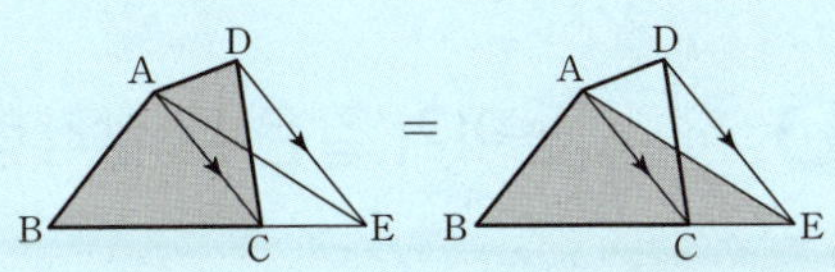

■ 다음 그림에서 $l /\!/ m$일 때, ☐ 안에 알맞은 것을 써넣으시오.

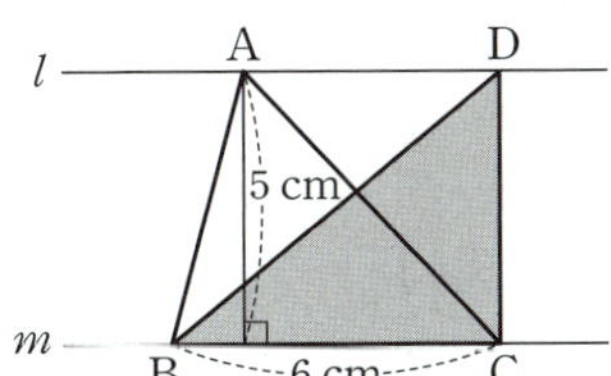

1. △DBC와 넓이가 같은 삼각형은 ☐ 이다.

2. △DBC의 넓이는 ☐ 이다.

■ 다음 그림에서 $\overline{AC} /\!/ \overline{DE}$일 때, ☐ 안에 알맞은 것을 써넣으시오.

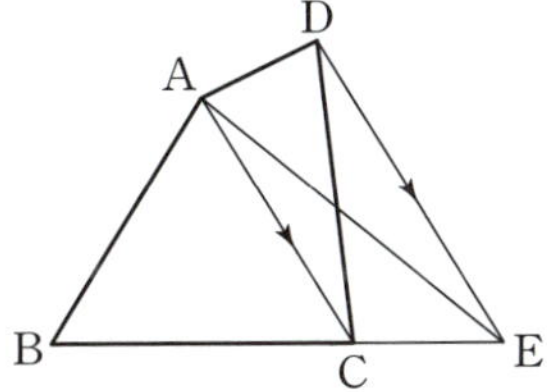

3. △ACE와 넓이가 같은 삼각형은 ☐ 이다.

4. △ABE＝△ABC＋△ACE

　　　＝△ABC＋ ☐

이므로 △ABE와 넓이가 같은 사각형은 ☐ 이다.

■ 다음 그림에서 $\overline{AC} /\!/ \overline{DE}$일 때, ☐ 안에 알맞은 넓이를 써넣으시오.

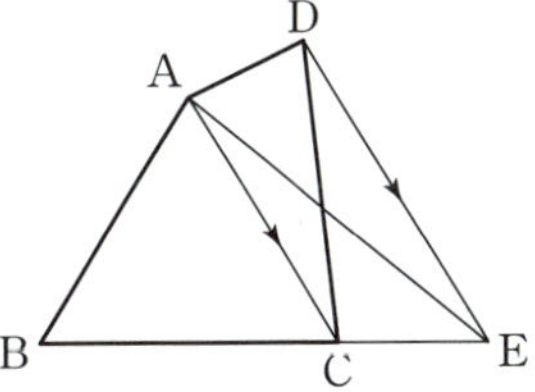

5. △ABC＝12 cm², △ACE＝9 cm²일 때,

□ABCD＝ ☐

Help □ABCD＝△ABE

6. □ABCD＝25 cm²일 때,

△ABE＝ ☐

■ 다음 그림에서 $\overline{AC} /\!/ \overline{DE}$일 때, ☐ 안에 알맞은 넓이를 써넣으시오.

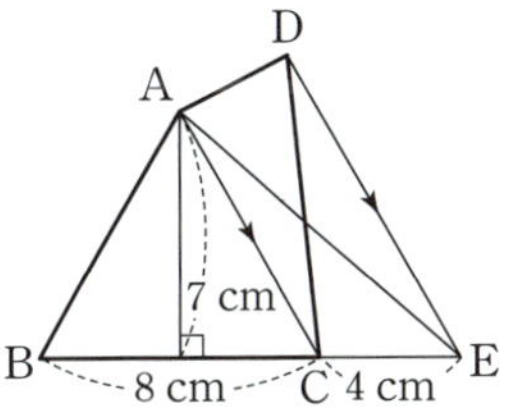

7. △ABC＝ ☐

△ACE＝ ☐

8. □ABCD＝ ☐

높이가 같은 두 삼각형의 넓이

높이가 같은 두 삼각형의 넓이의 비는 밑변의 길이의 비와 같아.
$\overline{BD} : \overline{DC} = m : n$이면
$\triangle ABD : \triangle ADC = m : n$

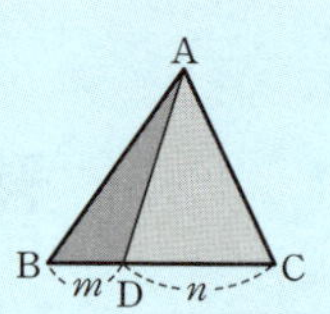

■ 다음 그림에서 □ 안에 알맞은 넓이를 써넣으시오.

1. $\triangle ABC = 25 \text{ cm}^2$,
   $\overline{BD} : \overline{DC} = 3 : 2$일 때,
   $\triangle ABD = \boxed{}$

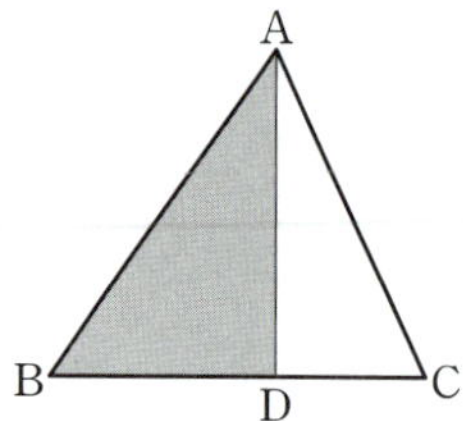

2. $\triangle ABC = 72 \text{ cm}^2$,
   $\overline{BD} : \overline{DC} = 5 : 4$일 때,
   $\triangle ADC = \boxed{}$

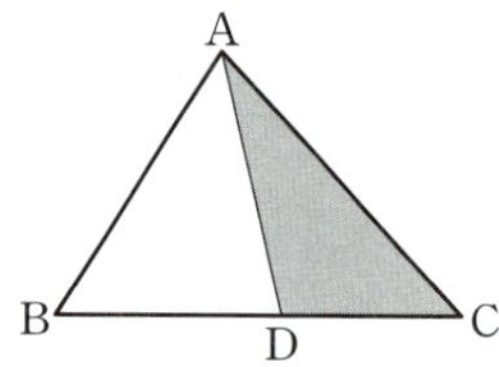

3. $\triangle ABC = 56 \text{ cm}^2$,
   $\overline{AE} : \overline{ED} = 1 : 3$일 때,
   $\triangle EDC = \boxed{}$

Help $\triangle ADC = \dfrac{1}{2}\triangle ABC$, $\triangle EDC = \dfrac{3}{4}\triangle ADC$

앗! 실수

4. $\triangle ABC = 63 \text{ cm}^2$,
   $\overline{BD} : \overline{DC} = 1 : 2$,
   $\overline{AE} : \overline{EC} = 2 : 1$일 때,
   $\triangle EDC = \boxed{}$

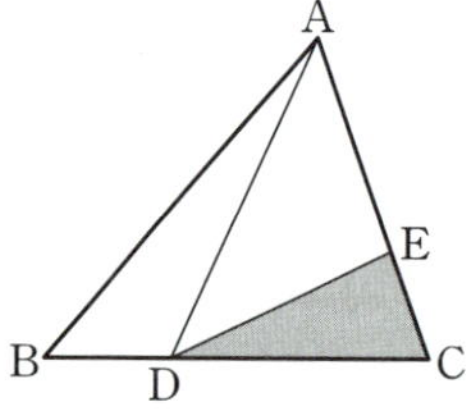

Help $\triangle ADC = \dfrac{2}{3}\triangle ABC$, $\triangle EDC = \dfrac{1}{3}\triangle ADC$

5. □ABCD는 평행사변형이고
   □ABCD $= 42 \text{ cm}^2$,
   $\overline{AE} : \overline{ED} = 4 : 3$일 때,
   $\triangle ABE = \boxed{}$

Help $\triangle ABE + \triangle ECD = \dfrac{1}{2}$□ABCD

6. □ABCD는 평행사변형이고
   □ABCD $= 50 \text{ cm}^2$,
   $\overline{AE} : \overline{ED} = 3 : 2$일 때,
   $\triangle EFD = \boxed{}$

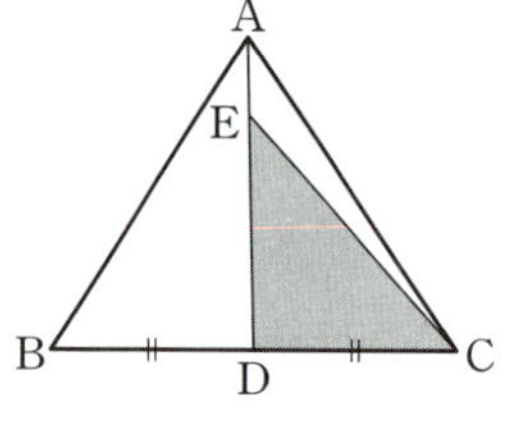

■ 오른쪽 그림에서 □ABCD는 평행사변형일 때, $\triangle BED$와 넓이가 같은 삼각형은 ○를, 넓이가 같지 <u>않은</u> 삼각형은 ×를 하시오.

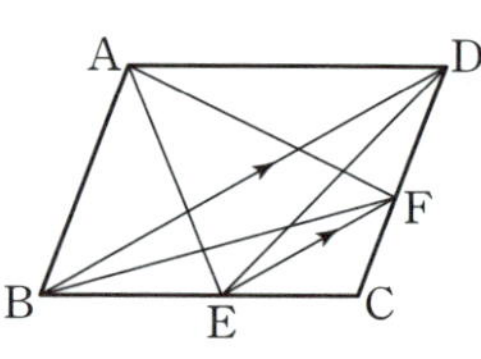

7. $\triangle BFD$ __________

8. $\triangle BCF$ __________

9. $\triangle ABE$ __________

Help $\triangle ABE$와 $\triangle BED$는 밑변이 $\overline{BE}$로 같고 평행선에서 높이가 같다.

10. $\triangle AFD$ __________

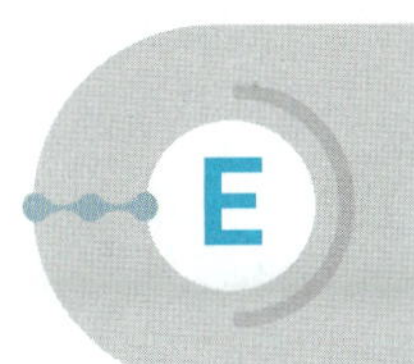

사다리꼴에서 높이가 같은 두 삼각형의 넓이

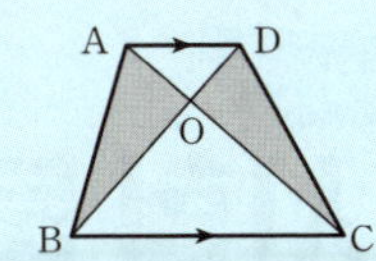

오른쪽 그림과 같은 사다리꼴 ABCD에서 △ABC=△DBC이고 이 두 삼각형에 공통으로 △OBC가 들어 있으므로 △ABO=△DOC

■ 오른쪽 그림과 같은 $\overline{AD}/\!/\overline{BC}$인 사다리꼴에서 □ 안에 다음의 삼각형과 넓이가 같은 삼각형을 써넣으시오.

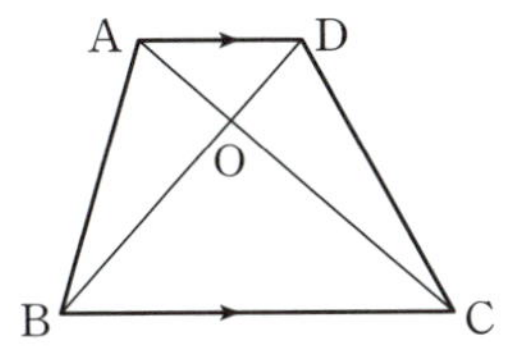

1. △ABC =

2. △ABD =

3. △DOC =

■ 다음 그림과 같은 $\overline{AD}/\!/\overline{BC}$인 사다리꼴에서 □ 안에 알맞은 넓이를 써넣으시오.

4. △ABO = 8 cm²

   △OBC = 16 cm²

   △DBC =

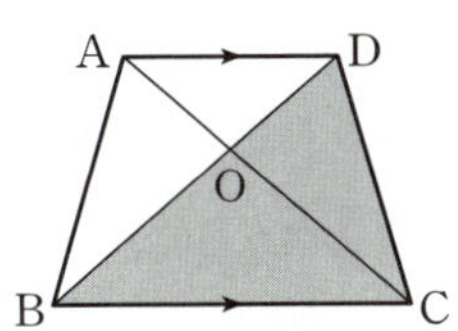

5. △ABO = 12 cm²

   △DBC = 48 cm²

   △OBC =

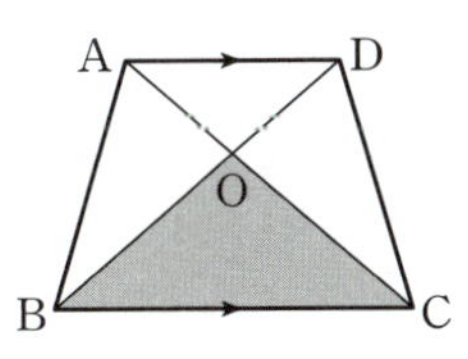

---

6. △ABD = 32 cm²

   $\overline{AO} : \overline{OC} = 3 : 5$

   △DOC =

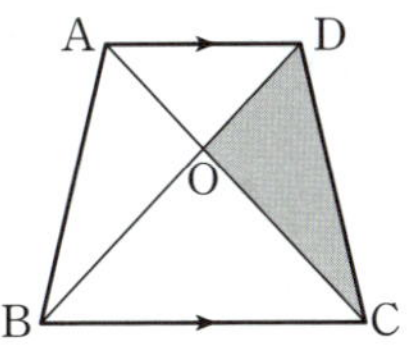

   Help △ABD = △ACD

7. △ACD = 45 cm²

   $\overline{AO} : \overline{OC} = 2 : 3$

   △ABO =

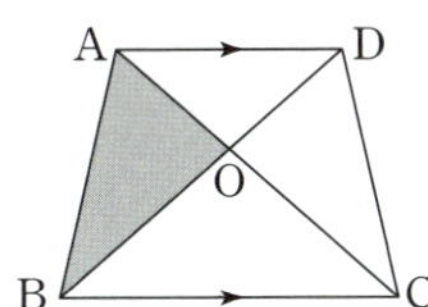

8. $\overline{AO} : \overline{OC} = 1 : 2$

   △AOD = 4 cm²

   □ABCD =

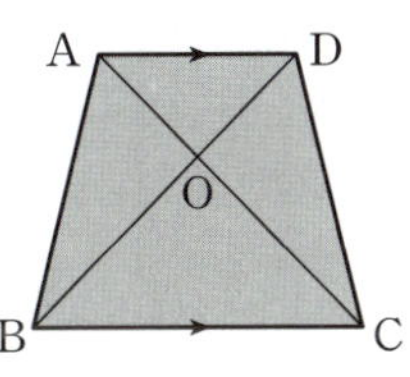

   Help △AOD : △DOC = 1 : 2
   △ABO : △OBC = 1 : 2

9. $\overline{AO} : \overline{OC} = 3 : 4$

   △AOD = 9 cm²

   □ABCD =

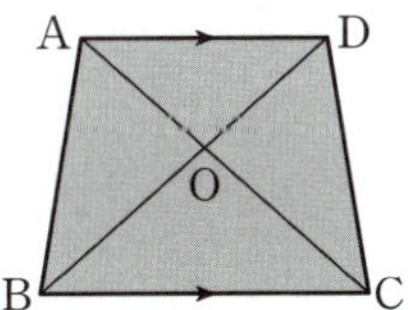

[1] 여러 가지 사각형 사이의 관계

적중률 90%

1. 다음 보기에서 두 대각선의 길이가 같은 사각형을 모두 골라 기호를 쓰시오.

보 기

ㄱ. 평행사변형   ㄴ. 마름모
ㄷ. 등변사다리꼴   ㄹ. 사다리꼴
ㅁ. 정사각형   ㅂ. 직사각형

[2] 사각형의 각 변의 중점을 연결하여 만든 사각형

2. 다음 중 사각형과 그 사각형의 각 변의 중점을 연결하여 만든 사각형을 짝 지은 것으로 옳지 <u>않은</u> 것은?

① 직사각형 − 마름모
② 등변사다리꼴 − 직사각형
③ 평행사변형 − 평행사변형
④ 마름모 − 직사각형
⑤ 정사각형 − 정사각형

[3~4] 평행선과 삼각형의 넓이

적중률 90%

3. 오른쪽 그림과 같은 □ABCD에서 점 A를 지나고 $\overline{DB}$에 평행한 직선을 그어 $\overline{CB}$의 연장선과 만나는 점을 E라 하자. □ABCD의 넓이가 36 cm²일 때, △DEC의 넓이를 구하시오.

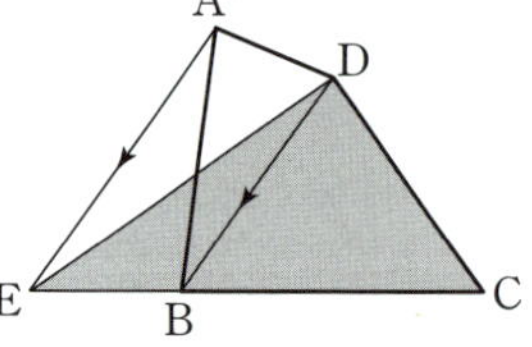

앗! 실수 적중률 90%

4. 오른쪽 그림과 같은 평행사변형 ABCD에서 $\overline{BD} /\!/ \overline{EF}$일 때, 다음 삼각형 중 그 넓이가 나머지 넷과 <u>다른</u> 하나는?

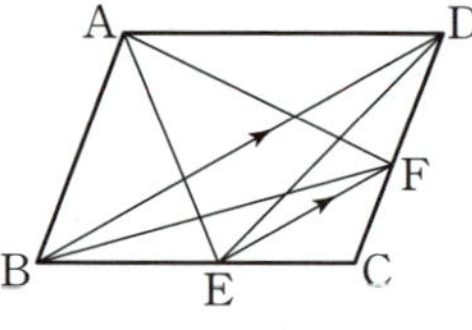

① △DBF   ② △ABE   ③ △DAF
④ △DEF   ⑤ △DBE

[5~6] 높이가 같은 두 삼각형의 넓이

5. 오른쪽 그림과 같은 평행사변형 ABCD에서 대각선 BD 위의 점 P에 대하여 $\overline{BP} : \overline{PD} = 3 : 5$이고 △ABP=21 cm²일 때, □APCD의 넓이는?

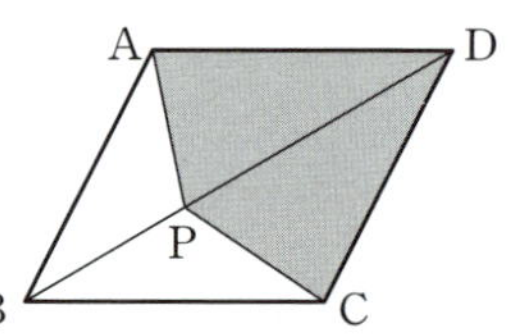

① 30 cm²   ② 35 cm²   ③ 42 cm²
④ 65 cm²   ⑤ 70 cm²

앗! 실수 적중률 80%

6. 오른쪽 그림과 같이 $\overline{AD} /\!/ \overline{BC}$인 사다리꼴 ABCD에서 두 대각선의 교점을 O라 하자. $\overline{AO} : \overline{OC} = 2 : 3$이고 △ABO=12 cm²일 때, □ABCD의 넓이를 구하시오.

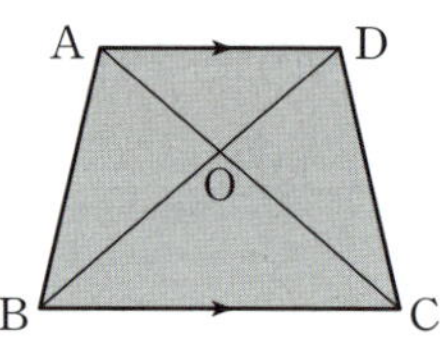

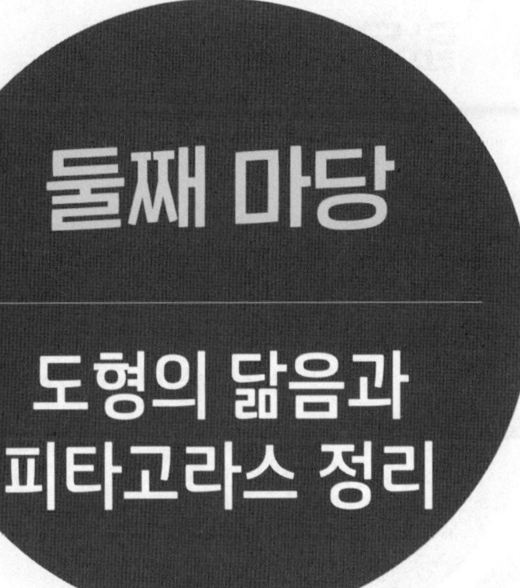

둘째 마당

도형의 닮음과 피타고라스 정리

둘째 마당에서는 닮음의 뜻과 성질, 피타고라스 정리를 배울 거야. 삼각형의 닮음 조건은 앞으로 여러 가지 도형에 관련된 문제를 해결하는 데 많이 이용되므로 정확히 이해하는 것이 중요해.

피타고라스 정리는 고대 그리스의 수학자인 피타고라스의 이름을 따서 만들어졌는데, 이 정리를 이용하면 직각삼각형의 세 변의 길이 사이의 관계를 알 수 있어. 직각삼각형에 관한 문제는 대부분 피타고라스 정리를 이용하면 풀 수 있으니 잘 익혀 두자.

11 닮은 도형

● 도형의 닮음

한 도형을 일정한 비율로 **확대** 또는 **축소**한 것이 다른 도형과 합동일 때, 이 두 도형은 서로 닮음인 관계가 있다고 하고, **닮음인 관계가 있는 두 도형을 닮은 도형**이라 한다.

△ABC와 △DEF가 서로 닮은 도형일 때, 이것을 기호 ∽를 사용하여 나타낸다.

△ABC∽△DEF

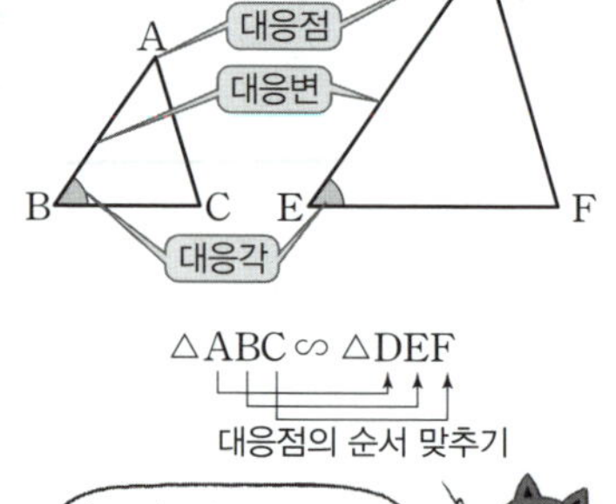

● 평면도형에서의 닮음의 성질

① 평면도형에서의 닮음의 성질

서로 닮은 두 평면도형에서

- 대응변의 길이의 비는 일정하다.

$$\overline{AB} : \overline{DE} = \overline{BC} : \overline{EF} = \overline{CA} : \overline{FD}$$

- 대응각의 크기는 각각 같다.

$$\angle A = \angle D , \angle B = \angle E , \angle C = \angle F$$

② 닮음비: **대응변의 길이의 비**

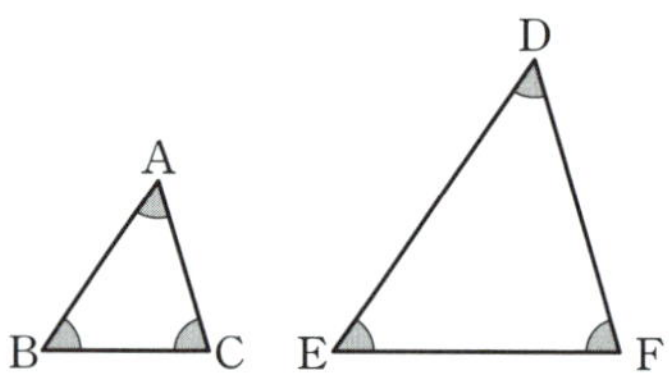

● 입체도형에서의 닮음의 성질

① 입체도형에서의 닮음의 성질

서로 닮은 두 입체도형에서

- 대응하는 모서리의 길이의 비는 일정하다.

$$\overline{AB} : \overline{A'B'} = \overline{BF} : \overline{B'F'} = \overline{FG} : \overline{F'G'} = \cdots$$

- 대응하는 면은 닮은 도형이다.

$$\square ABCD \backsim \square A'B'C'D', \square BFGC \backsim \square B'F'G'C', \cdots$$

② 닮음비: **대응하는 모서리의 길이의 비**

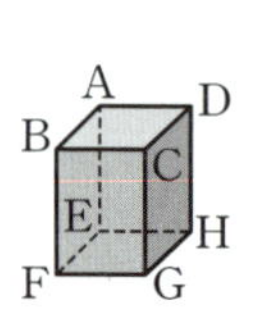

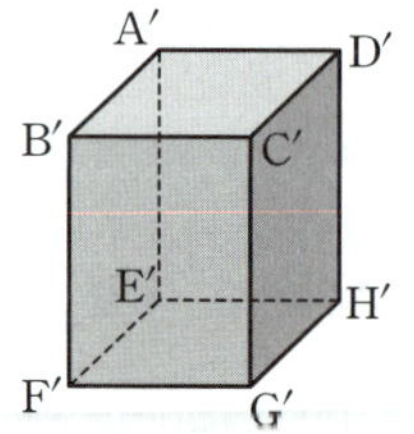

● 닮은 두 평면도형의 둘레의 길이의 비와 넓이의 비

닮음비가 $m : n$인 두 평면도형에서

둘레의 길이의 비는 $m : n$, 넓이의 비는 $m^2 : n^2$

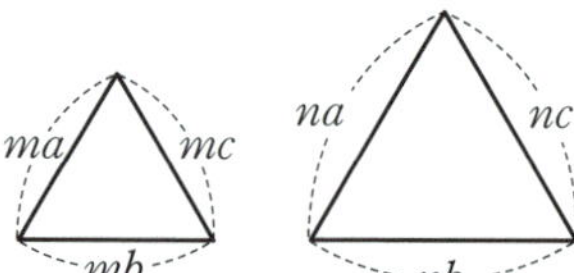

● 닮은 두 입체도형의 겉넓이의 비와 부피의 비

닮음비가 $m : n$인 두 입체도형에서

겉넓이의 비는 $m^2 : n^2$, 부피의 비는 $m^3 : n^3$

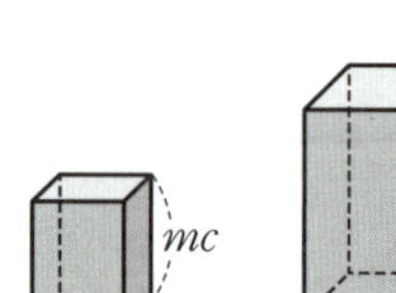

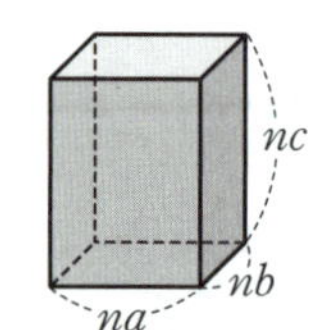

- 기호 ∽는 영어 Similar의 첫 글자 S를 옆으로 뉘어서 쓴 거야.

  가끔 ∽, ≡, =의 의미를 헷갈려 하는 경우가 있는데 비교해 보자.

  △ABC∽△DEF (닮음)

  △ABC≡△DEF (합동)

  △ABC=△DEF

  (넓이가 같음)

- 항상 닮은 도형에는 두 원, 두 직각이등변삼각형, 변의 개수가 같은 두 정다각형, 중심각의 크기가 같은 두 부채꼴, 구, 면의 개수가 같은 두 정다면체가 있어.

• 항상 닮은 평면도형
  ⇨ 변의 개수가 같은 두 정다각형, 두 직각이등변삼각형, 두 원,
    중심각의 크기가 같은 두 부채꼴
• 항상 닮은 입체도형
  ⇨ 면의 개수가 같은 두 정다면체, 두 구

■ 다음 그림에서 △ABC∽△DEF일 때, 다음을 구하시오.

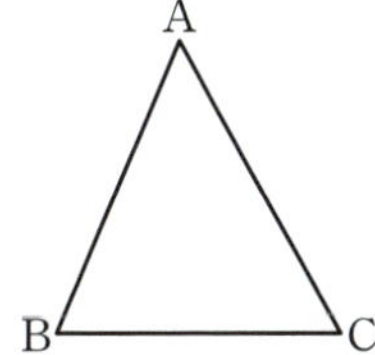
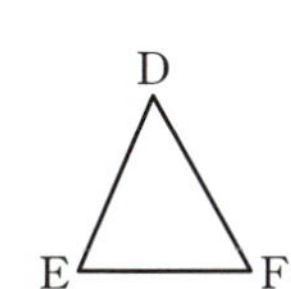

1. 꼭짓점 B의 대응점

2. $\overline{AC}$의 대응변

3. $\overline{EF}$의 대응변

■ 다음 그림에서 □ABCD∽□EFGH일 때, 다음을 구하시오.

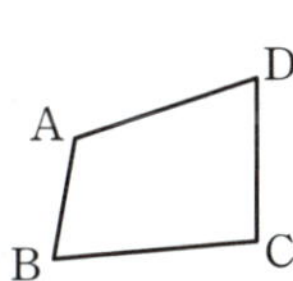
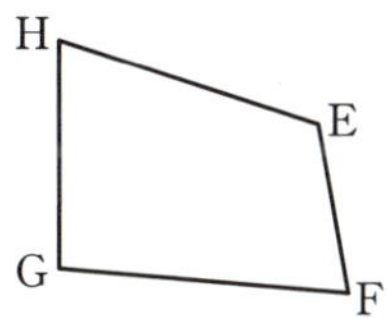

4. 꼭짓점 D의 대응점

5. $\overline{BC}$의 대응변

6. 꼭짓점 G의 대응점

■ 다음 중 항상 닮은 도형이면 ○를, 닮은 도형이 아니면 ×를 하시오.

7. 두 원

8. 두 정사각형

9. 두 마름모

10. 두 이등변삼각형

11. 두 직각이등변삼각형

12. 두 원기둥

평면도형에서 닮음의 성질

서로 닮은 도형일 때
· 대응변의 길이의 비는 일정해.
· 대응각의 크기는 같아.
· △ABC∽△DEF와 같이 두 닮은 도형은 그림이 없더라도 알파벳 순서를 보면 대응변과 대응점을 알 수 있어.

■ 아래 그림에서 △ABC∽△DEF일 때, 다음을 구하시오.

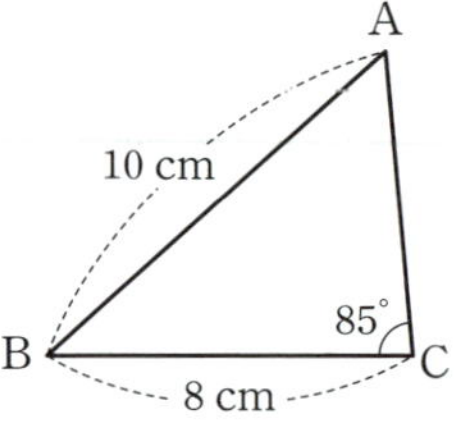
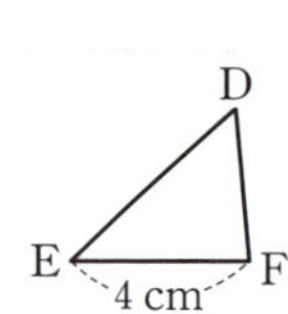

1. △ABC와 △DEF의 닮음비

2. $\overline{DE}$의 길이

3. ∠F의 크기

■ 아래 그림에서 △ABC∽△DEF일 때, 다음을 구하시오.

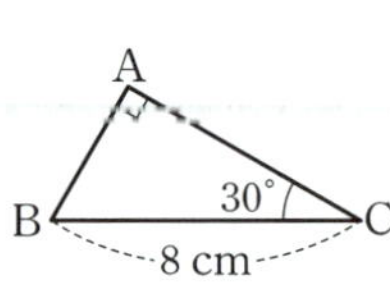
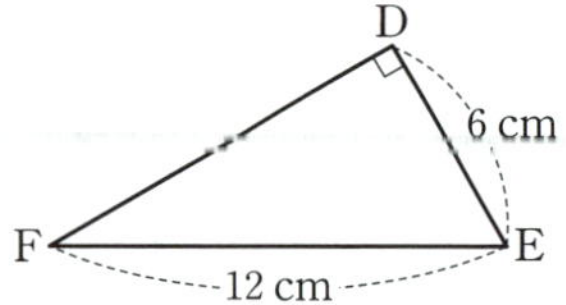

4. △ABC와 △DEF의 닮음비

5. ∠E의 크기

6. $\overline{AB}$의 길이

■ 아래 그림에서 □ABCD∽□EFGH일 때, 다음을 구하시오.

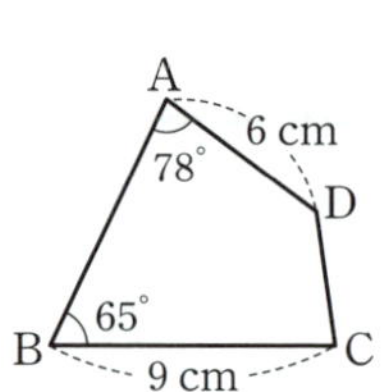
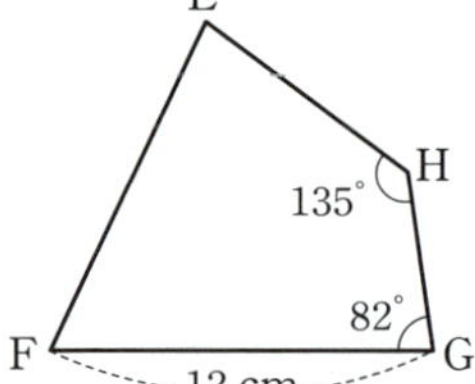

7. $\overline{EH}$의 길이

8. ∠E의 크기

9. ∠D의 크기

■ 아래 그림에서 □ABCD∽□EFGH일 때, 다음을 구하시오.

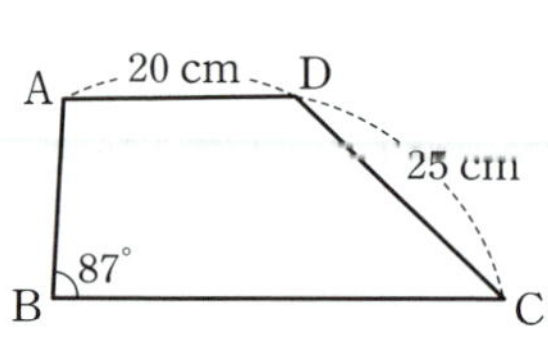
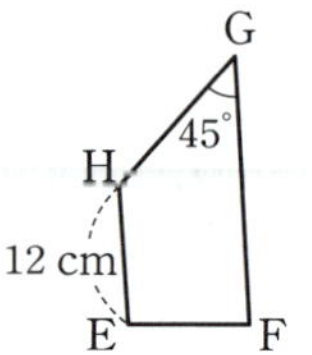

10. □ABCD와 □EFGH의 닮음비

11. $\overline{HG}$의 길이

12. ∠C의 크기

C 입체도형에서 닮음의 성질

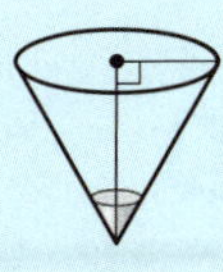

■ 아래 그림의 두 입체도형이 닮은 도형일 때, ☐ 안에 알맞은 길이를 써넣으시오.

1.

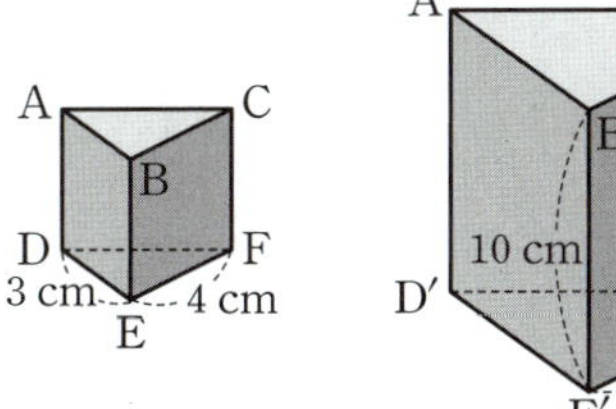

$\overline{BE}=$ ☐ , $\overline{D'E'}=$ ☐

Help 두 입체도형의 닮음비는 $4:8=1:2$

2.

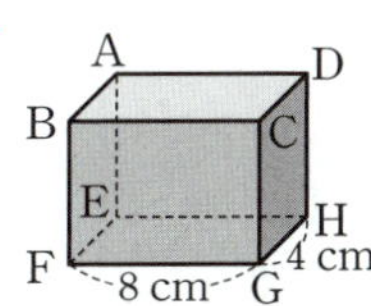

$\overline{BF}=$ ☐ , $\overline{G'H'}=$ ☐

3.

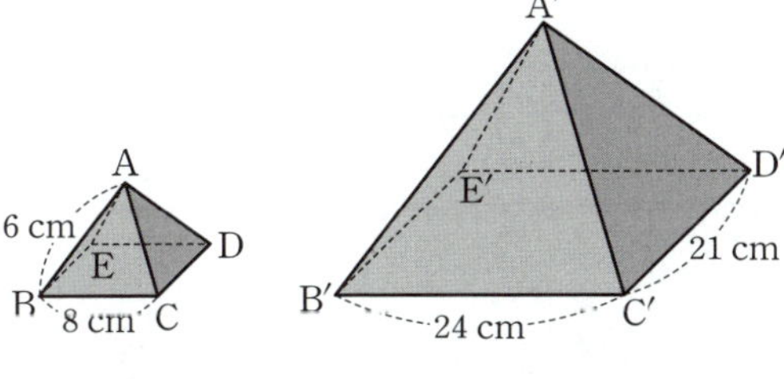

$\overline{CD}=$ ☐ , $\overline{A'B'}=$ ☐

4.

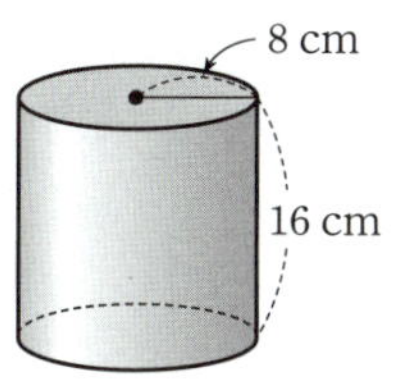

(작은 원기둥의 반지름의 길이)= ☐

■ 아래 그림과 같이 원뿔 모양의 그릇에 물을 채울 때, 다음을 구하시오.

5. 물을 그릇 높이의 $\frac{1}{3}$만큼 채웠을 때, 수면의 반지름의 길이

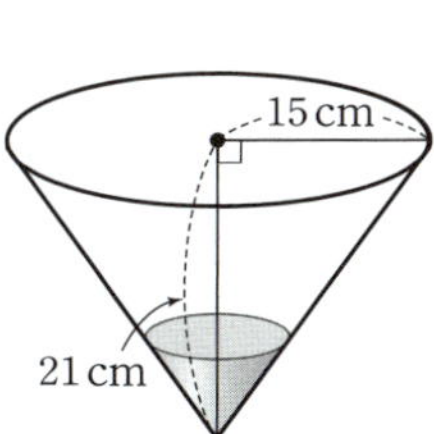

Help (그릇의 높이) : (물의 높이)$=3:1$
(그릇의 밑면의 반지름의 길이) : (수면의 반지름의 길이)$=3:1$

6. 물을 그릇 높이의 $\frac{2}{5}$만큼 채웠을 때, 수면의 반지름의 길이

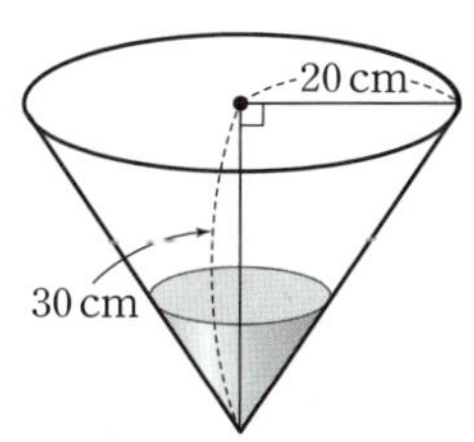

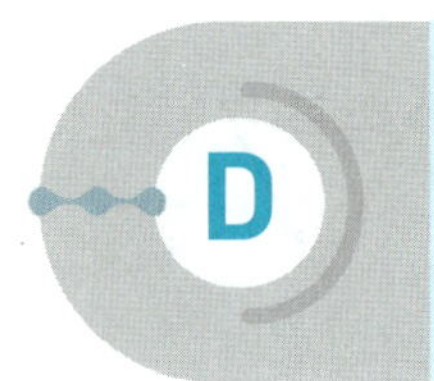

D 닮은 두 평면도형의 넓이의 비

닮음비가 $m : n$인 두 평면도형에서
· 둘레의 길이의 비 ⇨ $m : n$
· 넓이의 비 ⇨ $m^2 : n^2$

잊지 말자. 꼬~옥!

■ 아래 그림에서 △ABC∽△DEF일 때, 다음을 구하시오.

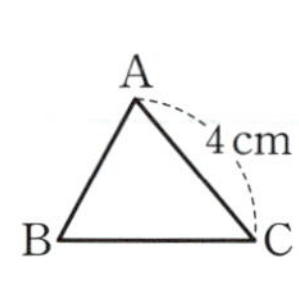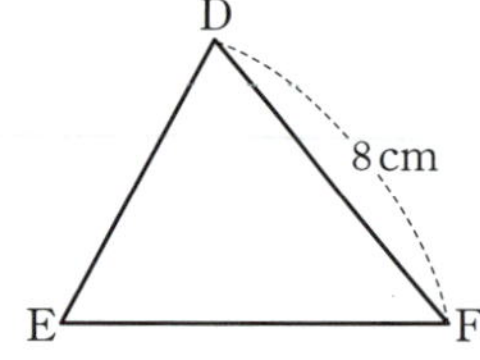

1. △ABC와 △DEF의 닮음비

2. △ABC와 △DEF의 둘레의 길이의 비

3. △ABC와 △DEF의 넓이의 비

4. △ABC의 넓이가 10 cm²일 때, △DEF의 넓이

■ 아래 그림에서 □ABCD∽□A′B′C′D′일 때, 다음을 구하시오.

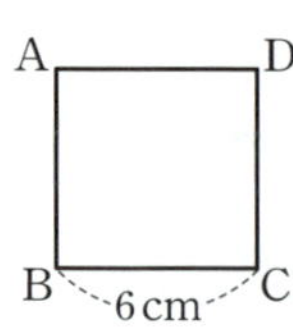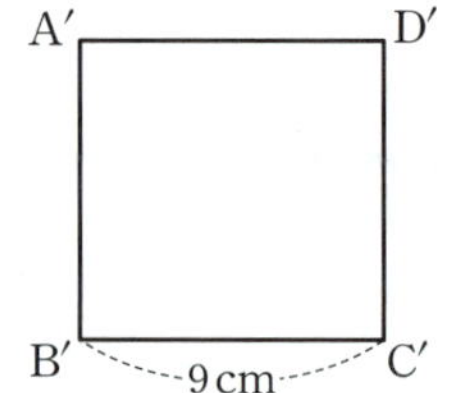

5. □ABCD와 □A′B′C′D′의 닮음비

6. □ABCD와 □A′B′C′D′의 둘레의 길이의 비

7. □ABCD와 □A′B′C′D′의 넓이의 비

8. □A′B′C′D′의 넓이가 72 cm²일 때, □ABCD의 넓이

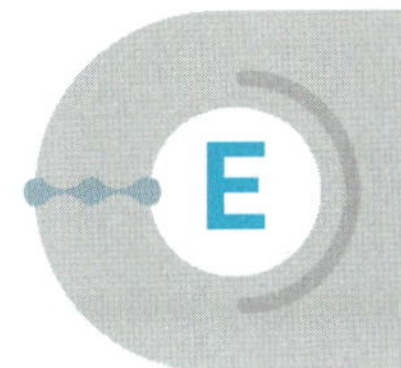

닮은 두 입체도형의 겉넓이의 비, 부피의 비

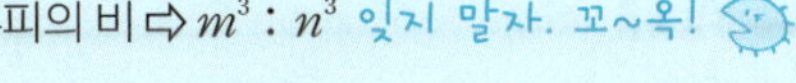

■ 아래 그림에서 닮음인 두 원기둥에 대하여 다음을 구하시오.

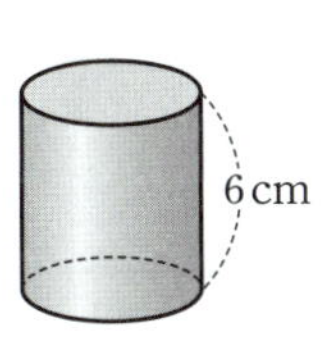
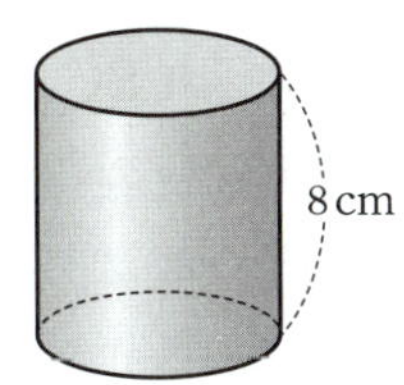

1. 겉넓이의 비

2. 옆넓이의 비

3. 부피의 비

■ 아래 그림에서 닮음인 두 삼각뿔에 대하여 다음을 구하시오.

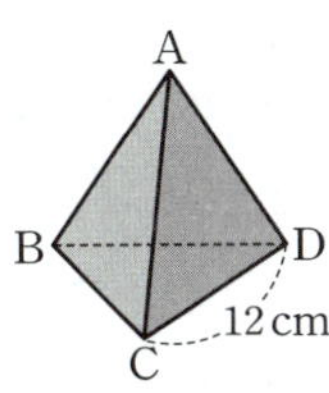
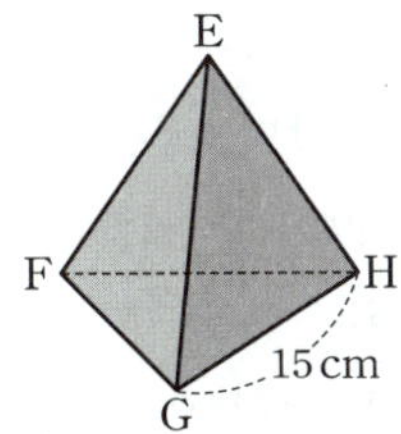

4. 겉넓이의 비

5. 부피의 비

■ 다음을 구하시오.

6. 서로 닮음인 두 원뿔의 닮음비가 1 : 3이다. 작은 원뿔의 부피가 8 cm³일 때, 큰 원뿔의 부피

7. 서로 닮음인 두 직육면체의 닮음비가 2 : 5이다. 작은 직육면체의 부피가 16 cm³일 때, 큰 직육면체의 부피

8. 서로 닮음인 두 삼각기둥의 겉넓이의 비가 4 : 1이다. 큰 삼각기둥의 부피가 40 cm³일 때, 작은 삼각기둥의 부피

> **Help** 겉넓이의 비가 4 : 1이므로 닮음비는 2 : 1이다. 따라서 부피의 비는 $2^3 : 1^3$

9. 서로 닮음인 두 구의 겉넓이의 비가 16 : 9이다. 큰 구의 부피가 64 cm³일 때, 작은 구의 부피

10. 지름의 길이가 8 cm인 쇠구슬 1개를 녹여 지름의 길이가 2 cm인 쇠구슬을 만들 때, 쇠구슬의 개수

> **Help** 구슬의 닮음비가 4 : 1이므로 부피의 비는 64 : 1이다.

[1] 닮은 도형

1. 다음 중 항상 닮은 도형인 것을 모두 고르면?

(정답 2개)

① 두 직육면체 　② 두 구
③ 두 원뿔 　④ 두 원기둥
⑤ 두 직각이등변삼각형

[2~3] 닮음의 성질

적중률 90%

2. 아래 그림에서 □ABCD∽□EFGH일 때, 다음 중 옳지 <u>않은</u> 것은?

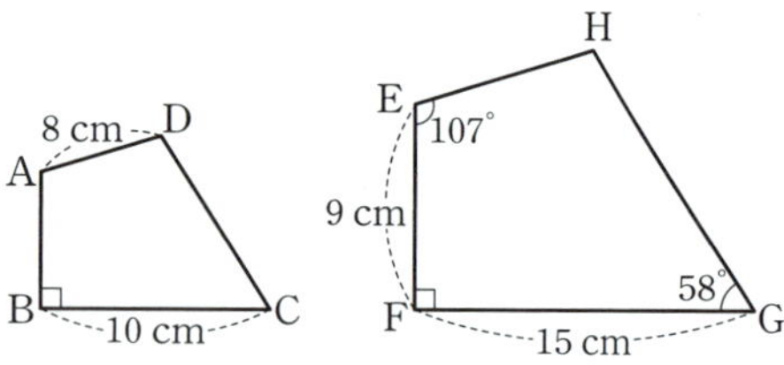

① ∠C=58° 　② $\overline{AB}$=6 cm
③ $\overline{EH}$=12 cm 　④ ∠D=95°
⑤ $\overline{DC}:\overline{HG}$=2 : 3

3. 다음 그림에서 □ABCD와 □EFGH는 평행사변형이고 서로 닮음이다. 닮음비가 3 : 5일 때, □EFGH의 둘레의 길이를 구하시오.

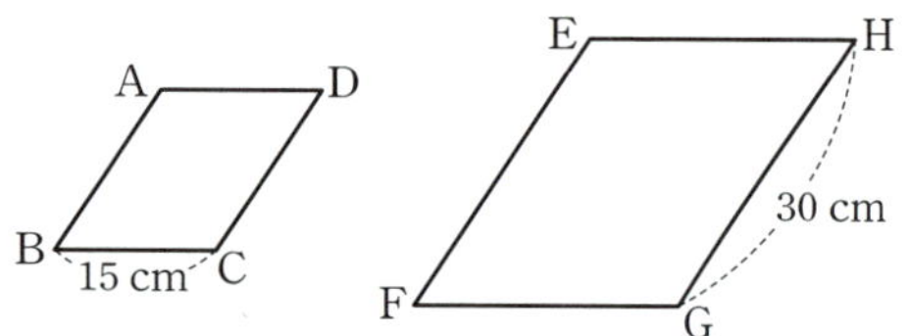

[4] 닮은 두 평면도형의 넓이의 비

4. 오른쪽 그림에서 □ABCD∽□A′BC′D′이고 □A′BC′D′의 넓이가 27 cm²일 때, 색칠한 부분의 넓이를 구하시오.

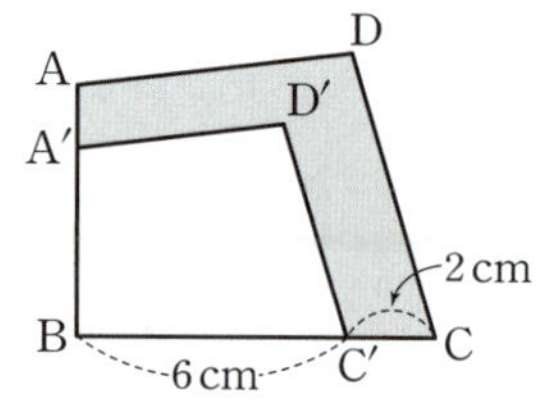

[5~6] 닮은 두 입체도형의 겉넓이의 비와 부피의 비

적중률 80%

5. 서로 닮음인 두 직육면체 A와 B의 옆넓이의 비가 4 : 9이다. 직육면체 A의 부피가 24 cm³일 때, 직육면체 B의 부피는?

① 64 cm³ 　② 70 cm³ 　③ 81 cm³
④ 95 cm³ 　⑤ 100 cm³

적중률 80%

6. 오른쪽 그림과 같이 원뿔을 $\overline{AB}=\overline{BC}$인 밑면에 평행한 평면으로 잘랐다. 작은 원뿔의 부피가 12 cm³일 때, 원뿔대의 부피를 구하시오.

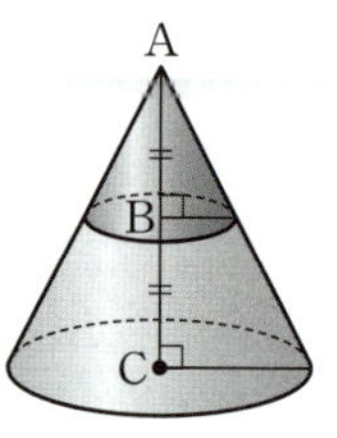

Help (작은 원뿔의 부피) : (큰 원뿔의 부피)=1^3 : 2^3
원뿔대의 부피는 큰 원뿔의 부피에서 작은 원뿔의 부피를 뺀다.

12 삼각형의 닮음 조건

● 삼각형의 닮음 조건

두 삼각형이 다음의 세 경우 중 어느 하나를 만족하면 서로 닮음이다.

① 세 쌍의 대응변의 길이의 비가 같다.

  (**SSS 닮음**)

  $\Rightarrow a : a' = b : b' = c : c'$

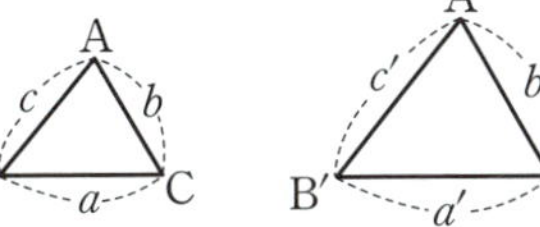

② 두 쌍의 대응변의 길이의 비가 같고, 그 끼인각의 크기가 같다. (**SAS 닮음**)

  $\Rightarrow a : a' = b : b',\ \angle C = \angle C'$

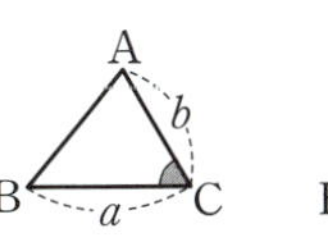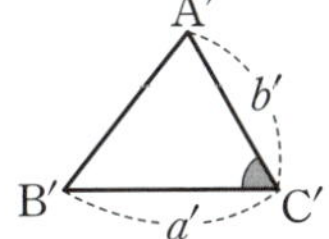

③ 두 쌍의 대응각의 크기가 각각 같다.

  (**AA 닮음**)

  $\Rightarrow \angle A = \angle A',\ \angle B = \angle B'$

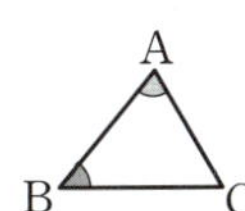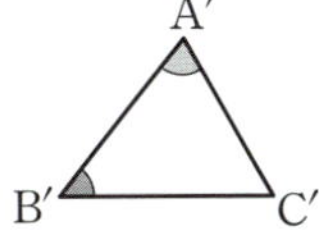

겹쳐진 도형에서 닮음을 찾을 때는 큰 삼각형과 작은 삼각형을 따로 분리하여 상상해 봐.
공통으로 겹쳐진 각을 먼저 찾아내고,
- 대응하는 변의 길이의 비가 같으면 ➡ SAS 닮음
- 대응하는 다른 한 각의 크기가 같으면
  ➡ AA 닮음

● 삼각형의 닮음 조건의 활용

두 삼각형이 겹쳐진 도형에서 닮음인 삼각형은 다음과 같이 찾는다.

① SAS 닮음의 활용

  공통인 각을 기준으로 대응변의 길이의 비가 같은 삼각형을 찾는다.

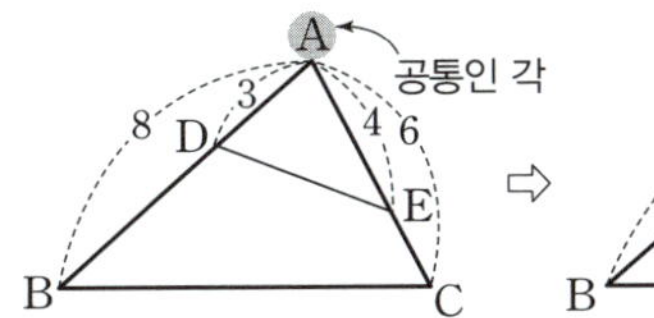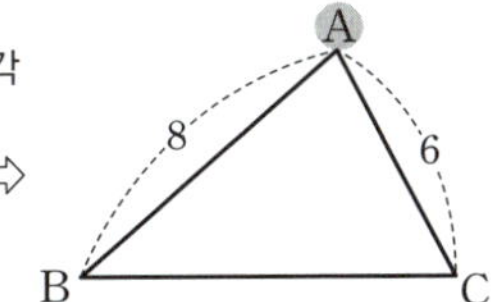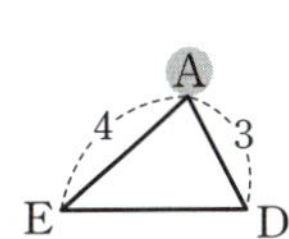

② AA 닮음의 활용

  공통인 각을 기준으로 다른 한 각의 크기가 같은 삼각형을 찾는다.

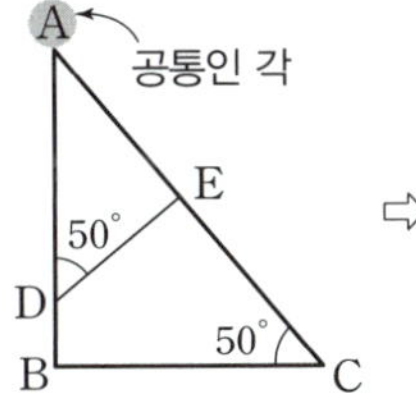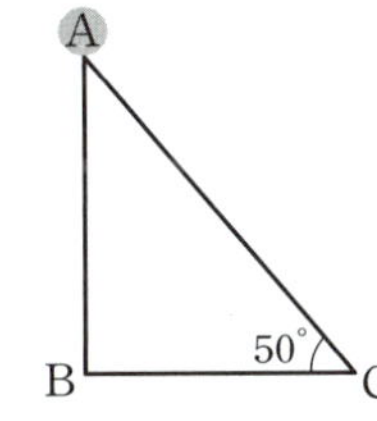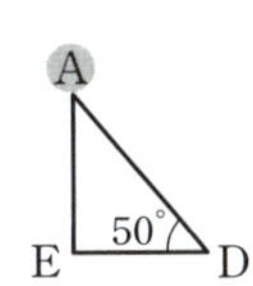

삼각형의 합동 조건과 닮음 조건을 헷갈려서 실수하지 않도록 비교하며 정리해 보자.

삼각형의 합동 조건	삼각형의 닮음 조건
세 쌍의 **대응변의 길이**가 각각 같다. (SSS 합동)	세 쌍의 **대응변의 길이의 비**가 같다. (SSS 닮음)
두 쌍의 **대응변의 길이**가 각각 같고 그 끼인각의 크기가 같다. (SAS 합동)	두 쌍의 **대응변의 길이의 비**가 같고 그 끼인각의 크기가 같다. (SAS 닮음)
한 쌍의 대응변의 길이가 같고 그 양 끝 각의 크기가 각각 같다. (**ASA 합동**)	**두 쌍의 대응각의 크기**가 각각 같다. (**AA 닮음**)

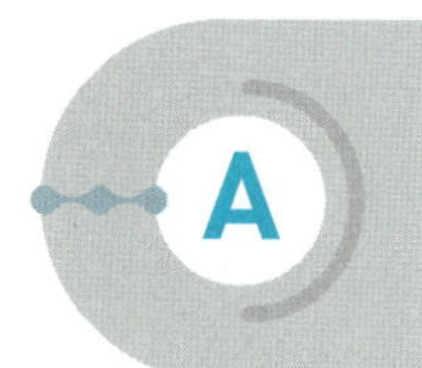

A 삼각형의 닮음 조건

- 세 쌍의 대응변의 길이의 비가 같다. ⇨ SSS 닮음
- 두 쌍의 대응변의 길이의 비가 같고 그 끼인각의 크기가 같다. ⇨ SAS 닮음
- 두 쌍의 대응각의 크기가 각각 같다. ⇨ AA 닮음

■ 다음은 두 삼각형의 닮음 조건을 나타낸 것이다. □ 안에 알맞은 것을 써넣으시오.

1. △ABD와 △DBC에서

$\overline{AB}$: □

$=16 : 20 = 4 : 5$

$\overline{BD}$: □

$=20 : 25 = 4 : 5$

$\overline{AD}$: □ $= 12 : 15 = 4 : 5$

∴ △ABD∽△DBC (□ 닮음)

2. △ABC와 △AED에서

∠ □ 는 공통각

$\overline{AB}$: □

$=9 : 3 = 3 : 1$

$\overline{AC}$: □ $= 12 : 4 = 3 : 1$

∴ △ABC∽△AED (□ 닮음)

3. △ABC와 △AED에서

∠ □ 는 공통각

∠ACB = □

∴ △ABC∽△AED

(□ 닮음)

■ 다음 보기의 삼각형 중 각각의 닮음인 것을 찾아 기호 ∽로 나타내시오.

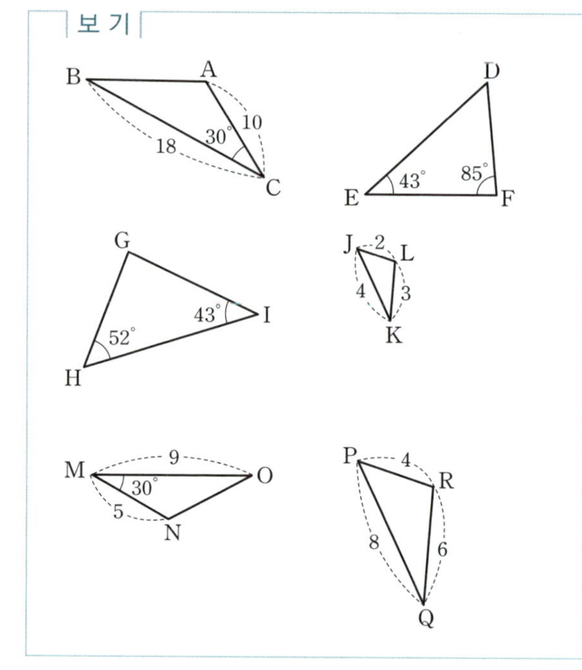

| 보 기 |

4. SSS 닮음

____

5. SAS 닮음

____

6. AA 닮음

____

 **B** 삼각형의 닮음 조건의 응용
- SAS 닮음

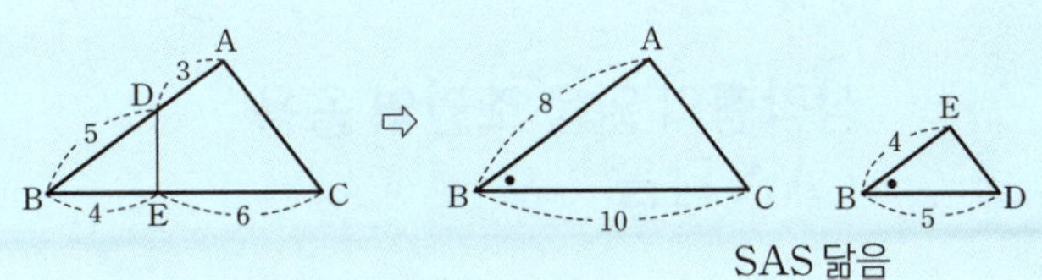

■ 다음 그림에서 x의 값을 구하시오.

1.

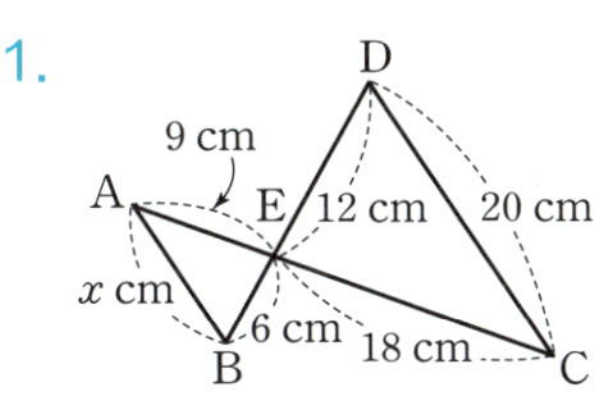

Help $\overline{AE} : \overline{CE} = \overline{BE} : \overline{DE} = 1 : 2$
$\angle AEB = \angle CED$ (맞꼭지각)

2.

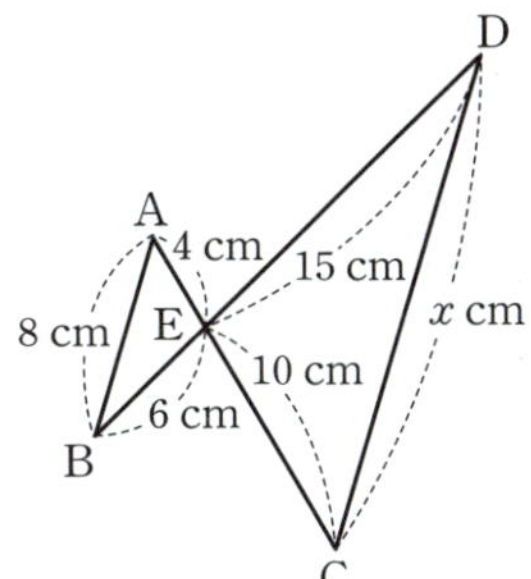

3.

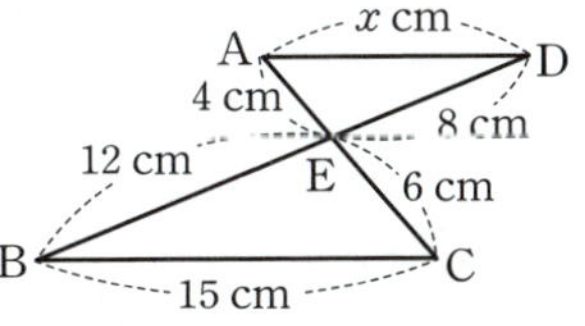

4.

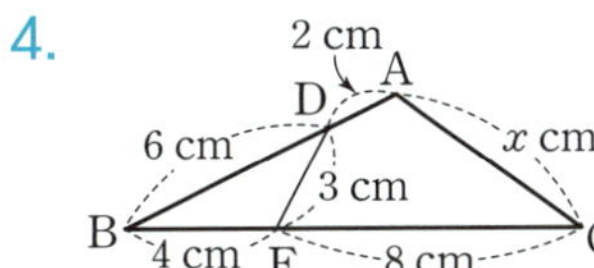

Help

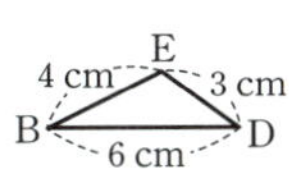

5.

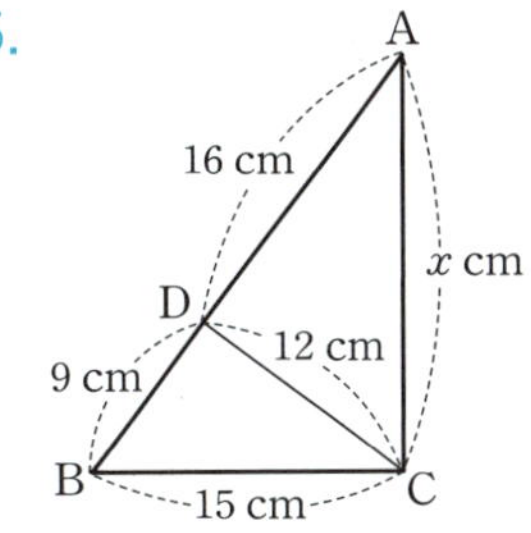

6.

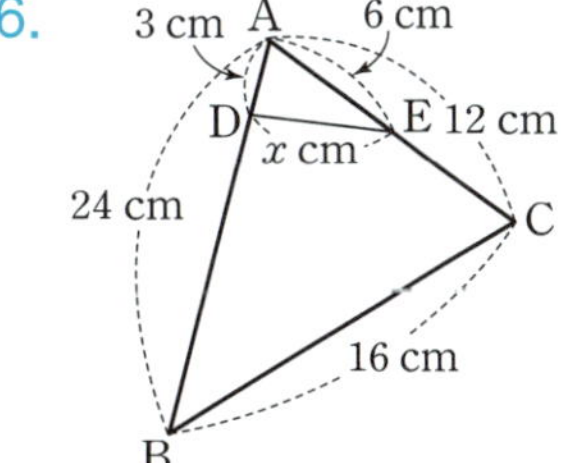

삼각형의 닮음 조건의 응용 - AA 닮음

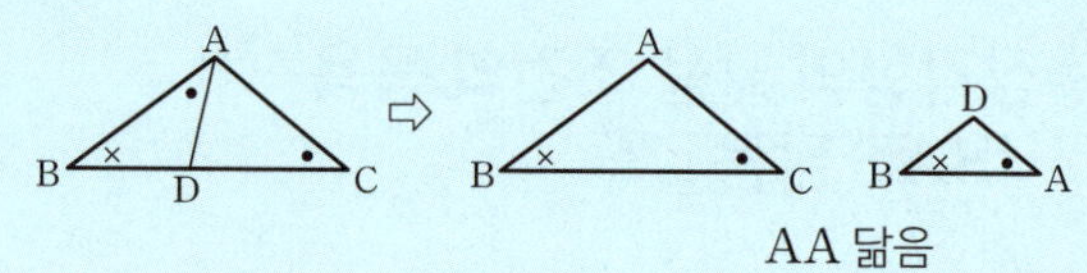

■ 다음 그림에서 ∠ABC=∠AED일 때, x의 값을 구하시오.

1.

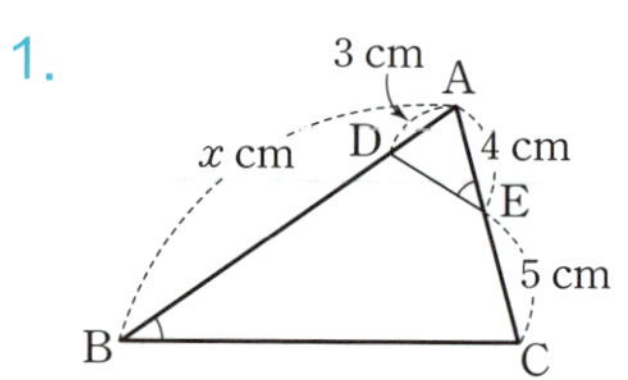

Help △ABC∽△AED (AA 닮음)이므로
$$\overline{AB} : \overline{AE} = \overline{AC} : \overline{AD}$$

2.

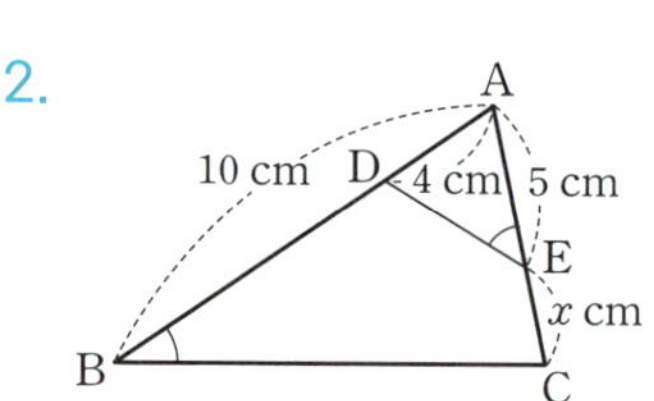

3.

■ 다음 그림에서 x의 값을 구하시오.

4. ∠ACB=∠ABD

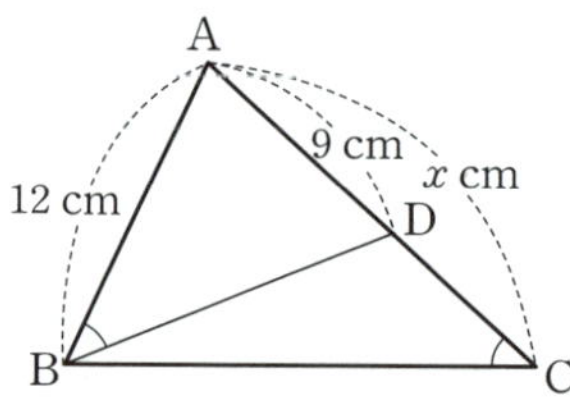

Help △ABC∽△ADB (AA 닮음)이므로
$$\overline{AB} : \overline{AD} = \overline{AC} : \overline{AB}$$

5. ∠ABC=∠ACD

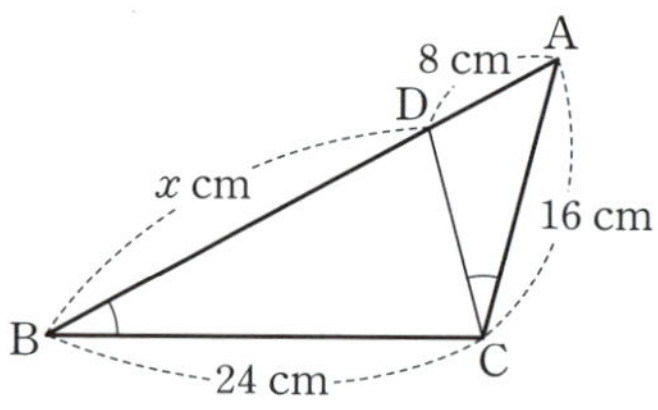

6. ∠BAC=∠BCD

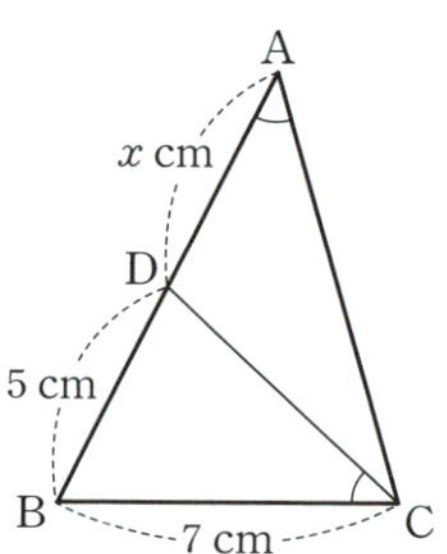

오른쪽 그림에서 x의 값을 구해 보자.
$\overline{AB}/\!/\overline{DE}$이므로 $\angle BAC=\angle DEA$
$\overline{AD}/\!/\overline{BC}$이므로 $\angle BCA=\angle DAE$
$\therefore \triangle ABC \backsim \triangle EDA$ (AA 닮음)
$10:8=(x+3):x$ $\qquad \therefore x=12$

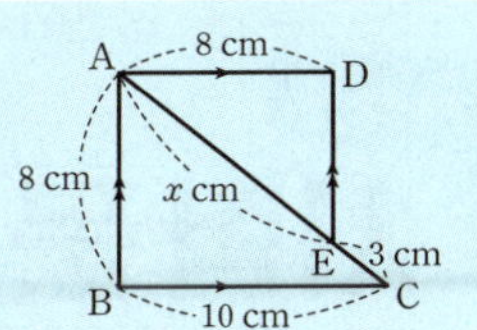

■ 다음 그림에서 x의 값을 구하시오.

1.

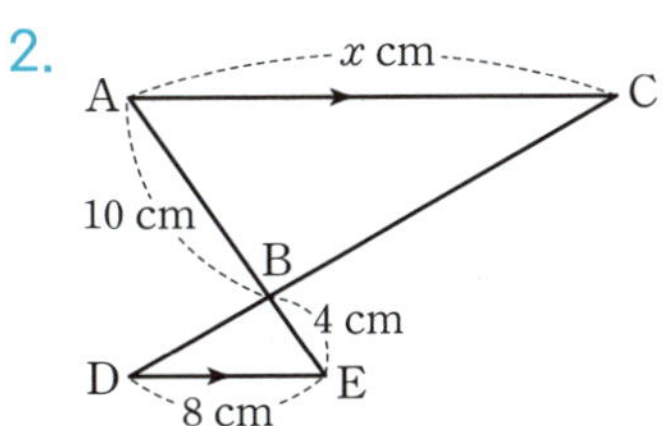

Help $\overline{AC}/\!/\overline{DE}$이므로
$\angle CAB=\angle DEB$ (엇각), $\angle ACB=\angle EDB$ (엇각)
$\triangle ABC \backsim \triangle EBD$ (AA 닮음)

2.

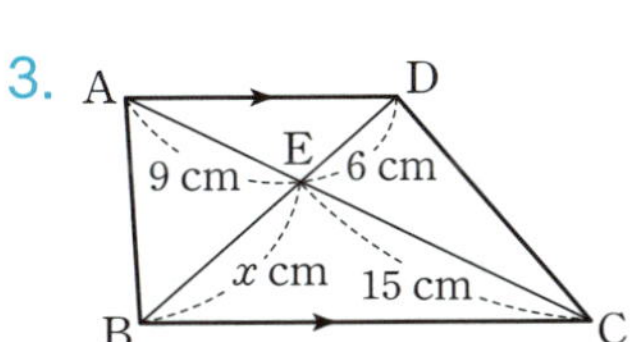

3.

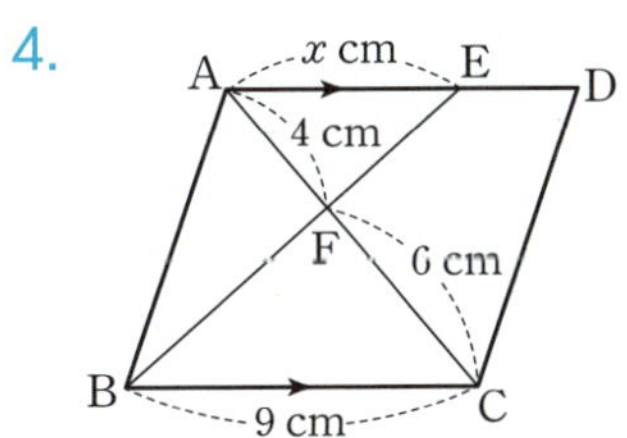

4.

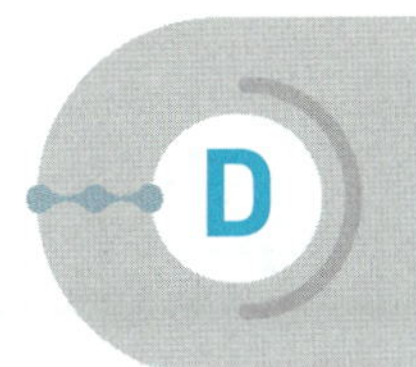

5.

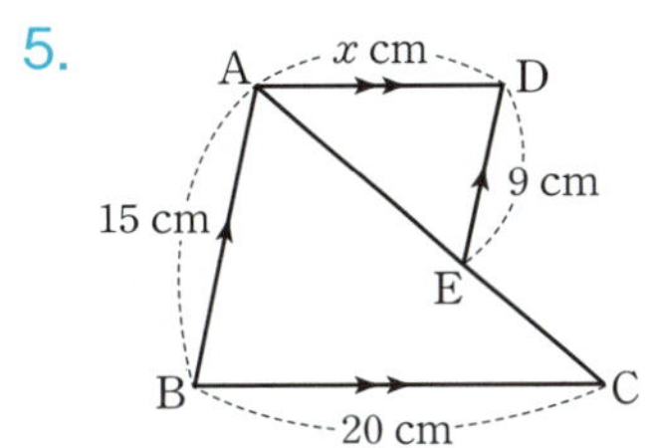

6.

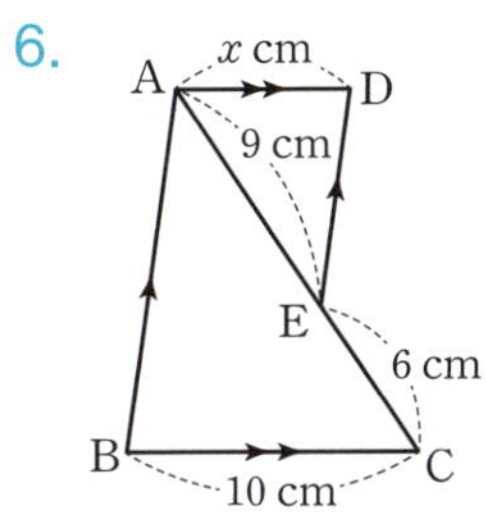

■ 다음 평행사변형 ABCD에서 x의 값을 구하시오.

7.

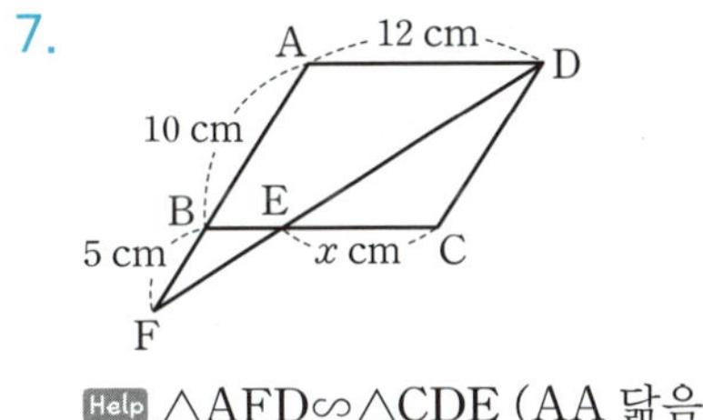

Help $\triangle AFD \backsim \triangle CDE$ (AA 닮음)

8.

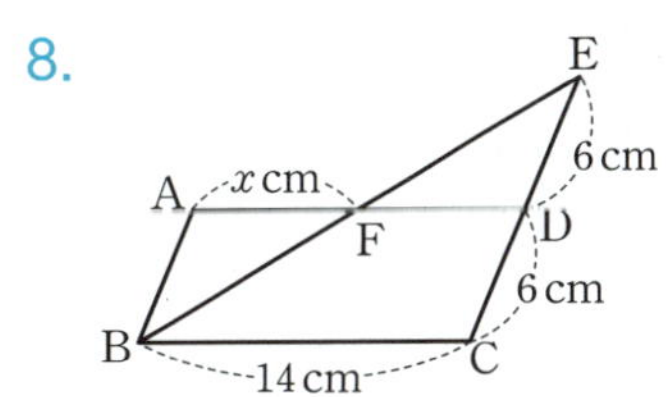

[1~2] 삼각형의 닮음 조건

앗! 실수 적중률 90%

1. 다음 중 보기의 삼각형과 닮은 도형인 것은?

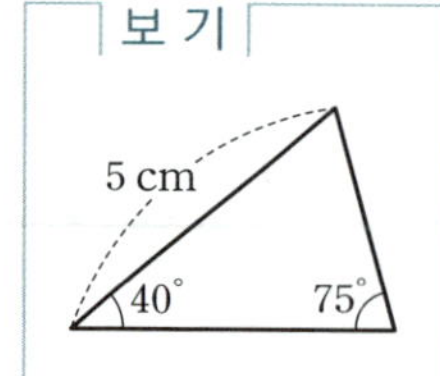

① 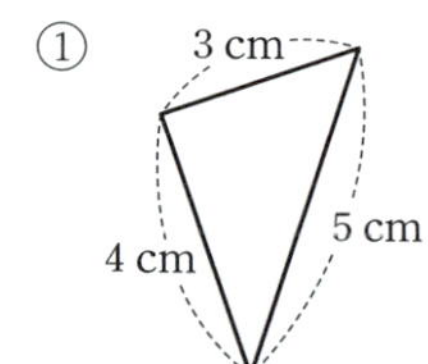

② 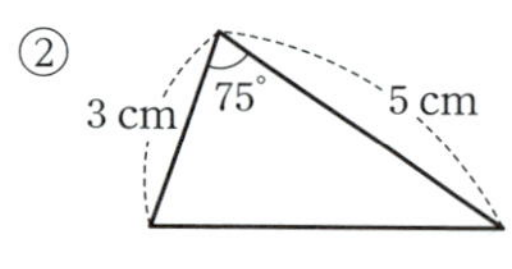

③ 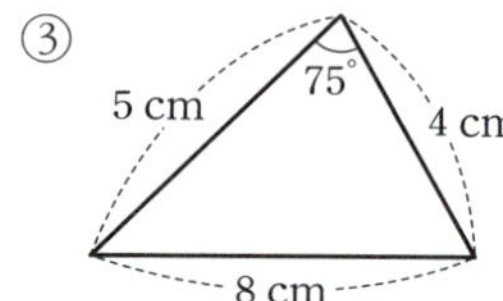

④ 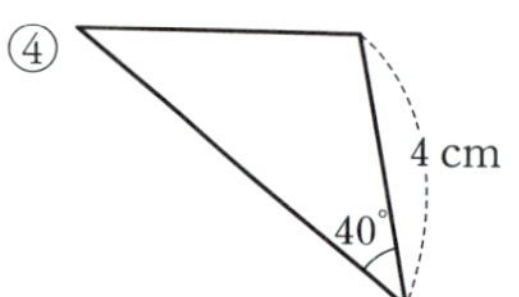

⑤ 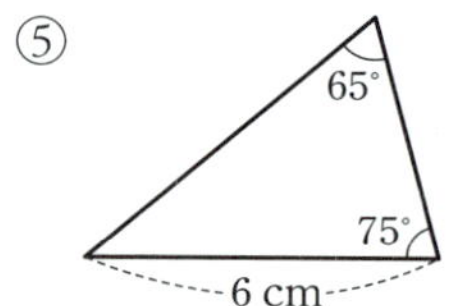

2. 아래 그림의 △ABC와 △DEF가 닮은 도형이 되려면 다음 중 어느 조건을 만족해야 하는가?

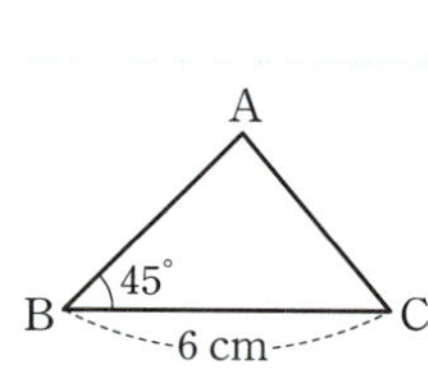

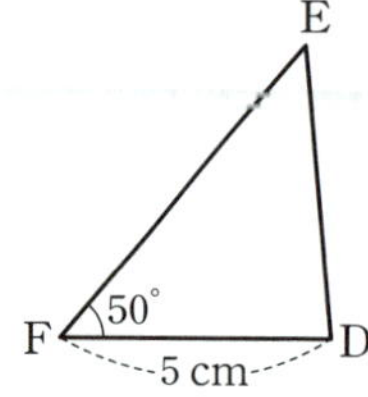

① $\overline{AB}=4$ cm, $\overline{DE}=8$ cm
② ∠A$=85°$, ∠E$=45°$
③ $\overline{AC}=4$ cm, $\overline{EF}=10$ cm
④ ∠C$=50°$, ∠D$=70°$
⑤ $\overline{AB}=5$ cm, $\overline{EF}=12$ cm

[3~5] 삼각형의 닮음 조건의 응용

적중률 80%

3. 오른쪽 그림과 같은 △ABC에서 x의 값은?

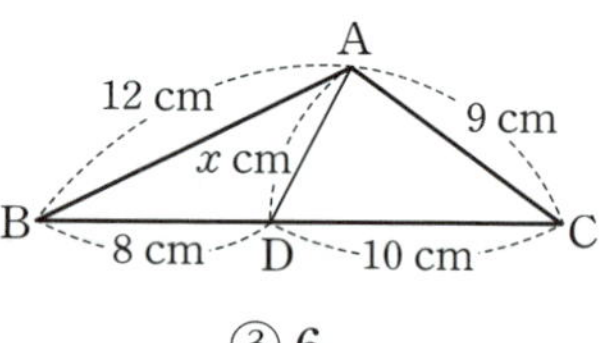

① 4   ② 5   ③ 6
④ 7   ⑤ 8

적중률 80%

4. 오른쪽 그림과 같은 △ABC에서 ∠ABC$=$∠DAC일 때, x의 값을 구하시오.

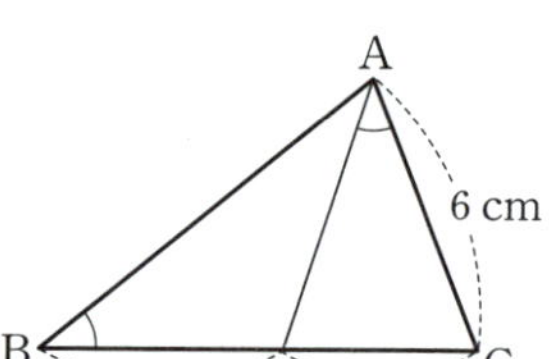

5. 오른쪽 그림에서 $\overline{AB}$∥$\overline{DE}$, $\overline{AD}$∥$\overline{BC}$이다. $\overline{AD}=4$ cm, $\overline{AE}=8$ cm, $\overline{BC}=5$ cm일 때, x의 값을 구하시오.

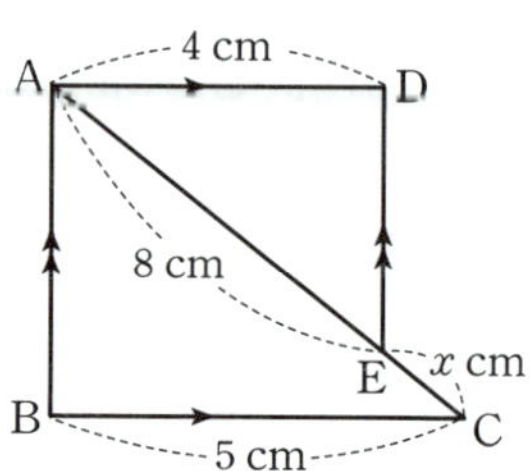

13 직각삼각형에서 닮은 삼각형

● **직각삼각형의 닮음**

두 직각삼각형에서 **한 예각의 크기가 같으면 서로 닮음**이다.

⇨ $\angle B = \angle E$, $\angle C = \angle F = 90°$

∴ $\triangle ABC \backsim \triangle DEF$ (AA 닮음)

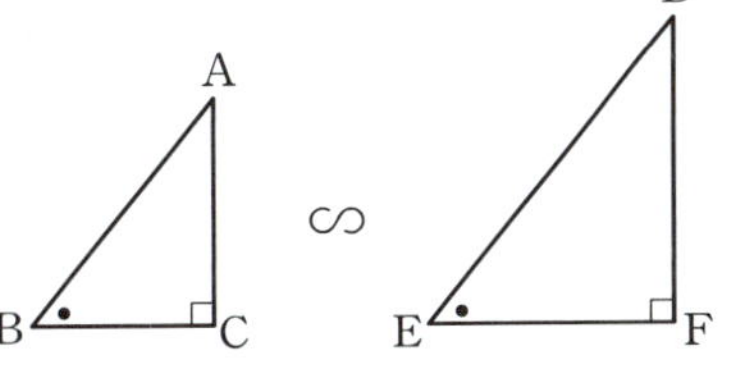

● **직각삼각형의 닮음의 응용**

$\angle A = 90°$인 직각삼각형 ABC에서 $\overline{AD} \perp \overline{BC}$일 때,

$\triangle ABC \backsim \triangle DBA \backsim \triangle DAC$ (AA 닮음)

이고, 이때 다음이 성립한다.

① $\triangle ABC \backsim \triangle DBA$ (AA 닮음)

$\overline{AB} : \overline{DB} = \overline{BC} : \overline{BA}$

∴ $\overline{AB}^2 = \overline{BD} \times \overline{BC}$

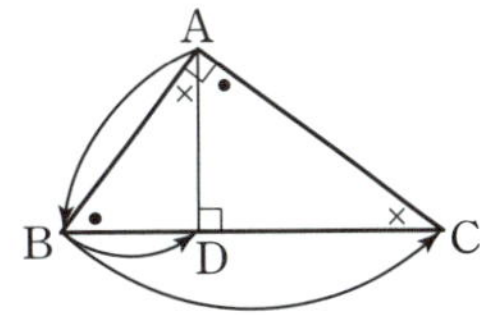

② $\triangle ABC \backsim \triangle DAC$ (AA 닮음)

$\overline{AC} : \overline{DC} = \overline{BC} : \overline{AC}$

∴ $\overline{AC}^2 = \overline{CD} \times \overline{CB}$

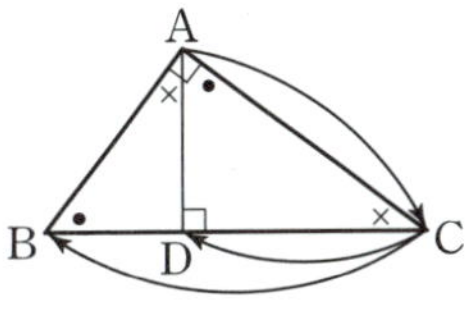

③ $\triangle DBA \backsim \triangle DAC$ (AA 닮음)

$\overline{DA} : \overline{DC} = \overline{DB} : \overline{DA}$

∴ $\overline{AD}^2 = \overline{DB} \times \overline{DC}$

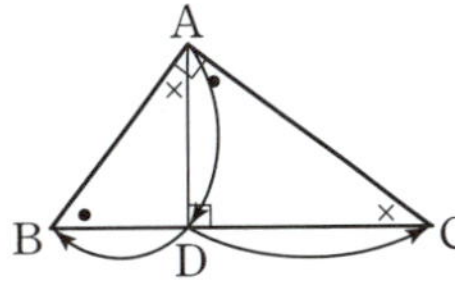

● **축척**

① **축도**: 실제 높이나 거리를 일정한 비율로 줄여서 나타낸 그림

② **축척**: 축도에서 실제 높이나 거리를 줄인 비율

$$(축척) = \frac{(축도에서의 길이)}{(실제 길이)}$$

지도에서 축척을 $\frac{1}{1000}$ 또는 1 : 1000과 같이 나타내고 이것은 지도에서의 거리와 실제 거리의 닮음비가 1 : 1000임을 뜻한다.

따라서 지도에서 1 cm는 실제 거리가 1000 cm이다.

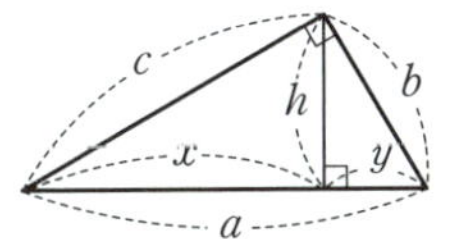

외워 외워!

아래 그림에서 각 변의 길이를 닮음을 이용하면 풀 수 있지만 모든 문제를 닮음으로 풀기는 시간이 많이 걸리니 공식을 반드시 외워야 해.

$$c^2 = ax, \quad b^2 = ay$$
$$h^2 = xy, \quad ah = bc$$

또, 삼각형의 넓이에서

$$\frac{1}{2} \times a \times h = \frac{1}{2} \times b \times c$$

따라서 $ah = bc$

출동! X맨과 O맨

오른쪽 그림에서 위의 공식을 이용하여 x^2, y^2의 값을 각각 구해 보자

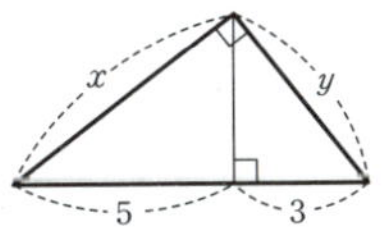

- $x^2 = 5 \times 3 = 15$ (×)
- $y^2 = 3 \times 5 = 15$ (×)

- $x^2 = 5 \times (5+3) = 40$ (○)
- $y^2 = 3 \times (3+5) = 24$ (○)

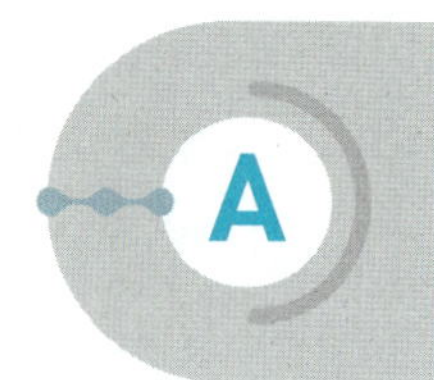

A 직각삼각형의 닮음을 이용하여 변의 길이 구하기

오른쪽 그림에서
· + × ＝90°이므로
△ADB∽△BEC

아하! 그렇구나~ 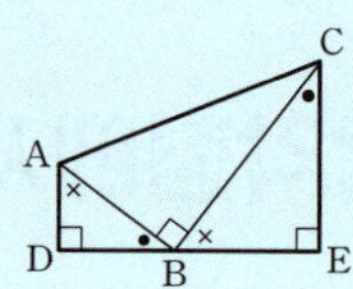

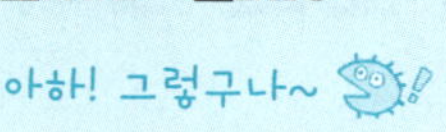

■ 다음 그림에서 x의 값을 구하시오.

1.

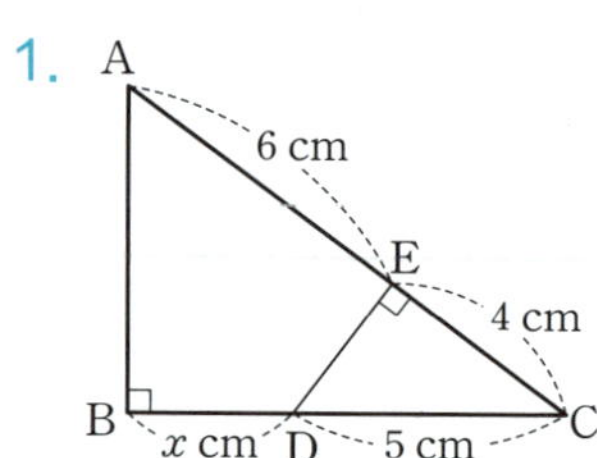

Help △ABC∽△DEC에서 10 : 5＝($x+5$) : 4

2.

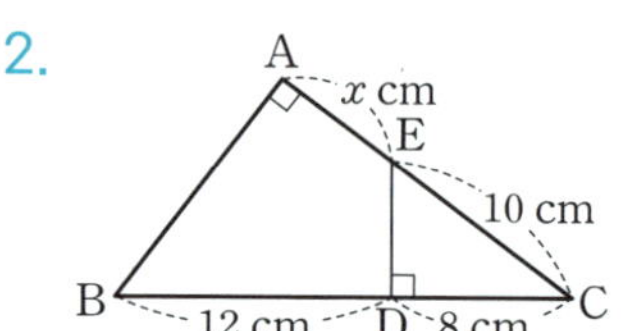

3.

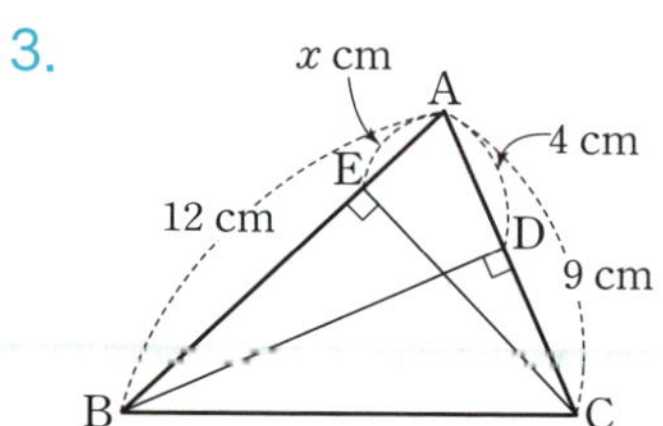

Help △AEC∽△ADB에서 x : 4＝9 : 12

4.

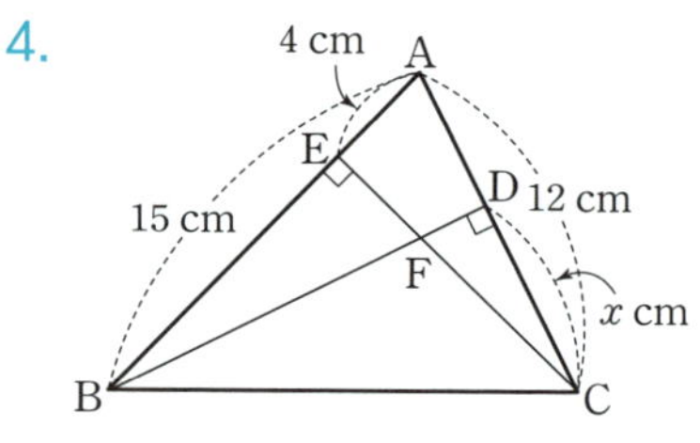

5.

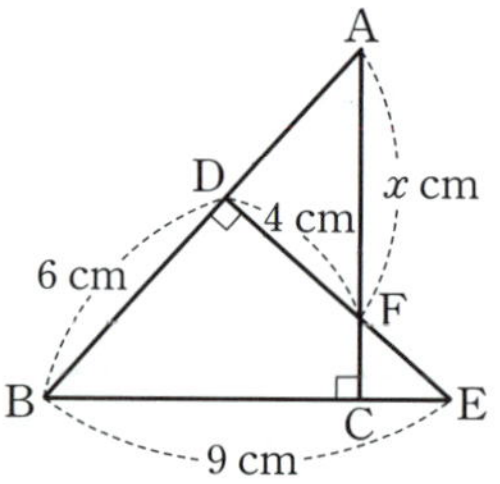

Help △ADF∽△EDB에서 x : 9＝4 : 6

6.

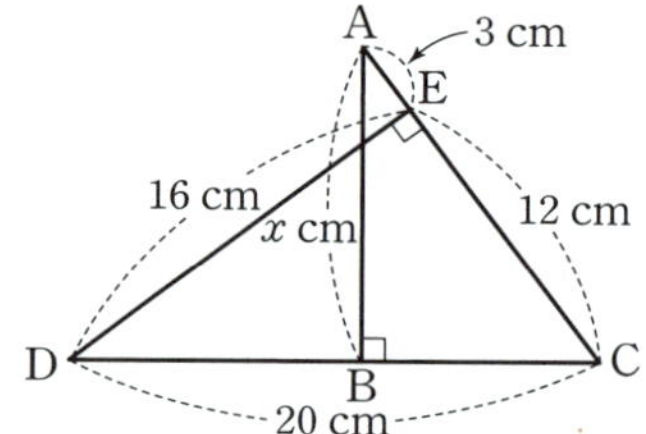

7.

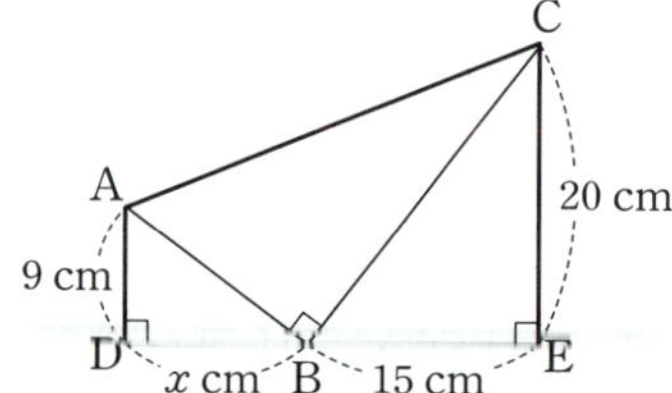

Help △ADB∽△BEC에서 9 : 15＝x : 20

8.

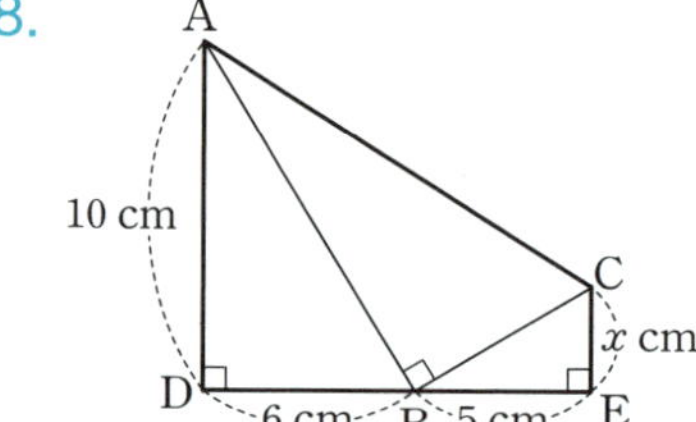

B 직각삼각형의 닮음의 응용

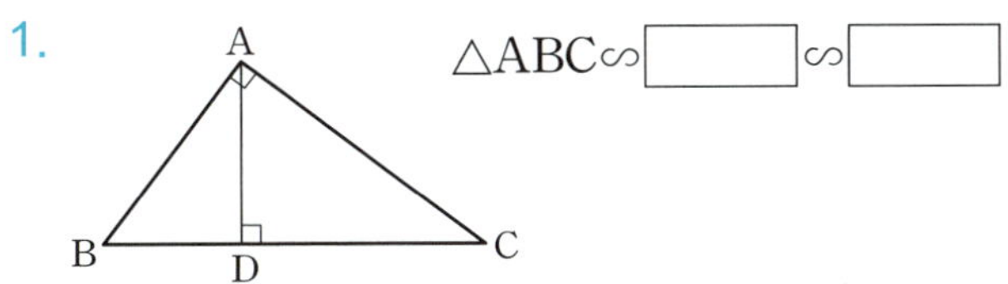

⇨ ①^2＝②×③ 이 정도는 암기해야 해~ 암암! ⚙

■ 다음 그림과 같은 직각삼각형에서 닮음인 삼각형을 □ 안에 써넣으시오.

1.

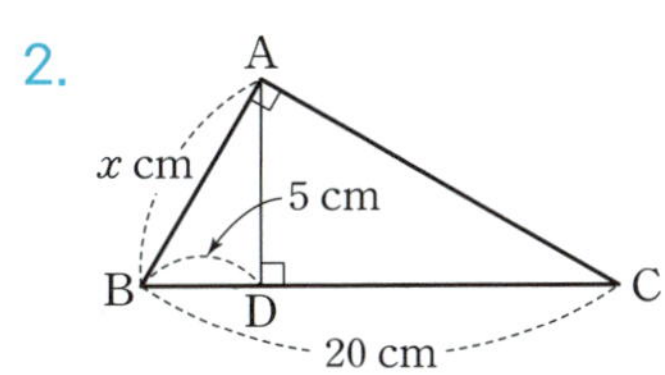

$\triangle ABC \backsim$ ☐ $\backsim$ ☐

■ 다음 그림과 같은 직각삼각형에서 □ 안에 알맞은 것을 써넣으시오.

2.

$\overline{AB}^2 = $ ☐ $\times \overline{BC}$

$\therefore x = $ ☐

3.

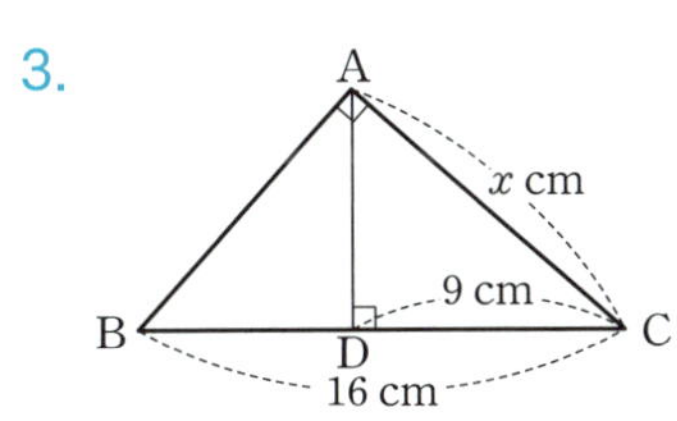

$\overline{AC}^2 = \overline{CD} \times $ ☐

$\therefore x = $ ☐

4.

$\overline{AD}^2 = \overline{DB} \times $ ☐

$\therefore x = $ ☐

■ 다음 그림과 같은 직각삼각형에서 x의 값을 구하시오.

5.

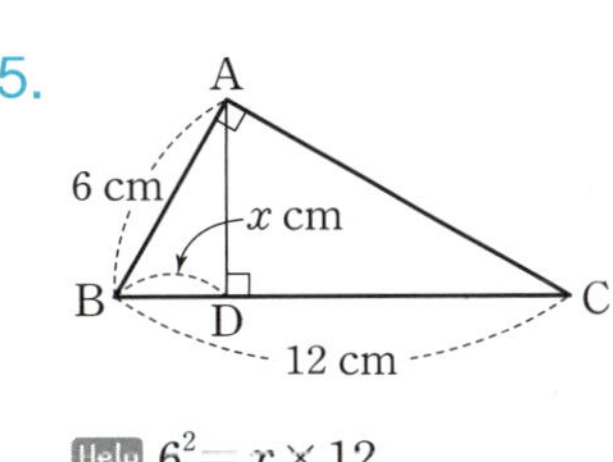

Help $6^2 = x \times 12$

6.

7.

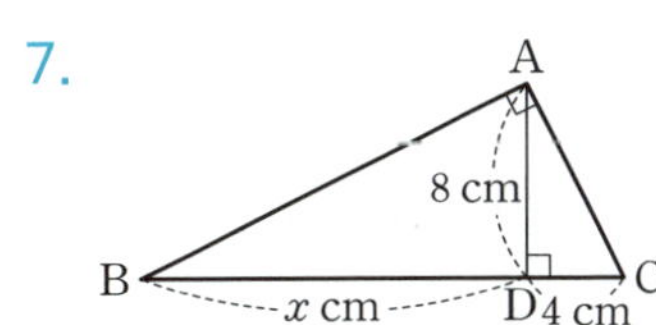

C 닮음의 활용

■ 다음 □ 안에 알맞은 것을 써넣으시오.

1.

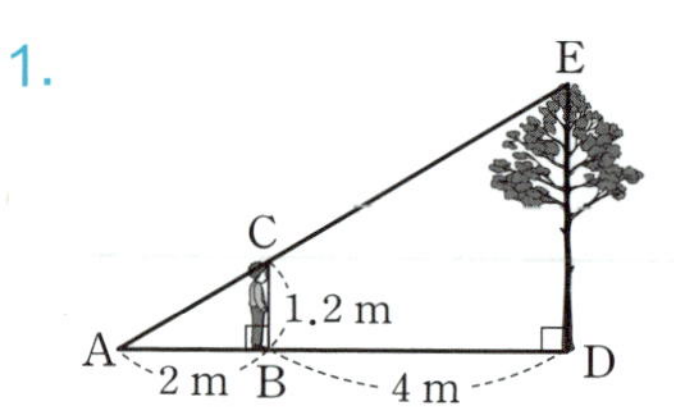

(나무의 높이 $\overline{ED}$) = ☐

2.

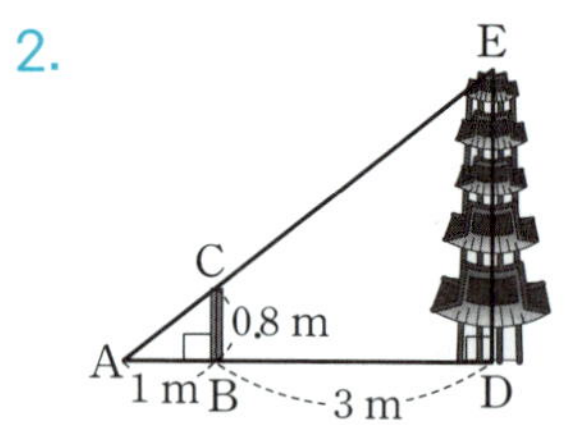

(탑의 높이 $\overline{ED}$) = ☐

3.

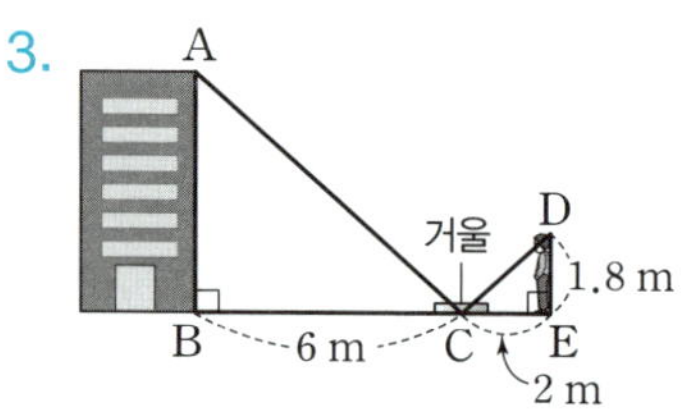

∠ACB = ∠DCE일 때, (건물의 높이 $\overline{AB}$) = ☐

Help $\overline{AB} : \overline{DE} = \overline{BC} : \overline{EC}$

■ 다음은 강의 폭을 구하기 위해 축도를 그린 것이다. □ 안에 실제 거리를 써넣으시오.

4.

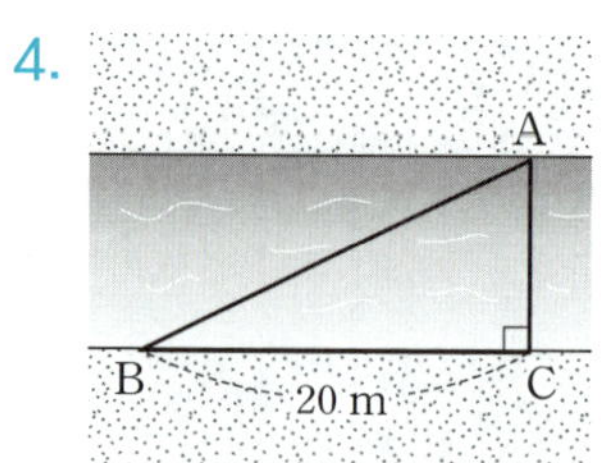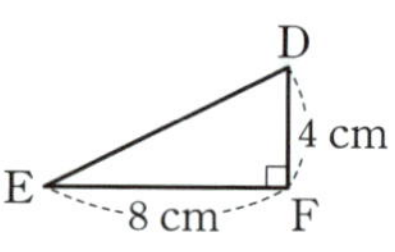

(강의 폭 A와 C의 실제 거리) = ☐

Help 1 m = 100 cm이므로 2000 : 8 = $\overline{AC}$: 4

5.

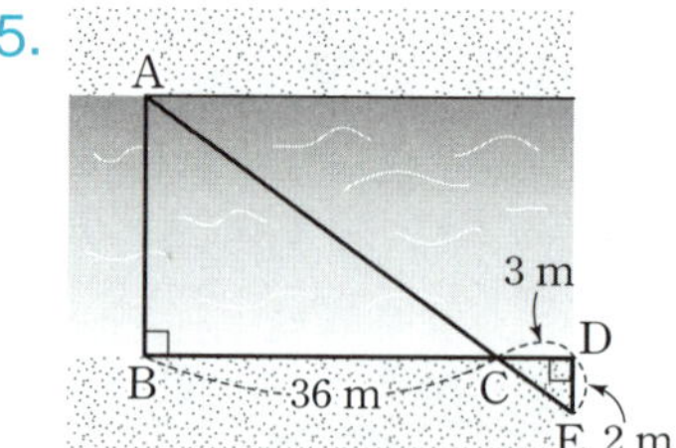

(강의 폭 A와 B의 실제 거리) = ☐

앗! 실수

6.

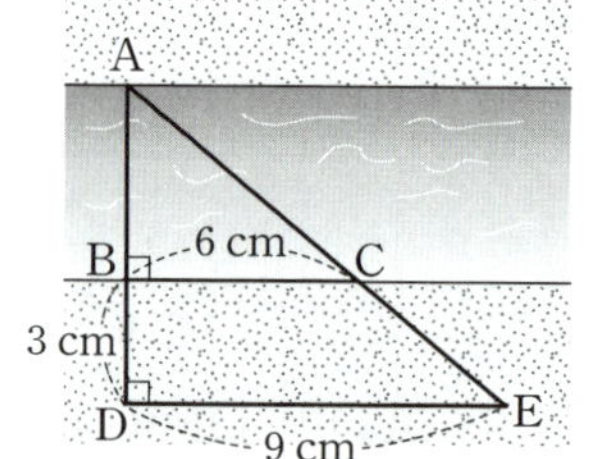

위의 그림은 축척이 5000 : 1인 축도일 때,

(강의 폭 A와 B의 실제 거리) = ☐

시험 문제

[1~2] 직각삼각형의 닮음을 이용하여 변의 길이 구하기

1. 오른쪽 그림과 같은 직각삼각형 ABC에서 점 D는 $\overline{AB}$의 중점이고 $\overline{DE} \perp \overline{AB}$이다. $\overline{AB}=10$ cm, $\overline{BC}=6$ cm, $\overline{AC}=8$ cm일 때, $\overline{DE}$의 길이를 구하시오.

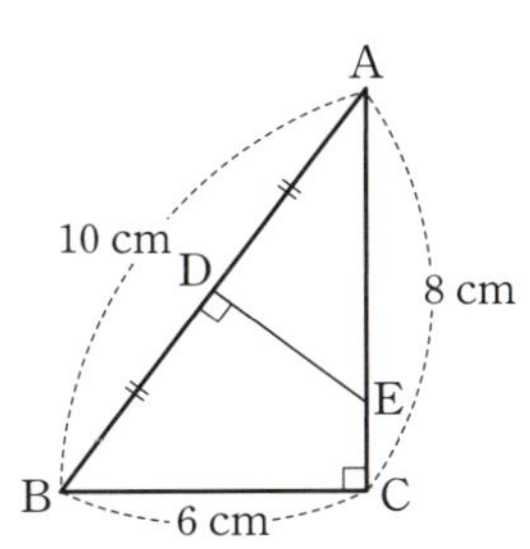

적중률 80%

2. 오른쪽 그림과 같은 △ABC의 두 꼭짓점 B, C에서 $\overline{AC}$, $\overline{AB}$에 내린 수선의 발을 각각 D, E라 하자. $\overline{AD}=4$ cm, $\overline{AE}=3$ cm, $\overline{EB}=5$ cm일 때, $\overline{DC}$의 길이를 구하시오.

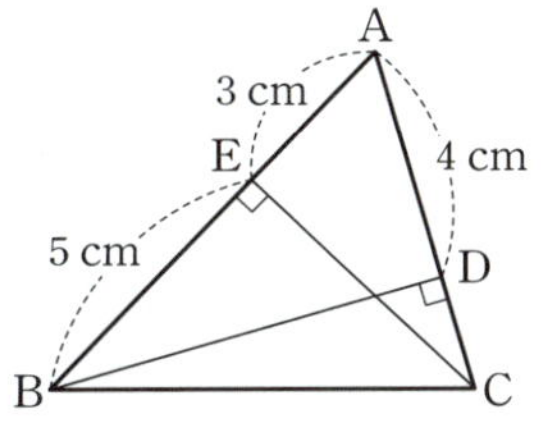

[3~5] 직각삼각형의 닮음의 응용

적중률 80%

3. 오른쪽 그림과 같은 직각삼각형 ABC에서 $\overline{AD} \perp \overline{BC}$일 때, 다음 중 옳지 <u>않은</u> 것은?

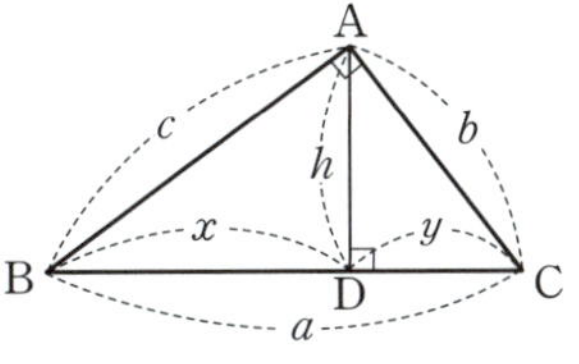

① △ABC∽△DBA   ② $c^2=xy$

③ $h^2=xy$ ④ $b^2=ay$

⑤ △ABD∽△CAD

적중률 80%

4. 오른쪽 그림과 같은 직각삼각형 ABC에서 $\overline{AD} \perp \overline{BC}$일 때, $x+y$의 값은?

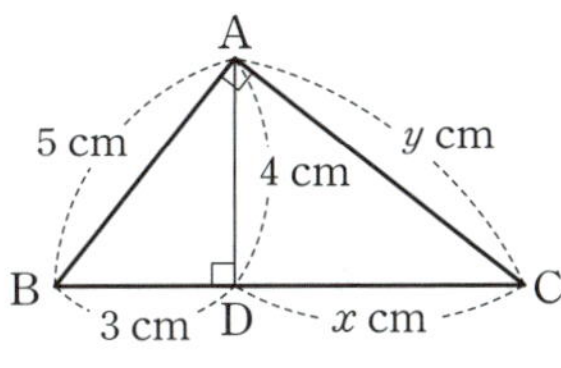

① 9   ② 10   ③ 11

④ 12   ⑤ 13

Help $5 \times y = 4 \times (3+x)$

5. 오른쪽 그림과 같은 직각삼각형 ABC에서 $\overline{AD} \perp \overline{BC}$이고 $\overline{AD}=6$ cm, $\overline{DC}=4$ cm일 때, △ABD의 넓이를 구하시오.

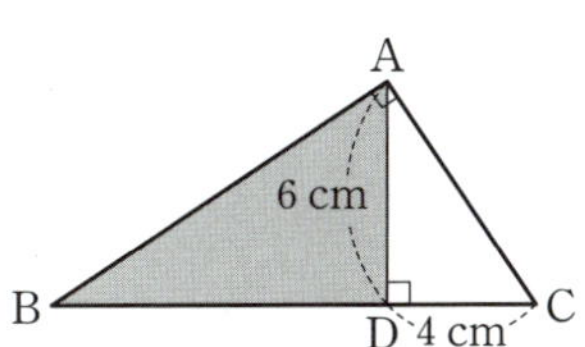

[6] 닮음의 활용

적중률 80%

6. 다음 그림과 같이 눈높이가 1.5 m인 정아가 건물로부터 80 m 떨어진 건물의 끝인 A 지점을 올려다본 각인 ∠B의 크기와 ∠E의 크기가 같도록 축도를 그렸더니 $\overline{EF}=4$ cm, $\overline{DF}=2.5$ cm이었다. 이 건물의 실제 높이를 구하시오.

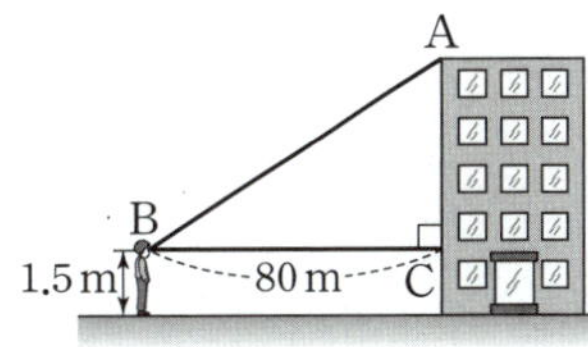
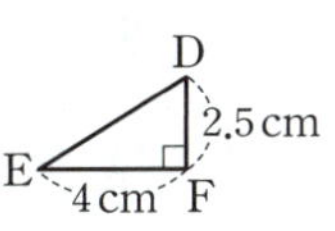

14 삼각형에서 평행선 사이의 선분의 길이의 비

● 삼각형에서 평행선 사이의 선분의 길이의 비 1

$\triangle ABC$에서 $\overline{AB}$, $\overline{AC}$ 또는 그 연장선 위에 각각 점 D, E가 있을 때,

① $\overline{BC} /\!/ \overline{DE}$이면

$\Rightarrow a : a' = b : b' = c : c'$

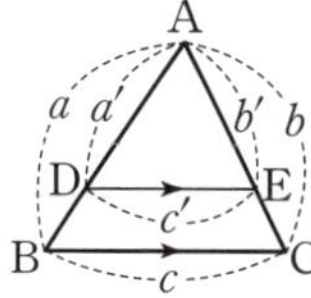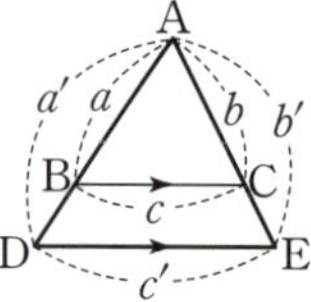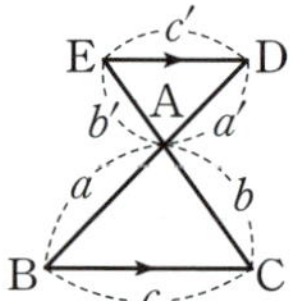

② $\overline{BC} /\!/ \overline{DE}$이면

$\Rightarrow a : a' = b : b'$

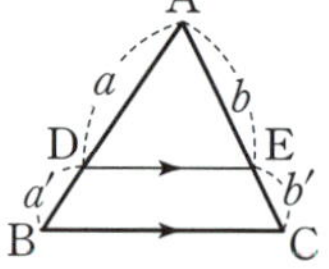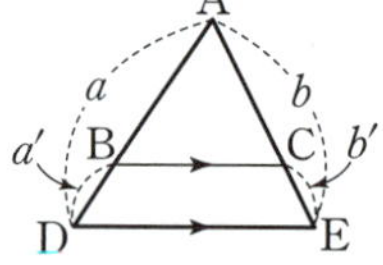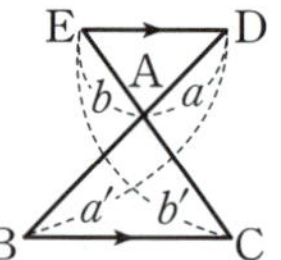

③ $\overline{BC} /\!/ \overline{DE}$이면

$\Rightarrow a : a' = b : b'$

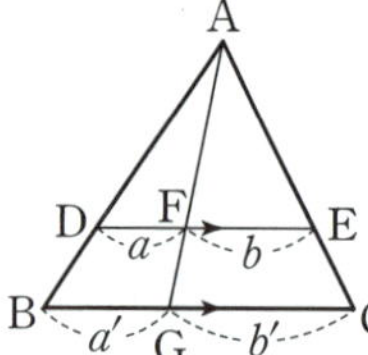

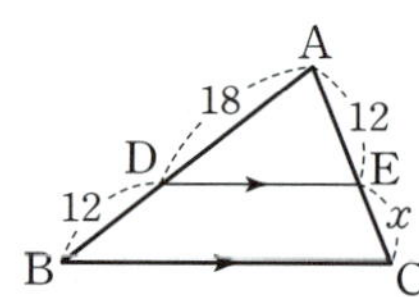

바빠꿀팁

위의 그림에서 x의 값을 구할 때,
$18 : 12 = 12 : x$이므로
$18x = 144$로 구하면 계산이 복잡해져.
먼저 비를 간단히 하여
$18 : 12 = 3 : 2$로 만든 다음
$3 : 2 = 12 : x$, $3x = 24$
로 구하면 x의 값을 훨씬 간단히 구할 수 있어.

● 삼각형에서 평행선 사이의 선분의 길이의 비 2

$\triangle ABC$에서 $\overline{AB}$, $\overline{AC}$ 또는 그 연장선 위에 각각 점 D, E가 있을 때,

① $a : a' = b : b' = c : c'$이면

$\Rightarrow \overline{BC} /\!/ \overline{DE}$

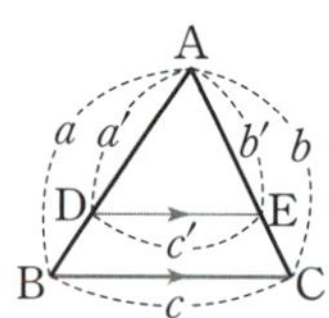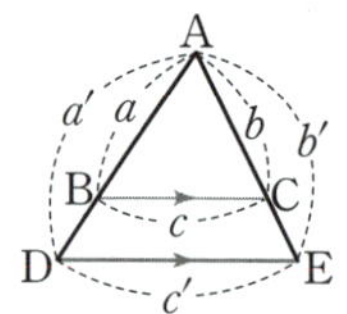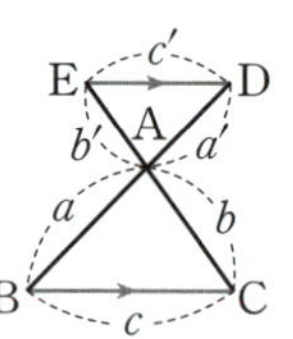

② $a : a' = b : b'$이면

$\Rightarrow \overline{BC} /\!/ \overline{DE}$

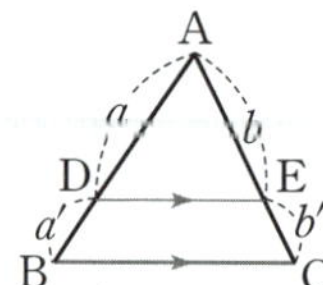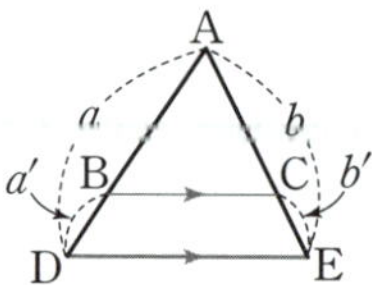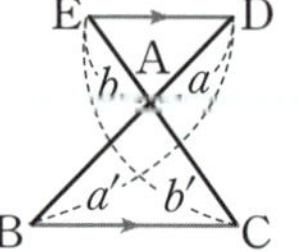

출동! X맨과 O맨

오른쪽 그림에서 평행선과 선분의 길이의 비를 이용하여 x의 값을 구해 보자.

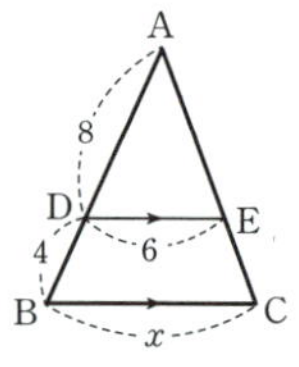

절대 아니야

• $8 : 4 = 6 : x$ (×)

➡ 왼쪽 그림에서 x의 값을 구할 경우 $\triangle ADE \backsim \triangle ABC$를 이용하여 구해야 해.

이게 정답이야

• $8 : 12 = 6 : x$ (○)

➡ $\triangle ADE \backsim \triangle ABC$이므로
$\overline{AD} : \overline{AB} = \overline{DE} : \overline{BC}$

A 삼각형에서 평행선 사이의 선분의 길이의 비 - 꼭지각을 공유

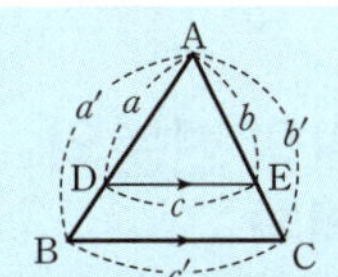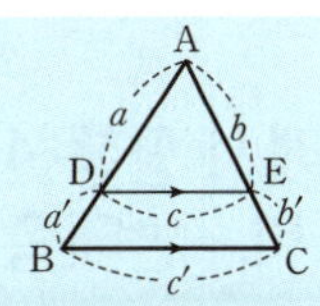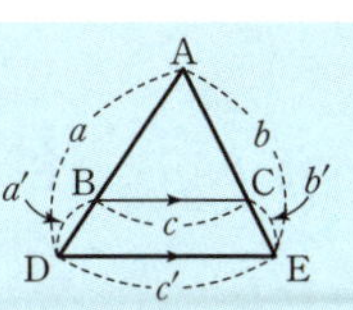

$a : a' = b : b' = c : c'$ $a : a' = b : b' \neq c : c'$ $a : a' = b : b' \neq c : c'$

■ 다음 그림에서 $\overline{BC} /\!/ \overline{DE}$일 때, x의 값을 구하시오.

1.

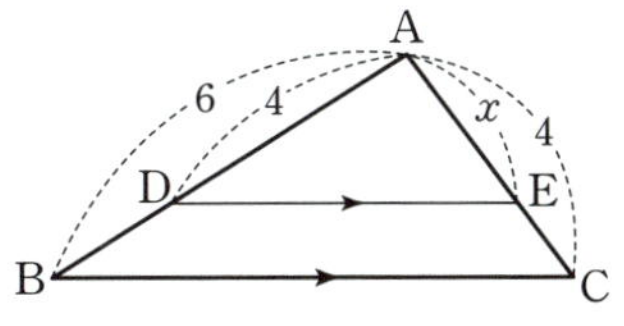

Help $4 : 6 = x : 4$

2.

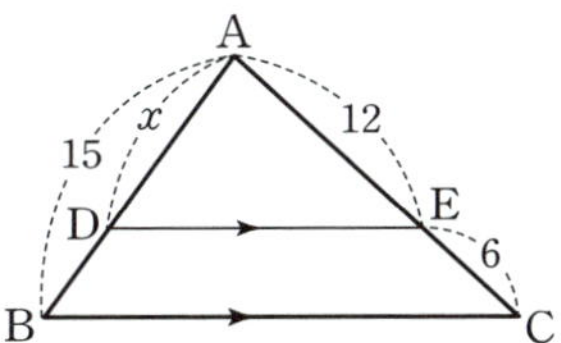

3.

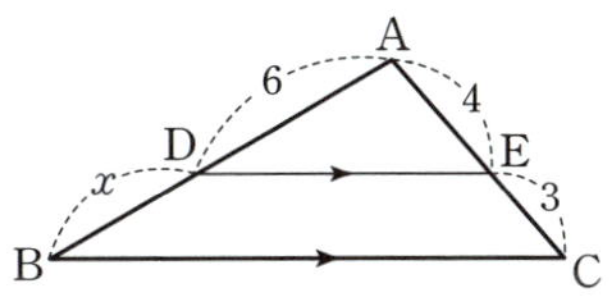

Help $6 : x = 4 : 3$

4.

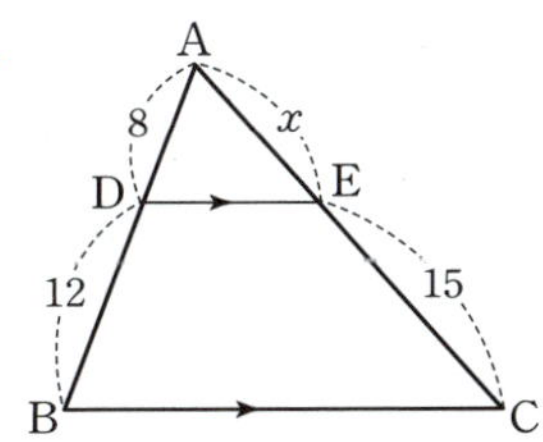

5.

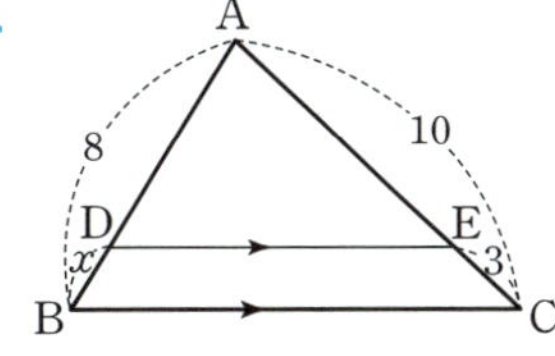

Help $8 : x = 10 : 3$

6.

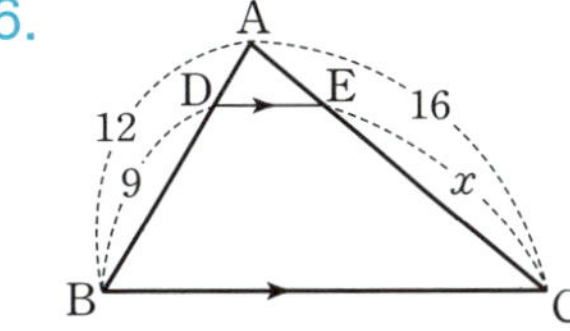

7.

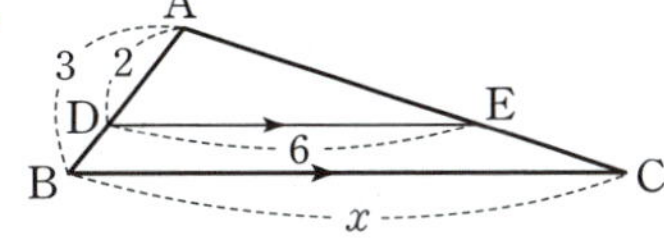

앗! 실수

8.

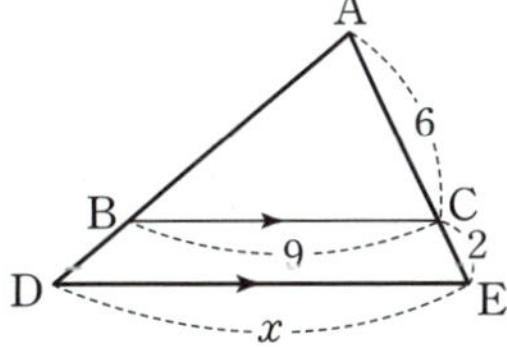

Help $6 : 2 \neq 9 : x \Rightarrow 6 : 8 = 9 : x$

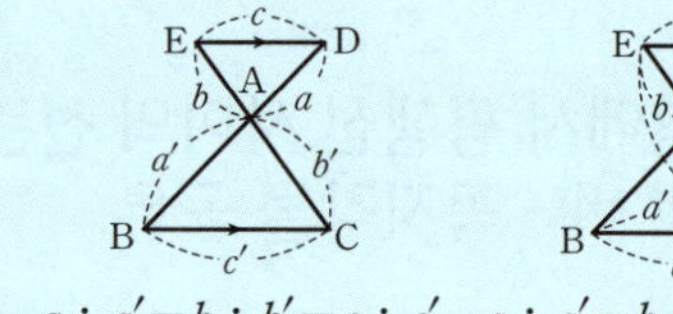

$a : a' = b : b' = c : c' \qquad a : a' = b : b' \ne c : c'$

■ 다음 그림에서 $\overline{BC} /\!/ \overline{DE}$일 때, x의 값을 구하시오.

1.

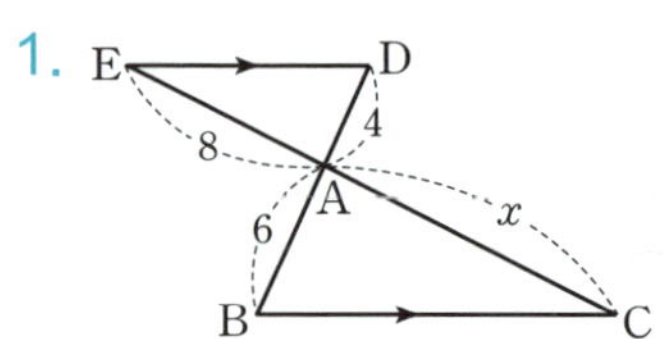

2.

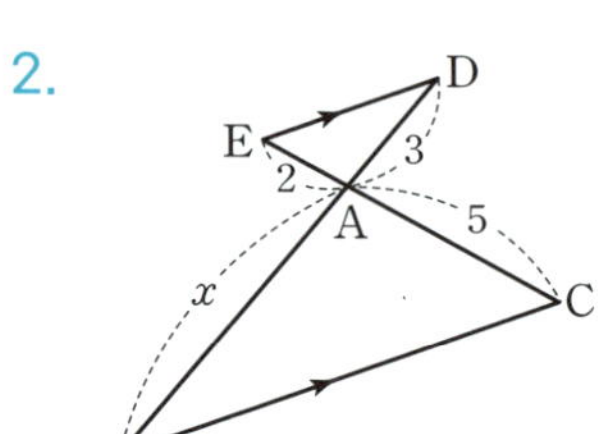

3.

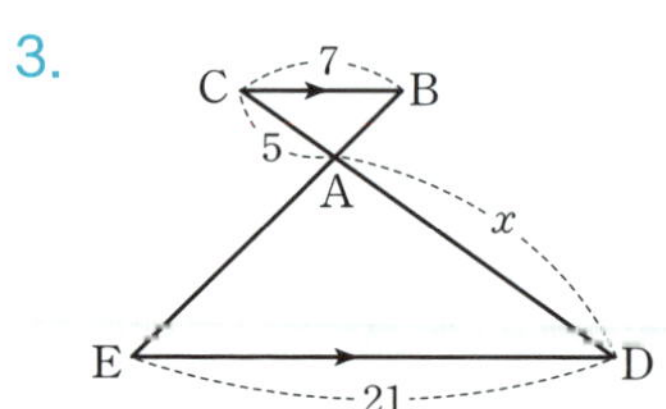

4.

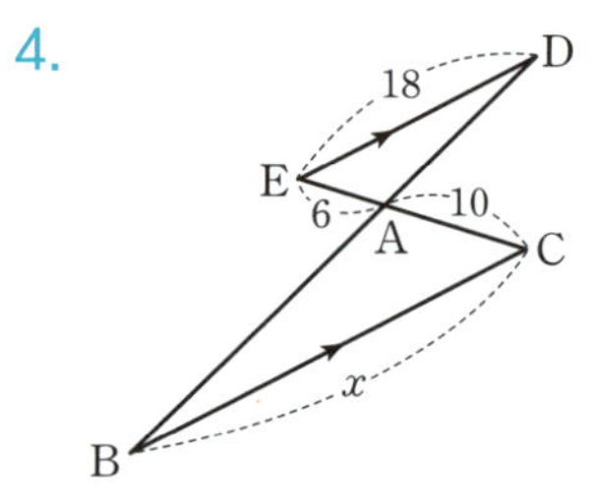

5.

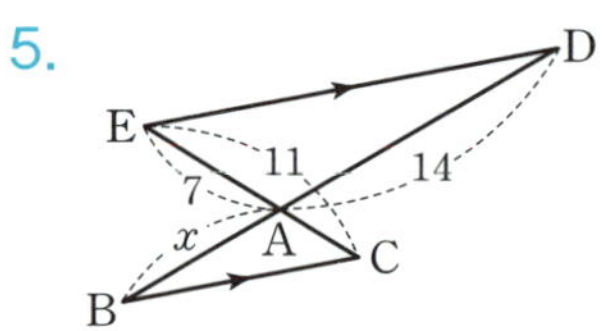

Help $7 : 4 = 14 : x$

6.

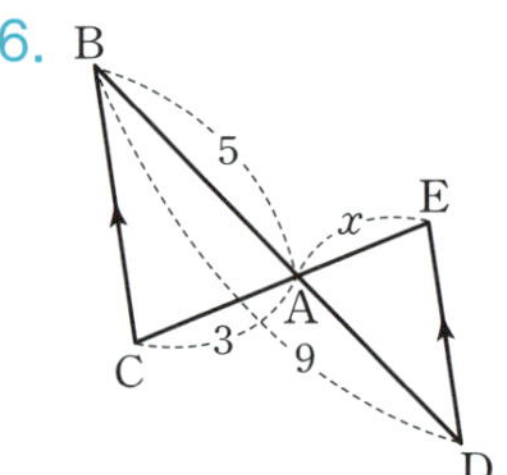

7.

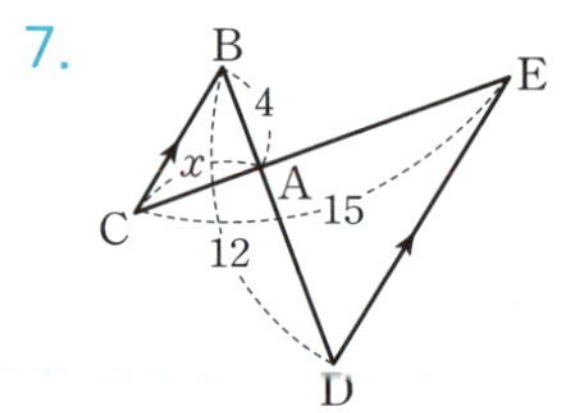

8.

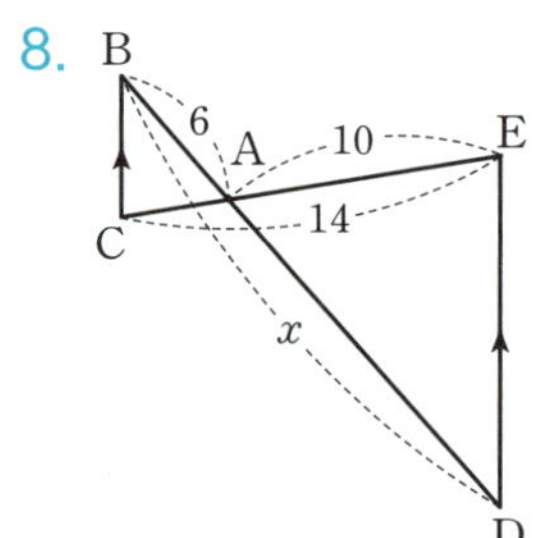

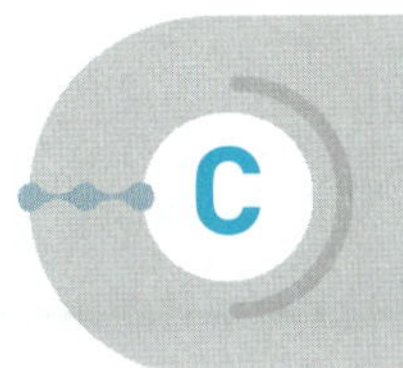

C 삼각형에서 평행선 사이의 선분의 길이의 비의 응용

오른쪽 그림에서 x, y의 값을 각각 구해 보자.

$4 : 16 = 3 : x$ $\therefore x = 12$

$12 : 16 = y : x = y : 12$ $\therefore y = 9$

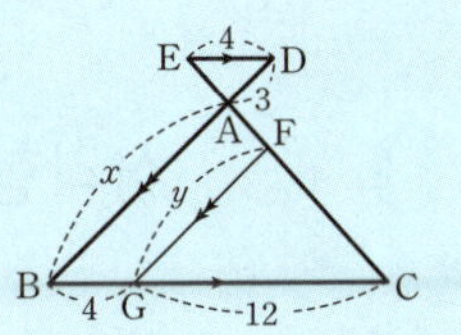

■ 다음 그림에서 $\overline{BC} /\!/ \overline{DE}$일 때, x의 값을 구하시오.

1.

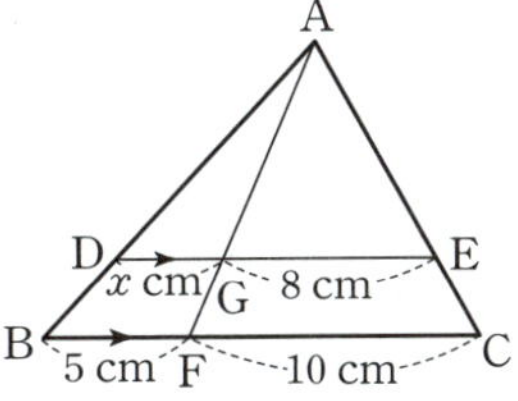

Help $x : 5 = 8 : 10$

2.

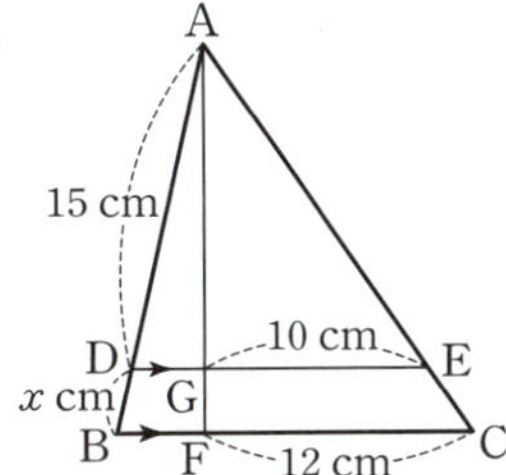

Help $15 : (15+x) = 10 : 12 = 5 : 6$

■ 다음 그림에서 $\overline{BC} /\!/ \overline{DE}$, $\overline{AC} /\!/ \overline{DF}$일 때, x의 값을 구하시오.

3.

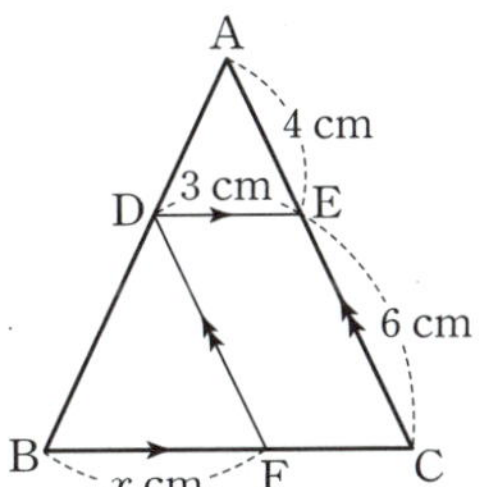

Help $4 : 10 = 3 : (x+3)$

4.

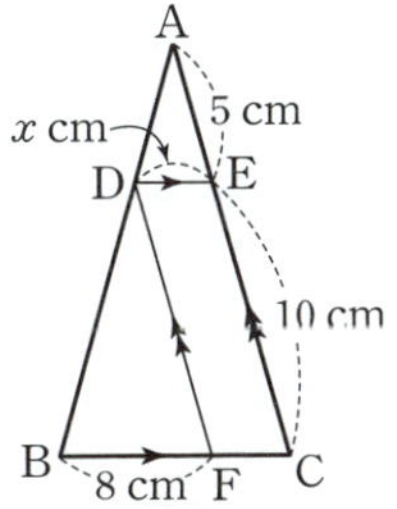

■ 다음 그림에서 $\overline{BC} /\!/ \overline{DE}$, $\overline{AB} /\!/ \overline{FG}$일 때, x, y의 값을 각각 구하시오.

앗! 실수

5.

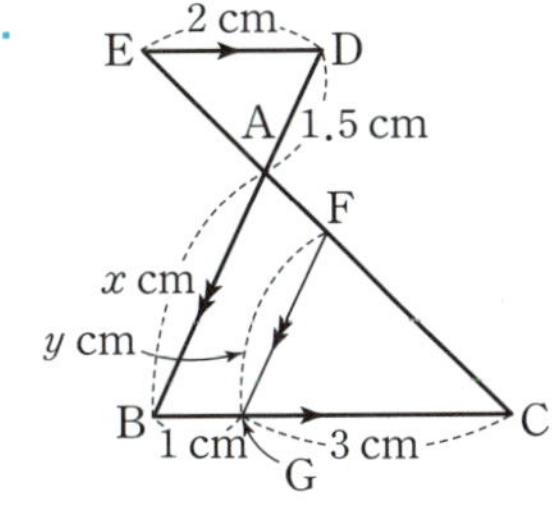

Help $2 : 4 = 1.5 : x$, $3 : 4 = y : x$

6.

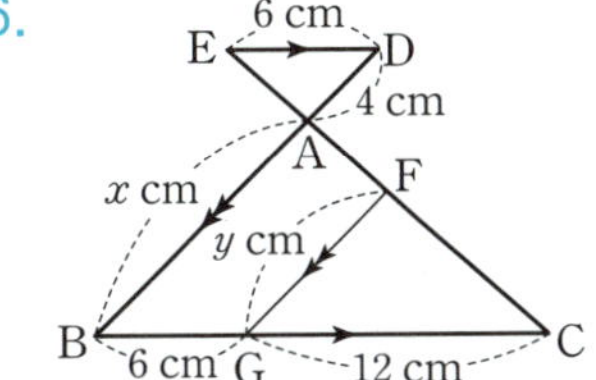

■ 다음 그림에서 $\overline{BC} /\!/ \overline{DE} /\!/ \overline{FG}$일 때, x, y의 값을 각각 구하시오.

7.

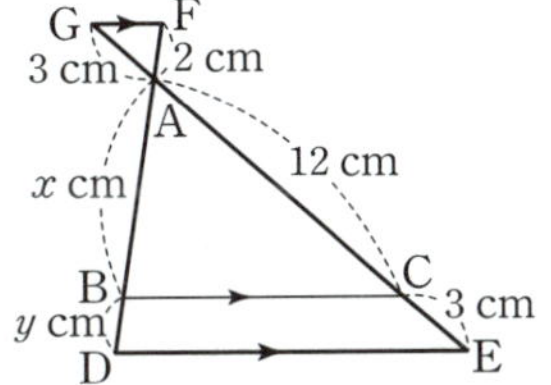

Help $3 : 12 = 2 : x$, $x : y = 12 : 3$

8.

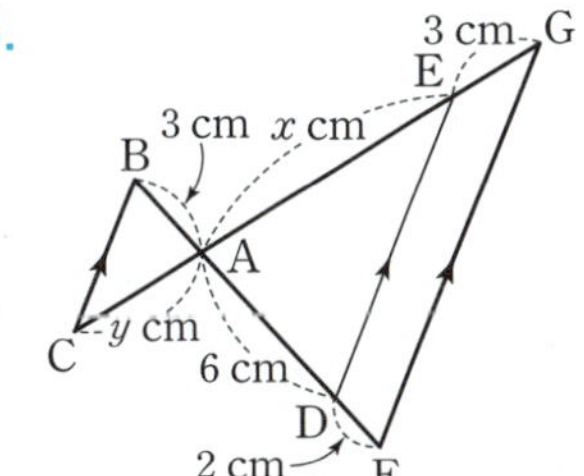

삼각형에서 평행선 찾기

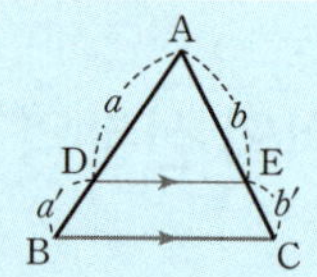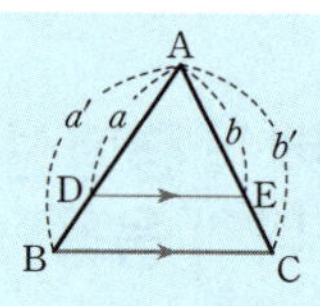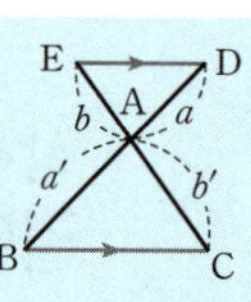

$$a : a' = b : b' \Rightarrow \overline{BC} /\!/ \overline{DE}$$

■ 다음 그림에서 $\overline{BC}$와 $\overline{DE}$가 평행하면 ○를, $\overline{BC}$와 $\overline{DE}$가 평행하지 <u>않으면</u> ×를 하시오.

1.

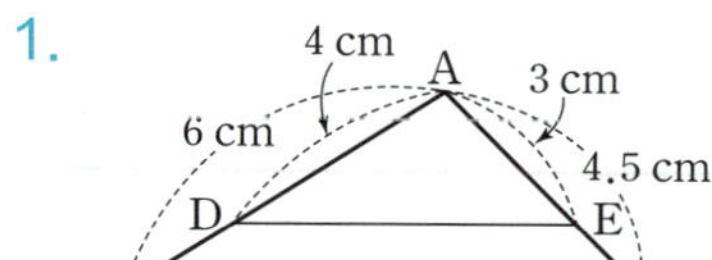

Help $4 : 6 = 2 : 3,\ 3 : 4.5 = 2 : 3$

____

2.

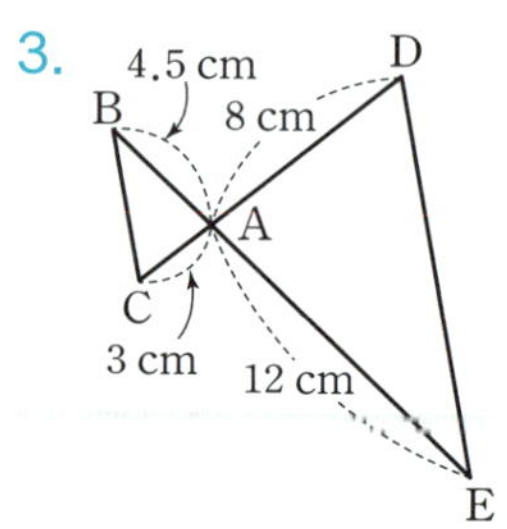

____

3.

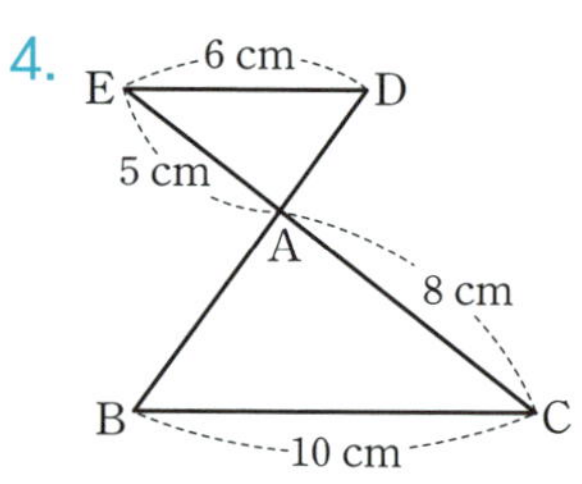

____

4.

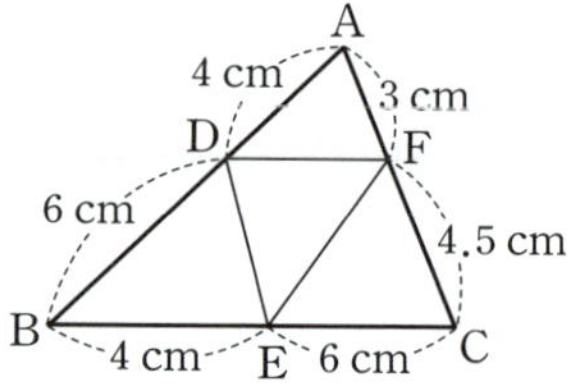

____

■ 다음 그림을 보고 옳은 것은 ○를, 옳지 <u>않은</u> 것은 ×를 하시오.

____

5. $\overline{AB} /\!/ \overline{FE}$

____

Help $\overline{CF} : \overline{FA} = 4.5 : 3 = 3 : 2$
$\overline{CE} : \overline{EB} = 6 : 4 = 3 : 2$

6. $\triangle ABC \backsim \triangle FEC$

____

7. $\overline{BC} /\!/ \overline{DF}$

____

8. $\triangle ABC \backsim \triangle DBE$

____

9. $\overline{AC} /\!/ \overline{DE}$

____

거저먹는 시험 문제

[1~6] 삼각형에서 평행선과 선분의 길이의 비

적중률 90%

1. 오른쪽 그림과 같은 △ABC에서 $\overline{DE}\,/\!/\,\overline{BC}$일 때, $x+y$의 값은?

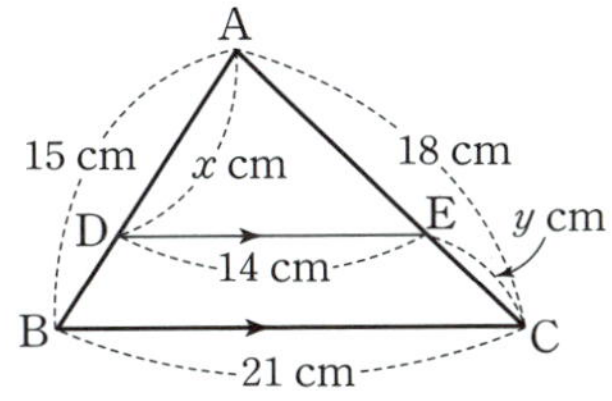

① 14   ② 16   ③ 17
④ 18   ⑤ 20

적중률 90%

2. 오른쪽 그림과 같은 △ABC에서 $\overline{BC}\,/\!/\,\overline{DE}$일 때, $y-x$의 값을 구하시오.

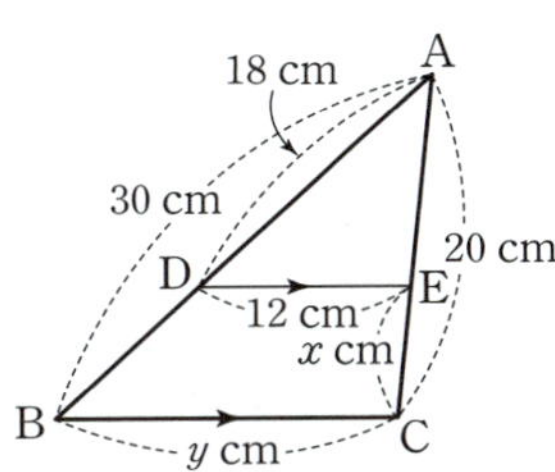

3. 오른쪽 그림과 같은 △ABC에서 두 점 D, E는 각각 $\overline{AB}$, $\overline{AC}$의 연장선 위의 점이고 $\overline{BC}\,/\!/\,\overline{DE}$일 때, △ABC의 둘레의 길이는?

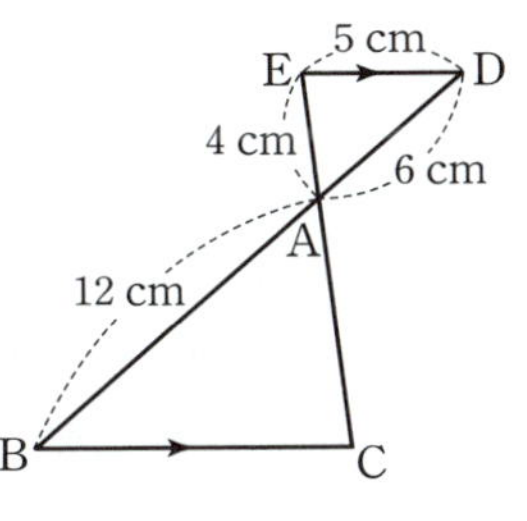

① 22 cm   ② 25 cm   ③ 30 cm
④ 36 cm   ⑤ 40 cm

적중률 90%

4. 오른쪽 그림과 같은 △ABC에서 $\overline{DE}\,/\!/\,\overline{BC}$일 때, x, y의 값을 각각 구하시오.

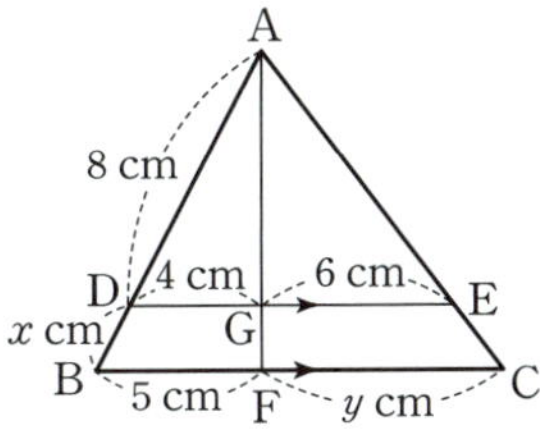

앗! 실수 적중률 80%

5. 오른쪽 그림과 같은 △ABC에서 $\overline{DE}\,/\!/\,\overline{BC}$, $\overline{FH}\,/\!/\,\overline{AC}$일 때, $\overline{GH}$의 길이를 구하시오.

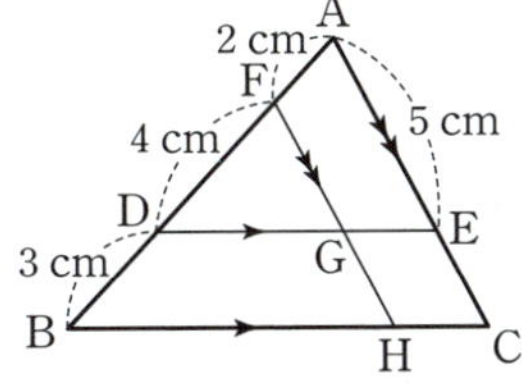

Help △DFG∽△DAE에서 $\overline{FG}$의 길이를 먼저 구한다.

6. 오른쪽 그림과 같은 △ABC에서 다음 중 옳지 <u>않은</u> 것은?

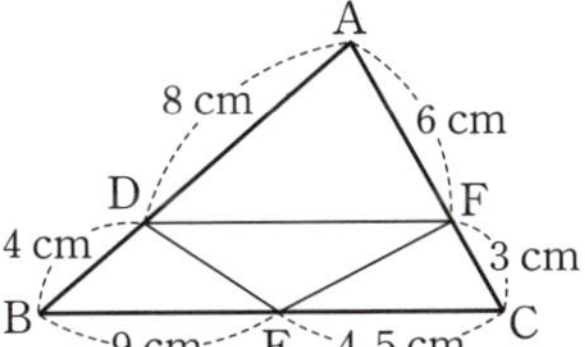

① △ABC∽△ADF
② $\overline{BC}\,/\!/\,\overline{DF}$
③ $\overline{AB}\,/\!/\,\overline{EF}$
④ $\overline{AC}\,/\!/\,\overline{DE}$
⑤ △ABC∽△FEC

 **15** # 삼각형의 내각과 외각의 이등분선

- **삼각형의 내각의 이등분선의 성질**

  $\triangle ABC$에서 $\angle A$의 이등분선이 $\overline{BC}$와 만나는 점을
  D라 하면
  $$\overline{AB} : \overline{AC} = \overline{BD} : \overline{CD}$$

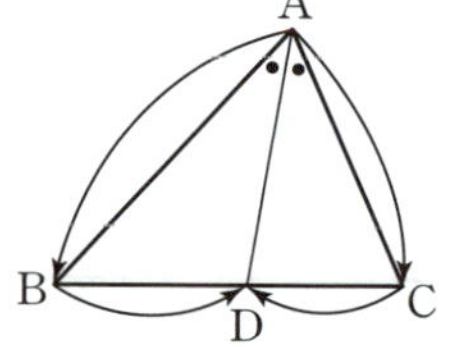

- **삼각형의 내각의 이등분선의 성질의 응용**

  $\triangle ABC$에서 $\angle BAD = \angle CAD$이면
  $$\triangle ABD : \triangle ADC = \overline{BD} : \overline{CD}$$
  $$= \overline{AB} : \overline{AC}$$
  $$= a : b$$

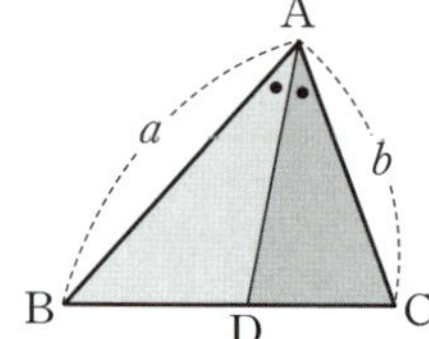

- **삼각형의 외각의 이등분선의 성질**

  $\triangle ABC$에서 $\angle A$의 외각의 이등분선이 $\overline{BC}$의 연장선과
  만나는 점을 D라 하면
  $$\overline{AB} : \overline{AC} = \overline{BD} : \overline{CD}$$

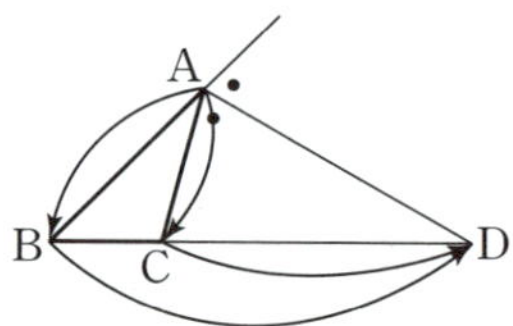

- **평행선 사이의 선분의 길이의 비**

  평행한 세 직선이 다른 두 직선과 만날 때,
  평행선 사이의 선분의 길이의 비는 같다.
  ⇨ 오른쪽 그림에서 $l /\!/ m /\!/ n$일 때,
  $$a : b = a' : b' \text{ 또는 } a : a' = b : b'$$

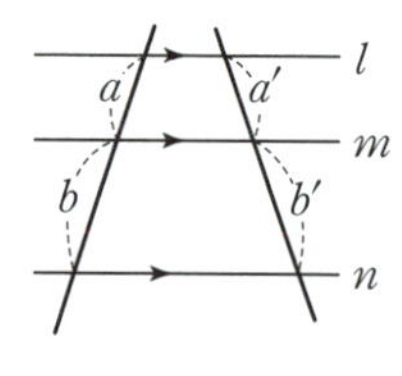
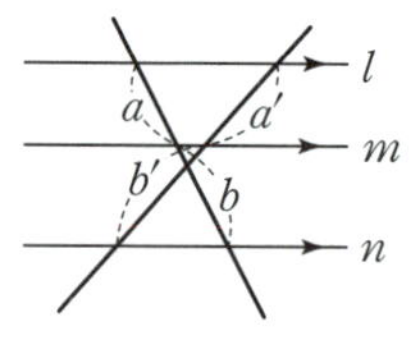

  이것은 오른쪽 그림과 같이 한 직선을
  평행이동하면 삼각형에서 평행선과 선
  분의 길이의 비를 이용할 수 있기 때문
  에 성립한다.

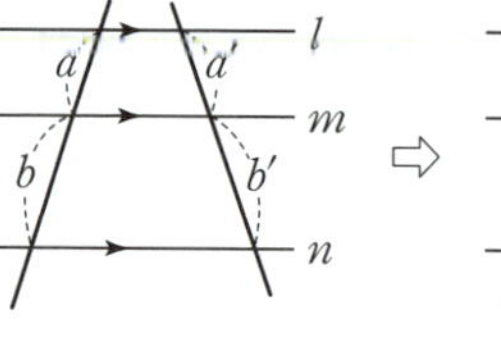
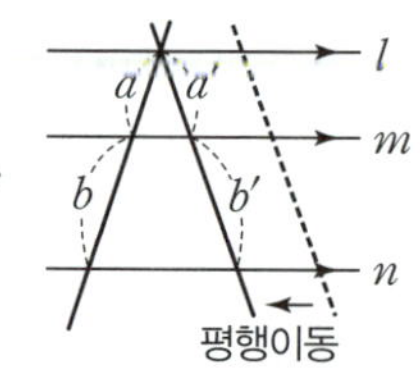

- 왼쪽의 공식들은 공식을 외우는 것보다 그림의 형태로 기억하는 것이 더 빨리 기억할 수 있어.
- 삼각형의 내각의 이등분선의 성질은 삼각형의 내심의 응용 문제에서 나올 때가 있으니 확실히 기억해야 해.

아래 그림에서 외각의 이등분선의 성
질을 알아 보자.

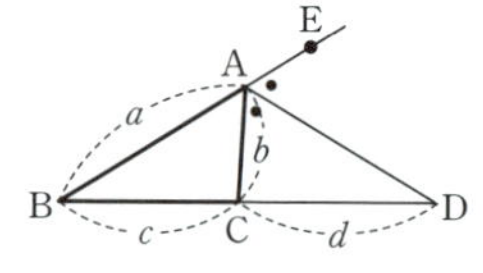

$\bullet \; a : b = c : d \; (\times)$

$\bullet \; a : b = (c+d) : d \; (\bigcirc)$

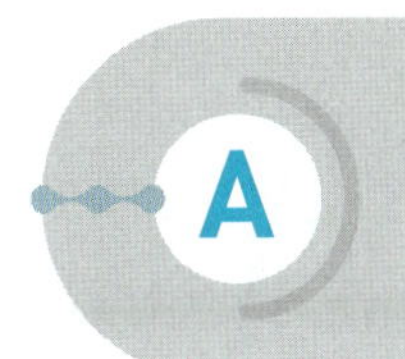

삼각형의 내각의 이등분선

$\triangle ABC$에서 $\angle BAD = \angle CAD$
$\Rightarrow a : b = c : d$

이 정도는 암기해야 해~ 암암!

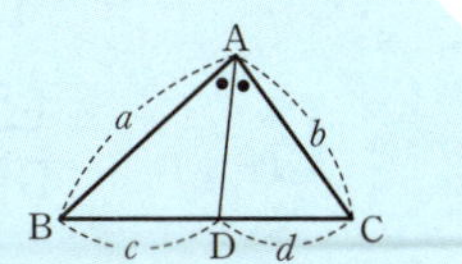

■ 다음 그림에서 x의 값을 구하시오.

1.

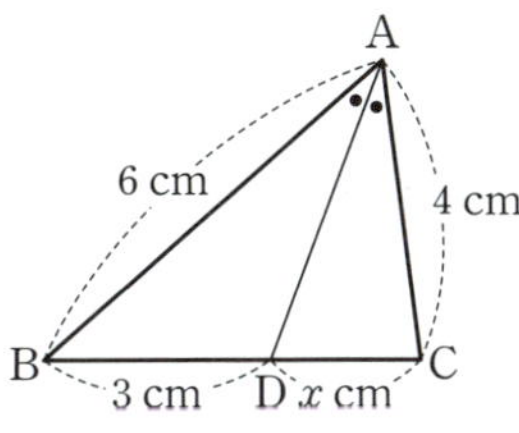

Help $6 : 4 = 3 : x$

2.

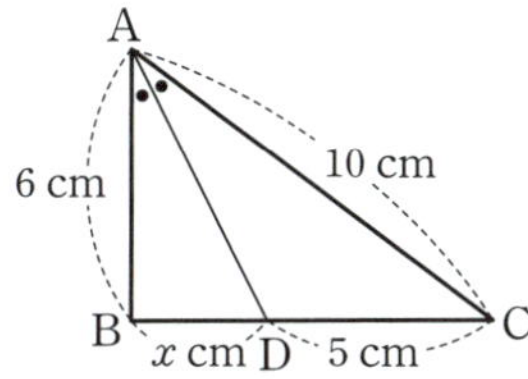

3.

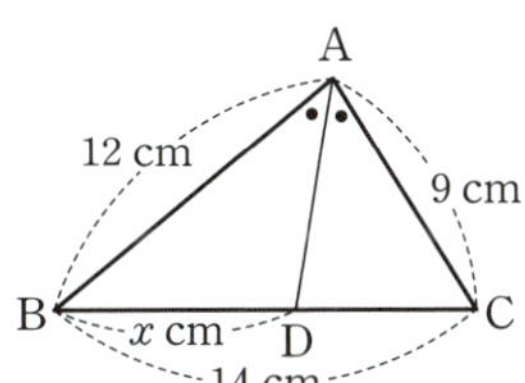

4.

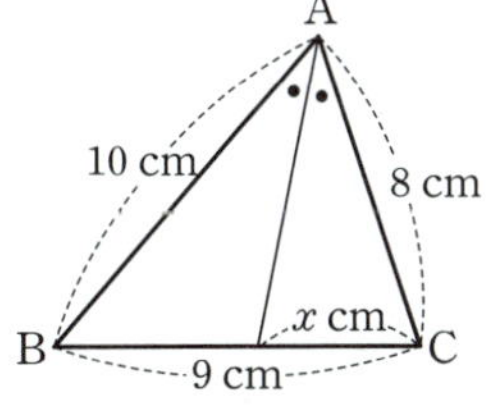

5.

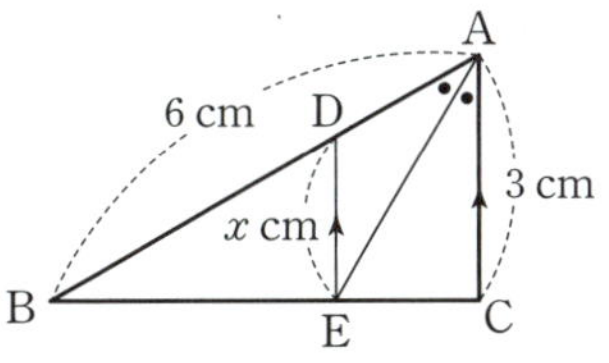

Help $6 : 3 = \overline{BE} : \overline{EC}, \ \overline{BE} : \overline{BC} = x : 3$

6.

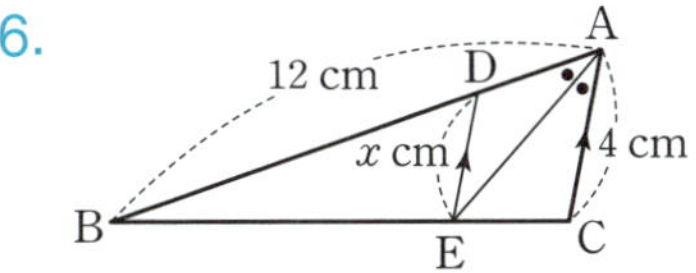

7.

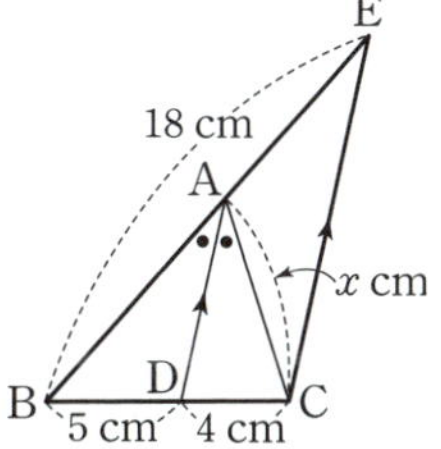

Help $\overline{AD} /\!/ \overline{EC}$이므로 $\overline{BA} : \overline{AE} = 5 : 4$

앗! 실수

8.

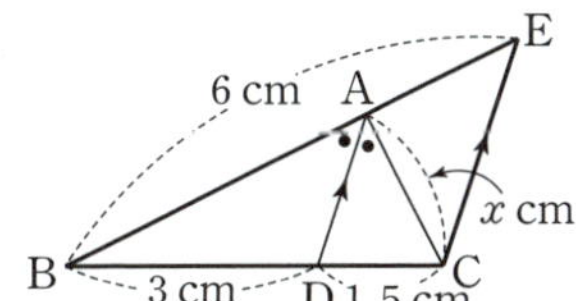

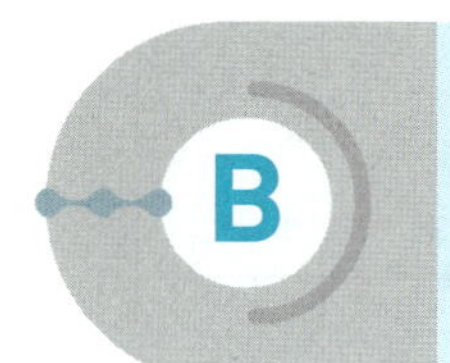

B 삼각형의 내각의 이등분선을
이용하여 넓이 구하기

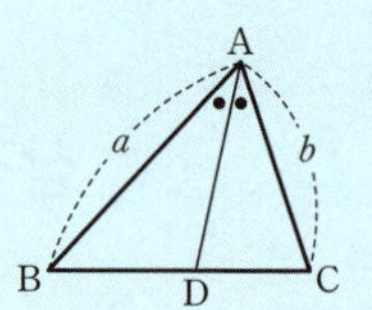

△ABC에서 ∠BAD=∠CAD이면
△ABD : △ADC=$\overline{BD}$: $\overline{CD}$ =$a:b$

잊지 말자. 꼬~옥!

■ 다음 ☐ 안에 알맞은 것을 써넣으시오.

1.

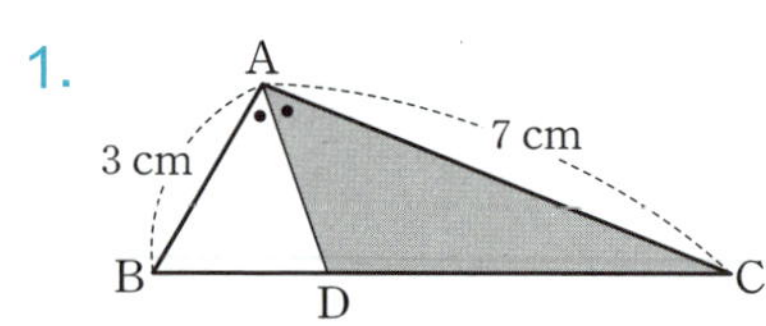

△ABC=20 cm²일 때, △ADC=☐

2.

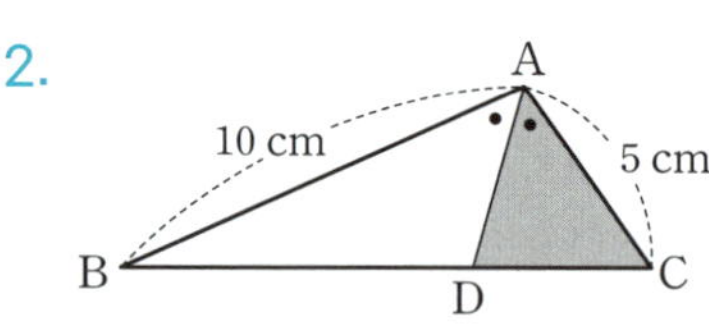

△ABC=18 cm²일 때, △ADC=☐

3.

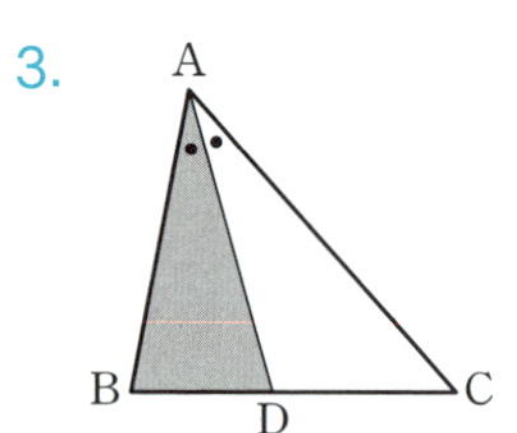

$\overline{AB}$: $\overline{AC}$=3 : 4, △ABC=28 cm²일 때,
△ABD=☐

4.

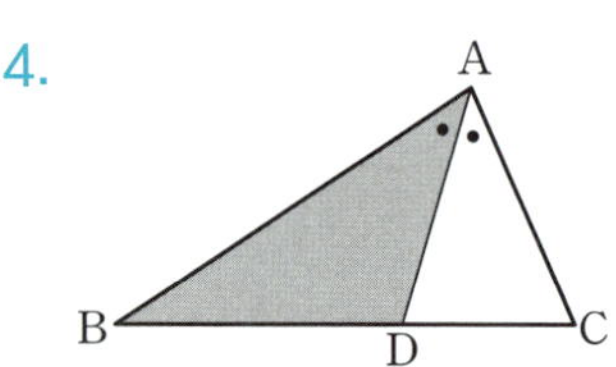

$\overline{AB}$: $\overline{AC}$=5 : 3, △ABC=40 cm²일 때,
△ABD=☐

5.

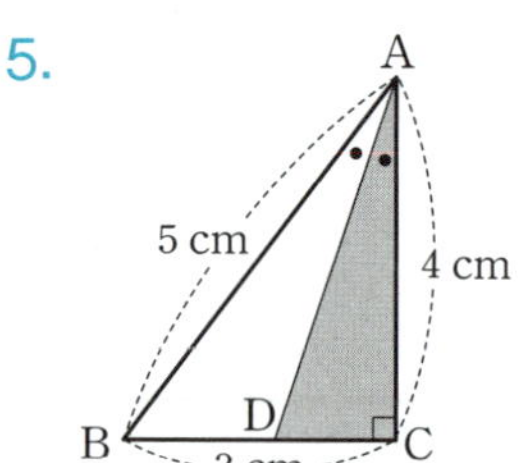

△ADC=☐

Help △ABC의 넓이를 먼저 구한다.

6.

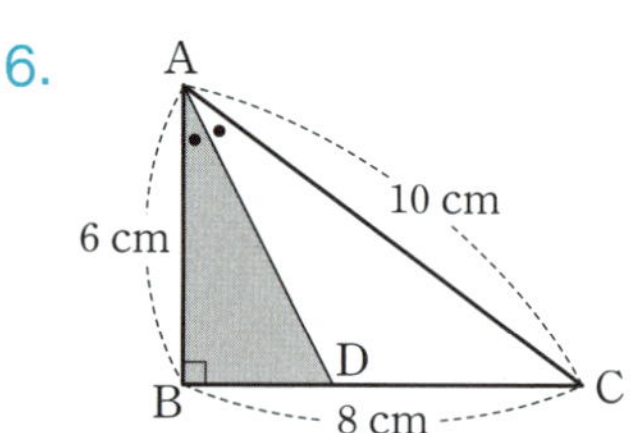

△ABD=☐

7.

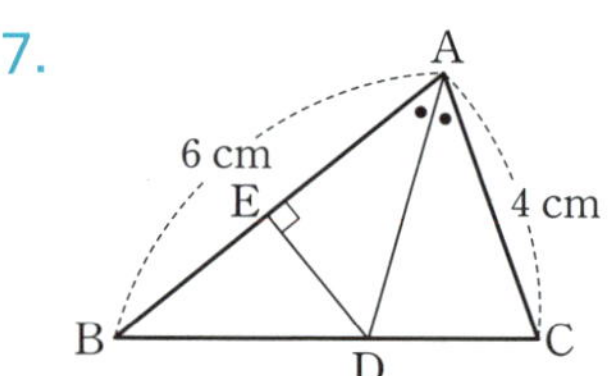

△ABC=15 cm²일 때, $\overline{DE}$=☐

Help △ABD : △ADC=6 : 4=3 : 2

8.

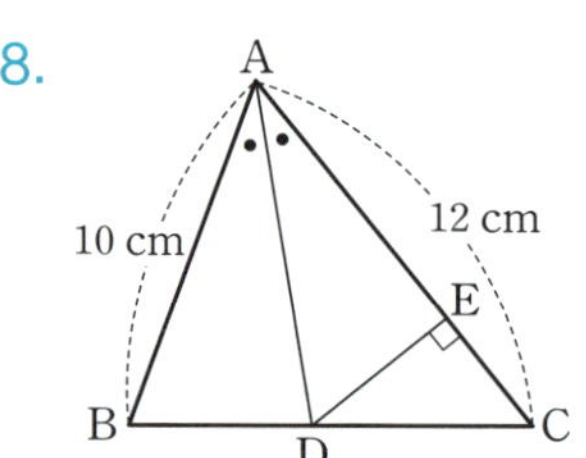

△ABC=44 cm²일 때, $\overline{DE}$=☐

삼각형의 외각의 이등분선

$\triangle$ABC에서 $\angle$CAD$=\angle$EAD
$\Rightarrow a:b=c:d$

이 정도는 암기해야 해~ 암암!

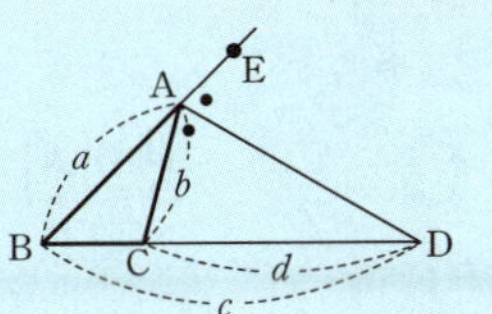

■ 다음 그림에서 x의 값을 구하시오.

1.

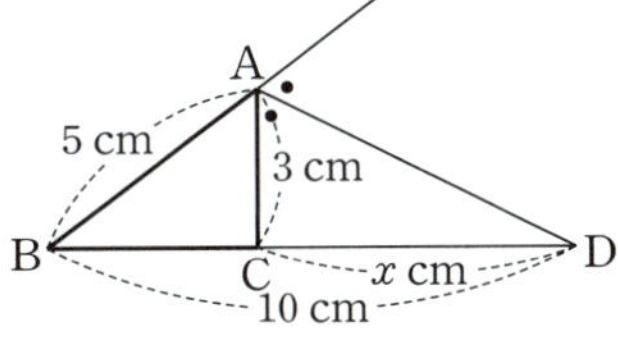

Help $5:3=10:x$

2.

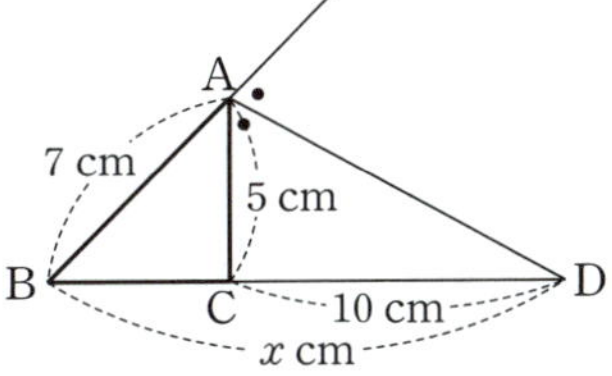

3.

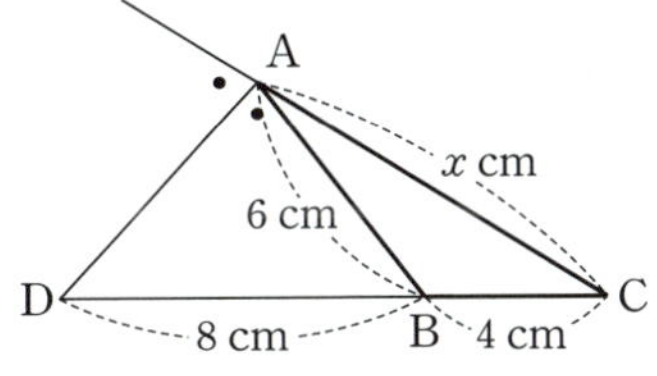

Help $x:6=(8+4):8$

4.

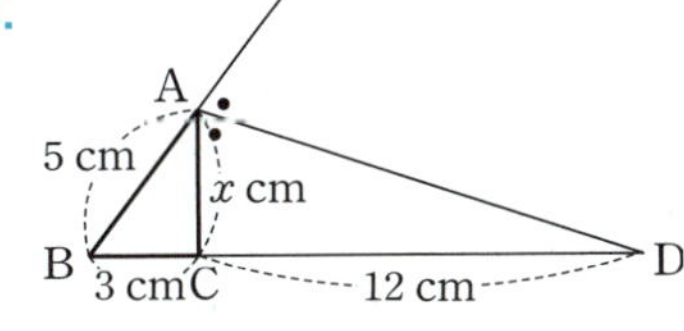

5.

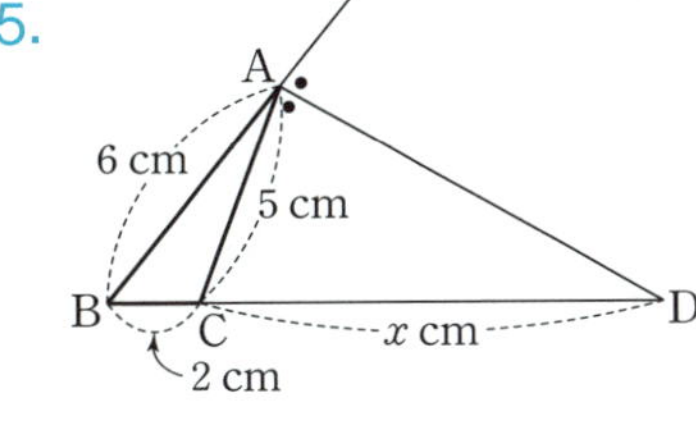

앗! 실수

6.

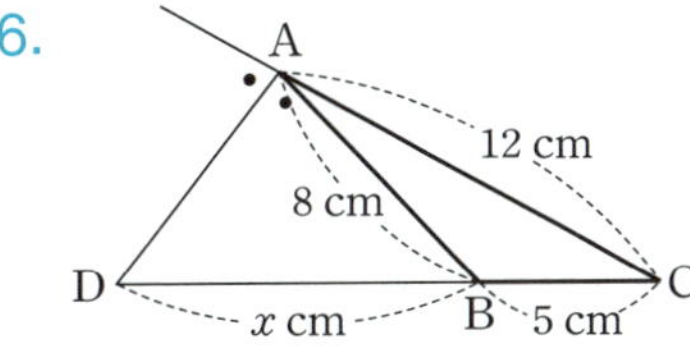

앗! 실수

7.

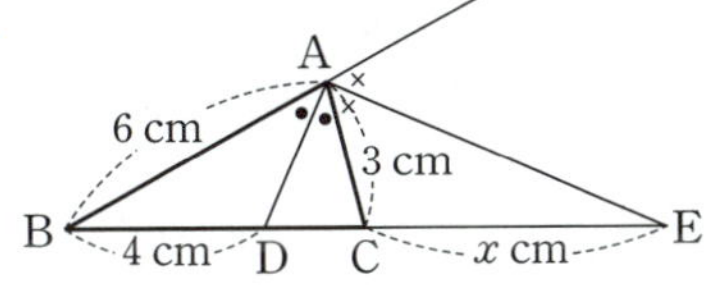

Help $6:3=4:\overline{\text{DC}}$, $6:3=\overline{\text{BE}}:x$

8.

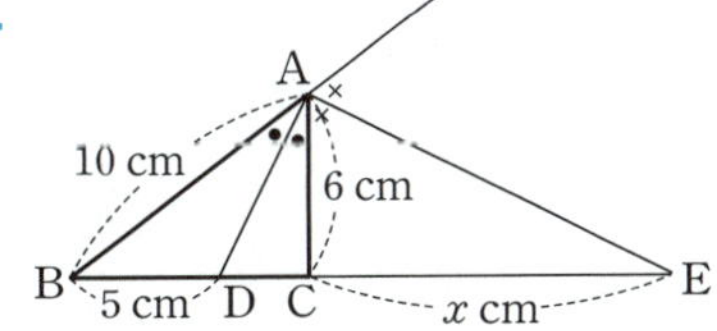

평행선 사이의 선분의 길이의 비

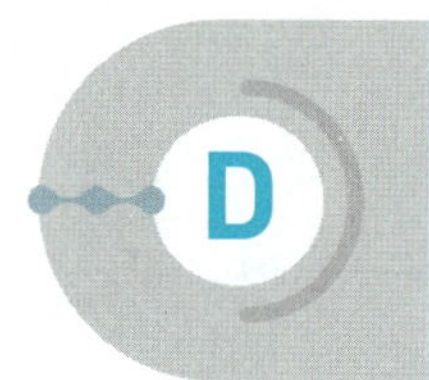

평행한 세 직선이 다른 두 직선과 만나서 생기는 선분의 길이의 비는 같아.

$\Rightarrow l /\!/ m /\!/ n$이면 $a : b = a' : b'$

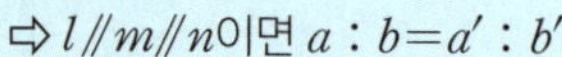
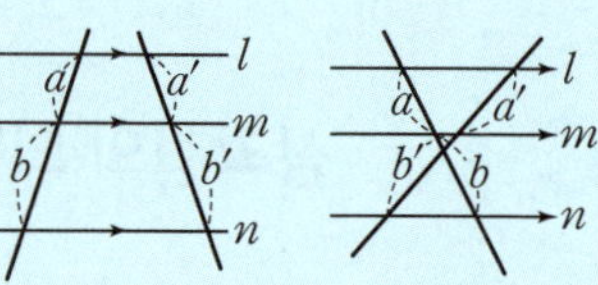

■ 다음 그림에서 $l /\!/ m /\!/ n$일 때, x의 값을 구하시오.

1.

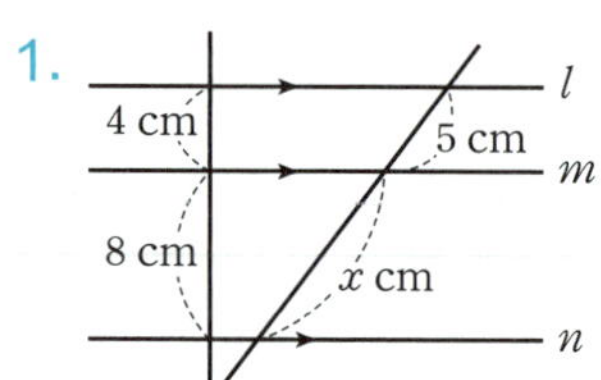

2.

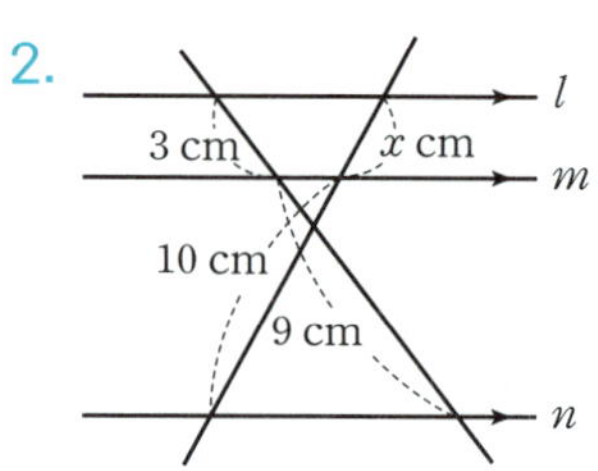

3.

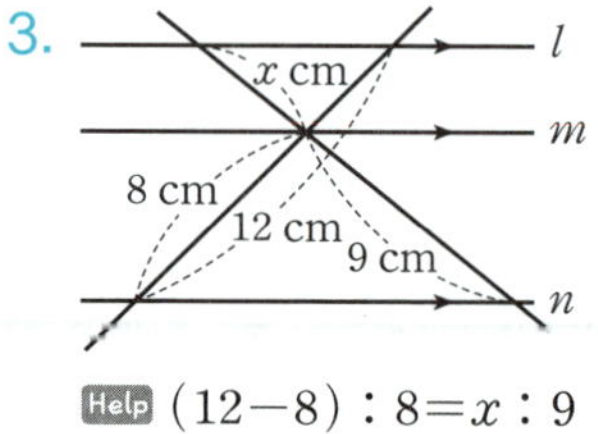

Help $(12-8) : 8 = x : 9$

4.

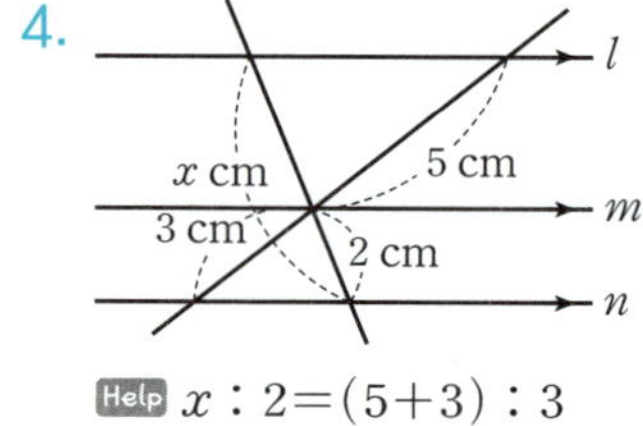

Help $x : 2 = (5+3) : 3$

5.

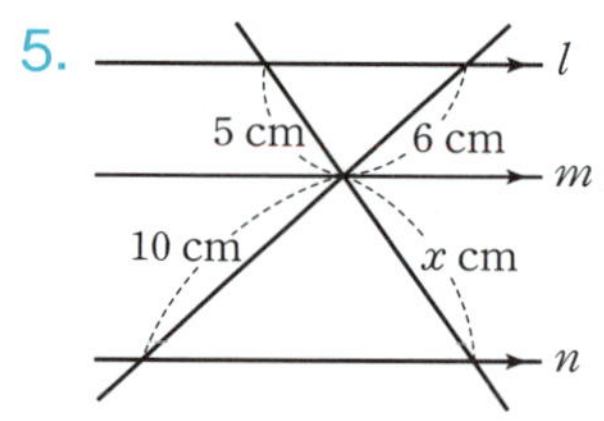

6.

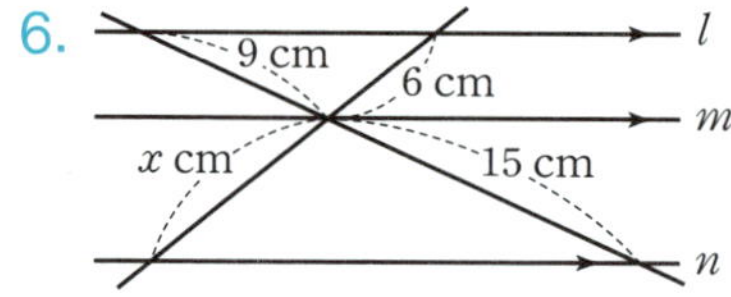

■ 다음 그림에서 $l /\!/ m /\!/ n$일 때, x, y의 값을 각각 구하시오.

7.

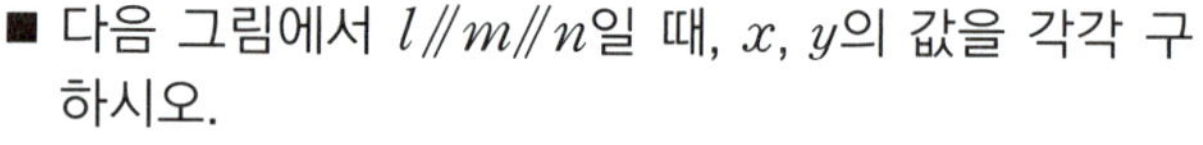
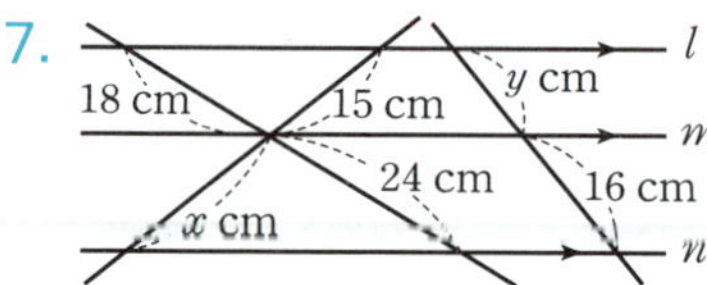

8.

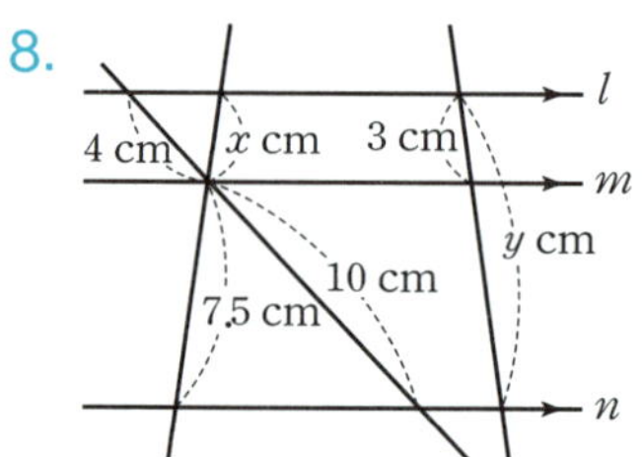

[1~3] 삼각형의 내각의 이등분선

적중률 90%

1. 오른쪽 그림과 같은 △ABC에서 $\overline{AD}$는 ∠A의 이등분선이다. $\overline{AB}=10$ cm, $\overline{BC}=10$ cm, $\overline{CA}=15$ cm일 때, $\overline{CD}$의 길이는?

① 6 cm ② 7 cm ③ 7.5 cm
④ 8 cm ⑤ 8.5 cm

2. 오른쪽 그림에서 ∠BAD=∠CAD이고 $\overline{AD}/\!/\overline{CE}$일 때, 다음 중 옳지 않은 것은?

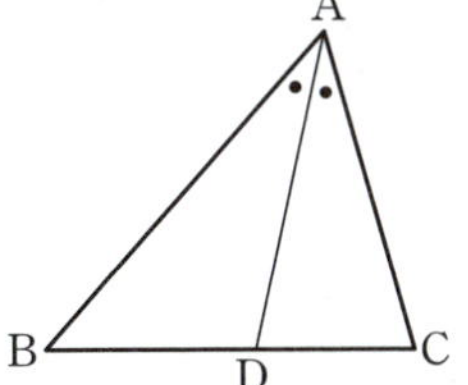

① ∠AEC=∠BAD
② ∠ACE=∠DAC
③ $\overline{DC}=4$ cm
④ $\overline{AC}=6$ cm
⑤ $\overline{AB}:\overline{AC}=2:3$

적중률 80%

3. 오른쪽 그림과 같은 △ABC에서 ∠BAD=∠CAD이고 △ABD=28 cm², △ADC=21 cm²일 때, $\overline{AB}:\overline{AC}$를 가장 간단한 자연수의 비로 나타내시오.

[4~5] 삼각형의 외각의 이등분선

적중률 90%

4. 오른쪽 그림과 같은 △ABC에서 $\overline{AD}$가 ∠A의 외각의 이등분선일 때, $\overline{AB}$의 길이는?

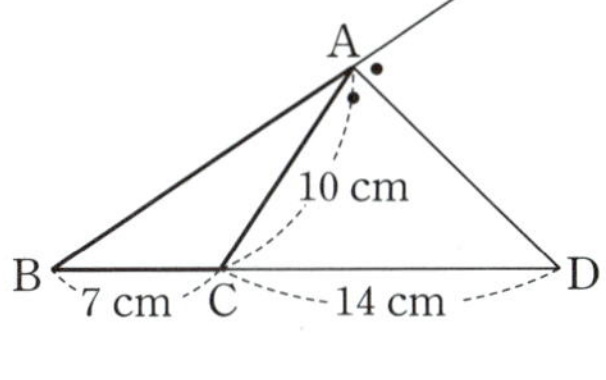

① 14 cm ② 15 cm ③ 17 cm
④ 18 cm ⑤ 20 cm

5. 다음 그림의 △ABC에서 $\overline{AD}$가 ∠A의 외각의 이등분선이다. △ADB=30 cm²일 때, △ABC의 넓이를 구하시오.

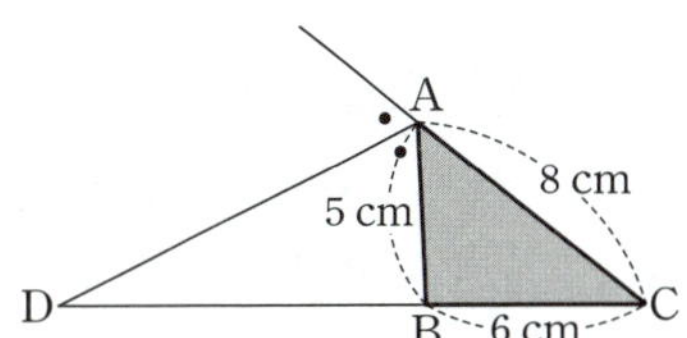

Help $\overline{AC}:\overline{AB}=\overline{CD}:\overline{BD}=8:5$
∴ $\overline{DB}:\overline{BC}=5:3$

[6] 평행선 사이의 선분의 길이의 비

적중률 90%

6. 오른쪽 그림에서 $l/\!/m/\!/n/\!/o$일 때, $x+y$의 값을 구하시오.

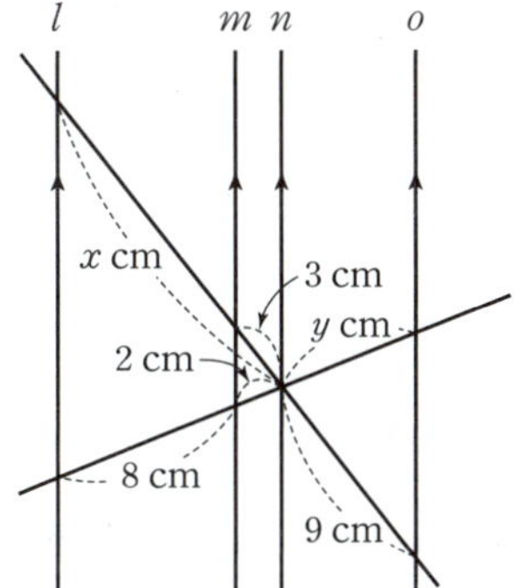

16 사다리꼴에서 평행선 사이의 선분의 길이의 비

● 사다리꼴에서 평행선 사이의 선분의 길이의 비

$\overline{AD} /\!/ \overline{BC}$인 사다리꼴 ABCD에서 $\overline{EF} /\!/ \overline{BC}$일 때, $\overline{EF}$의 길이를 구해 보자.

① **방법** 1: 평행선 긋기

$\overline{GF} = \overline{AD} = \overline{HC} = a$

△ABH에서

$\overline{EG} : \overline{BH} = m : (m+n)$

$\Rightarrow \overline{EF} = \overline{EG} + \overline{GF}$

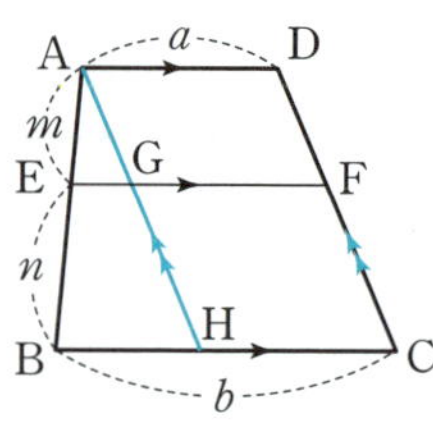

② **방법** 2: 대각선 긋기

△ABC에서

$\overline{EG} : \overline{BC} = m : (m+n)$

△CDA에서

$\overline{GF} : \overline{AD} = n : (n+m)$

$\Rightarrow \overline{EF} = \overline{EG} + \overline{GF}$

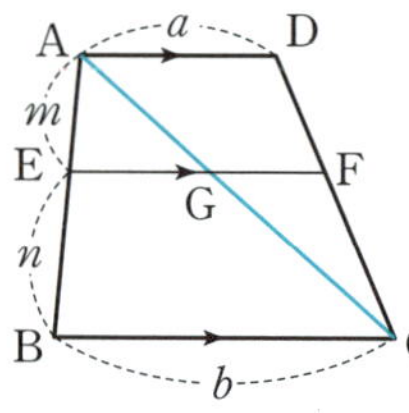

● 평행선 사이의 선분의 길이의 비의 응용

$\overline{AB} /\!/ \overline{EF} /\!/ \overline{DC}$이고 △ABE와 △CDE의 닮음비가 $a : b$일 때, $\overline{EF}$의 길이를 구해 보자.

① **방법** 1

△BCD에서 $\overline{BE} : \overline{BD} = \overline{EF} : \overline{DC}$

$a : (a+b) = \overline{EF} : b$

$\therefore \overline{EF} = \dfrac{ab}{a+b}$

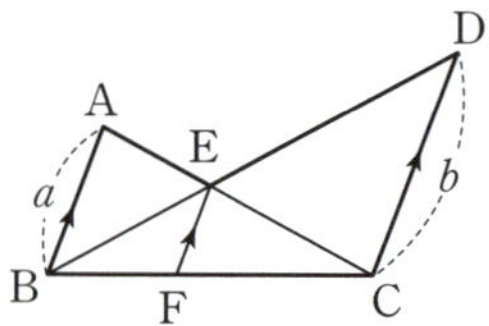

② **방법** 2

△CAB에서 $\overline{CE} : \overline{CA} = \overline{EF} : \overline{AB}$

$b : (b+a) = \overline{EF} : a$

$\therefore \overline{EF} = \dfrac{ab}{a+b}$

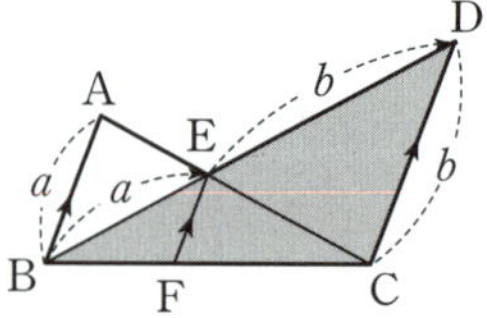

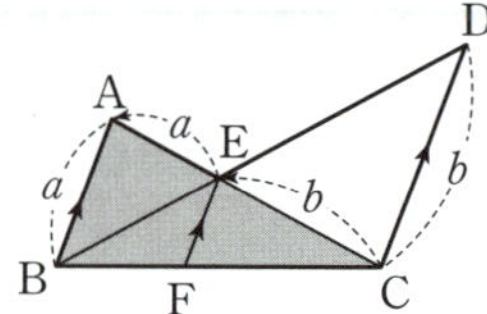

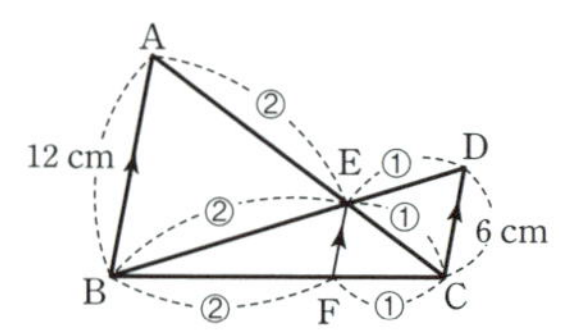

A 사다리꼴에서 평행선 사이의 선분의 길이의 비 1

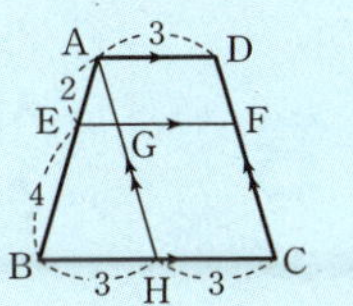

오른쪽 그림에서 $\overline{EF}$의 길이를 구해 보자.
$\triangle ABH$에서 $2:6=\overline{EG}:3$이므로 $\overline{EG}=1$
$\therefore \overline{EF}=\overline{EG}+\overline{GF}=1+3=4$

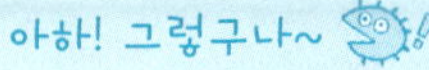
아하! 그렇구나~

■ 다음 그림에서 x의 값을 구하시오.

1.

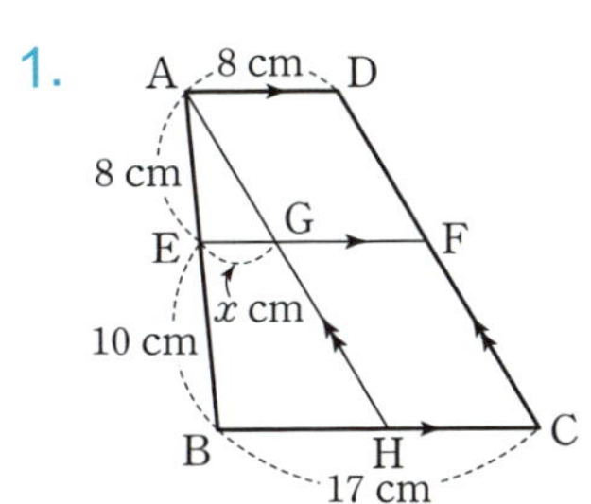

2.

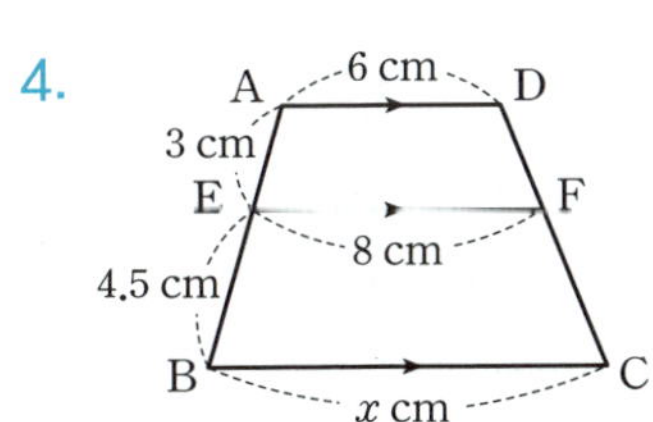

3.

점 A를 지나고 $\overline{DC}$에 평행한 보조선을 그어 삼각형의 닮음을 이용한다.

4.

5.

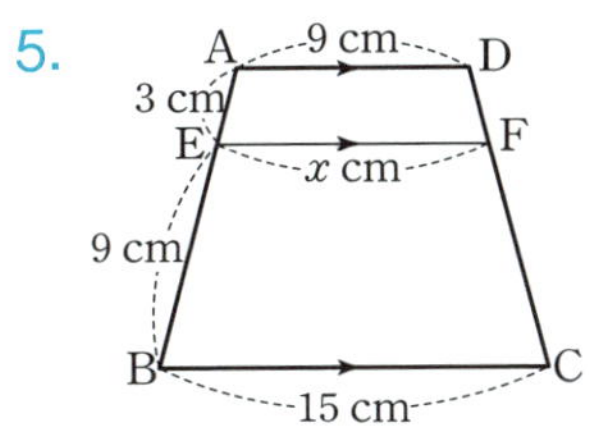

6.

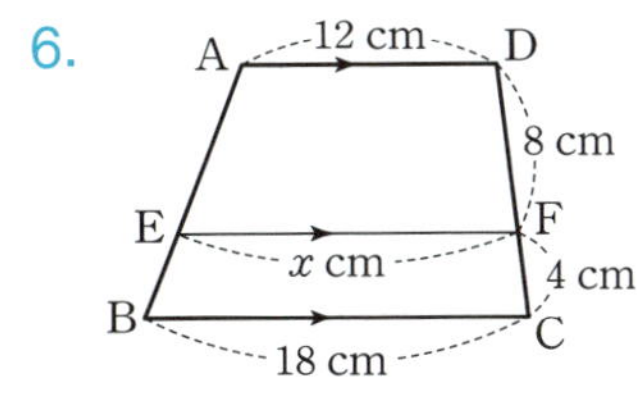

7.

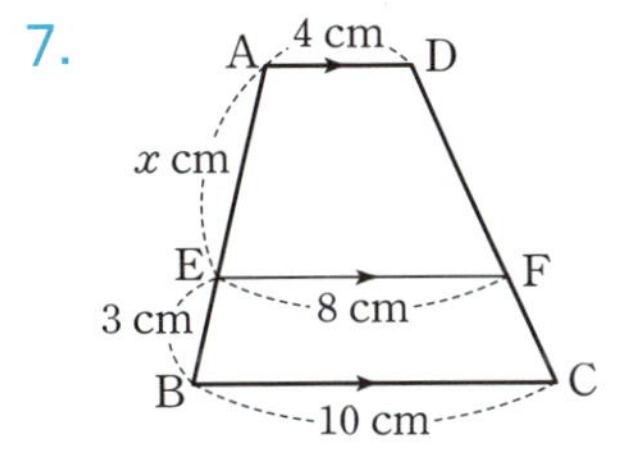

8.

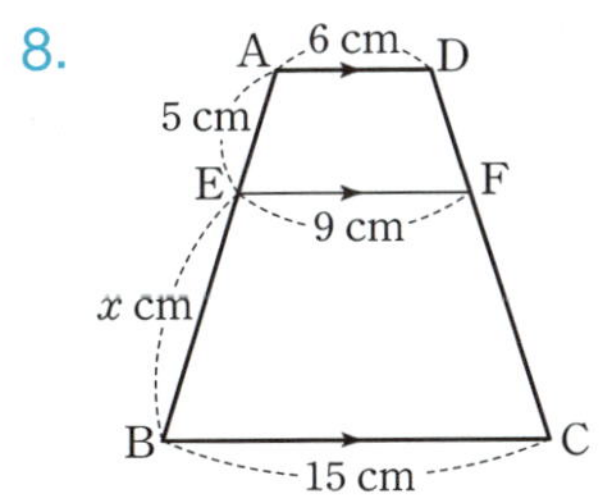

사다리꼴에서 평행선 사이의 선분의 길이의 비 2

오른쪽 그림에서 $\overline{EF}$의 길이를 구해 보자.
$\triangle ABC$에서 $4:6=\overline{EG}:6$ $\quad\therefore \overline{EG}=4$
$\triangle CDA$에서 $2:6=\overline{GF}:3$ $\quad\therefore \overline{GF}=1$
$\therefore \overline{EF}=\overline{EG}+\overline{GF}=4+1=5$

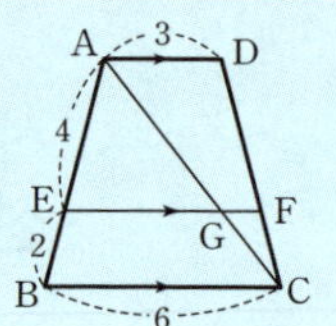

■ 다음 그림에서 x의 값을 구하시오.

1.

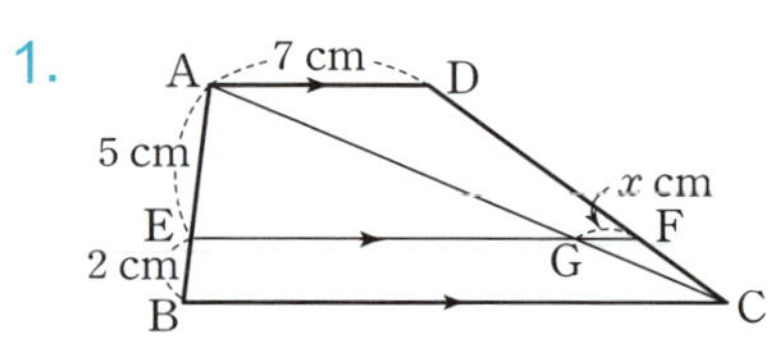

Help $\triangle CDA$에서 $\overline{CG}:\overline{CA}=2:7$

2.

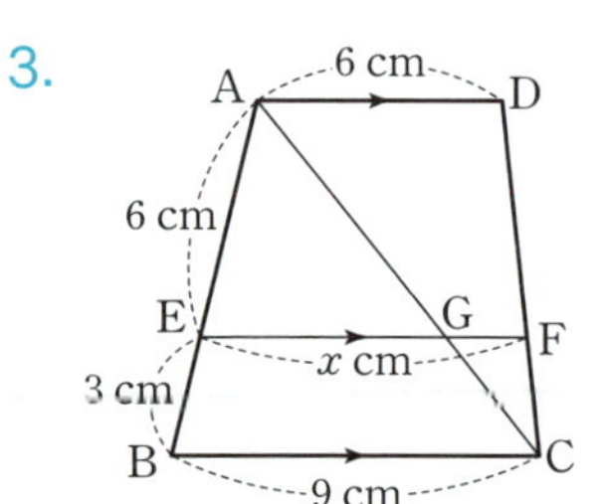

3.

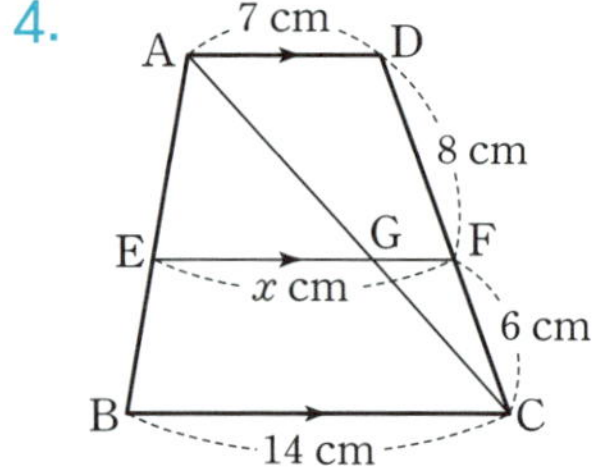

4.

■ 다음 그림에서 x, y의 값을 각각 구하시오.

5.

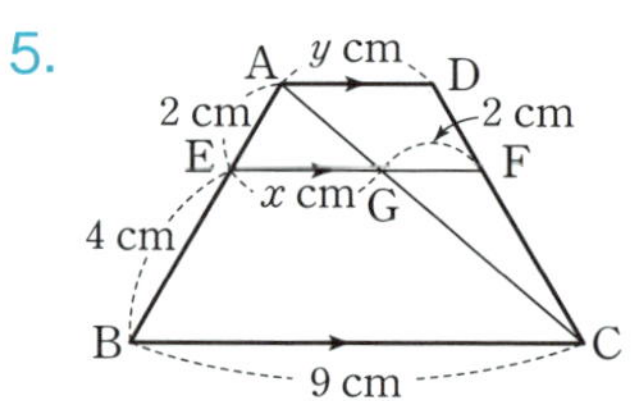

Help $\triangle ABC$에서 $\overline{EG}$의 길이를 구하고 $\triangle CDA$에서 $\overline{AD}$의 길이를 구한다.

6.

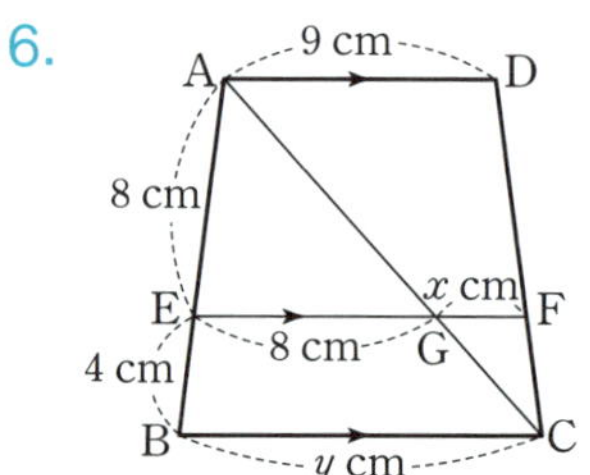

앗! 실수

7.

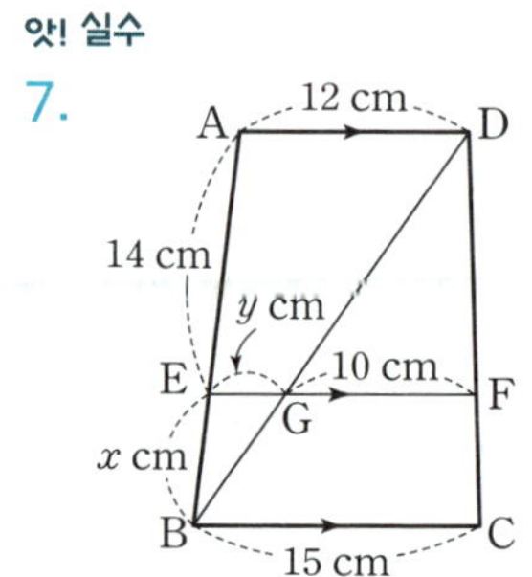

8.

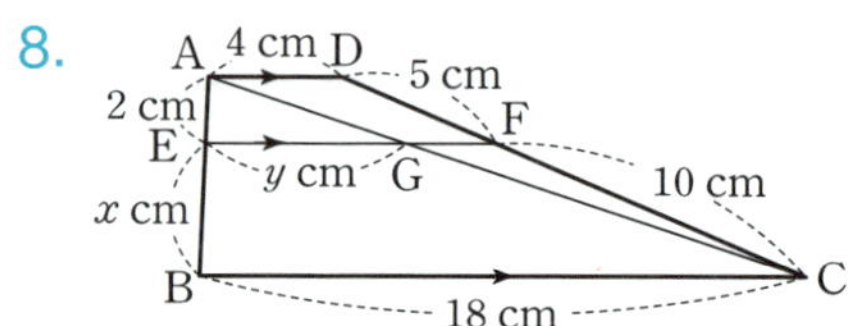

사다리꼴에서 평행선 사이의 선분의 길이의 비의 응용

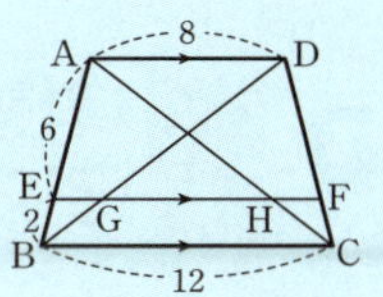

오른쪽 그림에서 $\overline{GH}$의 길이를 구해 보자.

△ABC에서 $6:8=\overline{EH}:12$ ∴ $\overline{EH}=9$

△BDA에서 $2:8=\overline{EG}:8$ ∴ $\overline{EG}=2$

∴ $\overline{GH}=\overline{EH}-\overline{EG}=9-2=7$

■ 다음 그림에서 x의 값을 구하시오.

1.

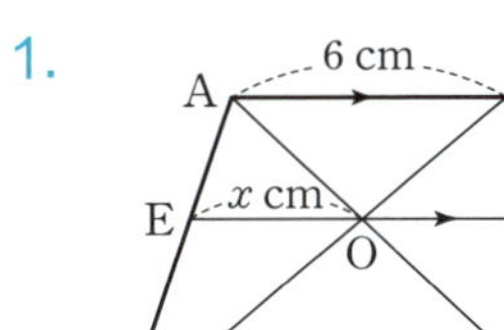

Help $\overline{AO}:\overline{OC}=6:10=3:5$

2.

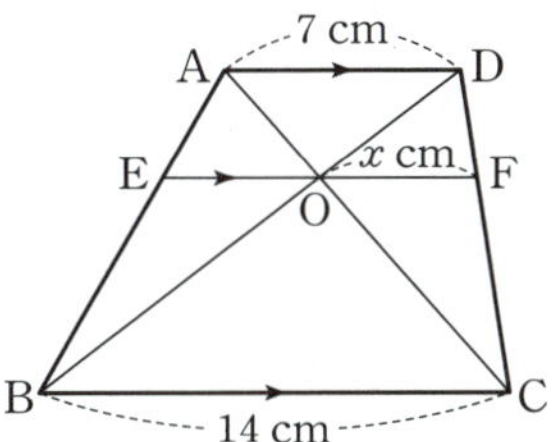

앗! 실수

3.

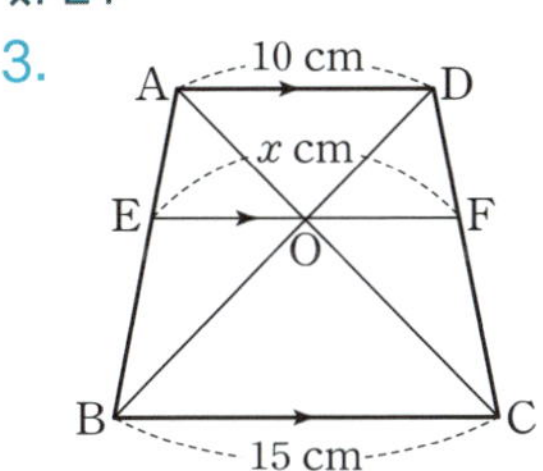

4.

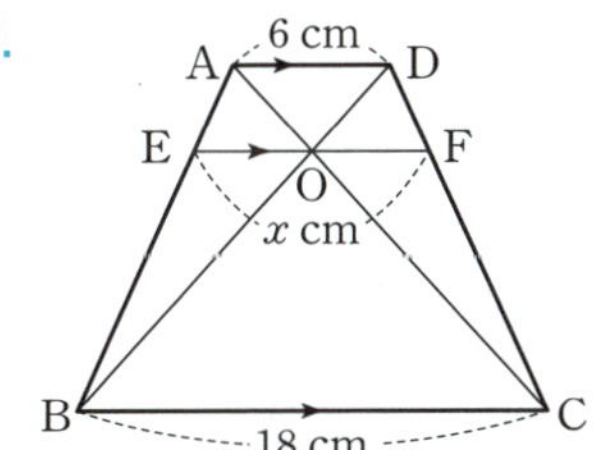

앗! 실수

5.

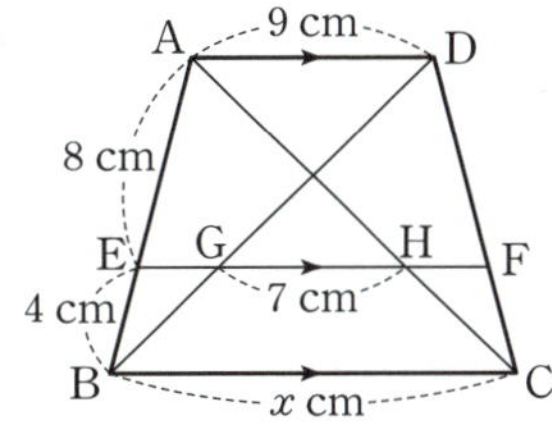

Help △BDA에서 $\overline{EG}$의 길이를 구한 후 △ABC에서 x의 값을 구한다.

6.

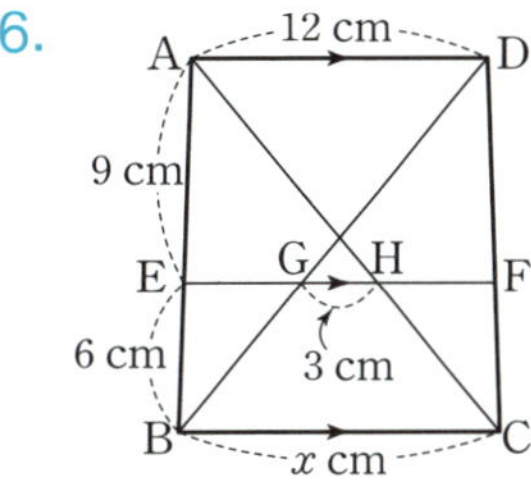

7.

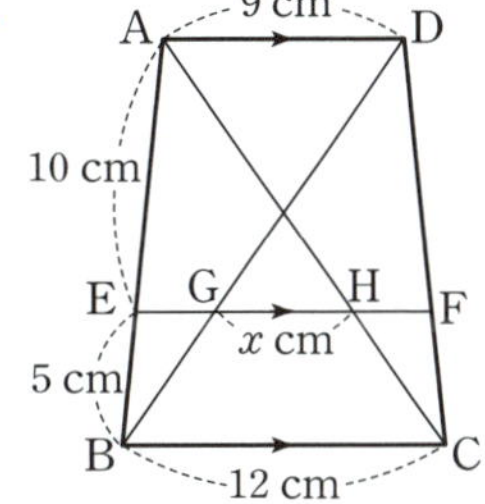

8.

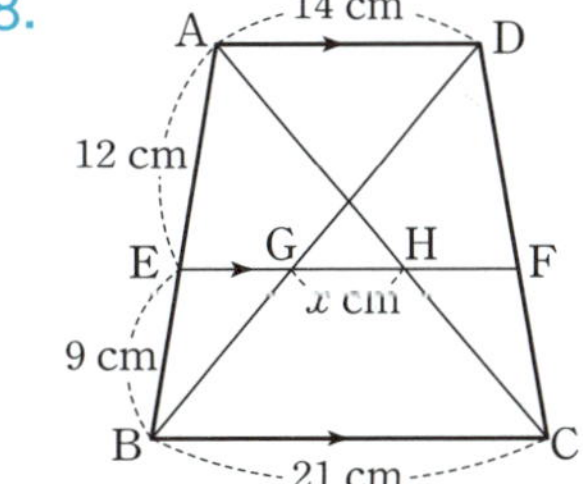

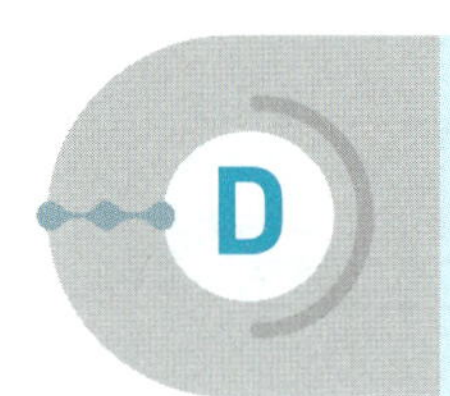

평행선 사이의 선분의 길이의 비의 응용

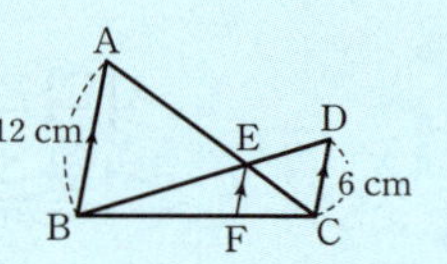

■ 다음 그림에서 닮음비를 가장 간단한 자연수의 비로 나타내시오.

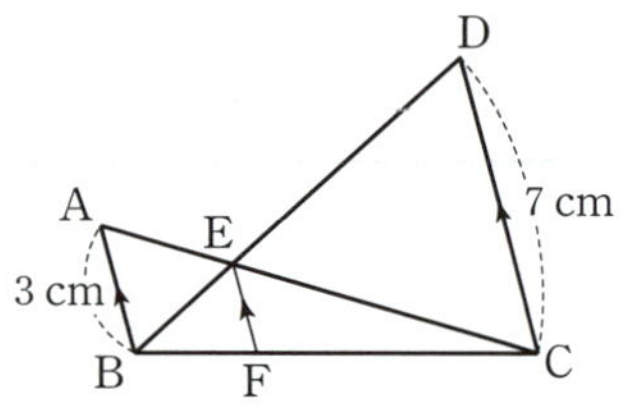

1. $\overline{BE} : \overline{DE}$

2. $\overline{CA} : \overline{CE}$

3. $\overline{BF} : \overline{BC}$

■ 다음 그림에서 x의 값을 구하시오.

앗! 실수

4.
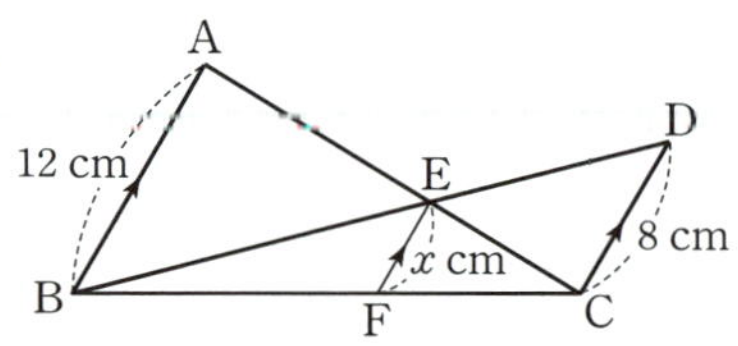

Help $\overline{CE} : \overline{EA} = 8 : 12 = 2 : 3$

5.
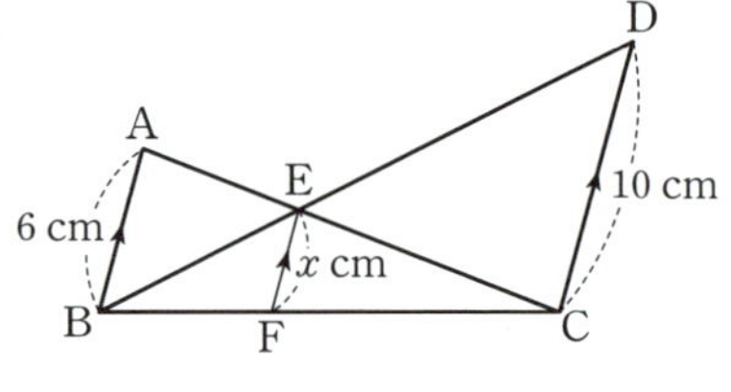

앗! 실수

6.
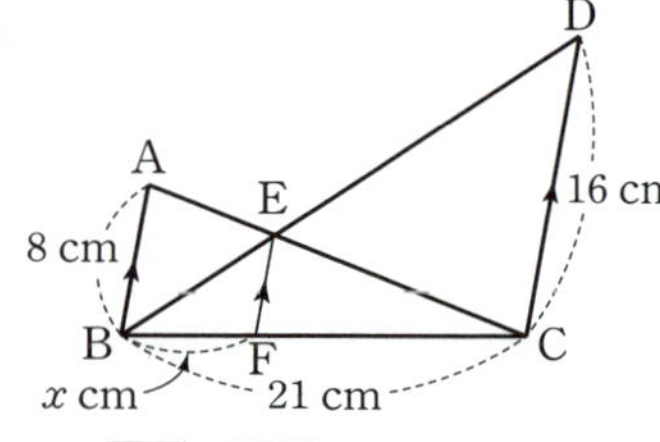

Help $\overline{BE} : \overline{DE} = 8 : 16 = 1 : 2$
$\overline{BE} : \overline{BD} = x : 21$

7.
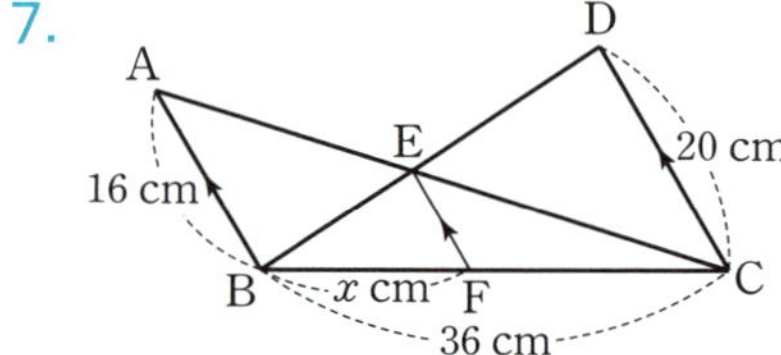

8.
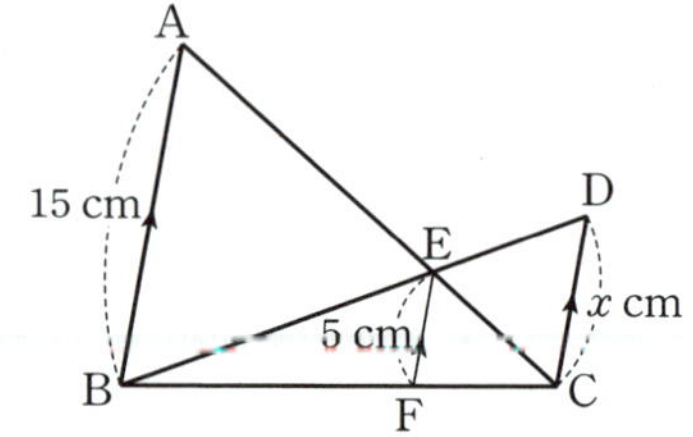

Help $\overline{CF} : \overline{CB} = 5 : 15 = 1 : 3$
$\overline{BF} : \overline{BC} = 2 : 3$

9.
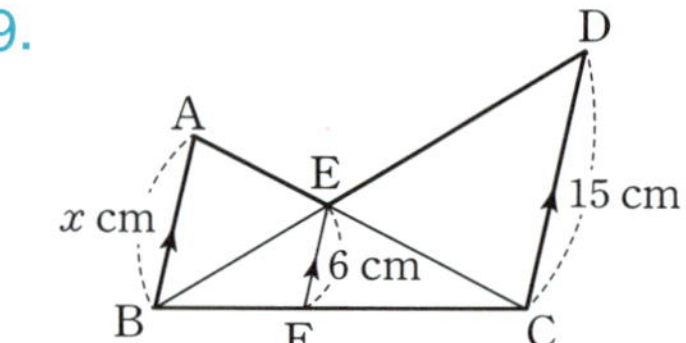

[1~3] 사다리꼴에서 평행선 사이의 선분의 길이의 비

적중률 90%

1. 오른쪽 그림과 같은 사다리꼴 ABCD에서 $\overline{AD}/\!/\overline{EF}/\!/\overline{BC}$이고 $\overline{AH}/\!/\overline{DC}$일 때, x, y의 값을 각각 구하시오.

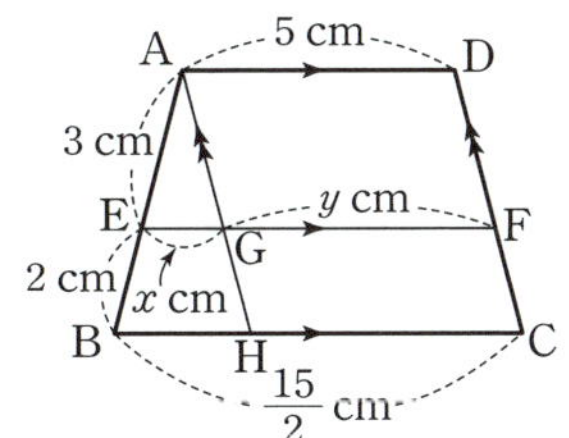

[4~5] 사다리꼴에서 평행선 사이의 선분의 길이의 비의 응용

적중률 80%

4. 오른쪽 그림과 같은 사다리꼴 ABCD에서 $\overline{AD}/\!/\overline{EF}/\!/\overline{BC}$일 때, $\overline{EF}$의 길이를 구하시오.

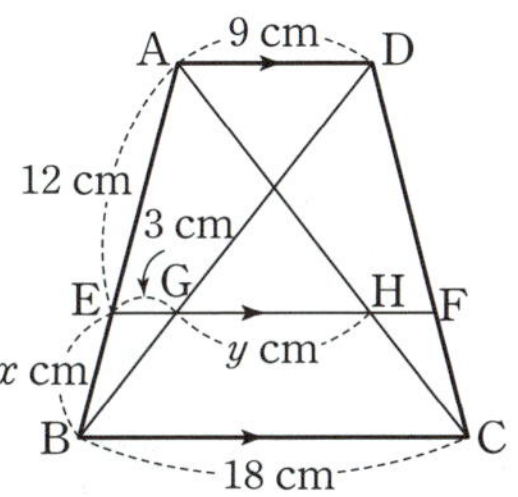

2. 오른쪽 그림과 같은 사다리꼴 ABCD에서 $\overline{AD}/\!/\overline{EF}/\!/\overline{BC}$이고 $\overline{AE}:\overline{EB}=2:1$일 때, $\overline{AD}$의 길이는?

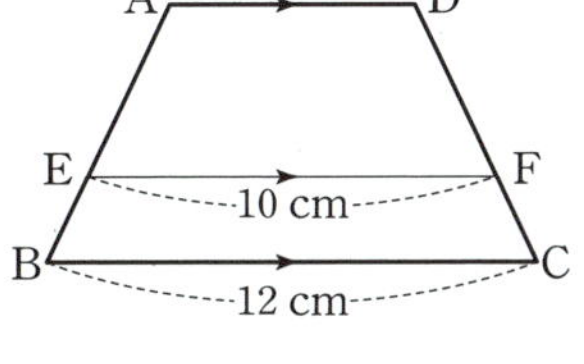

① 5 cm ② 6 cm ③ 7 cm
④ 8 cm ⑤ 9 cm

앗! 실수

5. 오른쪽 그림과 같은 사다리꼴 ABCD에서 $\overline{AD}/\!/\overline{EF}/\!/\overline{BC}$일 때, x, y의 값을 각각 구하시오.

적중률 90%

3. 다음 그림과 같은 사다리꼴 ABCD에서 $\overline{AD}/\!/\overline{EF}/\!/\overline{BC}$일 때, x, y의 값을 각각 구하시오.

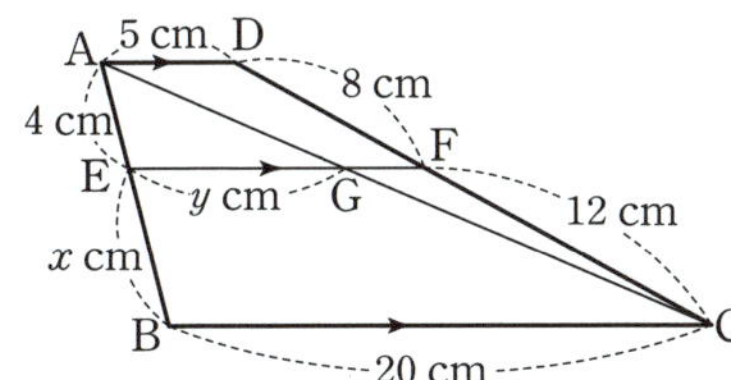

[6] 평행선 사이의 선분의 길이의 비의 응용

적중률 80%

6. 오른쪽 그림에서 $\overline{AB}/\!/\overline{EF}/\!/\overline{DC}$일 때, x의 값은?

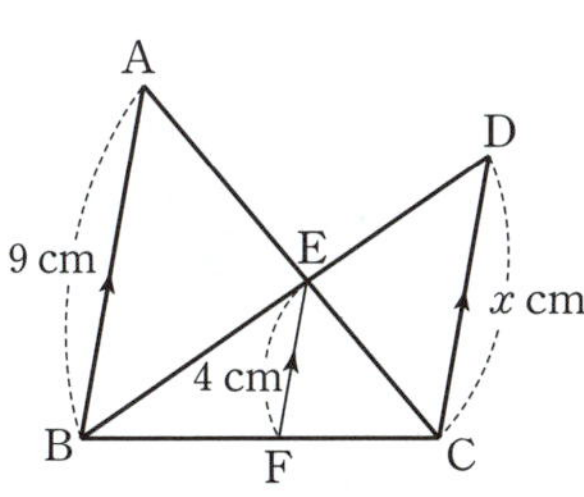

① 6 ② 6.5
③ 7 ④ 7.2
⑤ 8.5

17 삼각형의 두 변의 중점을 연결한 선분의 성질

● 삼각형의 두 변의 중점을 연결한 선분의 성질

① 삼각형의 두 변의 중점을 연결한 선분은 나머지 변과 평행하고 그 길이는 나머지 변의 길이의 $\frac{1}{2}$이다.

$\overline{AM}=\overline{MB}$, $\overline{AN}=\overline{NC}$이면

⇨ $\overline{MN}/\!\!/\overline{BC}$, $\overline{MN}=\dfrac{1}{2}\overline{BC}$

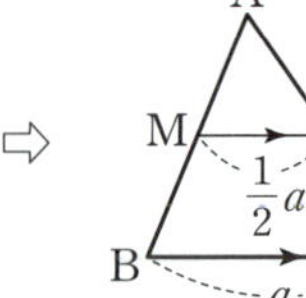

② 삼각형의 한 변의 중점을 지나고 다른 한 변에 평행한 직선은 나머지 변의 중점을 지난다.

$\overline{AM}=\overline{MB}$, $\overline{MN}/\!\!/\overline{BC}$이면

⇨ $\overline{AN}=\overline{NC}$

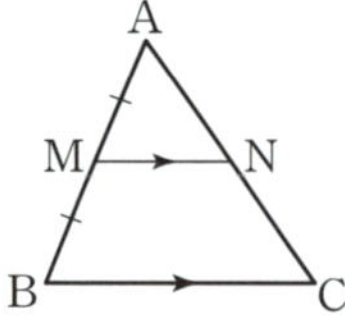
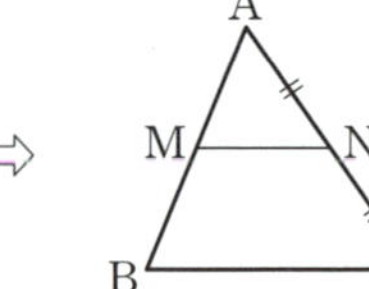

● 사디리꼴에서 각 변의 중점을 연결한 선분의 성질

① 사각형 ABCD에서 $\overline{AB}$, $\overline{BC}$, $\overline{CD}$, $\overline{DA}$의 중점을 각각 E, F, G, H라 하면

· $\overline{AC}/\!\!/\overline{EF}/\!\!/\overline{HG}$, $\overline{EF}=\overline{HG}=\dfrac{1}{2}\overline{AC}$

· $\overline{BD}/\!\!/\overline{EH}/\!\!/\overline{FG}$, $\overline{EH}=\overline{FG}=\dfrac{1}{2}\overline{BD}$

· (□EFGH의 둘레의 길이)$=\overline{AC}+\overline{BD}$

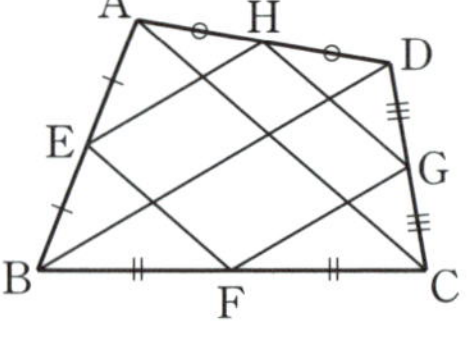

② $\overline{AD}/\!\!/\overline{BC}$인 사다리꼴 ABCD에서 $\overline{AB}$, $\overline{CD}$의 중점을 각각 M, N이라 하면

· $\overline{AD}/\!\!/\overline{MN}/\!\!/\overline{BC}$

· $\overline{MP}=\overline{NQ}=\dfrac{1}{2}\overline{AD}$, $\overline{MQ}=\overline{NP}=\dfrac{1}{2}\overline{BC}$

· $\overline{MN}=\dfrac{1}{2}(\overline{AD}+\overline{BC})$

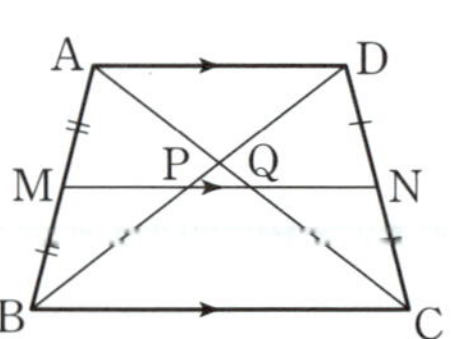

도형 문제에서 길이나 각도를 구할 때 구할 방법이 떠오르지 않는다면 아래와 같이 적당한 보조선을 그어 봐. 보조선을 잘 그리는 것은 도형 문제를 푸는 열쇠와 같아.

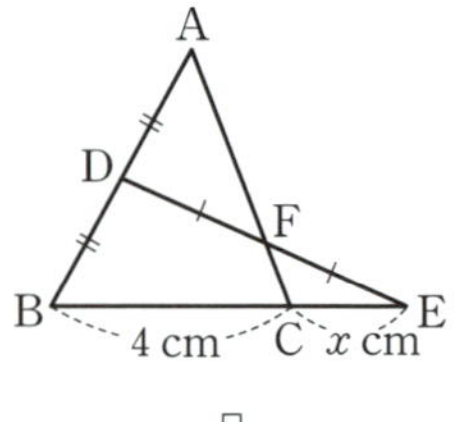
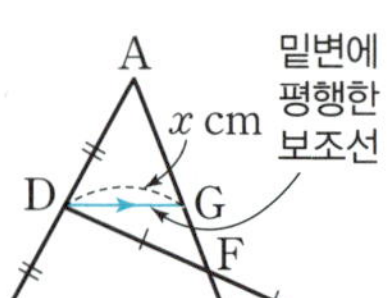

△DFG≡△EFC (ASA 합동)

∴ $\overline{DG}=\overline{CE}$, $x=\dfrac{1}{2}\times 4=2$

오른쪽 그림과 같이 밑변이 같은 삼각형의 나머지 두 변의 중점을 연결한 선분은 삼각형의 모양에 상관없이 그 길이가 같음을 잊지 말자.

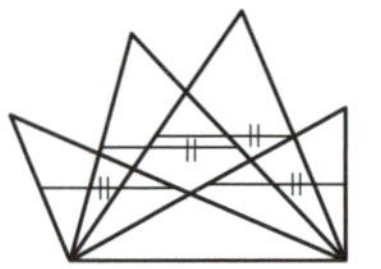

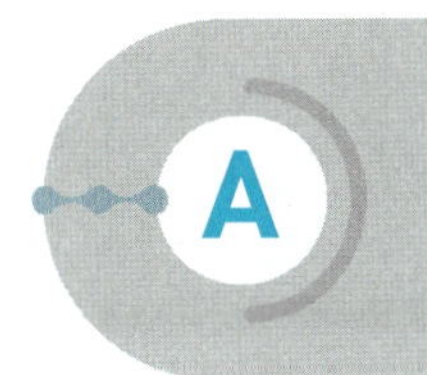

삼각형의 두 변의 중점을 연결한 선분의 성질

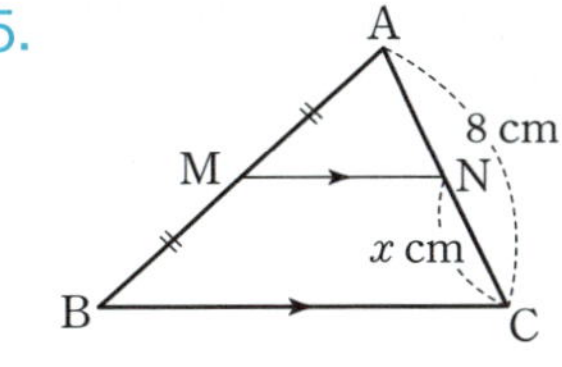

$$\overline{MN}\ /\!/\ \overline{BC},\ \overline{MN}=\frac{1}{2}\overline{BC} \qquad \overline{AN}=\overline{NC}$$

■ 다음에서 x의 값을 구하시오.

1.

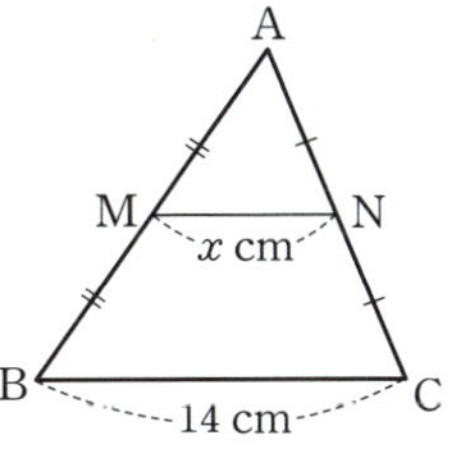

2.

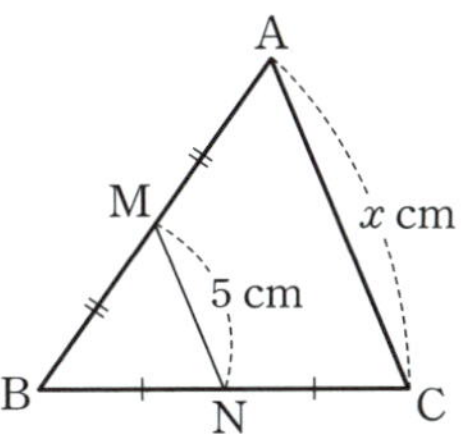

3.

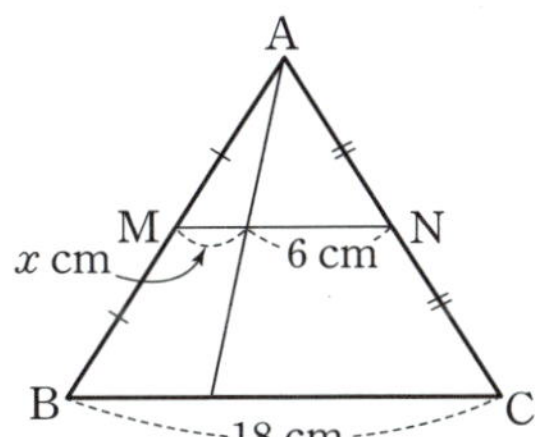

4.

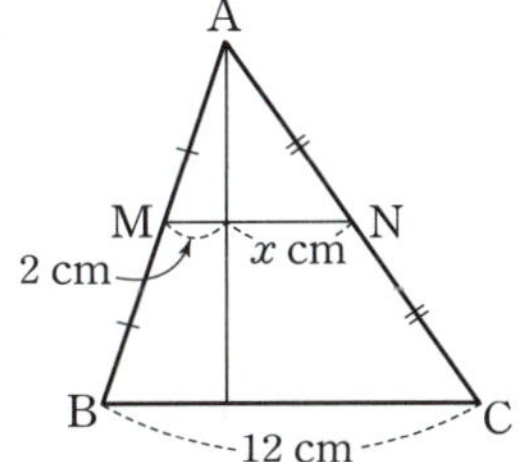

5.

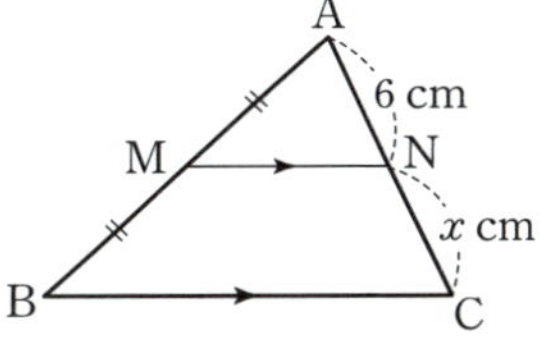

6.

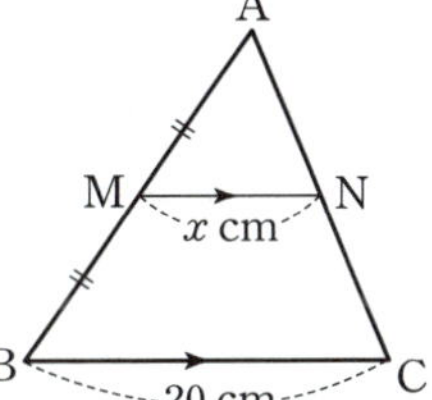

7.

8.

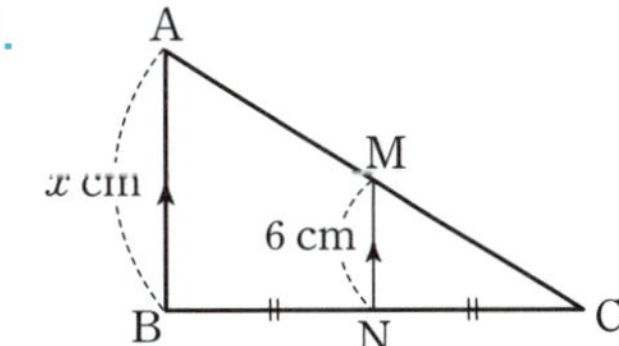

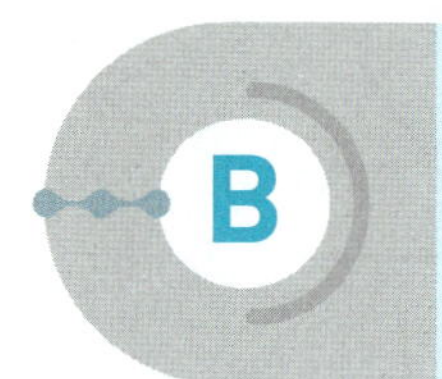

삼각형의 두 변의 중점을 연결한 선분의 성질의 응용 1

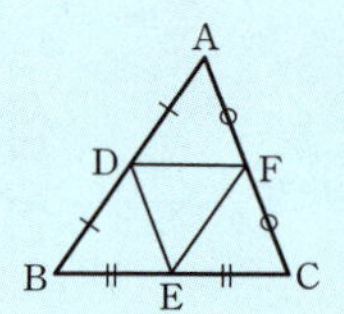

$\triangle ABC$에서 $\overline{AB}$, $\overline{BC}$, $\overline{CA}$의 중점을 각각 D, E, F라 하면

($\triangle DEF$의 둘레의 길이)

$= \dfrac{1}{2} \times (\triangle ABC$의 둘레의 길이)

■ 다음에서 $\overline{AB}$, $\overline{AC}$, $\overline{DB}$, $\overline{DC}$의 중점이 각각 M, N, P, Q일 때, x의 값을 구하시오.

1.

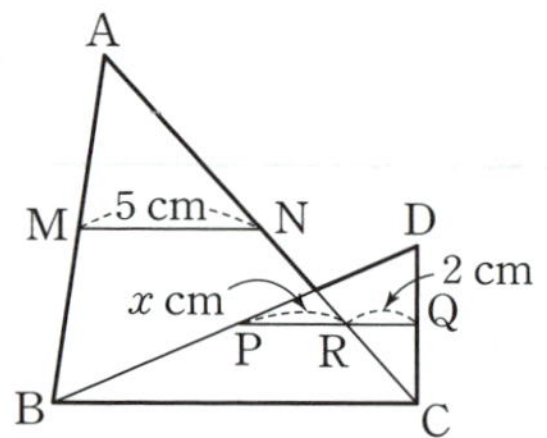

Help $\overline{MN} = \overline{PQ}$

2.

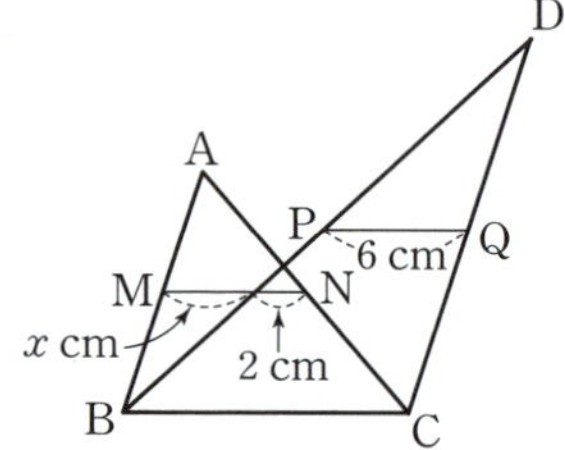

■ 다음에서 x의 값을 구하시오.

3.

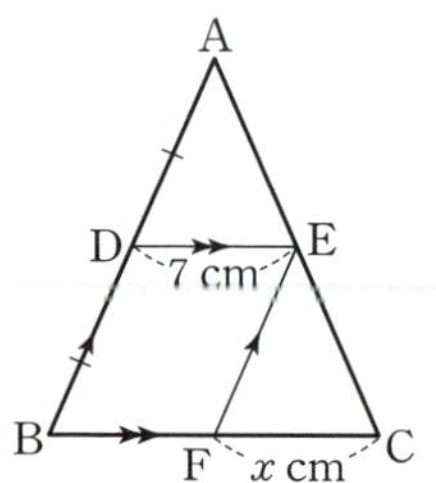

Help $\overline{DE} = \overline{BF}$, $\overline{BC} = 2\overline{DE}$

4.

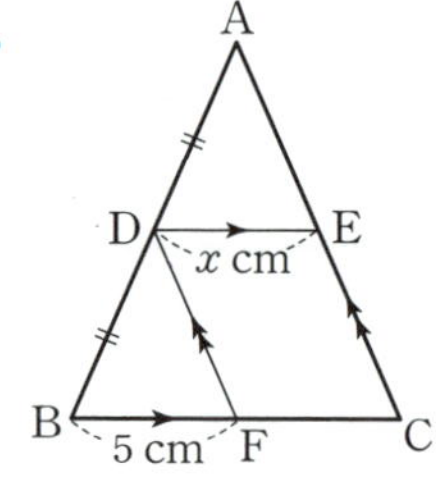

■ 다음 $\overline{AD} /\!\!/ \overline{BC}$인 등변사다리꼴에서 x의 값을 구하시오.

5.

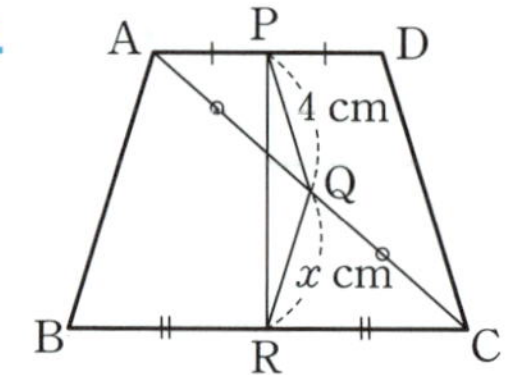

Help 등변사다리꼴이므로 $\overline{AB} = \overline{DC}$

6.

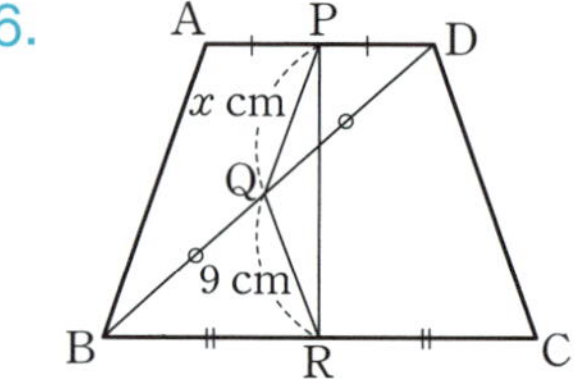

■ 다음에서 $\triangle DEF$의 둘레의 길이를 구하시오.

7.

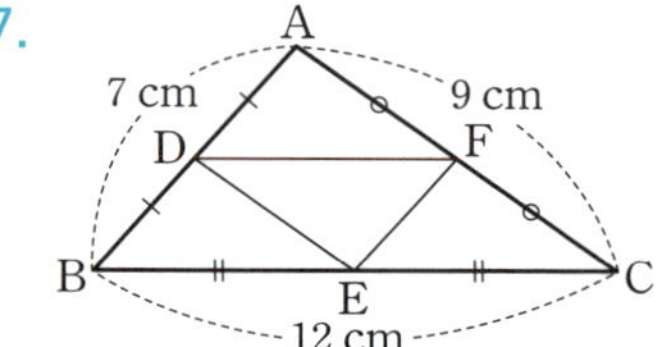

Help ($\triangle DEF$의 둘레의 길이)

$= \dfrac{1}{2}(\triangle ABC$의 둘레의 길이)

8.

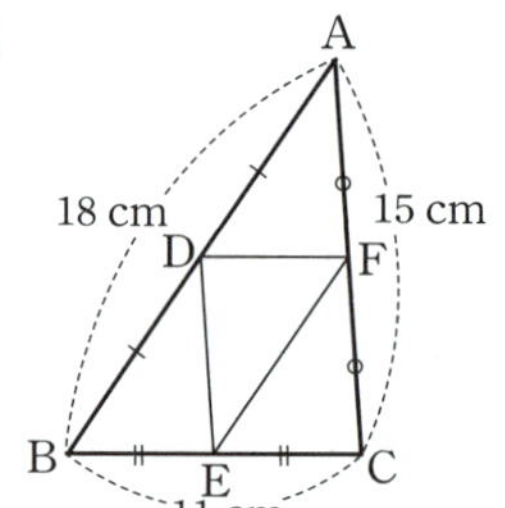

삼각형의 두 변의 중점을 연결한 선분의 성질의 응용 2

오른쪽 그림에서 $\overline{PQ}$의 길이를 구해 보자.
$\overline{MQ}=\dfrac{1}{2}\times 14=7,\ \overline{MP}=\dfrac{1}{2}\times 10=5$
$\therefore\ \overline{PQ}=7-5=2$

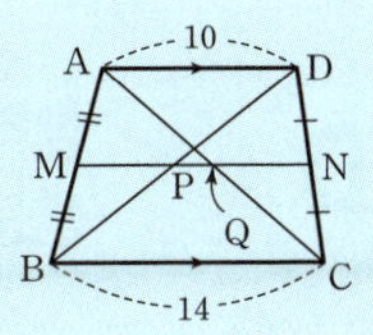

■ 다음에서 □EFGH의 둘레의 길이를 구하시오.

1.

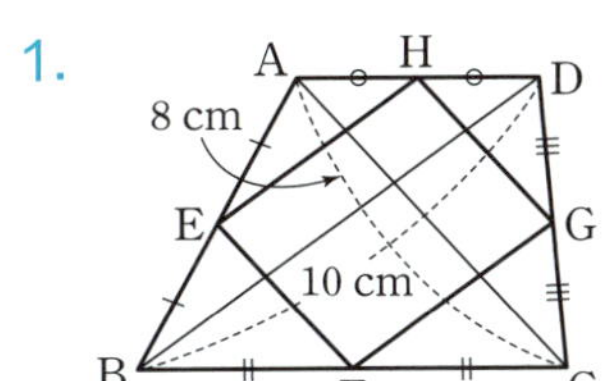

Help $\overline{EH}=\overline{FG}=\dfrac{1}{2}\times 10,\ \overline{EF}=\overline{HG}=\dfrac{1}{2}\times 8$

2.

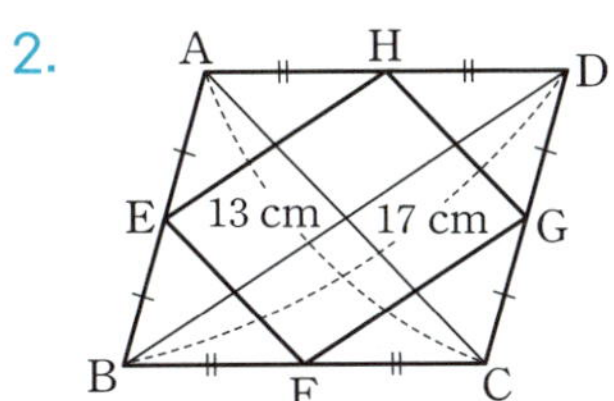

■ 다음에서 □ABCD가 마름모일 때, □EFGH의 넓이를 구하시오.

3.

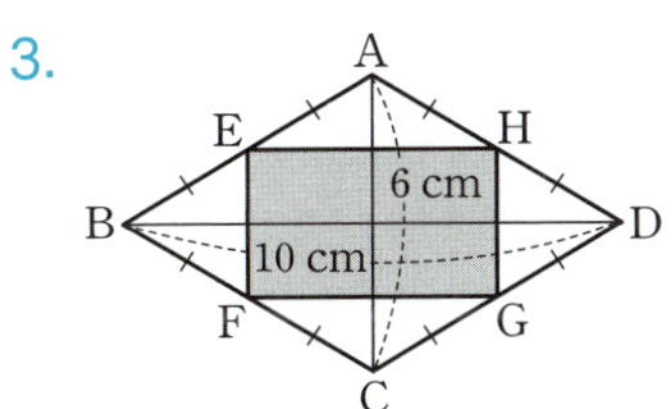

Help □EFGH는 직사각형이 된다.

4.

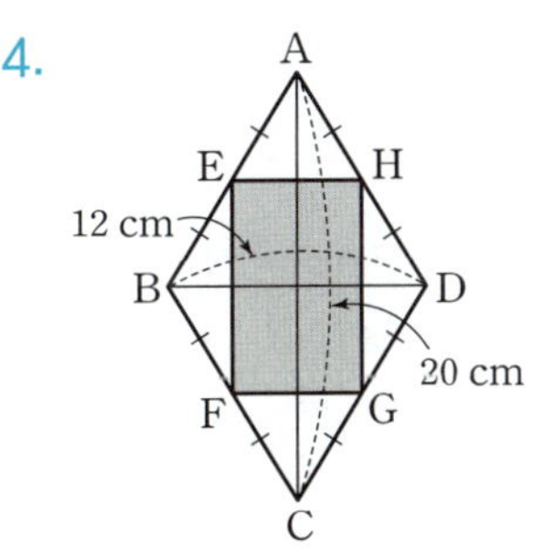

■ 다음에서 x의 값을 구하시오.

5.

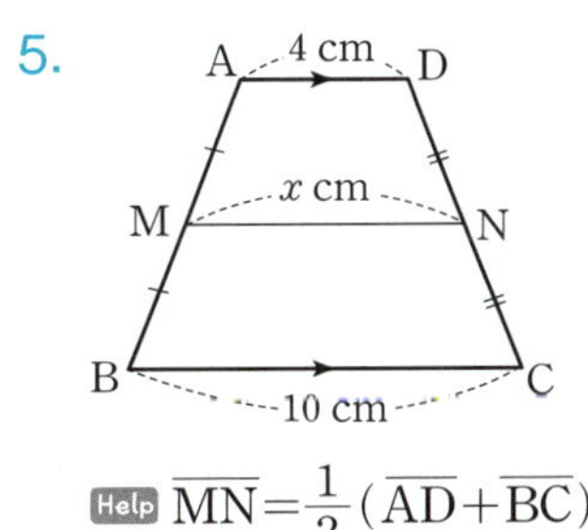

Help $\overline{MN}=\dfrac{1}{2}(\overline{AD}+\overline{BC})$

6.

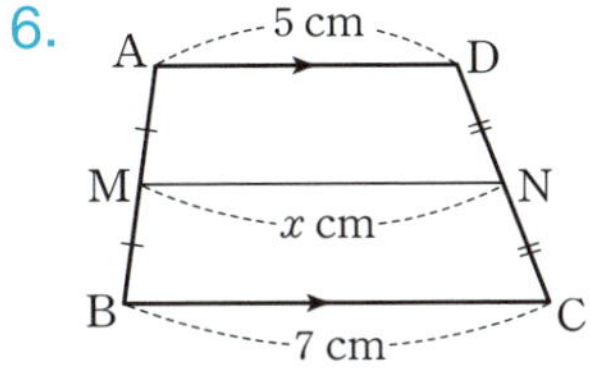

7.

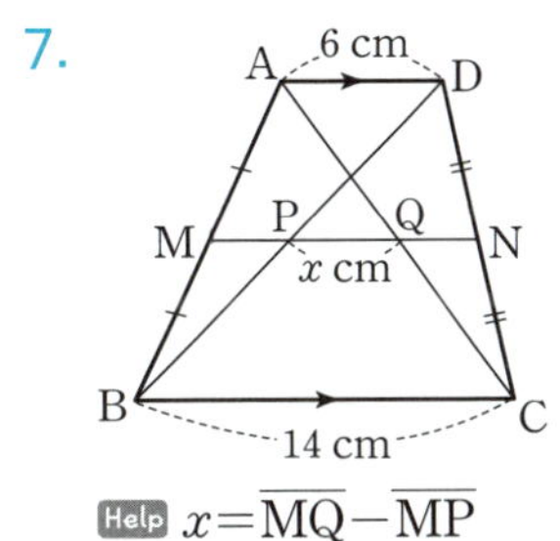

Help $x=\overline{MQ}-\overline{MP}$

8.

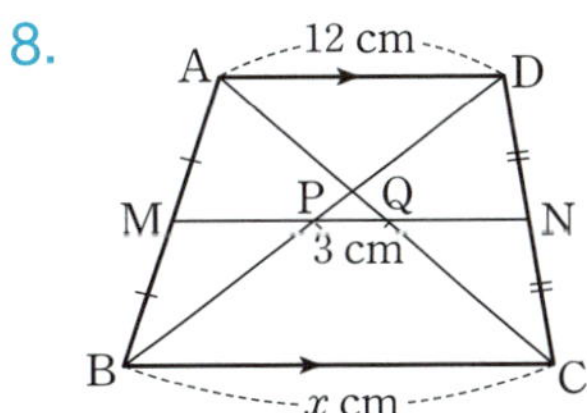

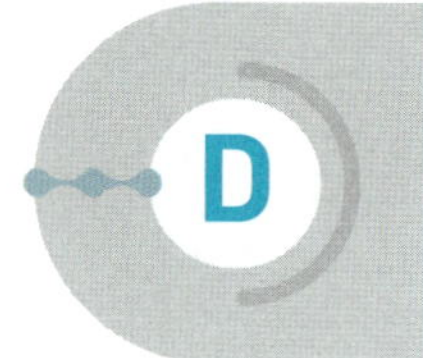

삼각형의 두 변의 중점을 연결한 선분의 성질의 응용 3

오른쪽 그림에서 x의 값을 구해 보자.
$\triangle$ADF에서 $\overline{DF}=2\times3=6$(cm)
$\triangle$CEB에서 $\overline{BE}=2\times6=12$(cm)
$\therefore x=12-3=9$

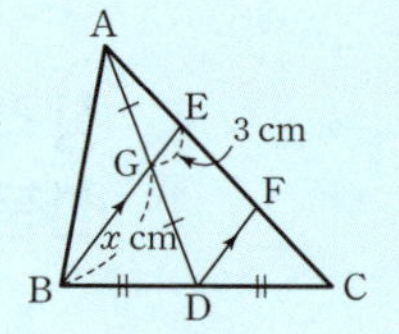

■ 다음에서 x의 값을 구하시오.

1.

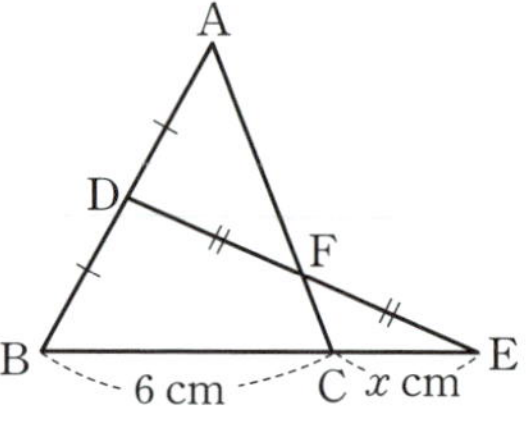

Help 점 D를 지나고 $\overline{BC}$에 평행한 선을 그어 $\overline{AC}$와 만나는 점을 G라 하면 $\triangle$DFG≡$\triangle$EFC가 되므로 $\overline{DG}=\overline{CE}=x$(cm)

2.

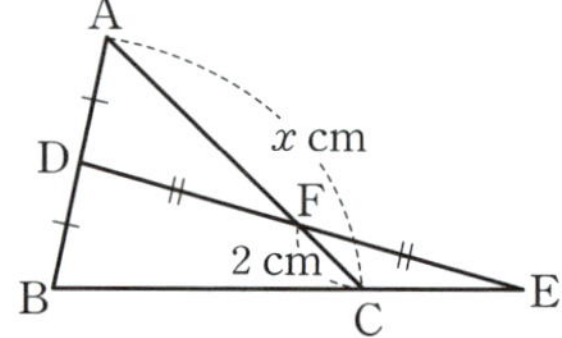

Help 점 D를 지나고 $\overline{BC}$에 평행한 선을 그으면 $\overline{AC}$의 중점을 지난다.

3.

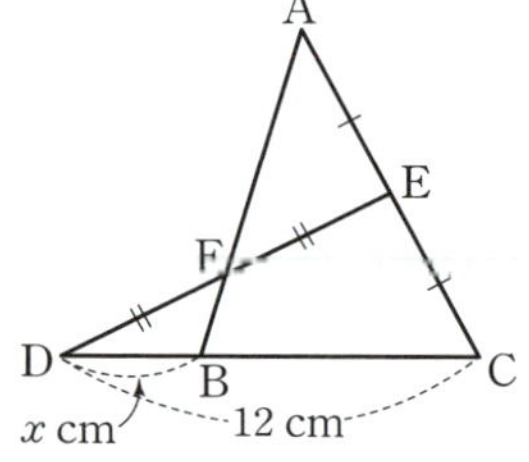

Help $\overline{BC}=(12-x)$ cm

4.

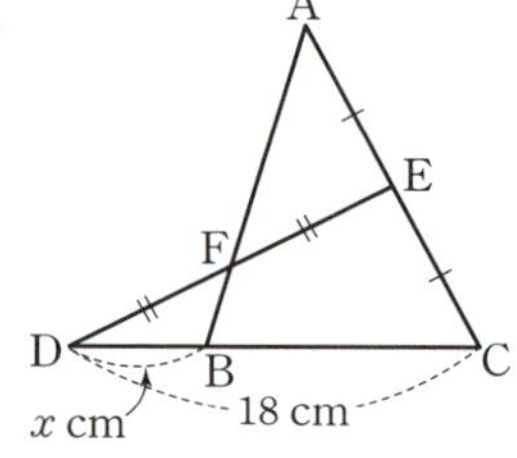

5.

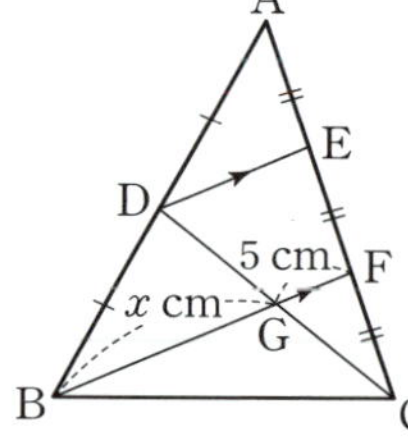

Help $\overline{DE}=2\overline{GF}=10$(cm), $\overline{BF}=2\overline{DE}$

6.

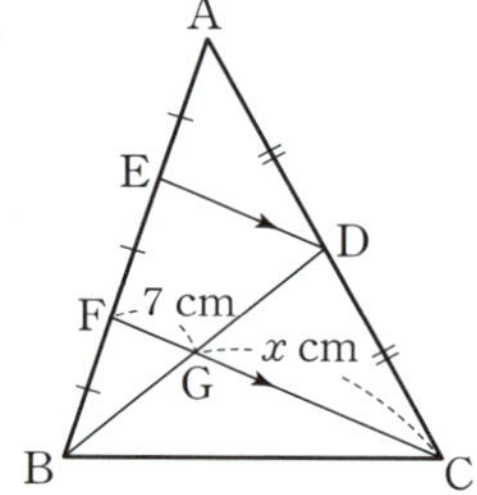

7.

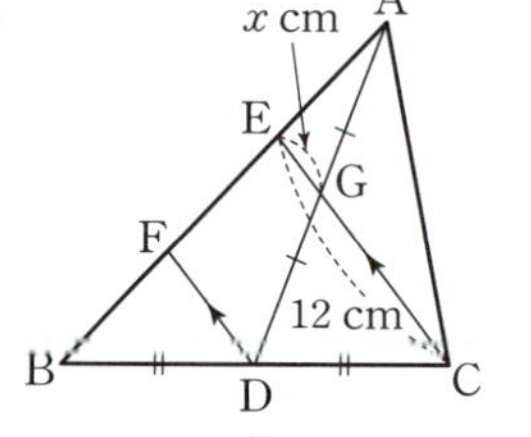

Help $\overline{FD}=\dfrac{1}{2}\overline{EC}$, $\overline{EG}=\dfrac{1}{2}\overline{FD}$

8.

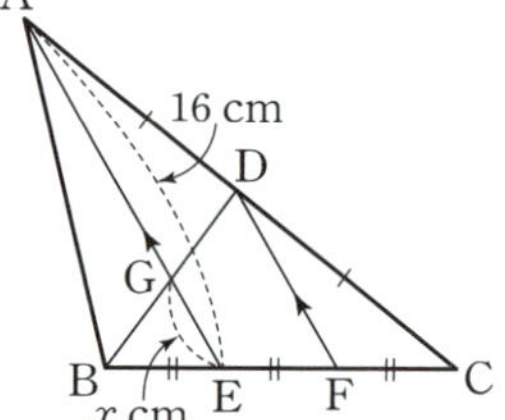

거저먹는 시험 문제

＊정답과 해설 27쪽

[1~6] 삼각형의 두 변의 중점을 연결한 선분의 성질

적중률 80%

1. 오른쪽 그림과 같은 △ABC에서 세 변의 중점을 각각 D, E, F라 할 때, △DEF의 둘레의 길이를 구하시오.

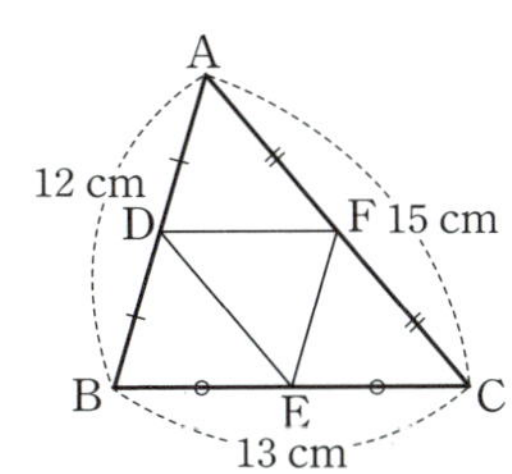

2. 오른쪽 그림과 같은 △ABC에서 점 E는 $\overline{AC}$의 중점이고, $\overline{DE}\,/\!/\,\overline{BC}$, $\overline{EF}\,/\!/\,\overline{AB}$이다. $\overline{AB}=10$ cm, $\overline{DE}=4$ cm일 때, $\overline{AD}+\overline{FC}$의 길이를 구하시오.

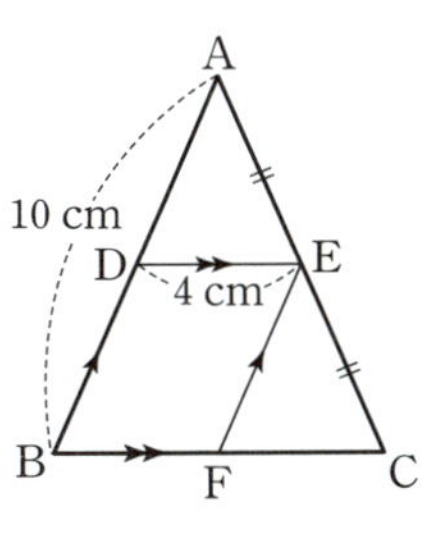

3. 오른쪽 그림과 같은 △ABC와 △DBC에서 $\overline{AM}=\overline{MB}$, $\overline{DQ}=\overline{QC}$이고, $\overline{MN}\,/\!/\,\overline{PQ}\,/\!/\,\overline{BC}$이다. $\overline{MN}=9$ cm, $\overline{RQ}=6$ cm일 때, $\overline{PR}$의 길이는?

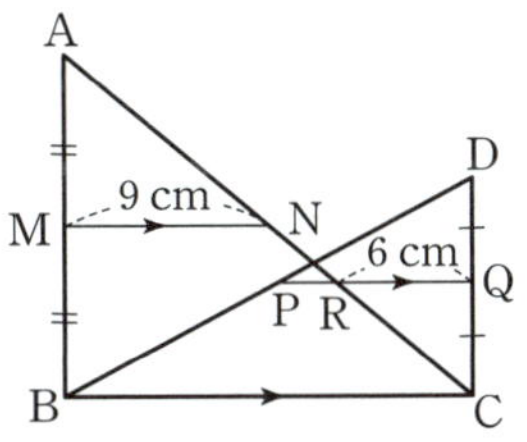

① 2 cm   ② 3 cm   ③ 4 cm

④ 5 cm   ⑤ 6 cm

적중률 80%

4. 오른쪽 그림에서 점 M은 $\overline{AB}$의 중점이고, $\overline{AD}\,/\!/\,\overline{ME}\,/\!/\,\overline{BC}$이다. $\overline{AD}=12$ cm, $\overline{BC}=14$ cm일 때, x의 값은?

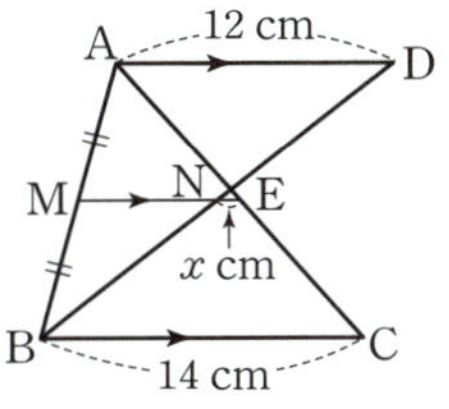

① 1   ② 2   ③ 3

④ 4   ⑤ 5

적중률 90%

5. 오른쪽 그림과 같은 △ABC에서 두 점 E, F는 $\overline{AC}$의 삼등분점이고, 점 D는 $\overline{AB}$의 중점이다. $\overline{BF}$와 $\overline{CD}$가 만나는 점을 G라 할 때, x의 값은?

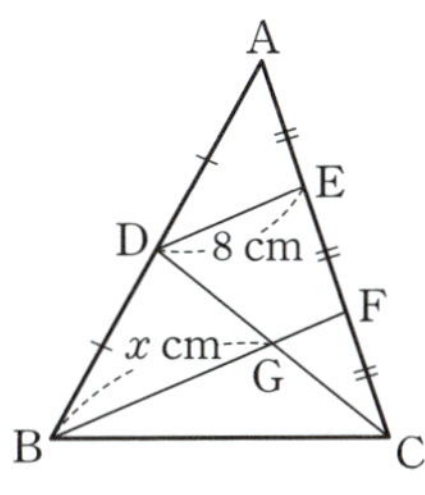

① 10   ② 11   ③ 12

④ 13   ⑤ 14

6. 오른쪽 그림과 같은 △ABC에서 $\overline{AD}=\overline{DB}$이고, $\overline{AE}=2\overline{CE}$이다. $\overline{BE}=20$ cm일 때, $\overline{BF}$의 길이를 구하시오.

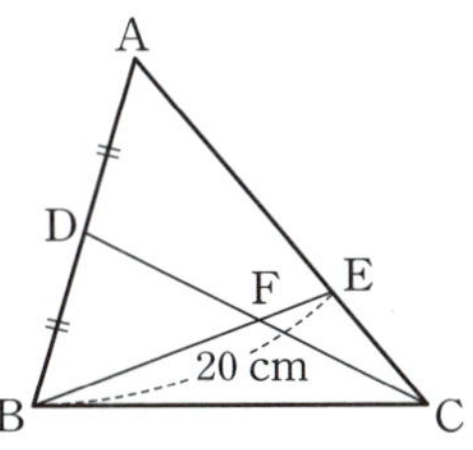

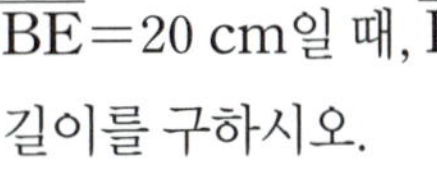 점 D를 지나고 $\overline{BE}$에 평행한 선을 긋는다.

18 삼각형의 무게중심

● 삼각형의 중선과 무게중심

① 삼각형의 중선

- 삼각형에서 한 꼭짓점과 그 대변의 중점을 연결한 선분을 **중선**이라 한다.
- 삼각형의 중선은 그 삼각형의 넓이를 이등분한다.
  ⇨ $\overline{AD}$가 △ABC의 중선일 때, △ABD=△ADC

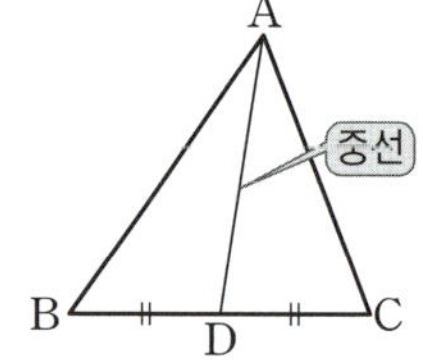

② 삼각형의 무게중심

- 삼각형의 세 중선은 한 점에서 만나고, 이 교점을 **무게중심**이라 한다.
- 삼각형의 무게중심은 세 중선의 길이를 꼭짓점으로부터 각각 2 : 1로 나눈다.
  ⇨ △ABC의 무게중심이 G일 때,
  $$\overline{AG} : \overline{GD} = \overline{BG} : \overline{GE} = \overline{CG} : \overline{GF} = 2 : 1$$

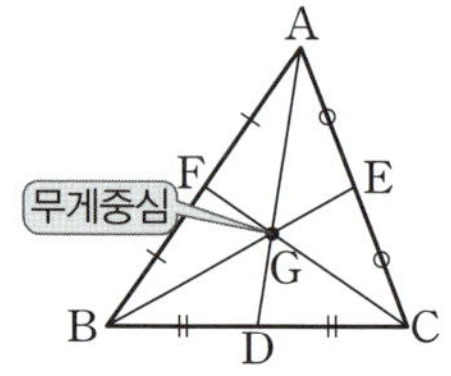

무게중심하면 절대 잊지 말아야 할 것이 아래 그림과 같이 무게중심은 중선을 꼭짓점으로부터 **2 : 1**로 나눈다는 거야.

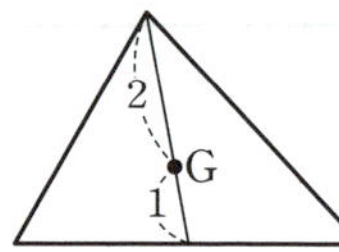

이것을 평행사변형에 적용하면 아래 그림과 같이 대각선이 1 : 1 : 1로 나뉜다는 것을 알 수 있지.

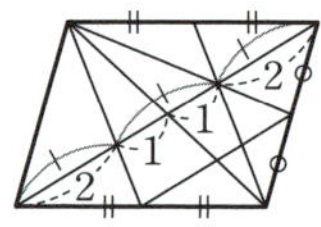

● 삼각형의 무게중심과 넓이

① 삼각형의 세 중선에 의해 나누어지는 여섯 개의 삼각형의 넓이는 모두 같다.

⇨ △GAF=△GFB=△GBD=△GDC

$\qquad$ =△GCE=△GEA=$\frac{1}{6}$△ABC

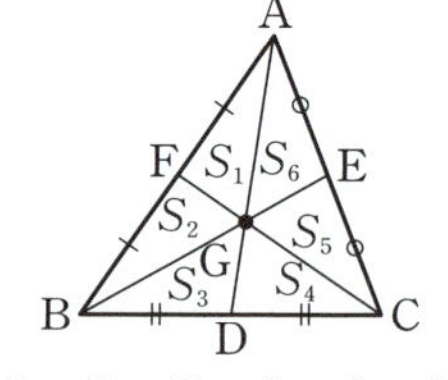

$S_1=S_2=S_3=S_4=S_5=S_6$

② 삼각형의 무게중심과 세 꼭짓점을 이어서 생기는 세 개의 삼각형의 넓이는 모두 같다.

⇨ △GAB=△GBC=△GCA=$\frac{1}{3}$△ABC

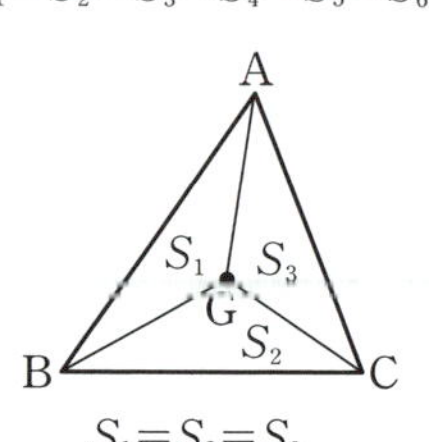

$S_1=S_2=S_3$

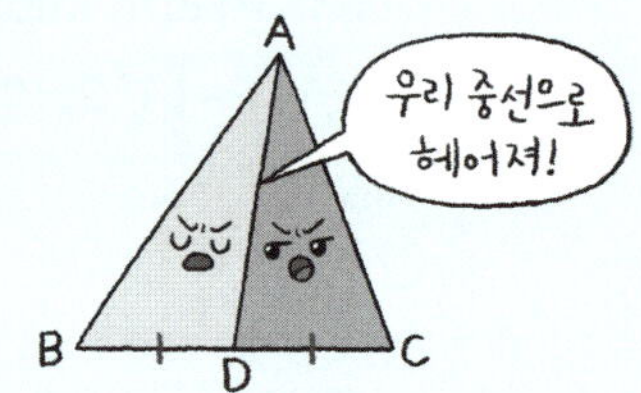

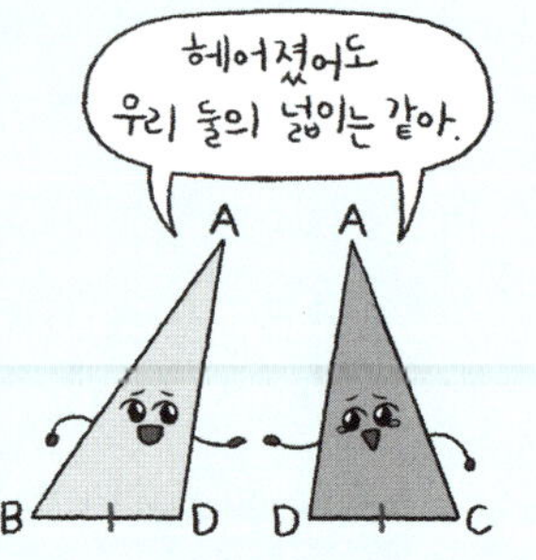

● 평행사변형에서 삼각형의 무게중심의 응용

평행사변형 ABCD에서 $\overline{BC}$, $\overline{CD}$의 중점을 각각 M, N이라 하면

① 점 P는 △ABC의 무게중심이다.
② 점 Q는 △ACD의 무게중심이다.
③ $\overline{BP} : \overline{PO} = \overline{DQ} : \overline{QO} = 2 : 1$
④ $\overline{BP} = \overline{PQ} = \overline{QD} = \frac{1}{3}\overline{BD}$

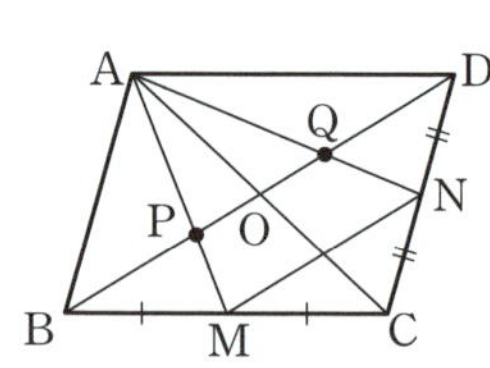

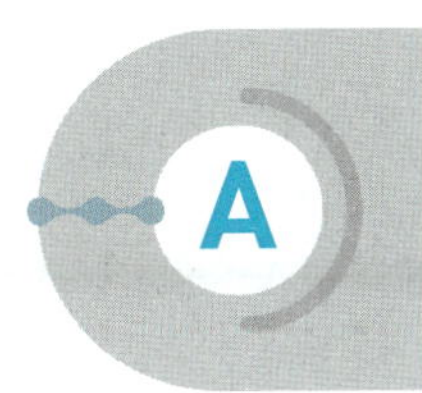

점 G가 △ABC의 무게중심일 때,
$$\overline{AG}:\overline{GD}=\overline{BG}:\overline{GE}=\overline{CG}:\overline{GF}=2:1$$

잊지 말자. 꼬~옥! 

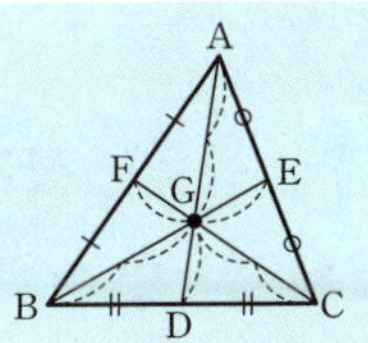

■ 다음 그림에서 점 G가 △ABC의 무게중심일 때, x, y의 값을 각각 구하시오.

1.

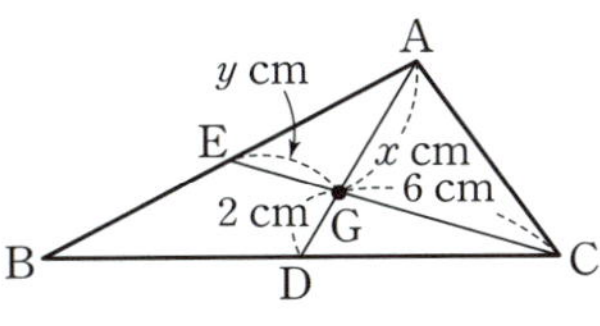

Help $x:2=6:y=2:1$

2.

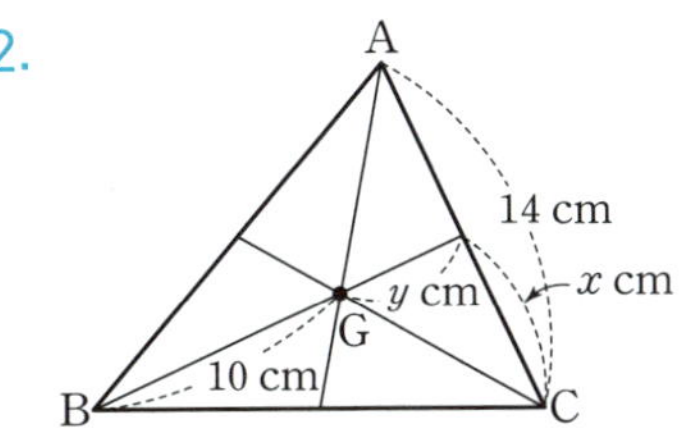

■ 다음 그림에서 점 G가 △ABC의 무게중심일 때, x의 값을 구하시오.

앗! 실수

3.

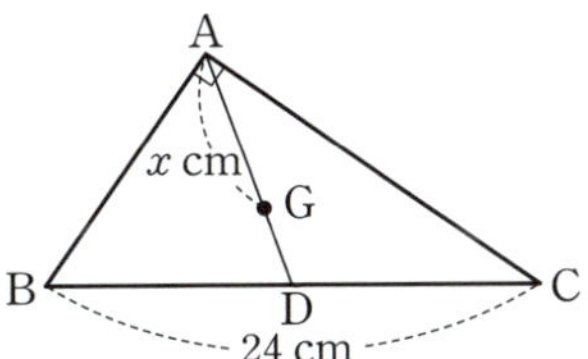

Help △ABC가 직각삼각형이므로 점 D가 빗변의 중점이 되어 외심이다.
$$\overline{BD}=\overline{CD}=\overline{AD}=12(cm)$$

4.

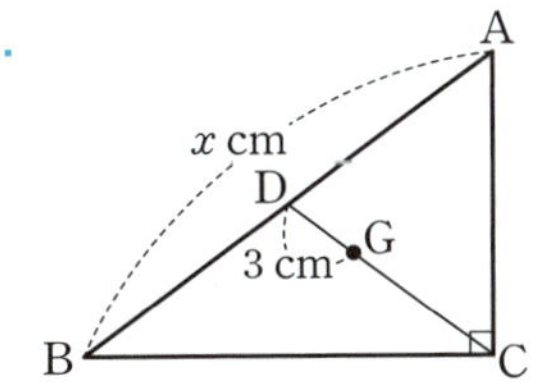

■ 다음 그림에서 점 G가 △ABC의 무게중심이고, 점 G′은 △GBC의 무게중심일 때, x의 값을 구하시오.

앗! 실수

5.

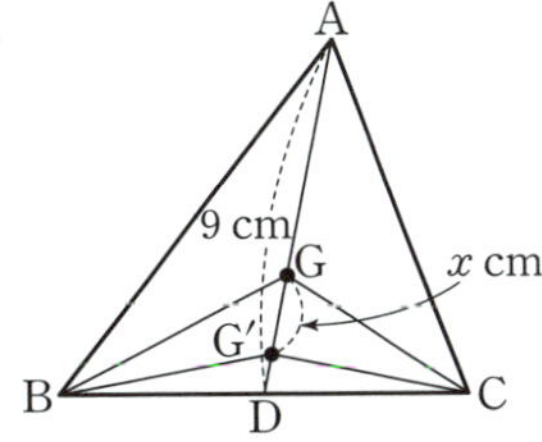

Help △ABC에서 $\overline{AG}:\overline{GD}=2:1$
△GBC에서 $\overline{GG'}:\overline{G'D}=2:1$

6.

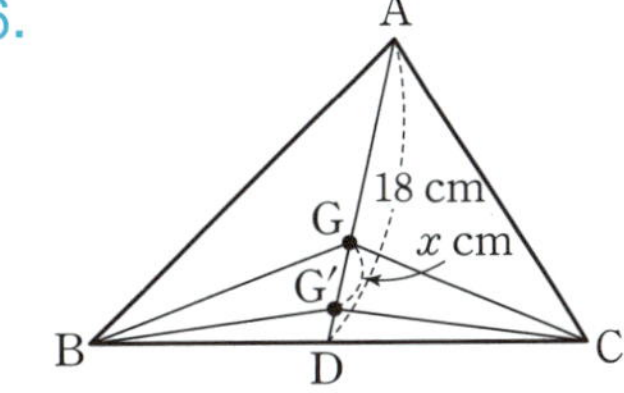

7.

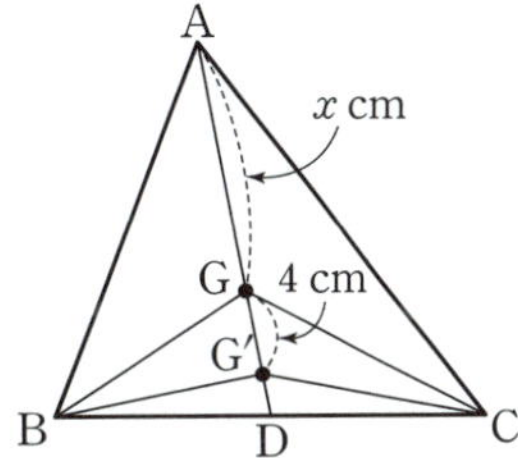

Help $\overline{GG'}=4$ cm이므로 $\overline{G'D}=\dfrac{1}{2}\times4=2(cm)$,
$$\overline{AG}=2\overline{GD}$$

8.

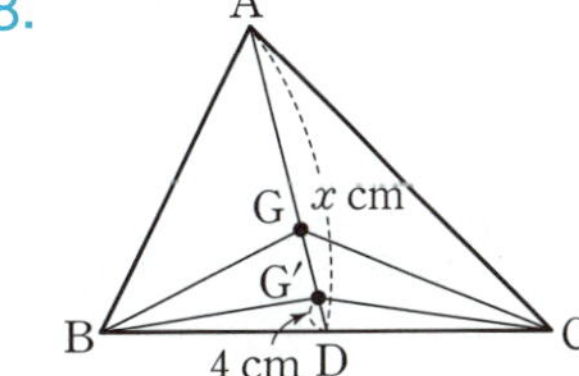

삼각형의 무게중심의 응용

점 G가 △ABC의 무게중심일 때,
$\overline{AG} : \overline{GD} = 2 : 1$이므로 $\overline{GD} = 2$
$\overline{FD} = \dfrac{1}{2} \times 6 = 3$
$\therefore x = \overline{FD} - \overline{GD} = 1$

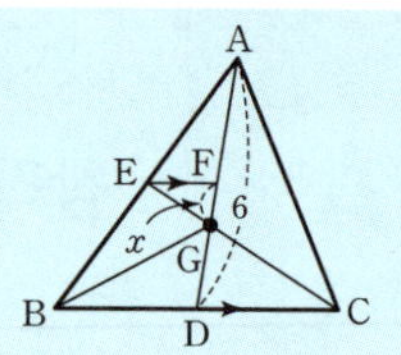

■ 다음 그림에서 점 G가 △ABC의 무게중심일 때, x의 값을 구하시오.

1.

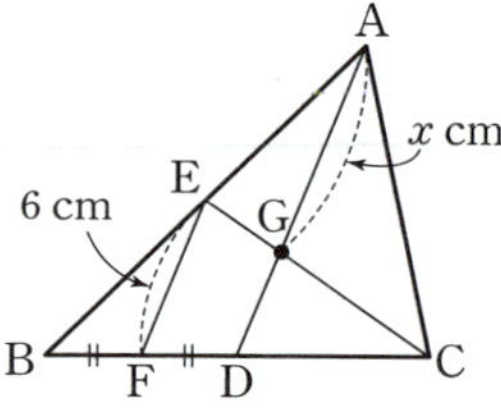

Help $\overline{AD} = 12$ cm, $\overline{AG} : \overline{GD} = 2 : 1$

2.

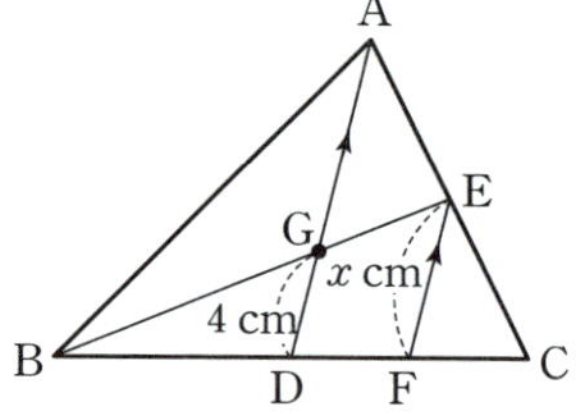

3.

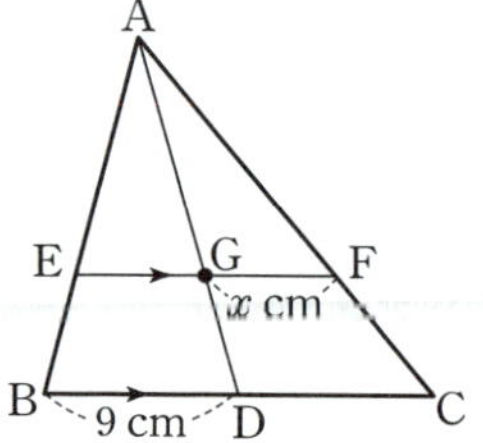

Help $\overline{AG} : \overline{AD} = x : 9 = 2 : 3$

4.

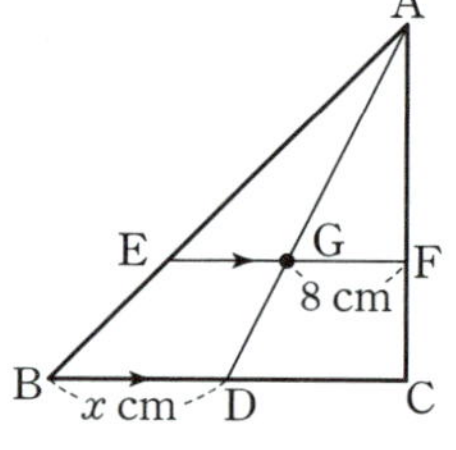

5.

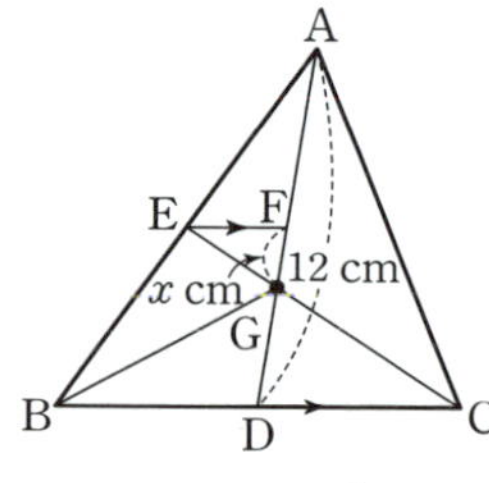

Help $\overline{GD} = 12 \times \dfrac{1}{3}$, $\overline{FD} = 12 \times \dfrac{1}{2}$

6.

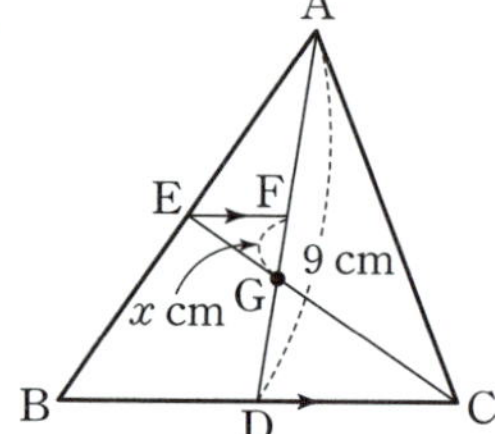

■ 다음 그림에서 점 G가 △ABD의 무게중심이고, 점 G'이 △ADC의 무게중심일 때, x의 값을 구하시오.

7.

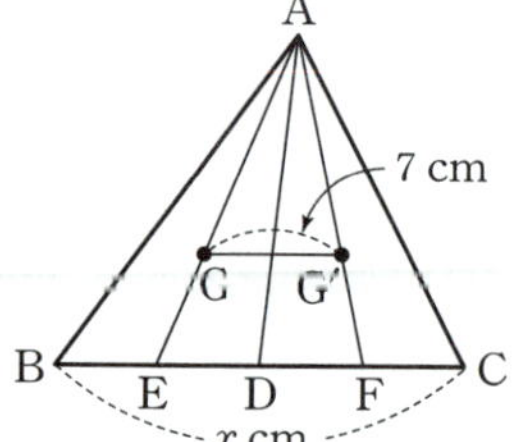

Help $\overline{AG} : \overline{AE} = \overline{GG'} : \overline{EF} = 2 : 3$, $\overline{BC} = 2\overline{EF}$

8.

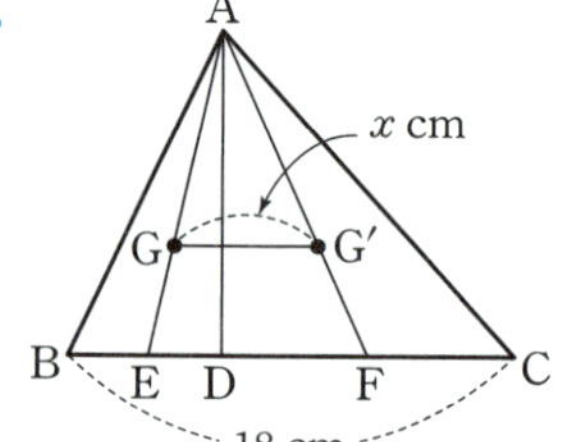

삼각형의 무게중심과 넓이

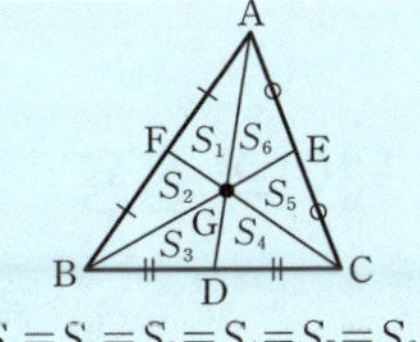
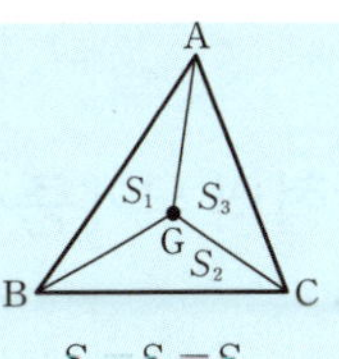

$S_1=S_2=S_3=S_4=S_5=S_6$ $S_1=S_2=S_3$

■ 다음 그림에서 점 G가 △ABC의 무게중심이고 △ABC=24 cm²일 때, □ 안에 알맞은 넓이를 써넣으시오.

1. 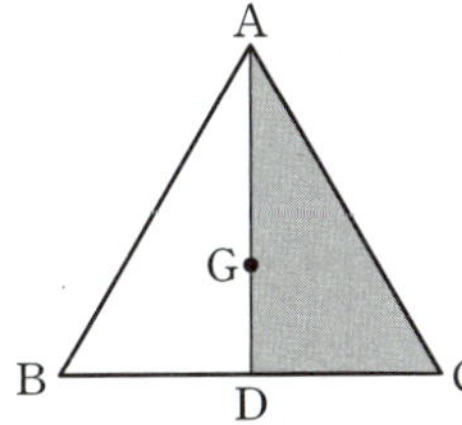

$\triangle ADC=\boxed{}$

2. 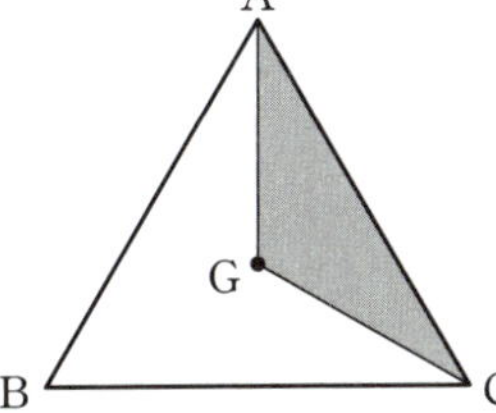

$\triangle AGC=\boxed{}$

3. 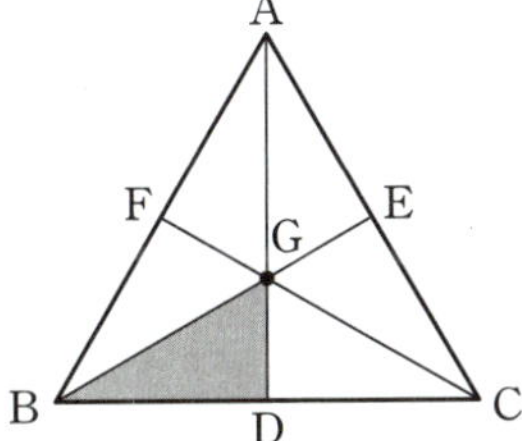

$\triangle GBD=\boxed{}$

4. 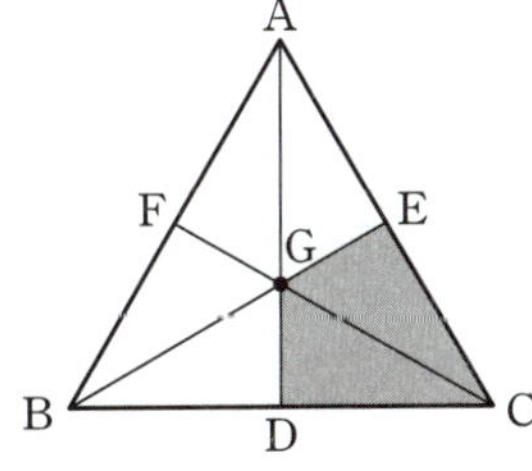

$\square GDCE=\boxed{}$

Help $\square GDCE=2\triangle GDC$

■ 다음 그림에서 점 G가 △ABC의 무게중심일 때, □ 안에 알맞은 넓이를 써넣으시오.

5. 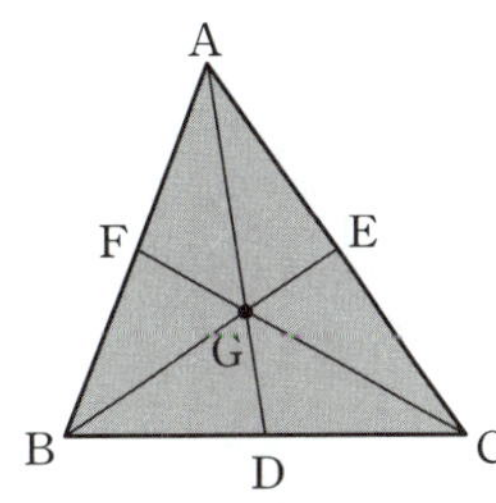

$\square AFGE=4$ cm²일 때,

$\triangle ABC=\boxed{}$

6. 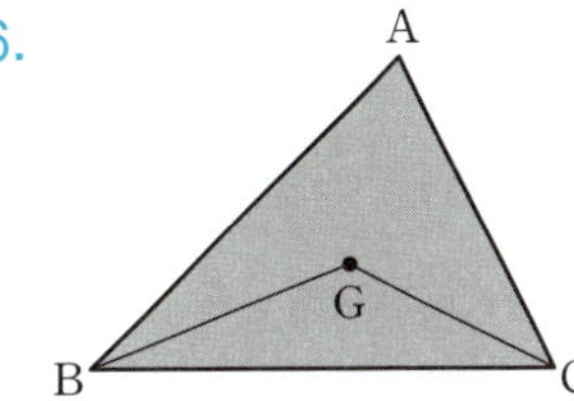

$\triangle GBC=5$ cm²일 때,

$\triangle ABC=\boxed{}$

7. 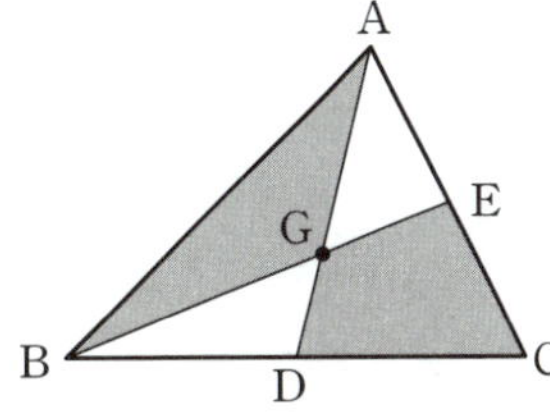

$\triangle ABC=27$ cm²일 때,

(색칠한 부분의 넓이)

$=\boxed{}$

Help (색칠한 부분의 넓이)$=\dfrac{2}{3}\triangle ABC$

앗! 실수

8. 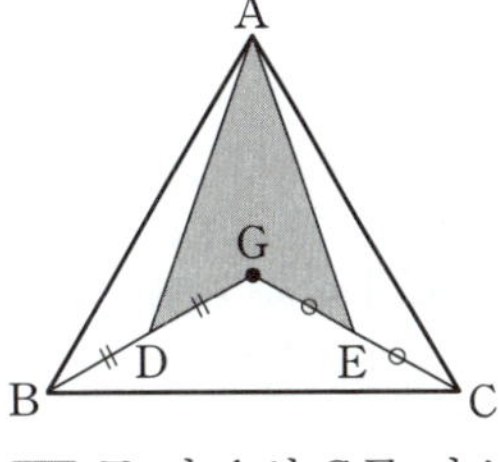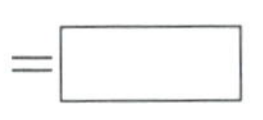

$\triangle ABC=36$ cm²일 때,

(색칠한 부분의 넓이)

$=\boxed{}$

Help 두 점 A와 G를 이으면

$\triangle ADG=\triangle AGE=\dfrac{1}{6}\triangle ABC$

삼각형의 무게중심과 넓이의 응용

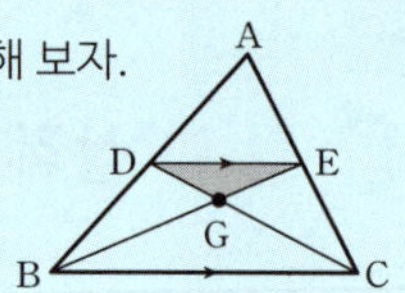

$\triangle$ABC의 넓이가 48일 때, $\triangle$DGE의 넓이를 구해 보자.

$$\triangle DGE = \frac{1}{3}\triangle DBE = \frac{1}{3} \times \frac{1}{2}\triangle ABE$$
$$= \frac{1}{3} \times \frac{1}{2} \times \frac{1}{2}\triangle ABC = 4$$

■ 다음 그림에서 점 G가 $\triangle$ABC의 무게중심이고, 점 G′이 $\triangle$GBC의 무게중심일 때, □ 안에 알맞은 넓이를 써넣으시오.

앗! 실수

1.

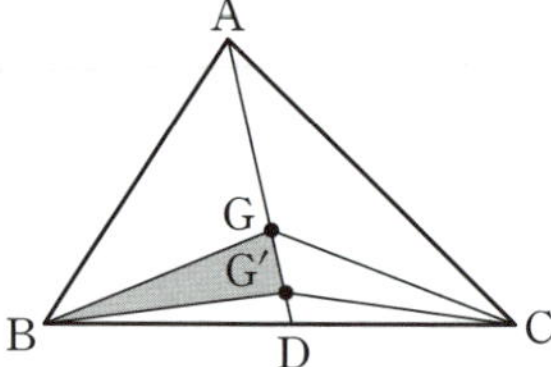

$\triangle$ABC$=18$ cm^{2}일 때,

$\triangle$GBG′$=$ □

Help $\triangle$GBG′$=\dfrac{1}{3}\triangle$GBC$=\dfrac{1}{3} \times \dfrac{1}{3}\triangle$ABC

2.

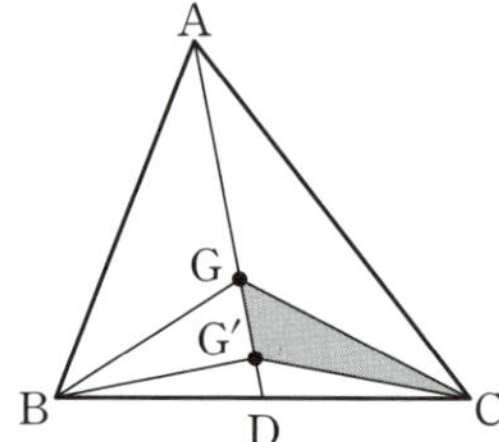

$\triangle$ABC$=36$ cm^{2}일 때,

$\triangle$GG′C$=$ □

3.

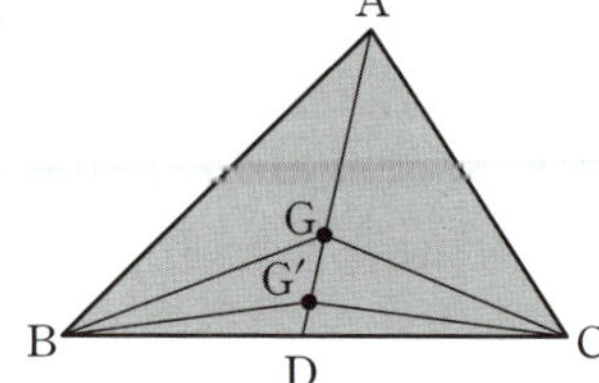

$\triangle$G′BC$=2$ cm^{2}일 때,

$\triangle$ABC$=$ □

Help $\triangle$ABC$=3\triangle$GBC$=3 \times 3\triangle$G′BC

4.

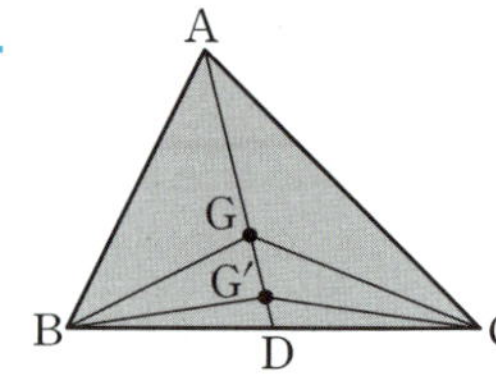

$\triangle$G′BC$=3$ cm^{2}일 때,

$\triangle$ABC$=$ □

■ 다음 그림에서 점 G가 $\triangle$ABC의 무게중심일 때, □ 안에 알맞은 넓이를 써넣으시오.

앗! 실수

5.

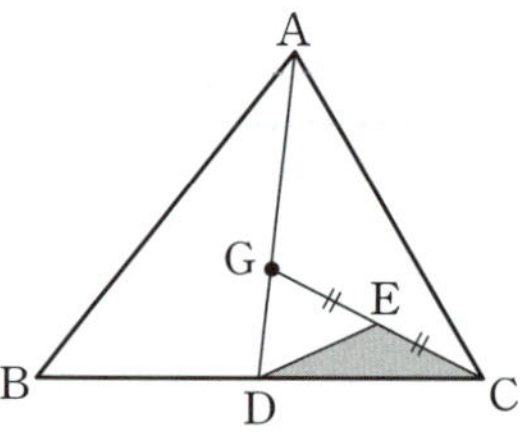

$\triangle$ABC$=12$ cm^{2}일 때,

$\triangle$EDC$=$ □

Help $\triangle$EDC$=\dfrac{1}{2}\triangle$GDC$=\dfrac{1}{2} \times \dfrac{1}{6}\triangle$ABC

6.

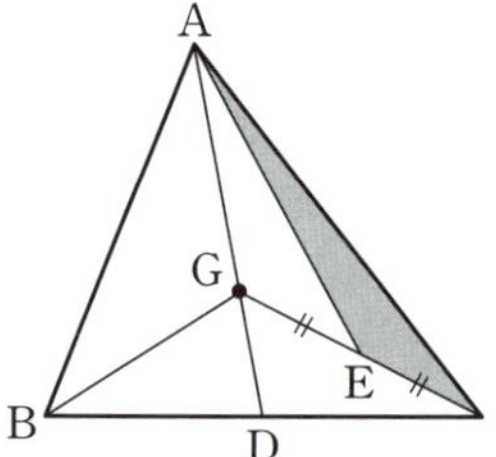

$\triangle$ABC$=24$ cm^{2}일 때,

$\triangle$AEC$=$ □

앗! 실수

7.

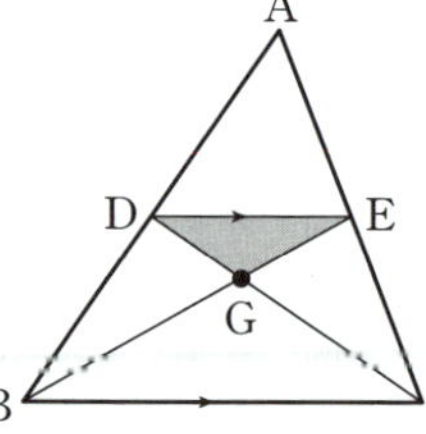

$\triangle$ABC$=60$ cm^{2}일 때,

$\triangle$DGE$=$ □

Help $\overline{BG} : \overline{GE}=2 : 1$이므로

$$\triangle DGE = \frac{1}{3}\triangle DBE = \frac{1}{3} \times \frac{1}{2}\triangle ABE$$
$$= \frac{1}{3} \times \frac{1}{2} \times \frac{1}{2}\triangle ABC$$

8.

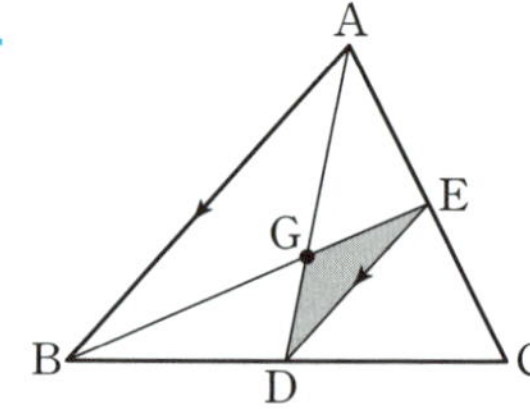

$\triangle$ABC$=48$ cm^{2}일 때,

$\triangle$EGD$=$ □

평행사변형에서 삼각형의 무게중심의 응용

오른쪽 그림에서 x의 값을 구해 보자.
점 P는 $\triangle$ABC의 무게중심이므로
$\overline{AP} : \overline{AM} = 2 : 3 = 8 : x$
$\therefore x = 12$

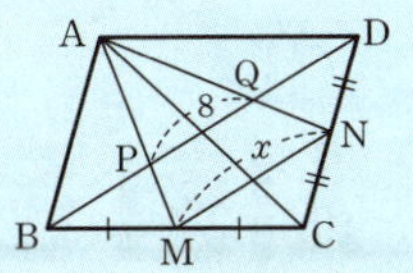

■ 다음 평행사변형 ABCD에서 x의 값을 구하시오.

1.

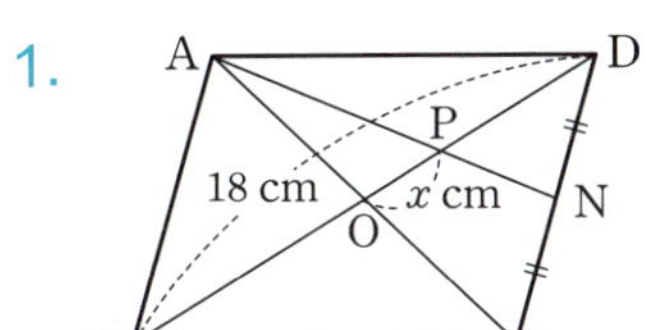

Help $\overline{DO} = \overline{BO} = 9\,(cm)$, $\overline{DP} : \overline{PO} = 2 : 1$

2.

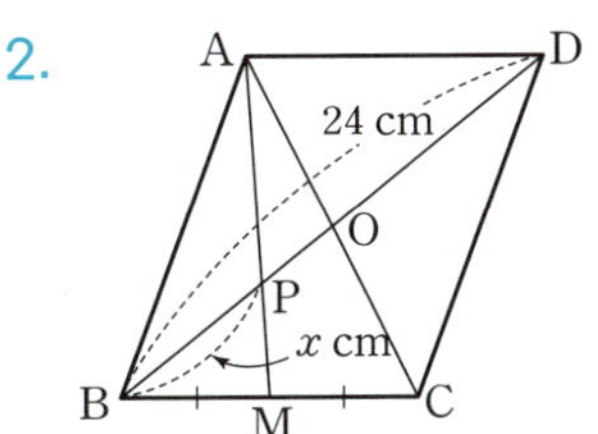

3.

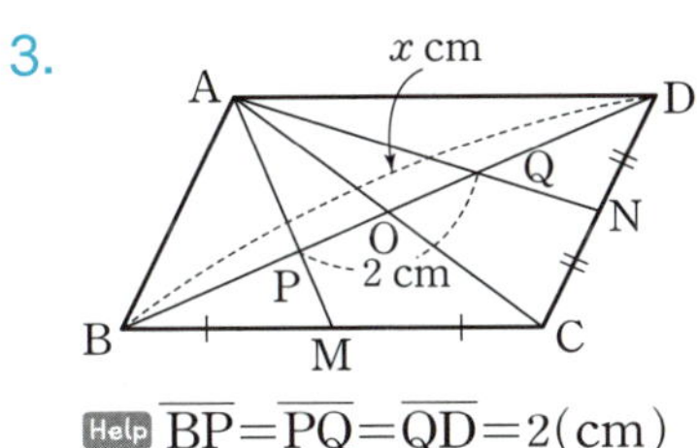

Help $\overline{BP} = \overline{PQ} = \overline{QD} = 2\,(cm)$

4.

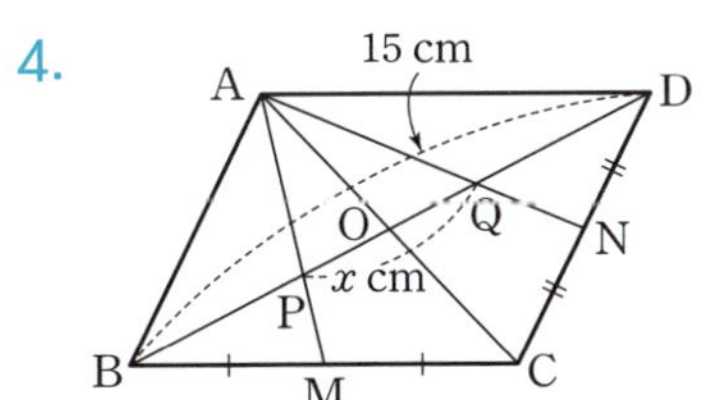

5.

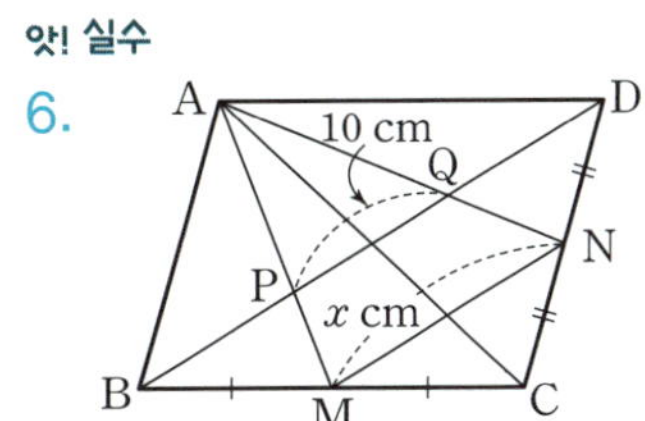

Help $\overline{AP} : \overline{AM} = 6 : x$, $2 : 3 = 6 : x$

앗! 실수

6.

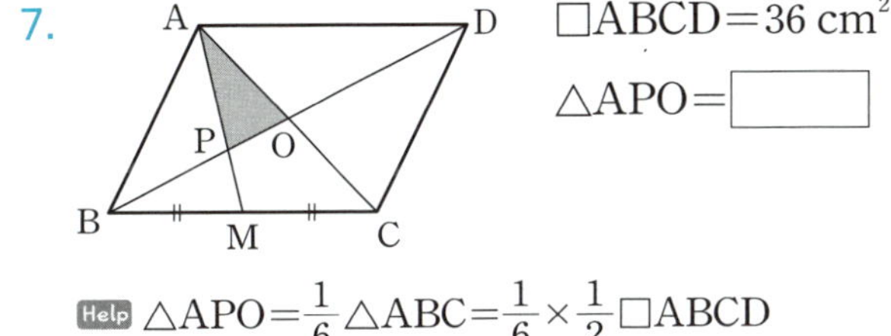

■ 다음 그림에서 ☐ 안에 알맞은 넓이를 써넣으시오.

7.

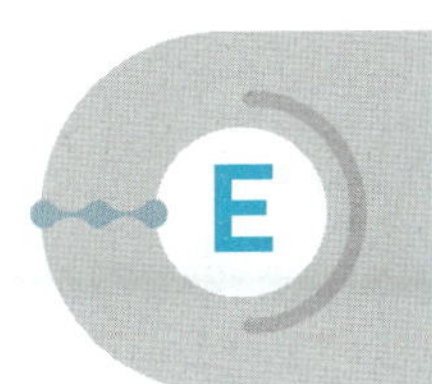

$\square ABCD = 36\,cm^2$

$\triangle APO = \boxed{}$

Help $\triangle APO = \dfrac{1}{6}\triangle ABC = \dfrac{1}{6} \times \dfrac{1}{2}\square ABCD$

8.

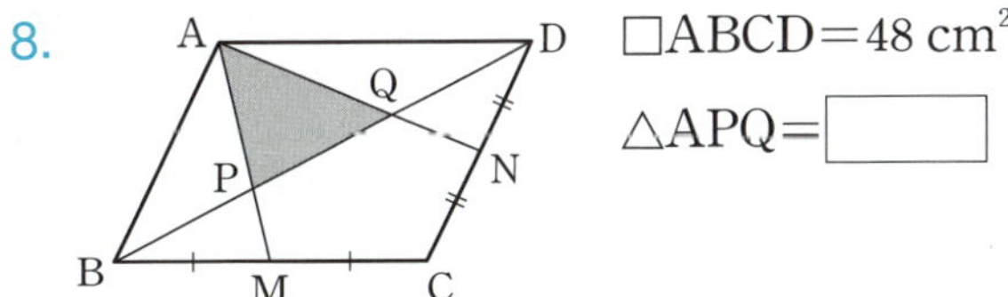

$\square ABCD = 48\,cm^2$

$\triangle APQ = \boxed{}$

[1~3] 삼각형의 무게중심

적중률 90%

1. 오른쪽 그림에서 $\overline{AD}$는 $\triangle ABC$의 한 중선이고, 점 G는 무게중심이다. $\overline{BC}=18\,cm$, $\overline{GD}=3\,cm$일 때, $x+y$의 값은?

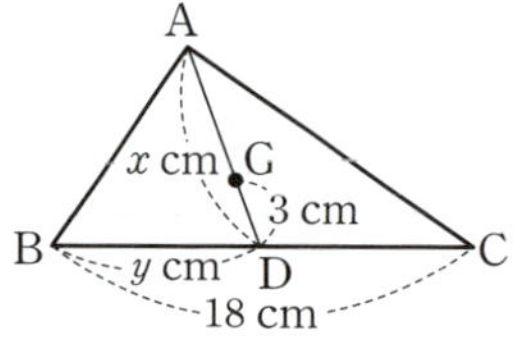

① 15　　② 16　　③ 17
④ 18　　⑤ 19

적중률 80%

2. 오른쪽 그림에서 점 G는 $\triangle ABC$의 무게중심이고, 점 G′은 $\triangle AGC$의 무게중심이다. $\overline{G'D}=4\,cm$일 때, $\overline{BD}$의 길이를 구하시오.

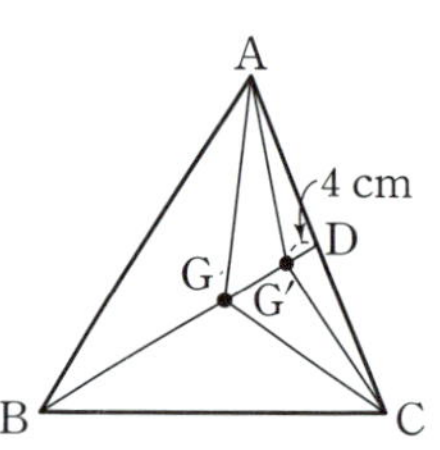

3. 오른쪽 그림에서 점 G는 $\triangle ABC$의 무게중심이고, $\overline{BE}\,/\!/\,\overline{DF}$이다. $\overline{BG}=8\,cm$일 때, $y-x$의 값을 구하시오.

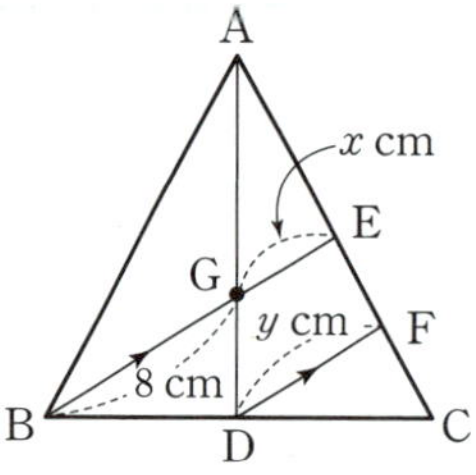

Help $\overline{BD}=\overline{DC}$이므로 $y=\dfrac{1}{2}\overline{BE}$

[4] 삼각형의 무게중심과 넓이의 응용

4. 오른쪽 그림에서 점 G는 $\triangle ABC$의 무게중심이고, 점 G′은 $\triangle GBC$의 무게중심이다. $\triangle ABC=45\,cm^2$일 때, $\triangle G'BC$의 넓이는?

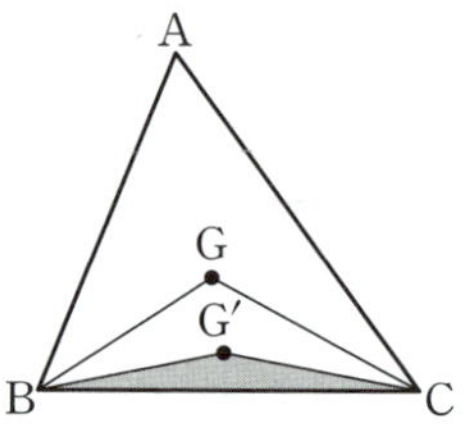

① $5\,cm^2$　　② $6\,cm^2$　　③ $7\,cm^2$
④ $8\,cm^2$　　⑤ $9\,cm^2$

[5~6] 평행사변형에서 삼각형의 무게중심의 응용

적중률 80%

5. 오른쪽 그림과 같은 평행사변형 ABCD에서 두 대각선의 교점을 O라 하고, $\overline{AD}$, $\overline{BC}$의 중점을 각각 M, N이라 하자. $\overline{PO}=7\,cm$일 때, $\overline{AC}$의 길이는?

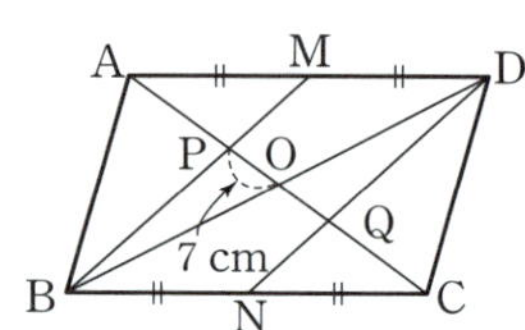

① 25 cm　　② 28 cm　　③ 35 cm
④ 38 cm　　⑤ 42 cm

앗! 실수

6. 오른쪽 그림과 같은 평행사변형 ABCD에서 $\overline{BE}=\overline{EC}$이고, $\square OFEC=6\,cm^2$일 때, $\square ABCD$의 넓이를 구하시오.

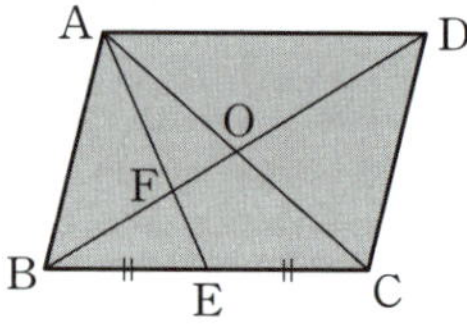

19 피타고라스 정리

● 피타고라스 정리

직각삼각형에서 직각을 낀 두 변의 길이를 a, b라 하고,
빗변의 길이를 c라 하면

$$a^2+b^2=c^2$$

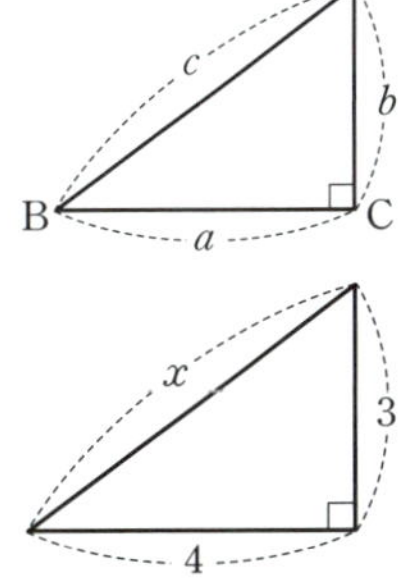

오른쪽 직각삼각형에서 x의 값을 구해 보자.
$$x^2=4^2+3^2=5^2$$
$$\therefore x=5$$

● 직각삼각형에서 변의 길이 구하기

피타고라스 정리를 이용하면 직각삼각형에서 두 변의
길이를 알 때, 나머지 한 변의 길이를 구할 수 있다.
오른쪽 그림과 같이 $\angle C=90^\circ$인 직각삼각형 ABC에서
① b, c의 길이를 알 때, $a^2=c^2-b^2$
② a, c의 길이를 알 때, $b^2=c^2-a^2$
③ a, b의 길이를 알 때, $c^2=a^2+b^2$

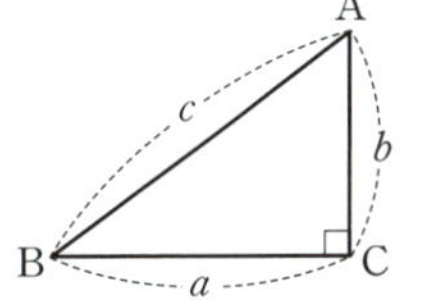

● 피타고라스 정리를 이용하여 변의 길이 구하기

오른쪽 그림에서 x, y의 값을 각각 구해 보자.
$$x^2=10^2-8^2=36 \qquad \therefore x=6$$
$$y^2=8^2+(6+9)^2=289 \qquad \therefore y=17$$

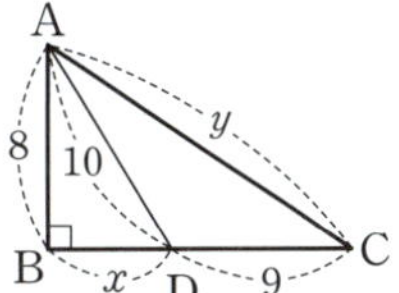

오른쪽 그림에서 x의 값을 구해 보자.
점 D에서 $\overline{BC}$에 내린 수선의 발을 E라 하면
$$\overline{DE}=\overline{AB}=12$$
$$\overline{EC}^2=13^2-12^2=25 \qquad \therefore \overline{EC}=5$$
$$\overline{BC}=4+5=9 \text{이므로}$$
$$\overline{AC}^2=12^2+9^2=225 \qquad \therefore x=\overline{AC}=15$$

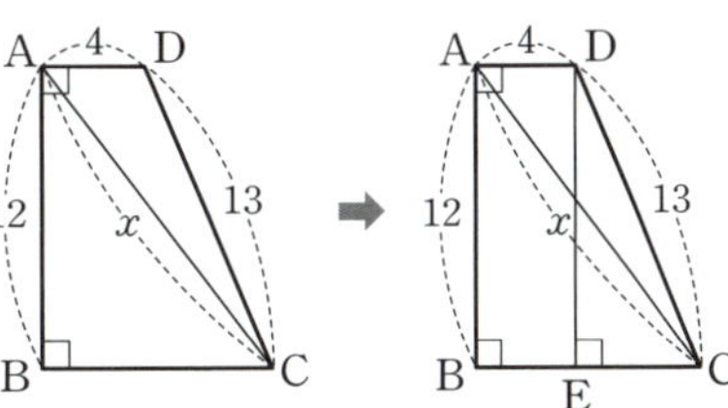

피타고라스 정리를 배우고 나면 직각삼각형인지 확인하지 않고 모든 삼각형에 피타고라스 정리를 이용하여 변의 길이를 구하는 경우가 있어. 피타고라스 정리는 직각삼각형에서만 성립한다는 것을 잊지 말자.

• 직각삼각형의 세 변의 길이를 세 자연수의 쌍 (a, b, c)로 나타낼 때,
$(3, 4, 5)$, $(6, 8, 10)$,
$(5, 12, 13)$, $(9, 12, 15)$,
$(8, 15, 17)$, $(7, 24, 25)$
가 가장 많이 나오는 수야. 이 수들을 외워 두면 매번 계산하지 않아도 되니 편리해.

• 피타고라스 정리는 제곱수가 많이 나오기 때문에 아래 제곱수를 외우고 있으면 계산이 빠르고 쉬워져.
$12^2=144$, $13^2=169$,
$15^2=225$, $17^2=289$,
$24^2=576$, $25^2=625$

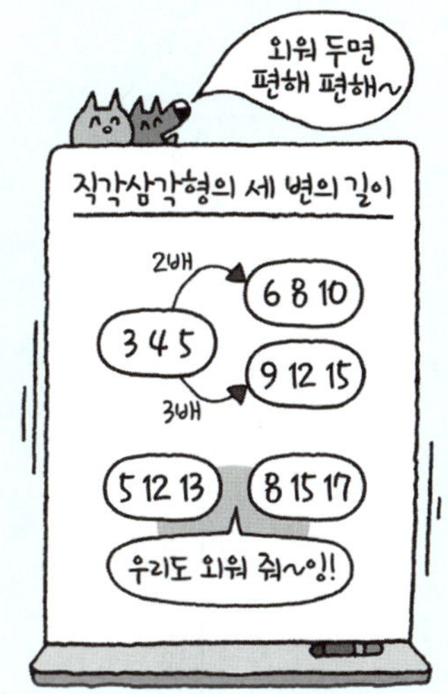

A. 직각삼각형에서 변의 길이 구하기

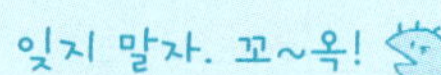
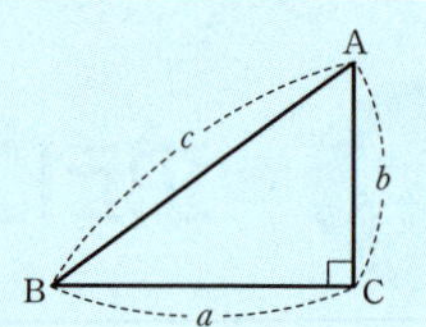

■ 다음 그림의 직각삼각형에서 x의 값을 구하시오.

1.

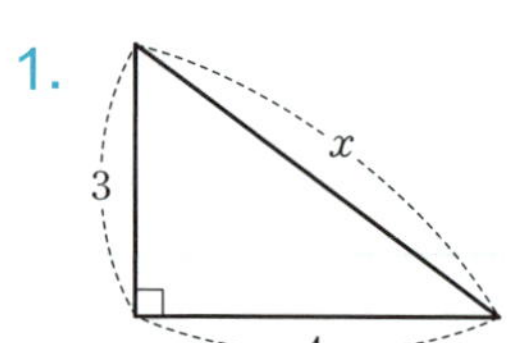

2.

3.

4.

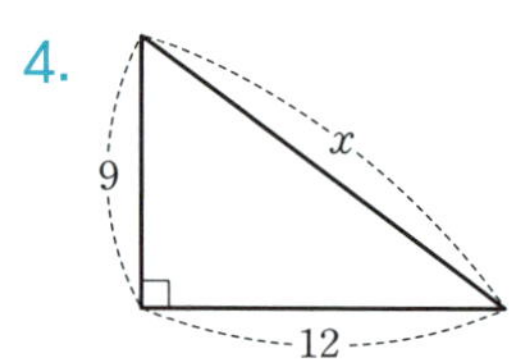

5.

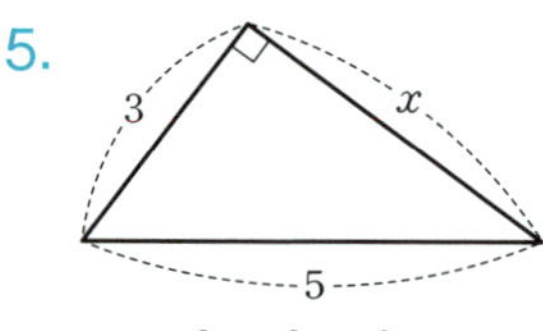

Help $x^2 = 5^2 - 3^2$

6.

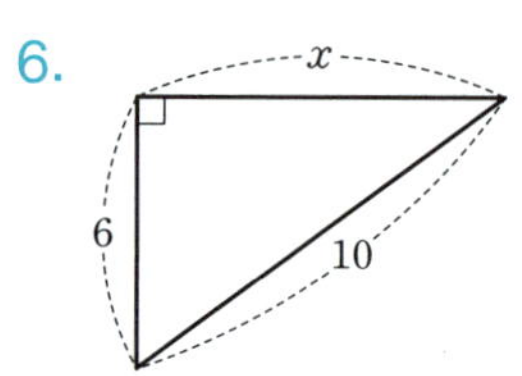

7.

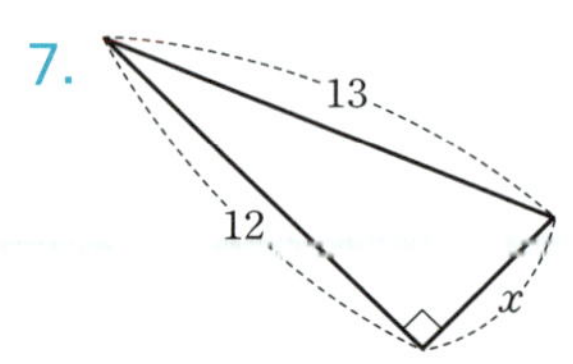

8.

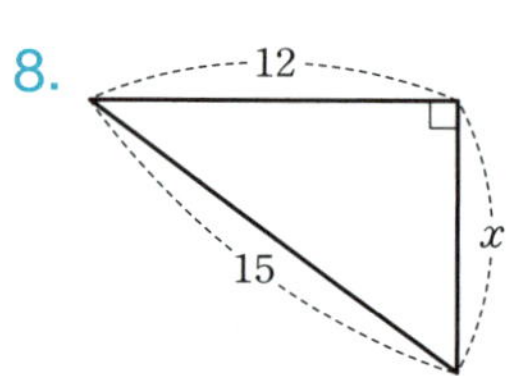

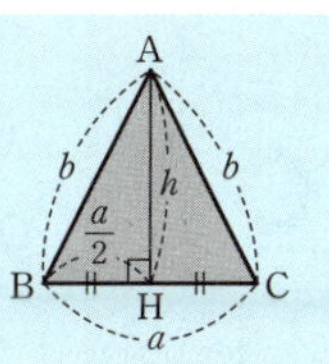

이등변삼각형 ABC의 꼭지각에서 밑변에 수선을 그으면 밑변의 길이를 이등분하므로

$$b^2=h^2+\left(\frac{a}{2}\right)^2$$

■ 다음 그림의 삼각형 ABC에서 x, y의 값을 각각 구하시오.

1.

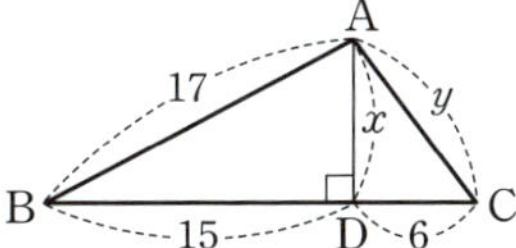

2.

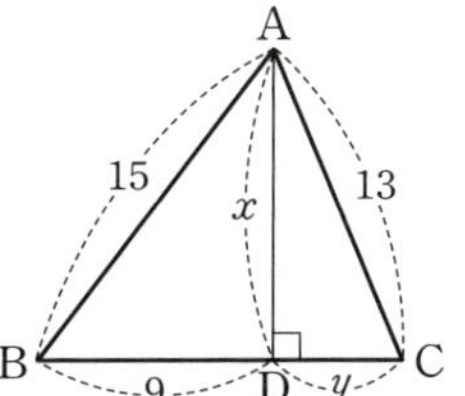

3.

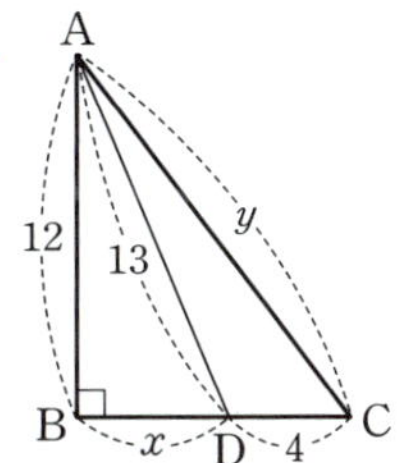

4.

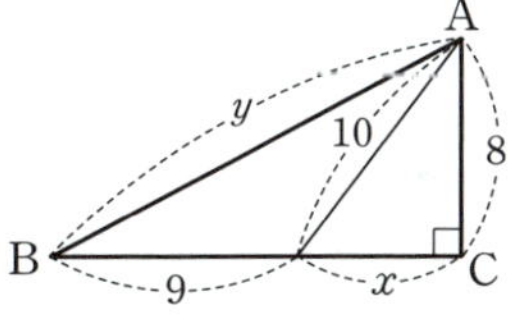

■ 다음 그림의 이등변삼각형 ABC에서 x의 값을 구하시오.

5.

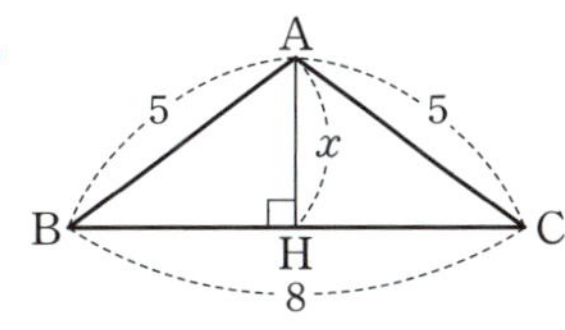

Help $x^2=5^2-\left(\dfrac{8}{2}\right)^2$

6.

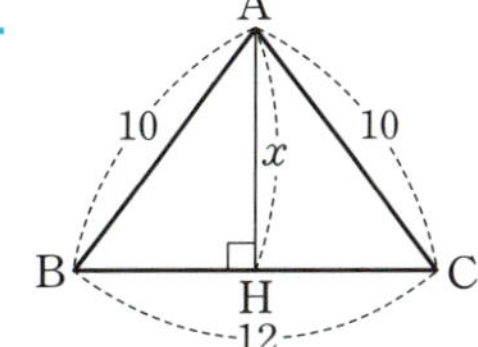

■ 다음 그림의 이등변삼각형 ABC의 넓이를 구하시오.

7.

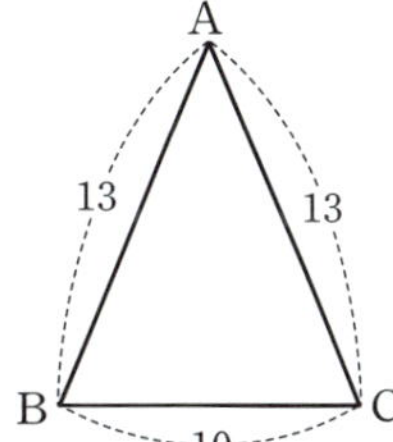

8.

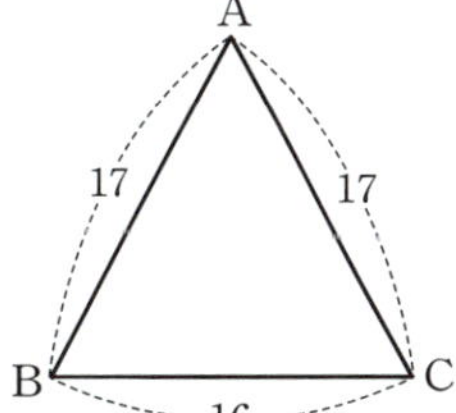

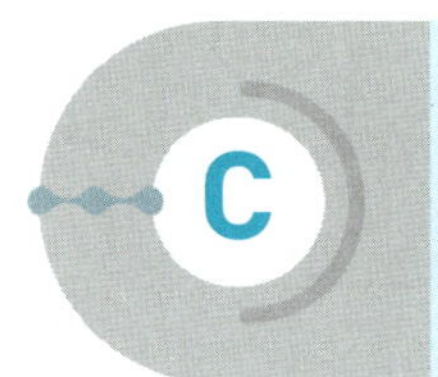

C 사각형에서 피타고라스 정리의 이용

오른쪽 그림과 같은 사각형 ABCD의 변의 길이는 수선을 그어 직각삼각형을 찾고 피타고라스 정리를 이용하여 구해.

아하! 그렇구나~ 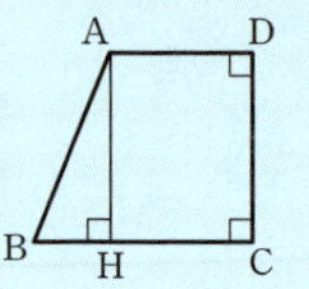

■ 다음 그림의 사각형 ABCD에서 x, y의 값을 각각 구하시오.

1.

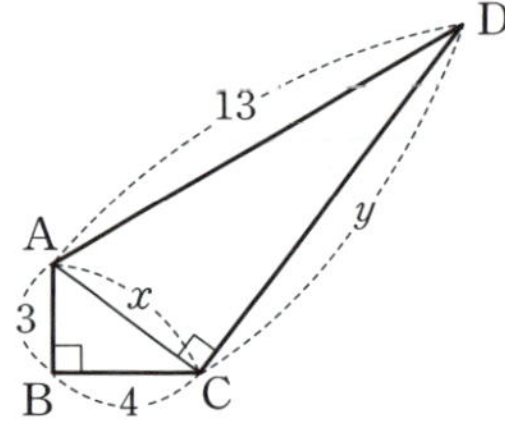

2.

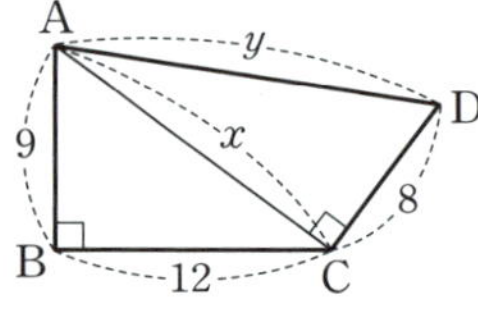

3.

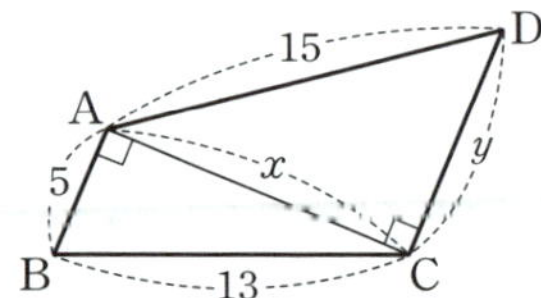

4.

■ 다음 그림의 사각형 ABCD에서 x의 값을 구하시오.

5.

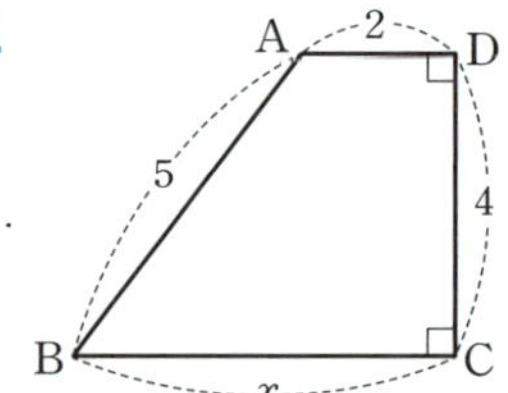

Help 점 A에서 $\overline{BC}$에 수선을 긋는다.

6.

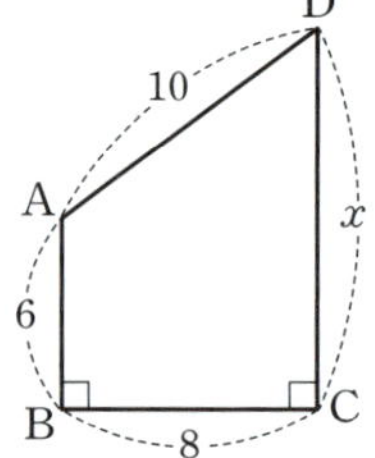

7.

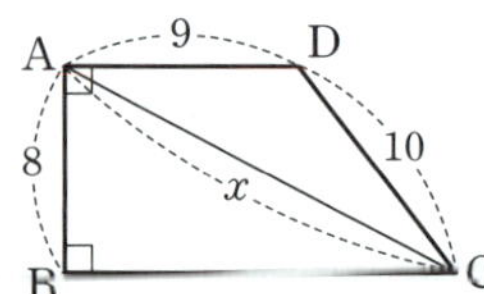

Help 점 D에서 $\overline{BC}$에 수선을 내려 밑변의 길이를 구한다.

8.

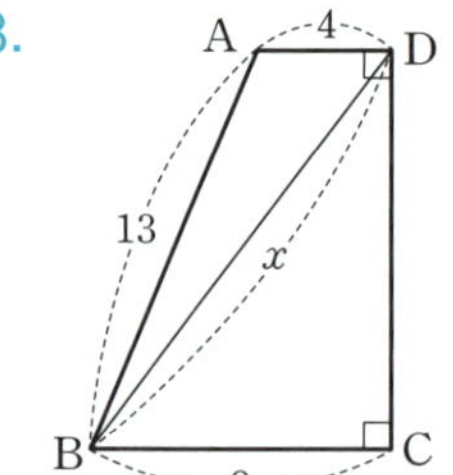

피타고라스 정리의 응용 1

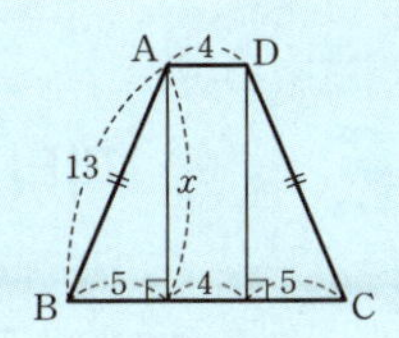

■ 다음 그림에서 등변사다리꼴 ABCD의 넓이를 구하시오.

1.
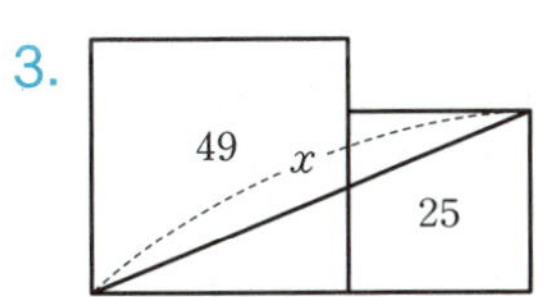

Help 두 점 A, D에서 $\overline{BC}$에 수선을 각각 그어 피타고라스 정리를 이용한다.

2.
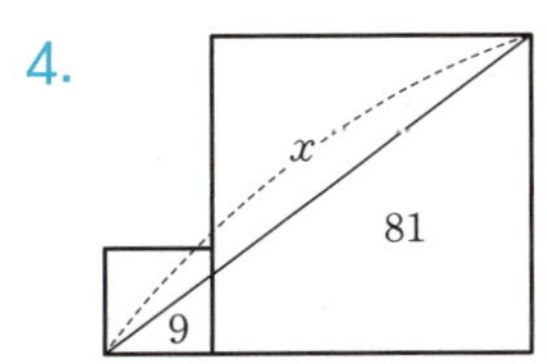

■ 다음과 같이 넓이가 주어진 두 개의 정사각형을 붙여 놓았을 때, x의 값을 구하시오.

3.

Help 정사각형의 한 변의 길이는 각각 7, 5이다.

4.

■ 다음 직사각형 ABCD에서 $\overline{BC} : \overline{DC}=4 : 3$일 때, $\overline{BC}$의 길이를 구하시오.

5.
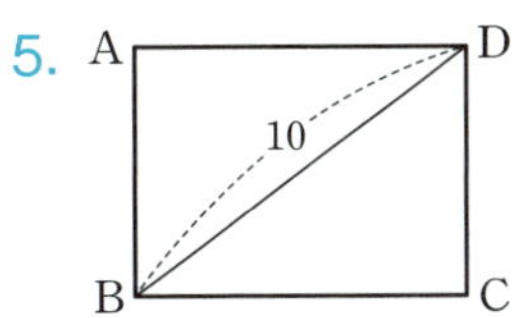

Help $\overline{BC} : \overline{DC}=4 : 3$이므로 $\overline{BC}=4x$, $\overline{DC}=3x$로 놓으면 $10^2=(4x)^2+(3x)^2$

6.
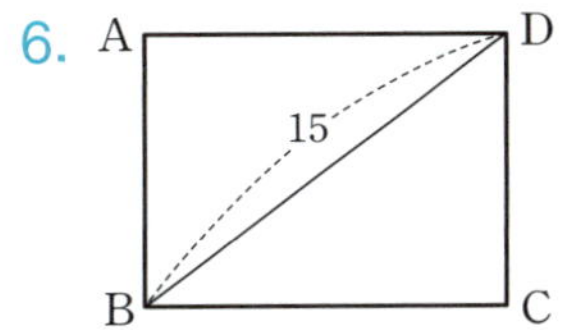

■ 다음 그림에서 마름모 ABCD의 한 변의 길이를 구하시오.

7.
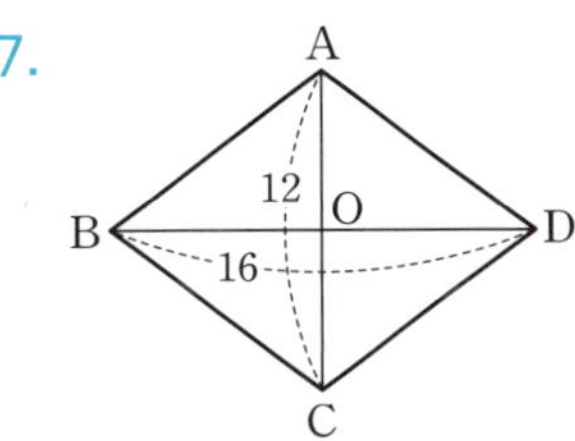

Help 마름모의 대각선은 서로 다른 것을 수직이등분하므로 △ABO는 직각삼각형이다.

8.
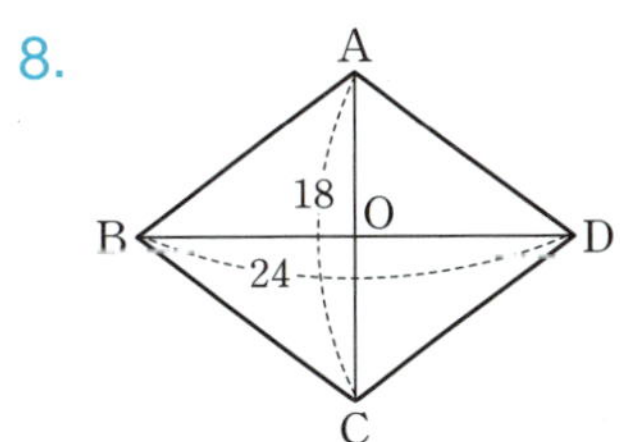

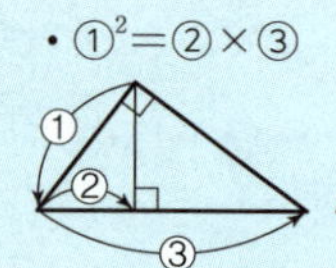
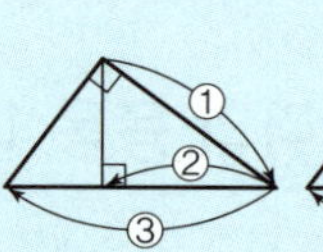
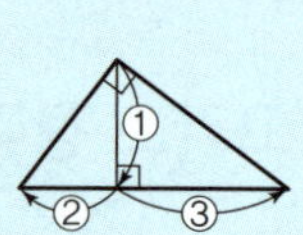
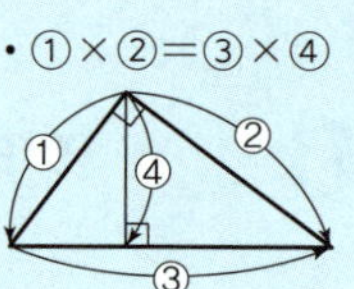

■ 다음 그림과 같이 직사각형 ABCD를 접은 도형에서 x의 값을 구하시오.

1.

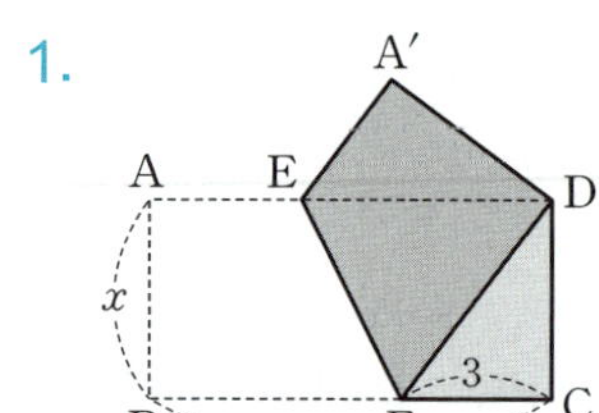

Help $\overline{DF}=\overline{BF}=8-3=5$이므로 △DFC에서 피타고라스 정리를 이용한다.

2.

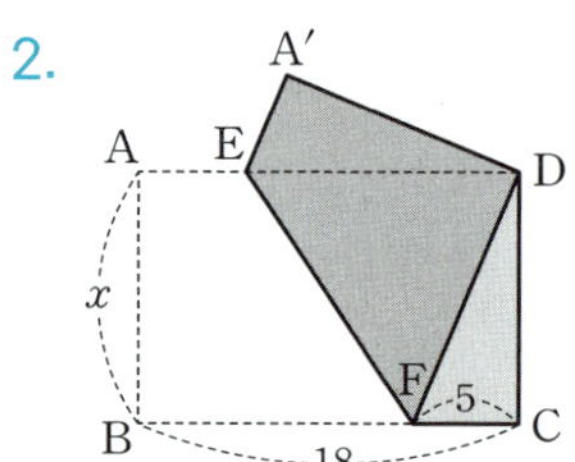

3.

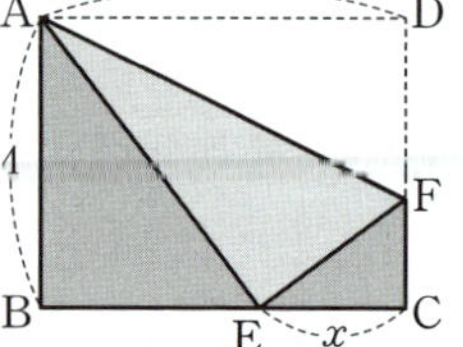

Help $\overline{AE}=\overline{AD}=5$이므로 △ABE에서 피타고라스 정리를 이용하여 $\overline{BE}$를 구한다.

4.

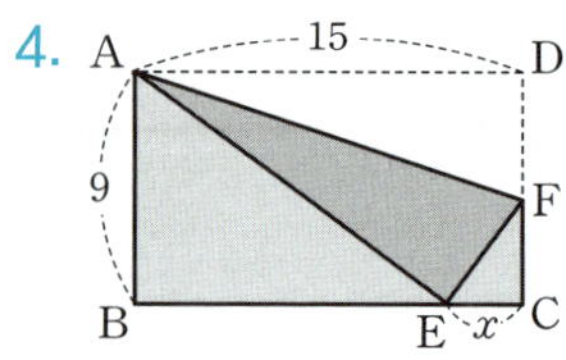

■ 다음 그림과 같은 직각삼각형 ABC에서 x의 값을 구하시오.

5.

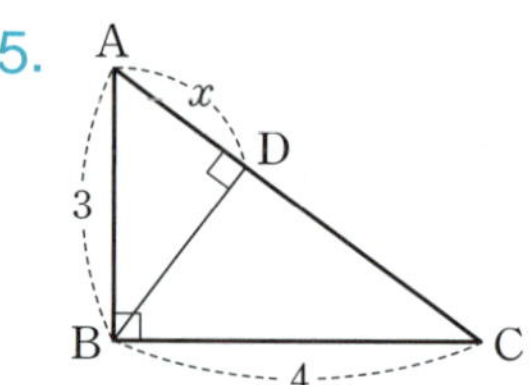

Help $\overline{AC}^2=3^2+4^2$

6.

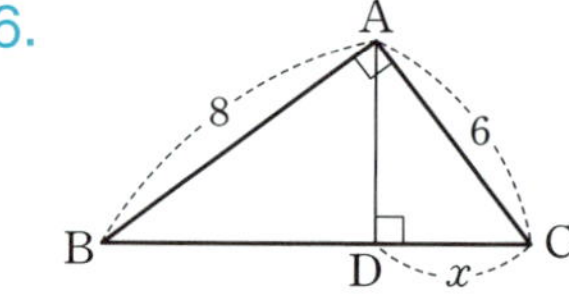

7.

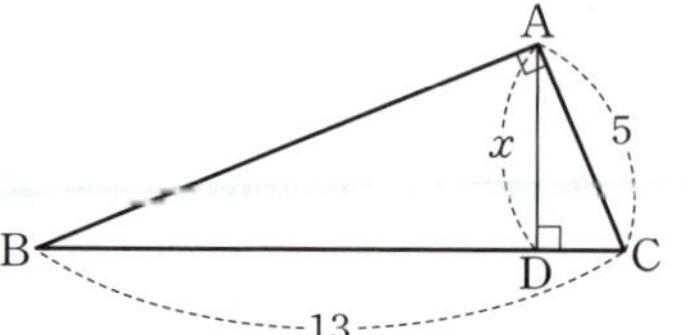

Help $\overline{AB}^2=\overline{BC}^2-\overline{AC}^2$, $\overline{AB}\times\overline{AC}=\overline{BC}\times\overline{AD}$

8.

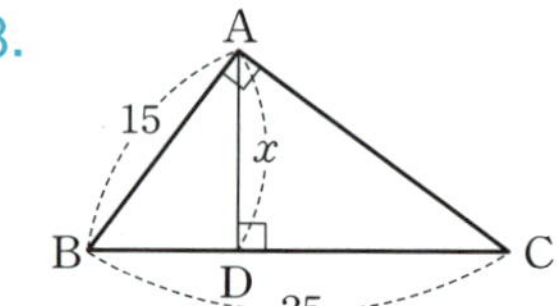

[1~2] 삼각형에서 피타고라스 정리의 이용

적중률 90%

1. 오른쪽 그림과 같이
$\angle A = 90°$인
△ABC의 넓이는?

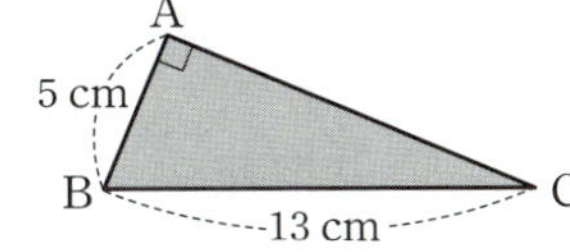

① 20 cm²   ② 30 cm²

③ 40 cm²   ④ 50 cm²

⑤ 60 cm²

적중률 80%

2. 오른쪽 그림과 같은
△ABC에서 x, y의 값을
각각 구하시오.

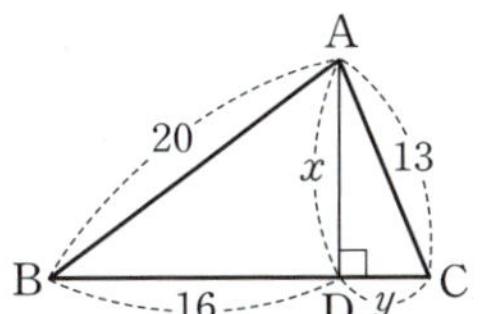

[3~4] 사각형에서 피타고라스 정리의 이용

적중률 70%

3. 오른쪽 그림과 같은 사다리
꼴 ABCD의 넓이는?

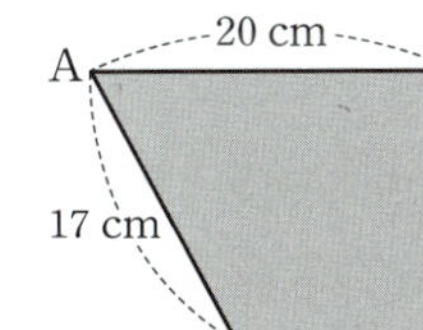

① 200 cm²

② 240 cm²

③ 250 cm²

④ 280 cm²

⑤ 300 cm²

4. 오른쪽 그림과 같은
□ABCD에서
$\angle A = \angle C = 90°$이고
$\overline{AB} = 24$, $\overline{AD} = 7$,
$\overline{CD} = 15$일 때, $\overline{BC}$의
길이를 구하시오.

Help $625 = 25^2$

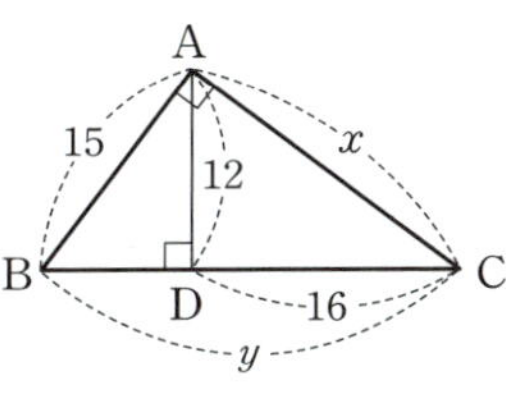

[5~6] 직각삼각형에서의 닮음

적중률 80%

5. 오른쪽 그림과 같이
$\angle A = 90°$인 직각삼각형
ABC에서 $\overline{AD} \perp \overline{BC}$일
때, $x + y$의 값은?

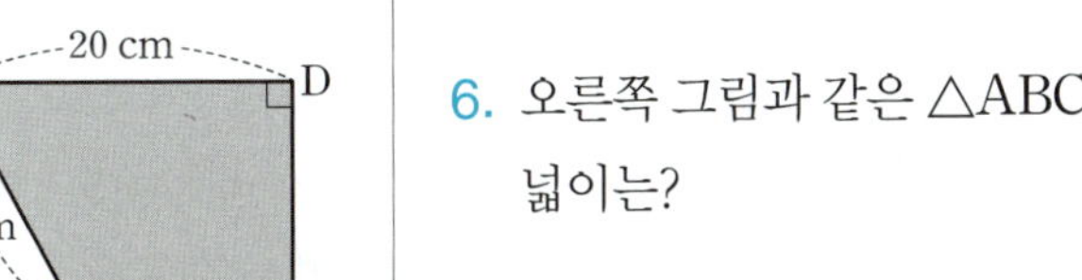

① 33   ② 36   ③ 39

④ 42   ⑤ 45

6. 오른쪽 그림과 같은 △ABC의
넓이는?

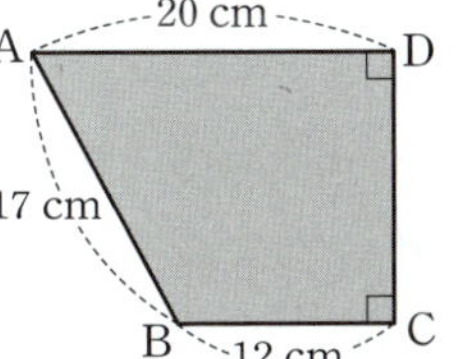

① $\dfrac{65}{2}$ ② 32

③ $\dfrac{75}{2}$ ④ 40

⑤ $\dfrac{81}{2}$

20 피타고라스 정리의 증명, 직각삼각형이 되기 위한 조건

● **피타고라스 정리의 증명 — 유클리드의 방법**

직각삼각형 ABC의 각 변을 한 변으로 하는 정사각형 AFGB, ACDE, BHIC를 그리고 꼭짓점 C에서 $\overline{AB}$에 내린 수선의 발을 L, 그 연장선과 $\overline{FG}$가 만나는 점을 M이라 하면

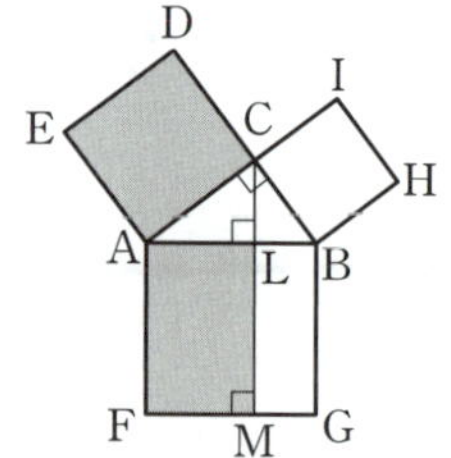
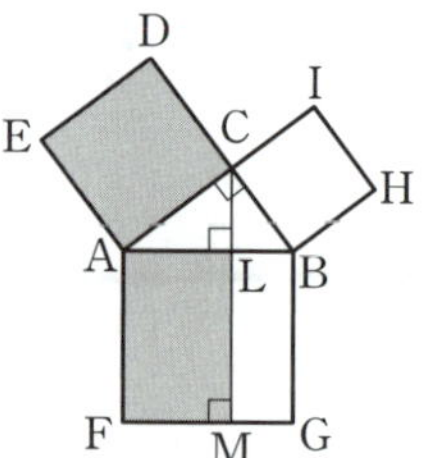

① $\square$ACDE=$\square$AFML, $\square$BHIC=$\square$LMGB

② $\square$ACDE+$\square$BHIC=$\square$AFGB이므로
$$\overline{AC}^2+\overline{BC}^2=\overline{AB}^2$$

● **피타고라스 정리의 증명 — 피타고라스의 방법**

한 변의 길이가 $a+b$인 정사각형을 직각삼각형 ABC와 합동인 삼각형 3개를 이어 붙여 [그림1]과 같은 정사각형을 만들었다.

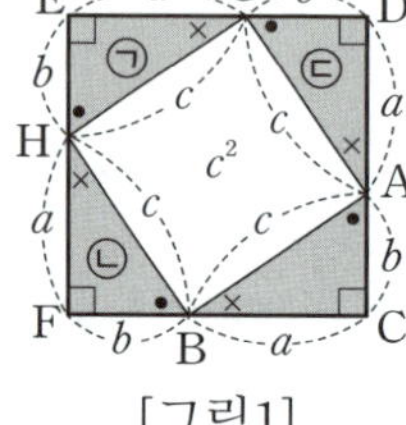
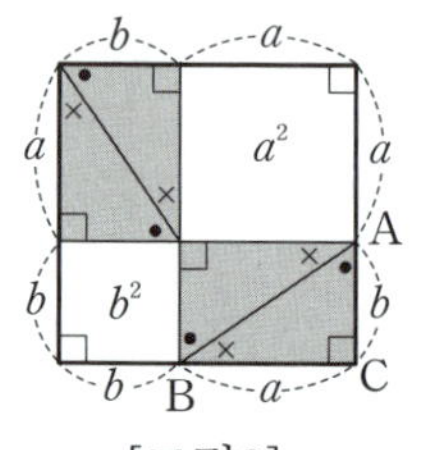

[그림1] [그림2]

① [그림1]에서 $\square$AGHB는 한 변의 길이가 c인 정사각형이다.

② [그림1]의 세 개의 직각삼각형 ㉠, ㉡, ㉢을 옮겨 붙여서 [그림2]를 만들 수 있다.

③ [그림1]의 정사각형 AGHB의 넓이가 [그림2]의 한 변의 길이가 각각 a, b인 두 정사각형의 넓이의 합과 같으므로 $a^2+b^2=c^2$

● **직각삼각형이 되기 위한 조건**

삼각형 ABC의 세 변의 길이를 각각 a, b, c라 할 때, $a^2+b^2=c^2$이면 이 삼각형은 빗변의 길이가 c인 직각삼각형이다.

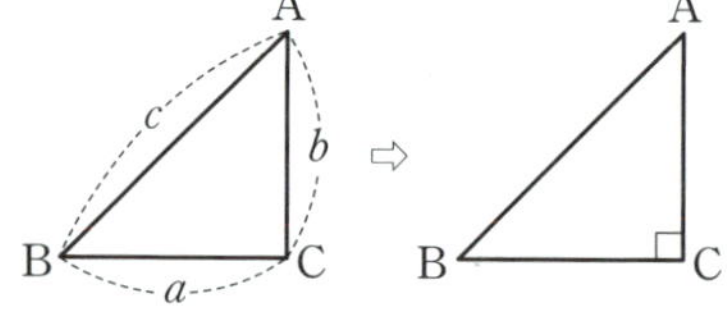

● **삼각형의 변의 길이에 대한 각의 크기**

삼각형 ABC에서 $\overline{AB}=c$, $\overline{BC}=a$, $\overline{CA}=b$이고, c가 가장 긴 변의 길이일 때,

① $c^2<a^2+b^2$이면 $\angle C<90°$ ➡ 삼각형 ABC는 **예각삼각형**

② $c^2=a^2+b^2$이면 $\angle C=90°$ ➡ 삼각형 ABC는 **직각삼각형**

③ $c^2>a^2+b^2$이면 $\angle C>90°$ ➡ 삼각형 ABC는 **둔각삼각형**

다음 그림의 색칠한 4개 삼각형의 넓이는 모두 같아.

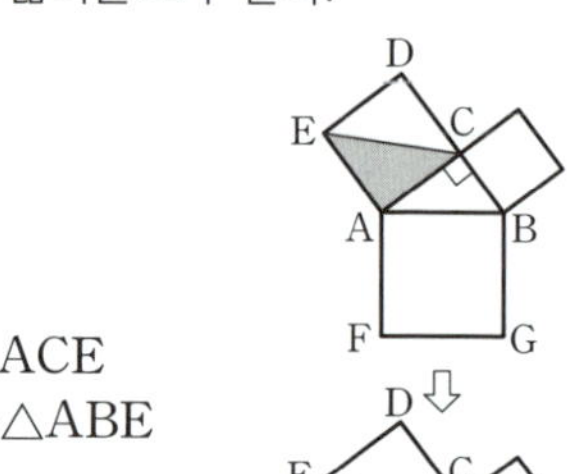

$\triangle$ACE
$=\triangle$ABE

$\triangle$ABE
$=\triangle$AFC

$\triangle$AFC
$=\triangle$AFL

$\triangle$ACE$=\triangle$ABE$=\triangle$AFC
$=\triangle$AFL
∴ $\square$ACDE=$\square$AFML

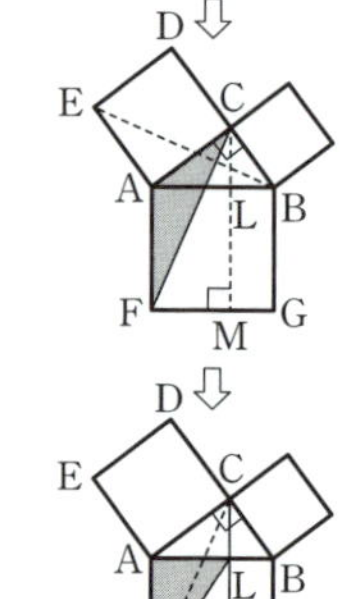

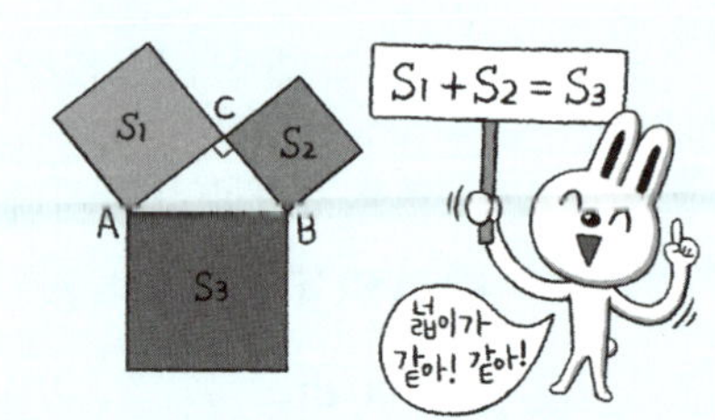

출동! X맨과 O맨

삼각형 ABC에서 $c^2<a^2+b^2$이 성립할 때

절대 아니야

• 삼각형 ABC는 예각삼각형이다. (×)
➡ $\angle C$는 예각이지만 c가 가장 긴 변이 아니라면 $a^2 \geq b^2+c^2$ 또는 $b^2 \geq a^2+c^2$이 될 수 있어서 예각삼각형이 아니야.

이게 정답이야

• c가 가장 긴 변일 때, 삼각형 ABC는 예각삼각형이다. (○)
➡ c가 가장 긴 변이라는 조건이 있으므로 예각삼각형이야. 하지만 둔각삼각형일 때는 이 조건이 필요 없어.

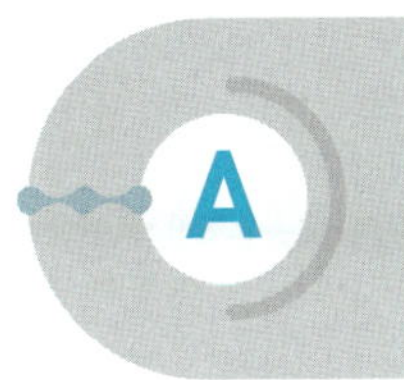 **A**

피타고라스 정리의 증명
- 유클리드의 방법

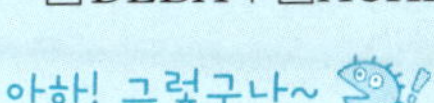

오른쪽 그림에서
- $\triangle EBA = \triangle EBC \equiv \triangle ABF = \triangle BFL$
- $\square DEBA + \square ACHI = \square BFGC$

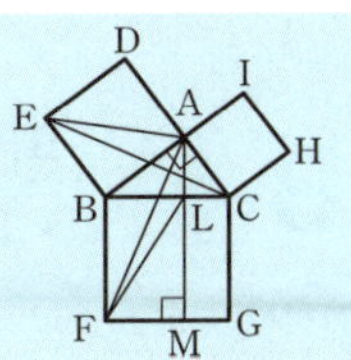

■ 아래 그림은 $\angle A = 90°$인 직각삼각형 ABC의 세 변을 각각 한 변으로 하는 정사각형을 그린 것이다. 다음 중 삼각형 EBA와 넓이가 같은 것은 ○를, 넓이가 같지 <u>않은</u> 것은 ×를 하시오.

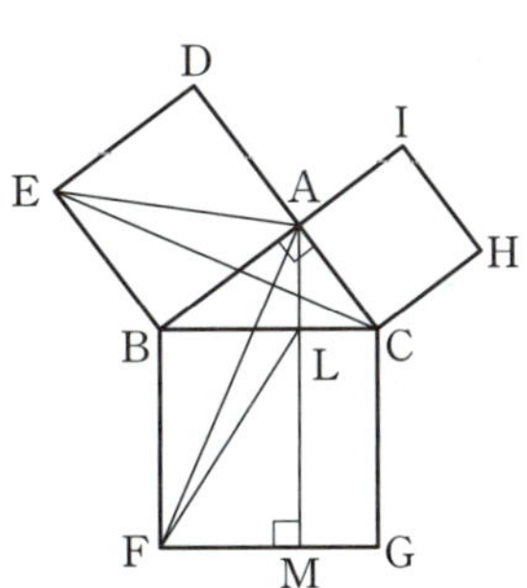

1. 삼각형 EBC

____

2. 삼각형 ABF

____

3. 삼각형 AEC

____

4. 삼각형 ABC

____

5. 삼각형 BFL

____

■ 다음 그림은 $\angle A = 90°$인 직각삼각형 ABC의 세 변을 각각 한 변으로 하는 정사각형을 그린 것이다. 색칠한 부분의 넓이를 구하시오.

6.
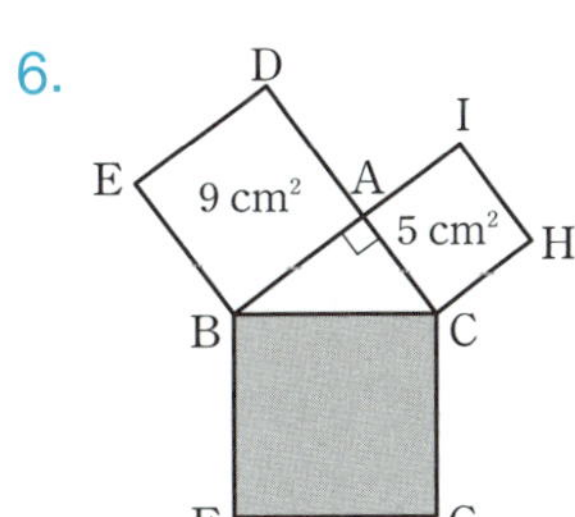

7.
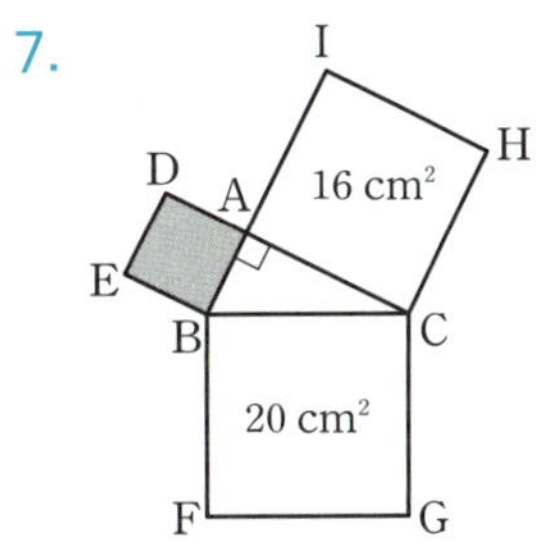

8.
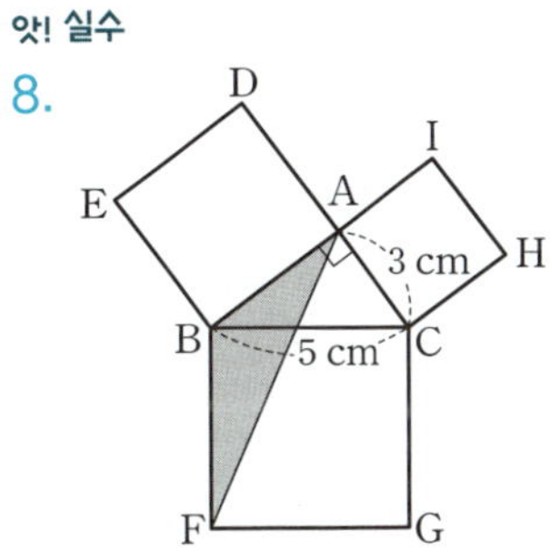

Help $\triangle ABF = \dfrac{1}{2}\square EBAD$

9.
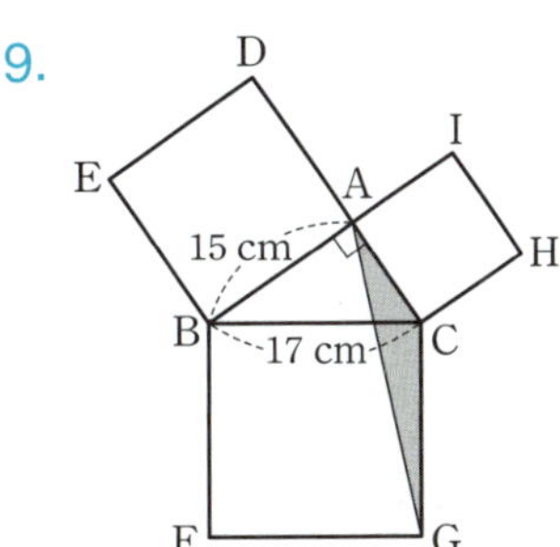

B 피타고라스 정리의 증명 - 피타고라스의 방법

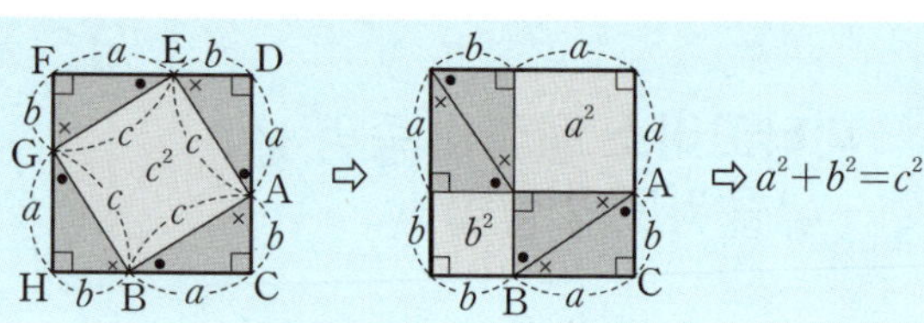

■ 다음 그림에서 사각형 EFGH의 넓이가 주어질 때, 정사각형 ABCD의 넓이를 구하시오.

1. □EFGH＝25 cm²

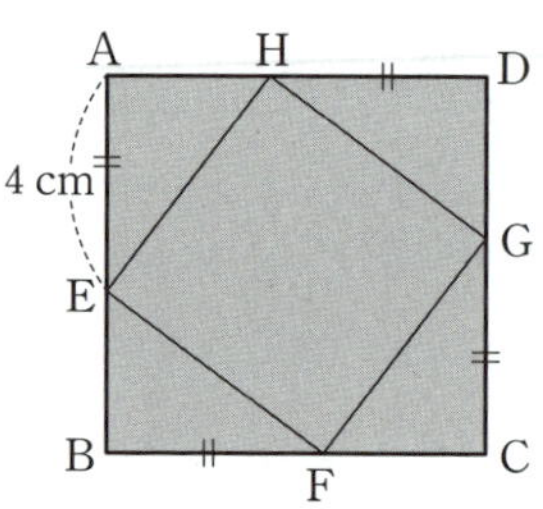

Help $\overline{\text{EH}}$＝5 cm

2. □EFGH＝169 cm²

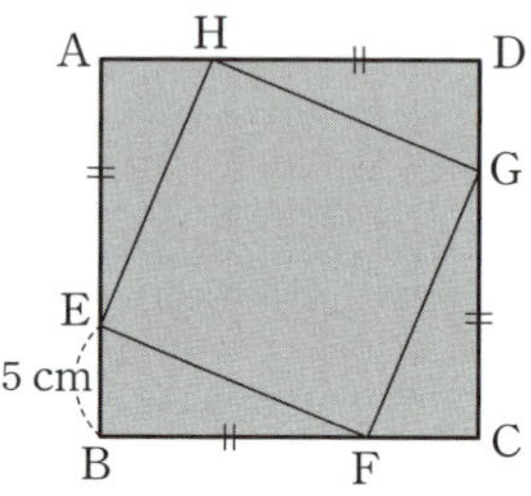

■ 다음 그림에서 정사각형 ABCD의 넓이가 주어질 때, 사각형 EFGH의 넓이를 구하시오.

3. □ABCD＝49 cm²

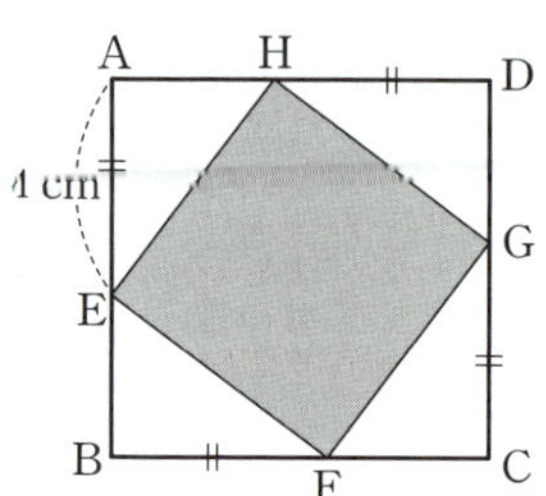

4. □ABCD＝196 cm²

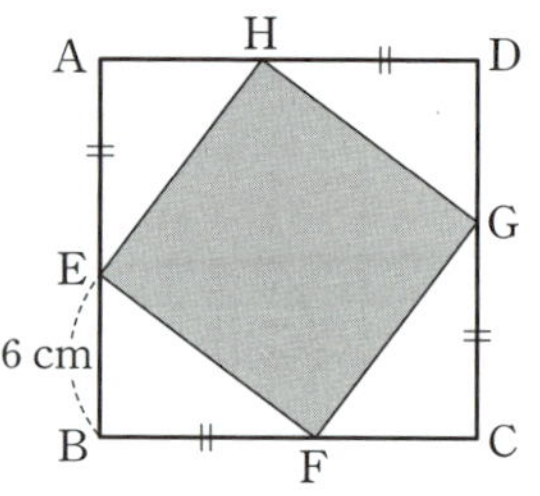

■ 다음 그림과 같은 정사각형 ABCD에서 사각형 EFGH의 넓이를 구하시오.

5.

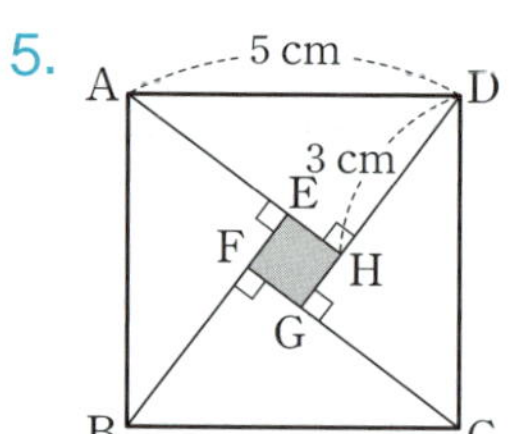

Help △ABE≡△BCF≡△CDG≡△DAH이므로
□EFGH는 정사각형이다.
$\overline{\text{AE}}=\overline{\text{DH}}$＝3 cm, $\overline{\text{EH}}=\overline{\text{AH}}-\overline{\text{AE}}$

6.

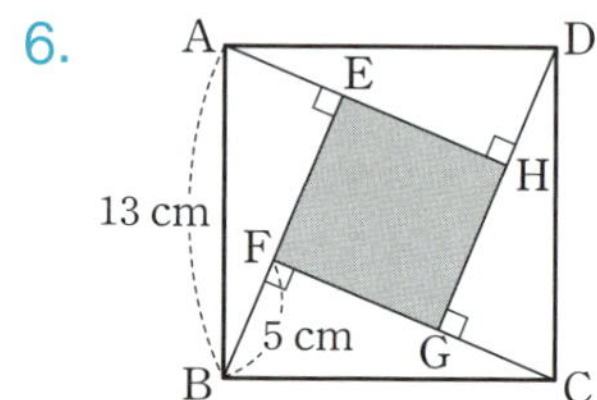

■ 다음 그림에서 사각형 EFGH의 넓이가 주어질 때, 정사각형 ABCD의 넓이를 구하시오.

7. □EFGH＝4 cm²

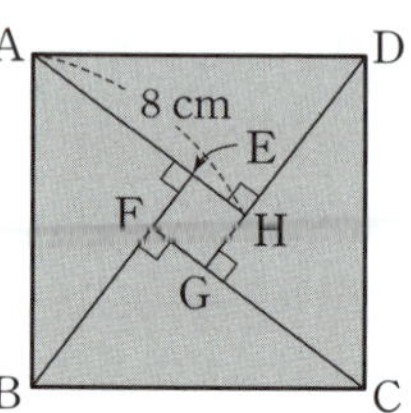

Help △ABE≡△BCF≡△CDG≡△DAH이므로
□EFGH는 정사각형이다.
□EFGH＝4 cm²이므로 $\overline{\text{EH}}$＝2 cm, $\overline{\text{AE}}$＝6 cm

8. □EFGH＝49 cm²

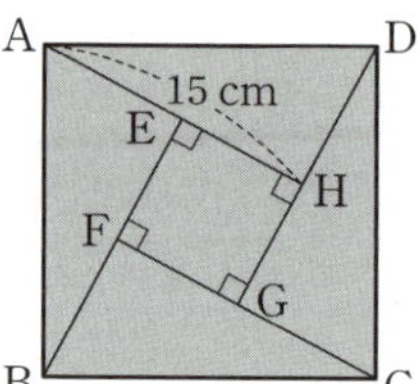

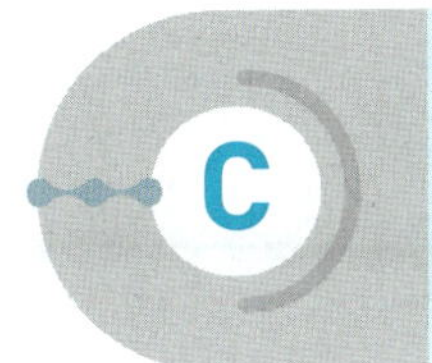

직각삼각형이 되기 위한 조건

세 변의 길이가 각각 a, b, c인 삼각형 ABC에서 가장 긴 변의 길이 c에 대하여 $a^2+b^2=c^2$이면 삼각형 ABC는 $\angle C=90°$인 직각삼각형이야.

아하! 그렇구나~

■ 세 변의 길이가 다음과 같은 삼각형 중에서 직각삼각형인 것은 ○를, 직각삼각형이 아닌 것은 ×를 하시오.

1. 2, 3, 4

———————

Help (가장 긴 변의 길이의 제곱)
   =(나머지 두 변의 길이의 제곱의 합)이 되는지를 확인한다.

2. 3, 4, 5

———————

3. 5, 6, 7

———————

4. 4, 8, 9

———————

5. 6, 8, 10

———————

6. 8, 15, 17

———————

7. 9, 12, 14

———————

8. 7, 24, 25

———————

9. 8, 10, 15

———————

10. 12, 16, 20

———————

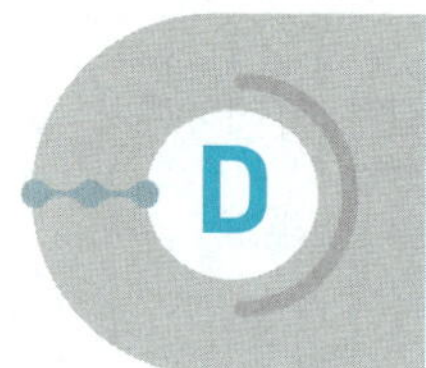

D 변의 길이에 따른 삼각형의 종류

■ 삼각형의 세 변의 길이가 다음과 같을 때, 예각삼각형은 예, 직각삼각형은 직, 둔각삼각형은 둔이라고 □ 안에 써넣으시오.

1. 3 cm, 5 cm, 7 cm

　　　　　　　　□각삼각형

Help $7^2 > 3^2 + 5^2$

2. 4 cm, 5 cm, 8 cm

　　　　　　　　□각삼각형

3. 5 cm, 8 cm, 9 cm

　　　　　　　　□각삼각형

4. 6 cm, 9 cm, 10 cm

　　　　　　　　□각삼각형

5. 5 cm, 12 cm, 13 cm

　　　　　　　　□각삼각형

6. 6 cm, 8 cm, 13 cm

　　　　　　　　□각삼각형

7. 6 cm, 10 cm, 10 cm

　　　　　　　　□각삼각형

8. 7 cm, 10 cm, 16 cm

　　　　　　　　□각삼각형

9. 9 cm, 12 cm, 15 cm

　　　　　　　　□각삼각형

10. 10 cm, 12 cm, 14 cm

　　　　　　　　□각삼각형

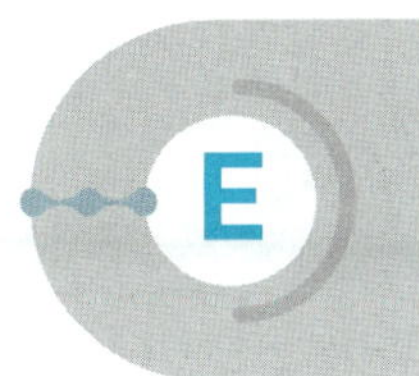

조건에 따른 변의 길이

삼각형 ABC에서 c가 가장 긴 변의 길이일 때,
- $\angle C < 90° \Rightarrow c^2 < a^2 + b^2$
- $\angle C = 90° \Rightarrow c^2 = a^2 + b^2$
- $\angle C > 90° \Rightarrow c^2 > a^2 + b^2$ 아하! 그렇구나~ 

■ 삼각형 ABC에서 $\overline{AB}=c$, $\overline{BC}=a$, $\overline{CA}=b$일 때, 다음 중 옳은 것은 ○를, 옳지 <u>않은</u> 것은 ×를 하시오.

1. $\angle C > 90°$이면 $c^2 < a^2 + b^2$이다.

____

2. $\angle A = 90°$이면 $b^2 = a^2 + c^2$이다.

____

Help $\angle A = 90°$이면 a가 가장 긴 변이다.

앗! 실수
3. $c^2 < a^2 + b^2$이면 삼각형 ABC는 예각삼각형이다.

____

Help $\angle C$는 예각이지만 $\angle A$, $\angle B$가 모두 예각인지는 알 수 없다.

4. $a^2 < b^2 + c^2$이면 삼각형 ABC는 예각삼각형이다.
(단, a가 가장 긴 변이다.)

____

5. $c^2 > a^2 + b^2$이면 삼각형 ABC는 둔각삼각형이다.

____

■ 세 변의 길이가 각각 4, a, 6인 삼각형에 대하여 다음을 구하시오. (단, $a < 6$)

6. 예각삼각형이 되기 위한 자연수 a의 개수
Help $a < 6$, 예각삼각형의 조건에서 $6^2 < 4^2 + a^2$

앗! 실수
7. 둔각삼각형이 되기 위한 자연수 a의 개수
Help 삼각형의 변의 길이의 조건에 따라 $a + 4 > 6$
둔각삼각형의 조건에서 $6^2 > 4^2 + a^2$

■ 세 변의 길이가 각각 6, 8, a인 삼각형에 대하여 다음을 구하시오. (단, $a > 8$)

8. 예각삼각형이 되기 위한 자연수 a의 개수

앗! 실수
9. 둔각삼각형이 되기 위한 자연수 a의 개수
Help 삼각형의 변의 길이의 조건에 의해 $a < 6 + 8$도 만족해야 한다.

시험 문제

시험에 자주 나오는 문제로 마무리

*성답과 해설 32쪽

[1~2] 피타고라스 정리의 증명

1. 오른쪽 그림에서 $x^2+y^2=30$
   일 때, □ABCD의 넓이는?

   ① 26 　　② 30

   ③ 32 　　④ 38

   ⑤ 40

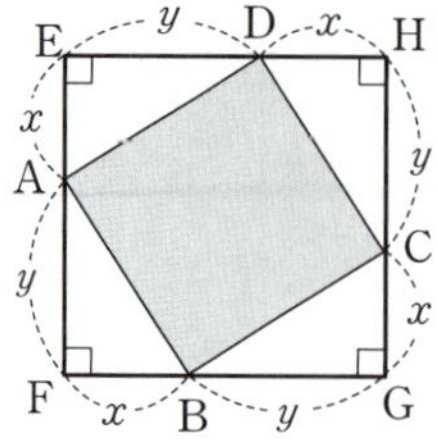

적중률 90%

2. 오른쪽 그림은 직각삼각
   형 ABC의 각 변을 한 변
   으로 하는 세 정사각형을
   그린 것이다.
   □BADE의 넓이는?

   ① 36 cm^2 　② 42 cm^2

   ③ 48 cm^2 　④ 52 cm^2

   ⑤ 56 cm^2

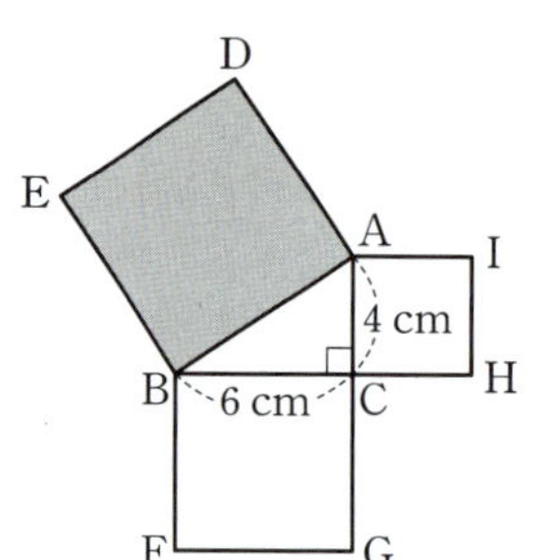

[3~5] 변의 길이에 따른 삼각형의 종류

적중률 80%

3. △ABC에서 $\overline{AB}=7$ cm, $\overline{BC}=14$ cm,
   $\overline{CA}=9$ cm일 때, 삼각형 ABC는 어떤 삼각형인지
   구하시오.

4. 세 변의 길이가 각각 다음과 같은 삼각형 중 예각삼
   각형인 것은?

   ① 3, 4, 5 　　　　② 4, 4, 7

   ③ 5, 6, 7 　　　　④ 6, 8, 10

   ⑤ 7, 8, 12

적중률 90%

5. △ABC에서 $\overline{AB}=c$, $\overline{BC}=a$, $\overline{CA}=b$일 때, 다음
   중 옳지 <u>않은</u> 것은?

   ① $\angle C<90°$이면 $c^2<a^2+b^2$이다.

   ② $\angle C>90°$이면 $c^2>a^2+b^2$이다.

   ③ $a^2>b^2+c^2$이면 삼각형 ABC는 둔각삼각형이다.

   ④ $a^2=b^2+c^2$이면 삼각형 ABC는 $\angle A=90°$인 직
   　각삼각형이다.

   ⑤ $a^2<b^2+c^2$이면 삼각형 ABC는 예각삼각형이다.

[6] 조건에 따른 변의 길이

6. 오른쪽 그림과 같은
   △ABC에서 $\angle A<90°$일
   때, 자연수 x의 값 중 가장
   큰 수는?

   ① 9 　　② 10 　　③ 11

   ④ 12 　　⑤ 13

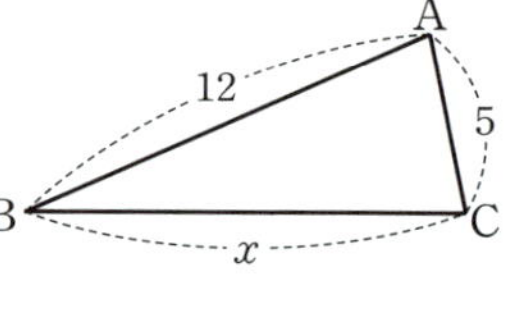

21 피타고라스 정리의 활용

- **피타고라스 정리를 이용한 직각삼각형의 성질**

  삼각형 ABC에서 $\angle A = 90°$이고 두 점 D, E가 각각 $\overline{AB}$, $\overline{AC}$ 위에 있을 때,

  $\Rightarrow \overline{DE}^2 + \overline{BC}^2 = \overline{BE}^2 + \overline{CD}^2$

  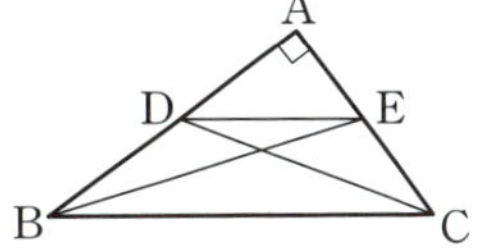

- **두 대각선이 직교하는 사각형의 성질**

  사각형 ABCD에서 두 대각선이 직교할 때,

  $\Rightarrow \overline{AB}^2 + \overline{CD}^2 = \overline{BC}^2 + \overline{DA}^2$

  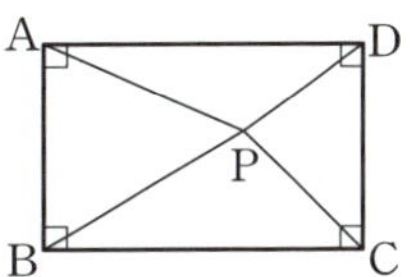

- **피타고라스 정리를 이용한 직사각형의 성질**

  직사각형 ABCD의 내부에 있는 임의의 점 P에 대하여

  $\Rightarrow \overline{AP}^2 + \overline{CP}^2 = \overline{BP}^2 + \overline{DP}^2$

  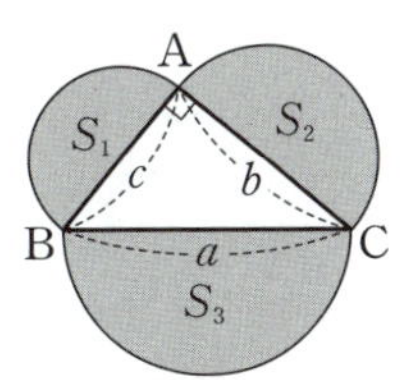

- **직각삼각형의 세 반원 사이의 관계**

  직각삼각형 ABC에서 직각을 낀 두 변을 각각 지름으로 하는 반원의 넓이를 S_1, S_2, 빗변을 지름으로 하는 반원의 넓이를 S_3이라 할 때,

  $\Rightarrow S_1 + S_2 = S_3$

  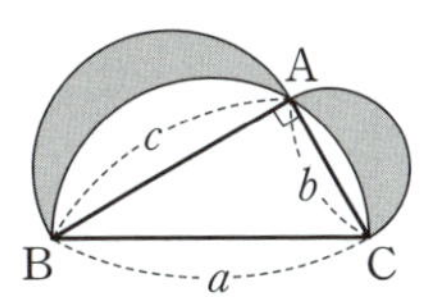

- **히포크라테스의 원의 넓이**

  직각삼각형 ABC의 세 변을 각각 지름으로 하는 반원을 그릴 때,

  $\Rightarrow$ (색칠한 부분의 넓이) $= \triangle ABC = \dfrac{1}{2}bc$

바빠꿀팁

- 왼쪽에 있는 여러 공식들은 도형의 모양으로 기억해야 헷갈리지 않아.
- 반원뿐만 아니라 아래 그림과 같이 직각삼각형의 세 변에 각각 닮음인 정다각형을 그리면 $S_1 + S_2 = S_3$

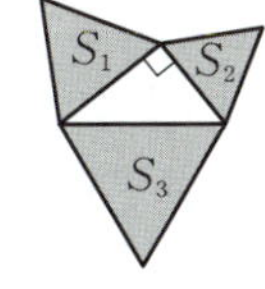
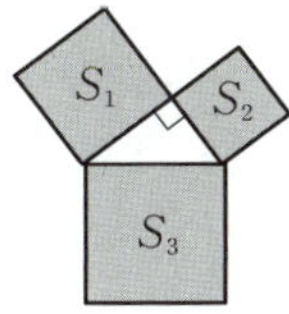

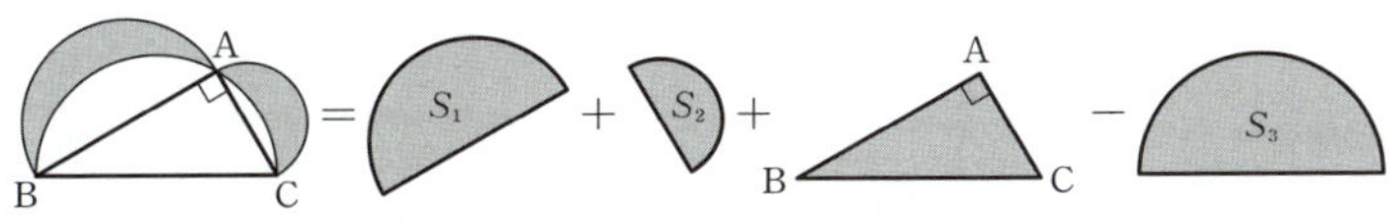

(색칠한 부분의 넓이) $= S_1 + S_2 + \triangle ABC - S_3 = S_3 + \triangle ABC - S_3$ (왜냐하면 $S_1 + S_2 = S_3$)
$= \triangle ABC$

따라서 초승달 모양의 넓이는 $\triangle ABC$의 넓이와 같은 것을 알 수 있지.

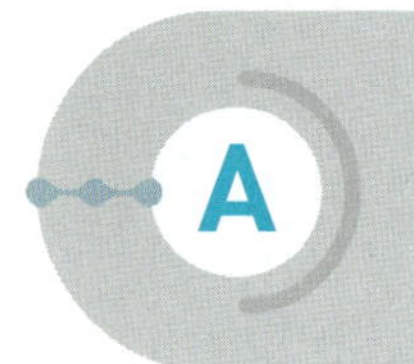

A 피타고라스 정리를 이용한 직각삼각형의 성질

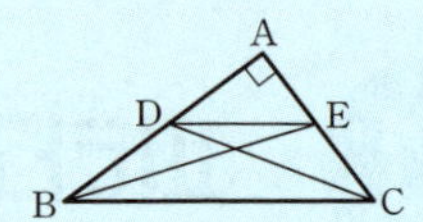

$\angle A = 90°$인 직각삼각형 ABC에서 $\overline{AB}$, $\overline{AC}$ 위의 두 점 D, E에 대하여
$$\overline{DE}^2 + \overline{BC}^2 = \overline{BE}^2 + \overline{CD}^2$$

이 정도는 암기해야 해~ 암암!

■ 다음 그림의 직각삼각형 ABC에서 x^2의 값을 구하시오.

1.

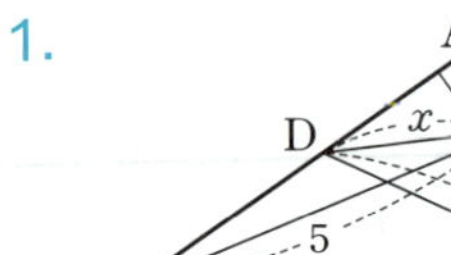

Help $x^2 + 6^2 = 5^2 + 4^2$

2.

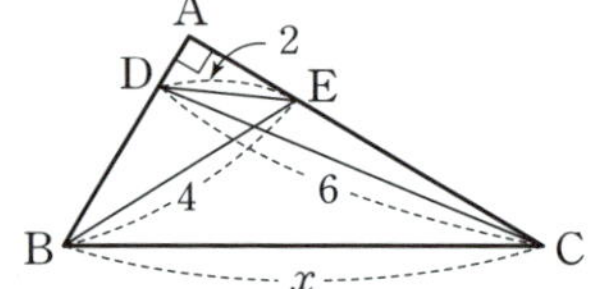

3.

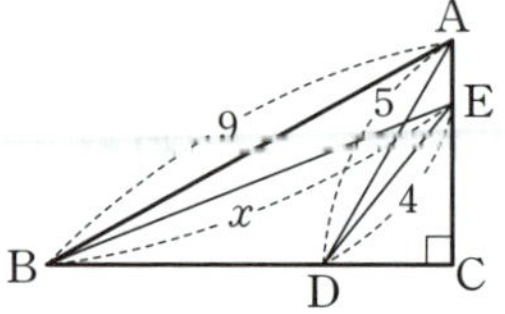

4.

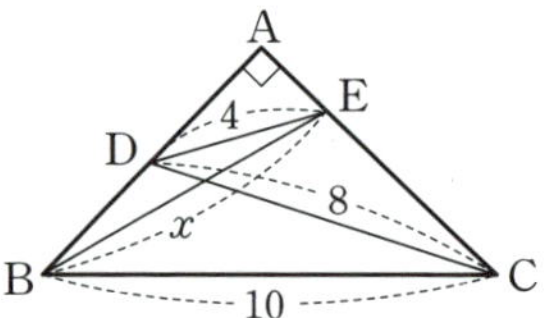

■ 다음 그림의 직각삼각형 ABC에서 $x^2 + y^2$의 값을 구하시오.

5.

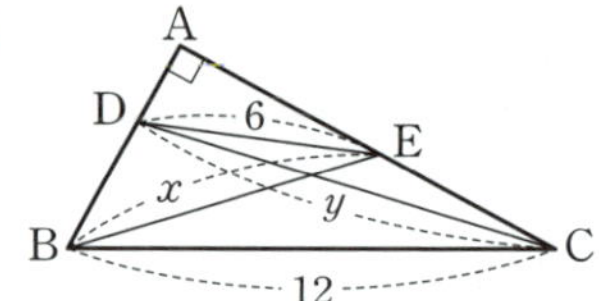

6.

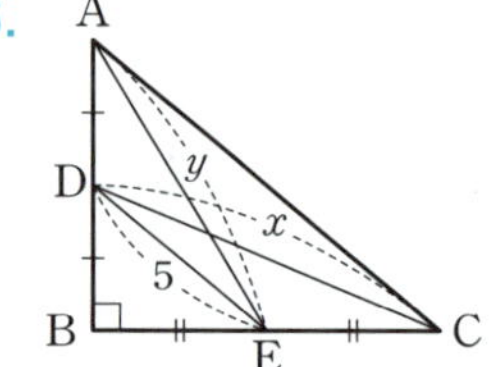

Help 삼각형의 두 변의 중점을 연결한 선분의 성질에 의하여 $\overline{AC} = 2\overline{DE}$

■ 다음 그림의 직각삼각형 ABC에서 $x^2 - y^2$의 값을 구하시오.

앗! 실수

7.

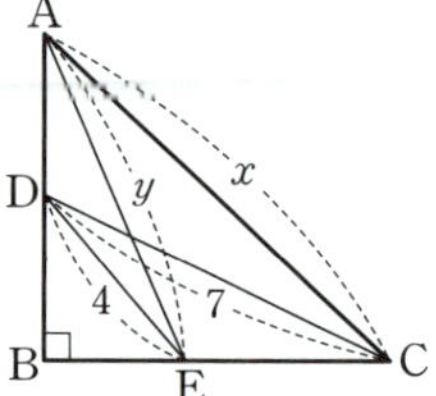

8.

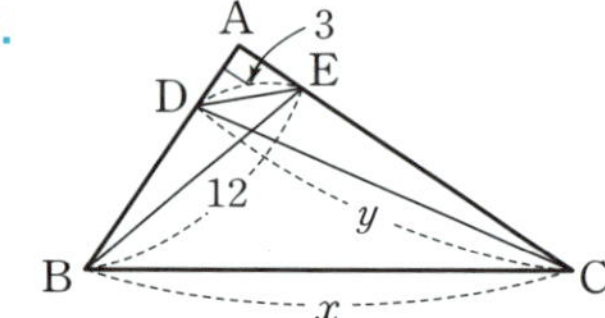

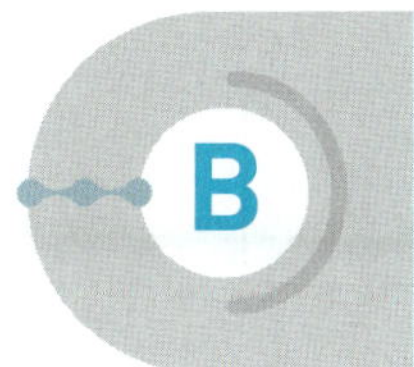

두 대각선이 직교하는 사각형의 성질

사각형 ABCD의 두 대각선이 직교할 때, 대변의 길이의 제곱의 합이 서로 같아.

$$\overline{AB}^2 + \overline{CD}^2 = \overline{BC}^2 + \overline{DA}^2$$

잊지 말자. 꼬~옥!

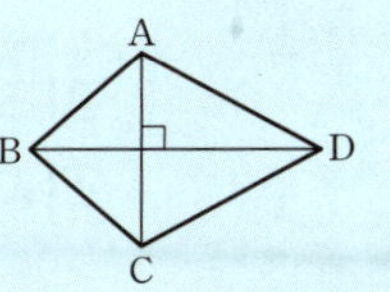

■ 다음 그림의 사각형 ABCD에서 x^2의 값을 구하시오.

1.

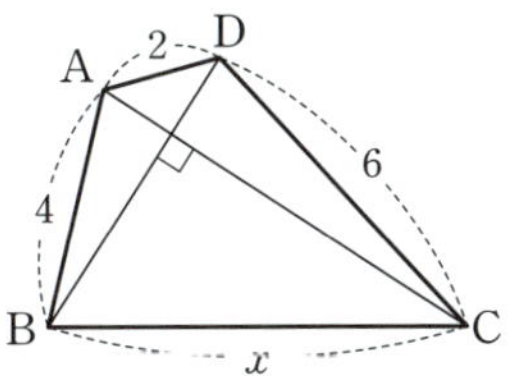

Help $2^2 + x^2 = 4^2 + 6^2$

2.

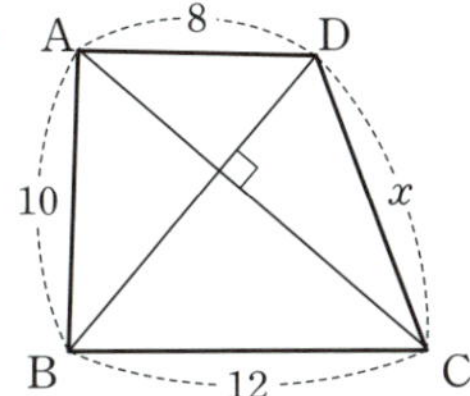

■ 다음 그림의 등변사다리꼴 ABCD에서 x^2의 값을 구하시오.

3.

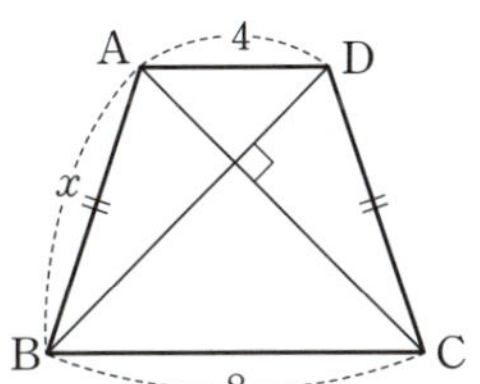

4.

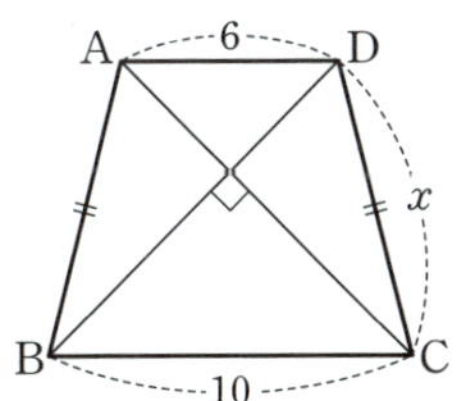

■ 다음 그림의 사각형 ABCD에서 $x^2 - y^2$의 값을 구하시오.

5.

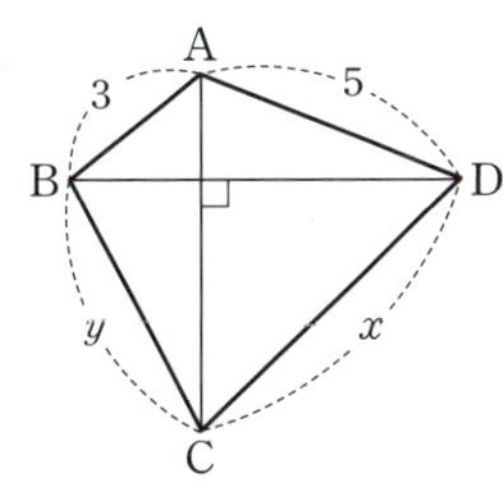

Help $3^2 + x^2 = 5^2 + y^2$

6.

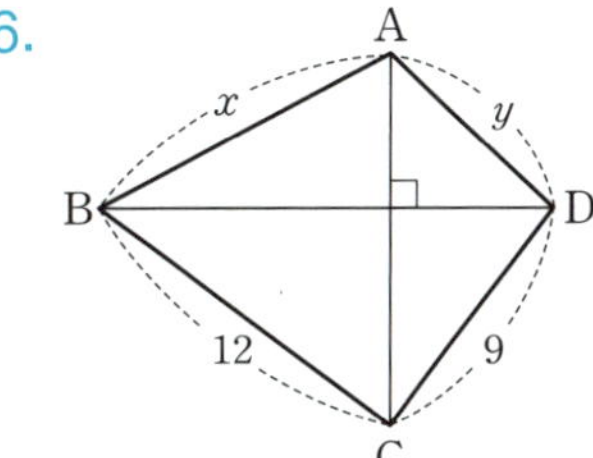

■ 다음 그림의 사각형 ABCD에서 x^2의 값을 구하시오.

앗! 실수

7.

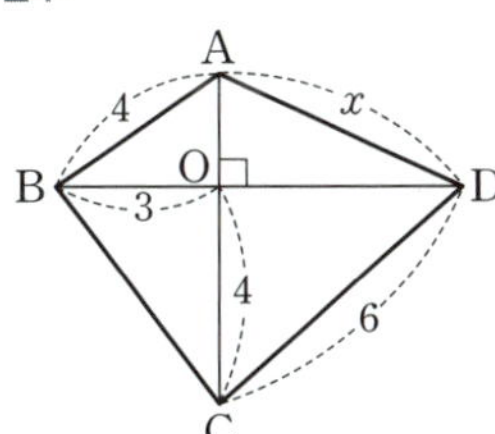

8.

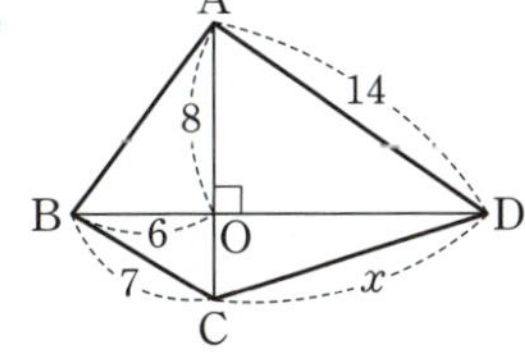

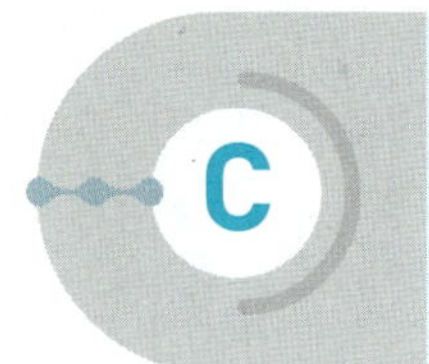

피타고라스 정리를 이용한 직사각형의 성질

직사각형 ABCD의 내부의 한 점 P에 대하여
$$\overline{AP}^2 + \overline{CP}^2 = \overline{BP}^2 + \overline{DP}^2$$

잊지 말자. 꼬~옥!

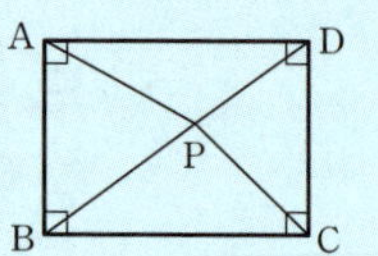

■ 다음 그림과 같이 직사각형 ABCD의 내부에 한 점 P가 있다. x^2의 값을 구하시오.

1. 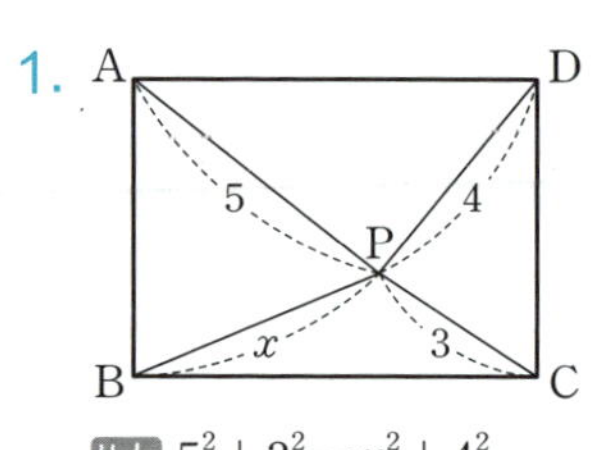

Help $5^2 + 3^2 = x^2 + 4^2$

2. 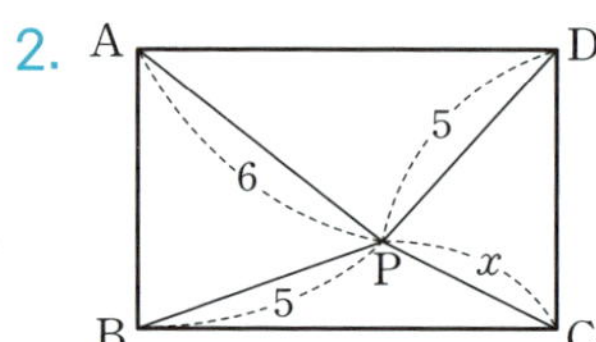

3. 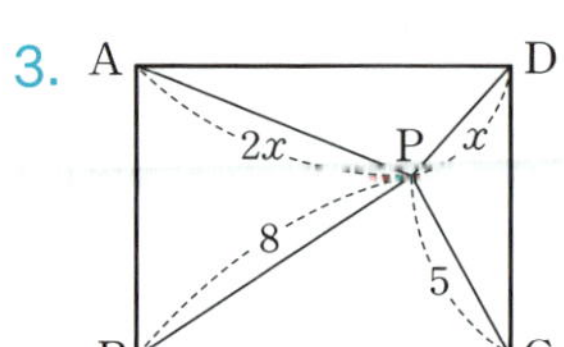

4. 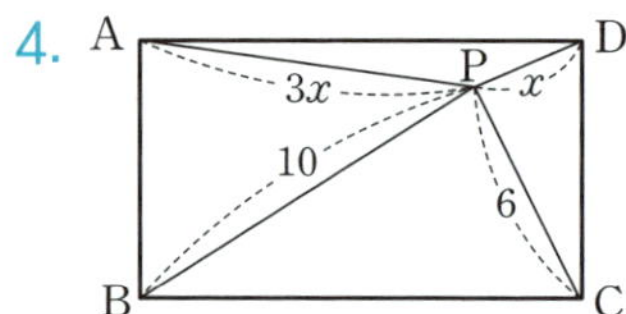

5. 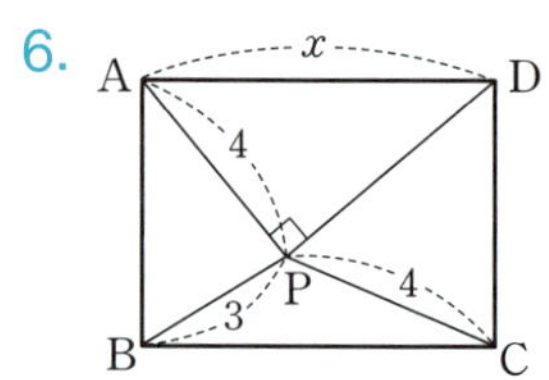

6. 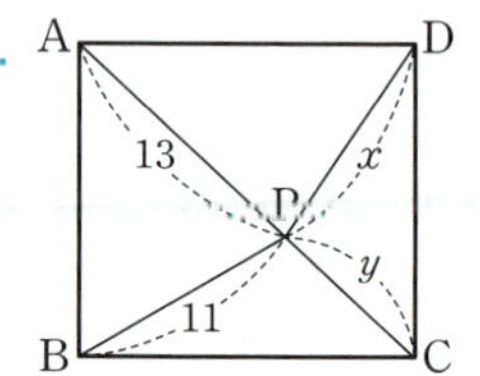

■ 다음 그림과 같이 직사각형 ABCD의 내부에 한 점 P가 있다. $x^2 - y^2$의 값을 구하시오.

앗! 실수

7. 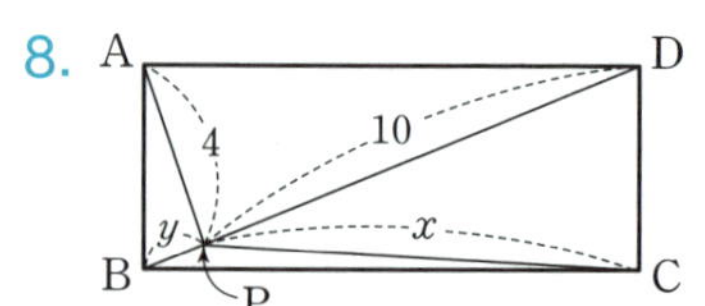

Help $13^2 + y^2 = x^2 + 11^2$

8.

직각삼각형의 반원 사이의 관계

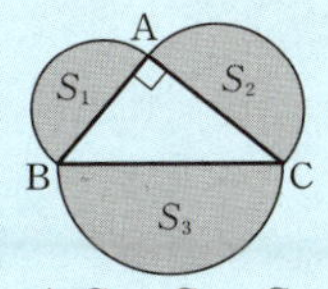
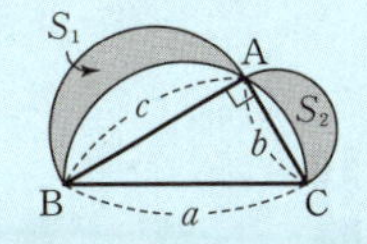

$$\Rightarrow S_1+S_2=S_3 \qquad \Rightarrow S_1+S_2=\triangle ABC=\frac{1}{2}bc$$

■ 다음 그림에서 색칠한 부분의 넓이를 구하시오.

1.

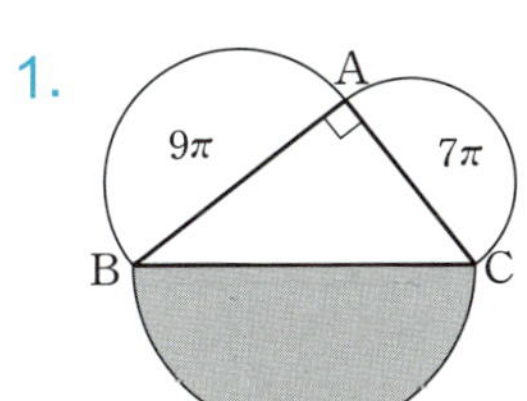

2.

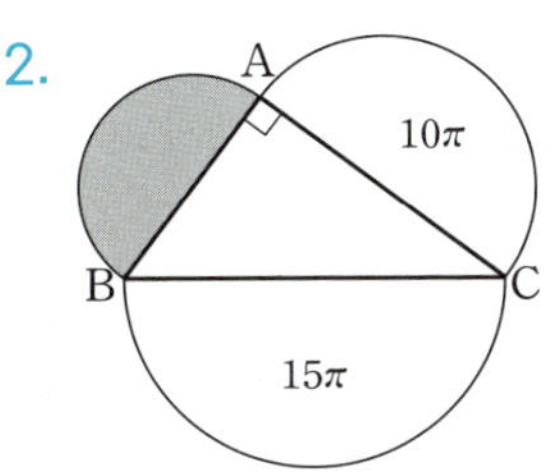

3.

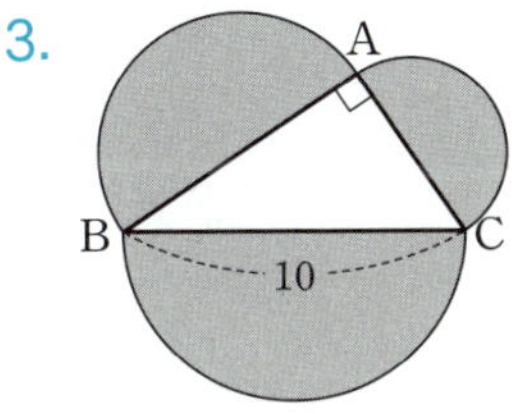

4.

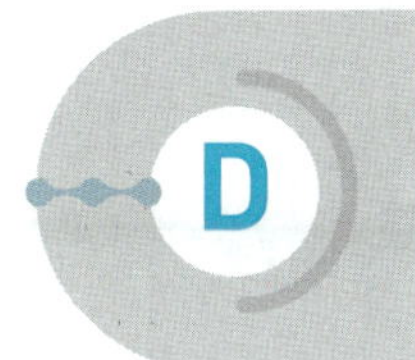

5.

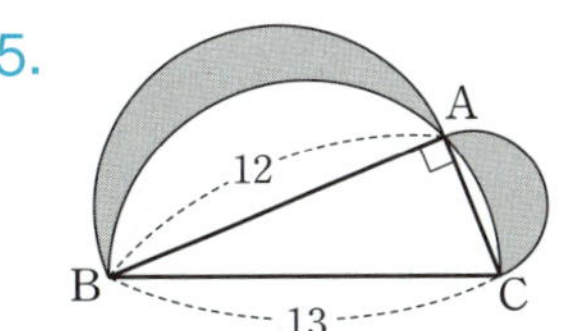

Help (색칠한 부분의 넓이)=(△ABC의 넓이)

6.

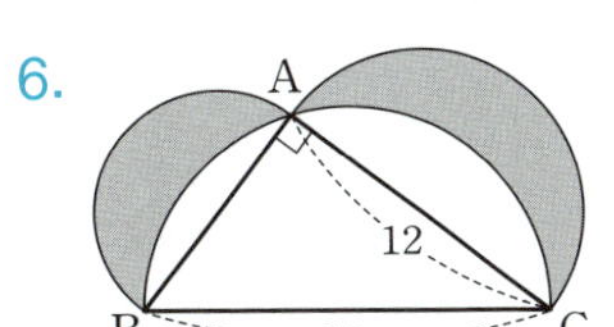

■ 다음 그림에서 색칠한 부분의 넓이가 주어질 때, x의 값을 구하시오.

7. 색칠한 부분의 넓이는 24

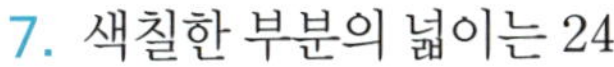
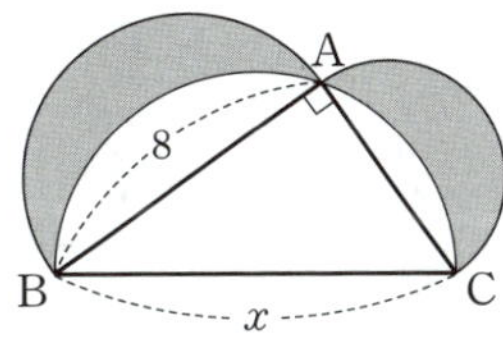

앗! 실수

8. 색칠한 부분의 넓이는 84

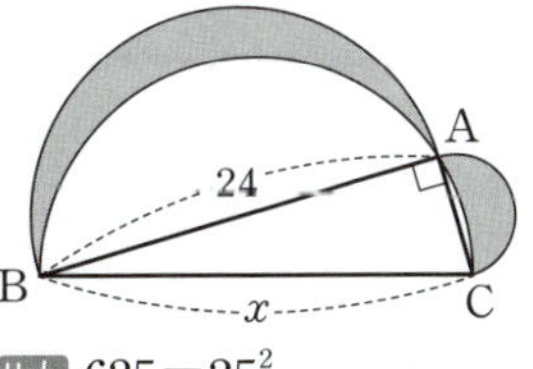

Help $625=25^2$

[1~3] 피타고라스 정리의 활용

1. 오른쪽 그림과 같은 직각삼각형 ABC에서 $\overline{AB}$, $\overline{BC}$의 중점을 각각 D, E라 하자. $\overline{DE}=4$일 때, $\overline{AE}^2+\overline{CD}^2$의 값은?

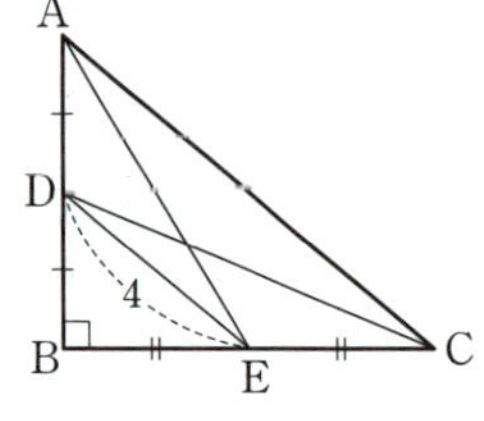

① 36 ② 40 ③ 56
④ 72 ⑤ 80

적중률 90%

2. 오른쪽 그림과 같은 사각형 ABCD에서 $\overline{AC}\perp\overline{BD}$이고 점 O는 $\overline{AC}$와 $\overline{BD}$의 교점일 때, x^2의 값을 구하시오.

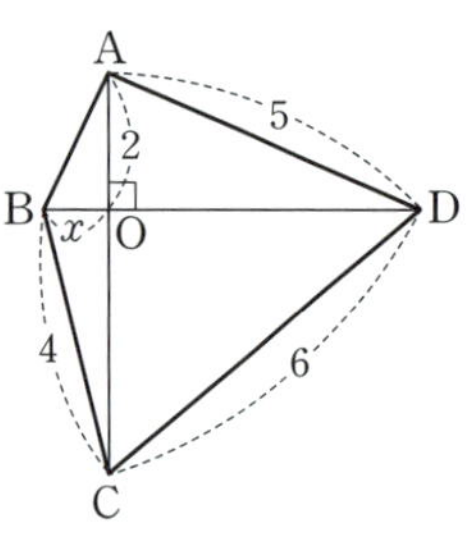

적중률 80%

3. 오른쪽 그림과 같은 직사각형 ABCD의 내부에 한 점 P가 있다. $\overline{AP}=10$, $\overline{BP}=7$, $\overline{CP}=x$, $\overline{DP}=2x$일 때, x^2의 값은?

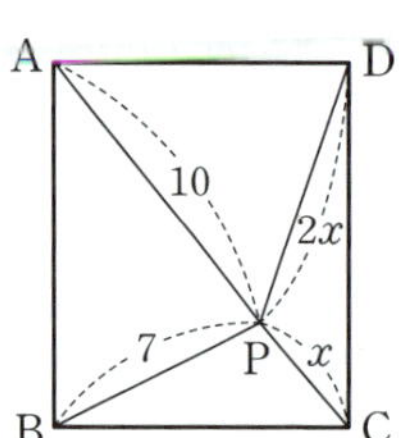

① 17 ② 25 ③ 27
④ 30 ⑤ 32

[4~6] 직각삼각형의 반원 사이의 관계

4. 오른쪽 그림과 같이 $\overline{BC}=12$인 직각삼각형 ABC에서 $\overline{AB}$, $\overline{AC}$를 지름으로 하는 두 반원의 넓이를 각각 S_1, S_2라 할 때, S_1+S_2의 값은?

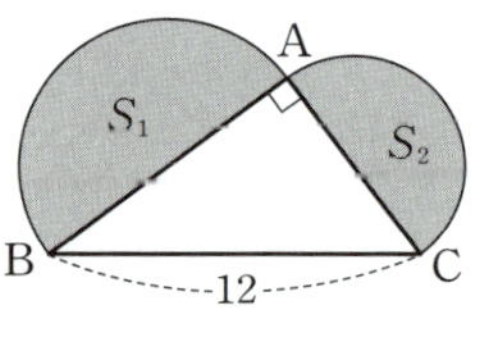

① 16π ② 18π ③ 20π
④ 22π ⑤ 24π

적중률 80%

5. 오른쪽 그림과 같이 $\angle C=90°$인 직각삼각형 ABC의 세 변을 각각 지름으로 하는 반원을 그렸다. $\overline{AB}$를 지름으로 하는 반원의 넓이가 24π이고 $\overline{AC}=8$일 때, 색칠한 반원의 넓이는?

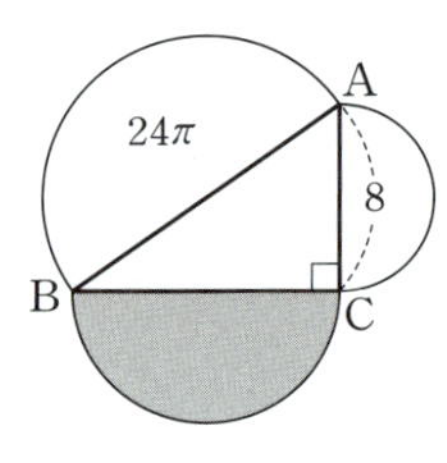

① 8π ② 12π ③ 16π
④ 25π ⑤ 32π

앗! 실수

6. 오른쪽 그림과 같이 직각삼각형 ABC의 세 변을 각각 지름으로 하는 반원에서 $\overline{AB}=16$, $\overline{BC}=20$일 때, 색칠한 부분의 넓이를 구하시오.

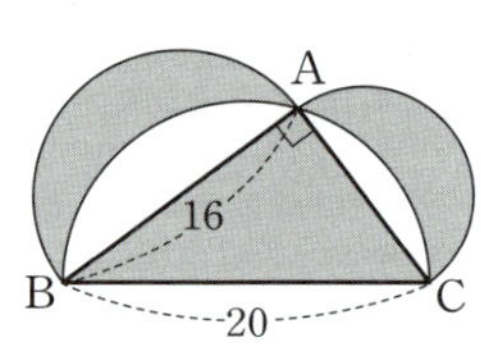

셋째 마당

확률

셋째 마당에서는 경우의 수와 확률을 배울 거야. 확률은 일상생활에서 자주 사용돼. 대표적으로 비올 확률, 복권에 당첨될 확률, 시험 문제를 맞힐 확률 등은 흔히 접하는 것들이지. 이렇게 확률은 우리 생활 속의 문제를 해결하는 편리한 수단이 돼. 또한 중학교 2학년의 확률 단원은 고등학교에서 배우는 확률과 통계와 연결되는 중요한 단원이니, 잘 익혀 두자.

공부할 내용	14일 진도	20일 진도	공부한 날짜	
22 경우의 수 1			월	일
23 경우의 수 2	12일차	18일차	월	일
24 경우의 수 3			월	일
25 확률의 뜻과 성질	13일차	19일차	월	일
26 확률의 계산 1			월	일
27 확률의 계산 2	14일차	20일차	월	일

 **경우의 수 1**

사건과 경우의 수

① **사건**: 같은 조건에서 반복할 수 있는 실험이나 관찰의 결과
② **경우의 수**: **어떤 사건이 일어나는 가짓수**

실험	사건	경우	경우의 수
동전을 던진다.	일어날 수 있는 모든 경우		2
	앞면이 나오는 경우		1
주사위를 던진다.	일어날 수 있는 모든 경우		6
	짝수의 눈이 나오는 경우		3
	3의 배수의 눈이 나오는 경우		2
1에서 10까지의 카드를 뽑는다.	일어날 수 있는 모든 경우	1 2 3 4 5 / 6 7 8 9 10	10
	6의 약수의 눈이 나오는 경우	1 2 3 6	4

바빠꿀팁

- 경우의 수를 구할 때에는 한 가지라도 빼먹거나 중복해서 두 번 세면 틀린 답이야. 그래서 수학을 잘하는 학생들도 틀리는 경우가 많으니 정신을 바짝 차려야 해.
- 문제에 '또는', '~이거나'라는 표현이 있으면 두 사건의 경우의 수를 더하면 돼.

사건 A 또는 사건 B가 일어나는 경우의 수

두 사건 A, B가 동시에 일어나지 않을 때,
사건 A가 일어나는 경우의 수가 m이고, 사건 B가 일어나는 경우의 수가 n이면
(사건 A **또는** 사건 B가 일어나는 경우의 수)$=m+n$

앗! 실수

- 서로 다른 두 개의 주사위를 동시에 던질 때, 2와 5가 나왔다면 (2, 5)와 같이 1학년 때 배운 순서쌍으로 나타내. 주의해야 할 것은 (2, 5)와 (5, 2)는 다른 경우이므로 각각 경우의 수를 세야 해.
- 돈을 지불하는 경우의 수를 구할 때 50원짜리 동전 2개를 내는 것과 100원짜리 동전 1개를 내는 경우는 다른 경우야. 따라서 금액이 같아도 지불하는 경우가 다른 것이 여러 가지가 나올 수 있지.

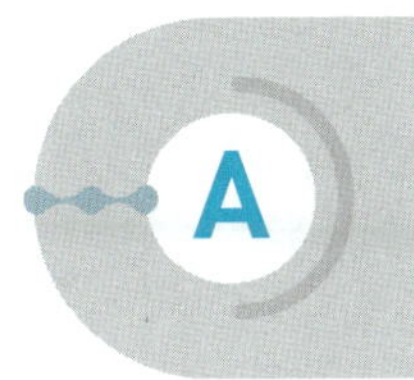

A 주사위를 던질 때의 경우의 수

서로 다른 두 개의 주사위를 던질 때, 눈의 수의 합이 5가 되는 경우의 수를 구해 보자.
주사위에서 나온 눈의 수의 합이 5가 되는 경우를 순서쌍으로 나타내면 (1, 4), (2, 3), (3, 2), (4, 1)이므로 경우의 수는 4야.

■ 한 개의 주사위를 던질 때, 다음의 눈이 나오는 경우의 수를 구하시오.

1. 3보다 작은 눈
> **Help** 한 개의 주사위에서 3보다 작은 눈의 개수를 구한다.

2. 4보다 큰 눈

3. 5 이상의 눈

4. 짝수의 눈

5. 3의 배수의 눈

6. 4의 약수의 눈

■ 서로 다른 두 개의 주사위를 던질 때, 다음의 경우의 수를 구하시오.  

7. 두 눈의 수의 합이 3
> **Help** 두 눈의 수의 합이 3이 되는 경우는 (1, 2), (2, 1)이다.

8. 두 눈의 수의 합이 4

9. 두 눈의 수의 합이 8

앗! 실수
10. 두 눈의 수의 차가 1
> **Help** 수의 차는 큰 것에서 작은 것을 빼면 되므로 (3, 4), (4, 3)과 같이 순서가 바뀌는 경우를 모두 세야 한다.

11. 두 눈의 수의 차가 3

12. 두 눈의 수의 차가 5

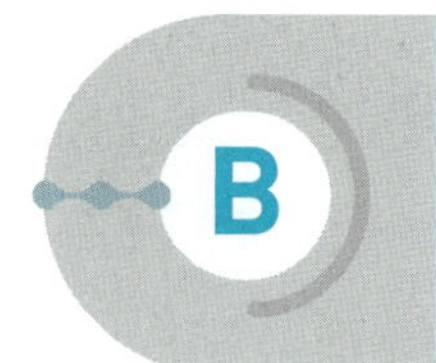

B 숫자, 동전을 뽑는 경우의 수

경우의 수를 구할 때에 주어진 조건에 맞는 수를 빠짐없이 중복되지 않게 나열하여 세야 돼. 아하! 그렇구나~

■ 1부터 10까지의 숫자가 각각 하나씩 적힌 카드 10장 중에서 한 장의 카드를 뽑을 때, 다음 수가 적힌 카드가 나오는 경우의 수를 구하시오.

1. 3의 배수

2. 5의 배수

3. 8 이상의 수

4. 10 이상의 수

5. 홀수

6. 소수
   Help 소수는 약수를 1과 자기 자신만 가지는 수이다.

■ 500원짜리 동전 1개와 100원짜리 동전 1개를 동시에 던질 때, 다음의 경우의 수를 구하시오.

7. 앞면이 1개
   Help 앞면이 1개인 경우는 (앞면, 뒷면), (뒷면, 앞면)이다.

8. 뒷면이 1개

9. 앞면이 0개

10. 앞면이 2개

11. 뒷면이 0개

12. 뒷면이 2개

C 돈을 지불하는 경우의 수

돈을 지불하는 경우의 수를 구할 때에는 표를 이용하면 편리해. 오른쪽 표는 50원, 100원짜리 동전이 각각 5개씩 있을 때, 350원을 지불하는 경우의 수를 표로 나타낸 거야.

100원	50원
3	1
2	3
1	5

■ 다음과 같이 동전을 가지고 물건의 값을 지불하는 경우의 수를 구하시오.

1. 100원짜리 동전 1개, 50원짜리 동전 2개로 100원 지불

Help

100원	50원
1	
0	

2. 100원짜리 동전 2개, 50원짜리 동전 4개로 200원 지불

Help 액수가 큰 화폐의 개수부터 정하고, 지불하는 금액에 맞게 나머지 화폐의 개수를 정하는 표를 만든다.

3. 500원짜리 동전 2개, 100원짜리 동전 5개로 1000원 지불

4. 100원짜리 동전 1개, 50원짜리 동전 2개, 10원짜리 동전 5개로 200원 지불

Help

100원	50원	10원
1	2	
1	1	

5. 100원짜리 동전 2개, 50원짜리 동전 2개, 10원짜리 동전 5개로 300원 지불

앗! 실수

6. 100원짜리 동전 2개, 50원짜리 동전 3개, 10원짜리 동전 5개로 250원 지불

■ 서로 다른 두 개의 주사위를 동시에 던질 때, 다음의 경우의 수를 구하시오.

1. 두 눈의 수의 합이 3 또는 4

   Help 두 눈의 수의 합이 3인 경우의 수와 4인 경우의 수를 더하면 된다.

2. 두 눈의 수의 합이 2 또는 5

3. 두 눈의 수의 합이 6 또는 10

4. 두 눈의 수의 차가 0 또는 2

   Help 두 눈의 수의 차가 0인 경우는 두 눈이 같은 수가 나오는 경우이다.

5. 두 눈의 수의 차가 1 또는 5

■ 1부터 15까지의 숫자가 각각 하나씩 적힌 카드 15 장 중에서 한 장의 카드를 뽑을 때, 다음의 수가 적힌 카드가 나오는 경우의 수를 구하시오.

6. 4의 배수 또는 5의 배수

7. 2의 배수 또는 9의 약수

8. 3의 배수 또는 7의 배수

9. 6의 약수 또는 8의 배수

앗! 실수
10. 소수 또는 6의 배수

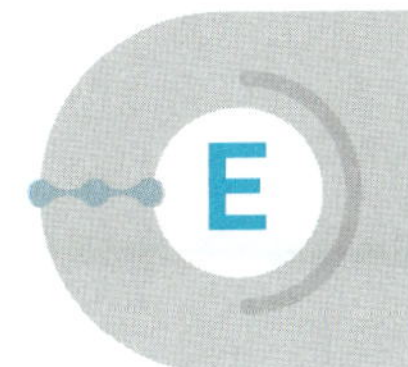

사건 A 또는 사건 B가 일어나는 경우의 수 2

서로 다른 운동화 3종류와 서로 다른 구두 4종류 중 한 종류의 신발을 선택하는 경우의 수를 구해 보자.

운동화를 선택하는 경우는 3가지, 구두를 선택하는 경우는 4가지이므로 3+4=7 아하! 그렇구나~

■ 다음과 같이 길 또는 교통수단을 선택하는 경우의 수를 구하시오.

1. 학교에서 집으로 가는 버스 노선은 3가지, 지하철 노선은 2가지일 때, 버스 또는 지하철로 집에 가는 방법

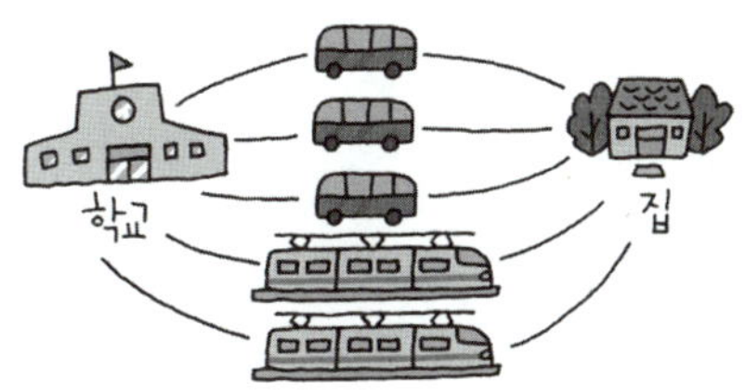

2. 집에서 공원으로 가는 방법은 버스는 5가지, 걸어서 가는 방법은 6가지일 때, 버스 또는 걸어서 가는 방법

3. 하루에 서울에서 부산으로 가는 버스 시간은 8가지, 비행기 시간은 5가지일 때, 버스 또는 비행기로 서울에서 부산까지 가는 방법

4. 서울에서 광주까지 가는 KTX는 하루에 14회, SRT는 하루에 10회가 있다고 할 때, KTX 또는 SRT로 서울에서 광주까지 가는 방법

■ 다음과 같이 물건을 선택하는 경우의 수를 구하시오.

5. 책꽂이에 서로 다른 수학책 5권과 서로 다른 영어책 3권이 있을 때, 수학책 또는 영어책 한 권을 선택하는 방법

6. 분식집에 서로 다른 김밥 4종류와 서로 다른 튀김 7종류가 있을 때, 김밥 또는 튀김 한 종류를 선택하는 방법

7. 서로 다른 목걸이 10종류와 서로 다른 반지 9종류가 있을 때, 목걸이 또는 반지 한 종류를 선택하는 방법

8. 서로 다른 운동화 12종류와 서로 다른 구두 5종류가 있을 때, 운동화 또는 구두 한 종류를 선택하는 방법

[1~3] 주사위, 숫자를 뽑는 경우의 수

1. 서로 다른 두 개의 주사위를 동시에 던질 때, 나오는 눈의 수의 합이 7이 되는 경우의 수는?

① 3　　　　② 4　　　　③ 6
④ 7　　　　⑤ 8

적중률 80%

2. 1에서 20까지의 숫자가 각각 하나씩 적힌 20장의 카드가 있다. 이 카드 중에서 임의로 한 장을 뽑을 때, 3의 배수가 적힌 카드가 나오는 경우의 수는?

① 4　　　　② 5　　　　③ 6
④ 8　　　　⑤ 9

3. 주머니 속에 1에서 10까지의 숫자가 각각 하나씩 적힌 10개의 공이 들어 있다. 이 중 한 개의 공을 꺼낼 때, 8의 약수가 적힌 공을 꺼내는 경우의 수를 구하시오.

[4] 돈을 지불하는 경우의 수

앗! 실수

4. 민우가 편의점에서 400원짜리 사탕을 1개 사려고 한다. 100원짜리 동전 3개, 50원짜리 동전 4개, 10원짜리 동전 5개를 가지고 있을 때, 사탕의 값을 지불하는 경우의 수를 구하시오.

[5~6] 사건 A 또는 사건 B가 일어나는 경우의 수

적중률 90%

5. 서로 다른 두 개의 주사위를 동시에 던질 때, 나오는 두 눈의 수의 차가 3 또는 4가 되는 경우의 수는?

① 6　　　　② 8　　　　③ 9
④ 10　　　　⑤ 12

적중률 80%

6. 1에서 15까지의 숫자가 가가 하나씩 적힌 15장의 카드가 있다. 이 카드 중에서 임의로 한 장을 뽑을 때, 짝수 또는 15의 약수가 적힌 카드가 나오는 경우의 수는?

① 6　　　　② 7　　　　③ 8
④ 9　　　　⑤ 11

 23 경우의 수 2

● 두 사건 A와 B가 동시에 일어나는 경우의 수

사건 A가 일어나는 경우의 수가 m이고, 사건 B가 일어나는 경우의 수가 n이면
(두 사건 A와 B가 **동시에** 일어나는 경우의 수)$=\boxed{m \times n}$

① 동전을 여러 개 던지는 경우의 수
- 동전 2개를 던졌을 때 ⇨ $2 \times 2 = 4$
- 동전 3개를 던졌을 때 ⇨ $2 \times 2 \times 2 = 8$ 동전 1개당 2가지 경우가 생기므로 2를 동전을 던진 개수만큼 곱함

② 주사위를 여러 개 던지는 경우의 수
- 주사위 2개를 던졌을 때 ⇨ $6 \times 6 = 36$
- 주사위 3개를 던졌을 때 ⇨ $6 \times 6 \times 6 = 216$ 주사위 1개당 6가지 경우가 생기므로 6을 주사위를 던진 개수만큼 곱함

③ 동전과 주사위를 함께 던지는 경우의 수
- 동전 1개, 주사위 1개를 던졌을 때 ⇨ $2 \times 6 = 12$
- 동전 2개, 주사위 1개를 던졌을 때 ⇨ $2 \times 2 \times 6 = 24$
- 동전 1개, 주사위 2개를 던졌을 때 ⇨ $2 \times 6 \times 6 = 72$

④ 길을 선택하는 경우의 수
세 지점 A, B, C 사이에 오른쪽 그림과 같은 길이 있다. 각 지점을 한 번씩 지날 때, A지점에서 C지점까지 가는 경우의 수는 $3 \times 2 = 6$

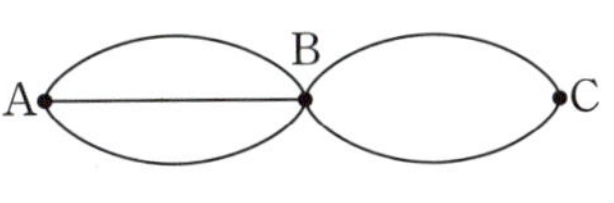

⑤ 물건을 선택하는 경우의 수
메뉴판에 있는 서로 다른 스파게티 5종류와 서로 다른 피자 7종류 중에서 스파게티와 피자를 한 종류씩 주문하는 경우의 수는 $5 \times 7 = 35$

⑥ 색칠하는 경우의 수
A, B, C 세 부분에 빨강, 노랑, 파랑, 보라, 초록의 5가지 색을 같은 색을 여러 번 사용해도 좋으나 이웃하는 곳에는 서로 다른 색을 칠하는 경우의 수를 구해 보자.
A에 칠할 수 있는 색은 5가지, B에 칠할 수 있는 색은 A에 칠한 색을 제외한 4가지, C에 칠할 수 있는 색은 A에 칠한 색과는 상관없고 B에 칠한 색만 제외하면 되므로 4가지이다.
따라서 구하는 경우의 수는 $5 \times 4 \times 4 = 80$

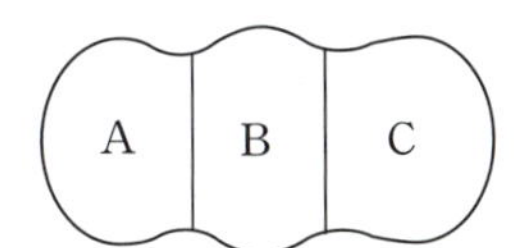

 바빠꿀팁

- 경우의 수를 곱하는 문제에는 '동시에', '~이고', '~하고 나서'라는 표현이 있음을 기억해.
- 전구를 켰다 끄는 문제나 깃발을 들었다 내렸다 하는 문제도 두 가지 경우만 있으므로 동전을 던지는 경우의 수와 같아.

■ 다음 경우의 수를 구하시오.

1. 서로 다른 동전 2개를 동시에 던질 때

2. 서로 다른 동전 3개를 동시에 던질 때

3. 서로 다른 동전 4개를 동시에 던질 때

4. 서로 다른 주사위 2개를 동시에 던질 때

5. 서로 다른 주사위 3개를 동시에 던질 때

6. 동전 1개와 주사위 1개를 동시에 던질 때
   Help 동전이 나오는 경우의 수와 주사위가 나오는 경우의 수를 곱한다.

7. 동전 2개와 주사위 1개를 동시에 던질 때

8. 동전 1개와 주사위 2개를 동시에 던질 때

9. 동전 3개와 주사위 1개를 동시에 던질 때

10. 동전 2개와 주사위 2개를 동시에 던질 때

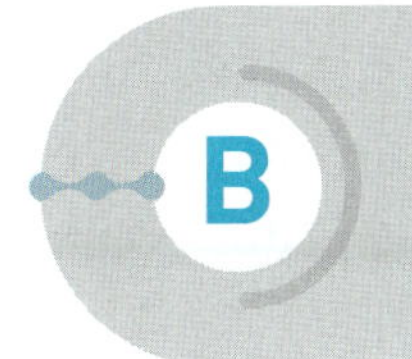

사건 A와 사건 B가 동시에 일어나는 경우의 수 - 길 또는 교통수단

오른쪽 그림과 같이 A지점에서 B지점까지 가는 경우의 수는 4, B지점에서 C지점까지 가는 경우의 수는 2일 때, A지점에서 B지점을 거쳐 C지점까지 가는 경우의 수는 4×2＝8

■ 다음을 구하시오.

1. 학교에서 도서관까지 가는 버스 노선은 4가지, 도서관에서 집까지 가는 지하철 노선은 5가지일 때, 학교에서 도서관을 거쳐 집까지 가는 경우의 수

2. 집에서 백화점까지 가는 길은 3가지, 백화점에서 시장까지 가는 길은 6가지가 있을 때, 집에서 백화점에 갔다가 시장에 가는 경우의 수

3. 부산과 제주도를 오가는 교통편으로 비행기는 하루에 8가지, 배는 3가지가 있을 때, 부산에서 비행기를 타고 제주도에 갔다가 다음 날 배를 타고 돌아오는 경우의 수

4. 어느 산의 정상까지 가는 등산로는 6가지가 있을 때, 이 산의 정상까지 올라갔다가 내려오는 경우의 수
(단, 올라간 길로 다시 내려올 수도 있다.)

■ 세 지점 A, B, C 사이에 다음과 같은 길이 있다. A지점에서 B지점을 거쳐 C지점까지 가는 경우의 수를 구하시오. (단, 한 번 지나는 지점은 다시 지나지 않는다.)

5. 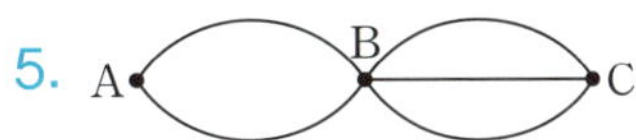

6. 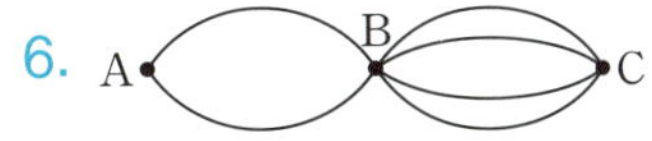

7. 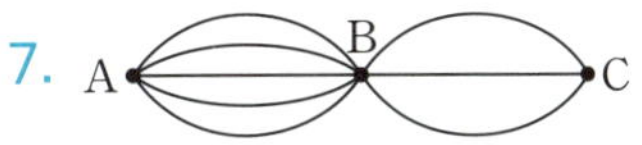

■ 어느 전시회장의 평면도가 다음 그림과 같을 때, 미술관에서 복도를 거쳐 영상관으로 가는 경우의 수를 구하시오. (단, 입구와 출구는 같아도 된다.)

8. 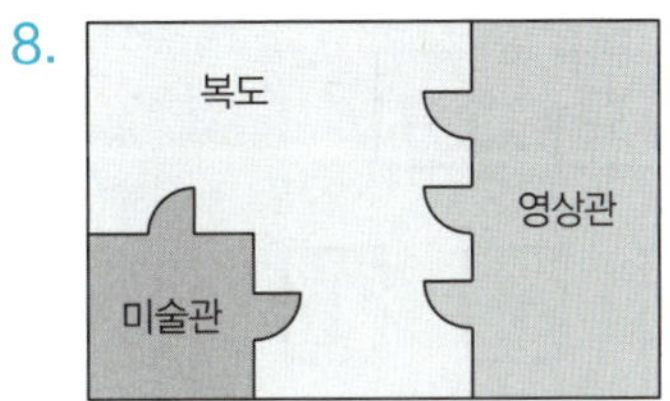

Help ⌐ 표시는 문을 표시하는 기호이다.

9. 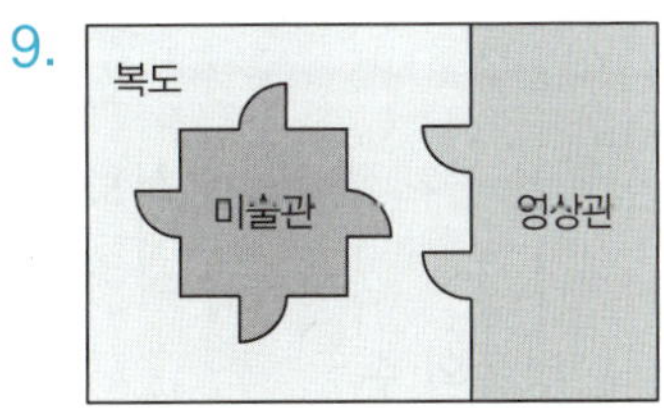

■ 다음을 구하시오.

1. 문방구에 있는 서로 다른 노트 5종류와 서로 다른 샤프펜슬 3종류 중에서 각각 한 종류씩 사는 경우의 수

2. 서로 다른 티셔츠 7종류와 서로 다른 바지 4종류 중에서 각각 한 종류씩 골라서 옷을 입는 경우의 수

3. 한글 자음 카드 3장과 모음 카드 4장 중에서 자음 카드 한 개와 모음 카드 한 개를 짝 지어서 만들 수 있는 글자의 개수

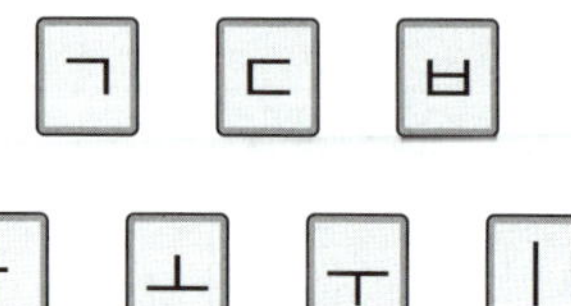

4. 서점에 있는 서로 다른 영어 문제집 6권과 서로 다른 국어 문제집 4권 중에서 영어 문제집과 국어 문제집을 각각 한 권씩 사는 경우의 수

5. 레스토랑의 메뉴판에 있는 서로 다른 스파게티 10종류와 서로 다른 피자 5종류 중에서 스파게티와 피자를 각각 한 종류씩 주문하는 경우의 수

6. 전통 시장에 있는 서로 다른 나물 9종류와 서로 다른 튀김 7종류 중에서 각각 한 종류씩 사는 경우의 수

7. 영화 상영관에서 서로 다른 한국 영화 5편과 서로 다른 외국 영화 8편이 상영되고 있을 때, 한국 영화와 외국 영화를 각각 한 편씩 관람하는 경우의 수

8. 쇼핑몰에 있는 서로 다른 핸드폰 케이스 10종류와 서로 다른 액세서리 12종류 중에서 각각 한 종류씩 사는 경우의 수

D 여러 가지 경우의 수

■ 다음을 구하시오.

1. 두 개의 전구를 켜거나 꺼서 신호를 만들 때, 만들 수 있는 신호의 개수 (단, 전구가 모두 꺼진 경우는 신호로 생각하지 않는다.)

Help 전구의 개수만큼 2를 곱하고 모두 꺼진 상태인 1가지를 빼준다.

2. 세 개의 전구를 켜거나 꺼서 신호를 만들 때, 만들 수 있는 신호의 개수 (단, 전구가 모두 꺼진 경우는 신호로 생각하지 않는다.)

3. 두 명의 학생이 가위바위보를 할 때, 나올 수 있는 경우의 수

Help 한 명이 낼 수 있는 가짓수는 3가지이다.

4. 세 명의 학생이 가위바위보를 할 때, 나올 수 있는 경우의 수

5. A, B, C 세 부분에 빨강, 노랑, 파랑의 3가지 색을 칠할 때, 색을 한 번씩만 사용하여 칠하는 경우의 수

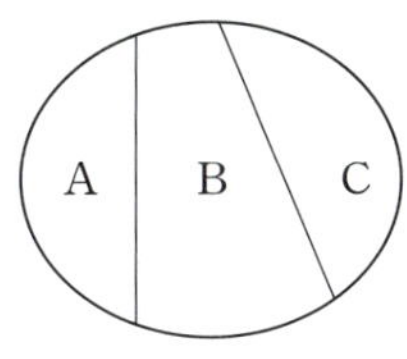

6. A, B, C, D 네 부분에 보라, 연두, 분홍, 주황의 4가지 색을 칠할 때, 색을 한 번씩만 사용하여 칠하는 경우의 수

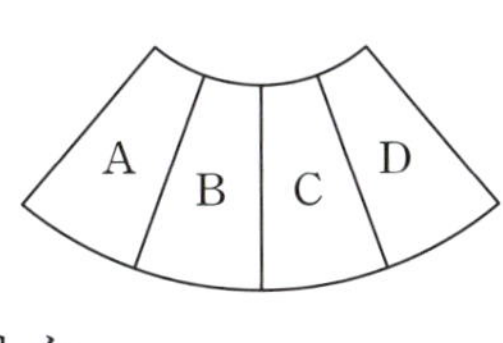

앗! 실수

7. A, B, C 세 부분에 초록, 노랑, 파랑, 보라의 4가지 색을 칠할 때, 같은 색을 여러 번 칠해도 좋으나 이웃하는 곳에는 서로 다른 색을 칠하는 경우의 수

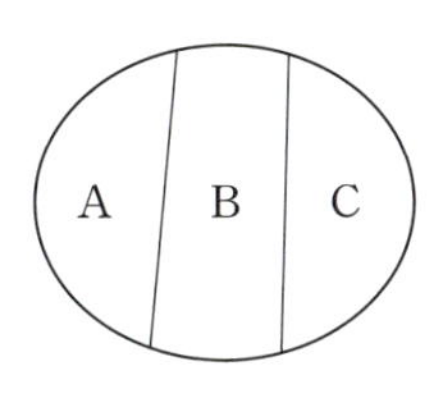

Help C에 칠할 수 있는 색은 B에 칠한 색을 제외한 3가지이다.

8. A, B, C, D 네 부분에 연두, 빨강, 밤색, 남색의 4가지 색을 칠할 때, 같은 색을 여러 번 칠해도 좋으나 이웃하는 곳에는 서로 다른 색을 칠하는 경우의 수

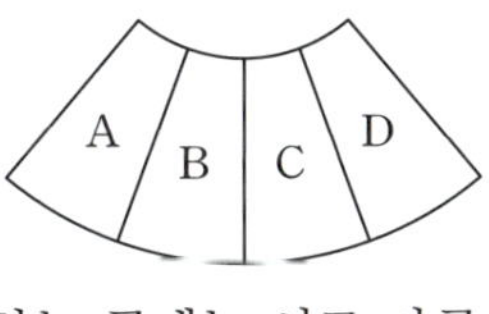

[1~4] 사건 A와 사건 B가 동시에 일어나는 경우의 수

적중률 90%

1. 10원짜리, 50원짜리, 100원짜리, 500원짜리 동전 4개를 동시에 던질 때, 일어나는 모든 경우의 수는?

① 4 　　　② 8 　　　③ 12

④ 16 　　　⑤ 32

2. 두 개의 주사위 A, B를 동시에 던질 때, A는 홀수의 눈이 나오고 B는 3의 배수의 눈이 나오는 경우의 수를 구하시오.

적중률 80%

3. 1부터 12까지의 수가 각각 적혀 있는 정십이면체 모양의 주사위가 있다. 이 주사위를 두 번 던져 바닥에 닿은 면이 첫 번째는 소수가 나오고 두 번째는 4의 배수가 나오는 경우의 수를 구하시오.

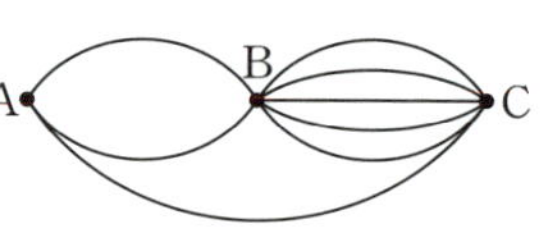

앗! 실수

4. 오른쪽 그림과 같이 세 지점 A, B, C를 연결하는 길이 있다. A지점에서 C지점으로 가는 경우의 수는? (단, 한 번 지나는 길은 다시 지나지 않는다.)

① 8 　　　② 9 　　　③ 11

④ 12 　　　⑤ 13

[5~6] 여러 가지 경우의 수

5. 세 명의 학생이 각각 서로 다른 깃발을 한 개씩 들고 있다. 깃발을 들거나 내리는 방법으로 신호를 보낸다고 할 때, 만들 수 있는 신호는 모두 몇 가지인지 구하시오.

앗! 실수 적중률 80%

6. A, B, C, D 네 부분에 노랑, 주황, 분홍, 파랑의 4가지 색을 칠할 때, 같은 색을 여러 번 칠해도 좋으나 이웃하는 곳에는 서로 다른 색을 칠하는 경우의 수는?

① 24 　　　② 48 　　　③ 60

④ 72 　　　⑤ 96

24 경우의 수 3

● 일렬로 세우는 경우의 수

① 5명을 일렬로 세우는 경우의 수는 $5 \times 4 \times 3 \times 2 \times 1 = 120$

② 5명 중에서 2명을 뽑아 일렬로 세우는 경우의 수는 $\underline{5 \times 4} = 20$
　　　　　　　　　　　　　　　　　　　　　2명이므로 5와 5보다
　　　　　　　　　　　　　　　　　　　　　1 작은 수인 4의 곱

③ 5명 중에서 3명을 뽑아 일렬로 세우는 경우의 수는 $\underline{5 \times 4 \times 3} = 60$
　　　　　　　　　　　　　　　　　　　　　3명이므로 5와 5보다
　　　　　　　　　　　　　　　　　　　　　1 작은 수인 4, 4보다
　　　　　　　　　　　　　　　　　　　　　1 작은 수인 3의 곱

● 일렬로 세울 때 이웃하여 서는 경우의 수

① 이웃하는 것을 **하나로 묶어** 전체를 일렬로 세우는 경우의 수를 구한다.
② 묶음 안에서 **자리를 바꾸는 경우의 수**를 구한다.
③ ①에서 구한 경우의 수와 ②에서 구한 경우의 수를 곱한다.

● 대표를 뽑는 경우의 수

① **2명을 뽑는 경우의 수**

　• 6명 중 회장과 부회장을 뽑는 경우의 수
　　⇨ $6 \times 5 = 30$

　• 6명 중 대표 2명을 뽑는 경우의 수
　　⇨ $\dfrac{6 \times 5}{2} = 15$

② **3명을 뽑는 경우의 수**

　• 6명 중 회장과 부회장, 총무를 뽑는 경우의 수
　　⇨ $6 \times 5 \times 4 = 120$

　• 6명 중 대표 3명을 뽑는 경우의 수
　　⇨ $\dfrac{6 \times 5 \times 4}{6} = 20$ 　$3 \times 2 \times 1$

● 자연수의 개수

① **0이 포함되지 않은 두 자리의 자연수의 개수**

1, 2, 3, 4, 5의 숫자가 각각 적힌 5장의 카드 중에서 서로 다른 2장을 뽑아 만들 수 있는 두 자리의 자연수의 개수는

⇨ $\underline{5} \quad \times \quad \underline{4} \quad = 20$
십의 자리는　일의 자리는 십의 자리
5가지　　　수를 제외한 4가지

② **0이 포함된 세 자리의 자연수의 개수**

0, 1, 2, 3, 4의 숫자가 각각 적힌 5장의 카드 중에서 서로 다른 3장을 뽑아 만들 수 있는 세 자리의 자연수의 개수는

⇨ $\underline{4} \quad \times \quad \underline{4} \quad \times \quad \underline{3} \quad = 48$
백의 자리는　십의 자리는 백　일의 자리는 백과
0을 제외한　의 자리 수를　십의 자리 수를 제
4가지　　　제외한 4가지　외한 3가지

A 일렬로 세우는 경우의 수 1

- 4명을 일렬로 세우는 경우의 수 ⇨ $4 \times 3 \times 2 \times 1 = 24$
- 4명 중 2명을 뽑아 일렬로 세우는 경우의 수 ⇨ $4 \times 3 = 12$
- 4명 중 3명을 뽑아 일렬로 세우는 경우의 수
  ⇨ $4 \times 3 \times 2 = 24$ 아하! 그렇구나~

■ 다음을 구하시오.

1. A, B, C 3명을 일렬로 세우는 경우의 수

2. A, B, C, D 4명을 일렬로 세우는 경우의 수

3. 알파벳 a, b, c, d, e 5개의 문자를 일렬로 나열하는 경우의 수

4. A, B, C, D, E 5명 중에서 2명을 뽑아 일렬로 세우는 경우의 수
   Help n명 중에서 2명을 뽑아 일렬로 세우는 경우의 수는 $n \times (n-1)$

5. A, B, C, D, E, F 6명 중에서 2명을 뽑아 일렬로 세우는 경우의 수

6. A, B, C, D, E 5명 중에서 3명을 뽑아 일렬로 세우는 경우의 수
   Help n명 중에서 3명을 뽑아 일렬로 세우는 경우의 수는 $n \times (n-1) \times (n-2)$

7. A, B, C, D 4명을 일렬로 세울 때, B를 맨 앞에 세우는 경우의 수
   Help B를 맨 앞에 정해 놓았으므로 A, C, D를 일렬로 세우는 경우의 수와 같다.

8. A, B, C, D, E 5명을 일렬로 세울 때, D를 맨 뒤에 세우는 경우의 수

9. 남자 4명, 여자 1명을 일렬로 세울 때, 여자가 가운데 서는 경우의 수
   Help 여자를 가운데에 정해 놓았으므로 남자 4명을 일렬로 세우는 경우의 수와 같다.

10. 어른 6명, 어린이 1명을 일렬로 세울 때, 어린이가 가운데 서는 경우의 수

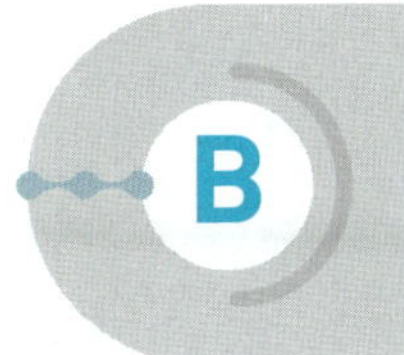 일렬로 세우는 경우의 수 2

■ 다음을 구하시오.

1. 부모님, 형, 의현이로 이루어진 가족이 나란히 서서 가족사진을 찍을 때, 부모님이 이웃하여 사진을 찍는 경우의 수

Help 부모님을 묶어서 3명을 일렬로 세운 경우의 수에 부모님이 바꾸어 설 수 있으므로 2를 곱한다.

2. 부모님과 자녀 2명으로 이루어진 가족이 나란히 설 때, 자녀 2명이 이웃하여 서는 경우의 수

3. 국어, 영어, 수학, 과학, 사회 참고서를 1권씩 책꽂이에 일렬로 꽂을 때, 수학과 과학 참고서를 나란히 꽂는 경우의 수

4. 남학생 4명과 여학생 2명이 한 줄로 설 때, 여학생 2명이 이웃하여 서는 경우의 수

5. 정은, 지윤, 성아, 채은이가 일렬로 설 때, 정은이와 지윤이가 양 끝에 서는 경우의 수

Help 양 끝에 선다는 것은 정은이가 맨 앞에 서고 지윤이가 맨 뒤에 서는 경우와 그 반대인 경우가 있다.

6. 알파벳 a, c, g, o, t를 일렬로 배열할 때, 모음이 양 끝에 있는 경우의 수

Help 알파벳 중 모음은 a, e, i, o, u이다.

앗! 실수

7. 숫자 4, 5, 9, 1, 8, 7을 일렬로 배열할 때, 짝수가 양 끝에 있는 경우의 수

8. 남학생 2명과 여학생 5명이 한 줄로 설 때, 남학생 2명이 양 끝에 서는 경우의 수

■ 다음을 구하시오.

1. A, B, C, D 4명의 후보 중에서 회장과 부회장을 뽑는 경우의 수

Help n명 중 회장과 부회장을 뽑는 경우는 자격이 다르므로 경우의 수는 $n\times(n-1)$

2. A, B, C, D, E 5명의 후보 중에서 회장과 부회장을 뽑는 경우의 수

3. A, B, C, D, E 5명의 후보 중에서 회장과 부회장, 총무를 뽑는 경우의 수

4. 여학생 2명과 남학생 3명이 있을 때, 여학생 중에서 회장, 남학생 중에서 부회장, 총무를 뽑는 경우의 수

Help (여학생 중에서 회장을 뽑는 경우의 수)
×(남학생 중에서 부회장, 총무를 뽑는 경우의 수)

5. 여학생 4명과 남학생 3명이 있을 때, 여학생 중에서 회장, 부회장, 남학생 중에서 총무를 뽑는 경우의 수

6. A, B, C, D 4명의 후보 중에서 대표 2명을 뽑는 경우의 수

Help n명 중 대표 2명을 뽑는 경우의 수는
$$\frac{n\times(n-1)}{2}$$

7. A, B, C, D, E 5명의 후보 중에서 대표 2명을 뽑는 경우의 수

8. A, B, C, D, E, F 6명이 만나서 서로 빠짐없이 한 번씩 악수를 할 때, 악수의 총 횟수

Help 한 번씩 악수하는 경우는 2명을 뽑아서 악수를 하는 것이므로 대표 2명을 뽑는 경우의 수와 같다.

앗! 실수

9. A, B, C, D, E 5명의 후보 중에서 대표 3명을 뽑는 경우의 수

Help n명 중 대표 3명을 뽑는 경우의 수는
$$\frac{n\times(n-1)\times(n-2)}{6}$$

10. A, B, C, D, E, F 6명의 후보 중에서 대표 3명을 뽑는 경우의 수

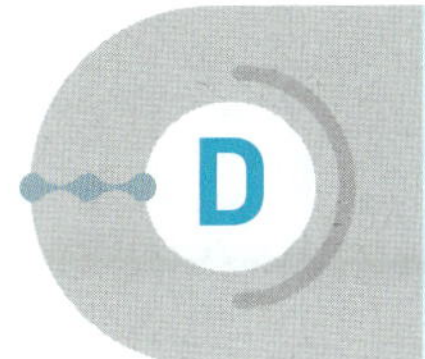

자연수 만들기

■ 다음을 구하시오.

1. 1부터 5까지의 자연수가 각각 하나씩 적힌 5장의 카드 중에서 2장을 뽑아 만들 수 있는 두 자리의 자연수의 개수

2. 1부터 6까지의 자연수가 각각 하나씩 적힌 6장의 카드 중에서 3장을 뽑아 만들 수 있는 세 자리의 자연수의 개수

3. 1, 2, 3, 4의 숫자가 각각 적힌 4장의 카드가 있을 때, 2장을 뽑아 만들 수 있는 두 자리의 자연수 중에서 23보다 큰 수의 개수
   Help 십의 자리가 2이면서 23보다 큰 수는 24로 1개이므로 십의 자리에 3 또는 4가 있는 경우의 수를 구하여 더한다.

4. 1, 2, 3, 4, 5, 6의 숫자가 각각 적힌 6장의 카드가 있을 때, 2장을 뽑아 만들 수 있는 두 자리의 자연수 중에서 35보다 작은 수의 개수

5. 0, 1, 2, 3, 4의 숫자가 각각 적힌 5장의 카드가 있을 때, 2장을 뽑아 만들 수 있는 두 자리의 자연수의 개수
   Help 십의 자리에는 0을 제외하고 4개가 올 수 있고, 일의 자리에는 십의 자리에 온 수를 제외한 4개가 올 수 있다.

6. 0, 1, 2, 3, 4, 5의 숫자가 각각 적힌 6장의 카드가 있을 때, 3장을 뽑아 만들 수 있는 세 자리의 자연수의 개수

앗! 실수
7. 0, 1, 2, 3, 4의 숫자가 각각 적힌 5장의 카드가 있을 때, 2장을 뽑아 만들 수 있는 두 자리의 자연수 중에서 31보다 큰 자연수의 개수

앗! 실수
8. 0, 1, 2, 3, 4의 숫자가 각각 적힌 5장의 카드가 있을 때, 2장을 뽑아 만들 수 있는 24 미만인 자연수의 개수

E 선분 또는 삼각형의 개수 구하기

어느 세 점도 한 직선 위에 있지 않은 8개의 점 중에서

· 두 점을 이어 만들 수 있는 선분의 개수 ⇨ $\dfrac{8\times7}{2}=28$

· 세 점을 이어 만들 수 있는 삼각형의 개수 ⇨ $\dfrac{8\times7\times6}{6}=56$

■ 다음을 구하시오.

1. 원 위의 4개의 점 중에서 두 점을 이어 만들 수 있는 선분의 개수

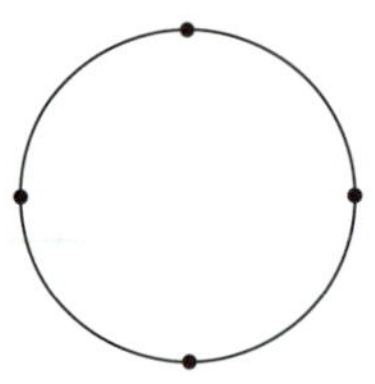

Help 4명 중 자격이 같은 대표 2명을 뽑는 경우의 수와 같다.

2. 원 위의 5개의 점 중에서 두 점을 이어 만들 수 있는 선분의 개수

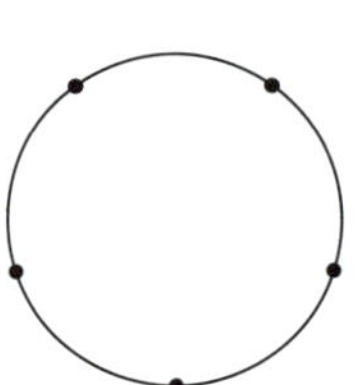

3. 원 위의 6개의 점 중에서 두 점을 이어 만들 수 있는 선분의 개수

4. 원 위의 7개의 점 중에서 두 점을 이어 만들 수 있는 선분의 개수

5. 원 위의 4개의 점 중에서 세 점을 이어 만들 수 있는 삼각형의 개수

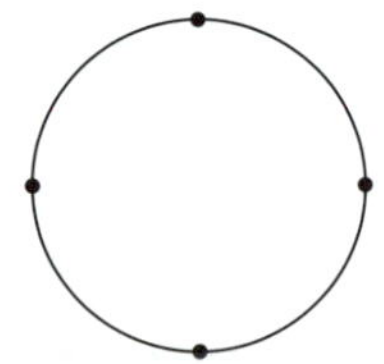

Help 4명 중 자격이 같은 대표 3명을 뽑는 경우의 수와 같다.

6. 원 위의 5개의 점 중에서 세 점을 이어 만들 수 있는 삼각형의 개수

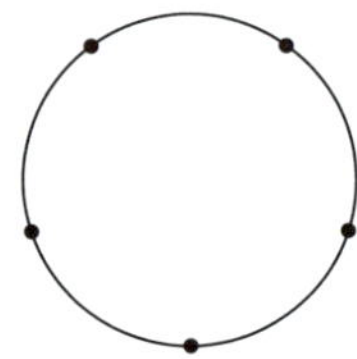

7. 원 위의 6개의 점 중에서 세 점을 이어 만들 수 있는 삼각형의 개수

8. 원 위의 7개의 점 중에서 세 점을 이어 만들 수 있는 삼각형의 개수

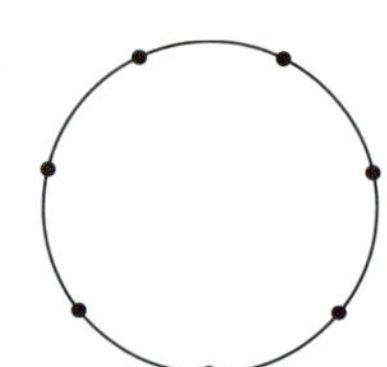

*정답과 해설 38쪽

[1~2] 일렬로 세우는 경우의 수

적중률 90%

1. 근영이는 주민센터, 어린이집, 우체국, 도서관, 지하철역에 봉사 활동을 하러 가려고 한다. 다섯 곳에 가는 순서를 정하는 경우의 수는?

① 60　　　② 120　　　③ 180

④ 250　　　⑤ 320

2. 규호, 진용, 주엽, 재훈, 민규, 현석이가 영화관에 가서 한 줄로 앉을 때, 규호와 주엽이가 이웃하여 앉는 경우의 수를 구하시오.

[3~4] 대표를 뽑는 경우의 수

3. 농구 대회에 출전한 10개국 중에서 금메달, 은메달, 동메달을 받게 될 국가를 1개국씩 뽑는 경우의 수는?

① 120　　　② 180　　　③ 360

④ 540　　　⑤ 720

적중률 90%

4. 올림픽 출전을 위하여 9명의 선수 중에서 2명을 국가대표로 선발하는 경우의 수는?

① 36　　　② 56　　　③ 60

④ 72　　　⑤ 81

[5~6] 자연수 만들기

5. 1부터 5까지의 자연수가 각각 하나씩 적힌 5장의 카드 중 3장을 뽑아 만들 수 있는 세 자리의 자연수의 개수는?

① 20　　　② 40　　　③ 50

④ 60　　　⑤ 120

적중률 90%

6. 0, 1, 2, 3, 4의 숫자가 각각 적힌 5장의 카드에서 2장을 뽑아 두 자리의 자연수를 만들 때, 20 이하인 자연수의 개수는?

① 4　　　② 5　　　③ 6

④ 7　　　⑤ 8

개념 강의 보기 

● 확률

① 확률

같은 조건에서 실험이나 관찰을 여러 번 반복할 때, 어떤 사건이 일어나는 상대도수가 일정한 값에 가까워지면 이 일정한 값을 그 사건이 일어날 **확률**이라 한다.

② 사건 A가 일어날 확률

어떤 실험이나 관찰에서 각 경우가 일어날 가능성이 같을 때, 일어날 수 있는 모든 경우의 수가 n, 사건 A가 일어나는 경우의 수가 a라 하면 사건 A가 일어날 확률 p는 다음과 같다.

$$p = \frac{(\text{사건 } A \text{가 일어나는 경우의 수})}{(\text{모든 경우의 수})} = \frac{a}{n}$$

주사위 1개를 던질 때, 3 이상 5 이하의 눈이 나올 확률을 구해 보자.

모든 경우의 수 ⇨ 6

3 이상 5 이하의 눈이 나오는 경우의 수 ⇨ 3

따라서 구하는 확률은 $\dfrac{3}{6} = \dfrac{1}{2}$

● 확률의 기본 성질

① 어떤 사건이 일어날 확률을 p라 하면 $0 \leq p \leq 1$이다.

② **반드시 일어나는 사건**의 확률은 **1**이다.

③ **절대로 일어날 수 없는 사건**의 확률은 **0**이다.

● 어떤 사건이 일어나지 않을 확률

① 사건 A가 일어날 확률을 p라 하면

(사건 A가 일어나지 않을 확률)$=1-p$

② '적어도 하나는 ~일' 확률은 어떤 사건이 일어나지 않을 확률을 이용한다.

(적어도 하나는 A일 확률)$=1-$(모두 A가 아닐 확률)

서로 다른 동전 2개를 던질 때, 적어도 하나는 뒷면이 나올 확률을 구해 보자.

(적어도 하나는 뒷면이 나올 확률)$=1-$(모두 앞면이 나올 확률)

$$=1-\frac{1}{4}=\frac{3}{4}$$

서로 다른 동전 2개를 던질 때, '적어도 1개는 앞면이 나온다.'라는 문제가 있다.

• 왼쪽의 경우가 일어나지 않을 경우는 '적어도 1개는 뒷면이 나온다.'이다.

(×)

➡ 학생들이 이렇게 많이 실수하는데 잘못된 것이야.

• 왼쪽의 경우가 일어나지 않을 경우는 '모두 뒷면이 나온다.'이다. (○)

➡ 적어도 1개가 앞면이라는 말은 앞면이 1개 또는 2개라는 뜻이므로 이것이 일어나지 않는 경우는 모두 뒷면인 경우야.

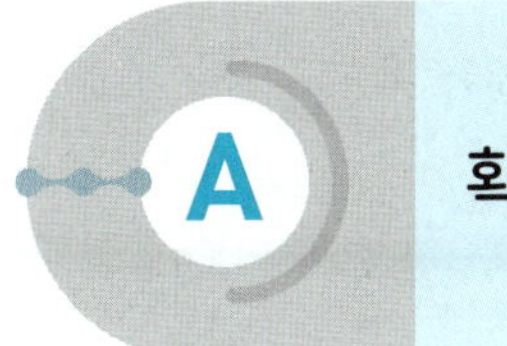

$$(\text{사건 } A \text{가 일어날 확률}) = \frac{(\text{사건 } A \text{가 일어나는 경우의 수})}{(\text{모든 경우의 수})}$$

이 정도는 암기해야 해 암암!

■ 10원짜리 동전 1개, 100원짜리 동전 1개를 동시에 던질 때, 다음을 구하시오.

1. 모든 경우의 수

2. 모두 뒷면이 나오는 경우의 수

3. 모두 뒷면이 나올 확률

■ 10원짜리 동전 1개, 100원짜리 동전 1개, 500원짜리 동전 1개를 동시에 던질 때, 다음을 구하시오.

4. 모든 경우의 수

5. 앞면이 1개만 나올 경우의 수

6. 앞면이 1개만 나올 확률

■ 빨간 사탕 6개, 파란 사탕 4개, 노란 사탕 5개가 들어 있는 주머니에서 사탕 한 개를 꺼낼 때, 다음을 구하시오.

7. 빨간 사탕을 꺼낼 확률

8. 파란 사탕을 꺼낼 확률

9. 노란 사탕을 꺼낼 확률

■ 1부터 20까지의 자연수가 각각 하나씩 적힌 20장의 카드 중에서 한 장을 뽑을 때, 다음을 구하시오.

10. 3의 배수일 확률

Help $\dfrac{(1\text{부터 } 20\text{까지의 수 중에서 } 3\text{의 배수의 개수})}{20}$

11. 짝수일 확률

12. 20의 약수일 확률

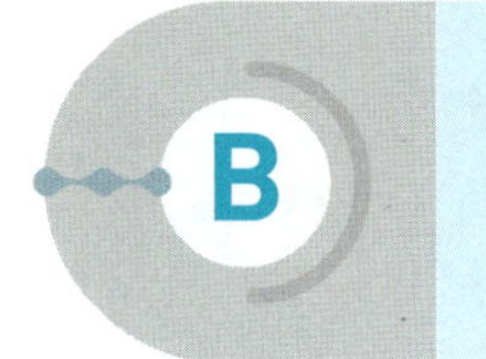

확률 2

남학생 1명, 여학생 3명이 일렬로 설 때, 특정한 여학생 2명이 이웃하여
서는 확률을 구해 보자.
모든 경우의 수는 $4 \times 3 \times 2 \times 1 = 24$이고, 여학생 2명을 묶어서 생각하면
$3 \times 2 \times 1 \times 2 = 12$이므로 확률은 $\dfrac{12}{24} = \dfrac{1}{2}$

■ 서로 다른 두 개의 주사위를 동시에 던졌을 때, 다음을 구하시오.

1. 눈의 수의 합이 5일 확률

2. 눈의 수의 합이 10일 확률

3. 눈의 수의 차가 2일 확률

■ 주사위 한 개를 두 번 던져서 처음에 나온 눈의 수를 x, 나중에 나온 눈의 수를 y라 할 때, 다음을 구하시오.

4. $3x - y = 4$가 될 확률
   Help 방정식을 만족하는 경우의 수를 구한다.

앗! 실수

5. $2x + y < 8$이 될 확률

■ 남학생과 여학생이 일렬로 설 때, 다음을 구하시오.

앗! 실수

6. 남학생 2명, 여학생 2명이 일렬로 설 때, 남학생 2명이 서로 이웃하여 설 확률

7. 남학생 2명, 여학생 3명이 일렬로 설 때, 특정한 여학생 2명이 서로 이웃하여 설 확률

8. 남학생 4명, 여학생 2명이 일렬로 설 때, 특정한 남학생 2명이 서로 이웃하여 설 확률

■ 1부터 6까지의 자연수가 각각 하나씩 적힌 6장의 카드 중에서 2장을 뽑아 두 자리의 자연수를 만들 때, 다음을 구하시오.

앗! 실수

9. 20 이하일 확률
   Help 20 이하의 수의 개수를 구해야 되는데 20은 0이 없어 만들 수 없으므로 포함되지 않는다.

10. 50 이상일 확률

■ 주사위 한 개를 던질 때, 다음을 구하시오.

1. 1 이상의 눈이 나올 확률
   `Help` 주사위를 던지면 반드시 1 이상의 눈이 나온다.

2. 7 이상의 눈이 나올 확률

3. 6 이하의 눈이 나올 확률

■ 빨간 구슬 6개, 파란 구슬 8개가 들어 있는 상자에서 한 개의 구슬을 꺼낼 때, 다음을 구하시오.

4. 꺼낸 구슬이 빨간 구슬 또는 파란 구슬일 확률

5. 꺼낸 구슬이 노란 구슬일 확률
   `Help` 상자에는 노란 구슬이 없다.

■ 서로 다른 두 개의 주사위를 동시에 던질 때, 다음을 구하시오.

6. 눈의 수의 합이 12 이하일 확률

7. 눈의 수의 합이 12 초과일 확률

8. 눈의 수의 차가 6일 확률

■ 바구니에 들어 있는 20개의 제비 중 당첨 제비의 개수가 다음과 같다. 이 바구니에서 한 개의 제비를 뽑을 때, 당첨될 확률을 구하시오.

9. 0
   `Help` 당첨 제비가 없다면 당첨될 확률이 없다.

10. 20

- (A가 이길 확률)=1−(A가 비기거나 질 확률)
- (A가 뽑히지 않을 확률)=1−(A가 뽑힐 확률)
- (A, B가 이웃하지 않을 확률)=1−(A, B가 이웃할 확률)

잊지 말자. 꼬~옥!

■ 다음을 구하시오.

1. A, B가 게임을 하여 A가 이길 확률이 $\dfrac{5}{6}$일 때, B가 이길 확률 (단, 비기는 경우는 없다.)

   Help (B가 이길 확률)=1−(A가 이길 확률)

2. 파란 구슬과 노란 구슬이 들어 있는 상자에서 파란 구슬을 꺼낼 확률이 $\dfrac{2}{3}$일 때, 노란 구슬을 꺼낼 확률

3. 어떤 문제를 맞힐 확률이 $\dfrac{2}{5}$일 때, 문제를 틀릴 확률

4. 어느 대학에 합격할 확률이 $\dfrac{3}{8}$일 때, 이 대학에 불합격할 확률

5. 비가 올 확률이 $\dfrac{7}{10}$일 때, 비가 오지 않을 확률

앗! 실수

6. A, B, C, D 4명을 일렬로 세울 때, A와 B가 이웃하지 않을 확률

   Help (A와 B가 이웃하지 않을 확률)
   =1−(A와 B가 이웃할 확률)

7. A, B, C, D, E 5명을 일렬로 세울 때, C와 D가 이웃하지 않을 확률

8. A, B, C, D, E, F 6명을 일렬로 세울 때, E와 F가 이웃하지 않을 확률

앗! 실수

9. A, B, C, D 4명의 후보 중에서 대표 2명을 뽑을 때, A가 뽑히지 않을 확률

   Help 대표 2명을 뽑을 경우는 $\dfrac{4\times3}{2}$,

   A가 뽑힐 경우는 (A, B), (A, C), (A, D)

10. A, B, C, D, E 5명의 후보 중에서 대표 2명을 뽑을 때, B가 뽑히지 않을 확률

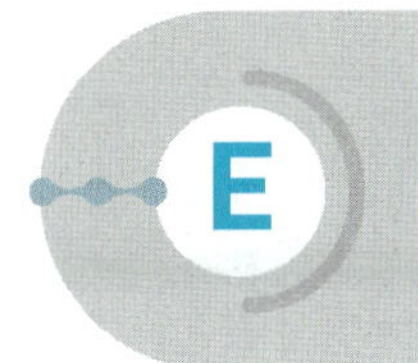

E 적어도 ~일 확률

■ 다음을 구하시오.

1. 서로 다른 동전을 두 개 던졌을 때, 적어도 앞면이 한 개 나올 확률

> Help (적어도 앞면이 한 개 나올 확률)
> ＝1－(모두 뒷면이 나올 확률)

2. 서로 다른 동전을 세 개 던졌을 때, 적어도 뒷면이 한 개 나올 확률

앗! 실수

3. ○, ×로 답을 하는 시험 문제 4개에 임의로 답할 때, 적어도 한 문제를 맞힐 확률

> Help 4문제를 모두 틀리는 경우는 1가지이다.

4. ○, ×로 답을 하는 시험 문제 5개에 임의로 답할 때, 적어도 한 문제를 맞힐 확률

앗! 실수

5. 서로 다른 주사위 두 개를 동시에 던졌을 때, 적어도 하나는 2의 배수의 눈일 확률

> Help (적어도 하나는 2의 배수의 눈일 확률)
> ＝1－(모두 2의 배수의 눈이 아닐 확률)

6. 서로 다른 주사위 두 개를 동시에 던졌을 때, 적어도 하나는 3의 배수의 눈일 확률

7. 남학생 4명과 여학생 3명 중에서 2명의 대표를 뽑을 때, 적어도 한 명은 남학생일 확률

> Help 7명 중에서 대표 2명을 뽑는 경우의 수는 $\dfrac{7 \times 6}{2}$
>
> 모두 여학생을 뽑는 경우의 수는 $\dfrac{3 \times 2}{2}$

앗! 실수

8. 오렌지 맛 사탕 3개와 포도 맛 사탕 5개가 들어 있는 주머니에서 사탕 두 개를 꺼낼 때, 적어도 한 개는 오렌지 맛 사탕이 나올 확률

> Help (적어도 한 개는 오렌지 맛 사탕이 나올 확률)
> ＝1－(모두 포도 맛 사탕이 나올 확률)

[1~3] 확률의 뜻

1. 가영, 수지, 성아, 민지, 지현 5명의 학생이 한 줄로 설 때, 수지가 맨 앞에 서고, 성아가 마지막에 설 확률은?

① $\dfrac{2}{5}$　　② $\dfrac{1}{10}$　　③ $\dfrac{1}{20}$

④ $\dfrac{3}{32}$　　⑤ $\dfrac{7}{40}$

Help 수지가 맨 앞, 성아가 마지막에 서는 것으로 정하면 나머지 3명만 일렬로 서면 된다.

2. 1, 2, 3, 4, 5의 숫자가 각각 적힌 5장의 카드에서 임의로 2장을 뽑아 두 자리의 자연수를 만들 때, 그 수가 짝수일 확률은?

① $\dfrac{2}{5}$　　② $\dfrac{2}{3}$　　③ $\dfrac{5}{8}$

④ $\dfrac{3}{4}$　　⑤ $\dfrac{11}{20}$

Help 짝수일 경우는 일의 자리에 2 또는 4가 오면 되므로 일의 자리의 숫자를 먼저 정하고 십의 자리의 숫자를 정한다.

3. 두 개의 주사위 A, B를 동시에 던져서 각각의 주사위에서 나오는 눈의 수를 x, y라 할 때, $y > 5x - 8$일 확률을 구하시오.

[4] 확률의 성질

적중률 80%

4. 어떤 사건 A가 일어날 확률을 p, 일어나지 않을 확률을 q라 할 때, 다음 중 옳지 않은 것은?

① 반드시 일어나는 사건의 확률은 1이다.

② $p = q - 1$

③ 절대로 일어나지 않는 사건의 확률은 0이다.

④ $0 \leq p \leq 1$

⑤ $0 \leq q \leq 1$

[5] 어떤 사건이 일어나지 않을 확률

적중률 90%

5. A, B, C, D 네 명의 학생을 일렬로 세울 때, A가 맨 앞에 서지 않을 확률은?

① $\dfrac{1}{2}$　　② $\dfrac{3}{4}$　　③ $\dfrac{7}{12}$

④ $\dfrac{11}{15}$　　⑤ $\dfrac{9}{20}$

[6] 적어도 ~일 확률

앗! 실수　적중률 90%

6. 흰 바둑돌이 3개, 검은 바둑돌이 2개가 들어 있는 주머니에서 바둑돌 2개를 꺼낼 때, 적어도 한 개는 검은 바둑돌일 확률은?

① $\dfrac{2}{3}$　　② $\dfrac{7}{8}$　　③ $\dfrac{8}{9}$

④ $\dfrac{7}{10}$　　⑤ $\dfrac{19}{20}$

26 확률의 계산 1

● **사건 A 또는 사건 B가 일어날 확률 – 확률의 덧셈**

동일한 조건의 실험이나 관찰에서 두 사건 A, B가 동시에 일어나지 않을 때, 사건 A가 일어날 확률을 p, 사건 B가 일어날 확률을 q라 하면

(사건 A **또는** 사건 B가 일어날 확률) $= p+q$

● **두 사건 A, B가 동시에 일어날 확률 – 확률의 곱셈**

두 사건 A, B가 서로 영향을 끼치지 않을 때, 사건 A가 일어날 확률을 p, 사건 B가 일어날 확률을 q라 하면

(두 사건 A와 B가 **동시에** 일어날 확률) $= p \times q$

● **확률의 곱셈을 이용한 일어나지 않을 확률**

치료율이 $\dfrac{4}{5}$인 신약이 있다. A, B 두 환자에게 이 약을 투여했을 때, 두 환자 모두 치료되지 않을 확률을 구해 보자.

한 환자가 치료되지 않을 확률은 $1 - \dfrac{4}{5} = \dfrac{1}{5}$이므로

두 환자 모두 치료되지 않을 확률은 $\dfrac{1}{5} \times \dfrac{1}{5} = \dfrac{1}{25}$

> **바빠꿀팁**
>
> 두 사건이 동시에 일어날 확률은 두 확률을 곱하여 구하는데, 두 사건이 동시에 일어나지 않을 확률도 일어나지 않을 두 확률을 곱하면 돼.

● **확률의 곱셈을 이용한 적어도 하나가 일어날 확률**

명중률이 각각 $\dfrac{3}{4}$, $\dfrac{4}{5}$인 두 양궁 선수가 화살을 한 번씩 쏘았을 때, 적어도 한 명은 과녁을 명중시킬 확률을 구해 보자.

적어도 한 명은 과녁에 명중시키는 것이 일어나지 않는 경우는 두 명 모두 과녁에 명중시키지 못하는 것이므로

$$(\text{두 선수 모두 과녁에 명중시키지 못할 확률}) = \left(1 - \dfrac{3}{4}\right)\left(1 - \dfrac{4}{5}\right)$$
$$= \dfrac{1}{4} \times \dfrac{1}{5} = \dfrac{1}{20}$$

따라서 적어도 한 명은 과녁을 명중시킬 확률은 $1 - \dfrac{1}{20} = \dfrac{19}{20}$

앗! 실수

동전 한 개와 주사위 한 개를 던질 때, 동전은 앞면, 주사위는 6의 약수가 나올 확률은 다음 두 가지 방법 중 하나로 구하면 돼.

- 동전의 앞면이 나올 확률이 $\dfrac{1}{2}$, 주사위는 6의 약수의 눈이 나올 확률이 $\dfrac{2}{3}$이므로 $\dfrac{1}{2} \times \dfrac{2}{3} = \dfrac{1}{3}$
- 동전은 앞면, 주사위는 6의 약수의 눈이 나오는 경우의 수는 (앞, 1), (앞, 2), (앞, 3), (앞, 6)으로 4가지이고 전체 경우의 수는 $2 \times 6 = 12$이므로 $\dfrac{4}{12} = \dfrac{1}{3}$

이와 같이 확률의 곱셈을 이용하는 방법과 앞단원에서 배운 경우의 수로 구하는 방법의 확률은 같아.

사건 A 또는 사건 B가 일어날 확률

두 사건 A, B가 동시에 일어나지 않을 때
사건 A가 일어날 확률이 p, 사건 B가 일어날 확률이 q이면
(사건 A 또는 사건 B가 일어날 확률)$=p+q$

잊지 말자. 꼬~옥!

■ 1부터 10까지의 자연수가 각각 하나씩 적힌 10장의 카드 중에서 한 장을 뽑을 때, 다음을 구하시오.

1. 4보다 작거나 8보다 클 확률

2. 6의 약수 또는 5의 배수일 확률

■ 주머니 속에 크기와 모양이 같은 빨간 공 3개, 파란 공 4개, 노란 공 5개가 들어 있다. 이 주머니에서 한 개의 공을 꺼낼 때, 다음을 구하시오.

3. 빨간 공 또는 파란 공이 나올 확률

4. 파란 공 또는 노란 공이 나올 확률

■ 서로 다른 두 개의 주사위를 동시에 던질 때, 다음을 구하시오.

5. 눈의 수의 합이 3 또는 7일 확률
> Help (눈의 수의 합이 3일 확률)
> +(눈의 수의 합이 7일 확률)

6. 눈의 수의 차가 0 또는 3일 확률

■ 0, 1, 2, 3, 4의 숫자가 각각 적힌 5장의 카드가 있다. 이 중에서 2장을 뽑아 두 자리의 자연수를 만들 때, 다음을 구하시오.

앗! 실수

7. 14 이하이거나 32 이상일 확률
> Help (두 자리의 자연수가 14 이하일 확률)
> +(두 자리의 자연수가 32 이상일 확률)

8. 20 미만이거나 40 초과일 확률

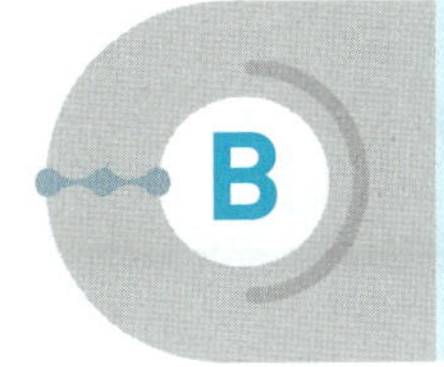

두 사건 A, B가 동시에 일어날 확률

두 사건 A, B가 서로 영향을 미치지 않을 때
사건 A가 일어날 확률이 p, 사건 B가 일어날 확률이 q이면
(두 사건 A와 B가 동시에 일어날 확률)$=p \times q$

잊지 말자. 꼬~옥!

■ 한 개의 주사위를 두 번 던질 때, 다음을 구하시오.

1. 첫 번째는 2 이하의 눈이 나오고, 두 번째는 5 이상의 눈이 나올 확률

   Help (2 이하의 눈이 나올 확률)
   　　　×(5 이상의 눈이 나올 확률)

2. 첫 번째는 3의 배수의 눈이 나오고, 두 번째는 4의 약수의 눈이 나올 확률

■ 한 개의 동전과 한 개의 주사위를 동시에 던질 때, 다음을 구하시오.

3. 동전은 앞면이 나오고 주사위는 2의 배수의 눈이 나올 확률

4. 동전은 뒷면이 나오고 주사위는 소수의 눈이 나올 확률

■ A 주머니에는 흰 공 3개, 검은 공 4개가 들어 있고, B 주머니에는 흰 공 5개, 검은 공 2개가 들어 있다. A, B 두 주머니에서 임의로 공을 한 개씩 꺼낼 때, 다음을 구하시오.

5. A 주머니에서는 흰 공, B 주머니에서는 검은 공이 나올 확률

   Help (A 주머니에서 흰 공이 나올 확률)
   　　　×(B 주머니에서 검은 공이 나올 확률)

6. A 주머니에서는 검은 공, B 주머니에서는 흰 공이 나올 확률

■ 다음을 구하시오.

7. 어떤 문제를 A가 맞힐 확률은 $\dfrac{1}{2}$, B가 맞힐 확률이 $\dfrac{2}{5}$일 때, A, B가 모두 맞힐 확률

8. 어느 지역의 토요일에 비가 올 확률이 $\dfrac{1}{3}$, 일요일에 비가 올 확률이 $\dfrac{4}{7}$일 때, 토요일과 일요일에 연속해서 비가 올 확률

비가 올 확률이 $\frac{1}{3}$이면 비가 오지 않을 확률은 $1-\frac{1}{3}=\frac{2}{3}$야.

따라서 이틀 연속 비가 오지 않을 확률은 $\frac{2}{3}\times\frac{2}{3}=\frac{4}{9}$인 거지.

■ 다음을 구하시오.

앗! 실수

1. 민우와 준환이가 자격증 시험에 응시하여 합격할 확률이 각각 $\frac{2}{5}$, $\frac{1}{4}$일 때, 민우는 합격하고 준환이는 불합격할 확률

   Help $\frac{2}{5}\times\left(1-\frac{1}{4}\right)$

2. 두 양궁 선수 A, B가 화살을 과녁에 맞힐 확률이 각각 $\frac{3}{7}$, $\frac{5}{6}$일 때, A는 맞히지 못하고 B는 맞힐 확률

3. 컴퓨터에 내장되어 있는 부속품 A, B가 불량품일 확률이 각각 $\frac{1}{10}$, $\frac{5}{18}$일 때, 부속품 A는 우량품이고 부속품 B는 불량품일 확률

4. 중간고사에서 시은이와 지원이가 10등 안에 들 확률이 각각 $\frac{4}{5}$, $\frac{7}{8}$일 때, 시은이만 10등 안에 들 확률

5. 경서와 혜민이가 약속 장소에 나올 확률이 각각 $\frac{2}{3}$, $\frac{5}{6}$일 때, 두 사람 모두 약속 장소에 나오지 않을 확률

   Help 약속 장소에 경서도 안 나오고, 혜민이도 안 나오는 것이므로 $\left(1-\frac{2}{3}\right)\times\left(1-\frac{5}{6}\right)$

6. A, B 두 축구팀이 결승전에 진출할 확률이 각각 $\frac{3}{5}$, $\frac{5}{6}$일 때, 두 팀 모두 진출하지 못할 확률

7. 수학 시험 5문제 중에서 평균 4문제를 맞추는 학생이 2문제를 풀 때, 모두 틀릴 확률

8. 10발을 쏘면 평균 6발을 과녁에 명중시키는 사격수가 2발을 쏠 때, 모두 과녁에 명중시키지 못할 확률

확률의 곱셈을 이용한 적어도 하나가 일어날 확률

양궁 선수 A, B가 10점을 맞힐 확률이 각각 $\dfrac{1}{9}$, $\dfrac{2}{5}$일 때, 적어도 한 사람이 10점을 맞힐 확률을 구해 보자.

$1-$(두 명 모두 10점을 맞히지 못할 확률)$=1-\dfrac{8}{9}\times\dfrac{3}{5}=\dfrac{7}{15}$

■ 다음을 구하시오.

앗! 실수

1. 어느 동물원에 있는 두 종류의 새의 인공부화율이 각각 $\dfrac{2}{3}$, $\dfrac{3}{4}$일 때, 적어도 한 마리가 부화할 확률

    Help (적어도 한 마리가 부화할 확률)

    $=1-$(새가 모두 부화하지 못할 확률)

    $=1-\left(1-\dfrac{2}{3}\right)\times\left(1-\dfrac{3}{4}\right)$

2. 민영이가 A, B 대학에 합격할 확률이 각각 $\dfrac{1}{10}$, $\dfrac{3}{8}$일 때, 적어도 한 대학에 합격할 확률

3. 어느 사격 선수가 과녁에 맞힐 확률이 $\dfrac{4}{5}$라고 한다. 이 사격 선수가 두 발을 쏘았을 때, 적어도 한 번은 맞힐 확률

앗! 실수

4. 두 야구 선수 A, B가 한 번의 타석에서 안타를 칠 확률은 각각 2할, 3할일 때, 적어도 한 선수가 안타를 칠 확률

    Help 2할$=\dfrac{2}{10}=\dfrac{1}{5}$, 3할$=\dfrac{3}{10}$

5. 제약 회사에서 만든 신약의 치료율이 $\dfrac{9}{10}$라고 한다. 이 약을 두 환자한테 투약했을 때, 적어도 한 환자가 치료될 확률

6. 어떤 문제를 A, B가 맞힐 확률이 각각 $\dfrac{5}{8}$, $\dfrac{5}{6}$일 때, A와 B 중에서 적어도 한 명이 맞힐 확률

7. 농구 경기에서 A, B 두 선수가 자유투를 성공시킬 확률이 각각 $\dfrac{2}{3}$, $\dfrac{4}{9}$일 때, 적어도 한 명이 자유투를 성공시킬 확률

8. 정답이 1개인 오지선다형 문제가 2개 있다. 임의로 답을 썼을 때, 적어도 한 문제는 맞힐 확률

    Help 오지선다형 문제는 선택할 수 있는 답이 5개가 있는 문제이므로 맞힐 확률은 $\dfrac{1}{5}$이다.

[1~2] 사건 A 또는 사건 B가 일어날 확률

적중률 90%

1. 서로 다른 두 개의 주사위를 동시에 던질 때, 나오는 두 눈의 수의 합이 5 또는 9일 확률을 구하시오.

2. 오른쪽 그래프는 어느 중학교 학생 100명을 대상으로 급식에 대한 만족도를 조사하여 나타낸 것이다. 설문에 답한 학생 중 한 명을 선택할 때, 그 학생이 보통 또는 만족이라고 응답했을 확률은?

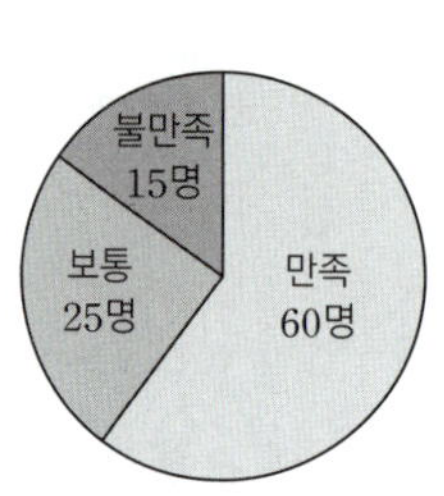

① $\dfrac{3}{5}$ ② $\dfrac{9}{10}$ ③ $\dfrac{13}{20}$

④ $\dfrac{3}{4}$ ⑤ $\dfrac{17}{20}$

[3] 두 사건 A, B가 동시에 일어날 확률

앗! 실수

3. 두 자연수 A, B가 홀수일 확률이 각각 $\dfrac{3}{5}$, $\dfrac{1}{3}$일 때, 두 수의 곱 AB가 홀수일 확률은?

① $\dfrac{1}{5}$ ② $\dfrac{1}{4}$ ③ $\dfrac{2}{5}$

④ $\dfrac{5}{6}$ ⑤ $\dfrac{7}{9}$

Help (홀수)×(홀수)=(홀수)

[4] 확률의 곱셈을 이용한 일어나지 않을 확률

적중률 80%

4. 명중률이 각각 $\dfrac{3}{4}$, $\dfrac{3}{5}$인 두 양궁 선수가 화살을 한 번씩 쏘았을 때, 두 사람 모두 과녁에 명중시키지 못할 확률을 구하시오.

[5~6] 확률의 곱셈을 이용한 적어도 하나가 일어날 확률

적중률 90%

5. A, B 미술 동아리에서 미술 전시회에 입상할 확률은 각각 $\dfrac{5}{8}$, $\dfrac{3}{7}$일 때, 적어도 한 동아리가 입상할 확률은?

① $\dfrac{5}{14}$ ② $\dfrac{11}{14}$ ③ $\dfrac{13}{28}$

④ $\dfrac{9}{56}$ ⑤ $\dfrac{15}{56}$

6. 어느 야구 선수가 타석에 한 번 설 때 안타를 칠 확률은 $\dfrac{3}{7}$이다. 이 선수가 타석에 두 번 설 때 적어도 한 번은 안타를 칠 확률을 구하시오.

27 확률의 계산 2

● 확률의 덧셈과 곱셈

오늘 비가 올 확률이 0.3, 내일 비가 올 확률이 0.6이라 예보했을 때, 오늘과 내일 중 하루만 비가 올 확률을 구해 보자.

- 오늘 비가 오고 내일 오지 않을 확률
  $\Rightarrow 0.3 \times (1-0.6) = 0.12$
- 오늘 비가 오지 않고 내일 올 확률
  $\Rightarrow (1-0.3) \times 0.6 = 0.42$

따라서 오늘과 내일 중 하루만 비가 올 확률은
$\Rightarrow 0.12 + 0.42 = 0.54$

● 연속하여 뽑는 경우의 확률

① 꺼낸 것을 다시 넣고 연속하여 뽑는 경우의 확률

처음에 뽑은 것을 다시 뽑을 수 있으므로 **처음과 나중의 조건이 같다.**

$\Rightarrow$ 처음에 일어난 사건이 나중에 일어나는 사건에 영향을 주지 않는다.

② 꺼낸 것을 다시 넣지 않고 연속하여 뽑는 경우의 확률

처음에 뽑은 것을 다시 뽑을 수 없으므로 **처음과 나중의 조건이 다르다.**

$\Rightarrow$ 처음에 일어난 사건이 나중에 일어나는 사건에 영향을 준다.

모양과 크기가 같은 흰 공 3개와 검은 공 2개가 들어 있는 주머니에서 연속하여 2개의 공을 뽑을 때, 2개 모두 흰 공을 뽑을 확률을 구해 보자.

꺼낸 공을 다시 넣을 경우	꺼낸 공을 다시 넣지 않을 경우
(확률)$=\dfrac{3}{5} \times \dfrac{3}{5} = \dfrac{9}{25}$ 공을 다시 넣었으므로 같음	흰 공이 2개로 줄어듦 (확률)$=\dfrac{3}{5} \times \dfrac{2}{4} = \dfrac{3}{10}$ 전체 공이 4개로 줄어듦

● 도형에서의 확률

도형에서의 확률은 일어날 수 있는 모든 경우의 수는 전체 넓이로, 어떤 사건이 일어날 수 있는 경우의 수는 해당하는 부분의 넓이로 생각하여 확률을 구한다.

$$(\text{도형에서의 확률}) = \frac{(\text{사건에 해당하는 부분의 넓이})}{(\text{도형의 전체 넓이})}$$

> **바빠 꿀팁**
>
> 공이나 구슬을 꺼낼 때는 처음 꺼낸 것을 다시 넣는지 아닌지 주목해야 해. 꺼낸 공을 다시 넣으면 몇 번을 꺼내도 한 번 꺼낼 때의 확률이 같지만 다시 넣지 않으면 꺼낼 때마다 확률이 달라지기 때문이야.

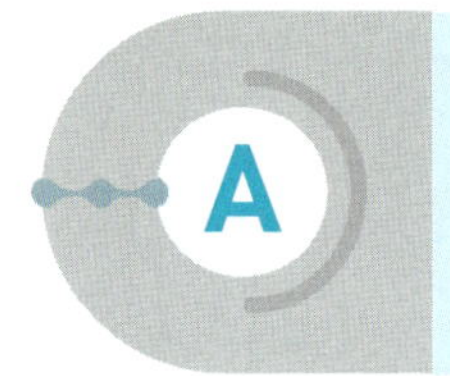

A 확률의 덧셈과 곱셈

동전 1개와 주사위 1개를 동시에 던질 때, 동전은 앞면, 주사위는 짝수의 눈이 나오거나 동전은 뒷면, 주사위는 3의 배수의 눈이 나올 확률은

$$\frac{1}{2}\times\frac{1}{2}+\frac{1}{2}\times\frac{1}{3}=\frac{1}{4}+\frac{1}{6}=\frac{5}{12}$$

확률의 곱셈 · 확률의 곱셈 · 확률의 덧셈

■ 다음을 구하시오.

앗! 실수

1. 어느 양궁 선수가 10점에 맞힐 확률이 $\frac{3}{5}$이라 할 때, 이 선수가 두 발을 쏘아서 한 번만 10점에 맞힐 확률

   Help (첫 번째 10점에 맞힐 확률)
   $\times$(두 번째 10점에 맞히지 못할 확률)
   $+$(첫 번째 10점에 맞히지 못할 확률)
   $\times$(두 번째 10점에 맞힐 확률)

2. 기상청에서 오늘 비가 올 확률이 $\frac{3}{8}$, 내일 비가 올 확률이 $\frac{4}{5}$라고 예보했을 때, 오늘과 내일 중 하루만 비가 올 확률

   Help (오늘 비가 올 확률)$\times$(내일 비가 오지 않을 확률)
   $+$(오늘 비가 오지 않을 확률)$\times$(내일 비가 올 확률)

3. 수민이가 학교에 지각을 할 확률이 $\frac{1}{10}$일 때, 2일 중 하루만 지각을 할 확률

4. 의현이와 근영이가 달리기를 할 때, 근영이가 승리할 확률은 $\frac{5}{7}$이다. 달리기를 2번 할 때, 근영이가 1승 1패할 확률 (단, 비길 확률은 없다.)

5. 동전 1개와 주사위 1개를 동시에 던질 때, 동전의 앞면과 주사위의 홀수의 눈이 나오거나 동전의 뒷면과 주사위의 6의 약수의 눈이 나올 확률

6. A와 B 두 사람이 가위바위보를 두 번 할 때, 한 번은 A가 이기고, 다른 한 번은 비길 확률

   Help (A가 이길 확률)$=\frac{1}{3}$, (비길 확률)$=\frac{1}{3}$

7. A 주머니에는 흰 공 3개, 검은 공 7개가 들어 있고, B 주머니에는 흰 공 6개, 검은 공 4개가 들어 있다. A, B 두 주머니에서 각각 공을 한 개씩 꺼낼 때, 하나는 흰 공, 하나는 검은 공일 확률

8. A 상자에는 단팥빵 10개, 크림빵 6개가 들어 있고, B 상자에는 단팥빵 8개, 크림빵 8개가 들어 있다. A, B 두 상자에서 각각 빵을 한 개씩 꺼낼 때, 같은 종류의 빵을 꺼낼 확률

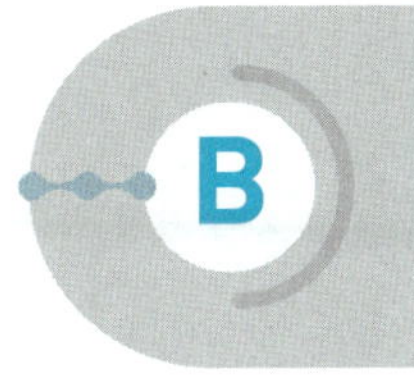

연속하여 뽑는 경우의 확률 1

■ 노란 공 4개와 파란 공 6개가 들어 있는 주머니가 있다. 이 주머니에서 공 1개를 뽑아 확인하고 다시 넣은 후 1개를 더 뽑을 때, 다음을 구하시오.

1. 첫 번째는 노란 공이 나오고 두 번째는 파란 공이 나올 확률

2. 첫 번째는 파란 공이 나오고 두 번째도 파란 공이 나올 확률

■ 구슬 통에 보라 구슬 6개, 연두 구슬 4개, 빨간 구슬 5개가 들어 있다. 이 통에서 1개를 뽑아 확인하고 다시 넣은 후 1개를 더 뽑을 때, 다음을 구하시오.

3. 첫 번째는 보라 구슬이 나오고 두 번째는 빨간 구슬이 나올 확률

4. 첫 번째는 연두 구슬이 나오고 두 번째는 보라 구슬이 나올 확률

■ 10개의 제비 중 당첨 제비가 3개 들어 있는 상자에서 제비 1개를 뽑아 확인하고 다시 넣은 후 1개를 더 뽑을 때, 다음을 구하시오.

5. 두 번 다 당첨 제비를 뽑을 확률

6. 첫 번째는 당첨 제비를 뽑고 두 번째는 당첨 제비가 아닌 제비를 뽑을 확률

■ 1에서 9까지의 숫자가 각각 적힌 카드가 있다. 이 9장의 카드 중에서 1장을 뽑아 확인하고 다시 넣은 후 1장을 더 뽑을 때, 다음을 구하시오.

7. 두 수 모두 홀수를 뽑을 확률

8. 첫 번째는 짝수를 뽑고 두 번째는 홀수를 뽑을 확률

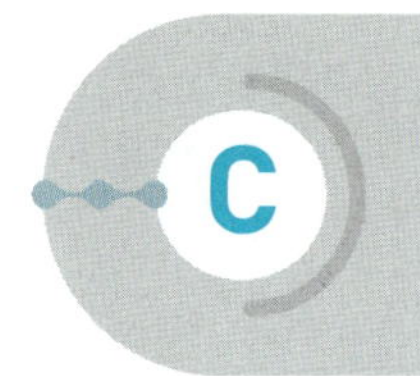

C 연속하여 뽑는 경우의 확률 2

■ 상자 안에 들어 있는 10개의 제품 중 불량품이 2개 들어 있다. 이 상자에서 두 개의 제품을 연속하여 꺼낼 때, 다음을 구하시오. (단, 꺼낸 제품은 다시 넣지 않는다.)

1. 두 개 모두 불량품일 확률

2. 첫 번째는 우량품을 뽑고 두 번째는 불량품을 뽑을 확률

■ 16개의 제비 중 당첨 제비가 2개 들어 있다. A, B 두 사람이 차례대로 한 개씩 제비를 뽑을 때, 다음을 구하시오. (단, 꺼낸 제비는 다시 넣지 않는다.)

3. A만 당첨 제비를 뽑을 확률
  Help (A가 당첨 제비를 뽑을 확률)
    ×(B가 당첨 제비를 뽑지 않을 확률)

4. B만 당첨 제비를 뽑을 확률

■ 사탕 통에 사과 맛 사탕 5개, 블루베리 맛 사탕 7개가 들어 있다. 이 사탕 통에서 수민이와 승아가 차례로 사탕을 뽑을 때, 다음을 구하시오. (단, 꺼낸 사탕은 다시 넣지 않는다.)

앗! 실수

5. 서로 같은 맛을 뽑을 확률
  Help (연속해서 사과 맛 사탕을 뽑을 확률)
    +(연속해서 블루베리 맛 사탕을 뽑을 확률)

6. 서로 다른 맛을 뽑을 확률

■ 바둑통에 흰 바둑돌 8개, 검은 바둑돌 7개가 들어 있다. 바둑돌을 연속하여 두 번 꺼낼 때, 다음을 구하시오. (단, 꺼낸 바둑돌은 다시 넣지 않는다.)

7. 두 번 모두 같은 색 바둑돌을 뽑을 확률

8. 두 번 모두 다른 색 바둑돌을 뽑을 확률

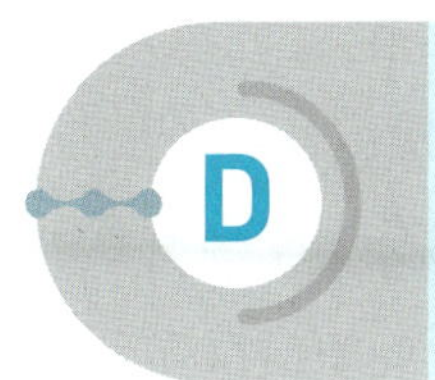

D 도형에서의 확률

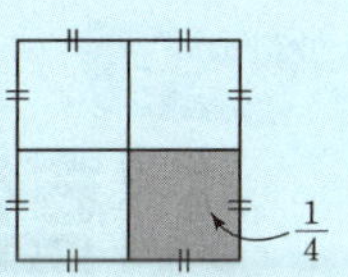

도형에서의 확률은 전체 넓이에 대한 해당하는 부분의 넓이이므로 오른쪽 그림과 같이 색칠한 부분의 확률은 $\dfrac{1}{4}$이야.

■ 아래와 같은 과녁에 화살을 쏠 때, 다음을 구하시오. (단, 화살이 과녁을 벗어나거나 경계선을 맞히는 경우는 없다.)

1. ♣ 또는 ☆를 쏠 확률 (단, 과녁은 정사각형을 16등분한 것이다.)

2. 소수를 쏠 확률 (단, 과녁은 원을 12등분한 것이다.)

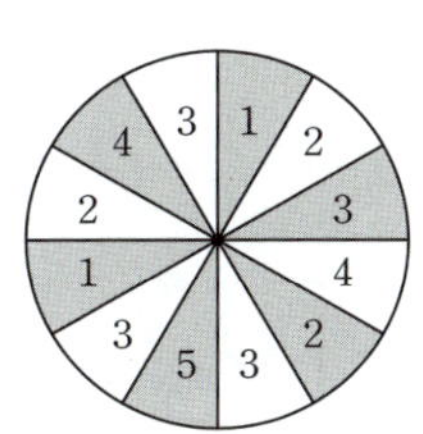

Help 과녁에 있는 수 중 소수는 2, 3, 5이다.

3. 짝수를 쏠 확률 (단, 과녁은 정삼각형을 9등분한 것이다.)

---

4. 아래의 그림과 같이 각각 3등분, 5등분된 두 원판에 화살을 차례대로 쏠 때, 두 원판 모두 C에 맞힐 확률

5. 아래의 그림과 같은 각각 4등분, 8등분된 두 원판에 화살을 차례대로 쏠 때, 두 원판 모두 소수에 맞힐 확률

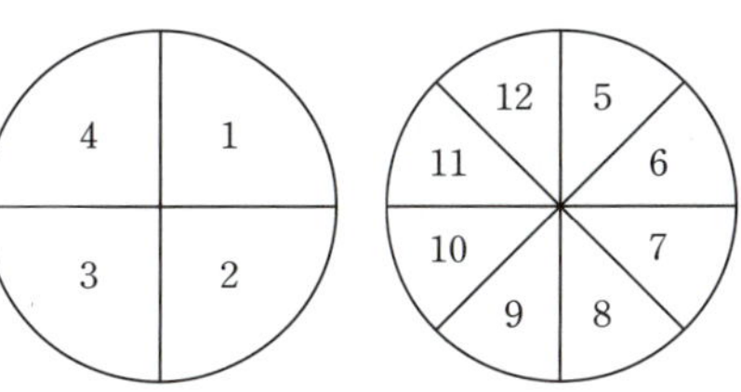

6. 과녁 안에 있는 중심이 같은 세 원의 반지름의 길이가 1, 2, 3일 때, 한 번 화살을 쏘아서 B 부분에 맞힐 확률

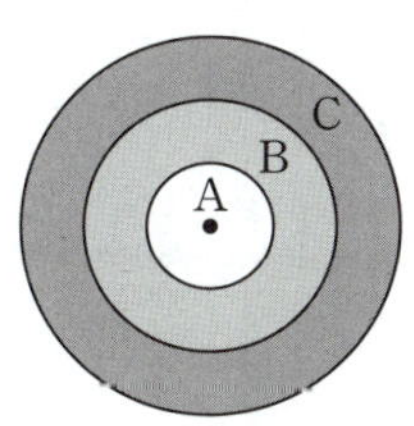

Help 세 원의 넓이는 π, 4π, 9π이다.
B 부분의 넓이는 $4\pi - \pi = 3\pi$

[1~3] 확률의 덧셈과 곱셈

앗! 실수 적중률 80%

1. A 주머니에는 흰 공 3개, 빨간 공 4개가 들어 있고, B 주머니에는 흰 공 2개, 빨간 공 3개가 들어 있다. A, B 주머니에서 각각 1개씩 공을 꺼낼 때, 꺼낸 공이 서로 같은 색일 확률은?

① $\dfrac{2}{7}$ ② $\dfrac{3}{7}$ ③ $\dfrac{16}{35}$

④ $\dfrac{18}{35}$ ⑤ $\dfrac{4}{7}$

2. 규호는 수학 시험에서 모르는 문제 2문제를 임의로 답을 골랐다. 이 문제가 하나의 답을 고르는 오지선다형 객관식 문제일 때, 1문제만 맞힐 확률은?

① $\dfrac{3}{50}$ ② $\dfrac{2}{35}$ ③ $\dfrac{1}{25}$

④ $\dfrac{1}{10}$ ⑤ $\dfrac{8}{25}$

3. 명중률이 각각 $\dfrac{8}{9}$, $\dfrac{5}{7}$인 두 공기 소총 선수 A, B가 총을 쏘았을 때, 한 사람만 명중시킬 확률은?

① $\dfrac{5}{63}$ ② $\dfrac{1}{3}$ ③ $\dfrac{4}{21}$

④ $\dfrac{16}{63}$ ⑤ $\dfrac{4}{5}$

[4~5] 연속하여 뽑는 경우의 확률

적중률 80%

4. 3개의 당첨 제비를 포함한 12개의 제비가 들어 있는 상자가 있다. 장준이가 제비 1개를 확인하고 다시 상자에 넣은 후 은찬이가 제비 1개를 뽑았을 때, 장준이는 당첨되고 은찬이는 당첨되지 않을 확률은?

① $\dfrac{1}{12}$ ② $\dfrac{3}{16}$ ③ $\dfrac{5}{18}$

④ $\dfrac{7}{12}$ ⑤ $\dfrac{15}{28}$

앗! 실수 적중률 90%

5. 주머니 속에 크기와 모양이 같은 흰 공 4개, 노란 공 5개, 연두 공 3개가 들어 있다. 주머니에서 3개의 공을 연속하여 꺼낼 때, 차례대로 노란 공, 노란 공, 흰 공이 나올 확률을 구하시오. (단, 꺼낸 공은 다시 넣지 않는다.)

[6] 도형에서의 확률

6. 오른쪽 그림과 같이 1부터 8까지의 자연수가 적힌 8등분된 원판이 있다. 이 원판을 한 번 돌릴 때, 바늘이 가리키는 숫자가 2 이하 또는 5 초과일 확률은? (단, 바늘이 경계선을 가리키는 경우는 생각하지 않는다.)

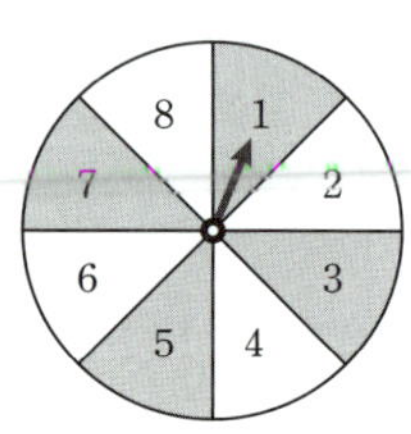

① $\dfrac{1}{8}$ ② $\dfrac{1}{4}$ ③ $\dfrac{5}{8}$

④ $\dfrac{1}{2}$ ⑤ $\dfrac{7}{8}$

바빠 중학도형 시리즈

허세 없는 기본 문제집 — 새 교육과정 반영 (2026년 중2 적용)

대치동 임쌤 수학
임미연 지음

바쁜 중2를 위한 빠른 중학도형

2학년 2학기
전 단원

정답과 해설

"쉬운 문제부터 풀면
수포자가 되지 않습니다."

— 전국의 명강사들이 박수 치며 추천한 책!

이지스에듀

이번 학기
가장 먼저 푸는 책!

01 이등변삼각형의 성질

A 이등변삼각형의 밑각의 크기   13쪽

1 $45°$	2 $55°$	3 $64°$	4 $50°$
5 $40°$	6 $100°$	7 $108°$	8 $121°$

1 $\angle x = \angle ABC = 45°$

2 $\angle x = \dfrac{1}{2} \times (180° - 70°) = 55°$

3 $\angle x = 180° - 2 \times 58° = 64°$

4 $\angle x = 180° - 2 \times 65° = 50°$

5 $\angle ABC = \angle ACB = 180° - 110° = 70°$

$\therefore \angle x = 180° - 2 \times 70° = 40°$

6 $\angle ACB = \angle ABC = 180° - 140° = 40°$

$\therefore \angle x = 180° - 2 \times 40° = 100°$

7 $\angle ACB = \dfrac{1}{2} \times (180° - 36°) = 72°$

$\therefore \angle x = 36° + 72° = 108°$

8 $\angle ACB = \dfrac{1}{2} \times (180° - 62°) = 59°$

$\therefore \angle x = 62° + 59° = 121°$

B 이등변삼각형의 밑각의 크기의 응용   14쪽

1 $52°$	2 $40°$	3 $18°$	4 $54°$
5 $69°$	6 $78°$	7 $90°$	8 $111°$

1 $\triangle BCD$에서 $\angle BCD = \angle BDC = \dfrac{1}{2} \times (180° - 52°) = 64°$

$\triangle ABC$에서 $\angle x = 180° - 2 \times 64° = 52°$

2 $\triangle CDB$에서 $\angle BCD = \angle BDC = \dfrac{1}{2} \times (180° - 40°) = 70°$

$\triangle ABC$에서 $\angle x = 180° - 2 \times 70° = 40°$

3 $\triangle BCD$에서 $\angle BDC = \angle BCD = 66°$

$\angle DBC = 180° - 2 \times 66° = 48°$

$\triangle ABC$에서 $\angle ABC = \angle ACB = 66°$

$\therefore \angle x = 66° - 48° = 18°$

4 $\triangle BCD$에서 $\angle BDC = \angle BCD = 78°$

$\angle DBC = 180° - 2 \times 78° = 24°$

$\triangle ABC$에서 $\angle ABC = \angle ACB = 78°$

$\therefore \angle x = 78° - 24° = 54°$

5 $\triangle ABC$에서 $\angle ABC = \angle ACB = \dfrac{1}{2} \times (180° - 32°) = 74°$

$\therefore \angle ABD = \dfrac{1}{2} \times 74° = 37°$

$\triangle ABD$에서 $\angle x = 32° + 37° = 69°$

6 $\triangle ABC$에서 $\angle ABC = \angle ACB = \dfrac{1}{2} \times (180° - 44°) = 68°$

$\therefore \angle ABD = \dfrac{1}{2} \times 68° = 34°$

$\triangle ABD$에서 $\angle x = 34° + 44° = 78°$

7 $\triangle ABC$에서 $\angle ABC = \angle ACB = 60°$

$\therefore \angle DBC = \dfrac{1}{2} \times 60° = 30°$

$\triangle DBC$에서 $\angle x = 30° + 60° = 90°$

8 $\triangle ABC$에서 $\angle ACB = \angle ABC = 74°$

$\therefore \angle DCB = \dfrac{1}{2} \times 74° = 37°$

$\triangle DBC$에서 $\angle x = 74° + 37° = 111°$

C 이등변삼각형의 꼭지각의 이등분선   15쪽

1 8	2 5	3 60	4 50
5 ○	6 ×	7 ×	8 ○
9 ○			

1 이등변삼각형의 꼭지각의 이등분선은 밑변을 수직이등분하므로 $x = 4 \times 2 = 8$

2 이등변삼각형의 꼭지각의 이등분선은 밑변을 수직이등분하므로 $x = \dfrac{1}{2} \times 10 = 5$

3 이등변삼각형의 꼭지각의 이등분선은 밑변을 수직이등분하므로 $\angle ADB = 90°$ $\therefore x = 180 - (90 + 30) = 60$

4 이등변삼각형의 꼭지각의 이등분선은 밑변을 수직이등분하므로 $\angle ADC = 90°$ $\therefore x = 180 - (90 + 40) = 50$

5 이등변삼각형의 꼭지각의 이등분선은 밑변을 수직이등분하므로 $\overline{BD} = \overline{CD}$

8 $\overline{AB} = \overline{AC}$, $\angle BAD = \angle CAD$, $\overline{AD}$는 공통이므로 $\triangle ABD \equiv \triangle ACD$ (SAS 합동)

9 $\angle PDB + \angle PDC = 180°$, $\angle PDB = \angle PDC$이므로 $\angle PDB = \angle PDC = 90°$

D 이등변삼각형의 밑변의 수선   16쪽

1 3	2 14	3 $20°$	4 $38°$
5 $118°$	6 $122°$	7 $30°$	8 $60°$

1 이등변삼각형의 꼭지각의 꼭짓점에서 밑변에 수선을 내리면 밑변을 이등분하므로 $x = 3$

2 이등변삼각형의 꼭지각의 꼭짓점에서 밑변에 수선을 내리면 밑변을 이등분하므로 $x = 14$

3 $\angle ABC = 180° - 110° = 70°$

이등변삼각형의 꼭지각의 꼭짓점에서 밑변에 수선을 내리면 꼭지각을 이등분하므로

$\angle x = \angle BAD = 180° - (90° + 70°) = 20°$

4 $\angle ACB=180°-128°=52°$
이등변삼각형의 꼭지각의 꼭짓점에서 밑변에 수선을 내리면
꼭지각을 이등분하므로
$\angle x=\angle CAD=180°-(90°+52°)=38°$

5 이등변삼각형의 꼭지각의 꼭짓점과 밑변의 중점을 이으면
꼭지각을 이등분하고 밑변과 수직이므로
$\angle CAD=\angle BAD=28°$, $\angle CDA=\angle BDA=90°$
$\triangle ADC$에서 $\angle x=90°+28°=118°$

6 이등변삼각형의 꼭지각의 꼭짓점과 밑변의 중점을 이으면
꼭지각을 이등분하고 밑변과 수직이므로
$\angle BAD=\angle CAD=32°$, $\angle BDA=\angle CDA=90°$
$\triangle ABD$에서 $\angle x=90°+32°=122°$

7 꼭지각에서 내린 수선이 밑변을 이등분하므로 $\triangle CAB$는 이
등변삼각형이다.
$\therefore \angle x=\angle ABC=\angle DBC$
따라서 $3\angle x=90°$이므로 $\angle x=30°$

8 꼭지각에서 내린 수선이 밑변을 이등분하므로 $\triangle CAB$는 이
등변삼각형이다.
$\therefore \angle ABC=\angle BAC=\angle CAD$
따라서 $3\angle ABC=90°$이므로 $\angle ABC=30°$
$\triangle ABC$에서 $\angle x=30°+30°=60°$

거처먹는 시험 문제　　　　　　　　17쪽

| 1 ① | 2 ② | 3 90° | 4 32° |
| 5 44 | 6 ③ | | |

1 $\triangle BCD$는 이등변삼각형이므로 $\angle BCD=68°$
$\triangle ABC$는 이등변삼각형이므로 $\angle ABC=68°$
$\therefore \angle x=180°-2\times68°=44°$

2 $\angle x+2\angle x+5°+2\angle x+5°=180°$　　$\therefore \angle x=34°$

3 $\angle A+\angle B+\angle C=180°$이고 $\angle A=2\angle B$, $\angle C=\angle B$이므로
$2\angle B+\angle B+\angle B=180°$, $4\angle B=180°$　　$\therefore \angle B=45°$
따라서 $\angle A=2\angle B=2\times45°=90°$

4 $\angle ACB=\dfrac{1}{2}\times(180°-28°)=76°$
$\angle DCE=\dfrac{1}{2}\times(180°-36°)=72°$
$\therefore \angle x=180°-(76°+72°)=32°$

5 $y=10$
$\triangle ADC$에서 $x+90=124$, $x=124-90=34$
$\therefore x+y=44$

6 ①, ② $\overline{AB}=\overline{AC}$, $\angle BAP=\angle CAP$, $\overline{AP}$는 공통이므로
$\triangle ABP\equiv\triangle ACP$ (SAS 합동)
$\therefore \overline{BP}=\overline{CP}$, $\angle ABP=\angle ACP$
④, ⑤ $\overline{AD}$가 $\overline{BC}$를 수직이등분하므로
$\overline{BD}=\overline{DC}$, $\angle PDB=\angle PDC=90°$

---

02 이등변삼각형이 되는 조건

A 연속된 이등변삼각형의 각의 크기 구하기　　　　19쪽

| 1 48° | 2 24° | 3 38° | 4 40° |
| 5 108° | 6 120° | 7 20° | 8 25° |

1 $\angle ADC=42°+42°=84°$
$\therefore \angle x=\dfrac{1}{2}\times(180°-84°)=48°$

2 $\angle ADC=2\angle x$, $\angle DCA=\angle DAC=66°$
$\triangle ADC$에서 $2\angle x+66°+66°=180°$　　$\therefore \angle x=24°$

3 $\angle ABD=\angle BAD=\angle x$, $\angle BDC=\angle BCD=2\angle x$
$\triangle BCD$에서 $28°+4\angle x=180°$　　$\therefore \angle x=38°$

4 $\angle DCA=\angle DAC=35°$이므로
$\angle CBD=\angle CDB=70°$
$\triangle BCD$에서 $70°+70°+\angle x=180°$　　$\therefore \angle x=40°$

5 $\angle ABC=\angle ACB=36°$, $\angle CAD=\angle CDA=72°$
$\triangle DBC$에서 외각의 성질에 의하여
$\angle x=\angle DBC+\angle BDC=36°+72°=108°$

6 $\angle ACB=\angle ABC=40°$, $\angle CAD=\angle CDA=80°$
$\triangle DBC$에서 외각의 성질에 의하여
$\angle x=\angle DBC+\angle BDC=40°+80°=120°$

7 $\angle EDB=\angle EBD=\angle x$, $\angle DEA=\angle DAE=2\angle x$
$\angle ADC=\angle ACD=3\angle x$
$\triangle ABC$에서 $\angle x+3\angle x+100°=180°$　　$\therefore \angle x=20°$

8 $\angle EDB=\angle EBD=\angle x$, $\angle DEA=\angle DAE=2\angle x$
$\angle ADC=\angle ACD=3\angle x$
$\triangle ABC$에서 $\angle x+3\angle x+80°=180°$　　$\therefore \angle x=25°$

B 이등변삼각형의 외각의 성질을 이용하여 각의 크기 구하기　　　　20쪽

| 1 30° | 2 42° | 3 29° | 4 32° |
| 5 21° | 6 49° | 7 34° | 8 88° |

1 $\angle CAD=\angle CDA=45°+\angle x$
$\triangle ABC$에서 $45°+\angle x+45°+2\angle x=180°$
$3\angle x=90°$　　$\therefore \angle x=30°$

2 $\angle ABD=\angle ADB=27°+\angle x$
$\triangle ABC$에서 $2\angle x+27°+\angle x+27°=180°$
$3\angle x=126°$　　$\therefore \angle x=42°$

3 $\angle ABC=\angle ACB=\dfrac{1}{2}\times(180°-52°)=64°$
$\therefore \angle ACE=52°+64°=116°$, $\angle DCE=58°$
$\triangle DBC$에서 $2\angle x=58°$　　$\therefore \angle x=29°$

4 $\angle ABC = \angle ACB = \dfrac{1}{2} \times (180° - 76°) = 52°$

$\therefore \angle ACE = 76° + 52° = 128°$, $\angle DCE = 64°$

$\triangle DBC$에서 $2\angle x = 64°$　　$\therefore \angle x = 32°$

5 $\triangle ABC$의 외각에서 $42° + 2 \bullet = 2 \times$

양변을 2로 나누면 $21° + \bullet = \times$

$\triangle DBC$의 외각에서 $\angle x + \bullet = \times$

$\therefore \angle x = 21°$

6 $\triangle ABC$의 외각에서 $98° + 2 \bullet = 2 \times$

양변을 2로 나누면 $49° + \bullet = \times$

$\triangle DBC$의 외각에서 $\angle x + \bullet = \times$

$\therefore \angle x = 49°$

7 $\triangle DBC$의 외각에서 $17° + \bullet = \times$

양변에 2를 곱하면 $34° + 2 \bullet = 2 \times$

$\triangle ABC$의 외각에서 $\angle x + 2 \bullet = 2 \times$

$\therefore \angle x = 34°$

8 $\triangle DBC$의 외각에서 $44° + \bullet = \times$

양변에 2를 곱하면 $88° + 2 \bullet = 2 \times$

$\triangle ABC$의 외각에서 $\angle x + 2 \bullet = 2 \times$

$\therefore \angle x = 88°$

C 이등변삼각형이 되는 조건　　21쪽

1 8	**2** 10	**3** 11	**4** 8
5 7	**6** 9	**7** 5 cm	**8** 9 cm

1 $\triangle ABC$는 두 밑각의 크기가 같으므로 이등변삼각형이다.

$\therefore x = 8$

2 $\angle C = 180° - (30° + 75°) = 75°$

따라서 $\triangle BCA$는 $\angle A = \angle C$이므로 이등변삼각형이다.

$\therefore x = 10$

3 $\angle B = 180° - (56° + 62°) = 62°$

따라서 $\triangle CAB$는 $\angle A = \angle B$이므로 이등변삼각형이다.

$\therefore x = 11$

4 $\angle A = 180° - (60° + 60°) = 60°$

따라서 $\triangle ABC$는 $\angle A = \angle B = \angle C$이므로 정삼각형이다.

$\therefore x = 8$

5 $\angle ABC = \angle ACB = \dfrac{1}{2} \times (180° - 36°) = 72°$,

$\angle DBC = \angle DBA = 36°$

$\therefore \angle BDC = 36° + 36° = 72°$

따라서 $\triangle BCD$, $\triangle DAB$는 이등변삼각형이다.

$\therefore x = 7$

6 $\angle ABC = \angle ACB = 72°$,

$\angle DBA = \angle CBD = \dfrac{1}{2} \times 72° = 36°$

$\therefore \angle BAD = 180° - 2 \times 72° = 36°$

따라서 $\triangle DAB$는 이등변삼각형이다.

$\therefore x = 9$

7 $\angle ACB = 70° - 35° = 35°$이므로 $\triangle ABC$는 이등변삼각형이다.

$\angle ADC = 180° - 110° = 70°$이므로 $\triangle ACD$는 이등변삼각형이다.

$\therefore \overline{CD} = \overline{CA} = \overline{BA} = 5(cm)$

8 $\angle CAD = 40° + 40° = 80°$, $\angle CDA = 180° - 100° = 80°$

이므로 $\triangle CDA$는 이등변삼각형이다.

$\therefore \overline{CD} = \overline{CA} = 9(cm)$

D 폭이 일정한 종이 접기　　22쪽

1 50°	**2** 76°	**3** 30°	**4** 6
5 5	**6** 8		

1 $\angle BAC = \angle DAC = 65°$ (접은 각)

$\angle ACB = \angle DAC = 65°$ (엇각)

따라서 $\triangle BCA$는 이등변삼각형이다.

$\therefore \angle x = 180° - (65° + 65°) = 50°$

2 $\angle ABC = \angle x$ (접은 각), $\angle ACB = \angle x$ (엇각)

따라서 $\triangle ABC$는 이등변삼각형이므로

$28° + \angle x + \angle x = 180°$, $2\angle x = 152°$　　$\therefore \angle x = 76°$

3 $\angle ABC = \angle CBD = \angle ACB = \angle x$

$2\angle x = 60°$　　$\therefore \angle x = 30°$

4 $\triangle ABC$가 $\angle ABC = \angle ACB$인 이등변삼각형이므로 $x = 6$

5 $\triangle ABC$가 $\angle BAC = \angle BCA$인 이등변삼각형이므로 $x = 5$

6 $\triangle ABC$가 $\angle CAB = \angle CBA$인 이등변삼각형이므로 $x = 8$

거처먹는 시험 문제　　23쪽

1 30°	**2** ③	**3** ①	**4** ④
5 10 cm	**6** ⑤		

1 $\triangle ABC$에서 $\angle ACB = \angle ABC = 42°$

$\triangle CDA$에서 $\angle CDA = \angle CAD = 42° + 42° = 84°$

$\therefore \angle y = 180° - 84° = 96°$

따라서 $\triangle CDB$에서 외각의 성질에 의하여

$\angle x = \angle DBC + \angle BDC = 42° + 84° = 126°$

$\therefore \angle x - \angle y = 126° - 96° = 30°$

2 $\angle ABD = \angle A$이므로 $\angle BDC = 2\angle A$

$\angle ABC = \angle ACB = \angle BDC = 2\angle A$

$\triangle ABC$의 세 내각의 크기의 합은 $180°$이므로

$\angle A + 2\angle A + 2\angle A = 180°$, $5\angle A = 180°$

$\therefore \angle A = 36°$

3 $\angle DAC = \angle x$이고 $\angle ABD = \angle ADB = \angle x + 33°$

$\triangle ABD$의 세 내각의 크기의 합은 $180°$이므로

$\angle x + \angle x + 33° + \angle x + 33° = 180°$

$3\angle x = 180° - 66° = 114°$

$\therefore \angle x = 38°$

4 $\triangle$ABC의 외각에서 $38^\circ+2\bullet=2\times$

양변을 2로 나누면 $19^\circ+\bullet=\times$

$\triangle$DBC의 외각에서 $\angle x+\bullet=\times$

$\therefore \angle x=19^\circ$

5 $\angle$DAC$=180^\circ-(90^\circ+30^\circ)=60^\circ$

$\angle$DCA$=\angle$DAC$=60^\circ$이므로 $\angle$ADC$=60^\circ$

따라서 $\triangle$ADC는 정삼각형이므로

$\overline{\text{DA}}=\overline{\text{DC}}=5(\text{cm})$

$\angle$DCB$=90^\circ-60^\circ=30^\circ$이므로 $\overline{\text{DB}}=\overline{\text{DC}}=5(\text{cm})$

$\therefore \overline{\text{AB}}=5+5=10(\text{cm})$

6 $\angle$BAC$=\angle$DAC$=\angle$BCA이므로 $\triangle$ABC는 $\overline{\text{BA}}=\overline{\text{BC}}$

인 이등변삼각형이다.

03 직각삼각형의 합동 조건

A 직각삼각형의 합동 조건 – RHA 합동 25쪽

1 ㄹ, ㅂ	2 4 cm	3 5 cm	4 15 cm
5 7 cm	6 3 cm	7 5 cm	

1 ㄹ과 ㅂ은 보기의 삼각형과 RHA 합동이다.

2 $\triangle$ABC에서 $\angle$B$=56^\circ$이고 $\triangle$DEF에서 $\angle$D$=34^\circ$이므로

$\triangle$ABC$\equiv\triangle$DEF (RHA 합동)

$\therefore \overline{\text{EF}}=\overline{\text{BC}}=4(\text{cm})$

3 $\triangle$ABC에서 $\angle$B$=23^\circ$이고 $\triangle$FDE에서 $\angle$F$=67^\circ$이므로

$\triangle$ABC$\equiv\triangle$FDE (RHA 합동)

$\therefore \overline{\text{EF}}=\overline{\text{CA}}=5(\text{cm})$

4 $\angle$DBA$+\angle$DAB$=90^\circ$, $\angle$EAC$+\angle$DAB$=90^\circ$

$\therefore \angle$DBA$=\angle$EAC

따라서 $\triangle$DBA$\equiv\triangle$EAC (RHA 합동)이므로

$\overline{\text{DA}}=\overline{\text{EC}}=9(\text{cm})$, $\overline{\text{BD}}=\overline{\text{AE}}=6(\text{cm})$

$\therefore \overline{\text{DE}}=\overline{\text{DA}}+\overline{\text{AE}}=9+6=15(\text{cm})$

5 $\angle$DBA$+\angle$DAB$=90^\circ$, $\angle$EAC$+\angle$DAB$=90^\circ$

$\therefore \angle$DBA$=\angle$EAC

따라서 $\triangle$DBA$\equiv\triangle$EAC (RHA 합동)이므로

$\overline{\text{DA}}=\overline{\text{EC}}=3(\text{cm})$

$\therefore \overline{\text{DE}}=\overline{\text{DA}}+\overline{\text{AE}}=3+4=7(\text{cm})$

6 $\triangle$DBC$\equiv\triangle$DBE (RHA 합동)이므로

$\overline{\text{BE}}=\overline{\text{BC}}=9(\text{cm})$

$\therefore \overline{\text{AE}}=12-9=3(\text{cm})$

7 $\angle$BAD$+\angle$CAE$=90^\circ$, $\angle$ACE$+\angle$CAE$=90^\circ$

$\therefore \angle$BAD$=\angle$ACE

따라서 $\triangle$ABD$\equiv\triangle$CAE (RHA 합동)이므로

$\overline{\text{AD}}=\overline{\text{CE}}=10(\text{cm})$, $\overline{\text{AE}}=\overline{\text{BD}}=5(\text{cm})$

$\therefore \overline{\text{DE}}=\overline{\text{AD}}-\overline{\text{AE}}=10-5=5(\text{cm})$

B 직각삼각형의 합동 조건 – RHS 합동 26쪽

1 26°	2 64°	3 67.5°	4 22.5°
5 2 cm	6 4 cm	7 29°	8 43°

1 $\angle$BAC$=180^\circ-(38^\circ+90^\circ)=52^\circ$

$\triangle$ABE$\equiv\triangle$ADE (RHS 합동)이므로

$\angle$BAE$=\angle$DAE$=\dfrac{1}{2}\times52^\circ=26^\circ$

2 $\angle$AEB$=90^\circ-\angle$BAE$=90^\circ-26^\circ=64^\circ$

3 $\triangle$DBE는 직각이등변삼각형이므로

$\angle$DBE$=\angle$DEB$=45^\circ$

$\triangle$ADE$\equiv\triangle$ACE (RHS 합동)이므로

$\angle$AED$=\angle$AEC$=\dfrac{1}{2}\times(180^\circ-45^\circ)=67.5^\circ$

4 $\angle$BAE$=90^\circ-\angle$AED$=90^\circ-67.5^\circ=22.5^\circ$

5 $\triangle$ADE$\equiv\triangle$ACE (RHS 합동)이므로

$\overline{\text{AD}}=\overline{\text{AC}}=3(\text{cm})$ $\qquad\therefore \overline{\text{DB}}=5-3=2(\text{cm})$

6 $\overline{\text{ED}}=\overline{\text{EC}}$이므로

$\overline{\text{ED}}+\overline{\text{BE}}=\overline{\text{EC}}+\overline{\text{BE}}=4(\text{cm})$

7 $\triangle$DBF$\equiv\triangle$ECF (RHS 합동)이므로

$\angle$DBF$=\angle$ECF$=\dfrac{1}{2}\times(180^\circ-58^\circ)=61^\circ$

$\therefore \angle$DFB$=90^\circ-61^\circ=29^\circ$

8 $\triangle$DBF$\equiv\triangle$ECF (RHS 합동)이므로

$\angle$DBF$=\angle$ECF$=\dfrac{1}{2}\times(180^\circ-86^\circ)=47^\circ$

$\therefore \angle$DFB$=90^\circ-47^\circ=43^\circ$

C 직각삼각형의 합동 조건의 응용 – 각의 이등분선의 성질 27쪽

1 12 cm^2	2 30 cm^2	3 21°	4 15°
5 4 cm	6 2 cm	7 8 cm^2	8 18 cm^2

1 $\triangle$AED$\equiv\triangle$ACD (RHA 합동)이므로

$\overline{\text{DE}}=\overline{\text{DC}}=3(\text{cm})$ $\qquad\therefore \triangle$ABD$=12(\text{cm}^2)$

2 $\triangle$AED$\equiv\triangle$ABD (RHA 합동)이므로

$\overline{\text{ED}}=\overline{\text{BD}}=5(\text{cm})$ $\qquad\therefore \triangle$ADC$=30(\text{cm}^2)$

3 $\triangle$AOP$\equiv\triangle$BOP (RHS 합동)이므로

$\angle$APO$=\angle$BPO$=69^\circ$ $\qquad\therefore \angle x=90^\circ-69^\circ=21^\circ$

4 $\triangle$AOP$\equiv\triangle$BOP (RHS 합동)이므로

$\angle$APO$=\angle$BPO$=\dfrac{1}{2}\times150^\circ=75^\circ$

$\therefore \angle x=90^\circ-75^\circ=15^\circ$

5 오른쪽 그림과 같이 점 D에서 $\overline{\text{AC}}$에

내린 수선의 발을 E라 하면

$\triangle$ADC$=\dfrac{1}{2}\times18\times\overline{\text{DE}}=36$

$\therefore \overline{\text{DE}}=4(\text{cm})$

$\triangle$ABD$\equiv\triangle$AED (RHA 합동)이므로 $\overline{\text{BD}}=4(\text{cm})$

6 오른쪽 그림과 같이 점 D에서 $\overline{AC}$에 내
린 수선의 발을 E라 하면
$$\triangle ADC=\frac{1}{2}\times24\times\overline{DE}=24$$
$$\therefore \overline{DE}=2(cm)$$
$\triangle ABD\equiv\triangle AED$ (RHA 합동)이므로
$$\overline{BD}=2(cm)$$

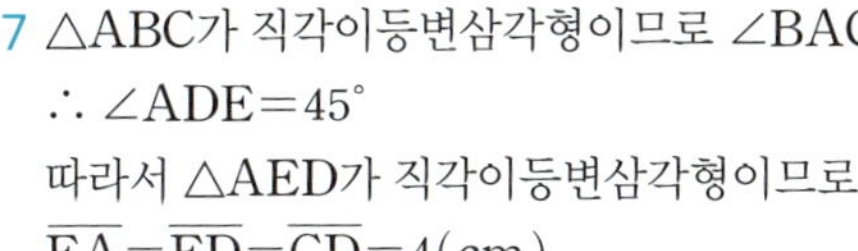

7 $\triangle ABC$가 직각이등변삼각형이므로 $\angle BAC=45°$
$$\therefore \angle ADE=45°$$
따라서 $\triangle AED$가 직각이등변삼각형이므로
$$\overline{EA}=\overline{ED}=\overline{CD}=4(cm)$$
$$\therefore \triangle AED=\frac{1}{2}\times4\times4=8(cm^2)$$

8 $\triangle ABC$가 직각이등변삼각형이므로 $\angle BAC=45°$
$$\therefore \angle ADE=45°$$
따라서 $\triangle ADE$가 직각이등변삼각형이므로
$$\overline{AE}=\overline{DE}=\overline{DB}=6(cm)$$
$$\therefore \triangle ADE=\frac{1}{2}\times6\times6=18(cm^2)$$

거저먹는 시험 문제　　　　　　　28쪽

1 38	2 ③	3 4 cm	4 56°
5 ④	6 12 cm		

1 $\triangle ACM\equiv\triangle BDM$ (RHA 합동)이므로
$$\overline{AC}=\overline{BD}=4(cm) \qquad \therefore x=4$$
$$\angle CMA=180°-(90°+56°)=34° \qquad \therefore y=34$$
$$\therefore x+y=4+34=38$$

2 ① RHA 합동　　② SAS 합동
③ 삼각형의 크기가 다를 수 있으므로 합동이 아니다.
④ RHS 합동　　⑤ ASA 합동

3 $\triangle ABD\equiv\triangle CAE$ (RHA 합동)이므로
$$\overline{AD}=\overline{CE}, \overline{BD}=\overline{AE}$$
$$\therefore \overline{DE}=\overline{AD}-\overline{AE}=11-7=4(cm)$$

4 $\triangle ABE\equiv\triangle ADE$ (RHS 합동)이므로
$$\angle BAE=\angle DAE=28°$$
따라서 $\angle AEB=\angle AED=62°$이므로
$$\angle DEC=180°-(62°+62°)=56°$$

5 ① $\triangle ADE\equiv\triangle ACE$ (RHS 합동)이므로
② $\overline{DE}=\overline{CE}$
③ $\angle DEA=\angle CEA$
⑤ $\angle DAE=\angle CAE$

6 $\triangle ADE\equiv\triangle ACE$ (RHA 합동)이므로
$$\overline{AD}=\overline{AC}=6(cm)$$
$$\therefore \overline{DB}=4(cm)$$
$\overline{ED}=\overline{EC}$이므로 $\overline{BE}+\overline{ED}=\overline{BE}+\overline{EC}=8(cm)$
따라서 $\triangle BED$의 둘레의 길이는 $4+8=12(cm)$이다.

04　삼각형의 외심

A　삼각형의 외심　　　　　　　30쪽

1 ×	2 ○	3 ○	4 ×
5 ○	6 ×	7 4	8 25
9 10 cm	10 6 cm		

1 $\triangle OAB$는 이등변삼각형이므로 $\angle AOD=\angle BOD$

2 $\triangle OAB$는 이등변삼각형이므로 $\overline{AD}=\overline{BD}$

3 외심 O에서 세 꼭짓점에 이르는 거리는 같으므로 $\overline{OA}=\overline{OB}$

4 $\triangle OBC$는 이등변삼각형이므로 $\overline{CE}=\overline{BE}$

5 $\triangle OAB$는 이등변삼각형이므로 $\angle OAD=\angle OBD$

6 외심 O에서 세 꼭짓점에 이르는 거리는 같으므로
$$\overline{OA}=\overline{OB}=\overline{OC}$$

7 점 O는 $\triangle ABC$의 외심이므로 $x=4$

8 $\triangle OBC$는 이등변삼각형이므로
$$x=\frac{1}{2}\times(180-130)=25$$

9 $\overline{OA}=\overline{OC}$, $\overline{AC}=12$ cm이므로 외접원의 반지름의 길이는
$$\frac{1}{2}\times(32-12)=10(cm)$$

10 $\overline{OA}=\overline{OB}$, $\overline{AB}=8$ cm이므로 외접원의 반지름의 길이는
$$\overline{OA}=\overline{OB}=\frac{1}{2}\times(20-8)=6(cm)$$

B　직각삼각형의 외심　　　　　　　31쪽

1 $\frac{13}{2}$ cm	2 $\frac{5}{2}$ cm	3 12 cm	4 22 cm
5 72°	6 26°	7 42°	8 33°

1 $\overline{OB}=\overline{OA}=\overline{OC}=\frac{13}{2}(cm)$

2 $\overline{OB}=\overline{OA}=\overline{OC}=\frac{5}{2}(cm)$

3 $\overline{AB}=2\overline{CO}=2\times6=12(cm)$

4 $\overline{BC}=2\overline{AO}=2\times11=22(cm)$

5 $\overline{OA}=\overline{OB}$이므로
$$\angle x=36°+36°=72°$$

6 $\overline{OA}=\overline{OC}$이므로
$$52°=2\angle x \qquad \therefore \angle x=26°$$

7 $\overline{OA}=\overline{OB}$이므로
$$\angle AOE=24°+24°=48°$$
$$\therefore \angle x=180°-(48°+90°)=42°$$

8 $\overline{OA}=\overline{OB}$이므로
$$\angle BOC=2\angle x$$
$$2\angle x+24°+90°=180° \qquad \therefore \angle x=33°$$

1 $77°$	**2** $33°$	**3** $82°$	**4** $130°$
5 $128°$	**6** $66°$	**7** $62°$	**8** $59°$
9 $33°$			

1 점 O가 외심이므로 $\overline{OA}=\overline{OB}$

$\therefore \angle ABO=\dfrac{1}{2}\times(180°-26°)=77°$

2 점 O가 외심이므로 $\overline{OB}=\overline{OC}$

$\therefore \angle CBO=\dfrac{1}{2}\times(180°-114°)=33°$

3 점 O가 외심이므로 $\overline{OA}=\overline{OB}$

$\therefore \angle ABO=\dfrac{1}{2}\times(180°-16°)=82°$

4 점 O가 외심이므로 $\overline{OB}=\overline{OC}$

$\angle OBC=\dfrac{1}{2}\times(180°-84°)=48°$

$\therefore \angle ABC=82°+48°=130°$

5 점 O가 외심이므로 $\overline{OA}=\overline{OC}$

$\therefore \angle AOC=180°-2\times26°=128°$

6 점 O가 외심이므로 $\overline{OA}=\overline{OB}$

$\therefore \angle AOB=180°-2\times57°=66°$

7 $\angle BOC=\angle AOC-\angle AOB=128°-66°=62°$

8 점 O가 외심이므로 $\overline{OB}=\overline{OC}$

$\therefore \angle OCB=\dfrac{1}{2}\times(180°-62°)=59°$

9 $\angle ACB=\angle OCB-\angle OCA=59°-26°=33°$

1 $62°$	**2** $156°$	**3** $40°$	**4** $44°$
5 $63°$	**6** $67°$	**7** $106°$	**8** $116°$

1 $\angle x=\dfrac{1}{2}\times124°=62°$

2 $\angle x=2\times78°=156°$

3 $\angle BOC=2\times50°=100°$이므로

$\angle x=\dfrac{1}{2}\times(180°-100°)=40°$

4 $\angle BOC=2\times46°=92°$이므로

$\angle x=\dfrac{1}{2}\times(180°-92°)=44°$

5 두 점 O와 C를 이으면

$\angle BOC=180°-2\times27°=126°$

$\therefore \angle x=\dfrac{1}{2}\times126°=63°$

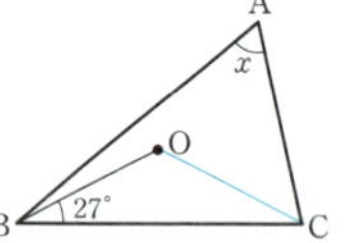

6 두 점 O와 B를 이으면

$\angle BOC=180°-2\times23°=134°$이므로

$\angle x=\dfrac{1}{2}\times134°=67°$

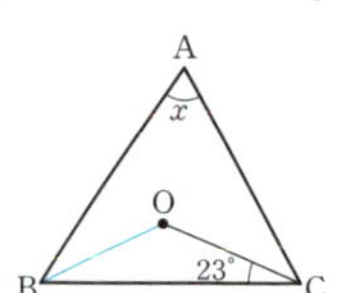

7 두 점 A와 O를 이으면

$\angle BAO=\angle ABO=34°$,

$\angle CAO=\angle ACO=19°$

$\therefore \angle A=\angle BAO+\angle CAO$

$\quad=34°+19°=53°$

$\therefore \angle x=2\times53°=106°$

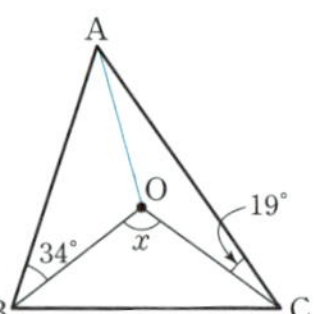

8 두 점 A와 O를 이으면

$\angle BAO=\angle ABO=30°$,

$\angle CAO=\angle ACO=28°$

$\angle A=\angle BAO+\angle CAO$

$\quad=30°+28°=58°$

$\therefore \angle x=2\times58°=116°$

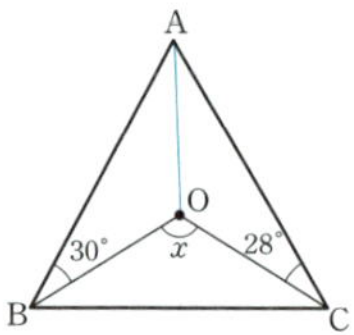

1 $140°$	**2** $112°$	**3** $86°$	**4** $134°$
5 $64°$	**6** $71°$	**7** $46°$	**8** $28°$

1 $\overline{OA}=\overline{OB}$이므로 $\angle BAO=\dfrac{1}{2}\times(180°-88°)=46°$

$\therefore \angle x=2\times(46°+24°)=140°$

2 $\overline{OB}=\overline{OC}$이므로 $\angle OBC=\dfrac{1}{2}\times(180°-164°)=8°$

$\therefore \angle x=2\times(48°+8°)=112°$

3 $\triangle OAC$에서 $\angle ACO=10°$　　$\therefore \angle ACB=43°$

$\therefore \angle x=2\times43°=86°$

4 $\overline{OA}=\overline{OB}$이므로 $\angle BAO=\dfrac{1}{2}\times(180°-86°)=47°$

$\therefore \angle x=2\times(47°+20°)=134°$

5 두 점 O와 C를 이으면 $\angle BOE=64°$,

$\angle BOC=128°$

$\therefore \angle x=\dfrac{1}{2}\angle BOC=\dfrac{1}{2}\times128°=64°$

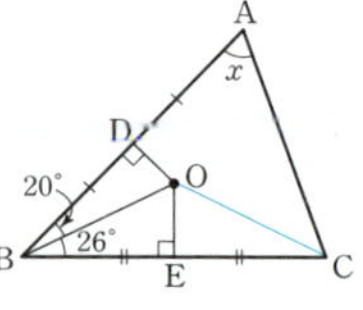

6 두 점 O와 C를 이으면 $\angle BOE=71°$,

$\angle BOC=142°$

$\therefore \angle x=\dfrac{1}{2}\angle BOC=\dfrac{1}{2}\times142°=71°$

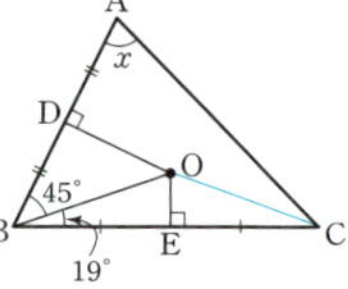

7 $\angle x+18°+26°=90°$　　$\therefore \angle x=46°$

8 $\angle x+27°+35°=90°$　　$\therefore \angle x=28°$

1 ①, ⑤	**2** 25π cm^2	**3** $28°$	**4** ④
5 $65°$	**6** ①		

1 ① 외심은 세 변의 수직이등분선의 교점이다.
　⑤ 외심에서 세 꼭짓점에 이르는 거리는 같다.

2 △ABC의 외접원의 반지름의 길이는 빗변의 길이의 $\dfrac{1}{2}$이므로

5 cm이다.
따라서 △ABC의 외접원의 넓이는
$5 \times 5\pi = 25\pi \,(\mathrm{cm}^2)$

3 $\overline{DA} = \overline{DB}$이므로
$\angle ADE = 31° + 31° = 62°$
$\therefore \angle DAE = 180° - (62° + 90°) = 28°$

4 $\angle BOC = 2 \times 56° = 112°$이므로
$\angle x = \dfrac{1}{2} \times (180° - 112°) = 34°$

5 $\angle BAO = \angle ABO = \angle x$이므로
$\angle x + \angle y = \dfrac{1}{2} \times 130° = 65°$

6 두 점 O와 A, 두 점 O와 B를 이으면
$\angle OBA = \angle OAB$
$\qquad = 90° - (21° + 47°)$
$\qquad = 22°$

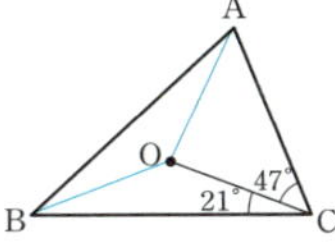

이므로
$\angle A = \angle BAO + \angle CAO$
$\qquad = 22° + 47°$
$\qquad = 69°$
$\angle B = \angle ABO + \angle CBO = 22° + 21° = 43°$
$\therefore \angle A - \angle B = 69° - 43° = 26°$

05 삼각형의 내심

A 삼각형의 내심 　　　　37쪽

1 ×	2 ○	3 ×	4 ×
5 ○	6 ○	7 35°	8 29°
9 131°	10 36°		

1 $\angle IBE = \angle IBD$
2 $\overline{ID} = \overline{IE} = \overline{IF}$(내접원의 반지름의 길이)
3 $\overline{AD} = \overline{AF}$
4 내심에서 세 꼭짓점에 이르는 거리는 같지 않다.
5 내심은 세 내각의 이등분선의 교점이다.
6 △ADI≡△AFI이므로 $\angle AID = \angle AIF$
7 내심은 세 내각의 이등분선이므로 $\angle x = 35°$
8 내심은 세 내각의 이등분선이므로 $\angle x = 29°$
9 $\angle IBC = \angle IBA = 21°$, $\angle ICB = \angle ICA = 28°$
$\therefore \angle x = 180° - (21° + 28°) = 131°$
10 $\angle x = \angle IBC = 180° - (112° + 32°) = 36°$

B 삼각형의 내심을 이용한 각의 크기 구하기 　　　　38쪽

1 30°	2 25°	3 111°	4 48°
5 113°	6 125°	7 36°	8 34°

1 $\angle x + 28° + 32° = 90°$ 　 $\therefore \angle x = 30°$
2 $\angle x + 27° + 38° = 90°$ 　 $\therefore \angle x = 25°$
3 $\angle x = 90° + \dfrac{1}{2} \times 42° = 111°$
4 $114° = 90° + \dfrac{1}{2}\angle x$이므로
$\angle x = (114° - 90°) \times 2 = 48°$
5 $\angle BAI = \angle CAI = 23°$ 　 $\therefore \angle BAC = 46°$
$\therefore \angle x = 90° + \dfrac{1}{2}\angle BAC = 113°$
6 $\angle CAI = \angle BAI = 35°$이므로 $\angle A = 70°$
$\therefore \angle x = 90° + \dfrac{1}{2} \times 70° = 125°$
7 $\angle AIC = 90° + \dfrac{1}{2} \times 66° = 123°$, $\angle IAC = \angle BAI = 21°$
$\therefore \angle x = 180° - (21° + 123°) = 36°$
8 $\angle AIB = 90° + \dfrac{1}{2} \times 76° = 128°$, $\angle IBA = \angle IBC = 18°$
$\therefore \angle x = 180° - (128° + 18°) = 34°$

C 내접원의 반지름의 길이와 삼각형의 넓이 　　　　39쪽

1 2 cm	2 3 cm	3 24 cm	4 34 cm
5 π cm^2	6 4π cm^2	7 18 cm^2	8 40 cm^2

1 내접원의 반지름의 길이를 r cm라 하면
$\triangle ABC = \dfrac{1}{2} \times r \times (8 + 9 + 7)$이므로
$24 = \dfrac{1}{2} \times r \times 24$ 　 $\therefore r = 2$

2 내접원의 반지름의 길이를 r cm라 하면
$\triangle ABC = \dfrac{1}{2} \times r \times (9 + 13 + 12)$이므로
$51 = \dfrac{1}{2} \times r \times 34$ 　 $\therefore r = 3$

3 $48 = \dfrac{1}{2} \times 4 \times (\triangle ABC의 둘레의 길이)$
$\therefore (\triangle ABC의 둘레의 길이) = 24(\mathrm{cm})$

4 $51 = \dfrac{1}{2} \times 3 \times (\triangle ABC의 둘레의 길이)$
$\therefore (\triangle ABC의 둘레의 길이) = 34(\mathrm{cm})$

5 $\triangle ABC = \dfrac{1}{2} \times 4 \times 3 = 6(\mathrm{cm}^2)$
내접원의 반지름의 길이를 r cm라 하면
$\triangle ABC = \dfrac{1}{2} \times r \times (5 + 4 + 3)$이므로
$6 = \dfrac{1}{2} \times r \times 12$ 　 $\therefore r = 1$
따라서 내접원의 넓이는 π cm^{2}이다.

6 $\triangle ABC = \frac{1}{2} \times 8 \times 6 = 24(cm^2)$

내접원의 반지름의 길이를 r cm라 하면

$\triangle ABC = \frac{1}{2} \times r \times (6+8+10)$이므로

$24 = \frac{1}{2} \times r \times 24 \quad \therefore r = 2$

따라서 내접원의 넓이는 4π cm²이다.

7 $\triangle ABC = \frac{1}{2} \times 12 \times 9 = 54(cm^2)$

내접원의 반지름의 길이를 r cm라 하면

$\triangle ABC = \frac{1}{2} \times r \times (9+12+15)$이므로

$54 = \frac{1}{2} \times r \times 36 \quad \therefore r = 3$

$\therefore \triangle IBC = \frac{1}{2} \times 12 \times 3 = 18(cm^2)$

8 $\triangle ABC = \frac{1}{2} \times 16 \times 12 = 96(cm^2)$

내접원의 반지름의 길이를 r cm라 하면

$\triangle ABC = \frac{1}{2} \times r \times (20+16+12)$이므로

$96 = \frac{1}{2} \times r \times 48 \quad \therefore r = 4$

$\therefore \triangle IAB = \frac{1}{2} \times 20 \times 4 = 40(cm^2)$

D 삼각형의 내심의 응용　　40쪽

1 9 cm　　2 18 cm　　3 2 cm　　4 6 cm
5 4 cm　　6 17 cm　　7 16 cm　　8 20 cm

1 $\overline{AF} = \overline{AD} = 3(cm)$, $\overline{BE} = \overline{BD} = 4(cm)$
$\overline{FC} = \overline{EC} = 6(cm)$ 　　$\therefore \overline{AC} = 3+6 = 9(cm)$

2 $\overline{AD} = \overline{AF} = 4(cm)$, $\overline{EC} = \overline{FC} = 7(cm)$
$\overline{BE} = \overline{BD} = 11(cm)$ 　　$\therefore \overline{BC} = 11+7 = 18(cm)$

3 $\overline{AD} = \overline{AF} = x$ cm라 하면
$\overline{BE} = \overline{BD} = (7-x)$ cm, $\overline{EC} = \overline{FC} = (5-x)$ cm
$\overline{BC} = \overline{BE} + \overline{EC}$이므로 $8 = (7-x) + (5-x)$
$\therefore x = 2$

4 $\overline{CF} = \overline{CE} = x$ cm라 하면
$\overline{BD} = \overline{BE} = (13-x)$ cm, $\overline{AD} = \overline{AF} = (8-x)$ cm
$\overline{AB} = \overline{BD} + \overline{AD}$이므로 $9 = (13-x) + (8-x)$
$\therefore x = 6$

5 $\angle ECI = \angle ICB = \angle EIC$(엇각)이므로 $\overline{EI} = \overline{EC} = 6(cm)$
$\angle DBI = \angle IBC = \angle DIB$(엇각)이므로
$\overline{DB} = \overline{DI} = 10 - 6 = 4(cm)$

6 점 I와 점 B, 점 I와 점 C를 이으면
$\angle DBI = \angle IBC = \angle DIB$(엇각)이므로 $\overline{DI} = \overline{DB} = 8(cm)$
$\angle ECI = \angle ICB = \angle EIC$(엇각)이므로 $\overline{EI} = \overline{EC} = 9(cm)$
$\therefore \overline{DE} = 8+9 = 17(cm)$

7 점 I와 점 B, 점 I와 점 C를 이으면
$\angle DBI = \angle IBC = \angle DIB$(엇각)이므로 $\overline{DB} = \overline{DI}$
$\angle ECI = \angle ICB = \angle EIC$(엇각)이므로 $\overline{EC} = \overline{EI}$
$\therefore \overline{DE} = \overline{DB} + \overline{EC}$
$\therefore$ ($\triangle ADE$의 둘레의 길이) $= \overline{AB} + \overline{AC} = 7+9$
$\qquad\qquad\qquad\qquad\qquad = 16(cm)$

8 점 I와 점 B, 점 I와 점 C를 이으면
$\angle DBI = \angle IBC = \angle DIB$(엇각)이므로 $\overline{DB} = \overline{DI}$
$\angle ECI = \angle ICB = \angle EIC$(엇각)이므로 $\overline{EC} = \overline{EI}$
$\therefore \overline{DE} = \overline{DB} + \overline{EC}$
$\therefore$ ($\triangle ADE$의 둘레의 길이) $= \overline{AB} + \overline{AC} = 10+10$
$\qquad\qquad\qquad\qquad\qquad = 20(cm)$

E 삼각형의 외심과 내심의 응용　　41쪽

1 117°　　2 136°　　3 9°　　4 15°
5 $\frac{7}{2}$ cm　　6 $\frac{17}{2}$ cm
7 외접원의 넓이: 25π cm², 내접원의 넓이: 4π cm²
8 외접원의 넓이: 100π cm², 내접원의 넓이: 16π cm²

1 점 O가 외심이므로 $\angle A = \frac{1}{2} \times 108° = 54°$

점 I가 내심이므로 $\angle x = 90° + \frac{1}{2} \times 54° = 117°$

2 점 I가 내심이므로 $124° = 90° + \frac{1}{2} \angle A$에서 $\angle A = 68°$

점 O가 외심이므로 $\angle x = 2 \times 68° = 136°$

3 $\angle ABC = \frac{1}{2} \times (180° - 48°) = 66°$

$\therefore \angle IBC = \frac{1}{2} \angle ABC = \frac{1}{2} \times 66° = 33°$

$\angle BOC = 2 \times 48° = 96°$, $\angle OBC = \angle OCB$이므로

$\angle OBC = \frac{1}{2} \times (180° - 96°) = 42°$

$\therefore \angle x = \angle OBC - \angle IBC = 42° - 33° = 9°$

4 $\angle ACB = \frac{1}{2} \times (180° - 40°) = 70°$

$\therefore \angle ICB = \frac{1}{2} \angle ACB = \frac{1}{2} \times 70° = 35°$

$\angle BOC = 2 \times 40° = 80°$, $\angle OBC = \angle OCB$이므로

$\angle OCB = \frac{1}{2} \times (180° - 80°) = 50°$

$\therefore \angle x = \angle OCB - \angle ICB = 50° - 35° = 15°$

5 외접원의 반지름의 길이는 빗변의 길이의 $\frac{1}{2}$이므로 $\frac{5}{2}$ cm

$\triangle ABC = \frac{1}{2} \times 3 \times 4 = 6(cm^2)$

$\frac{1}{2} \times (3+4+5) \times$ (내접원의 반지름의 길이) $= 6$

$\therefore$ (내접원의 반지름의 길이) $= 1(cm)$

따라서 외접원과 내접원의 반지름의 길이의 합은 $\frac{7}{2}$ cm이다.

6 외접원의 반지름의 길이는 빗변의 길이의 $\frac{1}{2}$이므로 $\frac{13}{2}$ cm

$\triangle \text{ABC}=\frac{1}{2}\times5\times12=30\,(\text{cm}^2)$

$\frac{1}{2}\times(5+12+13)\times(\text{내접원의 반지름의 길이})=30$

$\therefore$ (내접원의 반지름의 길이)$=2\,(\text{cm})$

따라서 외접원과 내접원의 반지름의 길이의 합은 $\frac{17}{2}$ cm이다.

7 외접원의 반지름의 길이는 빗변의 길이의 $\frac{1}{2}$이므로 5 cm이고, 외접원의 넓이는 25π cm^{2}이다.

$\triangle \text{ABC}=\frac{1}{2}\times6\times8=24\,(\text{cm}^2)$

$\frac{1}{2}\times(6+8+10)\times(\text{내접원의 반지름의 길이})=24$

따라서 내접원의 반지름의 길이는 2 cm이고 내접원의 넓이는 4π cm^{2}이다.

8 외접원의 반지름의 길이는 빗변의 길이의 $\frac{1}{2}$이므로 10 cm이고, 외접원의 넓이는 100π cm^{2}이다.

$\triangle \text{ABC}=\frac{1}{2}\times16\times12=96\,(\text{cm}^2)$

$\frac{1}{2}\times(20+16+12)\times(\text{내접원의 반지름의 길이})=96$

따라서 내접원의 반지름의 길이는 4 cm이고 내접원의 넓이는 16π cm^{2}이다.

거쳐먹는 시험 문제　　　　　　42쪽

1 ①, ③	**2** ③	**3** ④	**4** 151°
5 11 cm	**6** ⑤		

1 ① 내심은 세 내각의 이등분선의 교점이다.
③ 내심에서 세 변에 이르는 거리는 같다.

2 $\angle x+\angle y+36°=90°$　　$\therefore \angle x+\angle y=54°$

3 $\angle \text{A}=\dfrac{4}{4+3+2}\times180°=\dfrac{4}{9}\times180°=80°$

$\therefore \angle \text{BIC}=90°+\dfrac{1}{2}\times80°=130°$

4 $\angle \text{BIC}=90°+\dfrac{1}{2}\times64°=122°$

$\therefore \angle \text{BI'C}=90°+\dfrac{1}{2}\times122°=151°$

5 $\overline{\text{AC}}=x$ cm라 하면

$51=\dfrac{1}{2}\times3\times(9+14+x)$　　$\therefore x=11$

6 $\angle \text{BIC}=90°+\dfrac{1}{2}\angle \text{A},\ 126°=90°+\dfrac{1}{2}\angle \text{A}$

$\dfrac{1}{2}\angle \text{A}=36°$　　$\therefore \angle \text{A}=72°$

$\angle \text{BOC}=2\angle \text{A}=144°,\ \angle \text{OBC}=\angle \text{OCB}$이므로

$\angle x=\dfrac{1}{2}\times(180°-144°)=18°$

A 평행사변형의 뜻　　　　　　44쪽

1 $\angle x=75°,\ \angle y=58°$	**2** $\angle x=37°,\ \angle y=49°$
3 $\angle x=36°,\ \angle y=116°$	**4** $\angle x=48°,\ \angle y=80°$
5 $\angle x=69°,\ \angle y=39°$	**6** $\angle x=17°,\ \angle y=43°$
7 85°	**8** 73°

1 평행선에서 엇각의 크기는 같으므로 $\angle x=75°,\ \angle y=58°$

2 평행선에서 엇각의 크기는 같으므로 $\angle x=37°,\ \angle y=49°$

3 평행선에서 엇각의 크기는 같으므로 $\angle x=36°$

$\angle \text{DBC}=\angle \text{ADB}=28°$

$\triangle \text{DBC}$에서 $28°+36°+\angle y=180°$　　$\therefore \angle y=116°$

4 평행선에서 엇각의 크기는 같으므로 $\angle x=48°$

$\angle \text{ACD}=\angle \text{BAC}=52°$

$\triangle \text{ACD}$에서 $48°+52°+\angle y=180°$　　$\therefore \angle y=80°$

5 평행선에서 엇각의 크기는 같으므로

$\angle y=39°,\ \angle \text{ACD}=\angle x$

$72°+\angle x+\angle y=180°$　　$\therefore \angle x=69°$

6 평행선에서 엇각의 크기는 같으므로

$\angle y=43°,\ \angle \text{ACB}=\angle x$

$120°+\angle x+\angle y=180°$　　$\therefore \angle x=17°$

7 $\angle \text{BDC}=\angle \text{ABD}=52°,\ \angle \text{ACB}=\angle \text{DAC}=43°$이므로

$\triangle \text{DBC}$에서 $52°+43°+\angle x+\angle y=180°$

$\therefore \angle x+\angle y=85°$

8 $\angle \text{BDC}=\angle \text{ABD}=33°,\ \angle \text{DBC}=\angle \text{ADB}=\angle y$이므로

$\triangle \text{DBC}$에서 $33°+74°+\angle x+\angle y=180°$

$\therefore \angle x+\angle y=73°$

B 평행사변형의 성질　　　　　　45쪽

1 $x=9,\ y=6$	**2** $x=8,\ y=11$
3 $x=122,\ y=58$	**4** $x=65,\ y=115$
5 $x=75,\ y=42$	**6** $x=73,\ y=56$
7 $x=5,\ y=7$	**8** $x=6,\ y=9$

1 평행선에서 대변의 길이는 같으므로 $x=9,\ y=6$

2 평행선에서 대변의 길이는 같으므로 $x+4=12,\ y-2=9$

$\therefore x=8,\ y=11$

3 평행사변형에서 대각의 크기는 같으므로 $x=122,\ y=58$

4 평행사변형에서 대각의 크기는 같으므로 $x=65,\ y=115$

5 평행사변형에서 대각의 크기는 같으므로 $x=75$
  △DBC에서 $y+63+75=180$ ∴ $y=42$

6 평행사변형에서 대각의 크기는 같으므로 $x=73$
  △ACD에서 $y+51+73=180$ ∴ $y=56$

7 평행사변형에서 두 대각선은 서로 다른 것을 이등분하므로
  $x=5,\ y=7$

8 평행사변형에서 두 대각선은 서로 다른 것을 이등분하므로
  $x=6,\ y=9$

C 평행사변형의 대변의 성질   46쪽

1 5 cm	2 8 cm	3 4 cm	4 3 cm
5 5 cm	6 6 cm	7 2 cm	8 4 cm

1 ∠CED=∠ADE (엇각)이므로 △CDE는 이등변삼각형이다.
  ∴ $\overline{EC}=\overline{DC}=5$(cm)

2 ∠BEA=∠DAE (엇각)이므로 △ABE는 이등변삼각형이다.
  ∴ $\overline{BE}=\overline{BA}=10$(cm)
  $\overline{BC}=\overline{AD}=18$(cm)이므로
  $\overline{EC}=\overline{BC}-\overline{BE}=18-10=8$(cm)

3 ∠BEA=∠DAE (엇각)이므로 $\overline{BE}=\overline{BA}=7$(cm)
  ∠CFD=∠ADF (엇각)이므로 $\overline{CF}=\overline{CD}=7$(cm)
  $\overline{BC}=\overline{AD}=10$(cm)이므로 $\overline{EC}=10-7=3$(cm)
  ∴ $\overline{FE}=7-3=4$(cm)

4 ∠BEA=∠DAE (엇각)이므로 $\overline{BE}=\overline{BA}=9$(cm)
  ∠CFD=∠ADF (엇각)이므로 $\overline{CF}=\overline{CD}=9$(cm)
  $\overline{BC}=\overline{AD}=15$(cm)이므로 $\overline{EC}=15-9=6$(cm)
  ∴ $\overline{FE}=9-6=3$(cm)

5 ∠CEB=∠ABE (엇각)이므로 $\overline{CE}=\overline{CB}=9$(cm)
  $\overline{DC}=\overline{AB}=4$(cm)이므로
  $\overline{DE}=\overline{EC}-\overline{DC}=9-4=5$(cm)

6 ∠DEA=∠BAE (엇각)이므로 $\overline{DE}=\overline{DA}=11$(cm)
  $\overline{DC}=\overline{AB}=5$(cm)이므로
  $\overline{CE}=\overline{DE}-\overline{DC}=11-5=6$(cm)

7 ∠AEB=∠CBE (엇각)이므로 $\overline{AE}=\overline{AB}=7$(cm)
  $\overline{AD}=\overline{BC}=9$(cm)이므로
  $\overline{ED}=\overline{AD}-\overline{AE}=9-7=2$(cm)

8 ∠AFB=∠EAF (엇각)이므로 $\overline{BF}=\overline{AB}=10$(cm)
  ∴ $\overline{FC}=\overline{BC}-\overline{BF}=14-10=4$(cm)

D 평행사변형의 대각의 성질   47쪽

1 81°	2 77°	3 36°	4 52°
5 40°	6 28°	7 22 cm	8 17 cm

1 ∠D+∠C=180°이므로 ∠D=180°−113°=67°
  △AED에서 32°+67°+∠x=180° ∴ ∠x=81°

2 ∠ABC+∠DCB=180°이므로
  ∠DCB=180°−120°=60°
  △DEC에서 43°+60°+∠x=180° ∴ ∠x=77°

3 ∠A=∠C=108°이므로
  ∠BAF=$\frac{1}{2}$×108°=54°
  ∠ABF=180°−(90°+54°)=36°
  ∠B+∠C=180°이므로
  36°+∠x+108°=180° ∴ ∠x=36°

4 ∠D=∠B=76°이므로 ∠ADF=$\frac{1}{2}$×76°=38°
  ∠DAF=180°−(90°+38°)=52°
  ∠A+∠B=180°이므로
  ∠x+52°+76°=180° ∴ ∠x=52°

5 ∠D=∠B=76°, ∠DAE=∠CEA=32°
  ∴ ∠DAC=64°
  △ACD에서 64°+76°+∠x=180° ∴ ∠x=40°

6 ∠D=∠B=80°, ∠DAE=∠AEC=36°
  ∴ ∠DAC=72°
  △ACD에서 72°+80°+∠x=180° ∴ ∠x=28°

7 $\overline{AO}=\frac{1}{2}\overline{AC}=\frac{13}{2}$(cm), $\overline{BO}=\frac{1}{2}\overline{BD}=\frac{15}{2}$(cm)이므로
  △ABO의 둘레의 길이는 $8+\frac{13}{2}+\frac{15}{2}=22$(cm)

8 $\overline{AO}=\frac{1}{2}\overline{AC}=6$(cm), $\overline{BO}=\frac{1}{2}\overline{BD}=5$(cm)이므로
  △ABO의 둘레의 길이는 $6+6+5=17$(cm)

거처먹는 시험 문제   48쪽

1 ③	2 22 cm	3 16 cm	4 ②
5 50°	6 ④		

1 ③ $\overline{OA}=\overline{OC},\ \overline{OB}=\overline{OD}$

2 ∠BEA=∠DAE (엇각)이므로 $\overline{BE}=\overline{BA}=14$(cm)
  $\overline{FE}=6$ cm이므로 $\overline{BF}=14-6=8$(cm)
  ∠CFD=∠ADF (엇각)이므로 $\overline{CF}=\overline{CD}=14$(cm)
  ∴ $\overline{AD}=\overline{BC}=8+14=22$(cm)

3 ∠ABE=∠FCE (엇각), ∠AEB=∠FEC (맞꼭지각),
  $\overline{BE}=\overline{CE}$ ∴ △ABE≡△FCE (ASA 합동)
  따라서 $\overline{CF}=\overline{BA}=8$(cm)이므로
  $\overline{DF}=\overline{DC}+\overline{CF}=8+8=16$(cm)

4 ∠A+∠B=180°이므로 ∠A=$\frac{5}{9}$×180°=100°

5 ∠EBC=∠AEB=65°(엇각)이므로 ∠ABC=130°
  ∠B+∠C=180°, 130°+∠C=180° ∴ ∠C=50°

6 ④ ∠PAO=∠QCO

07 평행사변형이 되는 조건

A 평행사변형이 되는 조건   50쪽

1 ×	2 ○	3 ×	4 ○
5 ×	6 ×	7 ○	8 ○
9 ○	10 ×		

1 $\angle A + \angle B = 180°$에서 $\overline{AD} /\!/ \overline{BC}$만 성립하므로 평행사변형이 아니다.

2 두 쌍의 대변이 각각 평행하므로 평행사변형이다.

3 두 대각선이 서로 다른 것을 이등분해야 하는데 $\overline{OA} = \overline{OB}$, $\overline{OC} = \overline{OD}$이므로 평행사변형이 아니다.

4 한 쌍의 대변이 평행하고 그 길이가 같으므로 평행사변형이다.

5 한 쌍의 대변의 길이가 같으므로 평행사변형이 아니다.

6 한 쌍의 대변이 평행하고 다른 쌍의 대변의 길이가 같으므로 평행사변형이 아니다.

7 $\angle A = \angle C = 110°$, $\angle B = 70°$이므로 $\angle D = 70°$
따라서 두 쌍의 대각의 크기가 각각 같으므로 평행사변형이다.

8 두 대각선이 서로 다른 것을 이등분하므로 평행사변형이다.

9 두 쌍의 대변의 길이가 각각 같으므로 평행사변형이다.

10 한 쌍의 대변이 평행하고 다른 쌍의 대변의 길이가 같으므로 평행사변형이 아니다.

B 평행사변형이 되는 조건의 응용 1   51쪽

| 1 ⑤ | 2 ⑤ | 3 ④ | 4 ③ |
| 5 ① | | | |

C 평행사변형이 되는 조건의 응용 2   52쪽

1 $\overline{DC}$, $\overline{FC}$, $\overline{DF}$ 2 $\angle FCE$, $\overline{FE}$
3 $\angle EBF$, $\angle EDF$, $\angle BFD$ 4 $\overline{QC}$, $\overline{FC}$, $\overline{RC}$, $\overline{EC}$

D 평행사변형과 넓이   53쪽

| 1 32 cm² | 2 48 cm² | 3 5 cm² | 4 14 cm² |
| 5 4 cm² | 6 8 cm² | 7 9 cm² | 8 44 cm² |

1 $\triangle DBC = \triangle ABC = 8(\text{cm}^2)$
$\therefore \square BFED = 4\triangle BCD = 32(\text{cm}^2)$

2 $\triangle DBC = \triangle ABC = 12(\text{cm}^2)$
$\therefore \square BFED = 4\triangle DBC = 48(\text{cm}^2)$

3 $\triangle PFE = \dfrac{1}{4}\square ABFE = \dfrac{1}{4}\times\dfrac{1}{2}\square ABCD = \dfrac{5}{2}(\text{cm}^2)$
$\therefore \square EPFQ = 2\triangle PFE = 5(\text{cm}^2)$

4 $\triangle PFE = \dfrac{1}{4}\square ABFE = \dfrac{1}{4}\times\dfrac{1}{2}\square ABCD = 7(\text{cm}^2)$
$\therefore \square EPFQ = 2\triangle PFE = 14(\text{cm}^2)$

5 $\triangle AOE \equiv \triangle COF$이므로 색칠한 부분의 넓이는 $\triangle AOD$의 넓이와 같다.
$\therefore \triangle AOD = \dfrac{1}{4}\square ABCD = \dfrac{1}{4}\times 16 = 4(\text{cm}^2)$

6 $\triangle PBO \equiv \triangle QDO$이므로 색칠한 부분의 넓이는 $\triangle ABO$의 넓이와 같다.
$\therefore \triangle ABO = \dfrac{1}{4}\square ABCD = \dfrac{1}{4}\times 32 = 8(\text{cm}^2)$

7 $\triangle PDA + \triangle PBC = \triangle PAB + \triangle PCD$이므로
$\triangle PDA + 5 = 8 + 6$
$\therefore \triangle PDA = 9(\text{cm}^2)$

8 $\triangle PDA + \triangle PBC = \triangle PAB + \triangle PCD$
$= 12 + 10 = 22(\text{cm}^2)$
$\therefore \square ABCD = 2(\triangle PAB + \triangle PCD) = 44(\text{cm}^2)$

거져먹는 시험 문제   54쪽

| 1 ②, ⑤ | 2 ④ | 3 20 cm | 4 ④ |
| 5 36 cm² | 6 17 cm² | | |

1 ② 두 대각선이 서로 다른 것을 이등분해야 하는데 $\overline{OA} = \overline{OB}$, $\overline{OC} = \overline{OD}$이므로 평행사변형이 아니다.
⑤ 한 쌍의 대변이 평행하고 다른 쌍의 대변의 길이가 같으므로 평행사변형이 아니다.

2 $\square ABCD$는 평행사변형이므로
$\overline{AO} = \overline{CO}$, $\overline{BO} = \overline{DO}$
$\overline{AO} = \overline{CO}$에서 $\overline{PO} = \dfrac{1}{2}\overline{AO} = \dfrac{1}{2}\overline{CO} = \overline{RO}$
$\overline{BO} = \overline{DO}$에서 $\overline{QO} = \dfrac{1}{2}\overline{BO} = \dfrac{1}{2}\overline{DO} = \overline{SO}$
따라서 $\square PQRS$는 두 대각선이 서로 다른 것을 이등분하므로 평행사변형이다.

3 $\angle A = \angle C$이므로 $\dfrac{1}{2}\angle A = \dfrac{1}{2}\angle C$
$\therefore \angle FAE = \angle ECF$
$\angle AEB = \angle FAE$ (엇각), $\angle DFC = \angle ECF$ (엇각)이므로
$\angle AEB = \angle DFC$
$\angle AEC = 180° - \angle AEB = 180° - \angle DFC = \angle CFA$
즉, $\square AECF$는 두 쌍의 대각의 크기가 각각 같으므로 평행사변형이다.
$\triangle ABE$는 정삼각형이므로
$\overline{AE} = \overline{BE} = \overline{AB} = 6(\text{cm})$ $\therefore \overline{EC} = 4(\text{cm})$
따라서 $\square AECF$의 둘레의 길이는 20 cm이다.

4 $\overline{AO}=\dfrac{1}{2}\times18=9\,(\text{cm})$

□AODE도 평행사변형이므로

$\overline{FO}=\dfrac{1}{2}\times10=5\,(\text{cm})$, $\overline{AF}=\dfrac{1}{2}\times14=7\,(\text{cm})$

따라서 △AOF의 둘레의 길이는

$9+5+7=21\,(\text{cm})$

5 □ABCD$=4\triangle$ABO$=36\,(\text{cm}^2)$

6 △PDA$+$△PBC$=\dfrac{1}{2}$□ABCD$-41\,(\text{cm}^2)$

　　$\therefore$ △PDA$=41-24=17\,(\text{cm}^2)$

---

08 직사각형, 마름모

A 직사각형　　　　　　56쪽

1 10	2 8	3 34	4 42
5 10	6 4	7 25°, 65°	8 58°, 32°

1 직사각형의 대각선의 길이는 같으므로
　$\overline{AC}=2\overline{AO}=10\,(\text{cm})$　$\therefore x=10$

2 직사각형의 대각선의 길이는 같으므로
　$\overline{AC}=\overline{BD}=16\,(\text{cm})$　$\therefore x=\dfrac{1}{2}\overline{AC}=8$

3 직사각형의 대각선의 길이는 같고 서로 다른 것을 이등분하
　므로 $\overline{AO}=\overline{DO}$
　따라서 △AOD는 이등변삼각형이 되므로 $x=34$

4 $\angle$ACB$=\angle$DAC$=42°$ (엇각)
　직사각형의 대각선의 길이는 같고 서로 다른 것을 이등분하
　므로 △OBC는 이등변삼각형이 된다.　$\therefore x=42$

5 직사각형의 대각선은 길이가 같고 서로 다른 것을 이등분하
　므로 $2x+1=4x-3$　$\therefore x=2$
　$\therefore \overline{BD}=\overline{AC}=10$

6 직사각형의 대각선은 길이가 같고 서로 다른 것을 이등분하
　므로 $-x+5=2x-4$　$\therefore x=3$
　따라서 $\overline{AC}=\overline{BD}=4$

7 직사각형의 대각선은 길이가 같고 서로 다른 것을 이등분한다.
　△OCD에서 $\overline{OD}=\overline{OC}$이므로 $\angle$ODC$=\angle y$
　$50°+2\angle y=180°$, $\angle y=65°$
　$\angle x=90°-\angle y=25°$

8 직사각형의 대각선은 길이가 같고 서로 다른 것을 이등분한다.
　△OBC에서 $\overline{OB}=\overline{OC}$이므로 $\angle$OCB$=\angle y$
　$64°=2\angle y$, $\angle y=32°$
　$\overline{OA}=\overline{OB}$이므로 $\angle$ABO$=\angle x$
　따라서 $\angle x+\angle y=90°$이므로
　$\angle x=90°-\angle y=58°$

B 평행사변형이 직사각형이 되는 조건　　57쪽

1 ○	2 ×	3 ×	4 ○
5 ○	6 ○	7 ×	8 ×
9 ○	10 ×	11 ○	12 ×

1 평행사변형의 두 대각선의 길이가 같으므로 직사각형이다.

2 평행사변형의 두 대각선이 서로 수직이므로 마름모이다.

3 평행사변형의 이웃하는 두 변의 길이가 같으므로 마름모이다.

4 $\overline{OD}=\overline{OC}$이면 $\overline{AC}=\overline{BD}$에서 평행사변형의 두 대각선의 길
　이가 같아지므로 직사각형이다.

5 평행사변형의 한 내각의 크기가 직각이므로 직사각형이다.

6 $\angle$OBC$=\angle$OCB이면 $\overline{OB}=\overline{OC}$가 되어 $\overline{AC}=\overline{BD}$
　따라서 평행사변형의 두 대각선의 길이가 같아지므로 직사
　각형이다.

7 평행사변형의 두 대각선이 서로 수직이므로 마름모이다.

8 평행사변형의 대변의 길이는 같지만 직사각형은 아니다.

9 평행사변형의 한 내각의 크기가 직각이므로 직사각형이다.

10 평행사변형의 이웃하는 두 변의 길이가 같으므로 마름모이다.

11 평행사변형의 두 대각선의 길이가 같으므로 직사각형이다.

12 평행사변형의 대각선이 꼭지각을 이등분하면 두 대각선이
　서로 수직이므로 마름모이다.

C 마름모　　　　　　58쪽

1 4	2 2	3 $\angle x=52°$, $\angle y=90°$
4 $\angle x=43°$, $\angle y=47°$	5 12	6 24
7 58°	8 75°	

1 마름모의 네 변의 길이는 같으므로 $x=4$

2 마름모의 두 대각선은 서로 다른 것을 수직이등분하므로
　$x=2$

3 마름모의 두 대각선은 서로 수직이므로 $\angle y=90°$
　$\angle x=90°-38°=52°$

4 마름모의 대각선은 꼭지각을 이등분하므로
　$\angle x=43°$
　$\angle y=\angle$ADO$=90°-43°=47°$

5 마름모의 대각선은 꼭지각을 이등분하므로
　$\angle$ABO$=\angle$CBO$=30°$　$\therefore \angle$ABC$=60°$
　또 마름모의 네 변의 길이는 같으므로 $\overline{BA}=\overline{BC}$
　따라서 △BCA는 정삼각형이다.
　$\therefore x=8$, $y=\dfrac{1}{2}\times8=4$　$\therefore x+y=12$

6 마름모의 네 변의 길이는 같으므로 $x=16$
　$\angle$ABD$=\angle$CDB$=60°$(엇각)이므로 △ABD는 정삼각형
　이다.
　$\therefore y=\dfrac{1}{2}\times16=8$　$\therefore x+y=24$

7 마름모의 대각선은 꼭지각을 이등분하므로

$$\angle EDF = \frac{1}{2} \times (180° - 116°) = 32°$$

$$\therefore \angle x = \angle DFE = 90° - 32° = 58°$$

8 마름모의 대각선은 꼭지각을 이등분하므로

$$\angle EDF = \frac{1}{2} \times (180° - 150°) = 15°$$

$$\therefore \angle x = \angle DFE = 90° - 15° = 75°$$

D 평행사변형이 마름모가 되는 조건 59쪽

1 ○	2 ○	3 ×	4 ×
5 ×	6 ○	7 ○	8 ×
9 ×	10 ○	11 ×	12 ○

1 평행사변형의 이웃하는 두 변의 길이가 같으므로 마름모이다.

2 평행사변형의 대각선이 서로 수직이므로 마름모이다.

3 $\angle OBC = \angle OCB$이면 $\overline{OB} = \overline{OC}$가 되어 $\overline{AC} = \overline{BD}$
따라서 평행사변형의 두 대각선의 길이가 같아지므로 직사각형이다.

4 $\overline{AO} = \overline{BO}$이면 $\overline{AC} = \overline{BD}$에서 평행사변형의 두 대각선의 길이가 같아지므로 직사각형이다.

5 $\angle A = \angle B$, $\angle A + \angle B = 180°$이면 평행사변형의 한 내각의 크기가 직각이 되므로 직사각형이다.

6 $\angle ADB = \angle CBD$(엇각), $\angle ADB + \angle ACB = 90°$이면
$\angle CBD + \angle ACB = 90°$
따라서 평행사변형의 대각선이 서로 수직이므로 마름모이다.

7 $\angle ACB = 50°$이므로 $\triangle ABC$는 $\overline{BA} = \overline{BC}$인 이등변삼각형이 된다. 따라서 평행사변형의 이웃하는 두 변의 길이가 같아지므로 마름모이다.

8 평행사변형의 두 대각선의 길이가 같아지므로 직사각형이다.

9 $\triangle ABO$에서 $\angle ABO = 30°$이면 $\angle AOB = 100°$이므로 마름모가 아니다.

10 평행사변형의 이웃하는 두 변의 길이가 같으므로 마름모이다.

11 평행사변형의 한 내각의 크기가 직각이므로 직사각형이다.

12 $\triangle DOC$에서 $\angle BDC = 40°$, $\angle DCA = \angle BAC = 50°$이므로 $\angle DOC = 90°$
따라서 평행사변형의 두 대각선이 서로 수직이므로 마름모이다.

거처먹는 시험 문제 60쪽

1 ③	2 60°	3 ⑤	4 ④
5 ③	6 7		

1 직사각형의 두 대각선의 길이는 같으므로
$\overline{AO} = \overline{BO} = 5(\text{cm})$
따라서 $\triangle ABO$의 둘레의 길이는 16 cm이다.

2 $\angle BDE = \angle EDC = \angle x$라 하면
$\triangle DBE$는 이등변삼각형이므로 $\angle DBE = \angle x$
$\therefore \angle DEC = 2\angle x$
$\triangle DEC$에서 $\angle EDC + \angle DEC = 90°$
$3\angle x = 90°$, $\angle x = 30°$ $\quad \therefore \angle DEC = 2\angle x = 60°$

3 ⑤ $\angle A = \angle C$는 대각의 크기가 같으므로 직사각형이 되기 위한 조건이 아니다.

4 $\angle ABO = \angle CBO = \angle y$이고
마름모의 두 대각선은 서로 수직이므로 $\angle x + \angle y = 90°$

5 마름모의 두 대각선은 서로 수직이므로
$$\triangle BCO = \frac{1}{2} \times 6 \times 4 = 12(\text{cm}^2)$$
$$\therefore \square ABCD = 4\triangle BCO = 48(\text{cm}^2)$$

6 $2x + 3 = 5x - 9$에서 $3x = 12$ $\quad \therefore x = 4$
마름모는 이웃하는 두 변의 길이가 같으므로
$2x + 3 = 3x - y$에서 $y = x - 3$ $\quad \therefore y = 1$
$\therefore x + 3y = 4 + 3 = 7$

09 정사각형, 등변사다리꼴

A 정사각형 62쪽

1 $x = 90$, $y = 12$		2 $x = 14$, $y = 45$	
3 50 cm²	4 128 cm²	5 69°	6 85°
7 31°	8 37°		

1 정사각형은 두 대각선의 길이가 같고 서로 다른 것을 수직이등분하므로 $x = 90$, $y = 12$

2 정사각형은 두 대각선의 길이가 같고 꼭지각을 이등분하므로 $x = 7 \times 2 = 14$, $y = 45$

3 (정사각형의 넓이) $= \frac{1}{2} \times 10 \times 10 = 50(\text{cm}^2)$

4 (정사각형의 넓이) $= \frac{1}{2} \times 16 \times 16 = 128(\text{cm}^2)$

5 $\angle DCE = \angle DAE = 24°$
$\overline{BD}$가 정사각형의 대각선이므로 $\angle EDC = 45°$
$\triangle ECD$에서 외각의 성질을 이용하면
$\angle x = 45° + 24° = 69°$

6 $\angle DAE = \angle DCE = 40°$
$\overline{BD}$가 정사각형의 대각선이므로 $\angle ADE = 45°$
$\triangle AED$에서 외각의 성질을 이용하면
$\angle x = 45° + 40° = 85°$

7 $\angle AED = \angle ADE = 76°$이므로
$\angle EAD = 180° - 2 \times 76° = 28°$
$\angle EAB = 90° + 28° = 118°$
$\overline{AB} = \overline{AD} = \overline{AE}$이므로 $\triangle ABE$는 이등변삼각형이다.
$\therefore \angle x = \frac{1}{2} \times (180° - 118°) = 31°$

8 $\angle$AED$=$$\angle$ADE$=82°$이므로
$\angle$EAD$=180°-2\times82°=16°$, $\angle$EAB$=90°+16°=106°$
$\overline{AB}=\overline{AD}=\overline{AE}$이므로 $\triangle$ABE는 이등변삼각형이다.
$$\therefore \angle x=\frac{1}{2}\times(180°-106°)=37°$$

B 정사각형이 되는 조건

63쪽

1 ×	2 ×	3 ○	4 ○
5 ×	6 ○	7 ×	8 ×
9 ○	10 ×	11 ○	12 ×

1 $\angle$AOB$=90°$ ⇨ 평행사변형이 마름모가 되는 조건
$\overline{AB}=\overline{AD}$ ⇨ 평행사변형이 마름모가 되는 조건
평행사변형이 마름모가 되는 조건만 있으므로 정사각형이
아니다.

2 $\overline{AB}=\overline{AD}$ ⇨ 평행사변형이 마름모가 되는 조건
$\overline{AC}\perp\overline{BD}$ ⇨ 평행사변형이 마름모가 되는 조건
평행사변형이 마름모가 되는 조건만 있으므로 정사각형이
아니다.

3 $\angle$ABC$=90°$ ⇨ 평행사변형이 직사각형이 되는 조건
$\angle$AOB$=90°$ ⇨ 평행사변형이 마름모가 되는 조건
평행사변형이 직사각형이 되는 조건과 마름모가 되는 조건
을 모두 만족하므로 정사각형이 된다.

4 $\overline{AB}=\overline{AD}$ ⇨ 평행사변형이 마름모가 되는 조건
$\overline{OA}=\overline{OD}$ ⇨ 평행사변형이 직사각형이 되는 조건
평행사변형이 직사각형이 되는 조건과 마름모가 되는 조건
을 모두 만족하므로 정사각형이 된다.

5 $\overline{AB}=\overline{AD}$ ⇨ 평행사변형이 마름모가 되는 조건
$\angle$BAO$=$$\angle$DAO ⇨ 평행사변형이 마름모가 되는 조건
평행사변형이 마름모가 되는 조건만 있으므로 정사각형이
아니다.

6 $\angle$AOB$=$$\angle$AOD이므로 $\angle$AOB$=90°$
⇨ 평행사변형이 마름모가 되는 조건
$\overline{AO}=\overline{DO}$ ⇨ 평행사변형이 직사각형이 되는 조건
평행사변형이 직사각형이 되는 조건과 마름모가 되는 조건
을 모두 만족하므로 정사각형이 된다.

7 두 대각선의 길이가 같은 사각형은 직사각형, 등변사다리꼴
도 될 수 있다.

8 평행사변형이 마름모가 되는 조건만 만족했으므로 정사각형
이 아니다.

9 두 대각선이 수직으로 만나는 직사각형은 마름모이면서 직
사각형이므로 정사각형이 된다.

10 평행사변형이 직사각형이 되는 조건만 만족했으므로 정사
각형이 아니다.

11 두 대각선의 길이가 같은 마름모는 마름모이면서 직사각형
이므로 정사각형이 된다.

12 두 대각선이 서로 다른 것을 수직이등분하는 평행사변형은
마름모이므로 정사각형이 아니다.

C 등변사다리꼴

64쪽

1 7	2 6	3 49	4 36
5 13	6 20	7 17	8 22

1 등변사다리꼴은 평행하지 않은 한 쌍의 대변의 길이가 같으
므로 $x=7$

2 등변사다리꼴은 두 대각선의 길이가 같으므로 $x+3=9$
$\therefore x=6$

3 등변사다리꼴의 아랫변의 양 끝 각의 크기는 같으므로
$\angle$ABC$=$$\angle$DCB$=75°$　　$\therefore$ $\angle$DBC$=75°-26°=49°$
$\therefore x=49$

4 등변사다리꼴의 아랫변의 양 끝 각의 크기는 같으므로
$\angle$ABC$=$$\angle$DCB$=68°$　　$\therefore$ $\angle$DBC$=68°-32°=36°$
$\therefore x=36$

5 점 A를 지나고 $\overline{DC}$에 평행한 직선
과 $\overline{BC}$의 교점을 E라 하면
$\overline{AB}=\overline{AE}$,
$\angle$AEB$=$$\angle$DCE$=$$\angle$ABE$=60°$
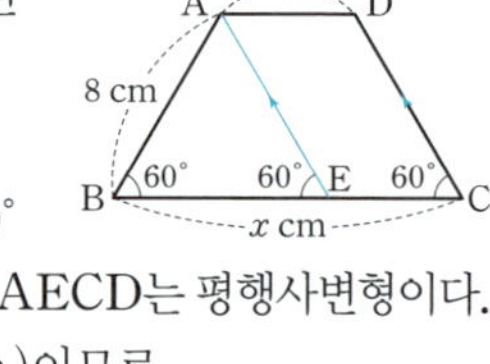
따라서 $\triangle$ABE는 정삼각형이고 $\square$AECD는 평행사변형이다.
$\overline{EC}=\overline{AD}=5(cm)$, $\overline{BE}=8(cm)$이므로
$x=8+5=13$

6 점 A를 지나고 $\overline{DC}$에 평행한 직
선과 $\overline{BC}$의 교점을 E라 하면
$\overline{AD}$//$\overline{BC}$이므로
$\angle$DAB$+$$\angle$ABE$=180°$
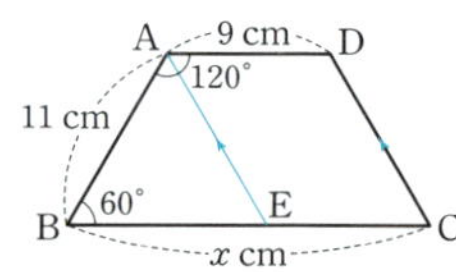
$\therefore$ $\angle$ABE$=60°$
$\overline{AB}=\overline{AE}$, $\angle$AEB$=$$\angle$DCE$=$$\angle$ABE$=60°$
따라서 $\triangle$ABE는 정삼각형이고 $\square$AECD는 평행사변형이다.
$\therefore x=11+9=20$

7 점 D를 지나고 $\overline{AE}$에 평행한 직선
과 $\overline{BC}$의 교점을 F라 하자.
$\overline{FC}=\overline{BE}=4(cm)$,
$\overline{EF}=\overline{AD}=9(cm)$이므로
$x=4+9+4=17$
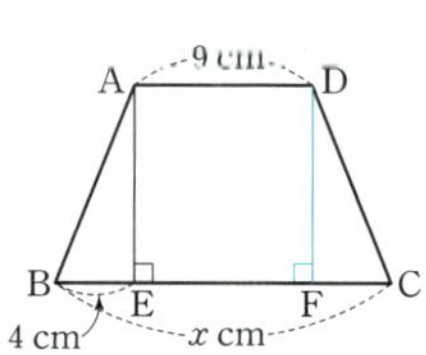

8 점 A를 지나고 $\overline{BC}$에 수직인 직선
과 $\overline{BC}$의 교점을 F라 하자.
$\overline{BF}=\overline{CE}=5(cm)$,
$\overline{FE}=\overline{AD}=12(cm)$이므로
$x=5+12+5=22$
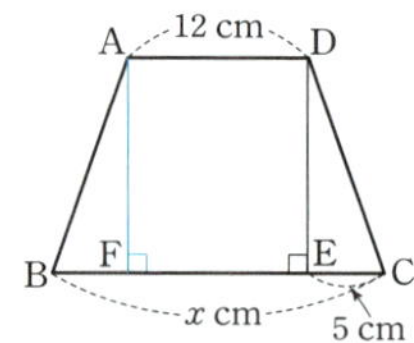

D 여러 가지 사각형 1

65쪽

1 $90°$, $90°$, 직사각형　　2 ASA, $\overline{OF}$, $\overline{BF}$, 마름모
3 RHS, $\overline{CF}$, $\overline{BF}$, 평행사변형　　4 $\overline{AF}$, $\overline{BE}$, 마름모

1 SAS, 90°, 90°, 정사각형   **2** ∠D, ∠DAQ, $\overline{AD}$, 마름모
3 ∠D, 90°, 직사각형   **4** $\overline{QE}$, 90°, 정사각형

거처먹는 시험 문제   67쪽

1 ④   **2** ①   **3** 38°   **4** ②
5 6 cm   **6** 40 cm

1 ④ ∠ABC=90°는 직사각형이 되는 조건이고
　∠AOB=90°는 마름모가 되는 조건이므로 평행사변형
　이 직사각형이 되는 조건과 마름모가 되는 조건을 모두 만
　족하므로 정사각형이 된다.
2 ① $\overline{AB}=\overline{BC}$, $\overline{BE}=\overline{CF}$, ∠ABE=∠BCF=90°
　　∴ △ABE≡△BCF(SAS 합동)
　④ ∠EAB+∠AEB=90°, ∠EAB=∠FBC
　　∴ ∠FBC+∠AEB=90°
　⑤ ∠AGF=∠BGE=90°
3 ∠ABC=∠DCB=76°이므로 ∠DAB=104°
　　∴ ∠ADB=$\frac{1}{2}$×(180°−104°)=38°
4 ② 등변사다리꼴의 두 대각선은 서로 수직이 아니다.
5 점 D를 지나고 $\overline{BC}$에 수직인 직선
　과 $\overline{BC}$의 교점을 F라 하자.
　$\overline{EF}=\overline{AD}$=8(cm)이므로
　$\overline{BE}=\overline{CF}=\frac{1}{2}$×(20−8)=6(cm)

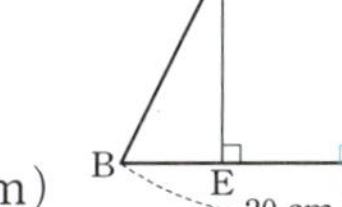

6 △ODE와 △OBF에서
　$\overline{OD}=\overline{OB}$, ∠EOD=∠FOB (맞꼭지각),
　∠EDO=∠FBO (엇각)
　∴ △ODE≡△OBF (ASA 합동)
　∴ $\overline{ED}=\overline{FB}$, $\overline{EO}=\overline{FO}$
　따라서 □EBFD는 $\overline{ED}$∥$\overline{BF}$, $\overline{ED}=\overline{BF}$이므로 평행사변형
　이고, 두 대각선이 서로 다른 것을 수직이등분하므로 마름모
　이다. 따라서 둘레의 길이는 10×4=40(cm)

⑩ 여러 가지 사각형 사이의 관계

1 ㄷ   **2** ㄹ   **3** ㄱ   **4** ㄴ
5 ㄴ   **6** ㄱ   **7** 풀이 참조
8 (가)—ㄹ, (나)—ㄴ, (다)—ㄷ, (라)—ㄱ, (마)—ㅁ

7

	두 대각선이 서로를 이등분	두 대각선의 길이가 같음	두 대각선이 수직
사다리꼴	×	×	×
평행사변형	○	×	×
직사각형	○	○	×
마름모	○	×	○
정사각형	○	○	○

1 마름모   **2** 정사각형   **3** 직사각형
4 평행사변형   **5** 20 cm   **6** 10 cm
7 24 cm²   **8** 81 cm²

5 □ABCD가 등변사다리꼴이므로 □EFGH는 마름모이다.
　따라서 □EFGH의 둘레의 길이는 5×4=20(cm)
6 □ABCD가 사각형이므로 □EFGH는 평행사변형이다.
　따라서 □EFGH의 둘레의 길이는
　2×(3+2)=10(cm)
7 □ABCD가 직사각형이므로 □EFGH는 마름모이다.
　∴ □EFGH=$\frac{1}{2}$×6×8=24(cm²)
8 □ABCD가 정사각형이므로 □EFGH는 정사각형이다.
　∴ □EFGH=9×9=81(cm²)

1 △ABC   **2** 15 cm²   **3** △ACD
4 △ACD, □ABCD   **5** 21 cm²   **6** 25 cm²
7 28 cm², 14 cm²   **8** 42 cm²

1 $\overline{AD}$∥$\overline{BC}$이므로 △DBC와 넓이가 같은 삼각형은 밑변이
　같은 삼각형이므로 △ABC이다.
2 △DBC=△ABC=$\frac{1}{2}$×6×5=15(cm²)
3 평행선에서 밑변의 길이가 같은 삼각형은 넓이가 같으므로
　△ACE와 넓이가 같은 삼각형은 △ACD이다.
4 △ACE=△ACD이므로
　△ABE=△ABC+△ACE
　　　=△ABC+△ACD
　　　=□ABCD
5 □ABCD=△ABE=12+9=21(cm²)
6 △ABE=□ABCD=25(cm²)
7 △ABC=$\frac{1}{2}$×8×7=28(cm²)
　△ACE=$\frac{1}{2}$×4×7=14(cm²)
8 □ABCD=△ABE=△ABC+△ACE
　　　=28+14=42(cm²)

1 15 cm²	2 32 cm²	3 21 cm²	4 14 cm²
5 12 cm²	6 10 cm²	7 ○	8 ×
9 ○	10 ○		

1　$\triangle ABD = \dfrac{3}{5} \times 25 = 15\,(cm^2)$

2　$\triangle ADC = \dfrac{4}{9} \times 72 = 32\,(cm^2)$

3　$\triangle ADC = \dfrac{1}{2}\triangle ABC = \dfrac{1}{2} \times 56 = 28\,(cm^2)$

　　$\triangle AEC : \triangle EDC = 1 : 3$이므로

　　$\triangle EDC = \dfrac{3}{4}\triangle ADC = \dfrac{3}{4} \times 28 = 21\,(cm^2)$

4　$\overline{BD} : \overline{DC} = 1 : 2$이므로

　　$\triangle ADC = \dfrac{2}{3}\triangle ABC = \dfrac{2}{3} \times 63 = 42\,(cm^2)$

　　$\overline{AE} : \overline{EC} = 2 : 1$이므로

　　$\triangle EDC = \dfrac{1}{3}\triangle ADC = \dfrac{1}{3} \times 42 = 14\,(cm^2)$

5　$\triangle ABE + \triangle ECD = \dfrac{1}{2}\square ABCD = \dfrac{1}{2} \times 42 = 21\,(cm^2)$

　　$\overline{AE} : \overline{ED} = 4 : 3$이므로

　　$\triangle ABE = \dfrac{4}{7} \times 21 = 12\,(cm^2)$

6　$\triangle AFD = \dfrac{1}{2}\square ABCD = \dfrac{1}{2} \times 50 = 25\,(cm^2)$

　　$\overline{AE} : \overline{ED} = 3 : 2$이므로

　　$\triangle EFD = \dfrac{2}{5} \times 25 = 10\,(cm^2)$

7~10　$\triangle ABE = \triangle BED = \triangle BFD = \triangle AFD$

1 △DBC	2 △ACD	3 △ABO	4 24 cm²
5 36 cm²	6 20 cm²	7 27 cm²	8 36 cm²
9 49 cm²			

1　$\overline{AD}/\!/\overline{BC}$이므로 △ABC와 넓이가 같은 삼각형은 밑변이 같은 삼각형이므로 △DBC이다.

2　$\overline{AD}/\!/\overline{BC}$이므로 △ABD와 넓이가 같은 삼각형은 밑변이 같은 삼각형이므로 △ACD이다.

3　△DBC＝△ABC이므로 두 삼각형에서 △OBC를 빼면
　　△DOC＝△ABO

4　△DBC＝△ABC＝8＋16＝24 (cm²)

5　△DOC＝△ABO＝12 (cm²)
　　∴ △OBC＝△DBC－△DOC＝48－12＝36 (cm²)

6　△ACD＝△ABD＝32 (cm²)
　　$\overline{AO} : \overline{OC} = 3 : 5$이므로
　　$\triangle DOC = \dfrac{5}{8} \times 32 = 20\,(cm^2)$

7　△ACD＝45 cm², $\overline{AO} : \overline{OC} = 2 : 3$이므로

　　$\triangle DOC = \dfrac{3}{5} \times 45 = 27\,(cm^2)$

　　∴ △ABO＝△DOC＝27 (cm²)

8　$\overline{AO} : \overline{OC} = 1 : 2$이므로

　　△AOD : △DOC＝1 : 2

　　4 : △DOC＝1 : 2

　　∴ △DOC＝8 (cm²)

　　△ABO＝△DOC＝8 (cm²)이므로

　　△ABO : △OBC＝1 : 2

　　8 : △OBC＝1 : 2

　　∴ △OBC＝16 (cm²)

　　∴ □ABCD＝4＋8＋8＋16＝36 (cm²)

9　$\overline{AO} : \overline{OC} = 3 : 4$이므로

　　△AOD : △DOC＝3 : 4

　　9 : △DOC＝3 : 4

　　∴ △DOC＝12 (cm²)

　　△ABO＝△DOC＝12 (cm²)이므로

　　△ABO : △OBC＝3 : 4

　　12 : △OBC＝3 : 4

　　∴ △OBC＝16 (cm²)

　　∴ □ABCD＝9＋12＋12＋16＝49 (cm²)

1 ㄷ, ㅁ, ㅂ	2 ②	3 36 cm²	4 ④
5 ⑤	6 50 cm²		

2　② 등변사다리꼴의 각 변의 중점을 연결하여 만든 사각형은 마름모이다.

3　△DEC＝□ABCD＝36 (cm²)

4　①, ③ 밑변이 $\overline{DF}$이고 $\overline{AB}/\!/\overline{DC}$이므로 높이가 같다.
　　①, ⑤ 밑변이 $\overline{BD}$이고 $\overline{BD}/\!/\overline{EF}$이므로 높이가 같다.
　　②, ⑤ 밑변이 $\overline{BE}$이고 $\overline{AD}/\!/\overline{BC}$이므로 높이가 같다.

5　$\overline{BP} : \overline{PD} = 3 : 5$이므로 △ABP : △APD＝3 : 5
　　21 : △APD＝3 : 5　　∴ △APD＝35 (cm²)
　　△PCD＝△APD＝35 (cm²)이므로
　　□APCD＝70 (cm²)

6　△DOC＝△ABO＝12 (cm²)
　　$\overline{AO} : \overline{OC} = 2 : 3$이므로
　　△AOD : △DOC＝2 : 3
　　△AOD : 12＝2 : 3
　　∴ △AOD＝8 (cm²)
　　△ABO : △OBC＝2 : 3이므로
　　12 : △OBC＝2 : 3　　∴ △OBC＝18 (cm²)
　　∴ □ABCD＝8＋12＋12＋18＝50 (cm²)

A 닮은 도형   77쪽

1 점 E	2 $\overline{DF}$	3 $\overline{BC}$	4 점 H
5 $\overline{FG}$	6 점 C	7 ○	8 ○
9 ×	10 ×	11 ○	12 ×

B 평면도형에서 닮음의 성질   78쪽

1 2 : 1	2 5 cm	3 85°	4 2 : 3
5 60°	6 4 cm	7 8 cm	8 78°
9 135°	10 5 : 3	11 15 cm	12 45°

1 $\overline{BC} : \overline{EF} = 8 : 4 = 2 : 1$

2 $\overline{AB} : \overline{DE} = 2 : 1$이므로 $10 : \overline{DE} = 2 : 1$
   $\therefore \overline{DE} = 5(cm)$

3 $\angle F = \angle C = 85°$

4 $\overline{BC} : \overline{EF} = 8 : 12 = 2 : 3$

5 $\angle B = 90° - 30° = 60°$ $\therefore \angle E = \angle B = 60°$

6 $\overline{AB} : \overline{DE} = 2 : 3$이므로 $\overline{AB} : 6 = 2 : 3$
   $\therefore \overline{AB} = 4(cm)$

7 $\overline{BC} : \overline{FG} = 9 : 12 = 3 : 4$
   $\overline{AD} : \overline{EH} = 3 : 4$이므로 $6 : \overline{EH} = 3 : 4$
   $\therefore \overline{EH} = 8(cm)$

8 $\angle E = \angle A = 78°$

9 $\angle D = \angle H = 135°$

10 $\overline{AD} : \overline{EH} = 20 : 12 = 5 : 3$

11 $\overline{DC} : \overline{HG} = 5 : 3$이므로 $25 : \overline{HG} = 5 : 3$
   $\therefore \overline{HG} = 15(cm)$

12 $\angle C = \angle G = 45°$

C 입체도형에서 닮음의 성질   79쪽

1 5 cm, 6 cm	2 6 cm, 6 cm
3 7 cm, 18 cm	4 6 cm
5 5 cm	6 8 cm

1 $\overline{EF} : \overline{E'F'} = 4 : 8 = 1 : 2$이므로 닮음비가 $1 : 2$
   $\overline{BE} : \overline{B'E'} = 1 : 2$, $\overline{BE} : 10 = 1 : 2$
   $\therefore \overline{BE} = 5(cm)$
   $\overline{DE} : \overline{D'E'} = 1 : 2$, $3 : \overline{D'E'} = 1 : 2$
   $\therefore \overline{D'E'} = 6(cm)$

2 $\overline{F'G'} = \overline{B'C'} = 12(cm)$이므로 $\overline{FG} : \overline{F'G'} = 8 : 12 = 2 : 3$
   따라서 닮음비가 $2 : 3$이므로
   $\overline{BF} : \overline{B'F'} = 2 : 3$, $\overline{BF} : 9 = 2 : 3$
   $\therefore \overline{BF} = 6(cm)$
   $\overline{GH} : \overline{G'H'} = 2 : 3$, $4 : \overline{G'H'} = 2 : 3$
   $\therefore \overline{G'H'} = 6(cm)$

3 $\overline{BC} : \overline{B'C'} = 8 : 24 = 1 : 3$이므로 닮음비가 $1 : 3$
   $\overline{CD} : \overline{C'D'} = 1 : 3$, $\overline{CD} : 21 = 1 : 3$
   $\therefore \overline{CD} = 7(cm)$
   $\overline{AB} : \overline{A'B'} = 1 : 3$, $6 : \overline{A'B'} = 1 : 3$
   $\therefore \overline{A'B'} = 18(cm)$

4 높이의 비가 닮음비이므로 $12 : 16 = 3 : 4$
   (작은 원기둥의 반지름의 길이) $: 8 = 3 : 4$
   $\therefore$ (작은 원기둥의 반지름의 길이) $= 6(cm)$

5 그릇의 밑면과 수면의 반지름의 길이의 비는 그릇과 물의 높이의 비와 같으므로
   (그릇의 높이) $:$ (물의 높이) $= 3 : 1$
   (그릇의 밑면의 반지름의 길이) $:$ (수면의 반지름의 길이)
   $= 3 : 1$
   $15 :$ (수면의 반지름의 길이) $= 3 : 1$
   따라서 수면의 반지름의 길이는 5 cm이다.

6 그릇의 밑면과 수면의 반지름의 길이의 비는 그릇과 물의 높이의 비와 같으므로 (그릇의 높이) $:$ (물의 높이) $= 5 : 2$
   (그릇의 밑면의 반지름의 길이) $:$ (수면의 반지름의 길이)
   $= 5 : 2$
   $20 :$ (수면의 반지름의 길이) $= 5 : 2$
   따라서 수면의 반지름의 길이는 8 cm이다.

D 닮은 두 평면도형의 넓이의 비   80쪽

1 1 : 2	2 1 : 2	3 1 : 4	4 40 cm²
5 2 : 3	6 2 : 3	7 4 : 9	8 32 cm²

1 $\overline{AC} : \overline{DF} = 4 : 8 = 1 : 2$이므로 닮음비는 $1 : 2$이다.

2 둘레의 길이의 비는 닮음비와 같으므로 $1 : 2$이다.

3 닮음비가 $1 : 2$이므로 넓이의 비는 $1^2 : 2^2 = 1 : 4$이다.

4 $1 : 4 = 10 : \triangle DEF$ $\therefore \triangle DEF = 40(cm^2)$

5 $\overline{BC} : \overline{B'C'} = 6 : 9 = 2 : 3$이므로 닮음비는 $2 : 3$이다.

6 둘레의 길이의 비는 닮음비와 같으므로 $2 : 3$이다.

7 닮음비가 $2 : 3$이므로 넓이의 비는 $2^2 : 3^2 = 4 : 9$이다.

8 $4 : 9 = \square ABCD : 72$ $\therefore \square ABCD = 32(cm^2)$

E 닮은 두 입체도형의 겉넓이의 비, 부피의 비   81쪽

1 9 : 16	2 9 : 16	3 27 : 64	4 16 : 25
5 64 : 125	6 216 cm³	7 250 cm³	8 5 cm³
9 27 cm³	10 64		

1 두 원기둥의 닮음비가 $6:8=3:4$이므로 겉넓이의 비는
$3^2:4^2=9:16$이다.

2 옆넓이의 비도 겉넓이의 비와 같으므로 $9:16$이다.

3 두 원기둥의 닮음비가 $3:4$이므로 부피의 비는
$3^3:4^3=27:64$이다.

4 두 삼각뿔의 닮음비가 $12:15=4:5$이므로 겉넓이의 비는
$4^2:5^2=16:25$이다.

5 두 삼각뿔의 닮음비가 $4:5$이므로 부피의 비는
$4^3:5^3=64:125$이다.

6 두 원뿔의 닮음비가 $1:3$이므로 부피의 비는
$1^3:3^3=1:27$이다.
$8:$ (큰 원뿔의 부피)$=1:27$
$\therefore$ (큰 원뿔의 부피)$=216(\mathrm{cm}^3)$

7 두 직육면체의 닮음비가 $2:5$이므로 부피의 비는
$2^3:5^3=8:125$이다.
$16:$ (큰 직육면체의 부피)$=8:125$
$\therefore$ (큰 직육면체의 부피)$=250(\mathrm{cm}^3)$

8 두 삼각기둥의 겉넓이의 비가 $4:1=2^2:1^2$이므로 닮음비
는 $2:1$이다. 따라서 부피의 비는 $2^3:1^3=8:1$이므로
$40:$ (작은 삼각기둥의 부피)$=8:1$
$\therefore$ (작은 삼각기둥의 부피)$=5(\mathrm{cm}^3)$

9 두 구의 겉넓이의 비가 $16:9=4^2:3^2$이므로 닮음비는
$4:3$이다. 따라서 부피의 비는 $4^3:3^3=64:27$이므로
$64:$ (작은 구의 부피)$=64:27$
$\therefore$ (작은 구의 부피)$=27(\mathrm{cm}^3)$

10 구슬의 닮음비가 $4:1$이므로 부피의 비는 $4^3:1^3=64:1$이다.
따라서 지름의 길이가 2 cm인 쇠구슬 64개를 만들 수 있다.

1 ②, ⑤	2 ④	3 110 cm	4 21 cm^2
5 ③	6 84 cm^3		

2 ④ $\angle D=\angle H=360^\circ-(107^\circ+90^\circ+58^\circ)=105^\circ$

3 닮음비가 $3:5$이므로
$\overline{BC}:\overline{FG}=3:5$, $15:\overline{FG}=3:5$ $\therefore \overline{FG}=25(\mathrm{cm})$
평행사변형의 대변의 길이는 각각 같으므로
$\square$EFGH의 둘레의 길이는 $25+30+25+30=110(\mathrm{cm})$

4 $\square$A′BC′D′와 $\square$ABCD의 닮음비는 $6:8=3:4$이므로
넓이의 비는 $3^2:4^2=9:16$
$9:16=27:\square$ABCD
$\therefore \square$ABCD$=48(\mathrm{cm}^2)$
따라서 색칠한 부분의 넓이는 $48-27=21(\mathrm{cm}^2)$

5 두 직육면체 A와 B의 옆넓이의 비가 $4:9$이므로 닮음비는
$2:3$
따라서 두 원뿔의 부피의 비는 $2^3:3^3=8:27$이므로

---

24 : (직육면체 B의 부피)$=8:27$
따라서 직육면체 B의 부피는 81 cm^{3}이다.

6 두 원뿔의 닮음비가 $1:2$이므로
(작은 원뿔의 부피) : (큰 원뿔의 부피)$=1^3:2^3$
$12:$ (큰 원뿔의 부피)$=1:8$
$\therefore$ (큰 원뿔의 부피)$=96(\mathrm{cm}^3)$
따라서 원뿔대의 부피는 $96-12=84(\mathrm{cm}^3)$

12 삼각형의 닮음 조건

A 삼각형의 닮음 조건 84쪽

1 $\overline{DB}$, $\overline{BC}$, $\overline{DC}$, SSS	2 A, $\overline{AE}$, $\overline{AD}$, SAS
3 A, $\angle ADE$, AA	4 $\triangle JKL \backsim \triangle PQR$
5 $\triangle ABC \backsim \triangle NOM$	6 $\triangle DEF \backsim \triangle HIG$

B 삼각형의 닮음 조건의 응용 – SAS 닮음 85쪽

1 10	2 20	3 10	4 6
5 20	6 4		

1 $\overline{AE}:\overline{CE}=9:18=1:2$
$\overline{BE}:\overline{DE}=6:12=1:2$
$\angle AEB=\angle CED$ (맞꼭지각)
따라서 $\triangle AEB \backsim \triangle CED$ (SAS 닮음)이므로
$x:20=1:2$ $\therefore x=10$

2 $\overline{AE}:\overline{CE}=4:10=2:5$
$\overline{BE}:\overline{DE}=6:15=2:5$
$\angle AEB=\angle CED$ (맞꼭지각)
따라서 $\triangle AEB \backsim \triangle CED$ (SAS 닮음)이므로
$8:x=2:5$ $\therefore x=20$

3 $\overline{AE}:\overline{CE}=4:6=2:3$
$\overline{DE}:\overline{BE}=8:12=2:3$
$\angle AED=\angle CEB$ (맞꼭지각)
따라서 $\triangle AED \backsim \triangle CEB$ (SAS 닮음)이므로
$x:15=2:3$ $\therefore x=10$

4 $\overline{BC}:\overline{BD}=12:6=2:1$
$\overline{BA}:\overline{BE}=8:4=2:1$
$\angle B$는 공통
따라서 $\triangle ABC \backsim \triangle EBD$ (SAS 닮음)이므로
[illegible]

5 $\overline{BC} : \overline{BD} = 15 : 9 = 5 : 3$

  $\overline{BA} : \overline{BC} = 25 : 15 = 5 : 3$

  $\angle$B는 공통

  따라서 $\triangle ABC \backsim \triangle CBD$ (SAS 닮음)이므로

  $x : 12 = 5 : 3$ $\therefore x = 20$

6 $\overline{AB} : \overline{AE} = 24 : 6 = 4 : 1$

  $\overline{AC} : \overline{AD} = 12 : 3 = 4 : 1$

  $\angle$A는 공통

  따라서 $\triangle ABC \backsim \triangle AED$ (SAS 닮음)이므로

  $16 : x = 4 : 1$ $\therefore x = 4$

C 삼각형의 닮음 조건의 응용 - AA 닮음   86쪽

1 12	2 3	3 3	4 16
5 24	6 $\dfrac{24}{5}$		

1 $\angle ABC = \angle AED$, $\angle$A는 공통이므로

  $\triangle ABC \backsim \triangle AED$ (AA 닮음)

  즉, $\overline{AB} : \overline{AE} = \overline{AC} : \overline{AD}$이므로

  $x : 4 = 9 : 3$, $x : 4 = 3 : 1$ $\therefore x = 12$

2 $\angle ABC = \angle AED$, $\angle$A는 공통이므로

  $\triangle ABC \backsim \triangle AED$ (AA 닮음)

  즉, $\overline{AB} : \overline{AE} = \overline{AC} : \overline{AD}$이므로

  $10 : 5 = (5+x) : 4$, $2 : 1 = (5+x) : 4$

  $5 + x = 8$ $\therefore x = 3$

3 $\angle ABC = \angle AED$, $\angle$A는 공통이므로

  $\triangle ABC \backsim \triangle AED$ (AA 닮음)

  즉, $\overline{AB} : \overline{AE} = \overline{AC} : \overline{AD}$이므로

  $(9+x) : 6 = 18 : 9$, $(9+x) : 6 = 2 : 1$

  $9 + x = 12$ $\therefore x = 3$

4 $\angle ACB = \angle ABD$, $\angle$A는 공통이므로

  $\triangle ABC \backsim \triangle ADB$ (AA 닮음)

  즉, $\overline{AB} : \overline{AD} = \overline{AC} : \overline{AB}$이므로

  $12 : 9 = x : 12$, $4 : 3 = x : 12$

  $3x = 48$ $\therefore x = 16$

5 $\angle ABC = \angle ACD$, $\angle$A는 공통이므로

  $\triangle ABC \backsim \triangle ACD$ (AA 닮음)

  즉, $\overline{AB} : \overline{AC} = \overline{AC} : \overline{AD}$이므로

  $(8+x) : 16 = 16 : 8$, $(8+x) : 16 = 2 : 1$

  $8 + x = 32$ $\therefore x = 24$

6 $\angle BAC = \angle BCD$, $\angle$B는 공통이므로

  $\triangle ABC \backsim \triangle CBD$ (AA 닮음)

  즉, $\overline{AB} : \overline{CB} = \overline{BC} : \overline{BD}$이므로

  $(5+x) : 7 = 7 : 5$

  $5(5+x) = 49$ $\therefore x = \dfrac{24}{5}$

D 삼각형의 닮음의 응용   87쪽

1 14	2 20	3 10	4 6
5 12	6 6	7 8	8 7

1 $\overline{AC} /\!/ \overline{DE}$이므로 $\angle CAB = \angle DEB$, $\angle ACB = \angle EDB$

  $\therefore \triangle ABC \backsim \triangle EBD$ (AA 닮음)

  즉, $\overline{AB} : \overline{EB} = \overline{AC} : \overline{ED}$이므로

  $3 : 7 = 6 : x$ $\therefore x = 14$

2 $\overline{AC} /\!/ \overline{DE}$이므로 $\angle CAB = \angle DEB$, $\angle ACB = \angle EDB$

  $\therefore \triangle ABC \backsim \triangle EBD$ (AA 닮음)

  즉, $\overline{AB} : \overline{EB} = \overline{AC} : \overline{ED}$이므로

  $10 : 4 = x : 8$, $5 : 2 = x : 8$ $\therefore x = 20$

3 $\overline{AD} /\!/ \overline{BC}$이므로 $\angle DAE = \angle BCE$, $\angle ADE = \angle CBE$

  $\therefore \triangle AED \backsim \triangle CEB$ (AA 닮음)

  즉, $\overline{AE} : \overline{CE} = \overline{DE} : \overline{BE}$이므로

  $9 : 15 = 6 : x$, $3 : 5 = 6 : x$

  $\therefore x = 10$

4 $\overline{AD} /\!/ \overline{BC}$이므로 $\angle EAF = \angle BCF$, $\angle AEF = \angle CBF$

  $\therefore \triangle AFE \backsim \triangle CFB$ (AA 닮음)

  즉, $\overline{AF} : \overline{CF} = \overline{AE} : \overline{CB}$이므로

  $4 : 6 = x : 9$, $2 : 3 = x : 9$

  $\therefore x = 6$

5 $\overline{AB} /\!/ \overline{DE}$이므로 $\angle BAC = \angle DEA$

  $\overline{AD} /\!/ \overline{BC}$이므로 $\angle BCA = \angle DAE$

  $\therefore \triangle ABC \backsim \triangle EDA$ (AA 닮음)

  즉, $\overline{AB} : \overline{ED} = \overline{BC} : \overline{DA}$이므로

  $15 : 9 = 20 : x$, $5 : 3 = 20 : x$

  $\therefore x = 12$

6 $\overline{AB} /\!/ \overline{DE}$이므로 $\angle BAC = \angle DEA$

  $\overline{AD} /\!/ \overline{BC}$이므로 $\angle BCA = \angle DAE$

  $\therefore \triangle ABC \backsim \triangle EDA$ (AA 닮음)

  즉, $\overline{AC} : \overline{EA} = \overline{BC} : \overline{DA}$이므로

  $15 : 9 = 10 : x$, $5 : 3 = 10 : x$

  $\therefore x = 6$

7 $\square ABCD$가 평행사변형이므로

  $\overline{AB} /\!/ \overline{DC}$에서 $\angle AFD = \angle CDE$

  $\overline{AD} /\!/ \overline{BC}$에서 $\angle ADF = \angle CED$

  $\therefore \triangle AFD \backsim \triangle CDE$ (AA 닮음)

  즉, $\overline{AF} : \overline{CD} = \overline{AD} : \overline{CE}$이므로

  $15 : 10 = 12 : x$, $3 : 2 = 12 : x$

  $\therefore x = 8$

8 $\square ABCD$가 평행사변형이므로

  $\overline{AB} /\!/ \overline{DC}$에서 $\angle ABF = \angle CEB$

  $\overline{AD} /\!/ \overline{BC}$에서 $\angle AFB = \angle CBE$

  $\therefore \triangle ABF \backsim \triangle CEB$ (AA 닮음)

  즉, $\overline{AB} : \overline{CE} = \overline{AF} : \overline{CB}$이므로

  $6 : 12 = x : 14$, $1 : 2 = x : 14$

  $\therefore x = 7$

1 ⑤	2 ②	3 ③	4 5
5 2			

1 보기의 삼각형의 나머지 한 각의 크기는
$180° - (40° + 75°) = 65°$
따라서 닮은 삼각형은 두 각의 크기가 같은 ⑤이다.

2 ② $\angle A = 85°$이면 $\angle C = 50°$이므로 $\angle E = 45°$이면
두 각의 크기가 같아지므로 닮은 도형이 된다.

3 $\overline{BC} : \overline{BA} = 18 : 12 = 3 : 2$
$\overline{BA} : \overline{BD} = 12 : 8 = 3 : 2$, $\angle B$는 공통
$\therefore \triangle ABC \backsim \triangle DBA$ (SAS 닮음)
즉, $\overline{AC} : \overline{DA} = \overline{BC} : \overline{BA}$이므로
$9 : x = 18 : 12, \ 9 : x = 3 : 2, \ 3x = 18 \quad \therefore x = 6$

4 $\angle ABC = \angle DAC$, $\angle C$는 공통이므로
$\triangle ABC \backsim \triangle DAC$ (AA 닮음)
즉, $\overline{BC} : \overline{AC} = \overline{AC} : \overline{DC}$이므로
$(x+4) : 6 = 6 : 4, \ (x+4) : 6 = 3 : 2$
$2(x+4) = 18, \ x+4 = 9 \quad \therefore x = 5$

5 $\overline{AB} /\!/ \overline{DE}$이므로 $\angle BAC = \angle DEA$
$\overline{AD} /\!/ \overline{BC}$이므로 $\angle BCA = \angle DAE$
$\therefore \triangle ABC \backsim \triangle EDA$ (AA 닮음)
즉, $\overline{BC} : \overline{DA} = \overline{AC} : \overline{EA}$이므로
$5 : 4 = (8+x) : 8, \ 4(8+x) = 40$
$8+x = 10 \quad \therefore x = 2$

---

⑬ 직각삼각형에서 닮은 삼각형

A 직각삼각형의 닮음을 이용하여 변의 길이 구하기　　90쪽

1 3	2 6	3 3	4 7
5 6	6 12	7 12	8 3

1 $\angle ABC = \angle DEC = 90°$, $\angle C$는 공통이므로
$\triangle ABC \backsim \triangle DEC$ (AA 닮음)
즉, $\overline{AC} : \overline{DC} = \overline{BC} : \overline{EC}$이므로
$10 : 5 = (x+5) : 4, \ 2 : 1 = (x+5) : 4 \quad \therefore x = 3$

2 $\angle BAC = \angle EDC = 90°$, $\angle C$는 공통이므로
$\triangle ABC \backsim \triangle DEC$ (AA 닮음)
즉, $\overline{AC} : \overline{DC} = \overline{BC} : \overline{EC}$이므로
$(x+10) : 8 = 20 : 10, \ (x+10) : 8 = 2 : 1 \quad \therefore x = 6$

3 $\angle AEC = \angle ADB = 90°$, $\angle A$는 공통이므로
$\triangle AEC \backsim \triangle ADB$ (AA 닮음)
즉, $\overline{AE} : \overline{AD} = \overline{AC} : \overline{AB}$이므로
$x : 4 = 9 : 12, \ x : 4 = 3 : 4 \quad \therefore x = 3$

4 $\angle AEC = \angle ADB = 90°$, $\angle A$는 공통이므로
$\triangle AEC \backsim \triangle ADB$ (AA 닮음)
즉, $\overline{AE} : \overline{AD} = \overline{AC} : \overline{AB}$이므로
$4 : (12-x) = 12 : 15, \ 4 : (12-x) = 4 : 5 \quad \therefore x = 7$

5 $\angle ADF = \angle EDB = 90°$, $\angle FAD = \angle BED$이므로
$\triangle ADF \backsim \triangle EDB$ (AA 닮음)
즉, $\overline{AF} : \overline{EB} = \overline{DF} : \overline{DB}$이므로
$x : 9 = 4 : 6, \ x : 9 = 2 : 3 \quad \therefore x = 6$

6 $\angle ABC = \angle DEC = 90°$, $\angle C$는 공통이므로
$\triangle ABC \backsim \triangle DEC$ (AA 닮음)
즉, $\overline{AB} : \overline{DE} = \overline{AC} : \overline{DC}$이므로
$x : 16 = 15 : 20, \ x : 16 = 3 : 4 \quad \therefore x = 12$

7 $\angle ABD + \angle BAD = 90°$, $\angle ABD + \angle CBE = 90°$이므로
$\angle BAD = \angle CBE$
$\angle ADB = \angle BEC = 90°$이므로
$\triangle ABD \backsim \triangle BCE$ (AA 닮음)
즉, $\overline{AD} : \overline{BE} = \overline{BD} : \overline{CE}$이므로
$9 : 15 = x : 20, \ 3 : 5 = x : 20 \quad \therefore x = 12$

8 $\angle ABD + \angle BAD = 90°$, $\angle ABD + \angle CBE = 90°$이므로
$\angle BAD = \angle CBE$
$\angle ADB = \angle BEC = 90°$이므로
$\triangle ABD \backsim \triangle BCE$ (AA 닮음)
즉, $\overline{AD} : \overline{BE} = \overline{BD} : \overline{CE}$이므로
$10 : 5 = 6 : x, \ 2 : 1 = 6 : x \quad \therefore x = 3$

B 직각삼각형의 닮음의 응용　　91쪽

1 $\triangle DBA, \triangle DAC$	2 $\overline{BD}, 10$	3 $\overline{CB}, 12$	
4 $\overline{DC}, 6$	5 3	6 8	7 16

1 $\triangle ABC$와 $\triangle DBA$에서 $\angle BAC = \angle BDA = 90°$,
$\angle B$는 공통이므로 $\triangle ABC \backsim \triangle DBA$ (AA 닮음)
$\triangle ABC$와 $\triangle DAC$에서 $\angle BAC = \angle ADC = 90°$,
$\angle C$는 공통이므로 $\triangle ABC \backsim \triangle DAC$ (AA 닮음)
$\therefore \triangle ABC \backsim \triangle DBA \backsim \triangle DAC$

2 $\overline{AB}^2 = \overline{BD} \times \overline{BC}$이므로 $x^2 = 5 \times 20 \quad \therefore x = 10$

3 $\overline{AC}^2 = \overline{CD} \times \overline{CB}$이므로 $x^2 = 9 \times 16 \quad \therefore x = 12$

4 $\overline{AD}^2 = \overline{DB} \times \overline{DC}$이므로 $x^2 = 12 \times 3 \quad \therefore x = 6$

5 $\overline{AB}^2 = \overline{BD} \times \overline{BC}$이므로 $6^2 = x \times 12 \quad \therefore x = 3$

6 $\overline{AC}^2 = \overline{CD} \times \overline{CB}$이므로 $4^2 = 2 \times x \quad \therefore x = 8$

7 $\overline{AD}^2 = \overline{DB} \times \overline{DC}$이므로 $8^2 = x \times 4 \quad \therefore x = 16$

C 닮음의 활용　　92쪽

1 3.6 m	2 3.2 m	3 5.4 m	4 10 m
5 24 m	6 300 m		

1 △ABC∽△ADE이므로 $\overline{AB} : \overline{AD} = \overline{CB} : \overline{ED}$
  $2 : 6 = 1.2 : \overline{ED}$　　∴ $\overline{ED} = 3.6\,(\text{m})$
  따라서 나무의 높이는 3.6 m이다.

2 △ABC∽△ADE이므로 $\overline{AB} : \overline{AD} = \overline{CB} : \overline{ED}$
  $1 : 4 = 0.8 : \overline{ED}$　　∴ $\overline{ED} = 3.2\,(\text{m})$
  따라서 탑의 높이는 3.2 m이다.

3 △ABC∽△DEC이므로 $\overline{AB} : \overline{DE} = \overline{BC} : \overline{EC}$
  $\overline{AB} : 1.8 = 6 : 2$　　∴ $\overline{AB} = 5.4\,(\text{m})$
  따라서 건물의 높이는 5.4 m이다.

4 △ABC∽△DEF이므로 $\overline{BC} : \overline{EF} = \overline{AC} : \overline{DF}$
  $2000 : 8 = \overline{AC} : 4$　　∴ $\overline{AC} = 1000\,(\text{cm})$
  따라서 강의 폭 A와 C의 실제 거리는 10 m이다.

5 △ABC∽△EDC이므로 $\overline{BC} : \overline{DC} = \overline{AB} : \overline{ED}$
  $36 : 3 = \overline{AB} : 2$　　∴ $\overline{AB} = 24\,(\text{m})$
  따라서 강의 폭 A와 B의 실제 거리는 24 m이다.

6 △ABC∽△ADE이므로 $\overline{AB} : \overline{AD} = \overline{BC} : \overline{DE}$
  $\overline{AB} : (\overline{AB}+3) = 6 : 9$, $\overline{AB} : (\overline{AB}+3) = 2 : 3$
  ∴ $\overline{AB} = 6\,(\text{cm})$
  이 그림은 축척이 5000 : 1인 축도이므로 강의 폭 A와 B의
  실제 거리는 $6 \times 5000 = 30000\,(\text{cm}) = 300\,(\text{m})$

거처먹는 시험 문제　　　　93쪽

1 $\dfrac{15}{4}$ cm	2 2 cm	3 ②	4 ④
5 27 cm²	6 51.5 m		

1 △ACB∽△ADE (AA 닮음)이므로
  $\overline{AC} : \overline{AD} = \overline{CB} : \overline{DE}$
  $8 : 5 = 6 : \overline{DE}$　　∴ $\overline{DE} = \dfrac{15}{4}\,(\text{cm})$

2 △AEC∽△ADB (AA 닮음)이므로
  $\overline{AE} : \overline{AD} = \overline{AC} : \overline{AB}$
  $3 : 4 = \overline{AC} : 8$　　∴ $\overline{AC} = 6\,(\text{cm})$
  ∴ $\overline{DC} = 6 - 4 = 2\,(\text{cm})$

3 ② $c^2 = xa$

4 $4^2 = 3 \times x$　　∴ $x = \dfrac{16}{3}$
  $5 \times y = 4 \times (3 + x)$　　∴ $y = \dfrac{20}{3}$
  ∴ $x + y = \dfrac{16}{3} + \dfrac{20}{3} = 12$

5 $6^2 = \overline{BD} \times 4$　　∴ $\overline{BD} = 9\,(\text{cm})$
  ∴ $\triangle ABD = \dfrac{1}{2} \times 9 \times 6 = 27\,(\text{cm}^2)$

6 △ABC∽△DEF이므로 $\overline{BC} : \overline{EF} = \overline{AC} : \overline{DF}$
  $8000 : 4 = \overline{AC} : 2.5$　　∴ $\overline{AC} = 5000\,(\text{cm}) = 50\,(\text{m})$
  따라서 이 건물의 실제 높이는 $50 + 1.5 = 51.5\,(\text{m})$

14 삼각형에서 평행선 사이의 선분의 길이의 비

A 삼각형에서 평행선 사이의 선분의 길이의 비
　－ 꼭지각을 공유　　　　95쪽

1 $\dfrac{8}{3}$	2 10	3 $\dfrac{9}{2}$	4 10
5 $\dfrac{12}{5}$	6 12	7 9	8 12

1 $4 : 6 = x : 4$, $2 : 3 = x : 4$　　∴ $x = \dfrac{8}{3}$

2 $x : 15 = 12 : 18$, $x : 15 = 2 : 3$　　∴ $x = 10$

3 $6 : x = 4 : 3$　　∴ $x = \dfrac{9}{2}$

4 $8 : 12 = x : 15$, $2 : 3 = x : 15$　　∴ $x = 10$

5 $8 : x = 10 : 3$　　∴ $x = \dfrac{12}{5}$

6 $12 : 9 = 16 : x$, $4 : 3 = 16 : x$　　∴ $x = 12$

7 $2 : 3 = 6 : x$　　∴ $x = 9$

8 $6 : 8 = 9 : x$, $3 : 4 = 9 : x$　　∴ $x = 12$

B 삼각형에서 평행선 사이의 선분의 길이의 비
　－ 반대쪽에 위치　　　　96쪽

1 12	2 $\dfrac{15}{2}$	3 15	4 30
5 8	6 $\dfrac{12}{5}$	7 5	8 21

1 $8 : x = 4 : 6$, $8 : x = 2 : 3$　　∴ $x = 12$

2 $2 : 5 = 3 : x$　　∴ $x = \dfrac{15}{2}$

3 $5 : x = 7 : 21$, $5 : x = 1 : 3$　　∴ $x = 15$

4 $6 : 10 = 18 : x$, $3 : 5 = 18 : x$　　∴ $x = 30$

5 $7 : 4 = 14 : x$　　∴ $x = 8$

6 $5 : 4 = 3 : x$　　∴ $x = \dfrac{12}{5}$

7 $4 : 12 = x : 15$, $1 : 3 = x : 15$　　∴ $x = 5$

8 $6 : x = 4 : 14$, $6 : x = 2 : 7$　　∴ $x = 21$

C 삼각형에서 평행선 사이의 선분의 길이의 비의 응용　　97쪽

1 4	2 3	3 $\dfrac{9}{2}$	4 4
5 $x=3,\ y=\dfrac{9}{4}$		6 $x=12,\ y=8$	
7 $x=8,\ y=2$		8 $x=9,\ y=\dfrac{9}{2}$	

1 $x:5=8:10,\ x:5=4:5$ $\quad\therefore x=4$

2 $15:(15+x)=10:12,\ 15:(15+x)=5:6$ $\quad\therefore x=3$

3 $4:10=3:(x+3),\ 2:5=3:(x+3)$ $\quad\therefore x=\dfrac{9}{2}$

4 $5:15=x:(8+x),\ 1:3=x:(8+x)$ $\quad\therefore x=4$

5 $2:4=1.5:x,\ 1:2=1.5:x$ $\quad\therefore x=3$

  $3:4=y:x,\ 3:4=y:3$ $\quad\therefore y=\dfrac{9}{4}$

6 $6:18=4:x,\ 1:3=4:x$ $\quad\therefore x=12$

  $12:18=y:x,\ 2:3=y:12$ $\quad\therefore y=8$

7 $3:12=2:x,\ 1:4=2:x$ $\quad\therefore x=8$

  $x:y=12:3,\ 8:y=4:1$ $\quad\therefore y=2$

8 $6:2=x:3,\ 3:1=x:3$ $\quad\therefore x=9$

  $3:6=y:x,\ 1:2=y:9$ $\quad\therefore y=\dfrac{9}{2}$

D 삼각형에서 평행선 찾기 98쪽

1 ○	2 ×	3 ○	4 ×
5 ○	6 ○	7 ○	8 ×
9 ×			

1 $4:6=2:3,\ 3:4.5=2:3$이므로 $\overline{BC}/\!/\overline{DE}$

2 $8:4\neq5:3$이므로 $\overline{BC}$와 $\overline{DE}$는 평행하지 않는다.

3 $4.5:12=45:120=3:8$이므로 $\overline{BC}/\!/\overline{DE}$

4 $6:10=3:5\neq5:8$이므로 $\overline{BC}$와 $\overline{DE}$는 평행하지 않는다.

5 $\overline{CF}:\overline{FA}=4.5:3=3:2,\ \overline{CE}:\overline{EB}=6:4=3:2$

  $\therefore \overline{AB}/\!/\overline{FE}$

6 $\overline{AB}/\!/\overline{FE}$이므로 $\triangle ABC\backsim\triangle FEC$

7 $\overline{AD}:\overline{DB}=4:6=2:3,\ \overline{AF}:\overline{FC}=3:4.5=2:3$

  $\therefore \overline{BC}/\!/\overline{DF}$

8 $\overline{BA}:\overline{BD}=10:6=5:3$

  $\overline{BC}:\overline{BE}=10:4=5:2$

  따라서 $\triangle ABC$와 $\triangle DBE$는 닮음이 아니다.

9 $6:4\neq4:6$이므로 $\overline{AC}$와 $\overline{DE}$는 평행하지 않는다.

거처먹는 시험 문제 99쪽

1 ②	2 12	3 ③
4 $x=2,\ y=\dfrac{15}{2}$	5 $\dfrac{5}{2}$ cm	6 ④

1 $x:15=14:21,\ x:15=2:3$ $\quad\therefore x=10$

  $15:(15-x)=18:y,\ 15:5=18:y$ $\quad\therefore y=6$

  $\therefore x+y=10+6=16$

2 $30:(30-18)=20:x,\ 5:2=20:x$ $\quad\therefore x=8$

  $18:30=12:y,\ 3:5=12:y$ $\quad\therefore y=20$

  $\therefore y-x=20-8=12$

3 $4:\overline{AC}=6:12,\ 4:\overline{AC}=1:2$ $\quad\therefore \overline{AC}=8(\mathrm{cm})$

  $5:\overline{BC}=6:12,\ 5:\overline{BC}=1:2$ $\quad\therefore \overline{BC}=10(\mathrm{cm})$

  따라서 $\triangle ABC$의 둘레의 길이는

  $12+8+10=30(\mathrm{cm})$

4 $8:(8+x)=4:5$ $\quad\therefore x=2$

  $4:5=6:y$ $\quad\therefore y=\dfrac{15}{2}$

5 $\overline{AE}/\!/\overline{FG}$이므로 $4:6=\overline{FG}:5,\ 2:3=\overline{FG}:5$

  $\therefore \overline{FG}=\dfrac{10}{3}(\mathrm{cm})$

  $\overline{BH}/\!/\overline{DG}$이므로

  $4:3=\overline{FG}:\overline{GH},\ 4:3=\dfrac{10}{3}:\overline{GH}$

  $\therefore \overline{GH}=\dfrac{5}{2}(\mathrm{cm})$

6 $4:8=1:2,\ 9:4.5=2:1$이므로 $\overline{AC}$와 $\overline{DE}$는 평행하지 않는다.

15 삼각형의 내각과 외각의 이등분선

A 삼각형의 내각의 이등분선 101쪽

1 2	2 3	3 8	4 4
5 2	6 3	7 8	8 2

1 $6:4=3:x,\ 3:2=3:x$ $\quad\therefore x=2$

2 $6:10=x:5,\ 3:5=x:5$ $\quad\therefore x=3$

3 $12:9=x:(14-x),\ 4:3=x:(14-x)$

  $\therefore x=8$

4 $10:8=(9-x):x,\ 5:4=(9-x):x$ $\quad\therefore x=4$

5 $6:3=\overline{BE}:\overline{EC},\ \overline{BE}:\overline{BC}=x:3$

  $6:9=x:3,\ 2:3=x:3$ $\quad\therefore x=2$

6 $12:4=\overline{BE}:\overline{EC},\ \overline{BE}:\overline{BC}=x:4$

  $12:16=x:4,\ 3:4=x:4$ $\quad\therefore x=3$

7 $\overline{AD}/\!/\overline{EC}$이므로 $\overline{BA}:\overline{AE}=5:4$

  $\overline{BA}=18\times\dfrac{5}{9}=10$이므로

  $10:x=5:4$ $\quad\therefore x=8$

8 $\overline{AD}/\!/\overline{EC}$이므로 $\overline{BA}:\overline{AE}=3:1.5=2:1$

  $\overline{BA}=6\times\dfrac{2}{3}=4$이므로

  $4:x=3:1.5,\ 4:x=2:1$ $\quad\therefore x=2$

B 삼각형의 내각의 이등분선을 이용하여 넓이 구하기

102쪽

1 14 cm²	2 6 cm²	3 12 cm²	4 25 cm²
5 $\frac{8}{3}$ cm²	6 9 cm²	7 3 cm	8 4 cm

1 $\overline{AB} : \overline{AC} = \overline{BD} : \overline{CD} = \triangle ABD : \triangle ADC = 3 : 7$

$\therefore \triangle ADC = \frac{7}{10} \times 20 = 14(cm^2)$

2 $\overline{AB} : \overline{AC} = \overline{BD} : \overline{CD} = \triangle ABD : \triangle ADC$
$= 10 : 5 = 2 : 1$

$\therefore \triangle ADC = \frac{1}{3} \times 18 = 6(cm^2)$

3 $\overline{AB} : \overline{AC} = \overline{BD} : \overline{CD} = \triangle ABD : \triangle ADC = 3 : 4$

$\therefore \triangle ABD = \frac{3}{7} \times 28 = 12(cm^2)$

4 $\overline{AB} : \overline{AC} = \overline{BD} : \overline{CD} = \triangle ABD : \triangle ADC = 5 : 3$

$\therefore \triangle ABD = \frac{5}{8} \times 40 = 25(cm^2)$

5 $\triangle ABC = \frac{1}{2} \times 3 \times 4 = 6(cm^2)$

$\overline{AB} : \overline{AC} = \overline{BD} : \overline{CD} = \triangle ABD : \triangle ADC = 5 : 4$

$\therefore \triangle ADC = \frac{4}{9} \times 6 = \frac{8}{3}(cm^2)$

6 $\triangle ABC = \frac{1}{2} \times 8 \times 6 = 24(cm^2)$

$\overline{AB} : \overline{AC} = \overline{BD} : \overline{CD} = \triangle ABD : \triangle ADC$
$= 6 : 10 = 3 : 5$

$\therefore \triangle ABD = \frac{3}{8} \times 24 = 9(cm^2)$

7 $\overline{AB} : \overline{AC} = \overline{BD} : \overline{CD} = \triangle ABD : \triangle ADC = 3 : 2$

$\triangle ABD = \frac{3}{5} \times 15 = 9(cm^2)$이므로

$\frac{1}{2} \times \overline{AB} \times \overline{DE} = 9, \frac{1}{2} \times 6 \times \overline{DE} = 9$

$\therefore \overline{DE} = 3(cm)$

8 $\overline{AB} : \overline{AC} = \overline{BD} : \overline{CD} = \triangle ABD : \triangle ADC = 5 : 6$

$\triangle ADC = \frac{6}{11} \times 44 = 24(cm^2)$이므로

$\frac{1}{2} \times \overline{AC} \times \overline{DE} = 24, \frac{1}{2} \times 12 \times \overline{DE} = 24$

$\therefore \overline{DE} = 4(cm)$

C 삼각형의 외각의 이등분선

103쪽

1 6	2 14	3 9	4 4
5 10	6 10	7 6	8 12

1 $5 : 3 = 10 : x$ $\therefore x = 6$

2 $7 : 5 = x : 10$ $\therefore x = 14$

3 $x : 6 = (8+4) : 8, x : 6 = 3 : 2$ $\therefore x = 9$

4 $5 : x = 15 : 12, 5 : x = 5 : 4$ $\therefore x = 4$

5 $6 : 5 = (2+x) : x, 5(2+x) = 6x$
$10 + 5x = 6x$ $\therefore x = 10$

6 $12 : 8 = (x+5) : x, 3 : 2 = (x+5) : x$
$2(x+5) = 3x, 2x + 10 = 3x$ $\therefore x = 10$

7 $6 : 3 = 4 : \overline{DC}$ $\therefore \overline{DC} = 2(cm)$
$6 : 3 = \overline{BE} : x, 2 : 1 = (6+x) : x$
$2x = 6 + x$ $\therefore x = 6$

8 $10 : 6 = 5 : \overline{DC}$ $\therefore \overline{DC} = 3(cm)$
$10 : 6 = \overline{BE} : x, 5 : 3 = (8+x) : x$
$5x = 3(8+x), 5x = 24 + 3x$ $\therefore x = 12$

D 평행선 사이의 선분의 길이의 비

104쪽

1 10	2 $\frac{10}{3}$	3 $\frac{9}{2}$	4 $\frac{16}{3}$
5 $\frac{25}{3}$	6 10	7 $x=20, y=12$	
8 $x=3, y=\frac{21}{2}$			

1 $4 : 8 = 5 : x, 1 : 2 = 5 : x$ $\therefore x = 10$

2 $3 : 9 = x : 10, 1 : 3 = x : 10$ $\therefore x = \frac{10}{3}$

3 $(12-8) : 8 = x : 9, 1 : 2 = x : 9$ $\therefore x = \frac{9}{2}$

4 $x : 2 = (5+3) : 3$ $\therefore x = \frac{16}{3}$

5 $5 : x = 6 : 10, 5 : x = 3 : 5$ $\therefore x = \frac{25}{3}$

6 $9 : 15 = 6 : x, 3 : 5 = 6 : x$ $\therefore x = 10$

7 $18 : 24 = 15 : x, 3 : 4 = 15 : x$ $\therefore x = 20$
$18 : 24 = y : 16, 3 : 4 = y : 16$ $\therefore y = 12$

8 $x : 7.5 = 4 : 10, x : 7.5 = 2 : 5$ $\therefore x = 3$
$4 : (4+10) = 3 : y, 2 : 7 = 3 : y$ $\therefore y = \frac{21}{2}$

거져먹는 시험 문제

105쪽

1 ①	2 ③	3 4 : 3	4 ②
5 18 cm²	6 21		

1 $\overline{AB} : \overline{AC} = \overline{BD} : \overline{CD} = 10 : 15 = 2 : 3$

$\therefore \overline{CD} = \frac{3}{5} \times 10 = 6(cm)$

2 ① $\overline{AD} /\!/ \overline{CE}$이므로 $\angle AEC = \angle BAD$ (동위각)
② $\overline{AD} /\!/ \overline{CE}$이므로 $\angle ACE = \angle DAC$ (엇각)
③~⑤ $\angle AEC = \angle BAD, \angle ACE = \angle DAC$이므로
$\triangle ACE$는 이등변삼각형이다.

$\therefore \overline{AC} = \overline{AE} = 6(cm), \overline{AB} : \overline{AC} = 4 : 6 = 2 : 3$

$\overline{AB} : \overline{AC} = \overline{BD} : \overline{DC}$이므로 $4 : 6 = 2 : \overline{DC}$

$\therefore \overline{DC} = 3(cm)$

23

3 $\triangle ABD : \triangle ADC = 28 : 21 = 4 : 3$

  $\therefore \triangle ABD : \triangle ADC = \overline{BD} : \overline{DC} = \overline{AB} : \overline{AC} = 4 : 3$

4 $\overline{AB} : \overline{AC} = \overline{BD} : \overline{CD} = 21 : 14 = 3 : 2$

  $\overline{AB} : 10 = 3 : 2$이므로 $\overline{AB} = 15(cm)$

5 $\overline{AC} : \overline{AB} = \overline{CD} : \overline{BD} = 8 : 5$

  $\therefore \overline{DB} : \overline{BC} = 5 : 3$

  $\triangle ADB : \triangle ABC = \overline{DB} : \overline{BC} = 5 : 3$이므로

  $30 : \triangle ABC = 5 : 3$

  $\therefore \triangle ABC = 18(cm^2)$

6 $3 : x = 2 : 10,\ 3 : x = 1 : 5$ $\therefore x = 15$

  $9 : 3 = y : 2,\ 3 : 1 = y : 2$ $\therefore y = 6$

  $\therefore x + y = 21$

---

16 사다리꼴에서 평행선 사이의 선분의 길이의 비

A 사다리꼴에서 평행선 사이의 선분의 길이의 비 1   107쪽

1 4	2 $\dfrac{18}{5}$	3 32	4 11
5 $\dfrac{21}{2}$	6 16	7 6	8 10

---

1 $8 : 18 = x : (17-8),\ 4 : 9 = x : 9$ $\therefore x = 4$

2 $6 : 10 = x : (11-5),\ 3 : 5 = x : 6$ $\therefore x = \dfrac{18}{5}$

3 점 A를 지나고 $\overline{DC}$에 평행한
  보조선을 그으면

  $6 : 21 = (12-4) : (x-4)$

  $2 : 7 = 8 : (x-4)$

  $2x-8 = 56$ $\therefore x = 32$

4 점 A를 지나고 $\overline{DC}$에 평행한 보
  조선을 그으면

  $3 : 7.5 = (8-6) : (x-6)$

  $3x-18 = 15$ $\therefore x = 11$

5 점 A를 지나고 $\overline{DC}$에 평행한 보조
  선을 그으면

  $3 : 12 = (x-9) : (15-9)$

  $1 : 4 = (x-9) : 6$

  $4x-36 = 6$ $\therefore x = \dfrac{21}{2}$

6 점 A를 지나고 $\overline{DC}$에 평행한 보
  조선을 그으면

  $8 : 12 = (x-12) : (18-12)$

  $2 : 3 = (x-12) : 6$

  $3x-36 = 12$ $\therefore x = 16$

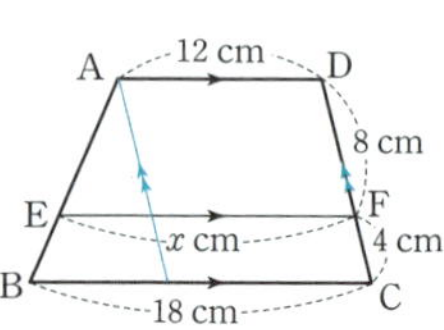

7 점 A를 지나고 $\overline{DC}$에 평행한 보조
  선을 그으면

  $x : (x+3) = (8-4) : (10-4)$

  $x : (x+3) = 4 : 6$

  $x : (x+3) = 2 : 3$

  $2x+6 = 3x$ $\therefore x = 6$

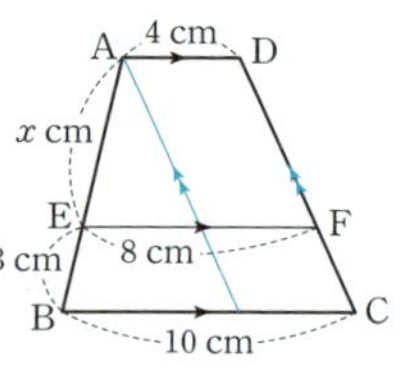

8 점 A를 지나고 $\overline{DC}$에 평행한 보조선
  을 그으면

  $5 : (5+x) = (9-6) : (15-6)$

  $5 : (5+x) = 3 : 9$

  $5 : (5+x) = 1 : 3$

  $5+x = 15$ $\therefore x = 10$

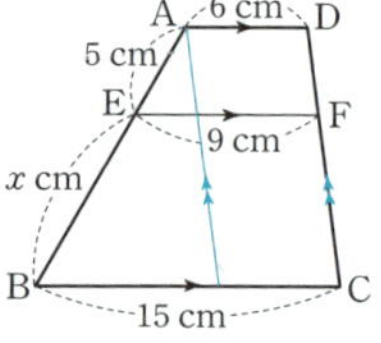

B 사다리꼴에서 평행선 사이의 선분의 길이의 비 2   108쪽

1 2	2 $\dfrac{15}{4}$	3 8	4 11
5 $x=3, y=3$		6 $x=3, y=12$	
7 $x=7, y=4$		8 $x=4, y=6$	

---

1 $\triangle CDA$에서 $\overline{CG} : \overline{CA} = 2 : 7$이므로

  $2 : 7 = x : 7$ $\therefore x = 2$

2 $\triangle CDA$에서 $\overline{CG} : \overline{CA} = 5 : 8$이므로

  $5 : 8 = x : 6$ $\therefore x = \dfrac{15}{4}$

3 $\triangle ABC$에서 $6 : 9 = \overline{EG} : 9$ $\therefore \overline{EG} = 6(cm)$

  $\triangle CDA$에서 $3 : 9 = \overline{GF} : 6$ $\therefore \overline{GF} = 2(cm)$

  $\therefore x = 6+2 = 8$

4 $\triangle ABC$에서 $8 : 14 = \overline{EG} : 14$ $\therefore \overline{EG} = 8(cm)$

  $\triangle CDA$에서 $6 : 14 = \overline{GF} : 7$ $\therefore \overline{GF} = 3(cm)$

  $\therefore x = 8+3 = 11$

5 $\triangle ABC$에서 $2 : 6 = x : 9$ $\therefore x = 3$

  $\triangle CDA$에서 $4 : 6 = 2 : y$ $\therefore y = 3$

6 $\triangle ABC$에서 $8 : 12 = 8 : y$ $\therefore y = 12$

  $\triangle CDA$에서 $4 : 12 = x : 9$ $\therefore x = 3$

7 $\overline{AD} /\!/ \overline{EF} /\!/ \overline{BC}$이므로

  $\triangle DBC$에서 $\overline{DG} : \overline{DB} = 10 : 15 = 2 : 3$

  $\overline{DG} : \overline{GB} = 2 : 1$

  $14 : x = 2 : 1$ $\therefore x = 7$

  $\triangle BDA$에서 $7 : 21 = y : 12,\ 1 : 3 = y : 12$ $\therefore y = 4$

8 $\overline{AD} /\!/ \overline{EF} /\!/ \overline{BC}$이므로 $2 : x = 5 : 10$ $\therefore x = 4$

  $\triangle ABC$에서 $2 : 6 = y : 18$ $\therefore y = 6$

C 사다리꼴에서 평행선 사이의 선분의 길이의 비의 응용

  109쪽

1 $\dfrac{15}{4}$	2 $\dfrac{14}{3}$	3 12	4 9
5 15	6 13	7 5	8 6

1 $\overline{AO}:\overline{OC}=6:10=3:5$이므로

$\triangle ABC$에서 $3:8=x:10$ $\therefore x=\dfrac{15}{4}$

2 $\triangle DBC$에서 $\overline{DO}:\overline{OB}=7:14=1:2$이므로

$1:3=x:14$ $\therefore x=\dfrac{14}{3}$

3 $\overline{AO}:\overline{OC}=\overline{DO}:\overline{OB}=10:15=2:3$이므로

$\triangle ABC$에서 $2:5=\overline{EO}:15$ $\therefore \overline{EO}=6(cm)$

$\triangle DBC$에서 $2:5=\overline{OF}:15$ $\therefore \overline{OF}=6(cm)$

$\therefore x=\overline{EO}+\overline{OF}=12$

4 $\overline{AO}:\overline{OC}=\overline{DO}:\overline{OB}=6:18=1:3$이므로

$\triangle ABC$에서 $1:4=\overline{EO}:18$ $\therefore \overline{EO}=\dfrac{9}{2}(cm)$

$\triangle DBC$에서 $1:4=\overline{OF}:18$ $\therefore \overline{OF}=\dfrac{9}{2}(cm)$

$\therefore x=\overline{EO}+\overline{OF}=9$

5 $\triangle BDA$에서 $4:12=\overline{EG}:9, 1:3=\overline{EG}:9$

$\therefore \overline{EG}=3(cm)$

$\triangle ABC$에서 $8:12=\overline{EH}:x, 2:3=10:x$

$\therefore x=15$

6 $\triangle BDA$에서 $6:15=\overline{EG}:12, 2:5=\overline{EG}:12$

$\therefore \overline{EG}=\dfrac{24}{5}(cm)$

$\triangle ABC$에서 $9:15=\left(3+\dfrac{24}{5}\right):x, 3:5=\dfrac{39}{5}:x$

$\therefore x=13$

7 $\triangle BDA$에서 $5:15=\overline{EG}:9, 1:3=\overline{EG}:9$

$\therefore \overline{EG}=3(cm)$

$\triangle ABC$에서 $10:15=(3+x):12$

$2:3=(3+x):12$ $\therefore x=5$

8 $\triangle BDA$에서 $9:21=\overline{EG}:14, 3:7=\overline{EG}:14$

$\therefore \overline{EG}=6(cm)$

$\triangle ABC$에서 $12:21=(6+x):21, 4:7=(6+x):21$

$\therefore x=6$

D 평행선 사이의 선분의 길이의 비의 응용 110쪽

1 3:7 2 10:7 3 3:10 4 $\dfrac{24}{5}$

5 $\dfrac{15}{4}$ 6 7 7 16 8 $\dfrac{15}{2}$

9 10

1 $\triangle BCD$에서 $\overline{BE}:\overline{DE}=3:7$

2 $\triangle CAB$에서 $\overline{CA}:\overline{CE}=10:7$

3 $\triangle BCD$에서 $\overline{BF}:\overline{BC}=3:10$

4 $\overline{CE}:\overline{AE}=8:12=2:3$이므로

$\triangle CAB$에서 $\overline{CE}:\overline{CA}=x:12, 2:5=x:12$

$\therefore x=\dfrac{24}{5}$

5 $\overline{CE}:\overline{AE}=10:6=5:3$이므로

$\triangle CAB$에서 $\overline{CE}:\overline{CA}=x:6, 5:8=x:6$

$\therefore x=\dfrac{15}{4}$

6 $\overline{BE}:\overline{DE}=8:16=1:2$

$\triangle BCD$에서 $\overline{BE}:\overline{BD}=x:21, 1:3=x:21$

$\therefore x=7$

7 $\overline{BE}:\overline{DE}=16:20=4:5$

$\triangle BCD$에서 $\overline{BE}:\overline{BD}=x:36, 4:9=x:36$

$\therefore x=16$

8 $\triangle CAB$에서 $\overline{CF}:\overline{CB}=5:15=1:3$

$\therefore \overline{BF}:\overline{BC}=2:3$

$\triangle BCD$에서 $\overline{BF}:\overline{BC}=5:x$이므로 $2:3=5:x$

$\therefore x=\dfrac{15}{2}$

9 $\triangle BCD$에서 $\overline{BF}:\overline{BC}=6:15=2:5$

$\overline{CF}:\overline{CB}=3:5$

$\triangle CAB$에서 $\overline{CF}:\overline{CB}=6:x$이므로 $3:5=6:x$

$\therefore x=10$

거쳐먹는 시험 문제 111쪽

1 $x=\dfrac{3}{2}, y=5$ 2 ② 3 $x=6, y=8$

4 24 cm 5 $x=6, y=9$ 6 ④

1 $y=5, 3:5=x:\left(\dfrac{15}{2}-5\right)$ $\therefore x=\dfrac{3}{2}$

2 점 A를 지나고 $\overline{DC}$에 평행한 직선을 긋고, 직선과 $\overline{BC}$의 교점을 G, $\overline{AD}=x$ cm라 하면 $\overline{AE}:\overline{EB}=2:1$이므로 $\triangle ABG$에서

$2:3=(10-x):(12-x)$ $\therefore x=6$

3 $\overline{AD}\,/\!/\,\overline{EF}\,/\!/\,\overline{BC}$이므로 $4:x=8:12$

$\therefore x=6$

$\triangle ABC$에서 $4:(4+x)=y:20, 4:10=y:20$

$\therefore y=8$

4 $\overline{AO}:\overline{CO}=\overline{DO}:\overline{BO}=20:30=2:3$이므로

$\triangle ABC$에서 $2:5=\overline{EO}:30$ $\therefore \overline{EO}=12(cm)$

$\triangle DBC$에서 $2:5=\overline{OF}:30$ $\therefore \overline{OF}=12(cm)$

$\therefore \overline{EF}=12+12=24(cm)$

5 $\triangle BDA$에서 $x:(x+12)=3:9$ $\therefore x=6$

$\triangle ABC$에서 $12:(12+x)=(3+y):18$

$12:18=(3+y):18, 2:3=(3+y):18$

$\therefore y=9$

6 $\overline{BE}:\overline{DE}=9:x$이므로 $\overline{BE}:\overline{BD}=9:(9+x)$

$\triangle BCD$에서 $9:(9+x)=4:x$ $\therefore x=7.2$

17 삼각형의 두 변의 중점을 연결한 선분의 성질

A 삼각형의 두 변의 중점을 연결한 선분의 성질 113쪽

1 7	**2** 10	**3** 3	**4** 4
5 4	**6** 6	**7** 10	**8** 12

1 $x=\dfrac{1}{2}\times 14=7$

2 $x=2\times 5=10$

3 $\dfrac{1}{2}\times 18=x+6$ $\quad \therefore x=3$

4 $\dfrac{1}{2}\times 12=2+x$ $\quad \therefore x=4$

5 $x=\dfrac{1}{2}\times 8=4$

6 $x=6$

7 $x=\dfrac{1}{2}\times 20=10$

8 $x=2\times 6=12$

B 삼각형의 두 변의 중점을 연결한 선분의 성질의 응용 1 114쪽

1 3	**2** 4	**3** 7	**4** 5
5 4	**6** 9	**7** 14 cm	**8** 22 cm

1 $\overline{MN}=\overline{PQ}$이므로 $5=x+2$ $\quad \therefore x=3$

2 $\overline{MN}=\overline{PQ}$이므로 $x+2=6$ $\quad \therefore x=4$

3 $7+x=14$ $\quad \therefore x=7$

4 $5+x=2x$ $\quad \therefore x=5$

5 등변사다리꼴이므로 $\overline{AB}=\overline{DC}$

$\dfrac{1}{2}\overline{AB}=\dfrac{1}{2}\overline{DC}$이므로 $\overline{QR}=\overline{PQ}$ $\quad \therefore x=4$

6 등변사다리꼴이므로 $\overline{AB}=\overline{DC}$

$\dfrac{1}{2}\overline{AB}=\dfrac{1}{2}\overline{DC}$이므로 $\overline{PQ}=\overline{QR}$ $\quad \therefore x=9$

7 (△DEF의 둘레의 길이)$=\dfrac{1}{2}\times$(△ABC의 둘레의 길이)

$\qquad\qquad\qquad\qquad =\dfrac{1}{2}\times(7+9+12)=14\,(\text{cm})$

8 (△DEF의 둘레의 길이)$=\dfrac{1}{2}\times$(△ABC의 둘레의 길이)

$\qquad\qquad\qquad\qquad =\dfrac{1}{2}\times(18+11+15)=22\,(\text{cm})$

C 삼각형의 두 변의 중점을 연결한 선분의 성질의 응용 2 115쪽

1 18 cm	**2** 30 cm	**3** 15 cm²	**4** 60 cm²
5 7	**6** 6	**7** 4	**8** 18

1 $\overline{EH}=\overline{FG}=\dfrac{1}{2}\times 10=5\,(\text{cm})$, $\overline{EF}=\overline{HG}=\dfrac{1}{2}\times 8=4\,(\text{cm})$

따라서 □EFGH의 둘레의 길이는 18 cm이다.

2 $\overline{EH}=\overline{FG}=\dfrac{1}{2}\times 17=\dfrac{17}{2}\,(\text{cm})$

$\overline{EF}=\overline{HG}=\dfrac{1}{2}\times 13=\dfrac{13}{2}\,(\text{cm})$

따라서 □EFGH의 둘레의 길이는 30 cm이다.

3 $\overline{EH}=\dfrac{1}{2}\times 10=5\,(\text{cm})$, $\overline{EF}=\dfrac{1}{2}\times 6=3\,(\text{cm})$

$\quad \therefore$ □EFGH$=5\times 3=15\,(\text{cm}^2)$

4 $\overline{EH}=\dfrac{1}{2}\times 12=6\,(\text{cm})$, $\overline{EF}=\dfrac{1}{2}\times 20=10\,(\text{cm})$

$\quad \therefore$ □EFGH$=6\times 10=60\,(\text{cm}^2)$

5 $x=\dfrac{1}{2}\times(4+10)=7$

6 $x=\dfrac{1}{2}\times(5+7)=6$

7 $x=\overline{MQ}-\overline{MP}=7-3=4$

8 $\overline{MP}=6$이므로 $\overline{MQ}=9$ $\quad \therefore x=2\times 9=18$

D 삼각형의 두 변의 중점을 연결한 선분의 성질의 응용 3 116쪽

1 3	**2** 8	**3** 4	**4** 6
5 15	**6** 21	**7** 3	**8** 4

1 점 D를 지나고 $\overline{BC}$에 평행한 직선과 $\overline{AC}$의 교점을 G라 하면

△DFG≡△EFC이므로

$\overline{DG}=\overline{CE}=x\,(\text{cm})$

$\quad \therefore x=3$

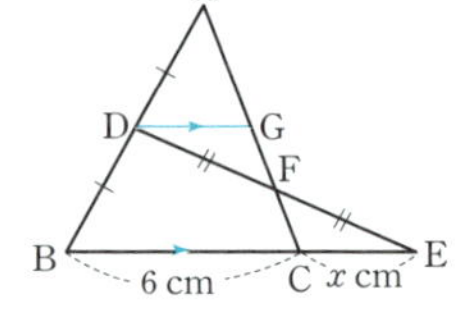

2 점 D를 지나고 $\overline{BC}$에 평행한 직선과 $\overline{AC}$의 교점을 G라 하면

△DFG≡△EFC이므로

$\overline{GF}=\overline{CF}=2\,(\text{cm})$

$\quad \therefore \overline{AG}=4\,(\text{cm})$

$\quad \therefore x=2\times 4=8$

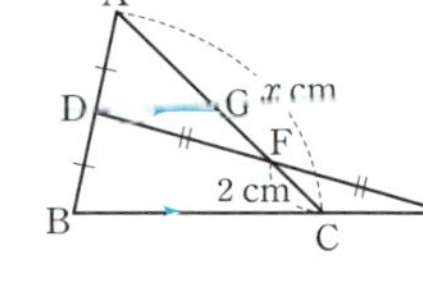

3 점 E를 지나고 $\overline{BC}$에 평행한 직선과 $\overline{AB}$의 교점을 G라 하면

△GFE≡△BFD이므로

$\overline{GE}=\overline{DB}=x\,(\text{cm})$,

$\overline{BC}=(12-x)\ \text{cm}$

$12-x=2x$ $\quad \therefore x=4$

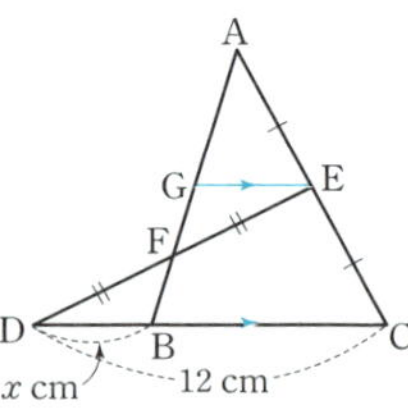

4 점 E를 지나고 $\overline{BC}$에 평행한 직선과 $\overline{AB}$의 교점을 G라 하면

△GFE≡△BFD이므로

$\overline{GE}=\overline{DB}=x\,(\text{cm})$,

$\overline{BC}=(18-x)\ \text{cm}$

$18-x=2x$ $\quad \therefore x=6$

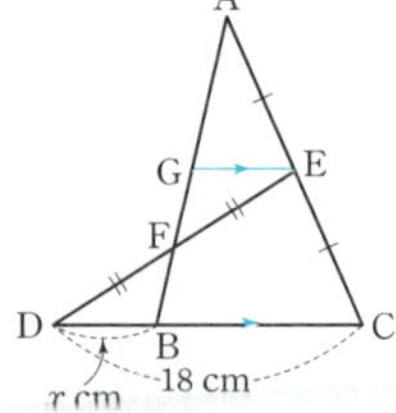

5 △CED에서 $\overline{DE}=2\times5=10(cm)$

   △ABF에서 $\overline{BF}=2\times\overline{DE}=20(cm)$

   $\therefore x=20-5=15$

6 △BDE에서 $\overline{ED}=2\times7=14(cm)$

   △AFC에서 $\overline{FC}=2\times\overline{ED}=28(cm)$

   $\therefore x=28-7=21$

7 △BCE에서 $\overline{FD}=\dfrac{1}{2}\times12=6(cm)$

   △AFD에서 $x=\dfrac{1}{2}\times6=3$

8 △AEC에서 $\overline{DF}=\dfrac{1}{2}\times16=8(cm)$

   △BFD에서 $x=\dfrac{1}{2}\times8=4$

1 20 cm	**2** 9 cm	**3** ②	**4** ①
5 ③	**6** 15 cm		

1 (△DEF의 둘레의 길이)$=\dfrac{1}{2}\times(12+13+15)=20(cm)$

2 $\overline{AD}=\dfrac{1}{2}\times10=5(cm)$, $\overline{BC}=2\times4=8(cm)$이므로

   $\overline{FC}=4(cm)$ $\therefore \overline{AD}+\overline{FC}=9(cm)$

3 $\overline{PQ}=\overline{MN}=9(cm)$ $\therefore \overline{PR}=\overline{PQ}-\overline{RQ}=3(cm)$

4 $\overline{MN}=\dfrac{1}{2}\times12=6(cm)$, $\overline{ME}=\dfrac{1}{2}\times14=7(cm)$

   $\therefore x=7-6=1$

5 $\overline{GF}=\dfrac{1}{2}\times8=4(cm)$, $\overline{BF}=2\overline{DE}=16(cm)$이므로

   $x+4=16$ $\therefore x=12$

6 점 D를 지나고 $\overline{BE}$에 평행한 직선과
$\overline{AC}$의 교점을 G라 하면
$\overline{AE}=2\overline{CE}$이므로
$\overline{AG}=\overline{GE}=\overline{EC}$

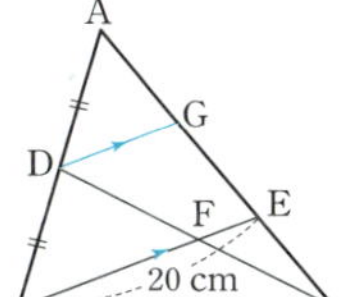

   △ABE에서 $\overline{DG}=\dfrac{1}{2}\times20=10(cm)$

   △CGD에서 $\overline{FE}=\dfrac{1}{2}\times10=5(cm)$

   $\therefore \overline{BF}=20-5=15(cm)$

18 삼각형의 무게중심

A 삼각형의 무게중심   119쪽

1 $x=4,\,y=3$		**2** $x=7,\,y=5$	
3 8	**4** 18	**5** 2	**6** 4
7 12	**8** 36		

1 $x:2=2:1$ $\therefore x=4$

   $6:y=2:1$ $\therefore y=3$

2 $x=\dfrac{1}{2}\times14=7$, $10:y=2:1$ $\therefore y=5$

3 △ABC가 직각삼각형이므로 점 D가 빗변의 중점이 되어 외심이다.

   $\therefore \overline{BD}=\overline{CD}=\overline{AD}=12(cm)$

   $\therefore x=12\times\dfrac{2}{3}=8$

4 $\overline{DG}=3\,cm$이므로 $\overline{DC}=3\times3=9(cm)$

   $\therefore x=2\times9=18$

5 △ABC에서 $\overline{AG}:\overline{GD}=2:1$이므로

   $\overline{GD}=\dfrac{1}{3}\overline{AD}=\dfrac{1}{3}\times9=3(cm)$

   △GBC에서 $\overline{GG'}:\overline{G'D}=2:1$이므로

   $\overline{GG'}=\dfrac{2}{3}\overline{GD}=\dfrac{2}{3}\times3=2(cm)$ $\therefore x=2$

6 △ABC에서 $\overline{AG}:\overline{GD}=2:1$이므로

   $\overline{GD}=\dfrac{1}{3}\overline{AD}=\dfrac{1}{3}\times18=6(cm)$

   △GBC에서 $\overline{GG'}:\overline{G'D}=2:1$이므로

   $\overline{GG'}=\dfrac{2}{3}\overline{GD}=\dfrac{2}{3}\times6=4(cm)$ $\therefore x=4$

7 $\overline{GG'}=4\,cm$이므로 $\overline{G'D}=2(cm)$ $\therefore \overline{GD}=6(cm)$

   $\therefore x=2\times6=12$

8 $\overline{G'D}=4\,cm$이므로 $\overline{GG'}=8(cm)$ $\therefore \overline{GD}=12(cm)$

   따라서 $\overline{AG}=2\times12=24(cm)$이므로 $x=24+12=36$

B 삼각형의 무게중심의 응용   120쪽

1 8	**2** 6	**3** 6	**4** 12
5 2	**6** $\dfrac{3}{2}$	**7** 21	**8** 6

1 $\overline{AD}=2\overline{EF}=12(cm)$, $\overline{AG}:\overline{GD}=2:1$

   $\therefore x=12\times\dfrac{2}{3}=8$

2 $\overline{BG}:\overline{BE}=4:x$, $2:3=4:x$ $\therefore x=6$

3 $\overline{AG}:\overline{AD}=x:9$, $2:3=x:9$ $\therefore x=6$

4 $\overline{AG}:\overline{AD}=8:x$, $2:3=8:x$ $\therefore x=12$

5 $\overline{GD}=12\times\dfrac{1}{3}=4(cm)$, $\overline{FD}=12\times\dfrac{1}{2}=6(cm)$

   $\therefore x=\overline{FD}-\overline{GD}=2$

6 $\overline{GD}=9\times\dfrac{1}{3}=3(cm)$, $\overline{FD}=9\times\dfrac{1}{2}=\dfrac{9}{2}(cm)$

   $\therefore x=\overline{FD}-\overline{GD}=\dfrac{3}{2}$

7 $2:3=7:\overline{EF}$ $\therefore \overline{EF}=\dfrac{21}{2}(cm)$

   $\therefore x=\dfrac{21}{2}\times2=21$

8 $2:3=x:9$ $\therefore x=6$

1 12 cm²	2 8 cm²	3 4 cm²	4 8 cm²
5 12 cm²	6 15 cm²	7 18 cm²	8 12 cm²

1 $\triangle ADC = \dfrac{1}{2} \times 24 = 12(cm^2)$

2 $\triangle AGC = \dfrac{1}{3} \times 24 = 8(cm^2)$

3 $\triangle GBD = \dfrac{1}{6} \times 24 = 4(cm^2)$

4 $\square GDCE = 2\triangle GDC = 2 \times \dfrac{1}{6}\triangle ABC = 8(cm^2)$

5 $\triangle ABC = 3\square AFGE = 12(cm^2)$

6 $\triangle ABC = 3\triangle GBC = 15(cm^2)$

7 (색칠한 부분의 넓이)$= 2 \times \dfrac{1}{3}\triangle ABC$

$$= \dfrac{2}{3} \times 27 = 18(cm^2)$$

8 두 점 A와 G를 이으면

$\triangle ADG = \triangle AGE = \dfrac{1}{6}\triangle ABC$

∴ (색칠한 부분의 넓이)$= 2 \times \dfrac{1}{6}\triangle ABC$

$$= \dfrac{1}{3} \times 36 = 12(cm^2)$$

1 2 cm²	2 4 cm²	3 18 cm²	4 27 cm²
5 1 cm²	6 4 cm²	7 5 cm²	8 4 cm²

1 $\triangle GBG' = \dfrac{1}{3}\triangle GBC = \dfrac{1}{3} \times \dfrac{1}{3}\triangle ABC = 2(cm^2)$

2 $\triangle GG'C = \dfrac{1}{3}\triangle GBC = \dfrac{1}{3} \times \dfrac{1}{3}\triangle ABC = 4(cm^2)$

3 $\triangle ABC = 3\triangle GBC = 3 \times 3\triangle G'BC = 18(cm^2)$

4 $\triangle ABC = 3\triangle GBC = 3 \times 3\triangle G'BC = 27(cm^2)$

5 $\triangle EDC = \dfrac{1}{2}\triangle GDC = \dfrac{1}{2} \times \dfrac{1}{6}\triangle ABC = 1(cm^2)$

6 $\triangle AEC = \dfrac{1}{2}\triangle AGC = \dfrac{1}{2} \times \dfrac{1}{3}\triangle ABC = 4(cm^2)$

7 $\overline{BG} : \overline{GE} = 2 : 1$이므로

$\triangle DGE = \dfrac{1}{3}\triangle DBE = \dfrac{1}{3} \times \dfrac{1}{2}\triangle ABE$

$$= \dfrac{1}{3} \times \dfrac{1}{2} \times \dfrac{1}{2}\triangle ABC = 5(cm^2)$$

8 $\overline{BG} : \overline{GE} = 2 : 1$이므로

$\triangle EGD = \dfrac{1}{3}\triangle EBD = \dfrac{1}{3} \times \dfrac{1}{2}\triangle EBC$

$$= \dfrac{1}{3} \times \dfrac{1}{2} \times \dfrac{1}{2}\triangle ABC = 4(cm^2)$$

1 3	2 8	3 6	4 5
5 9	6 15	7 3 cm²	8 8 cm²

1 $\overline{DO} = \overline{BO} = 9(cm), \overline{DP} : \overline{PO} = 2 : 1$

∴ $x = \dfrac{1}{3} \times 9 = 3$

2 $\overline{BO} = \overline{DO} = 12(cm), \overline{BP} : \overline{PO} = 2 : 1$

∴ $x = \dfrac{2}{3} \times 12 = 8$

3 $\overline{BP} = \overline{PQ} = \overline{QD} = 2(cm)$이므로 $x = 6$

4 $\overline{BP} = \overline{PQ} = \overline{QD} = x(cm)$

∴ $x = \dfrac{1}{3} \times 15 = 5$

5 $\overline{AP} : \overline{AM} = 6 : x, 2 : 3 = 6 : x$

∴ $x = 9$

6 $\overline{AP} : \overline{AM} = 10 : x, 2 : 3 = 10 : x$

∴ $x = 15$

7 $\triangle APO = \dfrac{1}{6}\triangle ABC = \dfrac{1}{6} \times \dfrac{1}{2}\square ABCD = 3(cm^2)$

8 $\triangle APQ = \dfrac{1}{3}\triangle ABD = \dfrac{1}{3} \times \dfrac{1}{2}\square ABCD = 8(cm^2)$

1 ④	2 36 cm	3 2	4 ①
5 ⑤	6 36 cm²		

1 $\overline{AD}$가 중선이므로 $y = \dfrac{1}{2} \times 18 = 9$

$\overline{AG} : \overline{GD} = 2 : 1$이므로 $x = 9$

∴ $x + y = 18$

2 $\triangle AGC$에서 $\overline{GG'} : \overline{G'D} = 2 : 1$이므로 $\overline{GD} = 12(cm)$

$\triangle ABC$에서 $\overline{BG} : \overline{GD} = 2 : 1$이므로 $\overline{BD} = 36(cm)$

3 $\overline{BG} : \overline{GE} = 2 : 1$이므로 $x = 4$

$\triangle BCE$에서 점 D는 $\overline{BC}$의 중점이고 $\overline{BE} /\!/ \overline{DF}$이므로

$y = \dfrac{1}{2}\overline{BE} = \dfrac{1}{2} \times 12 = 6$

∴ $y - x = 2$

4 $\triangle G'BC = \dfrac{1}{3}\triangle GBC = \dfrac{1}{3} \times \dfrac{1}{3}\triangle ABC$

$$= \dfrac{1}{9} \times 45 = 5(cm^2)$$

5 $\overline{PO} = 7$ cm이므로 $\overline{AP} = 2 \times 7 = 14(cm)$

∴ $\overline{AO} = 21(cm)$

∴ $\overline{AC} = 2\overline{AO} = 2 \times 21 = 42(cm)$

6 $\overline{AO} = \overline{CO}, \overline{BE} = \overline{EC}$이므로 점 F가 $\triangle ABC$의 무게중심이다.

∴ $\triangle ABC = 3\square OFEC = 18(cm^2)$

∴ $\square ABCD = 2\triangle ABC = 36(cm^2)$

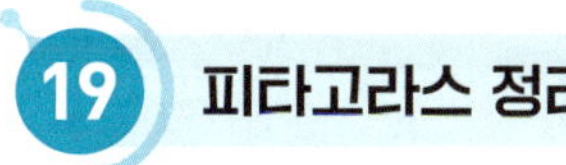

19 피타고라스 정리

A 직각삼각형에서 변의 길이 구하기   126쪽

1 5	2 10	3 13	4 15
5 4	6 8	7 5	8 9

1 $x^2=3^2+4^2=9+16=25$ $\therefore x=5$
2 $x^2=6^2+8^2=36+64=100$ $\therefore x=10$
3 $x^2=5^2+12^2=25+144=169$ $\therefore x=13$
4 $x^2=9^2+12^2=81+144=225$ $\therefore x=15$
5 $x^2=5^2-3^2=25-9=16$ $\therefore x=4$
6 $x^2=10^2-6^2=100-36=64$ $\therefore x=8$
7 $x^2=13^2-12^2=169-144=25$ $\therefore x=5$
8 $x^2=15^2-12^2=225-144=81$ $\therefore x=9$

B 삼각형에서 피타고라스 정리의 이용   127쪽

1 $x=8, y=10$	2 $x=12, y=5$
3 $x=5, y=15$	4 $x=6, y=17$
5 3 6 8	7 60 8 120

1 $x^2=17^2-15^2=289-225=64$ $\therefore x=8$
   $y^2=8^2+6^2=64+36=100$ $\therefore y=10$
2 $x^2=15^2-9^2=225-81=144$ $\therefore x=12$
   $y^2=13^2-12^2=169-144=25$ $\therefore y=5$
3 $x^2=13^2-12^2=169-144=25$ $\therefore x=5$
   $y^2=12^2+9^2=144+81=225$ $\therefore y=15$
4 $x^2=10^2-8^2=100-64=36$ $\therefore x=6$
   $y^2=8^2+15^2=64+225=289$ $\therefore y=17$
5 $x^2=5^2-\left(\dfrac{8}{2}\right)^2=9$ $\therefore x=3$
6 $x^2=10^2-\left(\dfrac{12}{2}\right)^2=64$ $\therefore x=8$
7 $(\text{높이})^2=13^2-\left(\dfrac{10}{2}\right)^2=144$이므로 $(\text{높이})=12$
   $\therefore \triangle ABC=\dfrac{1}{2}\times 10\times 12=60$
8 $(\text{높이})^2=17^2-\left(\dfrac{16}{2}\right)^2=225$이므로 $(\text{높이})=15$
   $\therefore \triangle ABC=\dfrac{1}{2}\times 16\times 15=120$

C 사각형에서 피타고라스 정리의 이용   128쪽

1 $x=5, y=12$	2 $x=15, y=17$
3 $x=12, y=9$	4 $x=8, y=15$
5 5 6 12	7 17 8 15

1 $x^2=3^2+4^2=9+16=25$ $\therefore x=5$
   $y^2=13^2-5^2=169-25=144$ $\therefore y=12$
2 $x^2=9^2+12^2=81+144=225$ $\therefore x=15$
   $y^2=8^2+15^2=64+225=289$ $\therefore y=17$
3 $x^2=13^2-5^2=169-25=144$ $\therefore x=12$
   $y^2=15^2-12^2=225-144=81$ $\therefore y=9$
4 $x^2=10^2-6^2=100-36=64$ $\therefore x=8$
   $y^2=17^2-8^2=289-64=225$ $\therefore y=15$

5 점 A에서 $\overline{BC}$에 내린 수선의 발을 E
라 하면
$\overline{AE}=\overline{DC}=4$
$\triangle ABE$에서 $\overline{BE}^2=5^2-4^2=9$이므
로 $\overline{BE}=3$
$\therefore x=3+2=5$

6 점 A에서 $\overline{DC}$에 내린 수선의 발을 E라
하면
$\overline{AE}=\overline{BC}=8$
$\triangle DAE$에서 $\overline{DE}^2=10^2-8^2=36$이므로
$\overline{DE}=6$
$\therefore x=6+6=12$

7 점 D에서 $\overline{BC}$에 내린 수선의 발을 E
라 하면 $\triangle DEC$에서
$\overline{EC}^2=10^2-8^2=36$이므로
$\overline{EC}=6$
$\therefore \overline{BC}=9+6=15$
$\triangle ABC$에서 $x^2=8^2+15^2=289$ $\therefore x=17$

8 점 A에서 $\overline{BC}$에 내린 수선의 발을 E라
하면
$\overline{BE}=9-4=5$
$\triangle ABE$에서 $\overline{AE}^2=13^2-5^2=144$이므
로 $\overline{AE}=12$
$\triangle DBC$에서 $x^2=9^2+12^2=225$
$\therefore x=15$

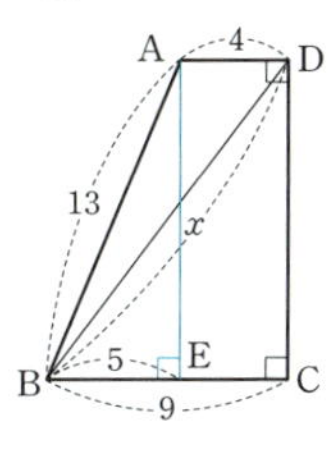

D 피타고라스 정리의 응용 1   129쪽

1 20	2 252	3 13	4 15
5 8	6 12	7 10	8 15

1 두 점 A, D에서 $\overline{BC}$에 내린 수선
의 발을 각각 E, F라 하면
$\overline{EF}=2$이므로 $\overline{BE}=\overline{FC}=3$
$\overline{AE}^2=5^2-3^2=16$
$\therefore \overline{AE}=4$
$\therefore \square ABCD=\dfrac{1}{2}\times 4\times(2+8)=20$

2 점 A, D에서 $\overline{BC}$에 내린 수선의
발을 각각 E, F라 하면
$\overline{EF}=12$이므로
$\overline{BE}=\overline{FC}=9$
$\overline{AE}^2=15^2-9^2=144$
$\therefore \overline{AE}=12$

$\therefore \square ABCD=\dfrac{1}{2}\times 12\times(12+30)=252$

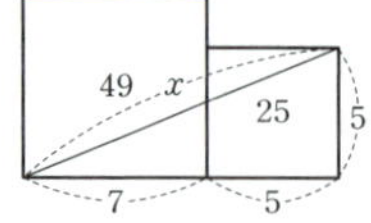

3 오른쪽 그림에서 두 정사각형의 한 변
의 길이가 각각 7, 5이므로
$x^2=12^2+5^2=169$
$\therefore x=13$

4 오른쪽 그림에서 두 정사각형의 한 변
의 길이가 각각 3, 9이므로
$x^2=12^2+9^2=225$
$\therefore x=15$

5 $\overline{BC}=4x$, $\overline{DC}=3x$라 하면
$9x^2+16x^2=100$, $25x^2=100$　$\therefore x^2=4$
따라서 $x=2$이므로 $\overline{BC}=8$

6 $\overline{BC}=4x$, $\overline{DC}=3x$라 하면
$9x^2+16x^2=225$, $25x^2=225$　$\therefore x^2=9$
따라서 $x=3$이므로 $\overline{BC}=12$

7 마름모의 두 대각선은 서로 다른 것
을 수직이등분하므로
$\overline{AB}^2=6^2+8^2=100$
$\therefore \overline{AB}=10$

8 마름모의 두 대각선은 서로 다른
것을 수직이등분하므로
$\overline{AB}^2=9^2+12^2=225$
$\therefore \overline{AB}=15$

E 피타고라스 정리의 응용 2　　130쪽

1 4	**2** 12	**3** 2	**4** 3
5 $\dfrac{9}{5}$	**6** $\dfrac{18}{5}$	**7** $\dfrac{60}{13}$	**8** 12

1 $\overline{DF}=\overline{BF}=8-3=5$,
$\overline{DC}=\overline{AB}=x$이므로
$\triangle DFC$에서
$x^2=5^2-3^2=16$
$\therefore x=4$

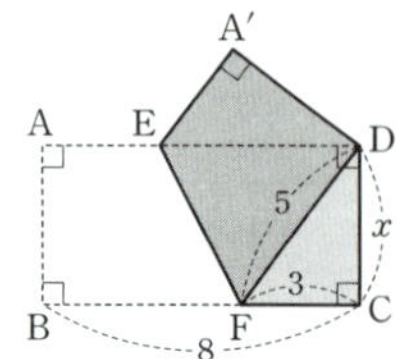

2 $\overline{DF}=\overline{BF}=18-5=13$,
$\overline{DC}=\overline{AB}=x$이므로
$\triangle DFC$에서
$x^2=13^2-5^2=144$
$\therefore x=12$

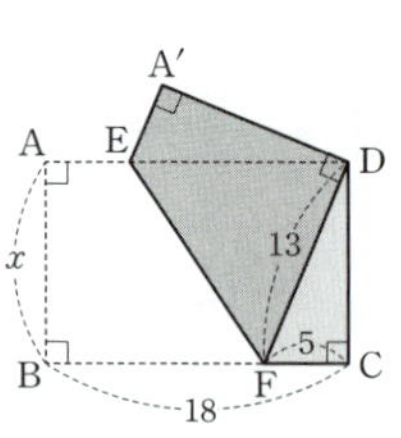

3 $\overline{AE}=\overline{AD}=5$이므로
$\triangle ABE$에서
$\overline{BE}^2=5^2-4^2=9$
$\therefore \overline{BE}=3$
$\therefore x=5-3=2$

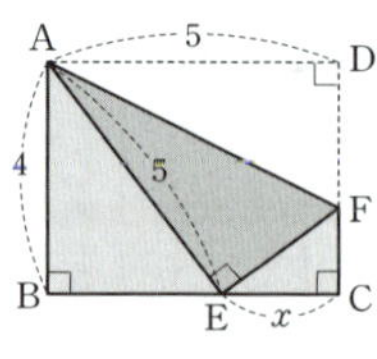

4 $\overline{AE}=\overline{AD}=15$이므로
$\triangle ABE$에서
$\overline{BE}^2=15^2-9^2=144$
$\therefore \overline{BE}=12$
$\therefore x=15-12=3$

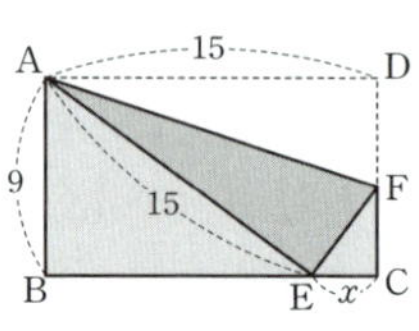

5 $\triangle ABC$에서 $\overline{AC}^2=3^2+4^2=25$이므로 $\overline{AC}=5$
따라서 $3^2=x\times 5$이므로 $x=\dfrac{9}{5}$

6 $\triangle ABC$에서 $\overline{BC}^2=8^2+6^2=100$이므로 $\overline{BC}=10$
따라서 $6^2=x\times 10$이므로 $x=\dfrac{18}{5}$

7 $\triangle ABC$에서 $\overline{AB}^2=13^2-5^2=144$이므로 $\overline{AB}=12$
따라서 $12\times 5=13\times x$이므로 $x=\dfrac{60}{13}$

8 $\triangle ABC$에서 $\overline{AC}^2=25^2-15^2=400$이므로 $\overline{AC}=20$
따라서 $15\times 20=25\times x$이므로 $x=12$

거처먹는 **시험 문제**　　131쪽

1 ②	**2** $x=12, y=5$	**3** ②
4 20	**5** ⑤	**6** ③

1 $\overline{AC}^2=13^2-5^2=144$
$\therefore \overline{AC}=12(\text{cm})$
$\therefore \triangle ABC=\dfrac{1}{2}\times 5\times 12=30(\text{cm}^2)$

2 $x^2=20^2-16^2=400-256=144$
$\therefore x=12$
$y^2=13^2-12^2=169-144=25$
$\therefore y=5$

3 점 B에서 $\overline{AD}$에 내린 수선의 발을 E
라 하면 $\overline{ED}=\overline{BC}=12(\text{cm})$
$\overline{AE}=20-12=8(\text{cm})$
$\triangle ABE$에서 $\overline{EB}^2=17^2-8^2=225$
$\therefore \overline{EB}=15(\text{cm})$
$\therefore \square ABCD=\dfrac{1}{2}\times 15\times(20+12)=240(\text{cm}^2)$

4 두 점 B, D를 이으면

$\triangle$ABD에서 $\overline{BD}^2=24^2+7^2=625$ $\therefore \overline{BD}=25$

$\triangle$BCD에서 $\overline{BC}^2=25^2-15^2=400$ $\therefore \overline{BC}=20$

5 $\triangle$ADC에서 $x^2=12^2+16^2=400$ $\therefore x=20$

$\triangle$ABC에서 $y^2=15^2+20^2=625$ $\therefore y=25$

$\therefore x+y=20+25=45$

6 $\overline{DC}^2=10^2-8^2=36, \overline{DC}=6$

$\overline{DC}^2=\overline{DA}\times\overline{DB}$이므로 $36=8\times\overline{DB}$

$\therefore \overline{DB}=\dfrac{9}{2}$

$\therefore \triangle ABC=\dfrac{1}{2}\times\left(8+\dfrac{9}{2}\right)\times6=\dfrac{75}{2}$

20 피타고라스 정리의 증명, 직각삼각형이 되기 위한 조건

A 피타고라스 정리의 증명 – 유클리드의 방법   133쪽

1 ◯   **2** ◯   **3** ×   **4** ×

5 ◯   **6** 14 cm²   **7** 4 cm²   **8** 8 cm²

9 32 cm²

1~5 $\triangle$EBA=$\triangle$EBC=$\triangle$ABF=$\triangle$BFL

6 $\square$BFGC=$\square$BADE+$\square$CHIA

    $=9+5=14(\text{cm}^2)$

7 $\square$BADE=$\square$BFGC−$\square$CHIA

    $=20-16=4(\text{cm}^2)$

8 두 점 E와 A를 이으면

$\triangle$ABF=$\triangle$EBA

$\overline{AB}^2=\overline{BC}^2-\overline{AC}^2=5^2-3^2=16$

이므로 $\overline{AB}=4(\text{cm})$

$\therefore \triangle ABF=\dfrac{1}{2}\square EBAD$

    $=\dfrac{1}{2}\times4^2=8(\text{cm}^2)$

9 두 점 A와 H를 이으면

$\triangle$AGC=$\triangle$ACH

$\overline{AC}^2=\overline{BC}^2-\overline{AB}^2=17^2-15^2=64$

이므로 $\overline{AC}=8(\text{cm})$

$\therefore \triangle AGC=\dfrac{1}{2}\square CHIA$

    $=\dfrac{1}{2}\times8^2=32(\text{cm}^2)$

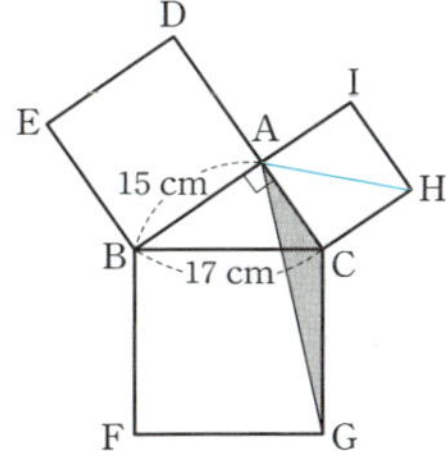

B 피타고라스 정리의 증명 – 피타고라스의 방법   134쪽

1 49 cm²   **2** 289 cm²   **3** 25 cm²   **4** 100 cm²

5 1 cm²   **6** 49 cm²   **7** 100 cm²   **8** 289 cm²

---

1 $\triangle$AEH≡$\triangle$BFE≡$\triangle$CGF≡$\triangle$DHG이므로

$\square$EFGH는 정사각형이다.

$\square$EFGH$=25$ cm²이므로 $\overline{EH}=5(\text{cm})$

$\overline{AH}=3(\text{cm}), \overline{HD}=\overline{AE}=4(\text{cm})$이므로

$\overline{AD}=3+4=7(\text{cm})$

$\therefore \square ABCD=7^2=49(\text{cm}^2)$

2 $\triangle$AEH≡$\triangle$BFE≡$\triangle$CGF≡$\triangle$DHG이므로

$\square$EFGH는 정사각형이다.

$\square$EFGH$=169$ cm²이므로 $\overline{EH}=13(\text{cm})$

$\overline{AH}=\overline{EB}=5(\text{cm}), \overline{AE}=12(\text{cm})$이므로

$\overline{AB}=12+5=17(\text{cm})$

$\therefore \square ABCD=17^2=289(\text{cm}^2)$

3 $\triangle$AEH≡$\triangle$BFE≡$\triangle$CGF≡$\triangle$DHG이므로

$\square$EFGH는 정사각형이다.

$\square$ABCD$=49$ cm²이므로 $\overline{AB}=7(\text{cm})$

$\overline{AH}=\overline{EB}=7-4=3(\text{cm})$

$\overline{EH}^2=4^2+3^2=25(\text{cm}^2)$

$\therefore \square EFGH=25(\text{cm}^2)$

4 $\triangle$AEH≡$\triangle$BFE≡$\triangle$CGF≡$\triangle$DHG이므로

$\square$EFGH는 정사각형이다.

$\square$ABCD$=196$ cm²이므로 $\overline{AB}=14(\text{cm})$

$\overline{AH}=\overline{EB}=6(\text{cm})$

$\overline{AE}=14-6=8(\text{cm})$

$\overline{EH}^2=6^2+8^2=100(\text{cm}^2)$

$\therefore \square EFGH=100(\text{cm}^2)$

5 $\triangle$ABE≡$\triangle$BCF≡$\triangle$CDG≡$\triangle$DAH이므로

$\square$EFGH는 정사각형이다.

$\overline{AH}^2=5^2-3^2=16$이므로 $\overline{AH}=4(\text{cm})$

$\overline{AE}=\overline{DH}=3(\text{cm})$

따라서 $\overline{EH}=\overline{AH}-\overline{AE}=1(\text{cm})$이므로

$\square$EFGH$=1(\text{cm}^2)$

6 $\triangle$ABE≡$\triangle$BCF≡$\triangle$CDG≡$\triangle$DAH이므로

$\square$EFGH는 정사각형이다.

$\overline{AE}=\overline{BF}=5(\text{cm})$

$\overline{BE}^2=13^2-5^2=144$이므로 $\overline{BE}=12(\text{cm})$

따라서 $\overline{EF}=\overline{BE}-\overline{BF}=7(\text{cm})$이므로

$\square$EFGH$=49(\text{cm}^2)$

7 $\triangle$ABE≡$\triangle$BCF≡$\triangle$CDG≡$\triangle$DAH이므로

$\square$EFGH는 정사각형이다.

$\square$EFGH$=4$ cm²이므로 $\overline{EH}=2(\text{cm})$

$\overline{AE}=6(\text{cm}), \overline{BE}=\overline{AH}=8(\text{cm})$

따라서 $\overline{AB}=10(\text{cm})$이므로 $\square ABCD=100(\text{cm}^2)$

8 $\triangle$ABE≡$\triangle$BCF≡$\triangle$CDG≡$\triangle$DAH이므로

$\square$EFGH는 정사각형이다.

$\square$EFGH$=49$ cm²이므로 $\overline{EH}=7(\text{cm})$

$\overline{AE}=8(\text{cm}), \overline{BE}=\overline{AH}=15(\text{cm})$

따라서 $\overline{AB}=17(\text{cm})$이므로 $\square ABCD=289(\text{cm}^2)$

C 직각삼각형이 되기 위한 조건 135쪽

1 ×	2 ○	3 ×	4 ×
5 ○	6 ○	7 ×	8 ○
9 ×	10 ○		

D 변의 길이에 따른 삼각형의 종류 136쪽

1 둔	2 둔	3 예	4 예
5 직	6 둔	7 예	8 둔
9 직	10 예		

1 $7^2>3^2+5^2$이므로 둔각삼각형이다.

2 $8^2>4^2+5^2$이므로 둔각삼각형이다.

3 $9^2<8^2+5^2$이므로 예각삼각형이다.

4 $10^2<6^2+9^2$이므로 예각삼각형이다.

5 $13^2=5^2+12^2$이므로 직각삼각형이다.

6 $13^2>6^2+8^2$이므로 둔각삼각형이다.

7 $10^2<6^2+10^2$이므로 예각삼각형이다.

8 $16^2>7^2+10^2$이므로 둔각삼각형이다.

9 $15^2=9^2+12^2$이므로 직각삼각형이다.

10 $14^2<10^2+12^2$이므로 예각삼각형이다.

E 조건에 따른 변의 길이 137쪽

1 ×	2 ×	3 ×	4 ○
5 ○	6 1	7 2	8 1
9 3			

1 $\angle$C$>90°$이면 $c^2>a^2+b^2$이다.

2 $\angle$A$=90°$이면 a가 가장 긴 변이므로 $a^2=b^2+c^2$

3 c가 가장 긴 변이라는 조건이 없으면 $c^2<a^2+b^2$을 만족해도 예각삼각형이 아닐 수 있다. 예를 들어 가장 긴 변이 a인 때 $a^2>b^2+c^2$ 또는 $a^2=b^2+c^2$이 될 수 있다.

4 a가 가장 긴 변이므로 $a^2<b^2+c^2$이면 예각삼각형이다.

5 $c^2>a^2+b^2$을 만족하면 c가 가장 긴 변이 되고 둔각삼각형이다.

6 가장 긴 변이 6인 예각삼각형이므로
 $6^2<4^2+a^2$ $\therefore a^2>20$
 문제의 조건에서 $a<6$
 따라서 만족하는 자연수 a는 5이므로 1개이다.

7 가장 긴 변이 6인 둔각삼각형이므로
 $6^2>4^2+a^2$ $\therefore a^2<20$
 삼각형의 변의 길이 조건에 따라 $4+a>6$ $\therefore a>2$
 따라서 만족하는 자연수 a는 3, 4이므로 2개이다.

8 가장 긴 변이 a인 예각삼각형이므로
 $a^2<6^2+8^2$ $\therefore a<10$
 문제의 조건에서 $a>8$
 따라서 만족하는 자연수 a는 9이므로 1개이다.

9 가장 긴 변이 a인 둔각삼각형이므로
 $a^2>6^2+8^2$ $\therefore a>10$
 삼각형의 변의 길이의 조건에 따라 $a<6+8$ $\therefore a<14$
 따라서 만족하는 자연수 a는 11, 12, 13이므로 3개이다.

1 ②	2 ④	3 둔각삼각형	4 ③
5 ⑤	6 ④		

1 $\triangle$AED$\equiv$$\triangle$BFA$\equiv$$\triangle$CGB$\equiv$$\triangle$DHC이므로 $\square$ABCD는 정사각형이다.
 $\overline{\text{AD}}^2=x^2+y^2$이므로 $\square$ABCD$=\overline{\text{AD}}^2=30$

2 $\square$BADE$=\square$BFGC$+\square$CHIA
 $=6^2+4^2=52(\text{cm}^2)$

3 $14^2>9^2+7^2$이므로 둔각삼각형이다.

4 ③ $7^2<5^2+6^2$

5 ⑤ $a^2<b^2+c^2$이면 $\angle$A는 예각이지만 a가 가장 긴 변이 아니면 $c^2\geq b^2+a^2$ 또는 $b^2\geq a^2+c^2$이 될 수 있으므로 예각삼각형이라고 할 수 없다.

6 $x^2<12^2+5^2$에서 $x<13$
 삼각형의 변의 길이의 조건에 의해 $5+x>12$
 $\therefore x>7$
 따라서 x의 값 중 가장 큰 자연수는 12이다.

21 피타고라스 정리의 활용

A 피타고라스 정리를 이용한 직각삼각형의 성질 140쪽

1 5	2 48	3 72	4 52
5 180	6 125	7 33	8 135

1 $x^2+6^2=5^2+4^2$ $\therefore x^2=5$

2 $2^2+x^2=4^2+6^2$ $\therefore x^2=48$

3 $4^2+9^2=5^2+x^2$ $\therefore x^2=72$

4 $4^2+10^2=x^2+8^2$ $\therefore x^2=52$

5 $x^2+y^2=6^2+12^2=180$

6 삼각형의 두 변의 중점을 연결한 선분의 성질에 의하여
 $\overline{\text{AC}}=2\overline{\text{DE}}=10$
 $\therefore x^2+y^2=5^2+10^2=125$

7 $4^2+x^2=7^2+y^2$
 $\therefore x^2-y^2=7^2-4^2=33$

8 $3^2+x^2=12^2+y^2$
 $\therefore x^2-y^2=12^2-3^2=135$

B 두 대각선이 직교하는 사각형의 성질 141쪽

1 48	2 108	3 40	4 68
5 16	6 63	7 27	8 145

1 $2^2+x^2=4^2+6^2$　　$\therefore x^2=48$

2 $10^2+x^2=8^2+12^2$　　$\therefore x^2=108$

3 $x^2+x^2=4^2+8^2$　　$\therefore x^2=40$

4 $x^2+x^2=6^2+10^2$　　$\therefore x^2=68$

5 $3^2+x^2=5^2+y^2$　　$\therefore x^2-y^2=16$

6 $x^2+9^2=y^2+12^2$　　$\therefore x^2-y^2=63$

7 $\overline{BC}^2=3^2+4^2=5^2$　　$\therefore \overline{BC}=5$

$x^2+5^2=4^2+6^2$　　$\therefore x^2=27$

8 $\overline{AB}^2=6^2+8^2=10^2$　　$\therefore \overline{AB}=10$

$10^2+x^2=14^2+7^2$　　$\therefore x^2=145$

C 피타고라스 정리를 이용한 직사각형의 성질 142쪽

1 18	2 14	3 13	4 8
5 37	6 39	7 48	8 84

1 $5^2+3^2=x^2+4^2$　　$\therefore x^2=18$

2 $5^2+5^2=6^2+x^2$　　$\therefore x^2=14$

3 $(2x)^2+5^2=x^2+8^2$

$4x^2+25=x^2+64$　　$\therefore x^2=13$

4 $(3x)^2+6^2=x^2+10^2$

$9x^2+36=x^2+100$　　$\therefore x^2=8$

5 $\overline{AP}^2+7^2=6^2+5^2$　　$\therefore \overline{AP}^2=12$

$\therefore x^2=12+5^2=37$

6 $4^2+4^2=3^2+\overline{DP}^2$　　$\therefore \overline{DP}^2=23$

$\therefore x^2=23+4^2=39$

7 $13^2+y^2=11^2+x^2$

$\therefore x^2-y^2=13^2-11^2=48$

8 $4^2+x^2=y^2+10^2$

$\therefore x^2-y^2=10^2-4^2=84$

D 직각삼각형의 반원 사이의 관계 143쪽

1 16π	2 5π	3 25π	4 64π
5 30	6 54	7 10	8 25

1 (색칠한 부분의 넓이)$=9\pi+7\pi=16\pi$

2 (색칠한 부분의 넓이)$=15\pi-10\pi=5\pi$

3 오른쪽 그림과 같이 $S_1+S_2=S_3$이므로

(색칠한 부분의 넓이)

$$=2S_3=2\times\frac{5^2\pi}{2}=25\pi$$

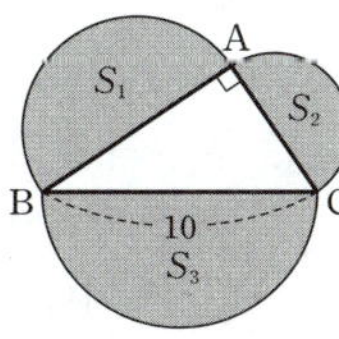

4 (색칠한 부분의 넓이)$=2\times\dfrac{8^2\pi}{2}=64\pi$

5 $\overline{AC}^2=13^2-12^2=5^2$이므로 $\overline{AC}=5$

$\therefore$ (색칠한 부분의 넓이)$=(\triangle ABC의 넓이)$

$$=\frac{1}{2}\times12\times5$$

$$=30$$

6 $\overline{AB}^2=15^2-12^2=9^2$이므로 $\overline{AB}=9$

$\therefore$ (색칠한 부분의 넓이)$=(\triangle ABC의 넓이)$

$$=\frac{1}{2}\times12\times9$$

$$=54$$

7 (색칠한 부분의 넓이)$=(\triangle ABC의 넓이)$이므로

$24=\dfrac{1}{2}\times8\times\overline{AC},\ \overline{AC}=6$

따라서 $x^2=8^2+6^2=10^2$이므로 $x=10$

8 (색칠한 부분의 넓이)$=(\triangle ABC의 넓이)$이므로

$84=\dfrac{1}{2}\times24\times\overline{AC},\ \overline{AC}=7$

따라서 $x^2=24^2+7^2=25^2$이므로 $x=25$

거처먹는 시험 문제 144쪽

1 ⑤	2 1	3 ①	4 ②
5 ③	6 192		

1 삼각형의 두 변의 중점을 연결한 선분의 성질에 의하여

$\overline{AC}=2\overline{DE}=8$

$\therefore \overline{AE}^2+\overline{CD}^2=4^2+8^2=80$

2 $\overline{AB}^2+6^2=5^2+4^2$

$\therefore \overline{AB}^2=5$

$\therefore x^2=5-2^2=1$

3 $10^2+x^2=(2x)^2+7^2$

$100+x^2=4x^2+49,\ 3x^2=51$

$\therefore x^2=17$

4 $S_1+S_2=\dfrac{1}{2}\times\left(\dfrac{\overline{BC}}{2}\right)^2\times\pi$

$$=\frac{1}{2}\times36\times\pi=18\pi$$

5 오른쪽 그림에서

$S_1=\dfrac{1}{2}\times4^2\times\pi=8\pi$

$\therefore S_2=24\pi-8\pi=16\pi$

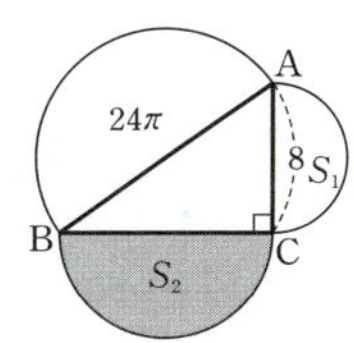

6 $\overline{AC}^2=20^2-16^2=12^2$이므로 $\overline{AC}=12$

$\therefore$ (색칠한 부분의 넓이)$=2\times(\triangle ABC의 넓이)$

$$=2\times\frac{1}{2}\times12\times16$$

$$=192$$

22 경우의 수 1

A 주사위를 던질 때의 경우의 수   147쪽

1 2	2 2	3 2	4 3
5 2	6 3	7 2	8 3
9 5	10 10	11 6	12 2

1 3보다 작은 눈은 1, 2의 2가지이다.

2 4보다 큰 눈은 5, 6의 2가지이다.

3 5 이상의 눈은 5, 6의 2가지이다.

4 짝수인 눈은 2, 4, 6의 3가지이다.

5 3의 배수의 눈은 3, 6의 2가지이다.

6 4의 약수의 눈은 1, 2, 4의 3가지이다.

7 두 눈의 수의 합이 3이 되는 경우는 $(1, 2)$, $(2, 1)$의 2가지이다.

8 두 눈의 수의 합이 4가 되는 경우는 $(1, 3)$, $(2, 2)$, $(3, 1)$의 3가지이다.

9 두 눈의 수의 합이 8이 되는 경우는 $(2, 6)$, $(3, 5)$, $(4, 4)$, $(5, 3)$, $(6, 2)$의 5가지이다.

10 두 눈의 수의 차가 1이 되는 경우는 $(1, 2)$, $(2, 1)$, $(2, 3)$, $(3, 2)$, $(3, 4)$, $(4, 3)$, $(4, 5)$, $(5, 4)$, $(5, 6)$, $(6, 5)$의 10가지이다.

11 두 눈의 수의 차가 3이 되는 경우는 $(1, 4)$, $(2, 5)$, $(3, 6)$, $(4, 1)$, $(5, 2)$, $(6, 3)$의 6가지이다.

12 두 눈의 수의 차가 5가 되는 경우는 $(1, 6)$, $(6, 1)$의 2가지이다.

B 숫자, 동전을 뽑는 경우의 수   148쪽

1 3	2 2	3 3	4 1
5 5	6 4	7 2	8 2
9 1	10 1	11 1	12 1

1 3의 배수는 3, 6, 9의 3가지이다.

2 5의 배수는 5, 10의 2가지이다.

3 8 이상의 수는 8, 9, 10의 3가지이다.

4 10 이상의 수는 10의 1가지이다.

5 홀수는 1, 3, 5, 7, 9의 5가지이다.

6 소수는 약수를 1과 자기 자신만 가지는 수이므로 2, 3, 5, 7의 4가지이다.

7 앞면이 1개인 경우는 (앞면, 뒷면), (뒷면, 앞면)의 2가지이다.

8 뒷면이 1개인 경우는 (앞면, 뒷면), (뒷면, 앞면)의 2가지이다.

9 앞면이 0개인 경우는 (뒷면, 뒷면)의 1가지이다.

10 앞면이 2개인 경우는 (앞면, 앞면)의 1가지이다.

11 뒷면이 0개인 경우는 (앞면, 앞면)의 1가지이다.

12 뒷면이 2개인 경우는 (뒷면, 뒷면)의 1가지이다.

C 돈을 지불하는 경우의 수   149쪽

1 2	2 3	3 2	4 2
5 2	6 4		

1

100원	50원
1	0
0	2

∴ 2가지

2

100원	50원
2	0
1	2
0	4

∴ 3가지

3

500원	100원
2	0
1	5

∴ 2가지

4

100원	50원	10원
1	2	0
1	1	5

∴ 2가지

5

100원	50원	10원
2	2	0
2	1	5

∴ 2가지

6

100원	50원	10원
2	1	0
2	0	5
1	3	0
1	2	5

∴ 4가지

D 사건 A 또는 사건 B가 일어나는 경우의 수 1   150쪽

1 5	2 5	3 8	4 14
5 12	6 6	7 10	8 7
9 5	10 8		

1 두 눈의 수의 합이 3인 경우는 $(1, 2)$, $(2, 1)$의 2가지이고, 합이 4인 경우는 $(1, 3)$, $(2, 2)$, $(3, 1)$의 3가지이므로 $2+3=5$

2 두 눈의 수의 합이 2인 경우는 $(1, 1)$의 1가지이고, 합이 5인 경우는 $(1, 4)$, $(2, 3)$, $(3, 2)$, $(4, 1)$의 4가지이므로 $1+4=5$

3 두 눈의 수의 합이 6인 경우는 $(1, 5)$, $(2, 4)$, $(3, 3)$, $(4, 2)$, $(5, 1)$의 5가지이고, 합이 10인 경우는 $(4, 6)$, $(5, 5)$, $(6, 4)$의 3가지이므로 $5+3=8$

4 두 눈의 수의 차가 0인 경우는 $(1, 1)$, $(2, 2)$, $(3, 3)$, $(4, 4)$, $(5, 5)$, $(6, 6)$의 6가지이고, 차가 2인 경우는 $(1, 3)$, $(2, 4)$, $(3, 1)$, $(3, 5)$, $(4, 2)$, $(4, 6)$, $(5, 3)$, $(6, 4)$의 8가지이므로 $6+8=14$

5 두 눈의 수의 차가 1인 경우는 $(1, 2)$, $(2, 1)$, $(2, 3)$, $(3, 2)$, $(3, 4)$, $(4, 3)$, $(4, 5)$, $(5, 4)$, $(5, 6)$, $(6, 5)$의 10가지이고, 차가 5인 경우는 $(1, 6)$, $(6, 1)$의 2가지이므로 $10+2=12$

6 4의 배수는 4, 8, 12의 3가지이고, 5의 배수는 5, 10, 15의 3가지이므로 $3+3=6$

7 2의 배수는 2, 4, 6, 8, 10, 12, 14의 7가지이고, 9의 약수는 1, 3, 9의 3가지이므로 $7+3=10$

8 3의 배수는 3, 6, 9, 12, 15의 5가지이고, 7의 배수는 7, 14의 2가지이므로 $5+2=7$

9 6의 약수는 1, 2, 3, 6의 4가지이고, 8의 배수는 8의 1가지이므로 $4+1=5$

10 소수는 2, 3, 5, 7, 11, 13의 6가지이고, 6의 배수는 6, 12의 2가지이므로 $6+2=8$

E 사건 A 또는 사건 B가 일어나는 경우의 수 2   151쪽

1 5	2 11	3 13	4 24
5 8	6 11	7 19	8 17

1 $3+2=5$

2 $5+6=11$

3 $8+5=13$

4 $14+10=24$

5 $5+3=8$

6 $4+7=11$

7 $10+9=19$

8 $12+5=17$

거쳐먹는 시험 문제   152쪽

1 ③	2 ③	3 4	4 4
5 ④	6 ⑤		

1 두 눈의 수의 합이 7인 경우는 $(1, 6)$, $(2, 5)$, $(3, 4)$, $(4, 3)$, $(5, 2)$, $(6, 1)$의 6가지이다.

2 1에서 20까지의 숫자 중에 3의 배수는 3, 6, 9, 12, 15, 18의 6가지이다.

3 1에서 10까지의 숫자 중에 8의 약수는 1, 2, 4, 8의 4가지이다.

100원	50원	10원
3	2	0
3	1	5
2	4	0
2	3	5

$\therefore$ 4가지

5 두 눈의 수의 차가 3인 경우는 $(1, 4)$, $(2, 5)$, $(3, 6)$, $(4, 1)$, $(5, 2)$, $(6, 3)$의 6가지이고, 두 눈의 수의 차가 4인 경우는 $(1, 5)$, $(2, 6)$, $(5, 1)$, $(6, 2)$의 4가지이므로 $6+4=10$

6 짝수는 2, 4, 6, 8, 10, 12, 14의 7가지이고, 15의 약수는 1, 3, 5, 15의 4가지이므로 $7+4=11$

---

23   경우의 수 2

A 사건 A와 사건 B가 동시에 일어나는 경우의 수   – 동전 또는 주사위   154쪽

1 4	2 8	3 16	4 36
5 216	6 12	7 24	8 72
9 48	10 144		

1 $2\times2=4$

2 $2\times2\times2=8$

3 $2\times2\times2\times2=16$

4 $6\times6=36$

5 $6\times6\times6=216$

6 $2\times6=12$

7 $2\times2\times6=24$

8 $2\times6\times6=72$

9 $2\times2\times2\times6=48$

10 $2\times2\times6\times6=144$

B 사건 A와 사건 B가 동시에 일어나는 경우의 수   – 길 또는 교통수단   155쪽

1 20	2 18	3 24	4 36
5 6	6 8	7 15	8 6
9 8			

1 $4\times5=20$

2 $3\times6=18$

3 $8\times3=24$

4 $6\times6=36$

5 $2\times3=6$

6 $2 \times 4 = 8$

7 $5 \times 3 = 15$

8 $2 \times 3 = 6$

9 $4 \times 2 = 8$

C 사건 A와 사건 B가 동시에 일어나는 경우의 수
　 - 물건을 선택하는 경우　　　　　　　　　　156쪽

1 15	2 28	3 12	4 24
5 50	6 63	7 40	8 120

1 $5 \times 3 = 15$

2 $7 \times 4 = 28$

3 $3 \times 4 = 12$

4 $6 \times 4 = 24$

5 $10 \times 5 = 50$

6 $9 \times 7 = 63$

7 $5 \times 8 = 40$

8 $10 \times 12 = 120$

D 여러 가지 경우의 수　　　　　　　　　　157쪽

1 3	2 7	3 9	4 27
5 6	6 24	7 36	8 108

1 전구의 개수만큼 2를 곱하고 모두 꺼진 상태인 1가지를 빼준다.
　 ∴ $2 \times 2 - 1 = 3$

2 전구의 개수만큼 2를 곱하고 모두 꺼진 상태인 1가지를 빼준다.
　 ∴ $2 \times 2 \times 2 - 1 = 7$

3 두 명이 각각 가위, 바위, 보의 3가지를 낼 수 있으므로
　 $3 \times 3 = 9$

4 세 명이 각각 가위, 바위, 보의 3가지를 낼 수 있으므로
　 $3 \times 3 \times 3 = 27$

5 A, B, C 세 부분에 3가지 색 중에서 한 번씩만 사용하여 칠
　 하면 $3 \times 2 \times 1 = 6$

6 A, B, C, D 네 부분에 4가지 색 중에서 한 번씩만 사용하여
　 칠하면 $4 \times 3 \times 2 \times 1 = 24$

7 A에 칠할 수 있는 색은 4가지, B에 칠할 수 있는 색은 A에
　 칠한 색을 제외한 3가지, C에 칠할 수 있는 색은 B에 칠한 색
　 을 제외한 3가지이다.
　 ∴ $4 \times 3 \times 3 = 36$

8 A에 칠할 수 있는 색은 4가지, B에 칠할 수 있는 색은 A에
　 칠한 색을 제외한 3가지, C에 칠할 수 있는 색은 B에 칠한 색
　 을 제외한 3가지, D에 칠할 수 있는 색은 C에 칠한 색을 제
　 외한 3가지이다.
　 ∴ $4 \times 3 \times 3 \times 3 = 108$

1 ④	2 6	3 15	4 ③
5 8	6 ②		

1 $2 \times 2 \times 2 \times 2 = 16$

2 주사위 A에서 홀수의 눈은 1, 3, 5의 3가지가 나올 수 있고,
　 주사위 B에서 3의 배수의 눈은 3, 6의 2가지가 나올 수 있으
　 므로 $3 \times 2 = 6$

3 1에서 12까지의 수 중에서 소수는 2, 3, 5, 7, 11의 5가지이
　 고, 4의 배수는 4, 8, 12의 3가지이므로 $5 \times 3 = 15$

4 $2 \times 5 + 1 = 11$

5 한 명당 깃발을 들거나 내리는 2가지 선택을 할 수 있으므로
　 $2 \times 2 \times 2 = 8$

6 A에 칠할 수 있는 색은 4가지, B에 칠할 수 있는 색은 A에
　 칠한 색을 제외한 3가지, C에 칠할 수 있는 색은 A, B에 칠
　 한 색을 제외한 2가지, D에 칠할 수 있는 색은 A, C에 칠한
　 색을 제외한 2가지이다.
　 ∴ $4 \times 3 \times 2 \times 2 = 48$

24 경우의 수 3

A 일렬로 세우는 경우의 수 1　　　　　　　　160쪽

1 6	2 24	3 120	4 20
5 30	6 60	7 6	8 24
9 24	10 720		

1 $3 \times 2 \times 1 = 6$

2 $4 \times 3 \times 2 \times 1 = 24$

3 $5 \times 4 \times 3 \times 2 \times 1 = 120$

4 $5 \times 4 = 20$

5 $6 \times 5 = 30$

6 $5 \times 4 \times 3 = 60$

7 B를 맨 앞에 정해 놓고 A, C, D를 일렬로 세우면 되므로
　 $3 \times 2 \times 1 = 6$

8 D를 맨 뒤에 정해 놓고 A, B, C, E를 일렬로 세우면 되므로
　 $4 \times 3 \times 2 \times 1 = 24$

9 여자를 가운데 자리에 정해 놓고 남자 4명을 일렬로 세우면
　 되므로 $4 \times 3 \times 2 \times 1 = 24$

10 어린이를 가운데 자리에 정해 놓고 어른 6명을 일렬로 세우
　 면 되므로 $6 \times 5 \times 4 \times 3 \times 2 \times 1 = 720$

B 일렬로 세우는 경우의 수 2

1 12	**2** 12	**3** 48	**4** 240
5 4	**6** 12	**7** 48	**8** 240

1 가족 4명 중 부모님을 묶어서 3명을 일렬로 세운 경우의 수에 부모님이 바꾸어 설 수 있으므로 2를 곱한다.

$$\therefore 3 \times 2 \times 1 \times 2 = 12$$

2 가족 4명 중 자녀 2명을 묶어서 3명을 일렬로 세운 경우의 수에 자녀가 바꾸어 설 수 있으므로 2를 곱한다.

$$\therefore 3 \times 2 \times 1 \times 2 = 12$$

3 참고서 5권 중 수학과 과학 참고서를 묶어서 4권을 일렬로 꽂는 경우의 수에 수학과 과학 참고서를 바꾸어 꽂을 수 있으므로 2를 곱한다.

$$\therefore 4 \times 3 \times 2 \times 1 \times 2 = 48$$

4 학생 6명 중 여학생 2명을 묶어서 5명을 일렬로 세운 경우의 수에 여학생 2명이 바꾸어 설 수 있으므로 2를 곱한다.

$$\therefore 5 \times 4 \times 3 \times 2 \times 1 \times 2 = 240$$

5 양 끝에 선다는 것은 정은이가 맨 앞에 서고 지윤이가 맨 끝에 서는 경우와 그 반대인 경우가 있으므로 정은이와 지윤이를 빼고 2명을 일렬로 세운 경우의 수에 2를 곱한다.

$$\therefore 2 \times 1 \times 2 = 4$$

6 모음은 a, o이고 양 끝에 있으므로 a와 o를 빼고 c, g, t를 일렬로 배열한 경우의 수에 2를 곱한다.

$$\therefore 3 \times 2 \times 1 \times 2 = 12$$

7 짝수는 4와 8뿐이므로 4와 8을 제외한 4개의 수를 일렬로 배열한 경우의 수에 4와 8을 바꿀 수 있으므로 2를 곱한다.

$$\therefore 4 \times 3 \times 2 \times 1 \times 2 = 48$$

8 남학생 2명을 양 끝에 세우므로 남학생 2명을 뺀 여학생 5명을 한 줄로 세우는 경우의 수에 2를 곱한다.

$$\therefore 5 \times 4 \times 3 \times 2 \times 1 \times 2 = 240$$

C 대표를 뽑는 경우의 수

1 12	**2** 20	**3** 60	**4** 12
5 36	**6** 6	**7** 10	**8** 15
9 10	**10** 20		

1 $4 \times 3 = 12$

2 $5 \times 4 = 20$

3 $5 \times 4 \times 3 = 60$

4 여학생 2명 중에서 회장 1명을 뽑는 경우의 수에 남학생 3명 중에서 부회장, 총무를 뽑는 경우의 수를 곱하면 된다.

$$\therefore 2 \times 3 \times 2 = 12$$

5 여학생 4명 중에서 회장, 부회장을 뽑는 경우의 수에 남학생 3명 중에서 총무를 뽑는 경우의 수를 곱하면 된다.

$$\therefore 4 \times 3 \times 3 = 36$$

6 $\dfrac{4 \times 3}{2} = 6$

7 $\dfrac{5 \times 4}{2} = 10$

8 6명 중 2명을 뽑아 악수를 하는 것은 6명 중 대표를 2명 뽑는 경우와 같으므로

$$\frac{6 \times 5}{2} = 15$$

9 5명 중 대표를 3명 뽑는 경우의 수는 자격이 같으므로

$$\frac{5 \times 4 \times 3}{6} = 10$$

10 6명 중 대표를 3명 뽑는 경우의 수는 자격이 같으므로

$$\frac{6 \times 5 \times 4}{6} = 20$$

D 자연수 만들기

1 20	**2** 120	**3** 7	**4** 13
5 16	**6** 100	**7** 6	**8** 7

1 십의 자리에는 5개가 올 수 있고, 일의 자리에는 십의 자리에 온 수를 제외한 4개가 올 수 있으므로 $5 \times 4 = 20$

2 백의 자리에는 6개가 올 수 있고, 십의 자리에는 백의 자리에 온 수를 제외한 5개가 올 수 있고, 일의 자리에는 백의 자리와 십의 자리에 온 수를 제외한 4개가 올 수 있으므로 $6 \times 5 \times 4 = 120$

3 십의 자리의 숫자가 2이면서 23보다 큰 수는 24의 1개이고, 십의 자리의 숫자가 3과 4일 때 일의 자리에는 각각 3개씩 올 수 있으므로 $1 + 2 \times 3 = 7$

4 십의 자리의 숫자가 3이면서 35보다 작은 수는 31, 32, 34의 3개이고, 십의 자리가 1과 2일 때 일의 자리에는 각각 5개씩 올 수 있으므로 $3 + 2 \times 5 = 13$

5 십의 자리에는 0을 제외하고 4개가 올 수 있고, 일의 자리에는 십의 자리에 온 수를 제외한 4개가 올 수 있으므로 $4 \times 4 = 16$

6 백의 자리에는 0을 제외하고 5개가 올 수 있고, 십의 자리에는 백의 자리에 온 수를 제외한 5개가 올 수 있고, 일의 자리에는 백의 자리와 십의 자리에 온 수를 제외한 4개가 올 수 있으므로 $5 \times 5 \times 4 = 100$

7 십의 자리의 숫자가 3이면서 31보다 큰 수는 32, 34의 2개이고, 십의 자리의 숫자가 4일 때 일의 자리에는 4개가 올 수 있으므로 $2 + 4 = 6$

8 십의 자리의 숫자가 2이면서 24 미만인 수는 20, 21, 23의 3개이고, 십의 자리의 숫자가 1일 때 일의 자리에는 4개가 올 수 있으므로 $3 + 4 = 7$

| **1** 6 | **2** 10 | **3** 15 | **4** 21 |
| **5** 4 | **6** 10 | **7** 20 | **8** 35 |

1 $\dfrac{4\times3}{2}=6$

2 $\dfrac{5\times4}{2}=10$

3 $\dfrac{6\times5}{2}=15$

4 $\dfrac{7\times6}{2}=21$

5 $\dfrac{4\times3\times2}{6}=4$

6 $\dfrac{5\times4\times3}{6}=10$

7 $\dfrac{6\times5\times4}{6}=20$

8 $\dfrac{7\times6\times5}{6}=35$

거저먹는 시험 문제   165쪽

| **1** ② | **2** 240 | **3** ⑤ | **4** ① |
| **5** ④ | **6** ② | | |

1 다섯 장소를 일렬로 세우는 경우의 수와 같으므로
$5\times4\times3\times2\times1=120$

2 6명이 한 줄로 앉을 때, 규호와 주엽이가 짝을 이루어 앉으면 5명이 한 줄로 앉는 경우의 수에 규호와 주엽이가 바꾸어 앉을 수 있으므로 2를 곱한다.
$\therefore 5\times4\times3\times2\times1\times2=240$

3 금메달은 10개국이 받을 수 있고, 은메달은 금메달을 받은 나라를 제외하고 9개국, 동메달은 금메달과 은메달을 받은 나라를 제외하고 8개국이 받을 수 있으므로
$10\times9\times8=720$

4 9명 중에서 대표 2명을 뽑는 경우의 수는
$\dfrac{9\times8}{2}=36$

5 백의 자리에는 5개가 올 수 있고, 십의 자리에는 백의 자리에 온 수를 제외한 4개가 올 수 있고, 일의 자리에는 백의 자리와 십의 자리에 온 수를 제외한 3개가 올 수 있으므로
$5\times4\times3=60$

6 십의 자리의 숫자가 2이면서 20 이하인 수는 20의 1개이고, 십의 자리의 숫자가 1일 때 일의 자리에는 4개가 올 수 있으므로
$1+4=5$

A 확률 1   167쪽

1 4	**2** 1	**3** $\dfrac{1}{4}$	**4** 8
5 3	**6** $\dfrac{3}{8}$	**7** $\dfrac{2}{5}$	**8** $\dfrac{4}{15}$
9 $\dfrac{1}{3}$	**10** $\dfrac{3}{10}$	**11** $\dfrac{1}{2}$	**12** $\dfrac{3}{10}$

1 서로 다른 동전 2개를 던질 때 나오는 모든 경우의 수는
$2\times2=4$

2 모두 뒷면이 나오는 경우는 (뒷면, 뒷면)의 1가지이다.

3 $\dfrac{(모두\ 뒷면이\ 나오는\ 경우의\ 수)}{(모든\ 경우의\ 수)}=\dfrac{1}{4}$

4 서로 다른 동전 3개를 던질 때 나오는 모든 경우의 수는
$2\times2\times2=8$

5 10원짜리 동전이 앞면인 경우, 100원짜리 동전이 앞면인 경우, 500원짜리 동전이 앞면인 경우의 3가지이다.

6 $\dfrac{(앞면이\ 1개만\ 나오는\ 경우의\ 수)}{(모든\ 경우의\ 수)}=\dfrac{3}{8}$

7 전체 사탕이 15개이고 빨간 사탕이 6개가 있으므로 빨간 사탕을 꺼낼 확률은 $\dfrac{6}{15}=\dfrac{2}{5}$

8 전체 사탕이 15개이고 파란 사탕이 4개가 있으므로 파란 사탕을 꺼낼 확률은 $\dfrac{4}{15}$

9 전체 사탕이 15개이고 노란 사탕이 5개가 있으므로 노란 사탕을 꺼낼 확률은 $\dfrac{5}{15}=\dfrac{1}{3}$

10 1부터 20까지의 자연수가 적힌 카드에서 3의 배수를 뽑을 경우는 3, 6, 9, 12, 15, 18의 6가지이다.
따라서 구하는 확률은 $\dfrac{6}{20}=\dfrac{3}{10}$

11 1부터 20까지의 자연수가 적힌 카드에서 짝수를 뽑을 경우는 2, 4, 6, 8, 10, 12, 14, 16, 18, 20의 10가지이다.
따라서 구하는 확률은 $\dfrac{10}{20}=\dfrac{1}{2}$

12 1부터 20까지의 자연수가 적힌 카드에서 20의 약수를 뽑을 경우는 1, 2, 4, 5, 10, 20의 6가지이다.
따라서 구하는 확률은 $\dfrac{6}{20}=\dfrac{3}{10}$

B 확률 2   168쪽

1 $\dfrac{1}{9}$	**2** $\dfrac{1}{12}$	**3** $\dfrac{2}{9}$	**4** $\dfrac{1}{18}$
5 $\dfrac{1}{4}$	**6** $\dfrac{1}{2}$	**7** $\dfrac{2}{5}$	**8** $\dfrac{1}{3}$
9 $\dfrac{1}{6}$	**10** $\dfrac{1}{3}$		

1 서로 다른 주사위 두 개를 던질 때 나오는 모든 경우의 수는
$6 \times 6 = 36$
눈의 수의 합이 5일 경우는 $(1, 4)$, $(2, 3)$, $(3, 2)$, $(4, 1)$의
4가지이므로 구하는 확률은 $\dfrac{4}{36} = \dfrac{1}{9}$

2 눈의 수의 합이 10일 경우는 $(4, 6)$, $(5, 5)$, $(6, 4)$의 3가지
이므로 구하는 확률은 $\dfrac{3}{36} = \dfrac{1}{12}$

3 눈의 수의 차가 2일 경우는 $(1, 3)$, $(2, 4)$, $(3, 1)$, $(3, 5)$,
$(4, 2)$, $(4, 6)$, $(5, 3)$, $(6, 4)$의 8가지이므로 구하는 확률은
$\dfrac{8}{36} = \dfrac{2}{9}$

4 $3x - y = 4$를 만족하는 경우는 $(2, 2)$, $(3, 5)$의 2가지이므로
구하는 확률은 $\dfrac{2}{36} = \dfrac{1}{18}$

5 $2x + y < 8$을 만족하는 경우는 $(1, 1)$, $(1, 2)$, $(1, 3)$, $(1, 4)$,
$(1, 5)$, $(2, 1)$, $(2, 2)$, $(2, 3)$, $(3, 1)$의 9가지이므로 구하는
확률은 $\dfrac{9}{36} = \dfrac{1}{4}$

6 남학생 2명과 여학생 2명이 일렬로 서는 경우의 수는
$4 \times 3 \times 2 \times 1 = 24$
이 중 남학생 2명이 서로 이웃하는 경우는
$3 \times 2 \times 1 \times 2 = 12$
따라서 구하는 확률은 $\dfrac{12}{24} = \dfrac{1}{2}$

7 남학생 2명과 여학생 3명이 일렬로 서는 경우의 수는
$5 \times 4 \times 3 \times 2 \times 1 = 120$
이 중 특정한 여학생 2명이 서로 이웃하는 경우의 수는
$4 \times 3 \times 2 \times 1 \times 2 = 48$
따라서 구하는 확률은 $\dfrac{48}{120} = \dfrac{2}{5}$

8 남학생 4명과 여학생 2명이 일렬로 서는 경우의 수는
$6 \times 5 \times 4 \times 3 \times 2 \times 1 = 720$
이 중 특정한 남학생 2명이 서로 이웃하는 경우의 수는
$5 \times 4 \times 3 \times 2 \times 1 \times 2 = 240$
따라서 구하는 확률은 $\dfrac{240}{720} = \dfrac{1}{3}$

9 1부터 6까지의 자연수 중에서 2장을 뽑아 만든 두 자리의 자
연수는
$6 \times 5 = 30$
두 자리의 자연수가 20 이하일 경우는 12, 13, 14, 15, 16의
5개이므로 구하는 확률은 $\dfrac{5}{30} = \dfrac{1}{6}$

10 1부터 6까지의 자연수 중에서 2장을 뽑아 만든 두 자리의
자연수는
$6 \times 5 = 30$
두 자리의 자연수가 50 이상일 경우는 십의 자리의 숫자가
5 또는 6이므로 10개이다.
따라서 구하는 확률은 $\dfrac{10}{30} = \dfrac{1}{3}$

C 확률의 성질 169쪽

1 1	2 0	3 1	4 1
5 0	6 1	7 0	8 0
9 0	10 1		

1 주사위를 던질 때 모든 눈은 1 이상의 눈이 나오므로 확률은
1이다.

2 주사위를 던질 때 7 이상의 눈은 나오지 않으므로 확률은 0이다.

3 주사위를 던질 때 모든 눈은 6 이하의 눈이 나오므로 확률은
1이다.

4 상자에는 빨간 구슬과 파란 구슬이 들어 있으므로 꺼낸 구슬
이 빨간 구슬 또는 파란 구슬일 확률은 1이다.

5 상자에는 노란 구슬이 없으므로 노란 구슬이 나올 확률은
0이다.

6 서로 다른 두 개의 주사위를 던질 때 나오는 눈의 수의 합은
항상 12 이하이므로 확률은 1이다.

7 서로 다른 두 개의 주사위를 던질 때 나오는 눈의 수의 합은
항상 12 이하이므로 12 초과일 확률은 0이다.

8 서로 다른 두 개의 주사위를 던질 때 나오는 눈의 수의 차는
항상 5 이하이므로 눈의 수의 차가 6일 확률은 0이다.

9 당첨 제비의 개수가 0이라면 당첨될 확률은 0이다.

10 20개의 제비 중에 당첨 제비의 개수가 20이라면 당첨될 확
률은 1이다.

D 어떤 사건이 일어나지 않을 확률 170쪽

1 $\dfrac{1}{6}$	2 $\dfrac{1}{3}$	3 $\dfrac{3}{5}$	4 $\dfrac{5}{8}$
5 $\dfrac{3}{10}$	6 $\dfrac{1}{2}$	7 $\dfrac{3}{5}$	8 $\dfrac{2}{3}$
9 $\dfrac{1}{2}$	10 $\dfrac{3}{5}$		

1 (B가 이길 확률)$= 1 -$ (A가 이길 확률)
$$= 1 - \dfrac{5}{6} = \dfrac{1}{6}$$

2 (노란 구슬을 꺼낼 확률)$= 1 -$ (파란 구슬을 꺼낼 확률)
$$= 1 - \dfrac{2}{3} = \dfrac{1}{3}$$

3 (문제를 틀릴 확률)$= 1 -$ (문제를 맞힐 확률)
$$= 1 - \dfrac{2}{5} = \dfrac{3}{5}$$

4 (대학에 불합격할 확률)$= 1 -$ (대학에 합격할 확률)
$$= 1 - \dfrac{3}{8} = \dfrac{5}{8}$$

5 (비가 오지 않을 확률)$= 1 -$ (비가 올 확률)
$$= 1 - \dfrac{7}{10} = \dfrac{3}{10}$$

6 A, B, C, D 4명을 일렬로 세우는 경우의 수는
$4 \times 3 \times 2 \times 1 = 24$

A와 B가 이웃할 경우의 수는 $3 \times 2 \times 1 \times 2 = 12$

따라서 A와 B가 이웃할 확률은 $\dfrac{12}{24} = \dfrac{1}{2}$이므로 이웃하지 않

을 확률은 $1 - \dfrac{1}{2} = \dfrac{1}{2}$

7 A, B, C, D, E 5명을 일렬로 세우는 경우의 수는

$5 \times 4 \times 3 \times 2 \times 1 = 120$

C와 D가 이웃할 경우의 수는 $4 \times 3 \times 2 \times 1 \times 2 = 48$

따라서 C와 D가 이웃할 확률은 $\dfrac{48}{120} = \dfrac{2}{5}$이므로 이웃하지

않을 확률은 $1 - \dfrac{2}{5} = \dfrac{3}{5}$

8 A, B, C, D, E, F 6명을 일렬로 세우는 경우의 수는

$6 \times 5 \times 4 \times 3 \times 2 \times 1 = 720$

E와 F가 이웃할 경우의 수는 $5 \times 4 \times 3 \times 2 \times 1 \times 2 = 240$

따라서 E와 F가 이웃할 확률은 $\dfrac{240}{720} = \dfrac{1}{3}$이므로 이웃하지

않을 확률은 $1 - \dfrac{1}{3} = \dfrac{2}{3}$

9 4명의 후보 중에서 대표 2명을 뽑을 경우의 수는

$\dfrac{4 \times 3}{2} = 6$

이 중 A가 뽑힐 경우는 $(A, B), (A, C), (A, D)$의 3가지
이다.

따라서 A가 뽑힐 확률은 $\dfrac{3}{6} = \dfrac{1}{2}$이므로 A가 뽑히지 않을 확

률은 $1 - \dfrac{1}{2} = \dfrac{1}{2}$

10 5명의 후보 중에서 대표 2명을 뽑을 경우의 수는

$\dfrac{5 \times 4}{2} = 10$

이 중 B가 뽑힐 경우는 $(B, A), (B, C), (B, D), (B, E)$
의 4가지이다.

따라서 B가 뽑힐 확률은 $\dfrac{4}{10} = \dfrac{2}{5}$이므로 B가 뽑히지 않을

확률은 $1 - \dfrac{2}{5} = \dfrac{3}{5}$

E 적어도 ~일 확률   171쪽

1 $\dfrac{3}{4}$	2 $\dfrac{7}{8}$	3 $\dfrac{15}{16}$	4 $\dfrac{31}{32}$
5 $\dfrac{3}{4}$	6 $\dfrac{5}{9}$	7 $\dfrac{6}{7}$	8 $\dfrac{9}{14}$

1 서로 다른 동전을 두 개 던졌을 때 모두 뒷면이 나올 확률은
$\dfrac{1}{4}$이다.

$\therefore$ (적어도 앞면이 한 개 나올 확률)

$\quad = 1 - ($모두 뒷면이 나올 확률$) = 1 - \dfrac{1}{4} = \dfrac{3}{4}$

2 서로 다른 동전을 세 개 던졌을 때 모두 앞면이 나올 확률은
$\dfrac{1}{8}$이다.

$\therefore$ (적어도 뒷면이 한 개 나올 확률)

$\quad = 1 - ($모두 앞면이 나올 확률$) = 1 - \dfrac{1}{8} = \dfrac{7}{8}$

3 4문제를 풀 때 나올 수 있는 모든 경우의 수는

$2 \times 2 \times 2 \times 2 = 16$이므로 모두 틀릴 확률은 $\dfrac{1}{16}$이다.

$\therefore$ (적어도 한 문제를 맞힐 확률) $= 1 - ($문제를 모두 틀릴 확률$)$

$\quad = 1 - \dfrac{1}{16} = \dfrac{15}{16}$

4 5문제를 풀 때 나올 수 있는 모든 경우의 수는

$2 \times 2 \times 2 \times 2 \times 2 = 32$이므로 모두 틀릴 확률은 $\dfrac{1}{32}$이다.

$\therefore$ (적어도 한 문제를 맞힐 확률) $= 1 - ($문제를 모두 틀릴 확률$)$

$\quad = 1 - \dfrac{1}{32} = \dfrac{31}{32}$

5 서로 다른 주사위 두 개를 던졌을 때, 모두 2의 배수의 눈이
아닐 경우는 두 주사위 모두 1, 3, 5 중에 하나가 나와야 하므
로 $3 \times 3 = 9$

따라서 모두 2의 배수의 눈이 아닐 확률은 $\dfrac{9}{36} = \dfrac{1}{4}$

$\therefore$ (적어도 하나는 2의 배수의 눈일 확률)

$\quad = 1 - ($모두 2의 배수의 눈이 아닐 확률$)$

$\quad = 1 - \dfrac{1}{4} = \dfrac{3}{4}$

6 서로 다른 주사위 두 개를 던졌을 때, 모두 3의 배수의 눈이
아닐 경우는 두 주사위 모두 1, 2, 4, 5 중에 하나가 나와야 하
므로 $4 \times 4 = 16$

따라서 모두 3의 배수의 눈이 아닐 확률은 $\dfrac{16}{36} = \dfrac{4}{9}$

$\therefore$ (적어도 하나는 3의 배수의 눈일 확률)

$\quad = 1 - ($모두 3의 배수의 눈이 아닐 확률$)$

$\quad = 1 - \dfrac{4}{9} = \dfrac{5}{9}$

7 남학생 4명과 여학생 3명 중에서 2명의 대표를 뽑는 경우의

수는 $\dfrac{7 \times 6}{2} = 21$

모두 여학생이 뽑힐 경우의 수는 $\dfrac{3 \times 2}{2} = 3$

따라서 대표 2명이 모두 여학생이 뽑힐 확률은 $\dfrac{3}{21} = \dfrac{1}{7}$

$\therefore$ (적어도 한 명은 남학생이 대표가 될 확률)

$\quad = 1 - ($모두 여학생이 대표가 될 확률$)$

$\quad = 1 - \dfrac{1}{7} = \dfrac{6}{7}$

8 오렌지 맛 사탕 3개와 포도 맛 사탕 5개 중에서 2개를 꺼낼

경우의 수는 $\dfrac{8 \times 7}{2} = 28$

모두 포도 맛 사탕을 꺼낼 경우의 수는 $\dfrac{5 \times 4}{2} = 10$

따라서 모두 포도 맛 사탕을 꺼낼 확률은 $\dfrac{10}{28} = \dfrac{5}{14}$

$\therefore$ (적어도 한 개는 오렌지 맛 사탕이 나올 확률)

$\quad = 1 - ($모두 포도 맛 사탕이 나올 확률$)$

$\quad = 1 - \dfrac{5}{14} = \dfrac{9}{14}$

1 ③	2 ①	3 $\dfrac{5}{18}$	4 ②
5 ②	6 ④		

1 5명이 한 줄로 서는 경우의 수는

$5\times4\times3\times2\times1=120$

수지와 성아의 자리가 정해졌으므로 나머지 3명이 일렬로 서는 경우의 수는 $3\times2\times1=6$

따라서 구하는 확률은

$$\dfrac{6}{120}=\dfrac{1}{20}$$

2 5장의 카드에서 2장을 뽑아 만들 수 있는 두 자리의 자연수는

$5\times4=20$

짝수일 경우는 일의 자리에 2 또는 4가 오면 되므로 일의 자리의 숫자를 먼저 정해야 한다. 일의 자리에는 2가지가 올 수 있고, 십의 자리에는 일의 자리에 온 수를 제외한 4가지가 올 수 있으므로 $2\times4=8$

따라서 구하는 확률은

$$\dfrac{8}{20}=\dfrac{2}{5}$$

3 $y>5x-8$을 만족하는 경우는 $(1, 1), (1, 2), (1, 3), (1, 4),$ $(1, 5), (1, 6), (2, 3), (2, 4), (2, 5), (2, 6)$이므로 10가지이다.

따라서 구하는 확률은

$$\dfrac{10}{36}=\dfrac{5}{18}$$

4 ② $p=1-q$

5 A, B, C, D 4명을 일렬로 세우는 경우의 수는

$4\times3\times2\times1=24$

A가 맨 앞에 서는 경우의 수는 $3\times2\times1=6$

따라서 A가 맨 앞에 서는 확률은 $\dfrac{6}{24}=\dfrac{1}{4}$이므로 A가 맨 앞에 서지 않을 확률은

$$1-\dfrac{1}{4}=\dfrac{3}{4}$$

6 흰 바둑돌 3개와 검은 바둑돌 2개 중에서 2개를 꺼내는 경우의 수는

$$\dfrac{5\times4}{2}=10$$

모두 흰 바둑돌을 꺼낼 경우의 수는

$$\dfrac{3\times2}{2}=3$$

따라서 모두 흰 바둑돌을 꺼낼 확률은 $\dfrac{3}{10}$이므로

(적어도 한 개는 검은 바둑돌을 꺼낼 확률)

=1-(모두 흰 바둑돌을 꺼낼 확률)

$$=1-\dfrac{3}{10}$$

$$=\dfrac{7}{10}$$

---

26 확률의 계산 1

A 사건 A 또는 사건 B가 일어날 확률   174쪽

1 $\dfrac{1}{2}$	2 $\dfrac{3}{5}$	3 $\dfrac{7}{12}$	4 $\dfrac{3}{4}$
5 $\dfrac{2}{9}$	6 $\dfrac{1}{3}$	7 $\dfrac{5}{8}$	8 $\dfrac{7}{16}$

1 4보다 작은 수는 1, 2, 3의 3가지이므로 확률은 $\dfrac{3}{10}$

8보다 큰 수는 9, 10의 2가지이므로 확률은 $\dfrac{2}{10}$

따라서 구하는 확률은 $\dfrac{3}{10}+\dfrac{2}{10}=\dfrac{5}{10}=\dfrac{1}{2}$

2 6의 약수가 나오는 경우는 1, 2, 3, 6의 4가지이므로 확률은

$$\dfrac{4}{10}$$

5의 배수가 나오는 경우는 5, 10의 2가지이므로 확률은

$$\dfrac{2}{10}$$

따라서 구하는 확률은 $\dfrac{4}{10}+\dfrac{2}{10}=\dfrac{6}{10}=\dfrac{3}{5}$

3 빨간 공이 나올 확률은 $\dfrac{3}{12}$, 파란 공이 나올 확률은 $\dfrac{4}{12}$

따라서 구하는 확률은 $\dfrac{3}{12}+\dfrac{4}{12}=\dfrac{7}{12}$

4 파란 공이 나올 확률은 $\dfrac{4}{12}$, 노란 공이 나올 확률은 $\dfrac{5}{12}$

따라서 구하는 확률은 $\dfrac{4}{12}+\dfrac{5}{12}=\dfrac{9}{12}=\dfrac{3}{4}$

5 눈의 수의 합이 3인 경우는 $(1, 2), (2, 1)$의 2가지이므로 확률은 $\dfrac{2}{36}$

눈의 수의 합이 7인 경우는 $(1, 6), (2, 5), (3, 4), (4, 3), (5, 2),$ $(6, 1)$의 6가지이므로 확률은 $\dfrac{6}{36}$

따라서 구하는 확률은 $\dfrac{2}{36}+\dfrac{6}{36}=\dfrac{8}{36}=\dfrac{2}{9}$

6 눈의 수의 차가 0인 경우는 $(1, 1), (2, 2), (3, 3), (4, 4),$ $(5, 5), (6, 6)$의 6가지이므로 확률은 $\dfrac{6}{36}$

눈의 수의 차가 3인 경우는 $(1, 4), (2, 5), (3, 6), (4, 1),$ $(5, 2), (6, 3)$의 6가지이므로 확률은 $\dfrac{6}{36}$

따라서 구하는 확률은 $\dfrac{6}{36}+\dfrac{6}{36}=\dfrac{12}{36}=\dfrac{1}{3}$

7 0, 1, 2, 3, 4의 숫자가 각각 적힌 카드 5장 중에 2장을 뽑아 두 자리의 자연수를 만드는 경우의 수는 $4\times4=16$

두 자리 자연수가 14 이하인 경우는 10, 12, 13, 14의 4가지이므로 확률은 $\dfrac{4}{16}$

두 자리 자연수가 32 이상인 경우는 32, 34, 40, 41, 42, 43의 6가지이므로 확률은 $\dfrac{6}{16}$

따라서 구하는 확률은 $\dfrac{4}{16}+\dfrac{6}{16}=\dfrac{10}{16}=\dfrac{5}{8}$

8 두 자리의 자연수가 20 미만인 경우는 10, 12, 13, 14의 4가

지이므로 확률은 $\dfrac{4}{16}$

두 자리의 자연수가 40 초과인 경우는 41, 42, 43의 3가지이

므로 확률은 $\dfrac{3}{16}$

따라서 구하는 확률은 $\dfrac{4}{16}+\dfrac{3}{16}=\dfrac{7}{16}$

B 두 사건 A, B가 동시에 일어날 확률　　175쪽

1 $\dfrac{1}{9}$　　2 $\dfrac{1}{6}$　　3 $\dfrac{1}{4}$　　4 $\dfrac{1}{4}$

5 $\dfrac{6}{49}$　　6 $\dfrac{20}{49}$　　7 $\dfrac{1}{5}$　　8 $\dfrac{4}{21}$

1 2 이하의 눈이 나올 확률은 $\dfrac{2}{6}=\dfrac{1}{3}$, 5 이상의 눈이 나올 확률

은 $\dfrac{2}{6}=\dfrac{1}{3}$

$\therefore \dfrac{1}{3}\times\dfrac{1}{3}=\dfrac{1}{9}$

2 3의 배수의 눈이 나올 확률은 $\dfrac{2}{6}=\dfrac{1}{3}$, 4의 약수의 눈이 나올

확률은 $\dfrac{3}{6}=\dfrac{1}{2}$

$\therefore \dfrac{1}{3}\times\dfrac{1}{2}=\dfrac{1}{6}$

3 동전의 앞면이 나올 확률은 $\dfrac{1}{2}$, 주사위의 2의 배수의 눈이 나

올 확률은 $\dfrac{3}{6}=\dfrac{1}{2}$

$\therefore \dfrac{1}{2}\times\dfrac{1}{2}=\dfrac{1}{4}$

4 동전의 뒷면이 나올 확률은 $\dfrac{1}{2}$, 주사위에서 소수는 2, 3, 5이

므로 소수의 눈이 나올 확률은 $\dfrac{3}{6}=\dfrac{1}{2}$

$\therefore \dfrac{1}{2}\times\dfrac{1}{2}=\dfrac{1}{4}$

5 A 주머니에서 흰 공이 나올 확률은 $\dfrac{3}{7}$, B 주머니에서 검은

공이 나올 확률은 $\dfrac{2}{7}$

$\therefore \dfrac{3}{7}\times\dfrac{2}{7}=\dfrac{6}{49}$

6 A 주머니에서 검은 공이 나올 확률은 $\dfrac{4}{7}$, B 주머니에서 흰

공이 나올 확률은 $\dfrac{5}{7}$

$\therefore \dfrac{4}{7}\times\dfrac{5}{7}=\dfrac{20}{49}$

7 A가 맞힐 확률은 $\dfrac{1}{2}$, B가 맞힐 확률은 $\dfrac{2}{5}$

$\therefore \dfrac{1}{2}\times\dfrac{2}{5}=\dfrac{1}{5}$

8 토요일에 비가 올 확률은 $\dfrac{1}{3}$, 일요일에 비가 올 확률은 $\dfrac{4}{7}$

$\therefore \dfrac{1}{3}\times\dfrac{4}{7}=\dfrac{4}{21}$

C 확률의 곱셈을 이용한 일어나지 않을 확률　　176쪽

1 $\dfrac{3}{10}$　　2 $\dfrac{10}{21}$　　3 $\dfrac{1}{4}$　　4 $\dfrac{1}{10}$

5 $\dfrac{1}{18}$　　6 $\dfrac{1}{15}$　　7 $\dfrac{1}{25}$　　8 $\dfrac{4}{25}$

1 $\dfrac{2}{5}\times\left(1-\dfrac{1}{4}\right)=\dfrac{2}{5}\times\dfrac{3}{4}=\dfrac{3}{10}$

2 $\left(1-\dfrac{3}{7}\right)\times\dfrac{5}{6}=\dfrac{4}{7}\times\dfrac{5}{6}=\dfrac{10}{21}$

3 $\left(1-\dfrac{1}{10}\right)\times\dfrac{5}{18}=\dfrac{9}{10}\times\dfrac{5}{18}=\dfrac{1}{4}$

4 $\dfrac{4}{5}\times\left(1-\dfrac{7}{8}\right)=\dfrac{4}{5}\times\dfrac{1}{8}=\dfrac{1}{10}$

5 $\left(1-\dfrac{2}{3}\right)\times\left(1-\dfrac{5}{6}\right)=\dfrac{1}{3}\times\dfrac{1}{6}=\dfrac{1}{18}$

6 $\left(1-\dfrac{3}{5}\right)\times\left(1-\dfrac{5}{6}\right)=\dfrac{2}{5}\times\dfrac{1}{6}=\dfrac{1}{15}$

7 $\left(1-\dfrac{4}{5}\right)\times\left(1-\dfrac{4}{5}\right)=\dfrac{1}{5}\times\dfrac{1}{5}=\dfrac{1}{25}$

8 $\left(1-\dfrac{3}{5}\right)\times\left(1-\dfrac{3}{5}\right)=\dfrac{2}{5}\times\dfrac{2}{5}=\dfrac{4}{25}$

D 확률의 곱셈을 이용한 적어도 하나가 일어날 확률　　177쪽

1 $\dfrac{11}{12}$　　2 $\dfrac{7}{16}$　　3 $\dfrac{24}{25}$　　4 $\dfrac{11}{25}$

5 $\dfrac{99}{100}$　　6 $\dfrac{15}{16}$　　7 $\dfrac{22}{27}$　　8 $\dfrac{9}{25}$

1 (적어도 한 마리가 부화할 확률)

= 1 − (새가 모두 부화하지 못할 확률)

$= 1-\left(1-\dfrac{2}{3}\right)\times\left(1-\dfrac{3}{4}\right)$

$= 1-\dfrac{1}{3}\times\dfrac{1}{4}=\dfrac{11}{12}$

2 (적어도 한 대학에 합격할 확률)

= 1 − (두 대학에 모두 불합격할 확률)

$= 1-\left(1-\dfrac{1}{10}\right)\times\left(1-\dfrac{3}{8}\right)$

$= 1-\dfrac{9}{10}\times\dfrac{5}{8}=\dfrac{7}{16}$

3 (적어도 한 번은 맞힐 확률)

= 1 − (사격 선수가 모두 맞히지 못할 확률)

$= 1-\left(1-\dfrac{4}{5}\right)\times\left(1-\dfrac{4}{5}\right)$

$= 1-\dfrac{1}{5}\times\dfrac{1}{5}=\dfrac{24}{25}$

4 (적어도 한 선수가 안타를 칠 확률)

$=1-$(두 선수가 모두 안타를 치지 못할 확률)

$=1-\left(1-\dfrac{1}{5}\right)\times\left(1-\dfrac{3}{10}\right)$

$=1-\dfrac{4}{5}\times\dfrac{7}{10}=\dfrac{11}{25}$

5 (적어도 한 환자가 치료될 확률)

$=1-$(두 환자 모두 치료가 되지 않을 확률)

$=1-\left(1-\dfrac{9}{10}\right)\times\left(1-\dfrac{9}{10}\right)$

$=1-\dfrac{1}{10}\times\dfrac{1}{10}=\dfrac{99}{100}$

6 (적어도 한 명이 맞힐 확률)

$=1-$(두 명이 모두 틀릴 확률)

$=1-\dfrac{3}{8}\times\dfrac{1}{6}=\dfrac{15}{16}$

7 (적어도 한 명이 자유투를 성공시킬 확률)

$=1-$(두 선수 모두 자유투를 성공시키지 못할 확률)

$=1-\left(1-\dfrac{2}{3}\right)\times\left(1-\dfrac{4}{9}\right)=1-\dfrac{1}{3}\times\dfrac{5}{9}=\dfrac{22}{27}$

8 (적어도 한 문제는 맞힐 확률)

$=1-$(두 문제 모두 틀릴 확률)$=1-\dfrac{4}{5}\times\dfrac{4}{5}=\dfrac{9}{25}$

거처먹는 시험 문제   178쪽

1 $\dfrac{2}{9}$	2 ⑤	3 ①	4 $\dfrac{1}{10}$
5 ②	6 $\dfrac{33}{49}$		

1 두 눈의 수의 합이 5인 경우는 $(1,4)$, $(2,3)$, $(3,2)$, $(4,1)$

의 4가지이므로 확률은 $\dfrac{4}{36}$

합이 9인 경우는 $(3,6)$, $(4,5)$, $(5,4)$, $(6,3)$의 4가지이므

로 확률은 $\dfrac{4}{36}$

$\therefore \dfrac{4}{36}+\dfrac{4}{36}=\dfrac{8}{36}=\dfrac{2}{9}$

2 $\dfrac{25}{100}+\dfrac{60}{100}=\dfrac{85}{100}=\dfrac{17}{20}$

3 둘 다 홀수일 확률이므로 $\dfrac{3}{5}\times\dfrac{1}{3}=\dfrac{1}{5}$

4 $\left(1-\dfrac{3}{4}\right)\times\left(1-\dfrac{3}{5}\right)=\dfrac{1}{4}\times\dfrac{2}{5}=\dfrac{1}{10}$

5 (적어도 한 동아리가 입상할 확률)

$=1-$(두 동아리 모두 입상하지 못할 확률)

$=1-\left(1-\dfrac{5}{8}\right)\times\left(1-\dfrac{3}{7}\right)=1-\dfrac{3}{8}\times\dfrac{4}{7}=\dfrac{11}{14}$

6 (적어도 한 번은 안타를 칠 확률)

$=1-$(두 번 모두 안타를 못 칠 확률)

$=1-\left(1-\dfrac{3}{7}\right)\times\left(1-\dfrac{3}{7}\right)=1-\dfrac{4}{7}\times\dfrac{4}{7}=\dfrac{33}{49}$

 **확률의 계산 2**

A 확률의 덧셈과 곱셈   180쪽

1 $\dfrac{12}{25}$	2 $\dfrac{23}{40}$	3 $\dfrac{9}{50}$	4 $\dfrac{20}{49}$
5 $\dfrac{7}{12}$	6 $\dfrac{2}{9}$	7 $\dfrac{27}{50}$	8 $\dfrac{1}{2}$

1 (첫 번째 10점에 맞힐 확률)

$\times$(두 번째 10점에 맞히지 못할 확률)

$+$(첫 번째 10점에 맞히지 못할 확률)

$\times$(두 번째 10점에 맞힐 확률)

$=\dfrac{3}{5}\times\dfrac{2}{5}+\dfrac{2}{5}\times\dfrac{3}{5}=\dfrac{12}{25}$

2 (오늘 비가 올 확률)$\times$(내일 비가 오지 않을 확률)

$+$(오늘 비가 오지 않을 확률)$\times$(내일 비가 올 확률)

$=\dfrac{3}{8}\times\dfrac{1}{5}+\dfrac{5}{8}\times\dfrac{4}{5}=\dfrac{23}{40}$

3 (첫째 날 지각할 확률)$\times$(둘째 날 지각하지 않을 확률)

$+$(첫째 날 지각하지 않을 확률)$\times$(둘째 날 지각할 확률)

$=\dfrac{1}{10}\times\dfrac{9}{10}+\dfrac{9}{10}\times\dfrac{1}{10}=\dfrac{9}{50}$

4 (첫 번째 승리할 확률)$\times$(두 번째 패배할 확률)

$+$(첫 번째 패배할 확률)$\times$(두 번째 승리할 확률)

$=\dfrac{5}{7}\times\dfrac{2}{7}+\dfrac{2}{7}\times\dfrac{5}{7}=\dfrac{20}{49}$

5 (동전의 앞면이 나올 확률)$\times$(주사위의 홀수의 눈이 나올 확률)

$+$(동전의 뒷면이 나올 확률)

$\times$(주사위의 6의 약수의 눈이 나올 확률)

$=\dfrac{1}{2}\times\dfrac{1}{2}+\dfrac{1}{2}\times\dfrac{2}{3}=\dfrac{7}{12}$

6 (첫 번째 A가 이길 확률)$\times$(두 번째 비길 확률)

$+$(첫 번째 비길 확률)$\times$(두 번째 A가 이길 확률)

$=\dfrac{1}{3}\times\dfrac{1}{3}+\dfrac{1}{3}\times\dfrac{1}{3}=\dfrac{2}{9}$

7 (A 주머니에서 흰 공이 나올 확률)

$\times$(B 주머니에서 검은 공이 나올 확률)

$+$(A 주머니에서 검은 공이 나올 확률)

$\times$(B 주머니에서 흰 공이 나올 확률)

$=\dfrac{3}{10}\times\dfrac{4}{10}+\dfrac{7}{10}\times\dfrac{6}{10}$

$=\dfrac{27}{50}$

8 (A 상자에서 단팥빵이 나올 확률)

$\times$(B 상자에서 단팥빵이 나올 확률)

$+$(A 상자에서 크림빵이 나올 확률)

$\times$(B 상자에서 크림빵이 나올 확률)

$=\dfrac{10}{16}\times\dfrac{8}{16}+\dfrac{6}{16}\times\dfrac{8}{16}$

$=\dfrac{1}{2}$

B 연속하여 뽑는 경우의 확률 1　　　181쪽

1 $\dfrac{6}{25}$　　2 $\dfrac{9}{25}$　　3 $\dfrac{2}{15}$　　4 $\dfrac{8}{75}$

5 $\dfrac{9}{100}$　　6 $\dfrac{21}{100}$　　7 $\dfrac{25}{81}$　　8 $\dfrac{20}{81}$

1 $\dfrac{4}{10} \times \dfrac{6}{10} = \dfrac{6}{25}$

2 $\dfrac{6}{10} \times \dfrac{6}{10} = \dfrac{9}{25}$

3 $\dfrac{6}{15} \times \dfrac{5}{15} = \dfrac{2}{15}$

4 $\dfrac{4}{15} \times \dfrac{6}{15} = \dfrac{8}{75}$

5 $\dfrac{3}{10} \times \dfrac{3}{10} = \dfrac{9}{100}$

6 $\dfrac{3}{10} \times \dfrac{7}{10} = \dfrac{21}{100}$

7 $\dfrac{5}{9} \times \dfrac{5}{9} = \dfrac{25}{81}$

8 $\dfrac{4}{9} \times \dfrac{5}{9} = \dfrac{20}{81}$

C 연속하여 뽑는 경우의 확률 2　　　182쪽

1 $\dfrac{1}{45}$　　2 $\dfrac{8}{45}$　　3 $\dfrac{7}{60}$　　4 $\dfrac{7}{60}$

5 $\dfrac{31}{66}$　　6 $\dfrac{35}{66}$　　7 $\dfrac{7}{15}$　　8 $\dfrac{8}{15}$

1 $\dfrac{2}{10} \times \dfrac{1}{9} = \dfrac{1}{45}$

2 $\dfrac{8}{10} \times \dfrac{2}{9} = \dfrac{8}{45}$

3 $\dfrac{2}{16} \times \dfrac{14}{15} = \dfrac{7}{60}$

4 $\dfrac{14}{16} \times \dfrac{2}{15} = \dfrac{7}{60}$

5 (연속해서 사과 맛 사탕을 뽑을 확률)
　+(연속해서 블루베리 맛 사탕을 뽑을 확률)
$= \dfrac{5}{12} \times \dfrac{4}{11} + \dfrac{7}{12} \times \dfrac{6}{11} = \dfrac{5}{33} + \dfrac{7}{22} = \dfrac{31}{66}$

6 (사과 맛 사탕을 먼저 뽑고 블루베리 맛 사탕을 뽑을 확률)
　+(블루베리 맛 사탕을 먼저 뽑고 사과 맛 사탕을 뽑을 확률)
$= \dfrac{5}{12} \times \dfrac{7}{11} + \dfrac{7}{12} \times \dfrac{5}{11} = \dfrac{35}{66}$

7 (연속해서 흰 바둑돌을 뽑을 확률)
　+(연속해서 검은 바둑돌을 뽑을 확률)
$= \dfrac{8}{15} \times \dfrac{7}{14} + \dfrac{7}{15} \times \dfrac{6}{14} = \dfrac{7}{15}$

8 (흰 바둑돌을 먼저 뽑고 검은 바둑돌을 뽑을 확률)
　+(검은 바둑돌을 먼저 뽑고 흰 바둑돌을 뽑을 확률)
$= \dfrac{8}{15} \times \dfrac{7}{14} + \dfrac{7}{15} \times \dfrac{8}{14} = \dfrac{8}{15}$

D 도형에서의 확률　　　183쪽

1 $\dfrac{7}{16}$　　2 $\dfrac{2}{3}$　　3 $\dfrac{4}{9}$　　4 $\dfrac{1}{15}$

5 $\dfrac{3}{16}$　　6 $\dfrac{1}{3}$

1 $\dfrac{4}{16} + \dfrac{3}{16} = \dfrac{7}{16}$

2 전체 12부분 중 소수인 2, 3, 5가 있는 부분은 8부분이므로
$\dfrac{8}{12} = \dfrac{2}{3}$

3 전체 9부분 중 짝수는 2, 4, 6, 8의 4부분이므로 $\dfrac{4}{9}$

4 $\dfrac{1}{3} \times \dfrac{1}{5} = \dfrac{1}{15}$

5 $\dfrac{1}{2} \times \dfrac{3}{8} = \dfrac{3}{16}$

6 세 원의 넓이는 π, 4π, 9π이다.
　B 부분의 넓이는 $4\pi - \pi = 3\pi$
　따라서 구하는 확률은 $\dfrac{3\pi}{9\pi} = \dfrac{1}{3}$

거처먹는 시험 문제　　　184쪽

1 ④　　2 ⑤　　3 ②　　4 ②

5 $\dfrac{2}{33}$　　6 ③

1 (A 주머니에서 흰 공이 나올 확률)
　　　×(B 주머니에서 흰 공이 나올 확률)
　+(A 주머니에서 빨간 공이 나올 확률)
　　　×(B 주머니에서 빨간 공이 나올 확률)
$= \dfrac{3}{7} \times \dfrac{2}{5} + \dfrac{4}{7} \times \dfrac{3}{5} = \dfrac{18}{35}$

2 문제를 맞힐 확률은 $\dfrac{1}{5}$이므로
　(첫 번째 문제는 맞히고 두 번째 문제는 틀릴 확률)
　+(첫 번째 문제는 틀리고 두 번째 문제는 맞힐 확률)
$= \dfrac{1}{5} \times \dfrac{4}{5} + \dfrac{4}{5} \times \dfrac{1}{5} = \dfrac{8}{25}$

3 (A 선수가 명중할 확률)
　　　×(B 선수가 명중하지 못할 확률)
　+(A 선수가 명중하지 못할 확률)
　　　×(B 선수가 명중할 확률)
$= \dfrac{8}{9} \times \dfrac{2}{7} + \dfrac{1}{9} \times \dfrac{5}{7} = \dfrac{16}{63} + \dfrac{5}{63} = \dfrac{1}{3}$

4 (장준이가 당첨될 확률)×(은찬이가 당첨되지 않을 확률)
$= \dfrac{3}{12} \times \dfrac{9}{12} = \dfrac{3}{16}$

5 꺼낸 공을 넣지 않으므로 $\dfrac{5}{12} \times \dfrac{4}{11} \times \dfrac{4}{10} = \dfrac{2}{33}$

6 $\dfrac{2}{8} + \dfrac{3}{8} = \dfrac{5}{8}$

《바쁜 중2를 위한 빠른 중학연산·도형》
효과적으로 보는 방법

'바빠 중학연산·도형' 시리즈는 1학기 과정이 '바빠 중학연산' 두 권으로,
2학기 과정이 '바빠 중학도형' 한 권으로 구성되어 있습니다.

1. 취약한 영역만 보강하려면? — 3권 중 한 권만 선택하세요!

중2 과정 중에서도 수와 식의 계산이나 부등식이 어렵다면 중학연산 1권 <수와 식의 계산, 부등식 영역>을, 연립방정식과 함수가 어렵다면 중학연산 2권 <연립방정식, 함수 영역>을, 도형이 어렵다면 중학도형 <도형의 성질, 도형의 닮음과 피타고라스 정리, 확률>을 선택하여 정리해 보세요. 중2뿐 아니라 중3이라도 자신이 취약한 영역을 집중적으로 공부하여 학습 결손을 빠르게 보충하세요.

2. 중2이지만 수학이 약하거나, 중2 수학을 준비하는 중1이라면?

중학수학 진도에 맞게 [중학연산 1권 → 중학연산 2권 → 중학도형] 순서로 공부하세요.
기본 문제부터 풀 수 있어서, 중학수학의 기초를 탄탄히 다질 수 있습니다.

3. 학원이나 공부방 선생님이라면?

1) 기초가 부족한 학생에게는 개념을 간단히 설명한 후 자습용 교재로 이용하세요.
2) 개념을 익힌 학생에게는 과제용 교재로 이용하세요.
3) 가벼운 선행 학습과 학습 결손을 보강하기 위한 방학용 초단기 교재로 적합합니다.

★ 바빠 중2 연산 1권은 22단계, 2권은 22단계, 도형은 27단계로 구성되어 있고, 단계마다 1시간 안에 풀 수 있습니다.